C語言教學手冊

Programming Language

感謝您購買旗標書,
記得到旗標網站
www.flag.com.tw
更多的加值內容等著您…

- FB 官方粉絲專頁：旗標知識講堂
- 旗標「線上購買」專區：您不用出門就可選購旗標書!
- 如您對本書內容有不明瞭或建議改進之處，請連上旗標網站，點選首頁的 聯絡我們 專區。

若需線上即時詢問問題，可點選旗標官方粉絲專頁留言詢問，小編客服隨時待命，盡速回覆。

若是寄信聯絡旗標客服email，我們收到您的訊息後，將由專業客服人員為您解答。

我們所提供的售後服務範圍僅限於書籍本身或內容表達不清楚的地方，至於軟硬體的問題，請直接連絡廠商。

學生團體　訂購專線：(02)2396-3257 轉 362
　　　　　傳真專線：(02)2321-2545

經銷商　　服務專線：(02)2396-3257 轉 331
　　　　　將派專人拜訪
　　　　　傳真專線：(02)2321-2545

國家圖書館出版品預行編目資料

C 語言教學手冊 /
洪維恩 著. -- 初版 -- 臺北市：旗標，民 96　面；公分

ISBN 978-957-442-484-9

1. C (電腦程式語言)

312.932C　　96006480

作　　者／洪維恩

發 行 所／旗標科技股份有限公司
　　　　　台北市杭州南路一段15-1號19樓

電　　話／(02)2396-3257(代表號)

傳　　真／(02)2321-2545

劃撥帳號／1332727-9

帳　　戶／旗標科技股份有限公司

監　　督／楊中雄

執行企劃／黃昕暐

執行編輯／黃昕暐

美術編輯／薛榮貴

封面設計／古鴻杰

校　　對／黃昕暐

新台幣售價：620 元

西元 2024 年 10 月　四版 72 刷

行政院新聞局核准登記-局版台業字第 4512 號

ISBN 978-957-442-484-9

序

本書的目的，是希望能透過「邊做邊學」的方式來學習 C 語言。如果稍稍瀏覽本書的內容，您將可以發現用字淺顯，且易讀易懂是本書的一大特色。無論過去是否有過學習程式語言的經驗，本書都適合您。

C 語言融合了電腦語言裡流程控制的特色，使得程式設計師可以很容易的設計出具有結構化及模組化的程式。也因如此，許多軟體與作業系統（如 Unix）均由 C 所寫成。此外，許多高階語言的編譯器或解譯器亦是 C 的傑作。當您手握滑鼠，揮灑於 Windows 的天地時，想想這個精巧人機介面的背後，可是數十萬行 C 程式語言的結晶哩！

相較於本書的第三版，第四版更新了部分的習題與範例，也多加了「動態記憶體配置與鏈結串列」一章，並保有物件導向的單元，使得讀者可以快速的銜接資料結構與 C++ 的學習。另外，每章的習題也都依照小節來編排，習題總數維持在 500 題左右，讓讀者在學習之餘，也能隨時自我評量。本書約有半數的習題附有解答，以方便讀者參考。另外，本書也備有豐富的教學投影片與全書完整的習題解答，歡迎授課老師索取。

本書所使用的編譯程式

本書所有的程式碼均在 Dev C++ 5.0 與 Visual C++ 6.0 的環境裡實際執行與測試過，您可從書籍封面所列網址取得範例檔案。Dev C++ 是免費的 C/C++ 整合開發環境軟體，從網路上便可直接下載。如果不習慣 Turbo C 的 Dos 介面，又覺得 Visual C++ 過於龐大，那麼 Dev C++ 相當的適合您，因為它具有下列的優點：

- Dev C++ 是免費軟體，可以從 http://www.bloodshed.net/devcpp.html 下載最新的版本與相關的資源。

- Dev C++ 提供了相當親切的視窗操作介面及偵錯環境，程式只有 12MB，對硬體的需求遠比 Visual C++ 來得低，且所產生的執行檔也比 Visual C++ 來得小。
- Dev C++ 不但可以編譯 C，亦可編譯 C++ 程式碼，未來接續 C++ 的學習時，不必重新適應新的環境，可謂一舉數得。

本書在完稿之時，Dev C++ 5.0 仍為測試版，但它已提供了完整的中文化介面（4.0 版尚未提供），因此我們還是把 Dev C++ 5.0 蒐錄於書附檔案中，相信您可以從它得到相當的助益與學習的樂趣。雖然它是測試版，使用起來不會有任何的問題。我們覺得它容易上手，且適合課堂上的教學與學生回家練習之用。本書的附錄 A 亦簡單介紹了 Dev C++ 5.0 的使用，有需要的讀者可以自行翻閱參考。

如果您手邊剛好有 Visual C++ 的環境，使用它來執行 C 語言也不成問題。本書所有的程式碼也都實際在 Visual C++ 6.0 裡測試過。如果不熟悉 Visual C++ 的操作，可參閱本書的附錄 B。

在此，筆者要謝謝 Dev C++ 的作者 Colin Laplace，授權使用 Dev C++ 作為本書的教學軟體。Colin Laplace 很謙虛的告訴我，他對於 Dev C++的貢獻僅在於視窗介面的開發，而 Dev C++ 的編譯程式並不是他完成，而是 GNU 所提供的免費編譯器。使用這個軟體時，雖然不需要付任何的權利金給作者，但仍建議您到 Dev C++ 的網站上參觀，給原作者一些心得上的回饋。

如果您想加入 Dev C++的討論區，可以連結到下面的網頁

http://www.bloodshed.net/devcpp-ml.html

有關如何加入討論區的步驟，請參考網頁中的說明。加入討論區之後，每天您會收到與 Dev C++ 相關的問題與網友的回應。當然您也可以把問題貼在討論區裡，以尋求技術上的支援與協助。

其它學習資源

如果在學習 C 語言時遇到問題，而身旁沒有人可以詢問，那麼可以試試在網路上尋求支援，您可以在：

http://bbs.openfind.com.tw

點選「電腦網路」下的「程式設計」項目，進入「電腦程式語言」討論版，即可提出相關的問題，或者參與討論。這個討論版的回應相當熱烈，每天約有近百封與 C 相關的問題在這兒討論交流。當然，在這兒 post 問題時，也請注意網路禮節，儘可能把問題闡述清楚，最好附上程式碼、執行結果與錯誤訊息，以方便網友查看程式。

另外，您也可以參訪

http://www.cplusplus.com/ref/

這個網站裡提供了一些 C 與 C++ 函數庫的解說，如果您手邊沒有完整 C 語言函數庫的手冊，那麼這個網站所提供的內容，會相當有助益的。

在近十年的教學經驗中，我知道學習程式語言需要有點耐心，也需要動手去實作。記得有這麼一段話－"I see and I forget. I hear and I remember. I do and I understand." 我覺得把它套用在學習程式設計上也非常貼切，也就是說，在學習程式時如果只是用看的，就很容易忘記；如果配合上課聽講，便可增加記憶；如果可以親自動手做，便可完全理解。許多採用本書當成教科書的老師與學生，都同意這是一本非常易讀的 C 語言教科書，這本書的編排，也是為了方便教學與自修所設計。現在您已翻開書本在看這段序言，也代表著即將踏上學習 C 語言之途。本書的內容已為您準備好，只待動手實作。請您記得，動手實作是學好程式設計的不二法門。

感 謝

本書的完成首先要感謝父母親對我長期的栽培，使得我可以跨入學術的殿堂。我要謝謝內人多年來的包容與支持，以及寶貝女兒帶來的快樂，使得我可以悠遊在字裡行間。感謝莊謙亮、吳振鋒、黃兆武、葉普霖、高玉馨、楊明峰等教授提供了豐富的資訊，使得本書的內容得以更加充實。

我要感謝陳麗如小姐，她鉅細靡遺的為本書的初稿做校對，也實際測試了每一個範例程式與撰寫每一題習題。她打趣的告訴我，她從沒想過當時在學校學的 C 語言，原來畢業後還會用到哩！

我也要謝謝黃裔淇與楊靜玫小姐，她們犧牲了許多的時間，為本書的文字敘述與程式碼一字不漏的校對。我也謝謝育達商業技術學院多媒體暨遊戲發展科學系蔡旼寰、宋佩華、許家榕與莊棉棉同學的美工，為本書增添了許多活發。另外，資管系一群可愛的學生們，在本書付梓出版之前，他們已在課堂上實地用過本書的手稿當成教材，他們給予本書相當多的建議，如果您覺得本書極具親和性、學習起來得心應手，都要歸功於這群用功的學生。

另外，我也謝謝旗標黃昕暐先生，他用心的閱讀了書本裡的每一段文字，給予許多寶貴的建議，並挑出了我個人的語病與用字遣詞的錯誤，使得這本書的文字能更加的貼切現代學生的用語。沒有他及大家的幫忙，這本書可能就不會以這麼好的品質出現。

如果您對本書有任何的建議，或者是發現有任何的錯誤，也麻煩能送個 e-mail 告訴我一聲，即使只是一個小錯字。唯有您的指正，才能使本書更臻完善。

洪維恩

wienhong@gmail.com

目錄

chapter 01 認識 C 語言

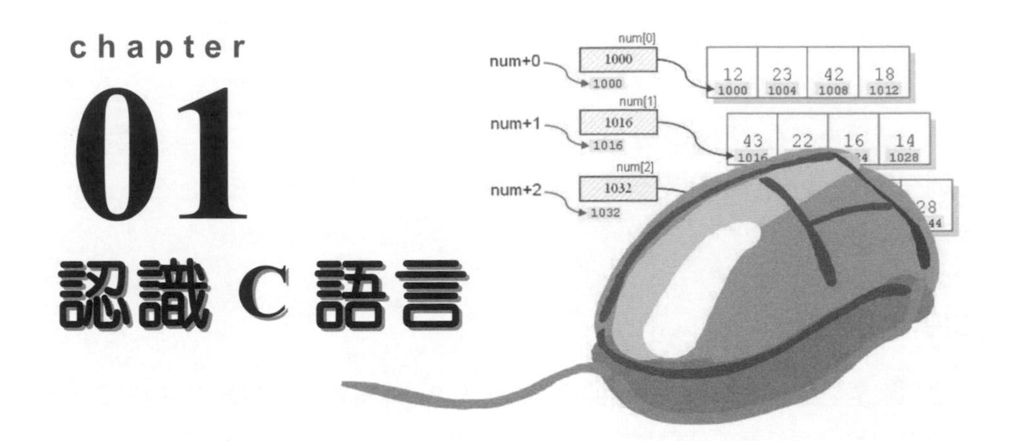

C 語言有如經過塑身後的一種電腦程式語言。它嬌小、勻稱，用途廣且效率高，因而廣受程式設計師及資訊界人士的喜愛。目前更有許多的應用程式，諸如影像處理、資料結構、人機介面控制及數值分析等等均以 C 語言來完成，由此可見 C 語言廣受歡迎的程度。本章將帶您初探 C 語言的世界，並撰寫第一個 C 語言程式。

本章學習目標

- 認識 C 語言的歷史
- 了解程式的規劃與實作
- 撰寫第一個 C 程式
- 學習程式碼的編譯與執行

1.1 C 語言概述

C 語言是由 Dennis Ritchie 博士，於 1972 年在貝爾實驗室（Bell laboratory）所發展出來的程式語言。它的前身為 B 語言，原先是用來撰寫 DEC PDP-11 電腦的系統程式。這個系統程式與後來為人所知悉的 Unix 作業系統有密不可分的關係。原本 C 語言只能在大電腦裡執行，現在已成功的移植到個人電腦裡，其中較為人所知悉的有 Turbo C、Microsoft C 等等。

1.1.1 C 語言的特色

每一種電腦語言的發展均有其特定的目的。例如 Basic 語言，其主要的目的是要讓電腦的初學者也可以很容易的撰寫程式，故其語法近似白話英文，淺顯易懂。此外，為了因應科學計算與商業用途的需要，Fortran、Cobol 與 Pascal 等語言也相繼產生。然而這些語言常因發展背景與語言本身的限制而無法兼顧實用與效能。C 語言的誕生恰可彌補這些缺憾，成為程式設計師的最佳工具。一般而言，C 具有下列的幾項特色：

・高效率的編譯式語言

一般來說，當原始程式碼編輯完成後，必須轉換成機器所能理解的語言（即機器碼，machine code）後，才能正確的執行。所有的程式語言中，都附有這種轉換的程式，而轉換程式可概分為兩種，即直譯器（interpreter）與編譯器（compiler）。

直譯器

直譯器在程式執行時，會先檢查所要執行那一行敘述的語法，如果沒有錯誤，便直接執行該行程式，如果碰到錯誤就會立刻中斷，直到錯誤修正之後才能繼續執行。利用這種方式完成的程式語言，最著名的就屬 Basic。由於直譯器只要將程式逐行翻譯，因此佔用的記憶體較少，僅需要存取原始程式即可。然而，每一行程式在執行前才被翻譯，導致翻譯時間會延遲執行時間，因此執行的速度會變慢，效率也較低。

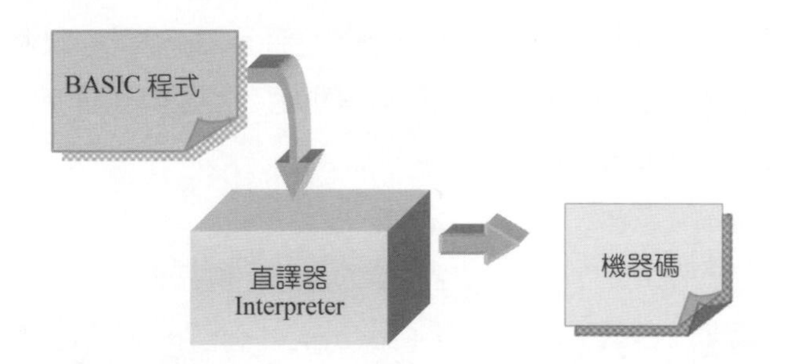

圖 1.1.1

直譯器會逐行檢查程式的語法，再直接執行該行程式，直到程式完畢

編譯器

編譯器在編譯程式時，會先檢查所有的程式碼是否合語法，然後編譯成可執行檔。當原始程式每修改一次，就必須重新編譯，才能保持其執行檔為最新的狀況。經過編譯後所產生的執行檔，在執行時不須要再翻譯，因此執行效率遠高於直譯程式。常見的編譯式程式語言有 C、Cobol、Pascal 等。而 C 的執行效率與使用的普遍性，更遠勝過其它的程式語言。

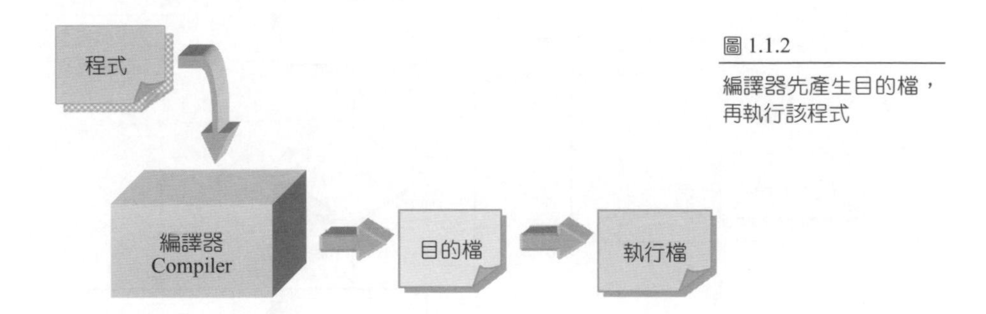

圖 1.1.2

編譯器先產生目的檔，再執行該程式

‧介於高階與低階之間的語言

程式語言依其特性可概分為二大類，即「低階語言」與「高階語言」。

低階語言（如組合語言）於電腦裡的執行效率相當的高，且對於硬體（如滑鼠、鍵盤等等） 控制的程度相當的好，但對於人類而言它卻是生澀難懂，編寫、閱讀與維護均屬不易。

高階語言為敘述性的語言，它與人類所慣用的語法較為接近，故容易撰寫、除錯，但是相對的，它對硬體的控制能力也較差，執行效率也遠不及低階語言。常見的高階語言有 Basic、Fortran、Pascal 與 Cobol 等。

C 語言不但具有低階語言的優點（對硬體的控制能力佳），同時兼顧了高階語言的特色（易於除錯、撰寫），故有人稱之為「中階語言」。此外，C 語言還可以很容易的與組合語言連結，利用低階語言的特點來提高程式碼的執行效率。

- 靈活的程式控制流程

C 語言為一效率甚高，語法相當清晰的語言。它融合了電腦語言裡流程控制的特色，使得程式設計師可以很容易的設計出具有結構化及模組化的程式語言。

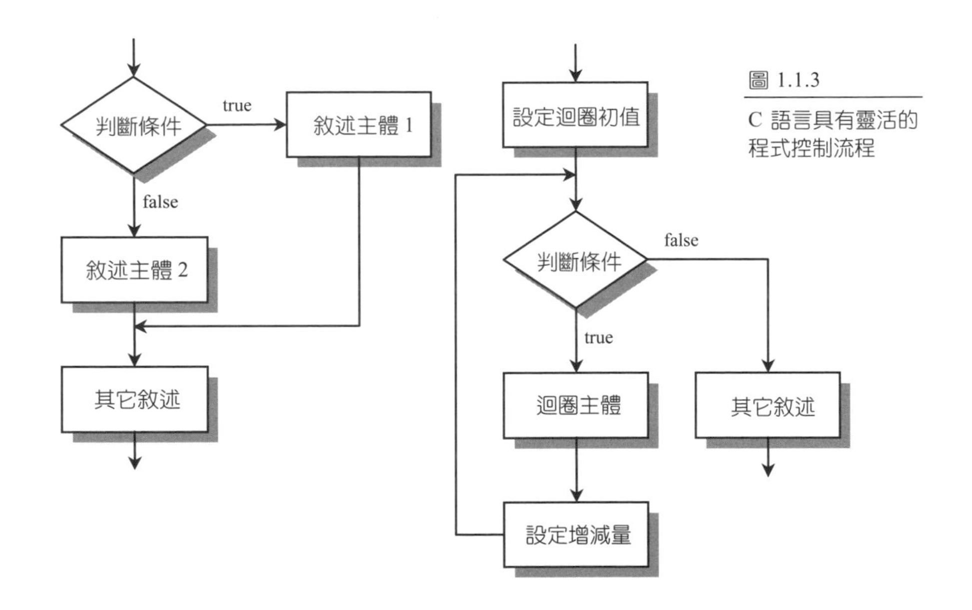

圖 1.1.3
C 語言具有靈活的程式控制流程

由於 C 的高效率與靈活性，許多作業系統與驅動程式均由 C 寫成。此外，許多高階語言的編譯器（compiler）或解譯器（interpreter）亦是 C 的傑作。所以當您手握滑鼠，揮灑於 Windows 的天地時，想想這個精巧人機介面的背後，可是數十萬行 C 程式語言的結晶哩！

- 可攜性佳

程式語言的可攜性（portability）就像是硬體的相容性（compatibility）一樣。舉例來說，如果您買了一張音效卡，在各家廠牌的主機板上都能順利安裝，或者是只須要調整一下設定即可安裝，那麼我們就說這塊音效卡的相容性高。如果僅可在特定的主機板上使用，那麼這張音效卡的相容性就差。

同樣的，程式語言的可攜性佳意味著於某一系統所撰寫的語言，可以在少量修改或完全不修改的情況下即可在另一個作業系統裡執行。C 語言可以說是一個可攜性極佳的語言，當您想跨越平台來執行 C 語言時（如在 Unix 裡的 C 程式碼拿到 Windows 的環境裡執行）通常只要修改極少部分的程式碼，再重新編譯即可執行。此外，提供 C 編譯器的系統近 50 種，從早期的 Apple II 到超級電腦 Cray 均可找到 C 編譯器的芳蹤。

- 為程式設計師所設計的語言

C 語言可以說是專為程式設計師所設計的語言。它可以直接依記憶體的位址來存取變數，以提高程式執行的效率。此外 C 也提供了豐富的運算子（operator），使得 C 的語法更為簡潔有力。更方便的是，於大多數的 C 語言環境裡都提供了已撰寫好的程式庫（library），內含了許多 C 語言函數，以供程式設計師使用而無須重新撰寫程式碼。

· **C 的另一面**

通常一個優點的背後往往隱含著它的缺點，就如同一台功能超強的筆記型電腦，往往背負著體積過大與超重的罪名一樣。C 的語法嚴謹簡潔，相對的使用者就必須花更多的心思在學習 C 的語法上，尤其是指標（pointer）的應用，常常讓初學者摸不著邊際。但我們相信這只是個短暫的過程，一但熟悉了 C 的語法，您便可以享受到 C 所帶來的便利性與超速的快感。

1.1.2 C 語言與您

在 1980 年代初期，C 語言早已成為 Unix 作業系統的主要程式語言，現在 C 語言更強力介入大型電腦與個人電腦等領域。目前市面上有許許多多的程式遊戲、文書處理、繪圖及數學運算等軟體均是 C 的傑作。程式設計師之所以選擇 C 來做為軟體的開發工具，其中不僅是因為 C 較其它語言簡潔，好撰寫，效率高，更重要的是，C 易於修改，使得它可以在其它架構的電腦裡執行，因而較為程式設計師所樂於採用。

對於您個人而言，學習一個程式語言亦是一項重要的投資。學習 C 語言就好比您學英文一樣，走到世界各地都 "講" 得通，且有關於 C 的函數庫之取得也較其它電腦語言來得容易。以較現實的眼光來看，C 語言程式設計師的工作機會頗多，待遇也相對優渥，熟悉 C 語言確實較容易被業界所採用。

再者，C++ 或者是 Java 等語言均是以 C 為根基，再加上物件導向的功能，使得 C++ 與 Java 更加活躍於視窗與網路的程式設計（如 Visual C++ 與 C++ Builder 等）。即使是新一代的程式語言－Flash 的 ActionScript，其語法的撰寫也源自 C 語言。因此，C 語言的投資報酬率相當的高，值得您花時間去投資。當然，也別讓它在您的履歷表裡缺席。要學好 C 語言，就從現在開始！

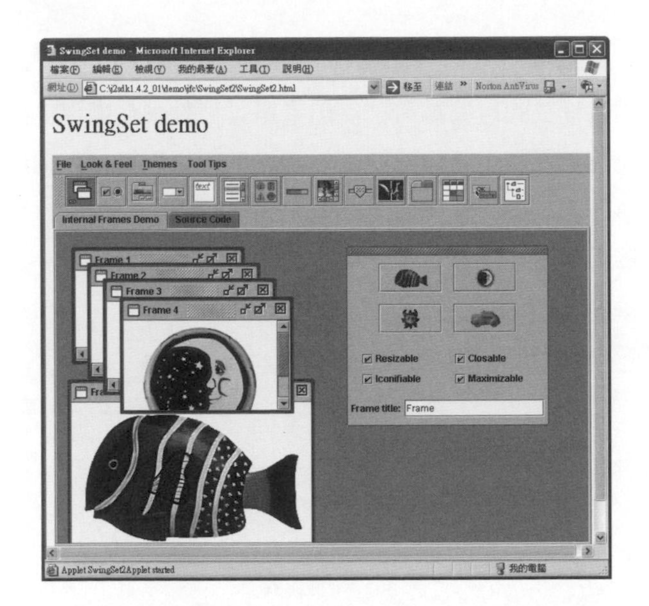

圖 1.1.4

這是由 Java 的 Swing 所設計出來的介面，它可直接在瀏覽器裡執行。Java 的源自 C++，其語法與 C 極為類似

1.2 程式的規劃與實作

在撰寫程式前的規劃是相當重要的。如果程式的內容很簡單，當然可以馬上把程式寫出來，但是當程式愈大或是愈複雜時，規劃的工作就很重要了！它可以讓程式設計有個明確的方向，有了事前的規劃流程，就可以根據這個流程來一步一步設計出理想的程式。

除了這個好處之外，習慣規劃程式後，可以發現程式會簡潔許多哦！這也意味著程式執行的速度將會更快、更有效率！程式撰寫需要經歷六個步驟，分別為規劃程式、撰寫程式碼與註解、編譯程式碼、執行程式、除錯與測試，以及程式碼的修飾與儲存等。接下來我們來看看這些步驟的內容：

(1) 規劃程式

首先，您必須確定撰寫這個程式的目的為何？使用者是誰？需求在哪兒？您可以於紙張上先繪製出簡單的流程圖，將程式的起始到結束的過程寫出，這麼做有幾個好處，一方面是讓您將作業的程序思考一遍；另一方面，可以根據這個流程圖來進行撰寫程式的工作。下圖是繪製流程圖時常用的符號：

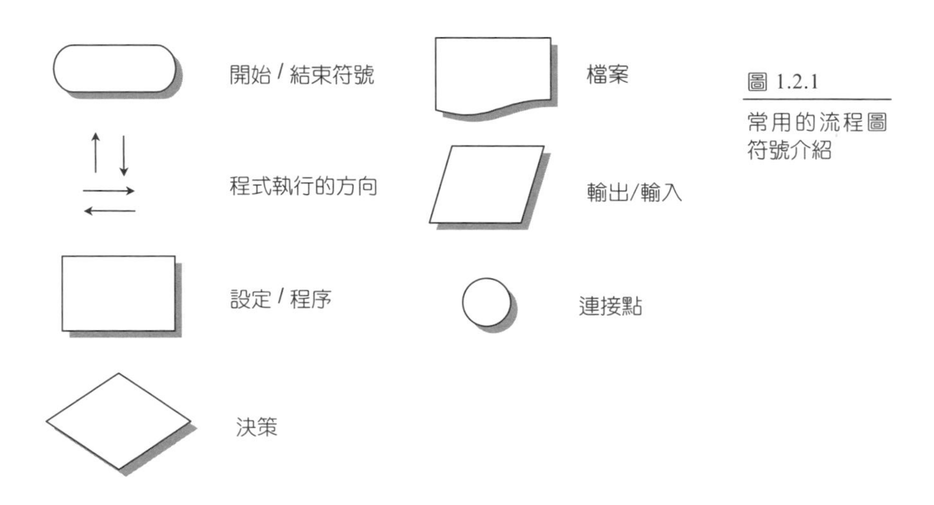

圖 1.2.1
常用的流程圖符號介紹

我們以一個日常生活的例子「出門時如果下雨就帶傘，否則戴太陽眼鏡」，簡單的說明如何繪製流程圖：

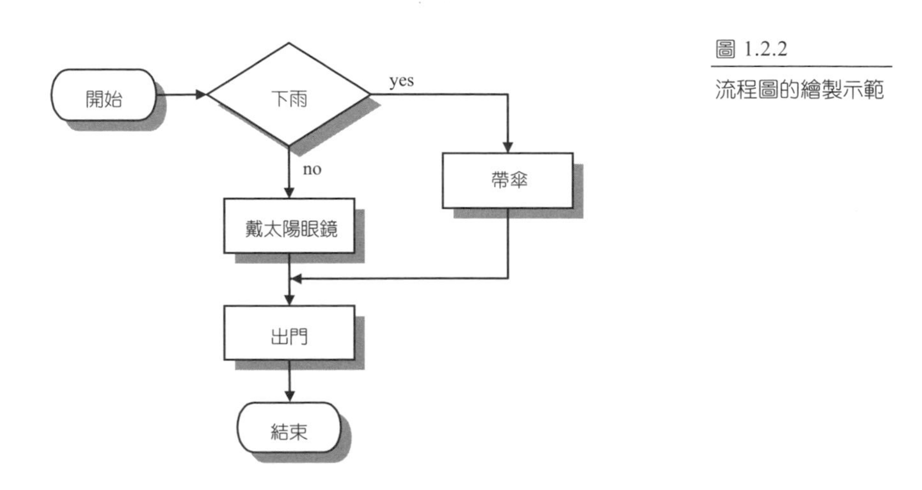

圖 1.2.2
流程圖的繪製示範

上面的流程圖裡，我們在決策方塊中填入「下雨」，如果 "下雨" 這件事成立，即執行「帶傘」的動作，否則執行「戴太陽眼鏡」的動作，因此在程序方塊裡分別填入「帶傘」及「戴太陽眼鏡」，不管執行哪一個動作，都必須「出門」，最後再結束整個事件。

您可以發現不管是程式設計，還是日常生活的程序，其實都可以用流程圖來表示，因此學習繪製流程圖，可是件相當有趣的事呢！

(2) 撰寫程式碼及註解

程式經過先前的規劃之後，便可以根據所繪製的流程圖來撰寫程式內容。您會發現，這種方式會比邊寫邊想下一步該怎麼做要快得多。如果事前沒有先規劃程式，往往會寫了又改，改了又寫，甚至一直都不滿意，而浪費了許多時間。

此外，建議您在撰寫程式時別忘了把註解加上。也許您會覺得，這些程式都是自己的作品，怎麼可能看不懂？但是如果很久沒有修改這個程式，或是別人必須維護它，若是於程式中加上了註解，可以增加這個程式的可讀性，相對的也會增加程式維護的容易度。舉手之勞常可節省日後大量程式維護的時間。

```
01  /* prog1_1, 第一個C程式碼 */
02  #include <stdio.h>
03  #include <stdlib.h>
04  int main(void)
05  {
06     printf("Hello C!\n");          /* 印出Hello C!字串 */
07     printf("Hello World!\n");      /* 印出Hello World!字串 */
08
09     system("pause");
10     return 0;
11  }
```

加上註解可增加程式的可讀性

圖 1.2.3

程式加上註解，可增進程式碼的可讀性

(3) 編譯與連結程式

程式撰寫完畢，接下來必須先利用編譯器將程式碼轉換成電腦看得懂的東西。經由編譯程式的轉換後，若是沒有錯誤，再透過連結器與其它函數模組連結，原始程式才會變成可執行的程式。若是編譯器在轉換的過程中，碰到不認識的語法、未先宣告的變數…等等，此時必須先訂正這些錯誤，再重新編譯，如果沒有錯誤後，才可以正確的執行程式。

(4) 執行程式

通常編譯完程式，沒有錯誤後，編譯程式會製作一個可執行檔，於 DOS 或 Unix 的環境下，只要鍵入這個執行檔的檔名即可執行程式。如果是在 Turbo C、Visual C++ 或 Dev C++ 的環境裡，通常只要按下某些快速鍵或是選擇某個選單即可執行程式。

(5) 除錯與測試

如果所撰寫的程式能一次就順利的達成目標，真是件值得高興的事。但是有的時候，您會發現明明程式可以執行，但執行後卻不是期望的結果，此時可能犯了「語意錯誤」（semantic error），也就是說，程式本身的語法沒有問題，但在邏輯上可能有些瑕疵，所以會造成非預期性的結果。所以您必須逐一確定每一行程式的邏輯是否有誤，再將錯誤改正。

若程式的錯誤是一般的「語法錯誤」（syntax error），就顯得簡單許多，您只要把編譯程式所指出的錯誤訂正後，再重新編譯即可將原始程式變成可執行的程式。除了除錯之外，您也必須給予這個程式不同的資料，以測試它是否正確，這也可以幫助您找出程式規劃是否夠周詳等問題。

以 Dev C++ 為例，Dev C++ 提供了視覺化的除錯功能，可以追蹤程式的執行流程，並可查看變數的值，使用起來相當的方便。

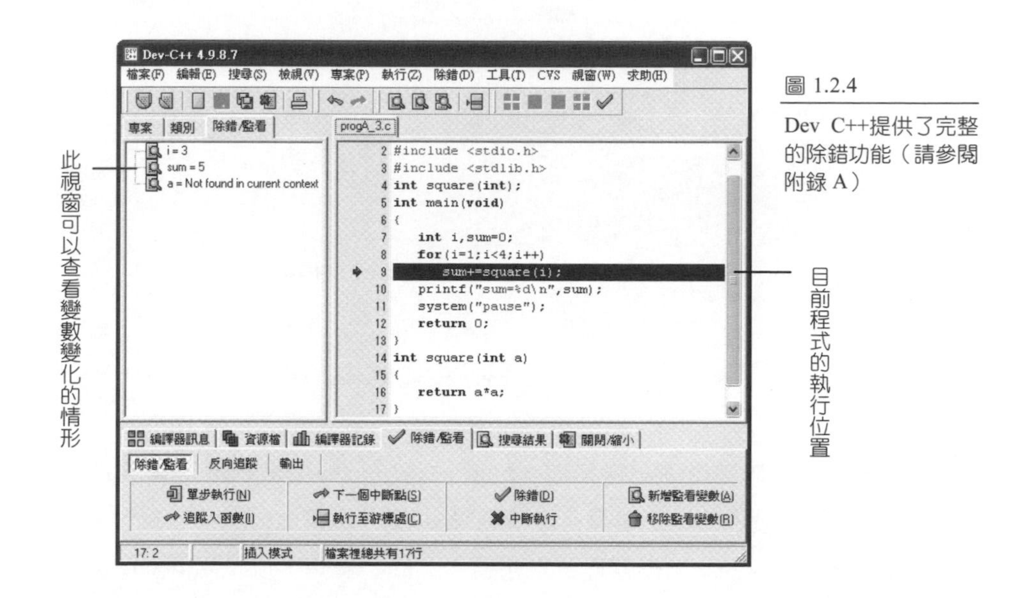

圖 1.2.4

Dev C++提供了完整的除錯功能（請參閱附錄 A）

有趣的是，程式的除錯稱為 debug，de 是去除的意思，bug 就是小蟲囉！debug 也就是去除小蟲之意。把程式碼裡的錯誤稱為小蟲是有個歷史典故的，這個典故要從 1947 年研究 MARK II 大型電腦的實驗室內的一隻飛蛾談起。

MARK II 電腦的研究人員有一天發現電腦當機了，經過一番搜查後發現原來是有一隻蛾卡在繼電器（relay）上，導致電路短路，因而造成電腦無法正常運作。有一個幽默的作業員在維修記錄本上寫下這麼一段話：

Relay #70 Panel F (moth) in relay

First actual case of bug being found.

大意是說，編號 #70 的繼電器上出了問題，這是在電腦上發現的第一隻真正的臭蟲。至今您還可以在網路上找到這份維修記錄本：

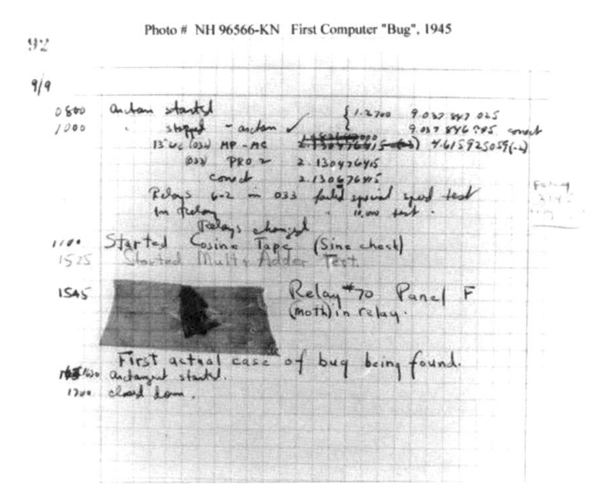

圖 1.2.5
記載電腦 bug 的維修記錄本

本圖片轉載自 http://www.computersciencelab.com

從這位幽默作業員的記錄可知，bug 一詞早已被用來當成是電腦裡程式的錯誤，只是他發現的是一隻真正的 "電腦臭蟲"。事實上，當時在哈佛大學的電腦專家早已使用 bug 來形容導致電腦運作上的小差錯，以及用 debug 來形容解決問題的過程，現在那隻倒楣的飛蛾只是給了這個比喻一個真正存在的解釋。

(6) 程式碼的修飾與儲存

當程式的執行結果都沒有問題時，您可以再把原始程式做一番修飾，例如將它修改得更容易閱讀（例如將變數命名為有意義的名稱等）、或者是把程式核心部份的邏輯重新簡化…等等，以能夠做到簡單、易讀的原則所設計出來的程式，就是一個很棒的程式哦！此外，要記得把原始程式儲存下來，若是您有過一次痛苦的經驗，就會瞭解儲存的重要性。

於下圖中，我們把程式設計的六個步驟繪製成流程圖的方式，您可以參考上述的步驟，來查看程式設計的過程：

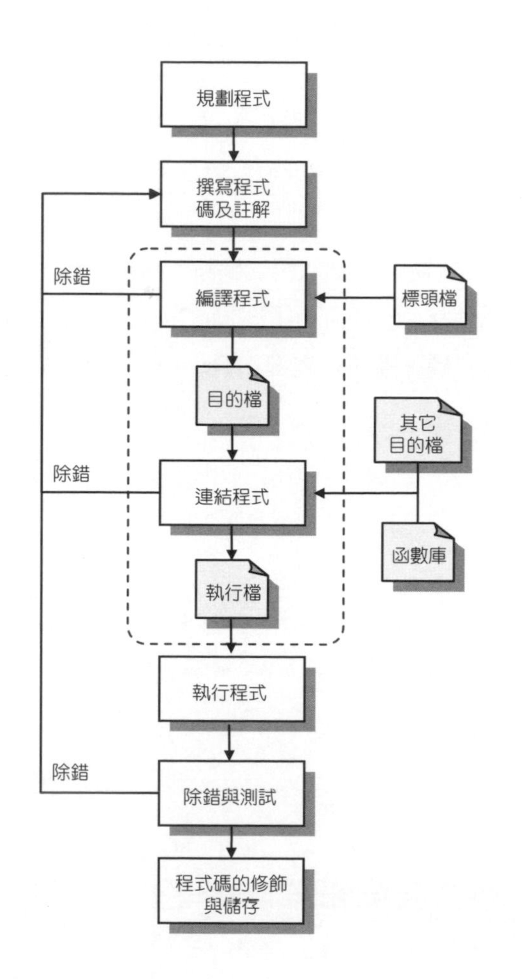

圖 1.2.6
程式設計的基本流程

1.3 撰寫第一個 C 程式

看了這麼多，讓我們快些進入 C 的世界吧！您可以使用任何喜愛的文字編輯器來撰寫程式（如 Windows 裡的記事本），撰寫完畢後，再拿到 C 的編譯器中加以編譯執行。不過一般來說，由於 C 都有提供編輯器供使用者編輯程式，因此大部分的使用者都會選擇在 C 的編輯器裡撰寫程式。

1.3.1 程式的編輯與撰寫

接下來我們以 Dev C++ 的環境為例，來撰寫第一個 C 語言。如果您不熟悉 Dev C++的操作，可以參考本書的附錄 A，把 Dev C++ 設定成適合最佳的操作環境。

在此要提醒您，C 語言有大小寫之分，請您在鍵入程式碼時，務必區分大小寫。另外，程式碼前面的行號只是為了方便解說，它們並不是程式碼的一部份，所以請不要將它們敲進去。下面是本範例的完整程式碼，請將它們鍵入 Dev C++ 的編輯視窗中：

```
01   /* prog1_1, 第一個 C 程式碼 */
02   #include <stdio.h>
03   #include <stdlib.h>
04   int main(void)
05   {
06      printf("Hello C!\n");        /* 印出 Hello C! 字串 */
07      printf("Hello World!\n");    /* 印出 Hello World! 字串 */
08
09      system("pause");
10      return 0;
11   }
```

下面的視窗為鍵入程式碼之後的情形：

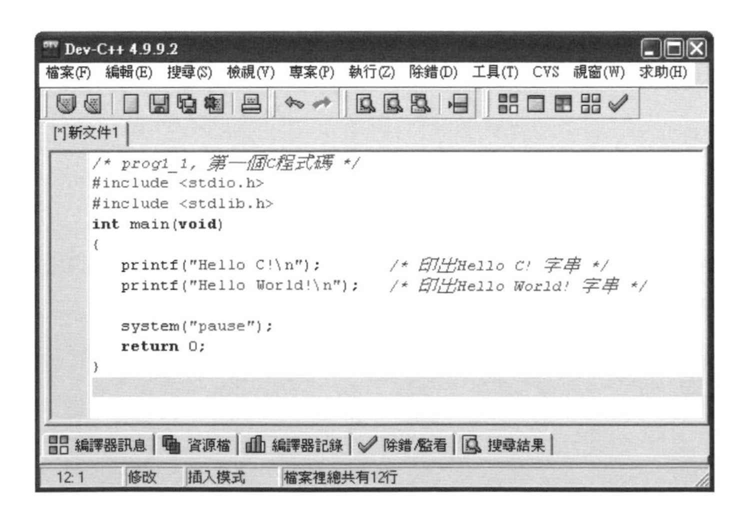

圖 1.3.1

程式碼鍵入 Dev C++ 的情形

您可以注意到 Dev C++ 使用不同的顏色來代表程式碼裡各種不同的功用，例如字串是以紅色顯示，而程式的註解以深藍色顯示。這個設計更有利於程式碼的編輯、修改以及除錯，這也是筆者選擇 Dev C++ 做為 C 的教學軟體的主要因素之一。

鍵入好之後，請先將程式碼儲存起來，以方便稍後的編譯。只要選擇「檔案」功能表裡的「儲存」，或者是在工具列裡按下「儲存」按鈕即可儲存檔案。建議您將檔名存成 prog1_1.c，以方便後續的操作，如下圖所示：

圖 1.3.2
將程式碼存檔

1.3.2 程式碼的編譯、執行

程式寫完後，接下來就是要將原始程式變成可執行的程式。您可以使用編譯程式的快速鍵，或是功能表的選項來完成編譯與執行的動作。以 Dev C++ 為例，您可以利用下列幾種方式編譯及執行程式：

1. 選擇「執行」功能表中的「編譯」來編譯程式，然後選擇「執行」功能表裡的「執行」來執行它。
2. 選擇「執行」功能表裡的「編譯並執行」，此時 Dev C++ 在編譯完程式之後，便會自動執行程式。

prog1_1.c 的程式碼經過編譯與執行後，會出現如下圖的執行結果：

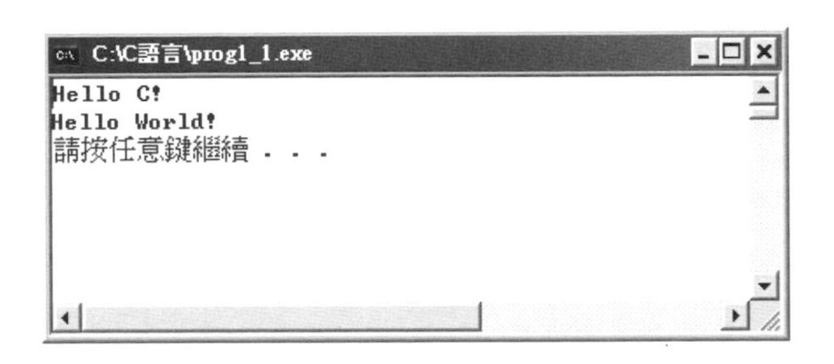

圖 1.3.3
程式 prog1_1 執行的結果

您可以看到程式執行的結果會在 DOS 視窗中顯示，按下任意鍵即會回到 Dev C++ 的編輯環境裡。

1.4 編譯與執行的過程

C 語言編譯的過程中會產生一個「目的檔」（object file），到底什麼是「目的檔」呢？當編譯程式進行編譯時，編譯程式除了要檢查原始程式的語法是否正確外，還要將標頭檔（header file）讀進來，根據這個標頭檔內所記載的函數原型（prototype），檢查程式中所使用到的函數用法是否合乎規則。當這些檢查都沒有錯誤時，編譯程式就會產生一個目的檔（Dev C++ 在預設的情況是使用完目的檔便將它刪除，所以您看不到這個檔案，不過可以更改 Dev C++ 的設定選項來留住它），所以「目的檔」即代表一個已經編譯過且沒有錯誤的程式。

目的檔產生後，就該連結程式（linker）忙碌了，連結程式會將其它的目的檔及函數庫（library）連結在一起後，成為一個「.exe」可以執行的檔案。當 C 程式變成可執行檔後，它就是一個獨立的個體，不需要 Dev C++ 的環境即可執行，因為連結程式已經將所有需要的函數庫及目的檔連結在一起了。

如果想看看 Dev C++ 把原始程式與執行檔放在什麼地方，您可以到程式所存放的資料夾（下面的範例是將檔案存放在「C 語言」資料夾）中找到這些檔案的蹤影：

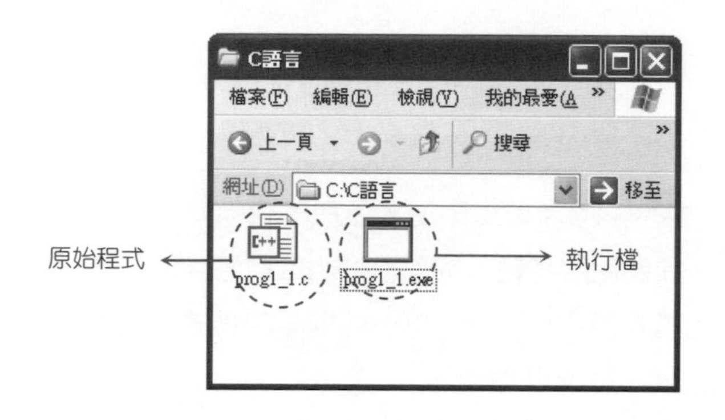

圖 1.4.1
查看原始檔與編譯連結後的執行檔

那麼，什麼又是「函數庫」呢？函數為 C 語言的基本單位，也就是說，C 語言是由函數所組成的。C 語言已經將許多常用的函數寫好，並將這些函數分門別類（如數學函數、標準輸出輸入函數等），當您想要使用這些函數時，只要在程式中載入它所屬的標頭檔就可以使用它們，這也是 C 語言迷人的地方哦！這些不同的函數集合在一起，就把它們統稱為「函數庫」。下圖為原始程式編譯及連結的過程：

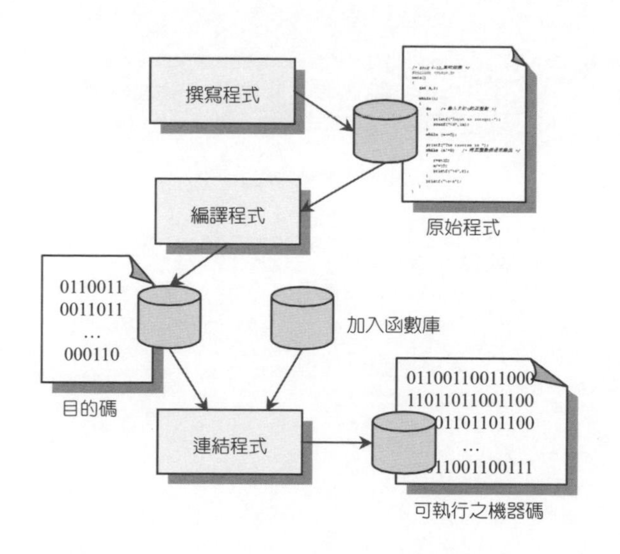

圖 1.4.2
原始程式編譯及連結的過程

1.5 本書的編排與慣例

本書的編排是以方便讀者的學習為導向，下面列出了本書的編排方式與字型的使用慣例，以方便您的閱讀：

・程式碼與程式的輸出

本書的程式碼均以「Courier New」的字型來印出，並把程式的輸出部分列於程式的後面；於程式執行時，需要使用者輸入的部分以粗的斜體字來表示。此外，重要的程式碼會加上底色或粗體字來凸顯。以一個簡單的程式碼為例，您可以看到本書中所使用的程式碼及輸出的慣用法：

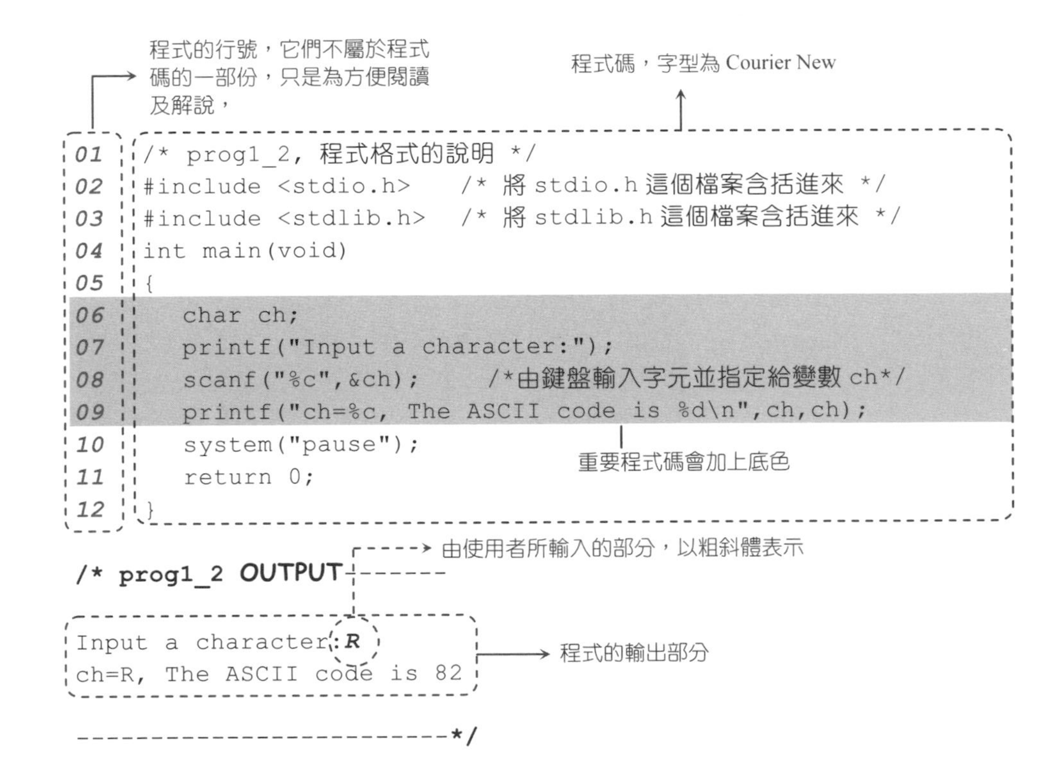

• 本書所使用的作業系統與編譯程式

C 的某些特性會隨著作業系統與編譯程式而異。例如，較早期的編譯程式如 Turbo C，其整數型態的變數佔了兩個位元組，但 Dev C++、Visual C++ 等則佔了四個位元組。本書所使用的作業系統為 Windows XP，編譯程式則使用 Dev C++ 5.0 與 Visual C++ 6.0。

現在您對 C 語言應有初步的概念了。雖然本書的編譯程式是使用 Dev C++ 與 Visual C++，不過如果您是使用其它的編譯程式（如 Turbo C 或 Borland C++ builder 等），本書的程式碼一樣可以正常的編譯與執行喔！

習 題 （題號前標示有 ✚ 符號者，代表附錄 E 裡附有詳細的參考答案）

1.1 C 語言概述

1. 試比較直譯器（interpreter）與編譯器（compiler）的不同。它們各有何優點？
✚ 2. 試說明程式的可攜性（portability）是什麼意思？
3. 編譯器的功用為何？直譯式的語言如 BASIC 等是否需要編譯器？
4. 下圖為程式語言的發展史（本圖取自 faramir.ugent.be/dungeon/histlang.html）。從圖中可知，工程中常用的 FORTRAN 語言於 1954 年開始發展，與其它程式語言相比，它算是祖父級的了，但是現今 FORTRAN 在科學工程計算中，仍佔有相當重要的地位。其它語言，諸如 ALGOL、BCPL 與 SCHEME 等語言也是由 FORTRAN 演化而來。請參考下圖，並試著說明 C 語言的前身是哪些語言，以及有哪些語言是由 C 語言演化來的。

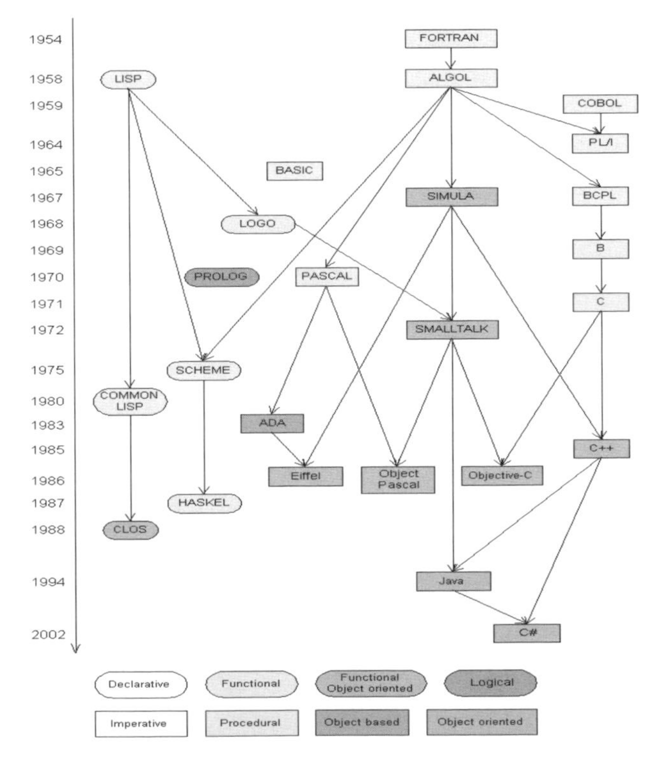

5. 接續習題 4，PASCAL 語言發展的時間點較 C 語言來的長或短？

6. 接續習題 4，早期在商業上常用的程式語言 COBOL，它於何時開始發展？它的發展期間點比 C 語言來得早還是晚？

7. 著名的繪圖軟體 AUTO CAD，它內建有 AUTO LISP 語言，可用來在 AUTO CAD 裡撰寫程式。AUTO LISP 的語法源自 LISP，試問 LISP 語言於哪一年開始發展？

8. 於習題 4 顯示的程式語言發展圖中，每一種語言的功能特性都會以不同的符號和顏色作區隔。例如 C 語言是 Procedural，也就是程序式的語言，而 C++則是物件導向的語言（Object oriented）。試指出還有哪些語言是物件導向的語言？

1.2 程式的規劃與實作

9. 撰寫一個好的程式，必須經歷哪六大步驟？

10. 請以流程圖繪出如下的敘述：“如果天氣好，就去爬山，否則上健身房，不管爬山或上健身房，最後都要回家吃晚飯”。

11. 試說明 bug 和 debug 在程式設計裡各代表的意義。

12. 試說明語意錯誤與語法錯誤的意義與不同處。

1.3 撰寫第一個 C 程式

13. 試修改 prog1_1，使得它可以印出 "我愛 C 語言" 一行中文字。

14. 試修改 prog1_1，使得它可以印出 "我愛 C 語言" 及 "這是我的第一個 C 語言程式" 兩行中文字。

15. 試撰寫一程式，利用 printf() 函數印出下面的圖案（不需使用迴圈，每一列星號請用一個 printf() 函數來列印）：

```
*
**
***
****
*****
```

16. 試以 printf() 函數印出下面的圖案（不需使用迴圈，每一列星號請用一個 printf() 函數來列印）：

```
    *
   ***
  *****
 *******
*********
```

17. 試撰寫一程式，利用 printf() 函數以星號和空白字元印出下面的圖案：

```
********
********
**    **
**    **
********
********
```

1.4 編譯與執行的過程

18. 試說明原始檔案、目的檔案與執行檔的差別。

19. 連結程式可以為我們做哪些事？

20. 試簡單畫出程式編譯與連結的過程。

chapter

02 C語言基本概述

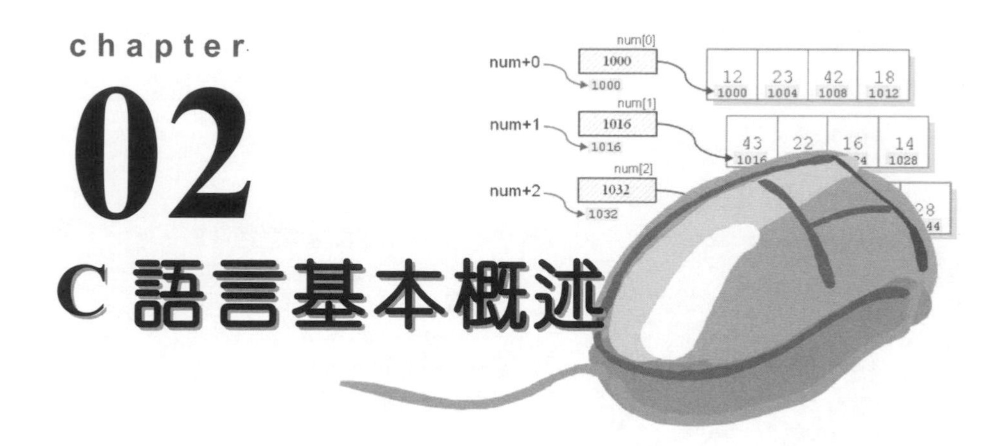

從本章開始，我們要正式學習 C 語言的程式設計了！除了認識程式的基本架構外，本章也介紹了簡單的資料型態、識別字與關鍵字，以及 C 語言撰寫的風格等。經由淺顯的實例，讀者可瞭解到如何使用 C 語言的開發軟體來除錯，並學習提高程式可讀性的方法，藉以培養良好的程式撰寫習慣。

本章學習目標

- 學習 C 語言的基本語法
- 認識關鍵字與識別字的不同
- 學習程式碼除錯的流程
- 學習如何提高程式的可讀性

2.1 簡單的例子

首先我們來看看一個簡單的 C 程式。在還沒有介紹程式的內容之前，不妨先瀏覽一下這個程式本身，試試看是否看得出來它是在做哪些事情（注意 C 語言是會區分大小寫的，所以在鍵入程式碼時請特別小心）：

```
01  /* prog2_1, 簡單的C語言 */
02  #include <stdio.h>        /* 把 stdio.h 這個檔案含括進來 */
03  #include <stdlib.h>       /* 把 stdlib.h 這個檔案含括進來 */
04  int main(void)            /* 主函數 main() 從這兒開始 */
05  {
06     int num;               /* 宣告整數變數 num*/
07     num=2;                 /* 把 num 的值設為 2 */
08     printf("I have %d cats.\n",num);       /* 呼叫 printf() 函數 */
09     printf("You have %d cats, too.\n",num); /* 呼叫 printf() 函數 */
10     system("pause");  /* 呼叫 dos 裡的 pause 指令，用來暫停程式的執行 */
11     return 0;
12  }
```

如果您還不懂這個程式也沒關係，請逐字將它敲進編輯器裡，然後存檔、編譯與執行。當然，如果您是 C 語言的初學者，那麼除錯的過程大概少不了。若是使用 Dev C++ 的環境來編譯，可從「執行」功能表裡選擇「編譯並執行」，或按下 F9 鍵來編譯程式碼並執行之。如果順利的話，可以在螢幕上看到下面兩行輸出：

```
I have 2 cats.
You have 2 cats, too.
```

由上面的輸出中，可以猜想的出來 printf() 這個函數的功用，大概是在印出括號內所包含的文字，那麼「**#include**」、「%d」與「\n」這些奇怪的符號是什麼意思呢？我們先大略的解說這個程式的結構與意義，在稍後的章節裡會再做更深入一層的探討。

程式解說

(1) 第 1 行

```
/* prog2_1, 簡單的 C 語言 */
```

是 C 語言的註解。C 是以「/*」與「*/」記號來包圍註解的文字。註解有助於程式的閱讀與除錯，然而註解僅供程式設計師閱讀，編譯器並不會對它做編譯，所以不會有任何動作。

(2) 第 2 行

```
#include <stdio.h>
```

則告訴電腦把 stdio.h 這個檔案 "含括"（include）進來。stdio 是 standard input/output 的縮寫，即標準輸入與輸出，凡是 C 語言裡有關輸入與輸出函數的格式，均是定義在這個檔案裡。於本例中，因為第 8~9 行使用了 printf() 函數，而 printf() 函數的格式定義在 stdio.h 中，因此必須把 stdio.h 含括進來。

(3) 第 3 行

```
#include <stdlib.h>
```

的作用與第 2 行相同，但它是用來含括 stdlib.h 這個檔案。因為第 10 行 system() 函數的格式是定義在 stdlib.h 中，因此必須把它含括進來（stdlib 為 standard library 的縮寫，為標準函數庫之意）。

(4) 第 4 行

```
int main(void)
```

定義了 main() 函數，其定義的範圍從第 5 行的左大括號（{）開始，到第 12 行的右大括號（}）為止。習慣上我們把 main() 稱為主函數，因為它是程式開始執行的起點，且每一個獨立的 C 程式一定要有 main() 函數才能執行。

```
01  /* prog 2_1, 簡單的C語言 */
02  #include <stdio.h>
03  #include <stdlib.h>
04  int main(void)
05  {
06    int num;
07    num=2;
08    printf("I have %d cats.\n",num);
09    printf("You have %d cats, too.\n",num);
10    system("pause");
11    return 0;
12  }
```

main() 函數的定義範圍（第 05～12 行）

圖 2.1.1

main()函數的範圍示意圖

於第 4 行中，main() 函數之前的 int 是表示 main() 函數有一個傳回值，而傳回的型態為整數（int 為 integer 的縮寫，為整數之意）。main() 括號內的 void 則是表示 main() 函數不需傳入任何的引數（void 英文的原意為空無一物之意）。

(5) 第 6 行

```
int num;
```

宣告了 num 為一個整數型態的變數。有別於其它直譯式的語言（如 BASIC），C 語言在使用變數之前必須先宣告其型態。這對熟悉 BASIC 語言的讀者來說可能會覺得麻煩，但相對的，其好處也不少，本章稍後將會介紹它可帶來哪些好處。

(6) 第 7 行

```
num=2;
```

為一設定敘述，即把整數 2 設定給整數變數 num 存放。

(7) 第 8 行的敘述為

```
printf("I have %d cats.\n",num);
```

printf() 是一個函數，它會先把「%d」這個符號以 num 的值來取代，所以就變成 "I have 2 cats.\n"，然後把兩個雙引號之間的文字輸出到螢幕上。

在雙引號裡，「\n」是換行的控制字元，它告訴 printf() 函數必須在列印出 "I have 2 cats." 這個字串之後換行，也就是把游標移到下一行的開端。如果沒有寫上換行符號，則下一個敘述的輸出會緊接在 "I have 2 cats." 之後。

(8) 第 9 行的敘述

```
printf("You have %d cats too.\n",num);
```

的語法與第 8 行相同，只是列印不同的字串而已。注意由於第 8 行換行符號「\n」的關係，"You have 2 cats, too." 會從 "I have 2 cats." 下一行的第一個字開始列印，而不會緊接在 "I have 2 cats." 的後面。

(9) 第 10 行

```
system("pause");
```

是利用 system() 函數呼叫系統指令 pause，使得程式執行到這兒便先暫停。在 Dev C++裡，由於程式執行完畢後會自動關閉 DOS 視窗，導致看不見輸出的畫面，所以可以利用這行敘述來暫停程式，以便觀察輸出的結果。pause 指令會在視窗上印出 "請按任意鍵繼續..." 字串，只要使用者在鍵盤上按下任意鍵，程式便會繼續執行下去。另外，因 system() 函數的格式是定義在標頭檔 stdlib.h 裡，所以第 3 行必須將 stdlib.h 這個檔案含括進來。

如果執行的環境不會自動關閉 DOS 視窗（如 Visual C++），則可以不用撰寫第 3 行與第 10 行的敘述。

(10) 第 11 行

```
return 0;
```

可由 main() 函數傳回整數 0，此數值由系統接收。習慣上我們是以傳回 0 代表程式順利執行完成，沒有出任何差錯；若傳回其它整數，則代表程式出了某種狀況。

因傳回值 0 為整數型態，所以第 4 行的 main() 函數必須指明傳回值的型態為 int，下圖為 main() 函數的傳回值型態及引數型態的設定說明：

```
傳回型態為整數       main()函數不需傳入引數
      |                  |
   int main( void )
   {
      程式敘述;
      return 0;  —— main()函數執行完畢，傳回整數 0
   }
```

圖 2.1.2
函數的傳回型態及引數說明

簡單地介紹了 prog2_1 這個程式，相信您對 C 的語法已有初步的瞭解了。prog2_1 雖然只有短短的 12 行，卻是一個相當完整的 C 程式！在下一個小節裡，我們會再針對 C 語言的細節部分，做一個詳細的討論。

2.2 解析 C 語言

看過了上一節簡單的介紹之後，我們再來探討 C 語言的一些基本規則及用法。

2.2.1 含括指令 #include 及標頭檔

於前一節中所介紹過的 stdio.h 與 stdlib.h 這兩個檔案，我們稱之為標頭檔（header file）它們之所以稱為標頭檔，原因在於這些檔案，它們是被含括在程式碼的起頭處。標頭檔的附檔名 .h 也是取自 header 這個字的字首。在程式中加入

```
#include <標頭檔>
```

這行敘述後，當 C 在編譯時，即會把這行敘述以整個標頭檔的內容來取代。以最常使用的 stdio.h 與 stdlib.h 標頭檔為例，若是加入

```
#include <stdio.h>
#include <stdlib.h>
```

這兩行敘述，則在程式編譯時，stdio.h 與 stdlib.h 這兩個檔案的內容會分別取代 #include<stdio.h> 與 #include<stdlib.h> 這兩行敘述，如下圖所示：

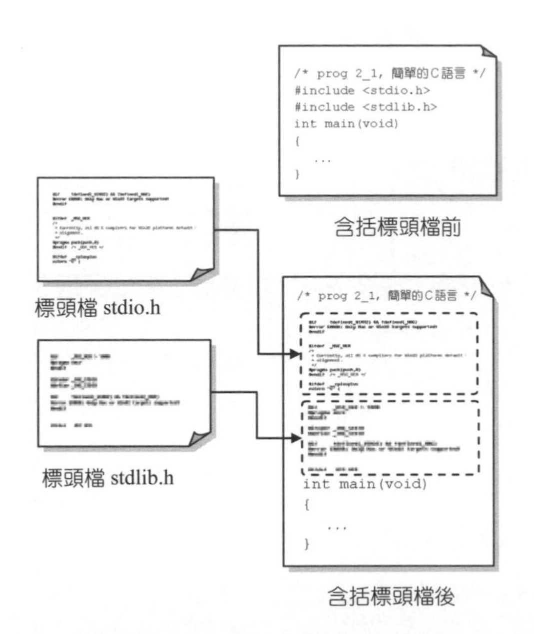

圖 2.2.1

標頭檔的含括動作，含括前與含括後的比較

為什麼不含括 stdio.h 或 stdlib.h 標頭檔，程式也可以編譯？

在某些編譯器裡，即使沒有將 stdio.h 與 stdlib.h 標頭檔載入，程式依然可以正確的編譯與執行，這是因為這些編譯器會自動將常用的標頭檔載入之故。例如，Dev C++ 與老牌的 Trubo C 均是。有些編譯器則是在發現沒含括標頭檔之後，會出現一個警告訊息，並自動含括該有的標頭檔，然後編譯之，如 Visual C++便是。

然而，對語法檢查較嚴的編譯程式，如果沒有含括該有的標頭檔，可能過不了編譯這關。因此在撰寫程式碼時，建議都能含括該有的標頭檔，以提高程式的可攜性。

標頭檔的內容是長什麼樣？

若是您對標頭檔的內容感到好奇，可以到 Dev C++所安裝的資料夾「C:\Dev-Cpp」中，找到「include」資料夾，C 語言所提供的標頭檔就存放在這兒。您可以用 Dev C++開啟標頭檔，並閱讀它的內容，但請別更改它！

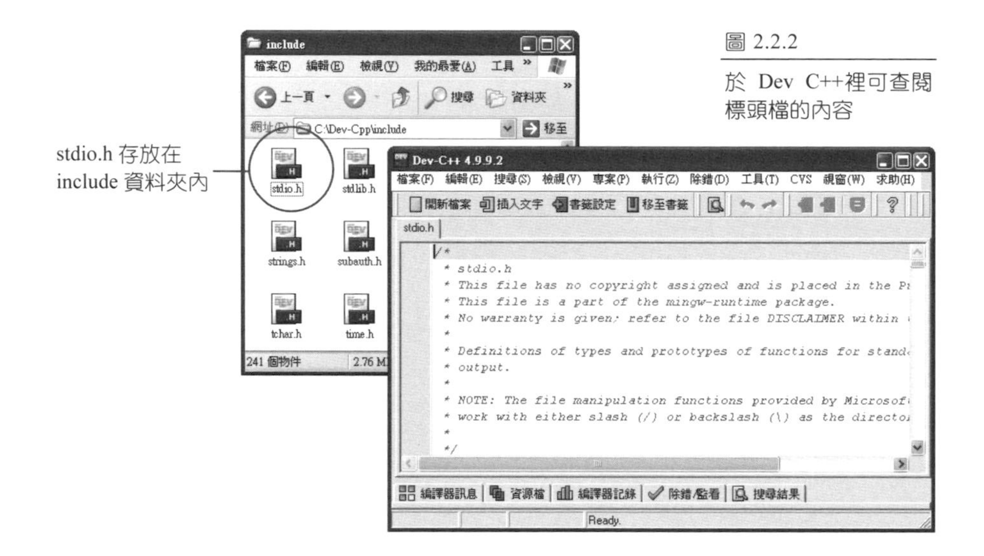

圖 2.2.2
於 Dev C++裡可查閱標頭檔的內容

標頭檔的特性與好處

在 C 語言裡，性質相近之函數，其格式的宣告會蒐錄在同一個標頭檔裡。如 stdio.h 提供了與輸入/輸出相關的函數資訊；而有關數學函數（如 $\sin(x)$ 、 $\cos(x)$ 與 $\sqrt{x}$ 等）的使用格式及相關資訊則宣告在 math.h 裡；有關時間函數的資訊則宣告在 time.h 等等。

因為標頭檔已經把標準函數庫裡，函數的宣告格式都撰寫好了，所以它可以使程式碼更加的簡潔；同時程式設計師也不需花費時間撰寫相關的標頭檔，因而可省下程式開發的時間。

那麼，含括了不必要的標頭檔是否會增加編譯後程式的大小呢？答案是否定的。編譯器只會依您所撰寫的程式內容，到所含括進來的標頭檔裡去擷取需要的資訊，沒有使用到的資訊則不屬於該程式的範圍，故不會增加程式碼的大小。當然，我們也沒有必要含括一些沒有必要的標頭檔到程式裡來，因為這只會徒增程式在閱讀上的困擾。

#include 為 C 語言前置處理器（pre-processor directive）裡的一個指令，因為它是在程式編譯之前執行，所以顧名思義稱之為「前置」處理器。在稍後的章節裡，您也會看到一些以「#」開頭的指令，這些都是屬於前置處理器中的一份子。

2.2.2 主函數 main() 與函數的本體

C 程式是由許多函數組合而成，例如 main() 與 printf() 函數均是 C 語言所提供的標準函數。main() 是一個不可或缺的函數，因為它是程式執行的開端，沒有它程式動不起來。每一個 C 程式必須有一個 main() 函數，而且只能有一個。

以 main() 函數而言，從左大括號（{）開始，到右大括號（}）結束，此區間的程式碼稱為 main() 函數的本體（body）。在本體內的每個指令敘述結束時，必須以分號「;」做結尾。注意在右大括號之後，不需接上分號。

在 C 語言裡，我們把一個用來完成特定工作的程式片段稱為區塊（block），例如用來判斷條件的程式區塊，或者是執行重複動作的迴圈區塊等。下面以一個簡單的範例來說明 main() 函數裡包含有判斷條件 if 區塊的情形，if 敘述的用法於第六章會詳細提及，此處您只要知道什麼是程式區塊即可：

```
01  /* prog2_2, main()函數的本體與程式區塊 */
02  #include <stdio.h>
03  #include <stdlib.h>
04  int main(void)
05  {
06     int i=2;  /* 宣告整數 i，並設值為 2 */
07     if(i<5)   /* if 區塊由此開始 */
08     {
09        printf("變數 i 的值小於 5");
10        printf("\n");     /* 換行 */
11     }                    /* if 區塊結束 */
12     system("pause");
13     return 0;
14  }
```

main() 函數的本體

if 敘述的程式區塊

```
/* prog2_2 OUTPUT--
變數 i 的值小於 5
---------------------*/
```

於本例中，main() 函數的本體從第 5 行的左大括號開始，到第 14 行的右大括號為止，其中 7~11 行定義了一個 if 敘述區塊，用來判別變數 i 的值是否小於 5，如果是，則執行區塊中的敘述（即 9~10 行）。於本例中，讀者可以看到程式區塊內是以一對大括號來包圍該程式區塊的本體。

2.2.3 變數

變數在程式語言中扮演了最基本的角色，它可用來存放資料。使用變數之前必須先宣告它所欲儲存的資料型態，如此才能讓編譯器配置適合的記憶空間給它。我們接著來看看在 C 語言中變數使用的規則。

變數的宣告

舉例來說，在程式中想宣告一個可以存放整數的變數，變數的名稱為 num，於程式中即可寫出如下面的敘述：

```
int num;    /* 宣告 num 為整數變數 */
```

於上例中，int 為 C 語言的關鍵字（keyword），代表整數（integer）之意。若是同時想宣告數個整數變數時，可以像上面的敘述一樣分別宣告它們，或者也可以把它們都寫在同一個敘述中，但每個變數之間必須以逗號分開，如下面的寫法：

```
int num,num1,num2;    /* 同時宣告 num,num1,num2 為整數變數 */
```

變數的資料型態

C 語言的資料型態有字元（char）、整數（int）、長整數（long）、短整數（short）、浮點數（float）、倍精度浮點數（double）等型態。除了這些數值型態的變數之外，還可以決定變數為「有號」（sign）或是「無號」（unsigned）。「有號」的變數可存放正值或負值，但「無號」變數只能存放正值。

一般來說，當您宣告變數時，若是沒有特別指定變數為「無號」時，C 的編譯程式都視這些變數為「有號」。關於這些資料型態，於第三章中會有詳細的介紹。

變數名稱與限制

您可以依個人的喜好來決定變數的名稱，但這些名稱不能使用到 C 語言的關鍵字（keyword）。關鍵字是 C 語言預先定義好的識別字，它有固定的用途，所以在變數命名時，要避免與關鍵字相同。通常我們會以變數所代表的意義來取名（如 num 代表數字，student 代表學生人數等）。當然也可以使用 a、b、c…等簡單的英文字母來代表變數，但是當所宣告的變數愈多時，這些簡單的變數名稱所代表的意義會較容易忘記，反而會增加閱讀及除錯的困難度。

雖然較長的變數名稱有助於記憶，但部分的編譯器可能會限制變數名稱的長度，因此在決定變數名稱時，儘量避免過長的變數名稱。此外，變數名稱的字元可以是英文字

母、數字或底線，但名稱中不能有空白字元，且第一個字元不能是數字。下面是幾個合法與不合法之變數名稱的範例：

```
intel_4x        /* 正確 */
_AMD            /* 正確，變數的第一個字母可以是底線 */
2dos            /* 錯誤，變數的第一個字母不能是數字 */
my dogs         /* 錯誤，變數不能有空格 */
goto            /* 錯誤，變數不能是 C 語言的關鍵字 */
```

2.2.4 變數的設值

宣告變數之後，如果想為變數設值，可用等號運算子（=）來設定，您可以以下列兩種方式來設值：

方法 1 在宣告的時候設值

舉例來說，在程式中宣告一個整數變數 num，並直接設定這個變數的值為 2，可以於程式中寫出如下面的敘述：

```
int num=2;       /* 宣告變數，並直接設值 */
```

方法 2 宣告後再設值

您也可以於宣告後再將變數設值。舉例來說，在程式中宣告整數變數 num1、num2 及字元變數 ch，並且分別設值給它們，於程式中即可寫出如下面的敘述：

```
int num1,num2;   /* 宣告整數變數 num1 與 num2 */
char ch;         /* 宣告字元變數 ch */

num1=2;          /* 將整數變數 num1 的值設為 2 */
num2=30;         /* 將整數變數 num2 的值設為 30 */
ch ='m';         /* 將字元變數 ch 的值設為'm' */
```

2.2.6 為什麼要宣告變數

在撰寫直譯式語言（如 BASIC 等）時，常因不小心把變數名稱輸入錯誤，而造成程式除錯上的困難。由於 BASIC 不需要宣告變數，因此它無法檢查變數名稱的正確性，所以可能會把寫錯名稱的變數視為新的變數。C 語言必須在 main() 函數開始時就宣告變數，這個設計有個好處，即方便我們管理這些被宣告的變數。

當我們於 C 程式中宣告了變數的型態及名稱後，編譯程式就可以很快地找到錯誤的變數名稱（因為它們沒有被宣告），因而節省不少除錯的時間。此外，您可以在各個變數後面加上註解，解釋這個變數的用途與目的，如此一來在撰寫程式時，思路會較為清晰，也比較不容易犯了語意上的錯誤。

2.2.6 格式化輸出函數 printf()

您可以發現，從第一章開始，我們的例題中便出現了不少次的 printf() 函數；只要想在螢幕上輸出文字，就得靠它的幫忙！本節先來熟悉一下 printf() 函數，至於詳細的使用方法，可以參閱第四章的說明。

printf() 函數係以格式化的輸出方式，將函數中的引數列印到螢幕中，其中引數與引數之間必須以逗號做為區隔。舉例來說，想在螢幕上印出 "I have 2 cats." 字串，其中 2 以變數 num 代替，則程式碼可撰寫如下：

```
01   /* prog2_3, printf()函數的練習 */
02   #include <stdio.h>
03   #include <stdlib.h>
04   int main(void)
05   {
06     int num=2;     /* 定義變數 num，並設值為 2 */
07     printf("I have %d cats.\n",num);   /* 呼叫 printf()函數 */
08     system("pause");
09     return 0;
10   }
```

```
/* prog2_3 OUTPUT---
I have 2 cats.
--------------------*/
```

於 prog2_3 中，printf() 函數有兩個引數，一個是格式字串 "I have %d cats.\n"，另一個是變數 num，這兩個引數必須以逗號分開。此外，printf() 函數中的「%d」符號是用來告訴編譯器，把整數變數 num 的值以十進位的格式輸出到這個位置。

2.3 識別字及關鍵字

本節我們將探討 C 語言裡最基本的元件，即識別字與關鍵字。這兩者的意思相近，但代表的涵意卻大不相同。

2.3.1 識別字

在 C 語言中，變數與函數的名稱均是識別字（identifier）。如 prog2_3 中，num 是屬於使用者自訂的變數識別字，而 printf 則是由標準函數庫所提供的函數識別字。當您為識別字命名時，它的名稱只要能代表變數的意義即可，過長的名稱反而會造成閱讀與編輯上的困擾。

2.3.2 關鍵字

識別字是使用者用來命名變數或函數的文字（由英文大小寫字母、數字或底線所組合而成），而關鍵字（keyword）則是編譯程式本身所使用的識別字。自行定義的變數或函數的名稱都不能與 C 語言的關鍵字相同

prog2_3 中的 int、void 與 return 等均屬於 C 語言常用的關鍵字，我們不能把它們當成變數來使用。C 語言所提供的關鍵字如下：

auto	**break**	**case**	**char**	**const**
continue	**default**	**defined**	**do**	**double**
else	**enum**	**extern**	**float**	**for**
goto	**if**	**int**	**long**	**register**
return	**short**	**signed**	**sizeof**	**static**
struct	**switch**	**typedef**	**union**	**unsigned**
void	**while**	**volatile**		

值得一提的是，於 Dev C++ 編輯器裡所有的關鍵字均會以粗黑體字來顯示，以供識別。這個設計可方便讀者了解那些字是屬於關鍵字，對於程式語言的學習相當有助益。

2.4 除錯

不論是多麼有經驗的程式設計師，除錯總是少不了的過程。發現程式的錯誤並加以改正的過程稱為除錯（debug）或除錯。通常錯誤可分為語法錯誤（syntax error）與語意錯誤（semantic error）兩種，下面的兩個小節將分別討論這兩種錯誤。

2.4.1 語法錯誤

顧名思義，語法錯誤就是程式碼的語法不符合 C 語言的規定。您可以仔細閱讀下面的程式，看看是否能夠找出其中的錯誤：

```
01  /* prog2_4, 有錯誤的程式  */
02  #include <stdio.h>
03  #include <stdlib.h>
04
05  int main(void)
06  {
07     int num;        /* 宣告整數 num  /*
08     num=2;          /* 將 num 設值為 2  /*
09     printf("I have %d dogs. \n",num);
10     printf("You have %d dogs, too. \n,num);
11     system("pause")
12     return 0;
13  )
```

prog2_4 犯了幾個語法上的錯誤，若是經由編譯程式編譯，便可把這些錯誤都抓出來。首先，您可以看到第 6 行，main() 的本體以左大括號開始，應以右大括號結束。所有括號的出現都是成雙成對的，因此第 13 行 main() 結束時應以右大括號做結尾，而 prog2_4 中卻以右括號「)」結束。

此外，註解的符號是以「/*」開始，以「*/」結尾，但是於第 7 行與第 8 行的註解中，結尾的符號不對。另外，第 10 行 printf() 函數內少了一個雙引號；最後，在第 11 行的敘述結束時，沒有以分號作為結尾。

上述的幾個錯誤均屬於語法上的錯誤（syntax error）。當編譯程式發現程式語法有錯誤時，會標示出錯誤的位置，並指出錯誤的原因，如此只要根據編譯程式所給予的訊息便可更正錯誤。將程式更改後重新編譯，若是還有錯誤，再依照上述的方式重複除錯，便可將錯誤一一訂正。上面的程式經過除錯、除錯之後執行的結果如下：

```
/* prog2_4 OUTPUT 除錯後的結果 --
I have 2 dogs.
You have 2 dogs, too.
----------------------------------*/
```

2.4.2 語意錯誤

當程式本身的語法沒有錯誤，但是執行結果卻不符合我們的要求，此時可能犯了語意上的錯誤（semantic error），也就是程式邏輯上的錯誤。事實上，想要找出語意錯誤會比找語法錯誤要難上許多，這是因為編譯程式無法找出語意錯誤，必須靠程式設計者一步一步檢查程式，把程式的邏輯重新想過才能找得到。我們用一個簡單的例子說明什麼是語意錯誤：

```
01  /* prog2_5, 語意錯誤的程式 */
02  #include <stdio.h>
03  #include <stdlib.h>
04
05  int main(void)
06  {
07     int num=-2;        /* 宣告整數變數 num，並設值為-2 */
08
09     printf("I have %d dogs.\n", num);
10     system("pause");
11     return 0;
12  }
```

```
/* prog2_5 OUTPUT---
I have -2 dogs.
--------------------*/
```

於本例中，編譯的過程並沒有找到錯誤，但是執行後的結果卻不正確，這種錯誤就是語意錯誤，只要找出語意上的錯誤，執行程式時就不會有問題了。這個程式所犯的錯誤，就是於第 7 行中，因一時手誤，將 num 的設值輸入成-2，雖然語法是正確的，但是卻不符合程式的需求，只要將錯誤更正後，執行程式時就不會出現這種非預期的結果。

雖然本例使用了一個簡單的例子來說明語意錯誤的發生，實際上會出現語意錯誤的程式，通常不會這麼容易看出，此時必須逐步地檢查程式的內容，尋找發生語意錯誤的地方，使用這種地毯式的搜尋方式，似乎有些笨拙，卻是最徹底的方法。

2.5 提高程式的可讀性

能夠寫出一個簡潔的程式是值得高興的，但除了簡潔之外，也要學習如何提高程式的可讀性，以利他人的閱讀與日後程式碼的維護。如何提高可讀性呢？前面提到過，在程式中加上註解，以及為變數取個有意義的名稱都是很好的方法。此外，保持每一行

只有一個敘述及適當的空行，也會提高可讀性。另外，下列幾點影響程式的可讀性甚鉅，在此處提出說明：

程式碼請用固定字距

我們建議讀者程式碼採用固定字距（fixed spaced）的字體來表示，而且不要用斜體字，以利程式碼的閱讀。下面是兩個內容完全相同的程式碼，第一個是用固定的字距來顯示，第二個則是用比例字距（proportional spaced）。您可以比較一下這兩個程式碼，哪一個在視覺效果上較好：

```
/* 使用固定字距的程式碼，字型為 Courier New  */
#include <stdio.h>
#include <stdlib.h>
int main(void)
{
  printf("We all love C. \n");
  system("pause");
  return 0;
}
```

圖 2.5.1

以固定字距來顯示程式碼，其結果較易閱讀

```
/* 使用非固定字距，且程式碼為斜體字，字型為 Times New Roman*/
#include <stdio.h>
#include <stdlib.h>
int main(void)
{
  printf("We all love C. \n");;
  system("pause");
  return 0;
}
```

圖 2.5.2

以非固定字距顯示程式碼，於視覺效果上比較不易閱讀

將程式碼縮排

在程式中可以利用空白鍵或是 Tab 鍵，將程式敘述縮排（indent）。同一個層級的程式碼使用空白鍵或是 Tab 鍵將敘述向內排整齊。程式裡使用到的空白鍵與 Tab 鍵皆不會影響到編譯器的編譯動作。

於下面兩個範例中，prog2_6 與 prog2_7 這兩個程式內容完全相同，但一個將程式碼縮排，另一個則無。讀者可注意到，prog2_6 這個程式經過縮排與空行處理後，程式行數雖然較長，但是卻可以讓人一下子就了解程式的內容：

```
01   /* prog2_6,有縮排的程式碼  */
02   #include <stdio.h>
03   #include <stdlib.h>
04
05   int main(void)
06   {
07     int i;
08
09     printf("Cats are running, ");
10     printf("dogs are chasing.\n");
11
12     system("pause");
13     return 0;
14   }
```

下面的例子與前例相仿，雖然可以正確的編譯與執行，但是因為撰寫風格的關係，閱讀起來較為困難：

```
01   /* prog2_7, 沒有縮排的程式碼  */
02   #include <stdio.h>
03   #include <stdlib.h>
04   int main(void)
05   {
06   int i;
07   printf("Cats are running, ");
08   printf("dogs are chasing.\n");
09   system("pause");
10   return 0;
11   }
```

雖然 prog2_6 與 prog2_7 的輸出結果都是一樣的，但是經過比較之後，就能更容易地了解到使用縮排及適當的空行等小祕訣，可以讓我們的程式增加不少可讀性。程式 prog2_6 及 prog2_7 執行的結果如下：

```
/* prog2_6, prog2_7 OUTPUT------
Cats are running, dogs are chasing.
-----------------------------------*/
```

C 是依據分號與大括號來判定敘述到何處結束，因此您甚至可將 prog2_7 所有的程式碼全擠在一行，編譯時也不會有錯誤訊息產生，但多半沒有人這麼做，因為一個令人賞心悅目的程式，對於程式設計工作而言，是很重要的一件事。

將程式碼加上註解

註解有助於程式的閱讀與除錯，因此可以增加程式的可讀性。如前所述，C 語言是以「/*」符號開始，「*/」符號結尾，將欲註解的文字括起來，在這兩個符號之間的文字，C 編譯器均不做任何處理。例如，下面的範例均是合法的註解方式：

```
/* prog2_7, examples */
/* created by Wien Hong */
```

以註解符號對每一行文字做註解

```
/*
   This paragraph demonstrates the capability
   of comments used by C
   November 06 2006
*/
```

於「/*」和「*/」符號之間的文字均是註解

本章介紹了 C 語言最基本的概念，讀完本章，您應該對 C 語言的撰寫有一些基本的認識了。在學習 C 語言的過程中，"除錯" （debug）是一種很重要的學習歷程。建議您不僅要從編譯器的錯誤訊息得知是第幾行出錯，更要學習看懂錯誤訊息是在告訴您些什麼（雖然它是英文），如此才能對症下藥，從錯誤中學習正確的語法，以培養出良好的程式撰寫習慣。

習 題 （題號前標示有 ⬇ 符號者，代表附錄 E 裡附有詳細的參考答案）

2.1 簡單的例子

1. 試著逐行瞭解下面的程式碼，並寫出此一程式的執行結果。

```
01  /* hw2_1.c, 基本程式的練習  */
02  #include <stdio.h>
03  #include <stdlib.h>
04  int main(void)
05  {
06    int i=5;
07    printf("%d+%d=%d\n",i,i,i+i);
08    system("pause");
09    return 0;
10  }
```

⬇ 2. 於習題 1 中，如果把第 4 行的 int 改成 void，在編譯時，您會得到什麼樣的錯誤訊息？請嘗試了解此錯誤訊息，並說明錯誤之所在。

⬇ 3. 試寫一個程式，可列印出 "You are my best friend." 字串。

4. 試寫一個程式，可列印出如下的輸出結果：

```
See you tomorrow.
Have a good night.
```

2.2 解析 C 語言

⬇ 5. 試寫一程式，可計算 5+12 的值，並將結果列印出來。

6. 試寫一程式，可計算 6+7+24 的值，並將結果列印出來。

7. 試在您所使用的 C 語言開發環境裡找出 stdio.h 與 stdlib.h 這兩個檔案，請將它們的內容分別拷貝起來，然後分別貼在 hw2_1.c 裡第 2 行與第 3 行的位置，取代掉

```
02  #include <stdio.h>
03  #include <stdlib.h>
```

這兩行，最後再編譯之。

以上的動作事實上就是編譯器所做的 "含括" 動作，只是現在是以手動的方式將 stdio.h 與 stdlib.h 這兩個檔案含括進來罷了！如果執行本範例，您是否會得到與習題 1 相同的結果？

8. 試仿照習題 7 的步驟，將 prog2_2 重新編譯並執行之。

9. 在編譯下面的程式碼時，編譯器會給您什麼樣的錯誤訊息？請試著了解此一錯誤訊息，並修正錯誤之處。

```
01  /* hw2_9.c, 有錯誤的程式碼  */
02  #include <stdio.h>
03  #include <stdlib.h>
04  int main(void)
05  {
06     i=5;
07     printf("i=%d",i);
08     system("pause");
09     return 0;
10  }
```

10. 試修改 prog2_2，使得第 9 行與第 10 行可以合併成一行來撰寫。

11. 試以 printf() 函數印出如下的圖案：

```
*
**
***
****
*****
```

2.3 識別字及關鍵字

12. 下面哪些是有效的識別字？

```
_artist       #japan       ChinaTimes     Y2k
2cats         pentium3     22456          TOMBO
A1234         __two        jdk1_3         2_cugii
a pencil      println      news#          NO1
AAA           ___AMD
```

13. printf() 函數的名稱 printf，它是屬於識別字還是關鍵字？

14. 在 C 語言裡，main 是屬於識別字還是關鍵字？為什麼？

15. 在主函數 main() 裡，我們是否可以宣告名稱是 main 的變數？試撰寫一個簡單的程式碼，來回答這個問題。

2.4 除錯

16. 程式的錯誤可分為語法錯誤和語意錯誤兩種。如果是忘了宣告變數，或者是在敘述最後沒有加上分號，則這種錯誤是屬於哪一種錯誤？

17. 如果在撰寫程式時，該把某一個數值開根號，但在程式碼裡卻沒有這麼做，因而導致執行結果不對，這種錯誤是屬於語法錯誤還是語意錯誤？

18. 試找出下列程式錯誤之處，並嘗試修正之：

```
01  /* hw2_18, 請找出此程式何處有誤 */
02  #include <stdio.h>
03  #include <stdlib.h>
04  int main(void)
05  {
06      int num=2
07      printf(num=%d,num);
08      system(pause);
09      return 0;
10  }
```

2.5 提高程式的可讀性

19. 如何提高程式的可讀性？提高程式的可讀性對程式的維護有哪些好處？

20. 下面是一個簡單的 C 程式碼，但程式的編排方式並不易於閱讀。請重新編排它來提高程式的可讀性：

```
01  /* hw2_20.c, 基本程式的練習  */
02  #include <stdio.h>
03  #include <stdlib.h>
04  int main(void){int i=5;
05  printf("%d+%d=%d\n",i,i,i+i);
06  system("pause");return 0; }
```

21. 接續習題 20，試將習題 20 重新編排後，再加上適當註解，使得程式碼更具可讀性。

chapter

03 基本資料型態

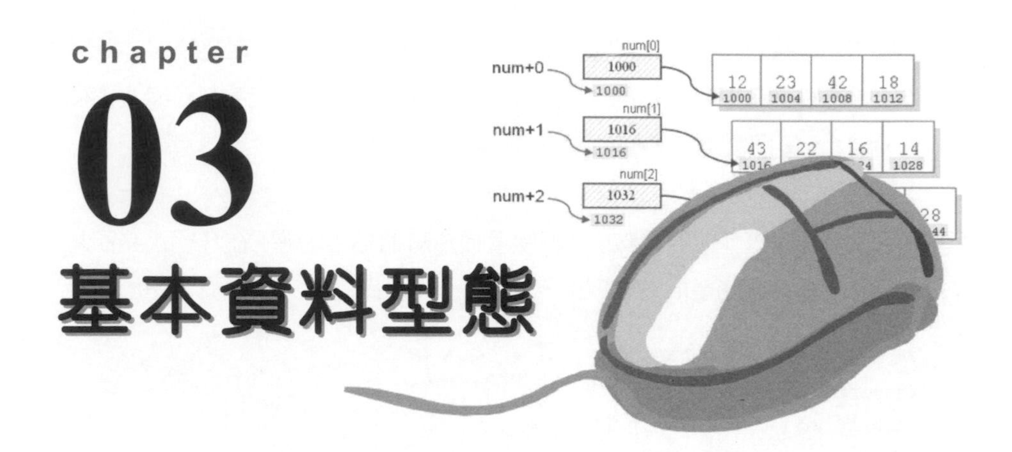

在 C 語言中，變數是利用宣告的方式，將記憶體中的某個區塊保留下來以供程式使用。本章將就變數及各種資料型態做一個基礎的解說，同時也介紹溢位的發生與型態轉換等概念，學完本章，您將會對 C 語言所提供的資料型態有更深一層的認識。

本章學習目標

- 認識常數與變數的不同
- 學習 C 語言所提供的各種資料型態
- 了解溢位的發生
- 學習認識資料型態之間的轉換

3.1 變數與常數

不同類型的資料需要不同型態的變數來儲存。例如班級的人數一定是整數，此時便可利用整數型態的變數來儲存班級的人數；如果手機的重量為 62.4 克，因 62.4 這個數字帶有小數，因此利用浮點數型態的變數來儲存它較為適合。

C 語言提供了多種資料型態的變數，以因應各種資料的儲存所需。在介紹這些資料型態之前，我們先來看一個簡單的實例：

```
01  /* prog3_1,變數的使用 */
02  #include <stdio.h>
03  #include <stdlib.h>
04  int main(void)
05  {
06     int num1=12400;       /* 宣告 num1 為整數變數，並設值為 12400 */
07     double num2=5.234;    /* 宣告 num2 為倍精度浮點數變數,並設值為 5.234 */
08
09     printf("%d is an integer\n",num1);   /* 呼叫 printf()函數 */
10     printf("%f is a double\n",num2);     /* 呼叫 printf()函數 */
11
12     system("pause");
13     return 0;
14  }
```

```
/* prog3_1 OUTPUT---

12400 is an integer
5.234000 is a double
----------------------*/
```

程式解說

在 prog3_1 中，6~7 行宣告了整數變數 num1 與倍精度浮點數變數 num2，並分別將整數常數 12400 與倍精度浮點數常數 5.234 設值給這兩個變數，9~10 行則是利用 printf() 函數將它們顯示在螢幕上。

當我們宣告一個變數（variable）時，編譯程式會在記憶體內配置一塊足以容納此變數大小的記憶體空間給它。不管變數的值如何改變，同一種型態的變數永遠佔用相同的記憶空間。常數（constant）則不同於變數，它的值是固定的，如整數常數 12400、倍精度浮點數常數 5.234 等。

以程式 prog3_1 為例，第 6 行宣告了一個整數變數 num1，並將整數常數 12400 設定給它，此時編譯器便會配置 4 個位元組（bytes）的記憶空間給變數 num1，並將 12400 寫入此記憶空間內，如下圖所示：

圖 3.1.1

宣告整數變數 num1，此時編譯器會配置 4 bytes 的記憶空間給它

相同的，第 7 行宣告了一個倍精度浮點數變數 num2，並設定初值為 5.234。因倍精度浮點數佔了 8 個位元組，因此編譯器便會配置 8 個位元組的記憶空間給變數 num2，並將常數 5.234 寫入此記憶空間內，如下圖所示：

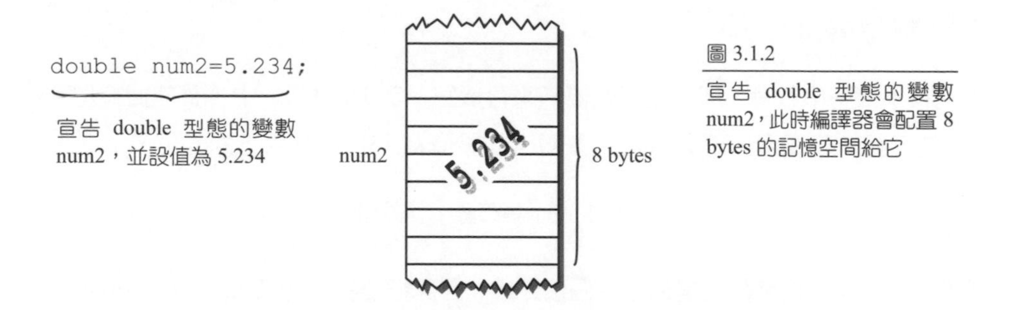

圖 3.1.2

宣告 double 型態的變數 num2，此時編譯器會配置 8 bytes 的記憶空間給它

prog3_1 說明了如何宣告變數，並設值給它。值得一提的是，最好能為變數取個有意義的名稱，如此可方便程式的撰寫，並減少開發時間，提升維護效率。 ❖

3.2 基本資料型態

在 C 語言裡，變數的型態可分為整數與浮點數兩大類型。下表中列出了各種基本資料型態所佔的記憶空間及範圍，您可以在使用時選擇適合的資料型態：

表 3.2.1　C 語言所提供的基本資料型態

資料型態		型態說明	位元組	表示範圍
整數類型	long int	長整數	4	-2147483648 到 2147483647
	int	整數	4	-2147483648 到 2147483647
	short int	短整數	2	-32768 到 32767
	char	字元	1	0 到 255(256 個字元)
浮點數類型	float	浮點數	4	1.2e-38 到 3.4e38
	double	倍精度浮點數	8	2.2e-308 到 1.8e308

在不同的編譯器裡，整數類型的變數所佔的位元組可能會有些許的不同。例如早期的編譯器如 Turbo C 等，int 佔了 2 個位元組，long int 的長度則為 4 個位元組。而在 Dev C++中，int 與 long int 則是同樣佔了 4 個位元組。

3.2.1 整數型態 int

當資料不帶有小數時，即可用整數變數來存放它。於 Dev C++ 中，整數資料型態佔了 4 個位元組。若要宣告變數 num 為整數，並設值為 15，可利用下面的語法：

```
int num=15;          /* 宣告 num 為整數，並設值為 15 */
```

於 Dev C++裡，長整數也是佔了 4 個位元組，因此把變數宣告成 int 或者是 long int，使用起來並無差異。但在其它編譯器裡，int 可能只佔了 2 個位元組，此時如果需要用到比較大範圍的整數時，則必須把變數宣告成 long int，如下面的語法：

```
long int num=124000L;  /* 宣告 num 為長整數，並設值為 124000L */
```

其中大寫的 L 是代表此一常數是長整數常數。於上面的宣告中，int 是可以省略的，因此我們可以把這個宣告改寫成如下的敘述：

```
long num=124000L;      /* 宣告 num 為長整數，並設值為 124000L */
```

若是資料值很小，範圍在-32768 到 32767 之間時，便可利用短整數(short int)來存放，以節省記憶空間，因為它只佔了 2 個位元組。舉例來說，想宣告一個短整數變數 sum 時，可以於程式中做出如下的宣告：

```
short int sum;         /* 宣告 sum 為短整數 */
```

如此，編譯器即會配置一塊佔有 2 個位元組的記憶空間供 sum 變數使用。由於變數 sum 宣告成短整數，所以它的範圍只能在-32768 到 32767 之間。相同的，於上面的宣告語法中，關鍵字 int 是可以省略的。

無號整數

在宣告整數資料型態時，我們還可以加上 unsigned 這個關鍵字，使得它成為「無號」整數。當資料絕對不會出現負數的時候（例如班上學生的總人數），就可以用無號整數來儲存它。如此一來，這個無號整數變數的儲存範圍便只能是整數，且正數的表示範圍也會變成原先的兩倍。無號整數所佔記憶體空間及可表示的範圍如下所示：

表 3.2.2 無號整數的資料型態

資料型態	型態說明	位元組	表示範圍
unsigned long int	無號長整數	4	0 到 4294967295
unsigned int	無號整數	4	0 到 4294967295
unsigned short int	無號短整數	2	0 到 65535

舉例來說，想宣告一個無號的整數變數 num 時，可以於程式中做出如下的宣告：

```
unsigned int num;     /* 宣告 num 為無號整數 */
```

此時編譯器便會配置 4 個位元組的記憶空間供變數 num 使用。

溢位的發生

當數值的大小超過變數可以表示的範圍時，便會發生溢位（overflow）。下面的程式範例中，我們宣告了短整數 sum 與 s，並將 s 設值為短整數可以表示範圍的最大值，然後分別將 s 的值加 1 及加 2，再設給 sum 存放，用來了解溢位發生的情形：

```
01  /* prog3_2, 短整數資料型態的溢位*/
02  #include <stdio.h>
03  #include <stdlib.h>
04  int main(void)
05  {
06     short sum,s=32767;          /* 宣告短整數變數 sum 與 s */
07
08     sum=s+1;
09     printf("s+1= %d\n",sum);     /* 列印出 sum 的值 */
10
11     sum=s+2;
12     printf("s+2= %d\n",sum);     /* 列印出 sum 的值 */
13
14     system("pause");
15     return 0;
16  }
```

```
/* prog3_2 OUTPUT---
s+1= -32768
s+2= -32767
--------------------*/
```

程式解說

於 prog3_2 中，第 6 行宣告了短整數變數 sum 與 s，並設定 s 的值為短整數所容許的最大值（32767）。當 s 的值加上 1，再設給 sum 變數存放，從第 9 行的輸出可以發現，sum 的值變成-32768，恰為短整數可以表示範圍的最小值，這就是資料型態的溢位（overflow）。相同的，第 11 行把 s 的值加上 2，再把結果設回給 sum 變數存放，由第 12 行的輸出可看出，其結果變成短整數可表示範圍中的次小值。

上述的情形就像是計數器的內容到最大值時，會自動歸零（零在計數器中是最小值）一樣，而在短整數中最小值為-32768，所以當短整數 s 的值最大時，加上 1 就會變成最小值-32768，這就是溢位的發生，如下面的圖例說明：

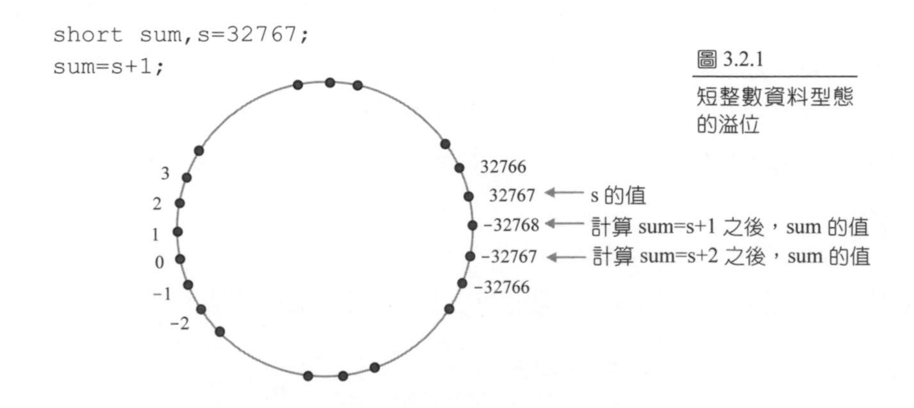

圖 3.2.1
短整數資料型態的溢位

於本例中，如果修改第 6 行，把 sum 宣告成 int，s 宣告成 short，則溢位就不會發生，這是因為變數 sum 可儲存的範圍，可達 4 個位元組之故（short 只用兩個位元組來儲存資料），由此可知，要避免溢位的發生，慎選變數的資料型態是很重要的。 ❖

3.2.2 字元型態 char

字元型態佔有 1 個位元組（byte），可以用來儲存字元。通常字元會被編碼，亦即把每一個字元均編上一個整數碼，以方便處理這些字元，其中 ASCII 是較為人知的編碼系統（請參閱附 D）。

ASCII 是 American Standard Code for Information Interchange 的縮寫，用來制訂電腦中每個符號對應的整數代碼，這個代碼也叫做電腦的內碼（code）。每個 ASCII 碼是以 1 個位元組儲存，數字 0 到 127 代表不同的常用符號，例如大寫 A 的 ASCII 碼是 65，小寫 a 則是 97。

由於每個 ASCII 碼佔了一個位元組，每個位元組有 8 個位元，所以每個位元組可以表示 $2^8 = 256$ 個字元，但數字 0 到 255 中，較高的位元（即 128~255）並沒有被使用到，所以後來又將這些位元也編入 ASCII 碼中，成為八個位元的「延伸 ASCII 碼」（extended ASCII）。延伸的 ASCII 碼裡加上了許多數學與表格框線等特殊符號，成為目前最常用的內碼。

想在程式裡宣告某個字元變數，並設值給它，可利用下面的語法：

```
char ch;          /* 宣告字元變數 ch */
ch='A';           /* 將字元常數'A'設值給字元變數 ch */
```

當然，您也可以在宣告的同時便設定初值：

```
char ch='A';      /* 宣告字元變數 ch，並將字元常數'A'設值給它 */
```

請您注意，字元常數必須放在單引號裡面，而不是雙引號。此外，我們也可以把整數設給字元變數，這種方式是利用 ASCII 碼來設定字元變數。例如小寫字母 a 的 ASCII 碼是 97，我們便可直接把整數 97 設定給字元變數 ch 存放，如下面的範例：

```
char ch=97;       /* 宣告字元變數 ch，並設值為 ASCII 碼為 97 的字元 */
```

有了上面的認知之後，現在您可以知道下面兩個敘述的不同了：

```
char ch='7';      /* 將字元常數'7'設給字元變數 ch */
char ch=7;        /* 將 ASCII 碼為 7 的字元給字元變數 ch */
```

如果要在 printf() 函數裡印出字元，列印格式碼可用「%c」，如要印出字元的 ASCII 碼，則可用「%d」。於下面的程式中，我們分別以字元格式碼「%c」與整數格式碼「%d」來列印字元 a，用以驗證 a 的 ASCII 碼是 97：

```
01  /* prog3_3, 字元的列印*/
02  #include <stdio.h>
03  #include <stdlib.h>
04  int main(void)
05  {
06     char ch='a';                    /* 宣告字元變數 ch，並設值為'a' */
07     printf("ch= %c\n",ch);          /* 印出 ch 的值 */
08     printf("ASCII of ch= %d\n",ch);      /* 印出 ch 的十進位值 */
09
10     system("pause");
11     return 0;
12  }
```

```
/* prog3_3 OUTPUT---
ch= a
ASCII of ch= 97
--------------------*/
```

程式解說

於本例中，第 6 行宣告了字元變數 ch，並設值為 'a'，第 7 行利用字元格式碼「%c」印出 ch 的值，因此程式的輸出為小寫英文字母 a。第 8 行則是以整數格式碼「%d」來列印 ch 的值，因此輸出為字元 'a' 的 ASCII 碼 97。 ❖

除了直接設定字元變數為某個特定的字元之外，我們也可以把字元變數設值為某個字元的 ASCII 碼，如此一來，這個字元變數就等同於 ASCII 碼所對應到的字元，於如下面的程式範例：

```
01  /* prog3_4, 以ASCII碼設定字元 */
02  #include <stdio.h>
03  #include <stdlib.h>
04  int main(void)
05  {
06     char ch=90;                    /* 將整數 90 設給字元變數 ch */
07     printf("ch=%c\n",ch);          /* 印出 ch 的值 */
08
09     system("pause");
10     return 0;
11  }
```

```
/* prog3_4 OUTPUT---
ch=Z
---------------------*/
```

程式解說

於本例中，第 6 行宣告了字元型態的變數 ch，並將它設值為 90，這個設定代表把變數 ch 的值設定為 ASCII 碼為 90 的字元，也就是 Z 這個大寫的英文字母。因此，第 7 行由 printf() 函數可輸出 Z。

附帶一提，字元常數與字串常數是有區別的。字元常數是以一對單引號包圍字元，而字串常數則是以一對雙引號包圍。例如 'a' 是一個字元，而 "holiday" 即為一字串常數。當然 "a" 可看成是只包含了一個字元的字串，但字串 "a" 和字元 'a' 所代表的意義並不相同，C 語言裡處理字元和字串的方式也不一樣。關於這兩者真正的區別，在第九章中會有詳細的討論。 ❖

在使用 ASCII 碼時，要注意的是，數字字元（如字元 '2'）和它相對應的 ASCII 碼是不同的，舉例來說，字元 '2' 的 ASCII 碼為 50，並不是整數 2 這個值，如下面的範例：

```
01  /* prog3_5, 數字字元與其相對應的 ASCII 碼 */
02  #include <stdio.h>
03  #include <stdlib.h>
04  int main(void)
05  {
06     char ch='2';                    /* 宣告字元變數 ch，並設值為'2' */
07     printf("ch=%c\n",ch);           /* 印出字元變數 ch */
08     printf("the ASCII of ch is %d\n",ch);  /* 印出 ch 的 ASCII 碼 */
09
10     system("pause");
11     return 0;
12  }
```

```
/* prog3_5 OUTPUT----
ch=2
the ASCII of ch is 50
-----------------------*/
```

程式解說

於本例中，第 6 行宣告了字元變數 ch，並設值為字元常數 '2'，第 7 行印出了字元變數 ch 的值，第 8 行則是印出了 ch 的 ASCII 碼。從本例的輸出中，您可以看到字元 '2' 的 ASCII 碼為 50，而不是整數 2。 ❖

稍早曾提到，字元型態也算是整數型態的一種，因此我們可以將字元變數設值為整數。但是字元型態的表示範圍只有 0~255，如果我們將大於 255 的整數以字元格式碼「%c」印出，會發生什麼問題呢？

於下面的程式中，我們宣告一個整數變數 i 並設值為 298（大於字元型態的表示範圍 255），可以想像會發生什麼事嗎？

```
01  /* prog3_6, 字元型態的列印問題*/
02  #include <stdio.h>
03  #include <stdlib.h>
04  int main(void)
05  {
06     int i=298;
07     printf("ASCII(%d)=%c\n",i,i);   /* 印出ASCII 碼為 i 的字元 */
08
09     system("pause");
10     return 0;
11  }
```

```
/* prog3_6 OUTPUT---
ASCII(298)=*
--------------------*/
```

程式解說

當我們將大於 255 的整數以字元格式碼「%c」印出時，結果出現了星形符號「*」，這是因為字元只佔有 1 個位元組，而整數有 4 個位元組，所以當「%c」遇到超過 255 的數值時，就只會截取後面 1 個位元組的資料，以上面的例子來說，298 的二進位為 100101010，被「%c」截取後面 8 個 bits（1 個位元組）後變成 00101010，剛好是十進位的 42，而 ASCII 碼 42 就是「*」符號，如下圖所示：

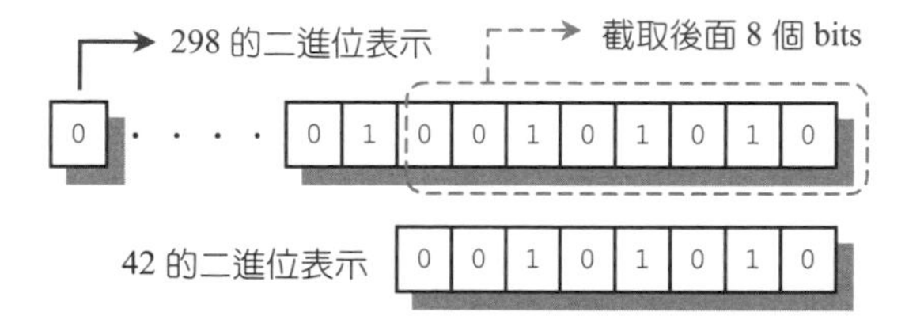

圖 3.2.2

字元型態的變數，若設值超過 255，則只會截取後面 8 個 bits

這種截取後面 1 個位元組的方式，相當於數值除以 256 後的餘數。您可以試著將 298 除以 256 後取其餘數，確認餘數是否為 42。 ❖

跳脫字元與跳脫序列

對於某些無法直接用鍵盤輸入的字元，C 語言是以反斜線字元「\」，加上一個控制碼做為一個完整的特殊字元，以便和正常的字元有所區別。當程式遇到「\」這個字元與控制碼時，便會依照控制碼所代表的意義來執行程式。例如，「\a」代表警告音，其中字元「a」代表一個控制碼。當編譯式編譯到「\a」時，便知道它是一個警告音。

由於反斜線字元「\」之後緊接一個字元時，這個字元會被解譯成控制碼，它已經跳脫了原來的涵意，因此反斜線「\」稱為跳脫字元（escape character），而反斜線「\」加上後面的控制碼，則稱為跳脫序列（escape sequence）。例如「\a」就是一個代表警告音的跳脫序列。

下表列出了常用的跳脫序列與其相對應的 ASCII 碼。您可以把字元變數直接設值為跳脫序列，或者是它的 ASCII 碼，然後放在 printf() 函數裡使用：

表 3.2.3 常用的跳脫序列

跳脫序列	所代表的意義	十進位 ASCII
\a	警告音(alert)	7
\b	倒退一格(backspace)	8
\n	換行(new line)	10
\r	歸位(carriage return)	13
\0	字串結束字元(null character)	0
\t	跳格(tab)	9
\\	反斜線(backslash)	92
\'	單引號(single quote)	39
\"	雙引號(double quote)	34

以下面的程式為例，我們將 beep 設值為 '\a'，並將字元變數 beep 所代表的十進位值列印於螢幕上，當程式執行到 printf() 這行指令時，您還會聽到 "嗶" 一聲警告音呢！

```
01  /* prog3_7, 跳脫序列的列印*/
02  #include <stdio.h>
03  #include <stdlib.h>
04  int main(void)
05  {
06     char beep='\a';         /* 宣告字元變數 beep，並設定其值為'\a' */
07     printf("%c", beep);     /* 響一聲警告音 */
08     printf("ASCII of beep=%d", beep);  /* 印出beep 的 ASCII 值 */
09
10     system("pause");
11     return 0;
12  }
```

```
/* prog3_7 OUTPUT---
ASCII of beep=7
--------------------*/
```

還會有一聲
警告音哦

程式解說

本例執行後，電腦會發出 "嗶" 一聲的警告音。此外於第 6 行中，不管您是設定

```
char beep='\a';    /* 宣告字元變數 beep，並設定值為'\a' */
```

或是

```
char beep=7;       /* 宣告字元變數 beep，並設值為 ASCII 碼為 7 的字元 */
```

皆可以聽到警告音，但是建議使用第一種方式；因為它不但好記（跳脫序列「\a」的 a 即為英文 alarm 的開頭字母），同時並不是每種編譯程式都使用 ASCII 碼，若是使用跳脫序列，將可以提高程式的可攜性。 ❖

我們再舉一個例子來說明跳脫序列的應用，若是想印出

```
"We are the World"
```

字串，由於雙引號在 C 語言另有其代表的意義，因此在 printf() 函數中不能直接將它列印出來，此時利用跳脫序列「\"」即可順利解決這個問題，如下面的程式：

```
01  /* prog3_8, 跳脫序列「\"」的列印 */
02  #include <stdio.h>
03  #include <stdlib.h>
04  int main(void)
05  {
06     char ch='\"';        /* 宣告字元變數 ch，並設值為'\"' */
07     printf("%cWe are the World%c\n",ch,ch);      /* 印出字串 */
08
09     system("pause");
10     return 0;
11  }
```

```
/* prog3_8 OUTPUT---
"We are the World"
----------------------*/
```

程式解說

於本例中，第 6 行宣告了 ch 變數，並設值為跳脫序列「\"」，第 7 行則以「%c」格式碼印出了 ch 的值。從程式的輸出可看出，雙引號現在已經可以由 printf() 函數正確的列印出來了。 ❖

3.2.3 浮點數型態 float

在日常生活中經常會使用到小數型態的數值，如里程數、身高、體重等需要更精確的數值時，整數就不敷使用。在數學中，這些帶有小數點的數值稱為實數（real numbers），在 C 語言裡，這種資料型態稱為浮點數（floating point），例如，2.7、4.98 與 3.14159 等皆為浮點數。於 Dev C++中，浮點數型態的長度為 4 個位元組，有效範圍為 $1.2\times10^{-38} \sim 3.4\times10^{38}$ 。

想要宣告一個浮點數變數 num，可利用下面的語法：

```
float num;    /* 宣告浮點數變數 num */
```

如要在宣告浮點數變數 num 時便一併設定初值，可用下面的語法：

```
float num=5.46F;      /* 宣告浮點數變數 num，並設值為 5.46F */
```

於上例中，我們在數字 5.46 的後面加上一個字母 F，用來表示 5.46 是一個浮點數常數。如果沒有在數字之後加上字母 F，則編譯器把它看成是「倍精度浮點數」（double）型態的常數。此時如果把 double 型態的常數設給 float 型態的變數，便會有型態轉換上的問題。

在某些編譯程式裡，把 double 型態的常數設給 float 型態的變數，在編譯時並不會發生錯誤，但有些編譯程式對於語法的檢查較嚴，則會有警告訊產生。建議您在浮點數常數的結尾加上英文字母 F（或小寫的 f），用以明示此常數為 float 型態的常數，而非 double。

浮點數的表示方式，除了一般帶有小數點的形式外，還可用指數的型態表示。舉例來說，245.32 可以表示成 2.4532E2 （2.4532×10^{2}）、0.07652 可以表示成 7.652E-2（7.652×10^{-2}）等。在使用 printf() 函數時，如要印出浮點數，可用「%f」格式碼，如要以指數的型式印出，可用「%e」格式碼，如下面的範例：

```
01  /* prog3_9, 浮點數的列印 */
02  #include <stdio.h>
03  #include <stdlib.h>
04  int main(void)
05  {
06     float num1=123.45F;      /* 宣告 num1 為浮點數，並設值為 123.45F */
07     float num2=4.56E-3F;     /* 宣告 num2 為浮點數，並設值為 4.56E-3F */
08
09     printf("num1=%e\n",num1);    /* 以指數的型態印出 num1 的值 */
```

```
10     printf("num2=%f\n",num2);     /* 以浮點數的型態印出 num2 的值 */
11
12     system("pause");
13     return 0;
14  }
```

```
/* prog3_9 OUTPUT---
num1=1.234500e+002
num2=0.004560
----------------------*/
```

程式解說

於本例中，第 6 行宣告了浮點數變數 num1，並設值為 123.45F；第 7 行宣告了浮點數變數 num2，並設值為 4.56E-3F（相當於 0.00456）。於這兩行變數的設定中，您可以發現數字之後都加上了一個英文字母 F，用以表示它是浮點數常數。

第 9 行以指數的型式印出 num1 的值，得到 1.234500e+002（相當於 1.2345×10^{2}），第 10 行則是以浮點數的格式來印出指數 4.56×10^{-3}。 ❖

3.2.4 倍精度浮點數型態 double

當浮點數的表示範圍不夠大的時候，則可以使用倍精度浮點數（double）。於 Dev C++ 中，double 型態的長度為 8 個位元組，有效範圍為 $2.2 \times 10^{-308} \sim 1.8 \times 10^{308}$。利用 printf() 函數來列印 double 型態的變數時，列印字元也是用「%f」格式碼。

除了 double 可表示範圍遠大於 float 之外，它可表示的數值精度也遠大於 float 的精度。float 型態約略只有 7~8 個位數的精度，而 double 型態則可達 15~16 個位數。

下面的範例分別宣告了一個浮點數變數 num1 與一個倍精度浮點數變數 num2，並設值為一個具有 15 個位數的浮點數變數常數，用以觀察 float 與 double 型態可表示的數字精度。程式的撰寫如下：

```
01 /* prog3_10, float 與 double 精度的比較 */
02 #include <stdio.h>
03 #include <stdlib.h>
04 int main(void)
05 {
06    float  num1=123.456789012345F; /* 宣告 num1 為 float，並設定初值 */
07    double num2=123.456789012345;  /* 宣告 num2 為 double，並設定初值 */
08
09    printf("num1=%16.12f\n",num1); /* 列印出浮點數 num1 的值 */
10    printf("num2=%16.12f\n",num2); /* 列印出倍精度浮點數 num2 的值 */
11
12    system("pause");
13    return 0;
14 }
```

```
/* prog3_10 OUTPUT-----

num1=123.456787109375
num2=123.456789012345
-------------------------*/
```

程式解說

於本例中，第 6 行宣告了 float 型態的變數 num1，並設值為 123.456789012345F。由於 float 的精度只到 7~8 個數字，因此雖然設定了具有 15 個位數的浮點數給 num1，但從第 9 行的輸出中可以看出，num1 還是只能容納 8 個位數的精度，如下圖所示：

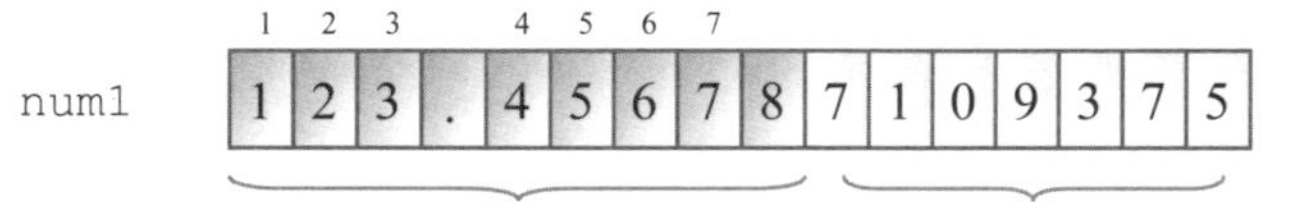

float 型態的變數只有 7~8 個數字的精度

此部份的數字已超出 float 的精度範圍，是屬於記憶體內的殘值

圖 3.2.3

float 型態只有 7~8 個數字的精度

第 7 行則是宣告了 double 型態的變數 num2，相同的，我們也設定了擁有 15 個數字精度的數值給它。因 double 的精度可達 15~16 個有效數字，因而第 10 行的 printf() 函數可列印出完整的 15 個數字，如下圖所示：

```
double num2=123.456789012345;
```

	1	2	3		4	5	6	7	8	9	10	11	12	13	14	15
num2	1	2	3	.	4	5	6	7	8	9	0	1	2	3	4	5

double 型態的變數可達 15~16 個數字的精度

圖 3.2.4

double 型態的變數可達 15~16 個數字的精度

於本例中，讀者可以發現 9~10 行使用了「%16.12f」這個列印格式。這個格式裡，16.12f 代表了以 16 個字元的欄寬來列印浮點數，其中小數點之後的位數為 12 個。關於這種格式化的輸出技巧，於下一章中會有更詳盡的介紹。 ❖

3.3 查詢常數、變數或資料型態所佔位元組

如果想知道某個常數、變數，或某種資料型態佔了多少個位元組，可利用 C 語言所提供的關鍵字 sizeof 來查詢。下表列出了查詢變數佔了多少個位元組的語法：

```
sizeof 變數或常數名稱;
或
sizeof(變數或常數名稱);
```

格式 3.3.1

查詢變數所佔的位元組

由上面的格式可知，如要查詢某個變數或常數佔了多少個位元組，sizeof 後面可以直接加上變數或常數的名稱，或者是把變數或常數放在括號內。如果是利用 sizeof 查詢某種資料型態所佔的位元組，則資料型態的名稱必須放在括號內，如下面的語法：

```
sizeof(資料型態名稱);
```

格式 3.3.2
查詢資料型態所佔的位元組

下面的程式是利用 sizeof 指令查詢 Dev C++中，各種基本資料型態所佔用的位元組：

```
01 /* prog3_11, 列印出各種資料型態的長度 */
02 #include <stdio.h>
03 #include <stdlib.h>
04 int main(void)
05 {
06    char ch;              /* 宣告字元變數 ch */
07    float num;            /* 宣告浮點數變數 num */
08
09    printf("sizeof(2L)=%d\n",sizeof(2L));       /* 查詢常數 2L 所佔位元組 */
10
11    printf("sizeof(ch)=%d\n",sizeof(ch));       /* 查詢字元變數 ch 所佔位元組 */
12    printf("sizeof(num)=%d\n",sizeof(num));     /* 查詢變數 num 所佔位元組 */
13
14    printf("sizeof(int)=%d\n",sizeof(int));     /* 查詢 int 型態所佔位元組 */
15    printf("sizeof(long)=%d\n",sizeof(long));   /* 查詢 long 型態所佔位元組 */
16    printf("sizeof(short)=%d\n",sizeof(short)); /* 查詢 short 所佔位元組 */
17
18    system("pause");
19    return 0;
20 }
```

```
/* prog3_11 OUTPUT---

sizeof(2L)=4
sizeof(ch)=1
sizeof(num)=4
sizeof(int)=4
sizeof(long)=4
sizeof(short)=2
------------------------*/
```

程式解說

於本例中，我們分別以 sizeof 指令查詢常數、變數與資料型態所佔的位元組，藉以學習 sizeof 指令的用法。建議您可以把本範例的結果與表 3.2.1 做一個比較，用以驗證每一種資料型態所佔的位元組。 ❖

3.4 資料型態的轉換

有些時候，我們可能會想把變數的型態做轉換，例如把整數轉換成浮點數，或把浮點數轉換成整數等等，以符合程式所需。這個時候便可利用型態的轉換技巧來達成轉換的目的。將資料型態轉換成另一種型態的語法如下：

```
(欲轉換的資料型態) 變數名稱;
```

格式 3.4.1
資料型態的強制性轉換語法

值得一提的是，把浮點數強制轉換成整數時，編譯器並不會做四捨五入的動作，而是直接將小數部份捨棄，只留下整數的部份。下面是把浮點數轉換成整數的範例：

```
01 /* prog3_12, 資料型態的轉換*/
02 #include <stdio.h>
03 #include <stdlib.h>
04 int main(void)
05 {
06    int n1,n2;
07    float num1=3.002F,num2=3.988F;
08
09    n1=(int) num1;        /* 將浮點數 num1 轉換成整數 */
10    n2=(int) num2;        /* 將浮點數 num2 轉換成整數 */
11
12    printf("num1=%f, num2=%f\n",num1,num2);  /* 印出浮點數的值 */
13    printf("n1=%d, n2=%d\n",n1,n2);  /* 印出浮點數轉成整數後的值 */
```

```
14
15     system("pause");
16     return 0;
17  }
```

```
/* prog3_12 OUTPUT---------
num1=3.002000, num2=3.988000
n1=3, n2=3
------------------------------*/
```

程式解說

於本例中，第 6 行宣告了兩個整數 n1 與 n2，第 7 行則宣告了兩個浮點數變數 num1 與 num2，並設定初值為 3.002F 與 3.988F。第 9 與第 10 行分別將浮點數 num1 與 num2 轉換成整數，並設定給整數變數 n1 與 n2。從輸出中可看出，強制將浮點數轉換成整數時，浮點數之後的小數均會被捨棄。 ❖

在處理一些基本的數學運算時，也常會使用到強制型態轉換。例如，在 C 語言裡進行除法運算時，如果是整數相除，則運算結果只取其商（為一整數），並捨棄掉所有的小數。因此，若是想讓整數相除時，也能得到小數位數時，可將整數轉換成浮點數，再進行除法運算，如下面的範例：

```
01  /* prog3_13, 資料型態的轉換*/
02  #include <stdio.h>
03  #include <stdlib.h>
04  int main(void)
05  {
06     int num=5;
07
08     printf("num/2=%d\n",num/2);                /* 整數相除 */
09     printf("(float)num/2=%f\n",(float)num/2); /* 將整數轉成浮點數，再做除法 */
10
11     system("pause");
12     return 0;
13  }
```

```
/* prog3_13 OUTPUT--------
num/2=2
(float)num/2=2.500000
------------------------------*/
```

程式解說

於本例中，第 8 行計算 num/2，整數變數 num 的值為 5，5/2=2.5，由於變數 num 與常數 2 都是整數，因此計算的結果取其商，也就是整數 2。第 9 行則是把整數 num 轉換成浮點數後，再與 2 相除，則可得到 2.5 這個結果。 ❖

事實上，當運算式中變數的型態不同時，C 語言會自動將可表示範圍較小的資料型態轉換成可表示範圍較大的資料型態（如 short 轉成 int，float 轉成 double 或 int 轉成 double 等），再進行運算。也就是說，假設有一個整數和倍精度浮點數作運算時，C 語言會把整數轉換成倍精度浮點數後再作運算，運算結果也會變成倍精度浮點數。關於運算式的資料型態轉換，於第五章裡會有更詳盡的介紹。

習 題 （題號前標示有 ✚ 符號者，代表附錄 E 裡附有詳細的參考答案）

3.1 變數與常數

✚ 1. 於下面的敘述中，試指出何者為變數，何者為常數：

(a) `int num=134;`

(b) `int sum=76844;`

(c) `double value=0.44632;`

2. 試修改 prog3_1，使得第 9 行與第 10 行可分別印出 num1 與 num2 的平方值。第 9 行與第 10 行的輸出結果應如下所示：

```
num1 的平方為 153760000
num2 的平方為 27.394756
```

3.2 基本資料型態

✚ 3. 下列何者是錯誤的常數？試指出其錯誤之所在。

(a) `134.45L`

(b) `10km24`

(c) `a2048`

(d) `1.3453F`

4. 試指出下列常數各是屬於哪一種型態：

(a) `124.23`

(b) `3.23E12F`

(c) `2.436F`

(d) `311980L`

(e) `1024`

5. 試將下列各數以 C 語言的浮點數指數寫法來表示：

   (a) `-96.43`　　(b) `1974.56`

   (c) `0.01234`　　(d) `0.000432`

6. 試將下列各指數改寫成 C 語言的浮點數表示方式：

   (a) `-9.5e-4`　　(b) `3.78e+5`

   (c) `5.12e-2`　　(d) `6.1732e+12`

7. 試說明下列字元的意義。

   (a) `\b`　　(b) `\n`

   (c) `\t`　　(d) `\a`

8. int、char、float 與 double 資料型態的變數，各佔有多少個位元組？它們能夠表示的數值範圍是多少？

9. unsigned 型態適用在何種資料型態？它有什麼特點？

10. 下列宣告變數的敘述中，哪一些可為 C 的編譯器所接受？

    (a) `bool flag=true;`

    (b) `int num=40;`

    (c) `double float sum=5.04;`

    (d) `long value=47828L;`

11. 下列的敘述中，試問應該用什麼型態的變數來描述下列各項較為恰當？

    (a) 一個班級學生人數的總數。

    (b) 紐約帝國大廈的樓層數。

    (c) 月球到地球的距離。

    (d) 手機的重量。

    (e) 您的身高與體重。

    (f) 這本 C 語言教學手冊的總頁數。

    (g) 一個離子（ion）的重量。

(h) 硬碟每秒的轉速。

(i) 地球上人口的總數。

12. 試寫一程式，利用設定字元變數 ch 為 ASCII 碼的方式讓電腦發出一個警告音（警告音的 ASCII 碼為 7）。

13. 下面的兩行敘述是程式碼的片斷：

```
01  char ch=312;
02  printf("%c\n",ch);
```

(a) 試問第一行代表什麼意義？

(b) 試說明執行第 2 行所得的結果，並說明為什麼會得到這個結果？

14. 請參閱下面的程式碼，然後回答接續的問題：

```
01  /* hw3_14, 數字溢位的練習 */
02  #include <stdio.h>
03  #include <stdlib.h>
04  int main(void)
05  {
06     unsigned short num=80000;
07     printf("%d\n",num);
08
09     system("pause");
10     return 0;
11  }
```

(a) 試說明執行此程式的結果，為什麼是 14464，而不是 80000 這個數字？

(b) 如果想讓本題第 7 行的執行結果恰好為 80000，應如何修改程式碼？

15. 請參閱下面的程式碼，然後回答接續的問題：

```
01  /* hw3_15, 數字精度的問題 */
02  #include <stdio.h>
03  #include <stdlib.h>
04  int main(void)
05  {
06     float num1=30000.1F;
07     float num2=0.0004F;
08     printf("%f\n",num1+num2);
```

```
09
10      system("pause");
11      return 0;
12  }
```

(a) 試執行此程式碼，您會得到什麼結果？

(b) 於數學上，30000.1+0.0004=30000.1004，試說明執行此程式碼後，為什麼得不到這個結果？

(c) 如果想讓本題的執行結果恰好為 30000.1004，應如何改進？試撰寫一個完整的程式碼來改進之。

3.3 查詢常數、變數或資料型態所佔位元組

16. 試撰寫一程式，利用 sizeof 關鍵字查詢下列各種資料型態所佔的位元組：

(a) unsigned int

(b) double

(c) unsigned short int

17. 試撰寫一程式，利用 sizeof 關鍵字查詢下列各常數所佔的位元組：

(a) 578

(b) 784000000

(c) 6.78f

(d) 718.26

(e) 6.42e127

3.4 資料型態的轉換

18. 假設浮點數變數 num1 與 num2 的值分別為 123.39f 與 3.8e5f，試撰寫一程式，將這兩個變數值轉換成整數。

19. 請參閱下面的程式碼，然後回答接續的問題：

```
01  /* hw3_19, 型態轉換的練習 */
02  #include <stdio.h>
03  #include <stdlib.h>
04  int main(void)
05  {
06     int num1=5,num2=8;
07     printf("%d\n",num1/num2);
08
09     system("pause");
10     return 0;
11  }
```

(a) 試解釋第 7 行的輸出結果為何是 0？

(b) 試修改程式碼，利用型態轉換的方式，使得第 7 行的輸出結果為 0.625000。

chapter

04 格式化的輸出與輸入

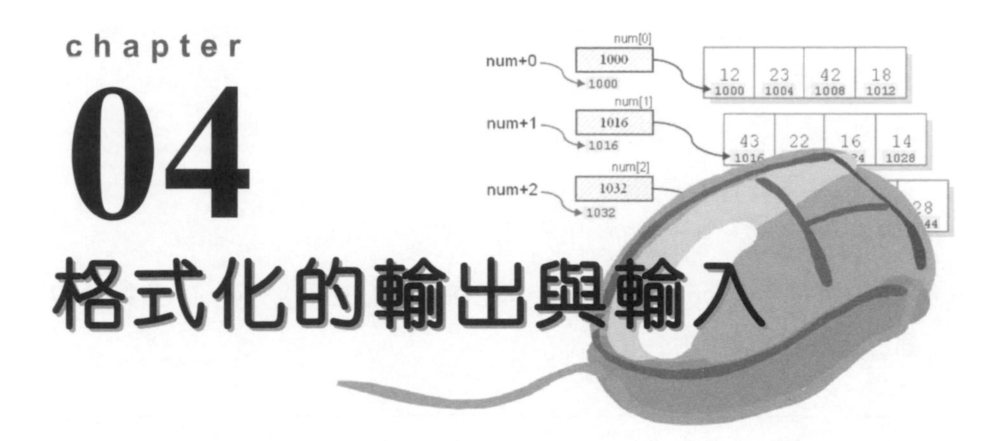

在前面的章節中，我們已經練習過不少的 printf() 格式化輸出函數，相信您對它已很熟悉了，本章將詳細地探討常用的輸出與輸入函數。C 語言已將輸出、輸入函數標準化，全放在 stdio.h（standard input/output，標準輸入輸出）標頭檔中，善用這些函數，可以讓程式碼的撰寫更加輕鬆，且有效率喔！

本章學習目標

- 學習 printf() 函數的使用方法
- 學習 scanf() 函數的使用方法
- 認識各種列印格式碼與輸入格式碼
- 學習字元的輸入與輸出函數

4.1 輸出函數 printf ( )

printf() 函數是 C 語言裡最常用的函數之一。利用 printf() 函數，我們可以清楚地把想要表達的文字、意念、資訊等，呈現給使用者了解。printf 這個字是由 print（列印）與 format（格式）兩個英文字所組成，也就是 "格式化列印" 之意。

4.1.1 使用 printf() 函數

前幾章已多次的使用過 printf() 函數了。本節我們將仔細看看 printf() 函數的使用方法。下面是 printf() 函數的使用格式：

```
printf("格式字串", 項目 1, 項目 2, …);
```

格式 4.1.1
printf() 函數的格式

printf() 函數的格式中，「格式字串」必須以雙引號包圍，裡面填入欲輸出的字串與項目的格式，而「項目 1」、「項目 2」等可以是常數、變數或是運算式。下面的程式為一個使用 printf() 函數的典型範例：

```
01  /* prog4_1, printf()函數的使用 */
02  #include <stdio.h>
03  #include <stdlib.h>
04  int main(void)
05  {
06     int a=2;
07     int b=4;
08     printf("I have %d dogs and %d cats\n",a,b);  /* 呼叫 printf()函數 */
09
10     system("pause");
11     return 0;
12  }
```

```
/* prog4_1 OUTPUT------
I have 2 dogs and 4 cats
-------------------------*/
```

程式解說

於第 8 行的 printf() 函數中，「%d」為格式碼，代表所寫入的資料必須是整數。printf() 在處理「格式字串」的過程中，遇到第一個格式碼「%d」時，會把變數 a 的內容替換到這個格式碼裡，並以整數的格式來寫入；相同的，遇到第二個格式碼「%d」時，會把變數 b 的內容替換到第二個格式碼裡，同時以整數的格式來寫入。

由本例可知，在 printf() 函數裡，格式字串裡有幾個格式碼，後面就應該有相同數目的項目，如下圖所示：

圖 4.1.1

printf()函數的使用範例

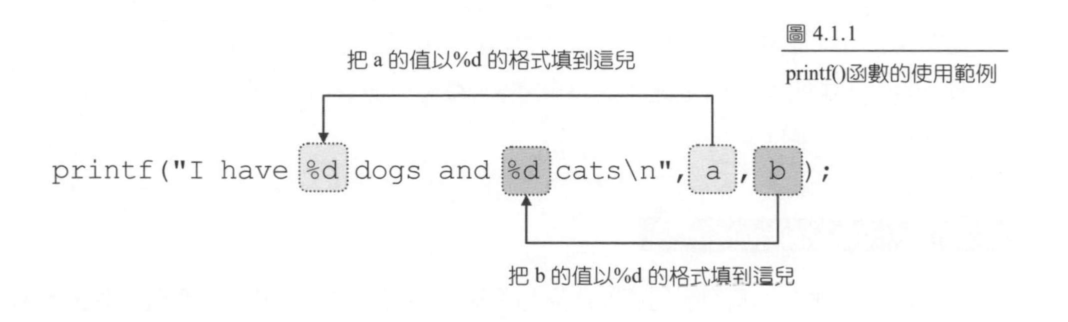

❖

printf() 函數的列印格式相當有彈性。您可以如 prog4_1 列印出字串並夾雜變數，或者是單純的只印出字串。如果只是想印出字串，則在 printf() 的列印格式中，只要填上欲列印的字串即可，如下面的範例：

```
01  /* prog4_2, 印出字串 */
02  #include <stdio.h>
03  #include <stdlib.h>
04  int main(void)
05  {
06     printf("Have a nice day!!\n");        /* 印出字串內容 */
07
08     system("pause");
09     return 0;
10  }
```

```
/* prog4_2 OUTPUT----
Have a nice day!!
--------------------*/
```

程式解說

由於只是要列印出一行字串，所以在第 6 行 printf() 函數裡只要用雙引號將字串包圍起來即可。從本例可以看出，printf() 函數可以視實際的需要來調整引數的數目，於 prog4_1 中的 printf() 函數共有 3 個引數(每個引數以逗號分開)，而本例的 printf() 函數則只有一個。 ❖

用於 printf() 函數的格式碼

於 printf() 指令裡，不同型態的資料內容必須配合不同的列印格式碼。舉例來說，想印出整數變數的內容，就必須使用格式碼「%d」；想印字元變數的內容就必須用格式碼「%c」。下表列出了 printf() 函數常用的格式碼：

表 4.1.1 printf() 函數常用的格式碼

格式碼	說　明	格式碼	說　明
%c	字元	%%	印出百分號
%d	十進位整數	%o	無號八進位整數
%ld	長整數	%s	字串
%e	浮點數，指數 e 型式	%u	無號十進位整數
%f	浮點數，小數點型式	%x	無號十六進位整數

在 printf() 函數中也可以使用跳脫序列，以調整輸出的美觀及需要。下表列出這些常用的跳脫序列，其中大部分的跳脫序列於第三章中已經和您碰過面了：

表 4.1.2 使用於 printf() 函數的跳脫序列

跳脫序列	功能	跳脫序列	功能
\a	警告音	\"	印出雙引號
\b	倒退	\\	印出反斜線
\n	換行	\/	印出斜線
\r	歸位	\d	ASCII 碼（八進位）
\t	跳格	\x	ASCII 碼（十六進位）
\'	印出單引號		

於 printf() 函數裡善用格式碼與跳脫序列，可使程式碼的撰寫更為簡潔。舉例來說，想在螢幕上印出 "25%的學生來自小康家庭"（包括雙引號）字串，印完之後並把游標移到下行，撰寫出如下的程式碼：

```
01  /* prog4_3, 使用printf()函數 */
02  #include <stdio.h>
03  #include <stdlib.h>
04  int main(void)
05  {
06     int num=25;
07     printf("\"%d%%的學生來自小康家庭\"\n",num);     /* 印出字串 */
08
09     system("pause");
10     return 0;
11  }
```

```
/* prog4_3 OUTPUT---
"25%的學生來自小康家庭"
----------------------*/
```

程式解說

於本例中您可以看到，由於雙引號在函數中有其特定用途，因此想要列印雙引號就必須在格式字串中加上跳脫字元「\」，若是不使用跳脫字元，當編譯程式讀到成對的雙引號後，就會誤以為格式字串已經結束，因而會造成錯誤。此外，如要列印出百分符號「%」，則格式碼必須使用「%%」，如要換行，則必須使用跳脫序列「\n」，如下圖所示：

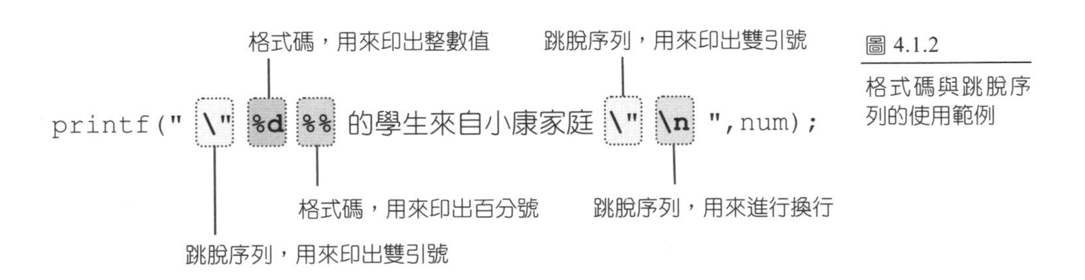

圖 4.1.2 格式碼與跳脫序列的使用範例

❖

4.1.2 控制輸出欄位的寬度

於 printf() 函數中，所有的格式碼都是以百分號開始「%」，再接一組有意義的字母。若是想讓資料在輸出時，能有固定的欄位寬度，可以在「%」後面加上寬度的數值。例如「%3d」表示以 3 個欄位寬度來列印十進位整數；「%6.2f」則表示印出浮點數時，包括小數點共有 6 個位數，小數點的右邊只要顯示 2 位數的寬度即可。

除了控制欄位的寬度之外，我們也可以控制所列印的數字是要靠左對齊或靠右對齊。printf() 函數預設的輸出會將數字靠右對齊，若是要靠左對齊，只要在「%」符號之後，加上一個負號「-」即可。以下面的程式為例，您可以看到更改輸出格式之後所執行的結果：

```
01  /* prog4_4, 印出特定格式 */
02  #include <stdio.h>
03  #include <stdlib.h>
04  int main(void)
05  {
06     int num1=32, num2=1024;
07     float num3=12.3478f;
08
09     printf("num1=%6d公里\n",num1);  /* 以「%6d」格式印出 num1 */
10     printf("num2=%-6d公里\n",num2); /* 以「%-6d」格式印出 num2 */
11     printf("num3=%6.2f英哩\n",num3);  /* 以「%6.2f」格式印出 num3 */
12
13     system("pause");
14     return 0;
15  }
```

```
/* prog4_4 OUTPUT---
num1=    32公里
num2=1024  公里
num3= 12.35英哩
--------------------*/
```

程式解說

在程式第 9 行中的格式碼為「%6d」，因此會以 6 個字元的寬度來列印整數變數 num1 的值。第 10 行的格式碼為「%-6d」，除了會以 6 個字元的寬度來列印 num2 之外，所列印出來的數值也會靠左對齊。第 11 行的格式碼為「%6.2f」，則是以 6 個字元的寬度，小數四捨五入至兩位的方式來列印 num3 變數的值，如下圖所示：

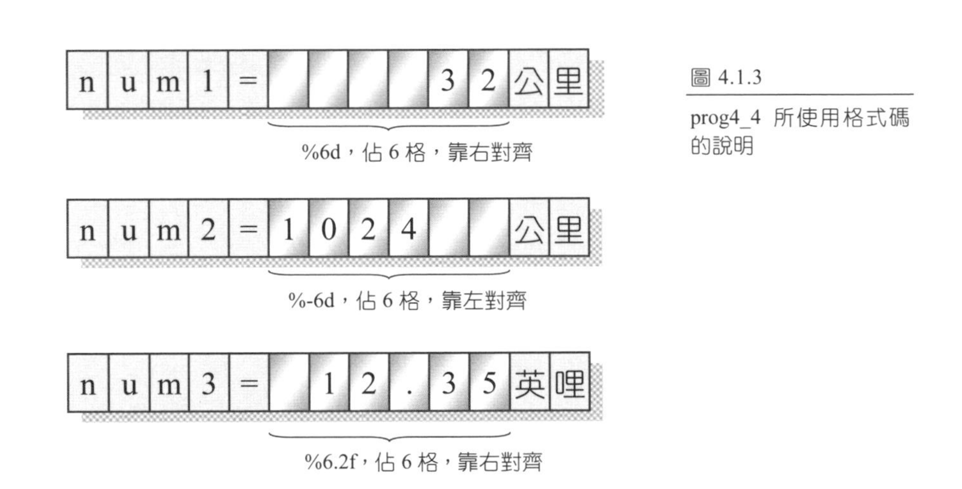

圖 4.1.3
prog4_4 所使用格式碼的說明

❖

printf() 函數的修飾子

於 prog4_4 中，格式碼「%-6d」裡的負號「-」與數字「6」均是屬於 printf() 函數的修飾子（modifiers）。事件上，printf() 函數尚提供了一些修飾子，使得列印出來的格式更能符合程式的需要。下表列出了 printf() 函數常用的修飾子：

表 4.1.3 printf() 函數的修飾子

修飾子	功能	舉例
-	靠左對齊	%-3d
+	將數值的正負號顯示出來	%+5d

修飾子	功能	舉例
空白	數值為正值時，留一格空白；為負值時，顯示負號	% 6f
0	將固定欄位長度的數值前空白處填上 0（與負號「-」同時使用時，此功能無效）	%07.2f

我們再舉一個例子來說明修飾子的使用。下面的程式宣告了整數變數 i，並設值為 1234，然後將這個變數的輸出設定為 8 個欄位寬度，欄位空白處填上 0，並顯示數值的正負號：

```
01  /* prog4_5, 使用 printf()函數的修飾子*/
02  #include <stdio.h>
03  #include <stdlib.h>
04  int main(void)
05  {
06     int i=1234;
07     printf("i=%+08d\n",i);        /* 呼叫 printf()函數 */
08
09     system("pause");
10     return 0;
11  }
```

```
/* prog4_5 OUTPUT--
i=+0001234
---------------------*/
```

程式解說

因為整數變數 i 的值（為 1234）只有 4 位數，而第 7 行的輸出設定為 8 個欄位寬度，並且必須顯示數值的正負號（正負號會佔一個欄位寬度），所以於輸出中，8 個欄位內的第一個欄位是正號「+」，接下來的 3 個欄位均填上 0，最後的 4 個欄位才是變數 i 的值 1234。

在日常生活中經常會有類似本例數字的列印方式。譬如說銀行往來帳戶中的金額通常都很大，若是在金額前加上 0，一方面較容易閱讀，另一方面可以防止被人修改內容。像這種小技巧就可以提高您的程式設計能力哦！ ❖

下圖列舉了幾個 printf() 函數修飾子的使用範例。透過下面的解說，這些看來複雜的格式也就相當地容易了解：

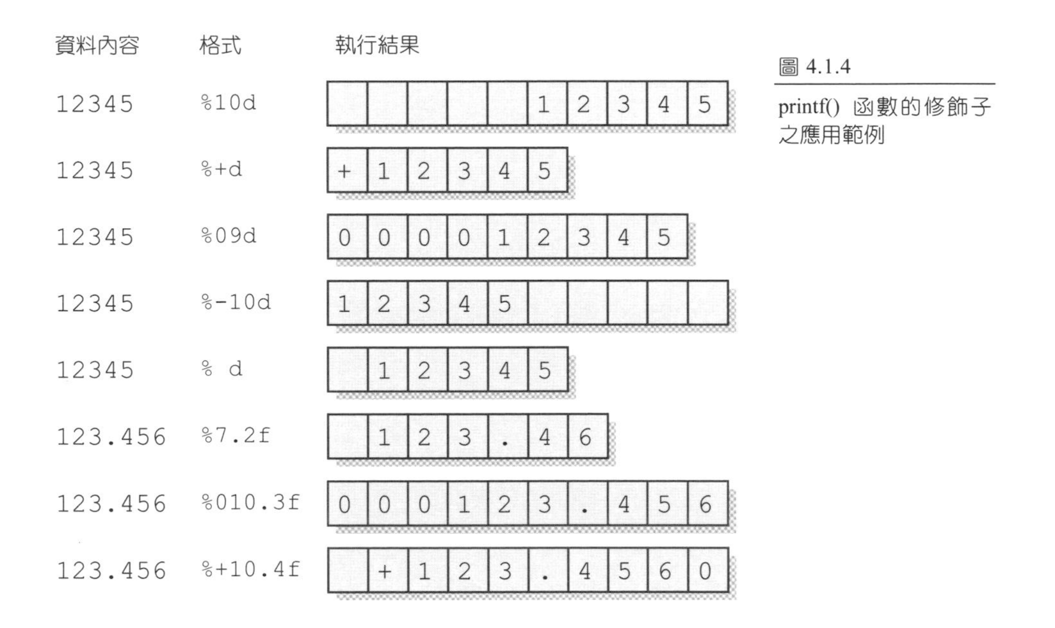

圖 4.1.4

printf() 函數的修飾子之應用範例

4.1.3 以不同進位的型式輸出

C 語言也可以用不同的進位系統來輸出資料。表 4.1.1 列出了各種進位系統所使用的格式碼，讀者可逕行參考。以下面的程式為例，於程式中宣告了一個整數變數 i 並設值為 42，此時就可以利用進位格式碼以其它的進位值顯示於螢幕上：

```
01  /* prog4_6, 將 10 進位整數以不同的進位系統做輸出 */
02  #include <stdio.h>
03  #include <stdlib.h>
04  int main(void)
05  {
06     printf("42 的八進位是 %o\n",42);           /* 印出 42 的八進位 */
07     printf("42 的十六進位是 %x\n",42);         /* 印出 42 的十六進位 */
08
09     system("pause");
10     return 0;
11  }
```

```
/* prog4_6 OUTPUT--
42 的八進位是 52
42 的十六進位是 2a
---------------------*/
```

程式解說

於本例中，第 6 行是將十進位整數 42 以八進位印出，要印出八進位（octal）的格式碼為「%o」（o 取自英文 octal 的字首），因此只要在格式字串裡填上「%o」，即可將十進位整數 42 改以八進位印出。相同的，第 7 行則是將十進位整數 42 以十六進位（hexadecimal）的格式碼「%x」（x 取自英文 hexadecimal 裡的字母 x）印出，因此可得到 2a 這個十六進位數值。 ❖

如果我們把整數變數以 float 或是 double 型態輸出呢？以下面的程式為例，宣告一個整數變數 a 並設值為 15，分別以「%d」、「%f」及「%e」格式印出，看看會發生哪些無法預料的事情：

```
01  /* prog4_7, 整數資料以其它型態輸出, 錯誤的範例 */
02  #include <stdio.h>
03  #include <stdlib.h>
04  int main(void)
05  {
06     int a=15;                     /* 宣告整數變數 a，並設值為 15 */
07
```

```
08     printf("a=%d\n",a);                   /* 印出 a 的值 */
09     printf("以浮點數型態印出: %f\n",a);     /* 以%f 格式碼印出 a 的值 */
10     printf("以指數型態印出  : %e\n",a);     /* 以%e 格式碼印出 a 的值 */
11
12     system("pause");
13     return 0;
14   }
```

```
/* prog4_7 OUTPUT-----------

a=15
以浮點數型態印出: 0.000000
以指數型態印出  : 1.910519e-297
------------------------------*/
```

程式解說

於本例中，因為 a 本身為整數型態，所以第 8 行使用「%d」格式碼來列印當然沒有問題，但是第 9~10 行將 a 以「%f」及「%e」格式碼輸出時，因為列印的資料型態與格式碼不符，於是程式的輸出就不是原先所預期的結果。事實上，這兩行的輸出，在不同的環境下可能會有不同的結果，因此您得到的輸出可能會與本例稍有不同。

❖

C 語言為了要增加編譯程式執行的效率，於是把 printf() 函數中格式碼的檢查權交給程式設計師處理。若是在輸出上必須要用其他的型態輸出時，便可利用型態轉換的方式，先將資料轉換成另一種型態，再做輸出。下面的程式為 prog4_7 的改正版，只要在變數 a 前面加上所要轉換的型態，於輸出時就不會發生問題了：

```
01   /* prog4_8, 修正 prog4_7 的錯誤 */
02   #include <stdio.h>
03   #include <stdlib.h>
04   int main(void)
05   {
06     int a=15;                    /* 宣告整數變數 a，並設值為 15 */
07
08     printf("a=%d\n",a);                          /* 印出 a 的值 */
09     printf("以浮點數型態印出: %f\n",(float)a);     /* 以浮點數型態印出 a */
```

```
10     printf("以指數型態印出: %e\n",(double)a);      /* 以指數型態印出 a */
11
12     system("pause");
13     return 0;
14  }
```

```
/* prog4_8 OUTPUT----------

a=15
以浮點數型態印出: 15.000000
以指數型態印出: 1.500000e+001
-----------------------------*/
```

程式解說

於本例中，第 9 與第 10 行在變數 a 前面加上所要轉換的型態 float 及 double 後（即強制型態轉換），就可以看到執行的結果是預期中的值了。 ❖

本節只介紹了 printf() 函數輸出的語法。事實上，在 stdio.h 標頭檔中除了 printf() 函數以外，還有一些常用的輸出、輸入函數，如 scanf()、getchar() 與 putchar() 等，於接下來的小節裡將會逐一的介紹。

4.2 輸入函數 scanf()

C 語言為了能夠增加與使用者的互動，在 stdio.h 標頭檔中定義了一個實用的 scanf()輸入函數，可讓使用者輸入數據資料。接下來我們以幾個小節來說明 scanf() 函數的使用，以及使用時必須注意的事項。

4.2.1 使用 scanf() 函數

scanf() 是 C 語言裡最常使用的輸入函數之一，因為它可以接收各種不同型態的資料。scanf() 函數的語法與 printf() 函數相似，其格式如下：

```
scanf("格式字串", &變數 1, &變數 2, …);
```

格式 4.2.1

scanf() 函數的格式

於 scanf() 函數中，「格式字串」必須以雙引號包圍，內容為欲輸入資料的格式碼，「&變數 1」、「&變數 2」等則是用來存放資料的變數。使用 scanf() 函數時要注意的是，在變數名稱前面必須加上位址運算子「&」，因為要把資料的值設給某一個變數時，事實上是把資料的值存到這個變數所在的位址裡，所以 scanf() 函數必須以變數的位址為引數。

舉例來說，想要由鍵盤上輸入一個整數 num，並將整數 num 的值列印出來，可以用下面的程式碼來撰寫之：

```
01   /* prog4_9, 使用 scanf()函數 */
02   #include <stdio.h>
03   #include <stdlib.h>
04   int main(void)
05   {
06      int num;
07
```

```
08    printf("請輸入一個整數:");
09    scanf("%d",&num);             /* 由鍵盤輸入整數，並指定給 num 存放 */
10    printf("num=%d\n",num);       /* 印出 num 的內容 */
11
12    system("pause");
13    return 0;
14  }
```

```
/* prog4_9 OUTPUT---
請輸入一個整數:78
num=78
---------------------*/
```

程式解說

於本例中，因為要從鍵盤輸入一個整數，因此格式字串裡使用格式碼「%d」，用以表示所要接收的數值是一個整數。假設我們輸入整數 78，按下 Enter 鍵之後，scanf() 函數便會根據變數 num 的位址把整數 78 寫到 num 裡，如下圖所示：

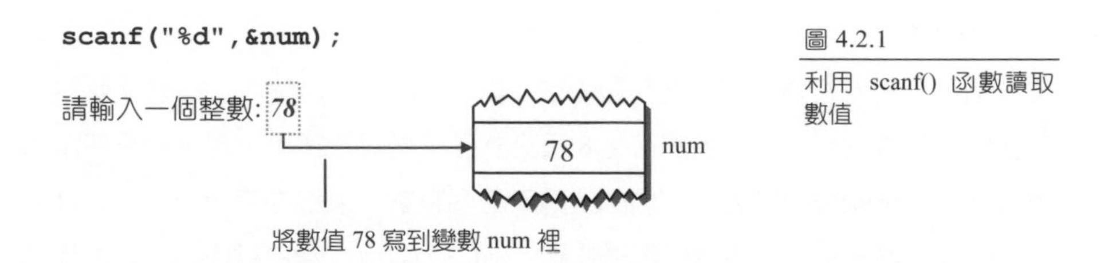

圖 4.2.1 利用 scanf() 函數讀取數值

請您注意，別把第 9 行中，變數 num 之前的「&」符號忘掉了。因為 scanf() 必須使用變數的位址當成引數，因此如果您忘了「&」符號，則程式執行時將會有不可預期的錯誤發生。 ❖

prog4_9 是輸入單一數值的例子。scanf() 函數也可同時輸入好幾個數值，以方便多筆資料的輸入。下面的程式為一個典型的範例，由鍵盤輸入兩個整數，並將這兩個數相加之後印出，程式碼的撰寫如下：

```
01  /* prog4_10, 使用 scanf()函數，一次輸入兩個整數 */
02  #include <stdio.h>
03  #include <stdlib.h>
04  int main(void)
05  {
06    int a,b;
07
08    printf("請輸入兩個整數: ");
09    scanf("%d %d",&a,&b);        /* 由鍵盤輸入二個數並設定給變數 a、b */
10    printf("%d+%d=%d\n",a,b,a+b);   /* 計算總和並印出內容 */
11
12    system("pause");
13    return 0;
14  }
```

```
/* prog4_10 OUTPUT--
請輸入兩個整數: 56 11
56+11=67
----------------------*/
```

程式解說

於本例中，第 6 行宣告了兩個整數變數 a 與 b，用來存放輸入的變數。由於我們希望使用者輸入兩個整數，因此在第 8 行設計了一個提示字串，用來告訴使用者在此處必須輸入兩個整數。因為本例必須輸入兩個整數，所以在第 9 行的 scanf() 函數中，格式字串裡必須有兩個整數格式碼「%d」，並且以空白鍵隔開，如果程式執行到此處時，便會停下來等候使用者的輸入。

因 scanf() 函數要求我們輸入兩個整數，假設想輸入的數值為 56 與 11，因此於 Dos 視窗中，鍵入 56 與 11 這兩個數值，且中間必須以空白鍵隔開。此時 scanf() 函數便會把整數 56 寫到變數 a 裡；相同的，scanf() 函數也會把整數 11 寫到變數 b 裡，如下圖所示：

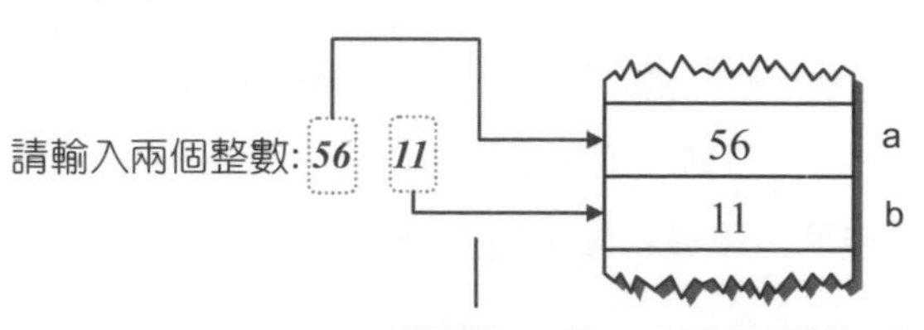

圖 4.2.2
利用 scanf() 函數讀取兩個整數

在使用 scanf() 函數輸入多筆資料時，於格式字串裡若是以空白鍵來隔開每一個格式碼，則在輸入資料時，每筆資料可以用換行（按 Enter 鍵）、跳格（按 Tab 鍵）或是按空白鍵作為區隔。若是於格式字串中以逗號「,」分隔每個輸入格式碼時，在輸入資料時也必須以逗號分開資料內容。

下面程式碼修改自 prog4_10，但在 scanf() 的格式字串中，將原先輸入格式碼的分隔字元改成逗號，程式的撰寫如下：

```
01  /* prog4_11, 使用逗號區隔輸入格式 */
02  #include <stdio.h>
03  #include <stdlib.h>
04  int main(void)
05  {
06     int a,b;
07
08     printf("請輸入兩個整數，請用逗號隔開數值: ");
09     scanf("%d,%d",&a,&b);        /* 以「,」隔開兩個輸入格式碼 */
10     printf("%d+%d=%d\n",a,b,a+b);    /* 計算總和並印出內容 */
11
12     system("pause");
13     return 0;
14  }
```

```
/* prog4_11 OUTPUT--------------
請輸入兩個整數，請用逗號隔開數值: 14,36
14+36=50
----------------------------------*/
```

程式解說

於第 9 行中，我們以逗號隔開兩個輸入格式碼，因此在輸入資料時，也必須以逗號來分隔每一筆資料。若是一時忘記了，在輸入第一筆資料之後，直接按下 Enter 鍵（或是 Tab 鍵、空白鍵），就會發現第二筆資料無法輸入，而出現不可預期的答案。因此建議讀者可在程式碼裡加入貼心的訊息，告訴使用者該如何輸入資料，如程式碼第 8 行所示。 ❖

scanf() 所使用的輸入格式碼

scanf() 函數所使用的輸入格式碼和 printf() 函數大致相同，下表中列出了 scanf() 函數常用的輸入格式碼，在使用時可以選擇適合的格式：

表 4.2.1 scanf() 函數常用的輸入格式

輸入格式	輸入敘述	輸入格式	輸入敘述
%c	字元	%s	字串
%d	十進位整數	%o	八進位整數
%f	浮點數	%x	十六進位整數
%lf	倍精度浮點數（注意%lf 裡的 l 是英文小寫字母 l）		

下面的程式是一個使用「%x」格式碼來輸入十六進位數值的範例。此程式可以輸入一個十六進位的數值，程式的輸出則是將此數值轉換成十進位：

```
01 /* prog4_12, 輸入十六進位數值，再印出它的十進位 */
02 #include <stdio.h>
03 #include <stdlib.h>
04 int main(void)
05 {
06    int num;
07
08    printf("請輸入十六進位的整數：");
```

```
09    scanf("%x",&num);          /* 輸入十六進位數值，並指定給變數 num */
10    printf("%x 的十進位為%d\n",num,num); /* 將十六進位數值以十進位印出 */
11
12    system("pause");
13    return 0;
14  }
```

```
/* prog4_12 OUTPUT----
請輸入十六進位的整數：12ab
12ab 的十進位為 4779
------------------------*/
```

程式解說

於本例中，因為要輸入一個十六進位的數值，因此第 9 行的 scanf() 函數中，必須使用「%x」格式碼，將讀進來的數值寫入變數 num 中。第 10 行則是以 printf() 函數，分別利用「%x」與「%d」格式碼列印 num 的十六進位值與十進位的值。 ❖

4.2.2 輸入字元

若是要輸入字元，scanf() 的格式字串裡必須使用「%c」格式碼。下面的程式是利用 scanf() 函數讀取一個字元，但在輸入字元時，我們刻意在輸入的字元之前先輸入一個空白鍵，藉以觀察 scanf() 函數讀取的情形：

```
01  /* prog4_13, 輸入字元 */
02  #include <stdio.h>
03  #include <stdlib.h>
04  int main(void)
05  {
06    char ch;
07
08    printf("Input a character:");
09    scanf("%c",&ch);          /* 由鍵盤輸入字元並指定給變數 ch */
10    printf("ch=%c, ASCII code is %d\n",ch,ch);
11    system("pause");
12    return 0;
13  }
```

```
/* prog4_13 OUTPUT----
Input a character: R   → 先輸入一個空白鍵再輸入 R
ch= , ASCII code is 32
-------------------------*/
```

程式解說

在上面的程式中，空白鍵的 ASCII 值為 32，而字元 R 的 ASCII 值為 82，由於「%c」格式碼只能接收一個字元，若是「%c」前面沒有空格，則 scanf() 函數會接收第一個輸入的字元，因此於本例的輸出中，可看到空白字元被接收，就是這個緣故。 ❖

由前例可知，scanf() 裡的「%c」格式碼會接收第一個輸入的字元。如果我們想讀取第一個不是空白的字元時，則可在，則「%c」格式碼之前加上一個空白，此時 scanf() 函數只會接收第一個非空白的字元，如下面的程式碼所示：

```
01  /* prog4_14, 讀取第一個不是空白的字元 */
02  #include <stdio.h>
03  #include <stdlib.h>
04  int main(void)
05  {
06     char ch;
07                 ┌ 這裡輸入一個空格
08     printf("Input a character:");
09     scanf(" %c",&ch);        /* 由鍵盤輸入字元並指定給變數 ch */
10     printf("ch=%c, ASCII code is %d\n",ch,ch);
11
12     system("pause");
13     return 0;
14  }
```

```
/* prog4_14 OUTPUT---
Input a character: R   → 先輸入一個空白鍵再輸入 R
ch=R, ASCII code is 82
----------------------*/
```

程式解說

於本例中，第 9 行刻意在格式碼「%c」之前加上空格。於程式的輸出中，您可以看到當「%c」之前有空格時，則「%c」會尋找到第一個非空白的字元後再接收這個字元。 ❖

4.2.3 輸入字串

字串（string）是由二個以上的字元所組成。設定字串給變數之前，我們必須先宣告字元陣列（character array）用來存放字串。「陣列」是一種特殊的資料型態，它可用來儲存一系列相同資料型態的變數。由於字串可看成是由字元所組成的陣列，因此在 C 語言裡是以字元陣列來儲存字串。

要宣告一個字元陣列來儲存字串，可用如下的語法：

```
char 字串變數[字串長度];
```

格式 4.2.2
字元陣列的宣告格式

於上面的語法中，「字串長度」代表可供儲存的字元數。但因 C 語言的字串必須以「\0」做為結尾，因此實際可儲存的字元數會比字串長度少 1。

舉例來說，如果我們做了下面的宣告：

```
char str[10];      /* 宣告可容納 10 個字元的字元陣列 str */
```

則編譯器便會配置可容納 10 個字元的記憶體空間給陣列 str 存放，如下圖所示：

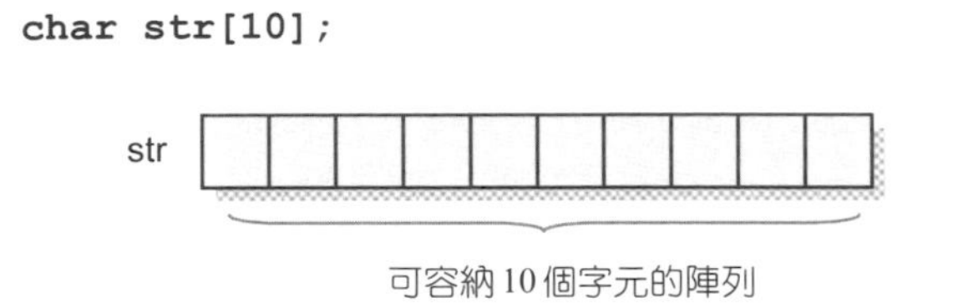

圖 4.2.3

宣告字元陣列，並配置可容納 10 個字元的記憶空間

有了陣列的基本概念之後，接下來就可以開始學習字串的輸入了。scanf() 函數是以「%s」格式碼來讀取字串，例如想要從鍵盤讀取一個字串，並把所讀取的字串寫到 str 字元陣列裡，可用如下的語法來撰寫：

```
scanf("%s", str);     /* 從鍵盤讀取字串，並把它寫到 str 字元陣列裡 */
```

讀者可注意到上面的敘述中，str 之前並不需要加上「&」符號，這是因為 str 是陣列名稱，而 C 語言裡，陣列名稱即為陣列的位址之故。

scanf() 函數在讀取字串時，會找到第一個非空白的字元後，再一個字元一個字元讀進來，直到下一個空白為止。也就是說，使用「%s」格式輸入字串時，這個字串中不能有空白字元。此外，由於 scanf() 函數並不會檢查輸入的字串長度是否小於所宣告的字串長度，所以若是超過所宣告的字串長度時，可能會發生不可預期的錯誤，因此在使用上要特別注意。下面的範例說明了如何在程式中輸入字串：

```
01  /* prog4_15, 輸入字串 */
02  #include <stdio.h>
03  #include <stdlib.h>
04  int main(void)
05  {
06     char name[10];             /* 宣告字元陣列 */
07
08     printf("What's your name: ");
09     scanf("%s",name);          /* 輸入字串，並由字元陣列 name 所接收 */
10     printf("Hi, %s, How are you?\n",name);    /* 印出字串的內容 */
11     system("pause");
12     return 0;
13  }
```

```
/* prog4_15 OUTPUT----
What's your name: Alice
Hi, Alice, How are you?
-----------------------*/
```

程式解說

程式第 6 行宣告了一個字元陣列，可用來存放 10 個字元。當程式執行到第 9 行時，便會等候使用者輸入一個字串。於本例中，我們輸入字串 "Alice"，按下 Enter 鍵之後，這個字串便會寫入字元陣列 name 中，此時字元陣列的內容如下圖所示：

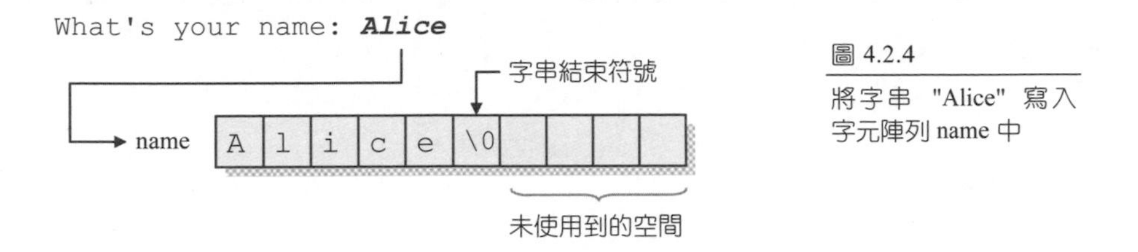

圖 4.2.4
將字串 "Alice" 寫入字元陣列 name 中

值得一提的是，C 語言的字串必須以跳脫序列「\0」做結尾，用以識別字串到此結束。因此於本例中，雖然我們只輸入 "Alice" 字串，但是編譯器還是會自動在字串的末端加入「\0」。

第 10 行的 printf() 函數也是使用「%s」格式碼來列印字串。只要在 printf() 函數內填上字元陣列的名稱，便會逐字印出字串裡的字元，直到遇到「\0」為止。 ❖

除了 scanf() 函數之外，您也可以使用 gets() 函數來輸入字串。一般說來，我們較常利用 gets() 函數輸入一個字串，因為它不但允許字串裡有空白字元，而且語法比 scanf() 更來得簡潔。關於 gets() 函數，在第 9 章中有較為詳細的介紹。

4.3 使用 scanf() 函數應注意的事項

scanf() 函數會根據輸入資料型態的不同而有不同的運作方式，其中也會產生一些問題，本節將分別討論 scanf() 函數處理的方式，以及遇到問題時因應的對策。

4.3.1 讀取數值的方式

利用 scanf() 函數讀取數值時，scanf() 會找到第一個非空白的字元後，再讀入數值。讀取的動作會持續到讀進的內容為數字為止。如果讀入的數值之後還有其它字元，則 scanf() 函數會把它當成是下一個輸入所要讀取的資料，我們以下面的程式碼來做說明 scanf() 函數讀取資料的方式：

```
01  /* prog4_16, 利用 scanf() 函數讀取數值 */
02  #include <stdio.h>
03  #include <stdlib.h>
04  int main(void)
05  {
06     int num;
07
08     printf("請輸入一個整數：");
09     scanf("%d",&num);                    /* 輸入整數並設定給變數 num 存放 */
10     printf("num=%d\n",num);              /* 印出 num 的值 */
11
12     system("pause");
13     return 0;
14  }
```

```
/* prog4_16 OUTPUT---------
請輸入一個整數：   1250dollars  ──→ 先輸入三個空白，再輸入 1250dollars
num=1250
-----------------------------*/
```

程式解說

於本例中，我們輸入 "   1250dollars" 這個字串，然後按下 Enter 鍵讓 scanf() 函數來讀取它。注意於輸出中，我們可以發現 scanf() 跳過了整數 1250 之前的空白不讀取，且後面的 "dollars" 字串也沒有被讀入，如下圖所示：

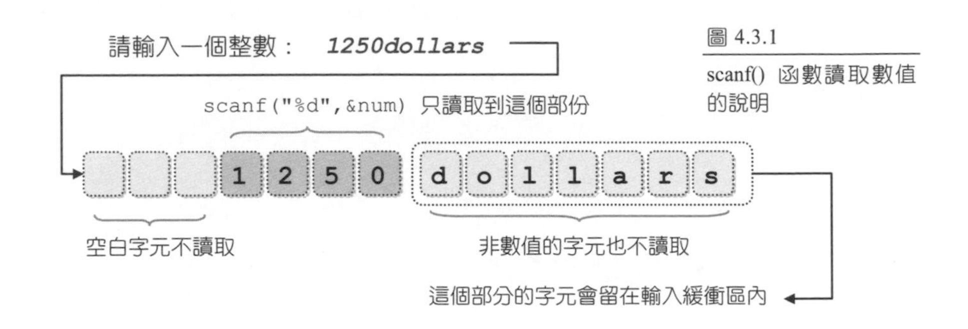

圖 4.3.1 scanf() 函數讀取數值的說明

❖

從前例可知，scanf() 函數讀取一個數值時，會略過數值前面的空白，且數值後面非數字的字串也不會被讀取。然而未被讀取的字串並不會憑空消失，它依然留在輸入緩衝區（buffer）內，只要程式碼後面還有其它的 scanf() 函數，這些留在輸入緩衝區內的值便會先被讀取，因而經常造成讀取資料的錯誤。在設計程式時，適度的提醒使用者該輸入什麼樣的數據資料，或是加入資料的檢查，便可有效的避免這些錯誤發生。

下面的程式碼改寫自前一個範例，其中加入了一些敘述，可用來讀取輸入緩衝區內殘留的資料，藉以觀察 scanf() 函數的運作情形：

```
01  /* prog4_17, 讀取輸入緩衝區內殘留的資料  */
02  #include <stdio.h>
03  #include <stdlib.h>
04  int main(void)
05  {
06     int num;
07     char str[10];
```

```
08
09     printf("請輸入一個整數：");
10     scanf("%d",&num);
11     printf("num=%d\n",num);
12
13     printf("請輸入一個字串：");
14     scanf("%s",str);              /* 輸入字串 */
15     printf("str=%s\n",str);       /* 印出字串的內容 */
16
17     system("pause");
18     return 0;
19 }
```

```
/* prog4_17 OUTPUT---------
請輸入一個整數：   1250dollars  ──→ 先輸入三個空白，再輸入 1250dollars
num=1250
請輸入一個字串：str=dollars
-------------------------------*/
```

程式解說

本範例設計了兩個 scanf() 函數，分別用來讀取整數與字串。在程式執行時，我們一樣輸入 "   1250dollars" 這個字串，然後按下 Enter 鍵讓 scanf() 函數來讀取它。注意於輸出中，可以發現第 10 行的 scanf() 可讀取到 1250 這個數值，但 14 行 scanf() 等不及我們輸入，便直接抓取尚留在緩衝區內的字串 "dollars"，因此第 15 行的 printf() 函數會印出字元陣列 str 的內容為"dollars"，就是這個原因：

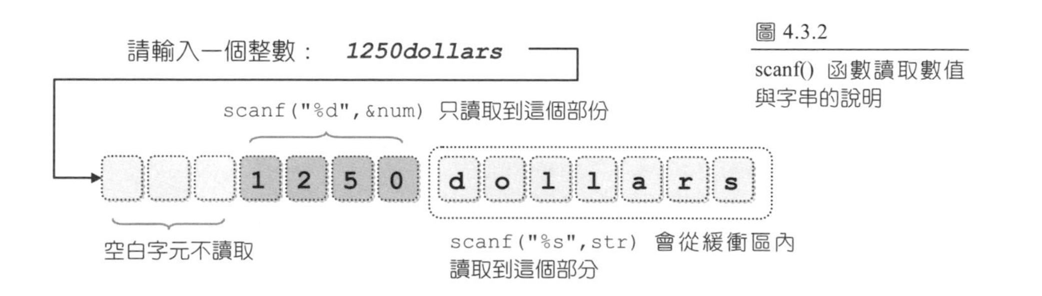

圖 4.3.2

scanf() 函數讀取數值與字串的說明

如果於本例中，在執行第 10 行的 scanf() 函數時，我們便輸入一個正確的整數，則第 14 行的 scanf() 函數便能正確的執行，讀者可自行試試。 ❖

4.3.2 讀取字元時常見的錯誤

有些時候，即使您已小心翼翼的利用 scanf() 函數輸入數值，scanf() 函數雖然可以正確的讀取到數字，但在某些情況下，後續的 scanf() 函數可能還是會無法順利的讀取資料，如下面的範例：

```
01  /* prog4_18, 讀取到錯誤的字元 */
02  #include <stdio.h>
03  #include <stdlib.h>
04  int main(void)
05  {
06     int num;
07     char ch;
08
09     printf("請輸入一個整數: ");
10     scanf("%d",&num);          /* 由鍵盤輸入整數，並指定給變數 num */
11     printf("請輸入一個字元: ");
12     scanf("%c",&ch);           /* 由鍵盤輸入字元，並指定給變數 ch */
13     printf("num=%d, ASCII of ch=%d\n",num,ch); /* 印出 num與 ch 的 ASCII 碼 */
14
15     system("pause");
16     return 0;
17  }
```

```
/* prog4_18 OUTPUT---------------
請輸入一個整數: 22
請輸入一個字元: num=22, ASCII of ch=10
-----------------------------------*/
```

程式解說

於本例中，第 10 行會等待我們輸入一個整數。讀者可以發現，在輸入一個整數，並按下 Enter 鍵之後，第 12 行的 scanf() 函數似乎並沒有等待我們輸入字元，便直接執行第 13 行的 printf() 函數了，同時從 printf() 函數的輸出中，可以發現 12 行的 scanf() 函數似乎是讀取到 ASCII 碼為 10 的字元，這是什麼原因呢？

這個錯誤的原因在於輸入整數之後所按下的 Enter 鍵。在 Dos 或 Windows 的環境裡按下 Enter 鍵時，它被解譯為 carriage return 與 line feed 這兩個動作，意思是歸位且換行。因此一個 Enter 鍵代表執行兩個步驟，一個是歸位（ASCII 碼為 13），也就是將游標移至同一列最左邊，另一個則是換行（ASCII 碼為 10），亦即將游標垂直往下移一行。

當 scanf() 接收到「歸位」字元時，便判定資料已經輸入完畢，就把輸入的整數 22 寫入 num 變數裡，但是，此時的「換行」字元尚留在緩衝區內，當程式執行到第 12 行時，由於緩衝區內尚留有「換行」字元，因此 scanf() 函數等不及我們輸入，便先讀取此換行字元，所以第 13 行印出 ch 的 ASCII 碼為 10，就是這個原因。下圖是 scanf() 函數處理 Enter 鍵的說明：

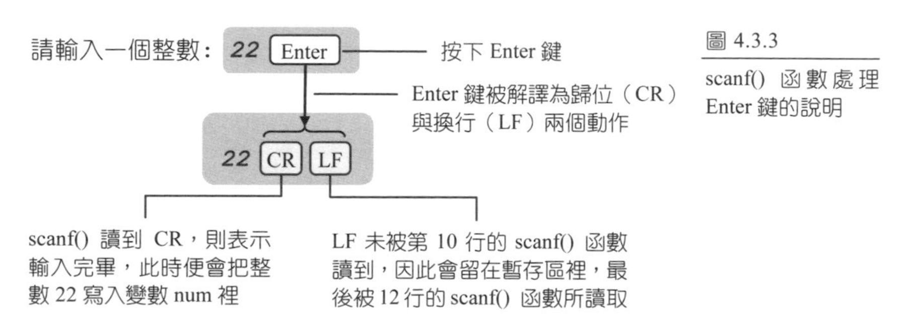

圖 4.3.3
scanf() 函數處理 Enter 鍵的說明

❖

要解決 prog4_18 的錯誤，最簡單的方法是讓 scanf() 函數在讀取字元時，可以跳過換行字元不讀取。因換行字元屬於「不可列印字元」，而在 scanf() 的格式字串裡，只要在「%c」之前留有一個空白，便可跳過「不可列印字元」，直接讀取一個可列印字元。下面的程式碼便是利用這個技巧寫成的，您可以注意到這個程式碼與 prog4_18 幾近相同，只差在第 12 行 scanf() 函數的格式字串裡，「%c」之前多了一個空白：

```
01  /* prog4_19, 修正prog4_18的錯誤 */
02  #include <stdio.h>
03  #include <stdlib.h>
04  int main(void)
05  {
06     int num;
07     char ch;
08
09     printf("請輸入一個整數: ");
10     scanf("%d",&num);        /* 由鍵盤輸入整數，並指定給變數 num */
11     printf("請輸入一個字元: ");
12     scanf(" %c",&ch);        /* 由鍵盤輸入字元，並指定給變數 ch */
13     printf("num=%d, ASCII of ch=%d\n",num,ch); /* 印出 num與 ch的 ASCII碼 */
14
15     system("pause");
16     return 0;
17  }
```

```
/* prog4_19 OUTPUT----
請輸入一個整數: 22
請輸入一個字元: k
num=22, ASCII of ch=107
-----------------------*/
```

程式解說

因第 12 行 scanf() 函數的格式字串裡，格式碼「%c」之前多了一個空白，因此會跳過「換行」這個不可列印字元，此時緩衝區裡已經沒有資料可供讀取，於是 12 行 scanf() 函數便會等待使用者輸入一個字元。於本例中，我們輸入小寫字母 k，因此第 13 行的 printf() 函數可順利的印出 k 的 ASCII 碼為 107。 ❖

4.3.3 清除緩衝區的資料

從前面幾個例子可知，殘留在輸入緩衝區內的資料可能會造成下一個 scanf() 函數讀取時的錯誤。C 語言裡提供了一個清除緩衝區內資料的函數 fflush()，善用它可避免掉許多不必要的困擾。fflush() 的語法如下：

```
fflush(stdin);      /* 清除緩衝區內的資料 */
```

格式 4.3.1
fflush() 函數的格式

於 fflush() 函數的格式中，stdin 是 standard input 的縮寫，代表標準輸入設備（即鍵盤）。因此 fflush(stdin) 是用來清空尚未讀取完，而殘留在緩衝區內的資料。

下面的範例一樣修改了 prog4_18 的錯誤，其中利用 fflush() 函數來清空緩衝區內的資料，用以避免錯誤的發生：

```
01 /* prog4_20, 修正 prog4_18 的錯誤 (二) */
02 #include <stdio.h>
03 #include <stdlib.h>
04 int main(void)
05 {
06    int num;
07    char ch;
08
09    printf("請輸入一個整數: ");
10    scanf("%d",&num);
11    fflush(stdin);              /* 清空緩衝區內的資料 */
12
13    printf("請輸入一個字元: ");
14    scanf("%c",&ch);
15    printf("num=%d, ASCII of ch=%d\n",num,ch);
16
17    system("pause");
18    return 0;
19 }
```

```
/* prog4_20 OUTPUT----
請輸入一個整數: 2332
請輸入一個字元: k
num=2332, ASCII of ch=107
-----------------------*/
```

程式解說

於本例中，第 11 行利用 fflush() 函數清空緩衝區內的資料，因此第 14 行的 scanf() 函數不會讀取到殘留在緩衝區內的換行字元碼，因此本例可以正確的執行。 ❖

4.4 輸出、輸入字元的函數

除了可以使用 scanf() 與 printf() 函數來輸入與列印單一字元外，C 語言尚提供了一些輸入與輸出字元的函數，如 getchar()、putchar()、getche() 與 getch() 等，它們各有其特定的功能與使用方式，於本節中我們會一一介紹。

4.4.1 使用 getchar() 與 putchar() 函數

getchar() 函數可以讓使用者從鍵盤上輸入一個字元，並且當您按下 Enter 鍵後，這個字元才會被變數接收。getchar() 這個函數並不難記，它是 get（擷取）與 character（字元）的組合，其函數的格式如下：

```
字元變數=getchar();  /* 讀取字元，再將它設給字元變數 */
```

格式 4.4.1

getchar () 函數的格式

如果想將字元變數的內容列印在螢幕上，可以使用先前介紹過的 printf() 函數，或者是利用 putchar() 函數。putchar 是 put（放置）與 character（字元）的組合，因而不難猜想它的功用是將字元輸出到螢幕上。putchar() 函數的格式如下：

```
putchar(字元變數);  /* 將字元變數的內容列印在螢幕上 */
```

格式 4.4.2

putchar () 函數的格式

下面的例子說明了 getchar() 函數及 putchar() 函數如何使用：

```
01  /* prog4_21, 使用 getchar()與 putchar()函數 */
02  #include <stdio.h>
03  #include <stdlib.h>
04  int main(void)
05  {
06     char ch;
07     printf("請輸入一個字元: ");
08     ch=getchar();              /* 輸入一個字元，並指定給變數 ch */
09     printf("您輸入的字元是: ");
10     putchar(ch);               /* 將字元 ch 輸出到螢幕上 */
11     putchar('\n');             /* 將換行字元 ch 輸出到螢幕上 */
12
13     system("pause");
14     return 0;
15  }
```

```
/* prog4_21 OUTPUT---
請輸入一個字元: h
您輸入的字元是: h
-----------------------*/
```

程式解說

當執行到第 8 行時，程式會停留在此處，等待使用者輸入一個字元。於本例中，我們輸入字元 h，按下 Enter 鍵之後 getchar() 函數便會把字元 h 設給變數 ch 存放。第 10 行把 ch 的值送到螢幕上，第 11 行則是輸出換行字元，讓游標移到下一行。

從本例可以看出，除了利用 printf() 與 scanf() 來做字元的列印與輸入之外，使用 getchar() 與 putchar() 函數也是個不錯的選擇，因為它們的語法較為簡潔，使用起來也相當方便。 ❖

4.4.2 使用 getche() 與 getch() 函數

如同前一節所介紹的 getchar() 函數一樣，getche() 與 getch()都是用來輸入字元的函數，所不同的是，getchar() 函數需要按下 Enter 鍵來結束字元輸入的動作，而 getche() 與 getch() 函數則是在鍵盤上按下一個字元，此字元馬上會被接收，不必等到使用者按下 Enter 鍵。

getche() 與 getch() 函數的功能差不多，區別只在所鍵入的字是否會回應在螢幕上。getche() 函數名稱裡的尾字 e 是代表 echo（回應）之意，也就是從鍵盤按下一個字元，這個字元會被 getche() 函數接受，並立刻回應到螢幕上，而 getch() 則是只接受字元，並不回應在螢幕上。

另外，getche() 與 getch() 函數的定義是放置在 conio.h （conio 為 console input/output 的縮寫，console 原意為電腦的操控台，在此讀者可以把它想像成是 Dev C++ 程式碼執行時所跳出的黑色視窗，也就是用這個視窗來操控程式的運作）這個標頭檔內，因此使用之前必須先載入這個標頭檔。getche() 與 getch() 函數的格式如下：

```
字元變數=getche();   /* 讀取一個字元，並顯示在螢幕上 */
字元變數=getch();    /* 讀取一個字元，但不顯示在螢幕上 */
```

格式 4.4.3

getche() 與 getch() 函數的格式

下面的範例修改自 prog4_21，用來說明 getche() 函數及 getch() 函數是如何使用的：

```
01 /* prog4_22, 使用getche()與getch()函數 */
02 #include <stdio.h>
03 #include <conio.h>          /* 載入conio.h標頭檔 */
04 #include <stdlib.h>
05 int main(void)
06 {
07    char ch;
08    printf("請輸入一個字元: ");
09    ch=getche();              /* 利用getche()輸入字元 */
10    printf("  您輸入的字元是: %c\n",ch);
11
12    printf("請輸入一個字元: ");
13    ch=getch();               /* 利用getch()輸入一個字元 */
14    printf("   您輸入的字元是: %c\n",ch);
15
16    system("pause");
17    return 0;
18 }
```

```
/* prog4_22 OUTPUT-----------

請輸入一個字元: 8  您輸入的字元是: 8
請輸入一個字元:    您輸入的字元是: h
---------------------------------*/
```

程式解說

本例與 prog4_21 相同，都是由鍵盤讀入字元，然後在螢幕上印出所輸入的字元。由於第 9 行是以 getche() 函數來讀取字元，因此讀者可以發現到，在輸入字元後不需要按下 Enter 鍵，getche() 就會接收字元，且會把接收的字元送到螢幕上。

第 13 行是以 getch() 函數來讀取字元，與 getche() 不同的是，由 getch() 所接收的字元並不會顯示在螢幕上，但只要再次的透過字元輸出函數，即可顯示出所讀取的字元，如程式碼的第 14 行所示。 ❖

使用 getche() 與 getch() 函數輸入字元時，不用按下 Enter 鍵便可接收字元，同時也可視需要來設定讀取的字元是否要顯示在螢幕上，使用起來相當的方便。

習 題

（題號前標示有 ⬇ 符號者，代表附錄 E 裡附有詳細的參考答案）

4.1 輸出函數 printf()

1. 試撰寫一程式，利用 printf() 函數列印出如下的字串：

```
I love C language best.
```

⬇ 2. 試撰寫一程式，利用 printf() 函數列印出如下的字串（必須包含雙引號）：

```
"I love C language best."
```

3. 試嘗試利用一個 printf() 函數將字串常數 "Hello, C" 與 "Hello, World" 分別列印在不同一行（必須包含雙引號）。

⬇ 4. 試撰寫一程式，利用 printf() 函數列印出如下的字串（必須包含雙引號）：

```
"100/4=25"
```

5. 試撰寫一程式，利用 printf() 函數列印出如下的字串（必須包含單引號）：

'30% 的學生來自中部地區，42% 的學生來自南部地區。'

⬇ 6. 試撰寫一程式，將浮點數變數 num=28.47f 以下圖的格式印出（小數點前面有 4 位，小數點後有 2 位，不滿欄位長度時填入 0）：

n	u	m	=	0	0	2	8	.	4	7

7. 試撰寫一程式，將浮點數變數 num=12.34f 以下圖的格式印出（小數點前面有 4 位，小數點後有 2 位，不滿欄位長度時填入 0，並印出其變數的正負號）：

n	u	m	=	+	0	0	1	2	.	3	4

⬇ 8. 試撰寫一程式，利用 printf() 函數將下列字串印出：

```
There is an old saying, "Love me, love my dog."
```

4.2 輸入函數 scanf()

9. 下面的程式碼是想設計從鍵盤讀入一個整數，並設定給變數 num 存放。此程式於執行時會發生錯誤，試指出錯誤之所在，並試著修正之，使得程式可以正確的執行。

```
01  /* hw4_9, 使用 scanf()函數的錯誤 */
02  #include <stdio.h>
03  #include <stdlib.h>
04  int main(void)
05  {
06     int num;
07     scanf("%d",num);
08     printf("num=%d\n",num);
09
10     system("pause");
11     return 0;
12  }
```

10. 試撰寫一程式，利用 scanf() 函數輸入兩個整數，然後以 printf() 函數列印出這兩個整數的乘積。

11. 試撰寫一程式，由鍵盤輸入學生的學號（整數型態）及年齡（整數型態），輸入完畢後將剛才所輸入的內容印出在螢幕中。

12. 試撰寫一程式，由使用者先輸入姓氏，再輸入名字，輸出時則先印出名字，再印出姓氏。

13. 試撰寫一程式，輸入一長度最多為 10，且不包括空白的字串，並做下列的處理。

    (a) 以雙引號將字串包圍。

    (b) 以反斜線\將字串包圍，印出時的欄寬為 20。

    (c) 以反斜線\將字串包圍，印出時的欄寬為 20，靠左印出。

14. 試撰寫一程式，由鍵盤輸入一個十進位的整數，然後印出該整數的八進位和十六進位。

15. 試撰寫一程式，由鍵盤輸入一個十六進位的整數，然後印出該整數的八進位和十進位。

4.3 使用 scanf() 函數應注意的事項

16. 試著利用下面的程式，將字串 "No more goodbye" 輸入：

```
01 /* hw4_16, 輸入字串的錯誤 */
02 #include <stdio.h>
03 #include <stdlib.h>
04 int main(void)
05 {
06    char str[25];
07
08    printf("Input a string:");
09    scanf("%s",str);
10    printf("The string is %s\n",str);
11
12    system("pause");
13    return 0;
14 }
```

(a) 根據執行的結果，您發現了什麼？為什麼會有這樣的執行結果？

(b) 試撰寫程式碼，可以將本例中，由鍵盤所輸入的 "No more goodbye" 字串裡所有的英文字母全部讀出，並列印出來。

17. 請先執行下面的程式碼，然後回答接續的問題：

```
01 /* hw4_17, 輸入字串的錯誤 */
02 #include <stdio.h>
03 #include <stdlib.h>
04 int main(void)
05 {
06    char ch1,ch2;
07
08    printf("請輸入第一個字元:");
09    scanf("%c",&ch1);
10    printf("請輸入第二個字元:");
11    scanf("%c",&ch2);
12    printf("ch1=%c, ch2=%c\n",ch1,ch2);
13
14    system("pause");
15    return 0;
16 }
```

(a) 試說明為什麼第二個字元無法順利輸入？

(b) 試修改第 11 行的格式字串，使得本例中的第二個字元可以順利的輸入。

(c) 試撰寫程式碼，利用 fflush() 函數來清空緩衝區內的資料，使得本例中的第二個字元可以順利的輸入。

4.4 輸出、輸入字元的函數

18. 試說明 getchar()、getche() 與 getch() 函數各適用於哪些情況。

19. 試修改 prog4_20 的第 14 行，以 getchar() 函數來取代。

20. 試修改 prog4_22，使得字元的輸出是利用 putchar() 函數，而不是用 printf() 函數。

chapter

05 運算子、運算式與敘述

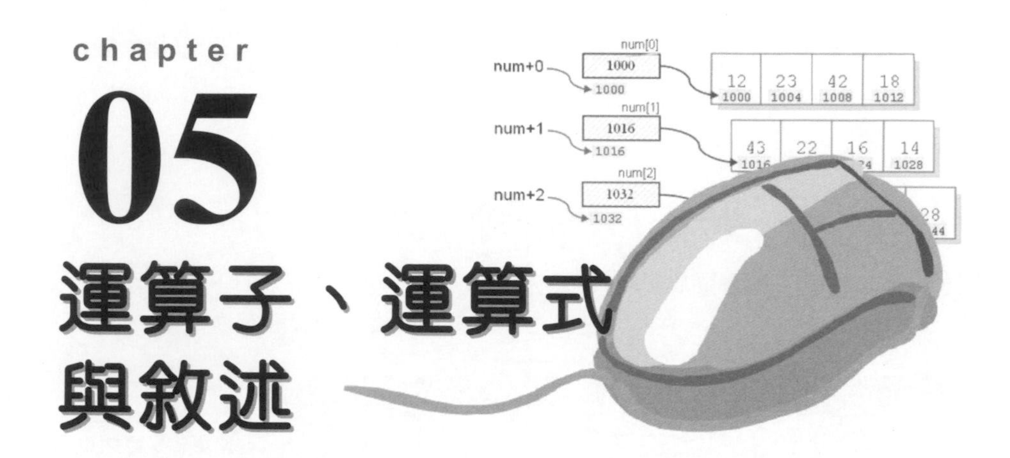

程式是由許多敘述（statement）組成的，而敘述的基本單位是運算式與運算子。本章將介紹 C 語言運算子的用法、運算式與運算子之間的關係，以及運算式裡，各種變數資料型態的轉換等等。學完本章，您將會對 C 語言敘述的運作有更深一層的認識。

本章學習目標

- 認識運算式與運算子
- 學習各種常用的運算子
- 認識運算子的優先順序
- 學習如何進行運算式之資料型態的轉換

5.1 運算式與運算子

運算式是由運算元（operand）與運算子（operator）所組成；運算元可以是常數、變數甚至是函數，而運算子就是數學上的運算符號，如「+」、「-」、「*」、「/」等。以運算式

```
num=a+10;     /* 計算 a+10，然後把結果設給 num 存放 */
```

為例，num、a 與 10 都是運算元，而「=」與「+」則為運算子，如下圖所示：

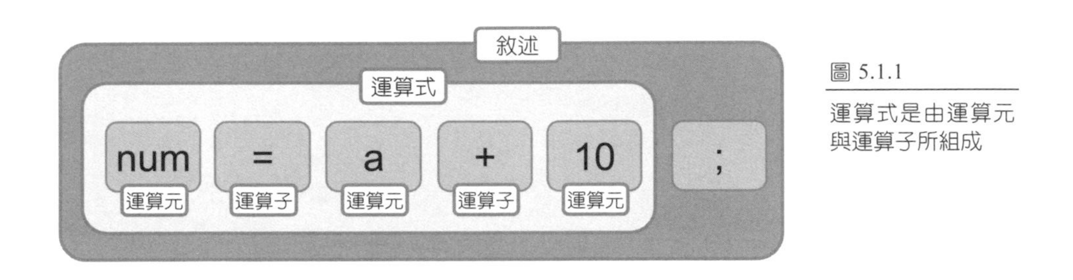

圖 5.1.1
運算式是由運算元與運算子所組成

C 語言提供了許多的運算子，這些運算子除了可以處理一般的數學運算外，還可以做設定與邏輯等運算。根據運算子所使用的類別，可分為設定、算數、關係、邏輯、遞增與遞減、條件與逗號運算子等。

5.1.1 設定運算子

想為各種不同資料型態的變數設值，可使用「設定」運算子（assignment operator），如下表所示：

表 5.1.1 設定運算子的說明

設定運算子	意義	範例	說明
=	設定	a=5	設定 a 的值等於 5

等號（=）在 C 語言中並不是「等於」，而是「設定」的意思，如下面的範例：

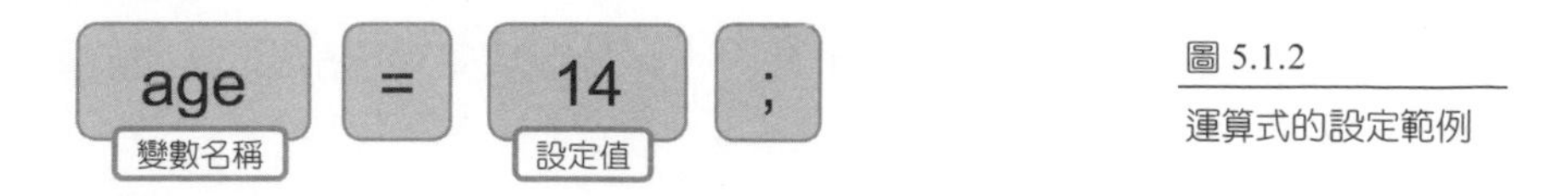

圖 5.1.2
運算式的設定範例

上面的敘述是將整數 14 設定給 age 這個變數。再看看下面這個敘述：

```
age=age+1;      /* 將 age+1 的值運算之後再設定給變數 age 存放 */
```

若是把上面敘述中的等號（=）當成「等於」，這在數學上是行不通的。如果把它看成是「設定」時，敘述的意思就很容易解釋了，也就是把 age+1 運算之後的值再設定給變數 age 存放。我們來看看下面的範例：

```
01 /* prog5_1, 設定運算子「=」 */
02 #include <stdio.h>
03 #include <stdlib.h>
04 int main(void)
05 {
06    int age=14;
07
08    printf("age=%d\n",age);
09    age=age+1;      /* 將 age 加 1 後，再設回給 age 存放 */
10    printf("將 age 加 1 之後,age=%d\n",age);
11
12    system("pause");
13    return 0;
14 }
```

```
/* prog5_1 OUTPUT-----
age=14
將 age 加 1 之後,age=15
-----------------------*/
```

程式解說

因為於第 6 行中，我們已經把變數 age 的值設為 14，所以執行第 9 行時，編譯器會先處理等號後面的部分 age+1（其結果為 15），再設定給等號前面的變數 age，執行後，存放在變數 age 的值就變成 15 了。 ❖

當然，C 語言也允許等號的右邊是一個運算式，如下面的範例：

```
sum=num1+num2;    /* 將 num1 加上 num2 之後，再設定給變數 sum 存放 */
```

如此一來，num1 與 num2 的值經過運算後仍然不變，而 sum 則會因為「設定」的動作而更改內容。

5.1.2 一元運算子

對於大部分的運算式而言，運算子的前後都會有運算元。但是有一種運算子很特別，稱為一元運算子（unary operator），它只需要一個運算元。如下面的敘述，均是由一元運算子與單一個運算元所組成的。

```
+3;          /* 表示正 3 */
-a;          /* 表示負 a */
!a;          /* a 的 NOT 運算，若 a 為 0，則!a 為 1，若 a 不為 0，則!a 為 0 */
```

下表列出了一元運算子的成員：

表 5.1.2 一元運算子的說明

一元運算子	意義	範例	說明
+	正號	a=+5	同 a=5，相當於設定 a 等於正 5
-	負號	a=-3	設定 a 等於-3
!	NOT，否	a=!b	把 b 的值取 NOT，再設給 a 存放

下面的程式宣告了兩個整數型態的變數 a 與 b，您可以看到兩個變數經過「!」運算之後，所產生的運算結果：

```
01 /* prog5_2, 「!」運算的用法 */
02 #include <stdio.h>
03 #include <stdlib.h>
04 int main(void)
05 {
06    int a=0;
07    int b=6;
08    printf("a=%d, !a=%d\n",a,!a);     /* 印出 a 及!a 的值 */
09    printf("b=%d, !b=%d\n",b,!b);     /* 印出 b 及!b 的值 */
10
11    system("pause");
12    return 0;
13 }
```

```
/* prog5_2 OUTPUT--
a=0, !a=1
b=6, !b=0
---------------------*/
```

程式解說

於 prog5_2 中，第 6 行變數 a 的值為 0，第 7 行設定 b 的值為 6。因為 a 的值為 0，所以 !a 的值為 1；而 b 的值不為 0，因此 !b 的值為 0。 ❖

在 C 語言裡，1 與 0 可分別用來代表邏輯運算裡的 true（真）與 false（假），因此「!」運算子可以視為邏輯運算裡的「否定」運算，稍後將會看到它的實際應用。

5.1.3 算數運算子

一般的數學運算經常會使用到算數運算子（mathematical operator），下表列出它們的成員，這些運算子多半您早已耳熟能詳：

表 5.1.3 算數運算子的說明

算數運算子	意義	範例	說明
+	加法	2+4	計算 2+4
-	減法	3-6	計算 3-6
*	乘法	7*9	計算 7*9
/	除法	6.4/3	計算 6.4/3
%	取餘數	21%9	計算 21 除以 9 的餘數

加法運算子「+」

加法運算子「+」可將前後兩個運算元做加法運算，如下面的敘述：

```
3+8;          /* 計算 3+8 */
a=b+10        /* 將 b 的值加 10 之後，再設定給變數 a 存放 */
sum=a+b+c     /* 將 a,b 與 c 的值相加之後，再設定給變數 sum 存放 */
```

減法運算子「-」

減法運算子「-」可將前後兩個運算元做減法運算，如下面的敘述：

```
age=age-1;    /* 計算 age-1 之後，再將其結果設定給 age 存放 */
a=b-c;        /* 計算 b-c 之後，再設定給 a 存放 */
100-8;        /* 計算 100-8 的值 */
```

乘法運算子「*」

乘法運算子「*」可將前後兩個運算元相乘，如下面的敘述：

```
b=b*5;        /* 計算 b*5 之後，再將其結果設定給 b 存放 */
a=a*a;        /* 計算 a*a 之後，再設定給 a 存放 */
10*2;         /* 計算 10*2 的值 */
```

除法運算子「/」

除法運算子「/」可將前面的運算元除以後面的運算元，如下面敘述：

```
a=b/3;        /* 計算 b/3 之後，再將其結果設定給 a 存放 */
c=c/d;        /* 計算 c/d 之後，再設定給 c 存放 */
14/7;         /* 計算 14/7 的值*/
```

使用除法運算子時要特別注意一點，就是資料型態的問題。在 C 的運算中，整數除以整數的結果還是整數。如果希望將整數相除的結果改為浮點數型態，只要利用強制型態轉換的技巧即可達成。關於這個部份，請參閱 3.4 節的說明。

餘數運算子「%」

餘數運算子「%」用來把前面的運算元除以後面的運算元，然後取其所得到的餘數。下面的敘述是使用餘數運算子的範例：

```
age=age%3;    /* 計算 age/3 的餘數，然後再把計算的結果設定給 age 存放*/
a=b%c;        /* 計算 b/c 的餘數，然後把計算的結果設定給 a 存放*/
100%8;        /* 計算 100/8 的餘數 */
```

值得一提的是，餘數運算子「%」只適用於兩個運算元都是整數的情況，如果想計算兩個浮點數相除之後的餘數，則必須使用 fmod() 函數。關於 fmod() 的使用，請參閱本書附錄 C。下面的範例是餘數運算子「%」的練習：

```
01  /* prog5_3, 餘數運算子的練習 */
02  #include <stdio.h>
03  #include <stdlib.h>
04  int main(void)
05  {
06     printf("12%%4=%d\n",12%4);       /* 求出 12/4 的餘數 */
07     printf("12%%5=%d\n",12%5);       /* 求出 12/5 的餘數 */
08     printf("12%%16=%d\n",12%16);     /* 求出 12/16 的餘數 */
09
10     system("pause");
11     return 0;
12  }
```

```
/* prog5_3 OUTPUT--
12%4=0
12%5=2
12%16=12
--------------------*/
```

程式解說

於本例中，第 6 行計算 12/4 的餘數，因 12 恰可被 4 整除，因此餘數為 0。第 7 行計算 12/5 的餘數，得到餘數為 2。最後，第 8 行計算 12/16 的餘數，由於 12 比 16 來的小，不夠被 16 除，因此取到餘數為 12。 ❖

5.1.4 關係運算子與 if 敘述

在 if 敘述中常會使用到關係運算子，所以先來認識 if 敘述的用法。if 敘述的格式如下：

```
if (判斷條件)
    敘述主體;
```

格式 5.1.1
if 敘述的格式

如果括號中的判斷條件成立，就會執行後面的敘述，若是判斷條件不成立時，則後面的敘述主體就不會被執行，如下面的程式片段：

```
if (i>0)
   printf("i 的值大於 0");    /* 若 i 的值大於 0，則執行此行 */
```

於上面的敘述中，當 i 的值大於 0，就會印出字串 "i 的值大於 0"，換句話說，當 i 的值為 0 或是小於 0 時，if 的條件判斷不成立，您就不會在螢幕上看到這個字串。

下表列出了關係運算子的成員，這些運算子在數學上也經常會使用：

表 5.1.4 關係運算子的說明

關係運算子	意義	範例	說明
>	大於	a>b	判別 a 是否大於 b
<	小於	a<b	判別 a 是否小於 b
>=	大於等於	a>=b	判別 a 是否大於等於 b
<=	小於等於	a<=b	判別 a 是否小於等於 b
==	等於	a==b	判別 a 是否等於 b
!=	不等於	a!=b	判別 a 是否不等於 b

C 語言是由兩個連續的等號（==）來代表關係運算子「等於」；而關係運算子「不等於」以「!=」代表，這也是因為在鍵盤上想要取得數學上的不等於符號「≠」較為困難，所以就找了這個「!=」當成不等於，若是將「!=」中的「!」寫得離「=」近些，是不是和「≠」很像呢？初學者通常較容易忘記這兩個運算子，因此特別提出來提醒您。

使用關係運算子去判斷一個運算式的成立與否時，若是判斷式成立，則會回應 1，若不成立，則會回應 0。以下面的程式為例，利用 if 敘述判斷括號中的條件是否成立，若是成立則執行 if 後面的敘述，反之則不執行：

```
01  /* prog5_4, 關係運算子的練習 */
02  #include <stdio.h>
03  #include <stdlib.h>
04  int main(void)
05  {
06     if(5>2)     /* 判斷 5>2 是否成立 */
07       printf("5>2 成立\n");
08
09     if(1)       /* 1 代表 true，所以 if 的判斷結果會成立 */
10       printf("此行一定會被執行\n");
11
12     if(3==8)    /* 判斷 3 是否等於 8 */
13       printf("3==8 成立\n");
14     system("pause");
15     return 0;
16  }
```

```
/* prog5_4 OUTPUT--
5>2 成立
此行一定會被執行
---------------------*/
```

程式解說

於 prog5_4 中，第 6 行因為 5>2 的條件成立，所以執行第 7 行的敘述。第 9 行 if 敘述的引數為 1，在 C 語言裡，只要是非零的數均代表 true，所以判斷永遠成立，因此執行第 10 行的敘述。於第 12 行中，3 並不等於 8，if 的判斷結果不成立，因此第 13 行的敘述不會被執行。

另外，於第 9 行中，雖然在 if 敘述裡的引數是以 1 來表示 true，但事實上，此處並不一定要填上 1，只要是非零的數值（整數與浮點數皆可），if 敘述皆視為 true，例如，讀者可試著將第 9 行更改為

```
if(0.3)        /* 0.3 不為零，所以 if 的判斷成立 */
```

看看是否第 10 行依然會被執行。 ❖

稍早我們提及，若是判斷式成立，則會回應 1，若不成立，則會回應 0，因此讀者不難猜想，若我們撰寫如下的敘述：

```
printf("%d",5>2);        /* 印出 5>2 的回應值 */
```

則印出的結果會是 1，而

```
printf("%d",5==2);       /* 印出 5==2 的回應值 */
```

印出的結果則會是 0，讀者可自行試試。

5.1.5 遞增與遞減運算子

遞增與遞減運算子是 C 語言裡特有的運算子，因為它們具有相當大的便利性，也就是因為這個原因，所以較新一代的語言如 C++與 Java 等，至今仍保留它們。下表列出了遞增與遞減運算子的成員：

表 5.1.5 遞增與遞減運算子

遞增與遞減運算子	意義	範例	說明
++	遞增，變數值加 1	a++	a 加 1 後再設定給 a 存放
--	遞減，變數值減 1	a--	a 減 1 後再設定給 a 存放

善用遞增與遞減運算子可提高程式的簡潔程度。例如，我們宣告了一個 int 型態的變數 a，於程式執行中想讓它加上 1，程式的敘述如下：

```
a=a+1;      /* a 加 1 後再設定給 a 存放 */
```

上面的敘述是將 a 的值加 1 後再設定給 a 存放。您也可以利用遞增運算子「++」寫出更簡潔的敘述，下面的敘述與前例的意義完全相同：

```
a++;        /* a 加 1 後再設定給 a 存放，a++為簡潔寫法 */
```

您還可以看到另外一種遞增運算子「++」的用法，就是遞增運算子「++」在變數的前面，如 ++a，這和 a++ 所代表的意義是不一樣的。a++ 會先執行整個敘述後再將 a 的值加 1，而 ++a 則先把 a 的值加 1 後，再執行整個敘述。

以下面的程式為例，將 a 與 b 的值皆設為 3，再分別以 a++ 及++b 列印出來，您可以輕易的比較出兩者的不同：

```
01 /* prog5_5, 遞增運算子「++」 */
02 #include <stdio.h>
03 #include <stdlib.h>
04 int main(void)
05 {
06    int a=3, b=3;
07
08    printf("a=%d",a);
09    printf(", a++的傳回值為%d",a++);   /* 計算 a++，並印出其傳回值 */
10    printf(", a=%d\n",a);
11
12    printf("b=%d",b);
13    printf(", ++b 的傳回值為%d",++b);  /* 計算++b，並印出其傳回值 */
14    printf(", b=%d\n",b);
15
16    system("pause");
17    return 0;
18 }
```

```
/* prog5_5 OUTPUT-------
a=3, a++的傳回值為 3, a=4
b=3, ++b 的傳回值為 4, b=4
-------------------------*/
```

程式解說

於 prog5_5 中，第 9 行是計算 a++，因此會先執行完第 9 行之後，a 的值才會加 1，所以第 9 行的 a++ 回應 3，而第 10 行的 a 值變成 4。

相反的，於第 13 行是計算++b，因此在執行第 13 行的敘述之前，b 的值即先加 1，變成 4，所以第 13 行的 ++b 回應 4。由於 b 的值已變成 4，因此第 14 行的 b 值也一樣是 4。 ❖

遞減運算子「--」的使用方式和遞增運算子「++」相同。遞增運算子「++」用來將變數值加 1，而遞減運算子「--」則是用來將變數值減 1。此外，遞增與遞減運算子只能將變數加 1 或減 1，若是想把變數加減非 1 的數時，還是得用原來的方法（如 a=a+2）。

5.1.6 邏輯運算子

在 if 敘述中也可以看到邏輯運算子的芳蹤，下表列出了它們的成員：

表 5.1.6 邏輯運算子的說明

邏輯運算子	意義	範例	說明
&&	AND，且	a&&b	計算 a AND b 的結果
||	OR，或	a||b	計算 a OR b 的結果

使用邏輯運算子「&&」時，運算子前後兩個運算元都必須為 true，運算的結果才會為 true；使用邏輯運算子「||」時，運算子前後兩個運算元只要一個為 true，運算的結果就會為 true，如下面的敘述：

```
(1) a>0 && b>0        /* 兩個運算元皆為 true，運算結果才為 true */
(2) a>0 || b>0        /* 兩個運算元只要一個為 true，運算結果就為 true */
```

於第 1 個例子中，a>0 而且 b>0 時，運算式的結果為 true，即表示這兩個條件都必須成立，回應的結果才會是 true；於第 2 個例子中，只要 a>0 或者 b>0 時，運算式的結果即為 true，這兩個條件僅需要一個成立即可。下面列出了 AND 與 OR 的真值表：

表 5.1.7 (a) AND 的真值表

AND	T	F
T	T	F
F	F	F

表 5.1.7 (b) OR 的真值表

OR	T	F
T	T	T
F	T	F

於真值表裡，T 代表真（true），F 代表假（false）。在 AND 的情況下，兩者都要為 T，其運算結果才會為 T；在 OR 的情況下，只要其中一個為 T，其運算結果就會為 T。

再舉一個實例說明邏輯運算子如何應用在 if 敘述中。下面的程式是判斷成績 a 的值是否在 0~100 之間，如果不在此範圍即表示成績輸入錯誤；若是 a 的值在 50~59 之間，則需要補考：

```
01 /* prog5_6, 邏輯運算子的應用 */
02 #include <stdio.h>
03 #include <stdlib.h>
04 int main(void)
05 {
06    int score;
07    printf("請輸入成績:");
08    scanf("%d",&score);
09
10    if ((score<0) || (score>100))    /* 若成績超出 0 到 100 之間 */
11       printf("成績輸入錯誤!!\n");
12
13    if ((score<60) && (score>49))    /* 若成績介於 50 到 59 之間 */
14       printf("需要補考!!\n");
15
16    system("pause");
17    return 0;
18 }
```

```
/* prog5_6 OUTPUT--
請輸入成績:54
需要補考!!
----------------------*/
```

程式解說

當程式執行到第 10 行時，if 會根據括號中的 score 值做判斷。如果 score<0 或是 score>100 時，條件判斷成立，即會執行第 11 行的敘述：印出字串 "成績輸入錯誤!!"。由於學生成績是介於 0~100 分之間，因此當 score 的值不在這個範圍時，就會視為輸入錯誤。

不管第 11 行是否有執行，都會接著執行第 13 行的判斷敘述。13 行的 if 會再度根據括號中 score 的值做判斷，當 score<60 且 score>49 時，條件判斷成立，表示該成績可以進行補考，此時即會執行第 14 行的敘述，印出字串 "需要補考!!"。 ❖

5.1.7 括號運算子

除了前面所述的內容外，括號「( )」也是 C 語言的運算子之一，如下表所列：

表 5.1.8 括號運算子的說明

括號運算子	意義
()	提高括號中運算式的優先順序

括號運算子「( )」是用來處理運算式的優先順序。以一個簡單的加減乘除式子為例：

```
3+5*4*6-7          /* 未加括號的運算式 */
```

根據四則運算的優先順序（*、/ 的優先順序大於 +、-）來計算，這個式子的答案為 116。但是如果想先計算 3+5*4 及 6-7 之後再將兩數相乘時，就必須將 3+5*4 及 6-7 分別加上括號，而成為下面的式子：

```
(3+5*4)*(6-7)      /* 加上括號的運算式 */
```

經過括號運算子「( )」的運作後，計算結果為-23，因此括號運算子「( )」可以提高括號內運算式的優先處理順序。

5.2 運算子的優先順序

下表列出了各種運算子優先順序的排列，優先順序的欄位內數字愈小者表示該運算子的優先順序愈高。您在使用運算子時，可以參考下列的實用表格：

表 5.2.1 運算子的優先順序

優先順序	運算子	類別	結合性
1	()	括號運算子	由左至右
1	[]	方括號運算子	由左至右
2	!、+ （正號）、- （負號）	一元運算子	由右至左
2	~	位元邏輯運算子	由右至左
2	++、--	遞增與遞減運算子	由右至左
3	*、/、%	算數運算子	由左至右
4	+、-	算數運算子	由左至右
5	<<、>>	位元左移、右移運算子	由左至右
6	>、>=、<、<=	關係運算子	由左至右
7	==、!=	關係運算子	由左至右
8	& （位元運算的 AND）	位元邏輯運算子	由左至右
9	^ （位元運算的 XOR）	位元邏輯運算子	由左至右
10	| （位元運算的 OR）	位元邏輯運算子	由左至右
11	&&	邏輯運算子	由左至右
12	||	邏輯運算子	由左至右
13	?:	條件運算子	由右至左
14	=	設定運算子	由右至左

表 5.2.1 的最後一欄是運算子的結合性（associativity）。結合性可以讓我們了解到運算子與運算元的相對位置及其關係。舉例來說，當我們使用同一優先順序的運算子時，結合性就非常重要了，它決定何者先處理。例如運算式

```
a=b+d/5*4;        /* 具有不同優先順序之運算子的運算式 */
```

有不同的運算子，優先順序是「/」與「*」高於「+」，而「+」又高於「=」，但是您會發現到，「/」與「*」的優先順序是相同的，到底 d 該先除以 5 再乘以 4 呢？還是 5 乘以 4 處理完成後 d 再除以這個結果呢？

經過結合性的定義後，就不會有這方面的困擾了。舉例來說，算數運算子的結合性為「由左至右」，就是在相同優先順序的運算子中，先由左邊的運算子開始處理，再處理右邊的運算子。上面的式子中，由於「/」與「*」的優先順序相同，因此 d 會先除以 5 再乘以 4 得到的結果加上 b 後，將整個值設定給 a 存放。

5.3 運算式

運算式是由常數、變數或是其它運算元與運算子所組合而成的敘述。如下面的例子均是屬於運算式的一種：

```
-49              /* 運算式由一元運算子「-」與常數 49 組成 */
sum+2            /* 運算式由變數 sum、算數運算子與常數 2 組成 */
a+b-c/(d*3-9)    /* 由變數、常數與運算子所組成的運算式 */
```

此外，C 語言還提供了一些寫法相當簡潔的方式，將算數運算子和設定運算子結合，成為新的運算子，下表列出了這些相結合的運算子：

表 5.3.1 簡潔的運算子與使用說明

運算子	範例用法	說明	意義
+=	a+=b	a+b 的值存放到 a 中	a=a+b
-=	a-=b	a-b 的值存放到 a 中	a=a-b
*=	a*=b	a*b 的值存放到 a 中	a=a*b
/=	a/=b	a/b 的值存放到 a 中	a=a/b
%=	a%=b	a%b 的值存放到 a 中	a=a%b

下面的幾個運算式，皆是簡潔的寫法：

```
a++          /* 相當於 a=a+1 */
a-=5         /* 相當於 a=a-5 */
b%=c         /* 相當於 b=b%c */
a/=b--       /* 相當於計算 a=a/b 之後，再計算 b-- */
```

我們以下面的範例來說明這種簡潔的程式寫法：

```
01 /* prog5_7, 簡潔運算式 */
02 #include <stdio.h>
03 #include <stdlib.h>
04 int main(void)
05 {
06    int a=3,b=5;
07    printf("計算前: a=%d, b=%d\n",a,b);
08    a+=b;       /* 計算 a+=b, 即 a=a+b */
09    printf("計算後: a=%d, b=%d\n",a,b);
10
11    system("pause");
12    return 0;
13 }
```

```
/* prog5_7 OUTPUT--
計算前: a=3, b=5
計算後: a=8, b=5
---------------------*/
```

程式解說

於 prog5_7 中，第 6 行分別設定變數 a、b 的值為 3 及 5。第 7 行在運算之前先印出變數 a、b 的值，a 為 3，b 為 5。第 8 行計算 a+=b，這個敘述也就相當於 a=a+b，將 a+b 的值存放到 a 中。計算 3+5 的結果後設定給 a 存放。最後，程式第 9 行，印出運算之後變數 a、b 的值。所以 a 的值變成 8，而 b 仍為原先的值 5。 ❖

5.4 運算式的型態轉換

第三章首度提到了資料型態的轉換，於本節中，我們再來討論一下運算式的型態轉換問題。C 語言在處理型態轉換時，是以不流失資料為前提來進行資料間的型態轉換，也就是會把表示範圍較小的型態轉換成表示範圍較大的型態。在這個前提之下，當編譯器發現運算式中運算元的型態不同時，便先會進行自動型態轉換，然後再執行運算。

舉例來說，如果 int 型態的變數 i 和 float 型態的變數 f 相加時，因為 float 的表示範圍比 int 來得大（讀者可參考表 3.2.1），因此變數 i 會先被轉換成 float 型態，再與變數 f 做相加運算。相同的，如果 char 型態的變數 c 和 int 型態的變數 i 相乘，因為 char 的表示範圍（0 ~ 255）遠比 int 來得小，所以變數 c 會先被轉換成 int 型態，再與變數 i 相乘。

如前所述，在運算式裡有兩個不同型態的運算元做運算時，表示範圍較小的型態會被轉換成表示範圍較大的型態，然後再進行運算。C 語言所提供的型態中，表示範圍從大到小依序為 double、float、long、int、short，最後才是 char。prog5_8 是型態轉換的範例，從這個範例中，讀者可以觀察到 C 語言的自動型態轉換是如何進行的：

```
01  /* prog5_8, 運算式的型態轉換 */
02  #include <stdio.h>
03  #include <stdlib.h>
04  int main(void)
05  {
06     char ch='a';
07     short s=-2;
08     int i=3;
09     float f=5.3f;
10     double d=6.28;
11     printf("(ch/s)-(d/f)-(s+i)=%f\n",(ch/s)-(d/f)-(s+i));
12     printf("size=%d\n",sizeof((ch/s)-(d/f)-(s+i)));
13
14     system("pause");
15     return 0;
16  }
```

```
/* prog5_8 OUTPUT-----------

(ch/s)-(d/f)-(s+i)=-50.184906
size=8
------------------------------*/
```

程式解說

於 prog5_8 中，因為運算式(ch/s)–(d/f)–(s+i)牽涉到不同資料型態之間的運算，因此編譯器會先將資料轉換成另一種資料型態，然後再做運算。至於每一個變數型態是如何轉換，可以參考下圖的解說：

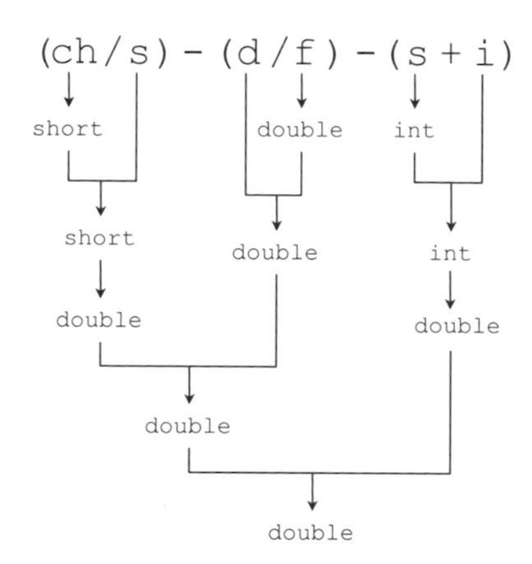

圖 5.4.1
資料型態的轉換過程

根據型態轉換的規則，瞭解了轉換型態的過程後，我們再來看看運算式的運算過程：

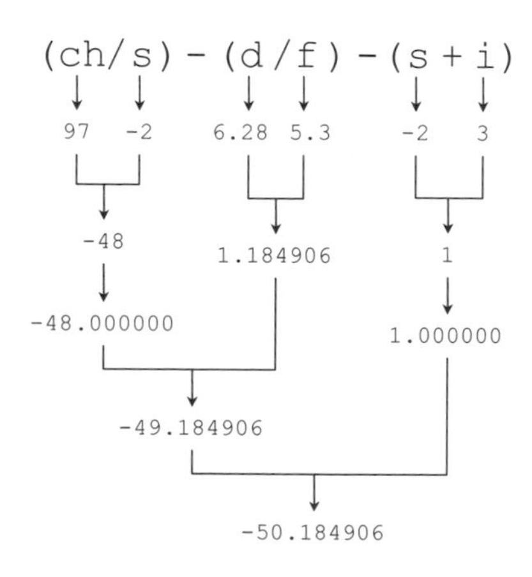

圖 5.4.2
資料的運算過程

此後，當您在程式中使用到型態的轉換時，若是不清楚運算式的型態為何，就可以利用上面繪製圖表的方式進行型態的追蹤，保證萬無一失哦！ ❖

習 題 （題號前標示有 ✚ 符號者，代表附錄 E 裡附有詳細的參考答案）

5.1 運算式與運算子

1. 請寫出下列程式的輸出結果，並撰寫完整的程式碼來驗證之：

(a)
```
01 /* hw5_1a, 運算式的練習(一) */
02 int a=8;
03 printf("a=%d\n",++a);
04 printf("a=%d\n",a--);
```

(b)
```
01 /* hw5_1b, 運算式的練習(二) */
02 int a=10,b=20;
03 a=a%5;
04 b=b/6;
05 printf("a=%d\n",a);
06 printf("b=%d\n",b);
```

(c)
```
01 /* hw5_1c, 運算式的練習(三) */
02 int a=20,b=5;
03 a=20,b=5;
04 a=a%b;
05 b=b*3;
06 printf("a=%d\n",a);
07 printf("b=%d\n",b);
```

✚ 2. 下列哪些運算式的運算結果為 true？哪些運算式的運算結果為 false？

(a) `'a'<28`

(b) `4+3==8-1`

(c) `8>2`

(d) `'a'!=97`

3. 下列的運算式中，試指出哪些是運算元，哪些是運算子？

   (a) `(6+num)-12+a`

   (b) `num=(12+ans)-24`

   (c) `k++`

4. 何謂一元運算子？與其它運算子相比，它有哪些特徵？

5. 試計算下列各式，並撰寫程式碼來驗證您計算的結果：

   (a) `6%4`

   (b) `12%6`

   (c) `12%12`

   (d) `35%50`

   (e) `50%35`

5.2 運算子的優先順序

6. 下列的四則運算都沒有加上括號。請在適當的位置將它們都加上括號，使得這些運算式較易閱讀，且依然符合原本先乘除後加減的原則：

   (a) `12/3+4*10+12*2`

   (b) `12+5*12-5*6/4`

   (c) `5-2*7+56-12*12-6*3/4+1`

7. 試判別下列的各敘述的執行結果：

   (a) `6+4<9+12`

   (b) `16+7*6+9`

   (c) `(13-6)/7+8`

   (d) `7>0 && 6<6 && 12<13`

   (e) `8>0 || 12<7`

   (f) `8<=8`

   (g) `7+7>15`

   (h) `19+34-6>4`

(i) `12+7>0 || 13-5>6`

(j) `3>=5`

8. 試計算下列各式，並撰寫程式碼來驗證您計算的結果：

(a) `12-4%6/4`

(b) `7*5%12*6/4`

(c) `(13%6)/7*8`

5.3 運算式

9. 設下列各運算式中，a 的初值皆為 5，b 的初值皆為 3，num 的初值皆為 0，試寫出下列各式中，經運算過後的 num、a 與 b 之值：

(a) `num=(a++)+b`

(b) `num=(++a)+b`

(c) `num=(a++)+(b++)`

(d) `num=(++a)+(++b)`

(e) `a+=a+(b++)`

10. 設下列各運算式中，a 的初值皆為 12，b 的初值皆為 6，試寫出下列各式中，經運算過後的 a 與 b 之值：

(a) `a/=b`

(b) `a*=b++`

(c) `a*=++b`

(d) `a*=b--`

(e) `a%=b`

11. 試撰寫一程式，可由鍵盤輸入攝氏溫度，程式的輸出為華氏溫度，其轉換公式如下：

華氏溫度=(9/5)*攝氏溫度+32

12. 根據上題所提供的轉換公式，撰寫轉換華氏（由鍵盤輸入）至攝氏溫度的程式。

13. 試撰寫一程式，可由鍵盤輸入英哩，程式的輸出為公里，其轉換公式如下：

1 英哩= 1.6 公里

14. 根據上題所提供的資訊，撰寫轉換公里（由鍵盤輸入）至英哩的程式。

15. 試撰寫一程式，可由鍵盤輸入平行四邊形的底和高，然後計算其面積。

16. 已知圓球體積為 $\frac{4}{3}\pi r^3$ ，試撰寫一程式，可輸入圓球半徑，經計算後輸出圓球體積。

5.4 運算式的型態轉換

17. 設有一程式碼，其變數的初值宣告如下：

```
char a='A';
short b=12;
float c=12.4f;
int d=15;
double e=13.62;
```

在下面的運算式中，試仿照圖 5.4.1 與圖 5.4.2 的畫法，繪出資料型態的轉換過程與資料的運算過程：

(a) `a+(b+c)+(d*e)`

(b) `a+(b*c)+d-e`

(c) `(b+c)+a*(d*e)`

18. 設有一程式碼，其變數的初值宣告如下：

```
char     a='A';
short    b=38;
float    c=10.4f;
int      d=12;
double   e=8.4;
```

試寫出下面各運算式運算過後最終的資料型態與運算結果：

(a) `a*(b*c)+(d/e)`

(b) `a-(b*+c)+d-e`

(c) `d+(b+c)+a*(d*a)`

(d) `5-(a+b)/4`

chapter

06 選擇性敘述

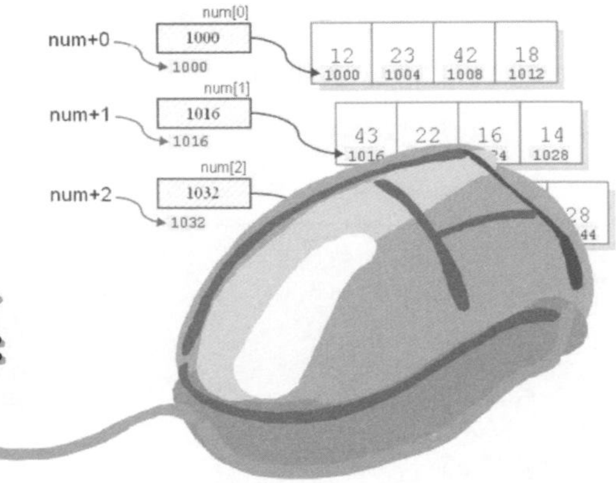

記得在第五章中，已經簡單的學過 if 敘述了嗎？if 是屬於選擇性結構敘述。選擇性結構包括了 if、if-else 及 switch 敘述，敘述中加上了選擇性的結構之後，就像是十字路口般，根據不同的選擇，程式的執行也會有不同的方向與結果。本章將再繼續探討更多不同的選擇性結構敘述，讓程式的撰寫更靈活，操控更方便。

本章學習目標

- 學習 if 敘述的撰寫
- 學習條件運算子的應用
- 學習多重選擇 －switch 敘述
- 認識無條件跳離的 goto 敘述

6.1 我的程式會轉彎—if 敘述

第五章曾簡單的介紹了 if 敘述的用法，當我們想要根據判斷的結果來執行不同的敘述時，if 敘述是一個很實用的選擇，它會忠實地測試判斷條件的值，再決定是否要執行後面的敘述。if 敘述的格式如下：

```
if (判斷條件)
{
    敘述 1;      ┐
    敘述 2;      │
      ...        ├ if 敘述的主體
    敘述 n;      ┘
}
```

格式 6.1.1
if 敘述的格式

當判斷條件為 true 時，就會逐一執行大括號裡面所包含的敘述。若是在 if 敘述主體中要處理的敘述只有 1 個，可省略左、右大括號。if 敘述的流程圖如下圖所示：

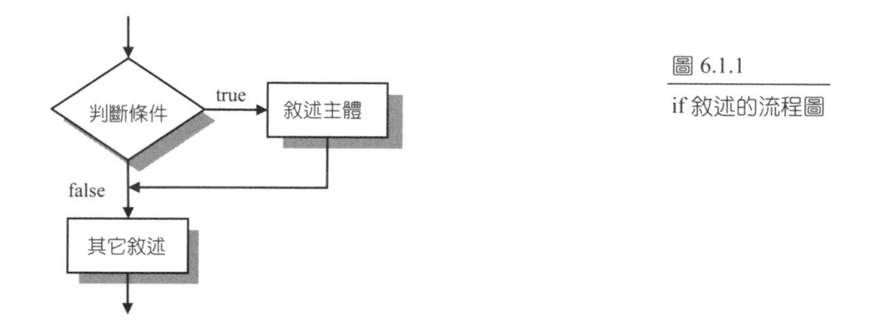

圖 6.1.1
if 敘述的流程圖

舉例來說，下面的範例可由鍵盤輸入一個整數，然後利用 if 敘述來判別此數是否大於 0，若是，則印出 "您鍵入的整數大於 0" 字串，無論判斷條件是否成立，皆印出 "程式結束" 字串，下面為程式的流程圖與程式碼：

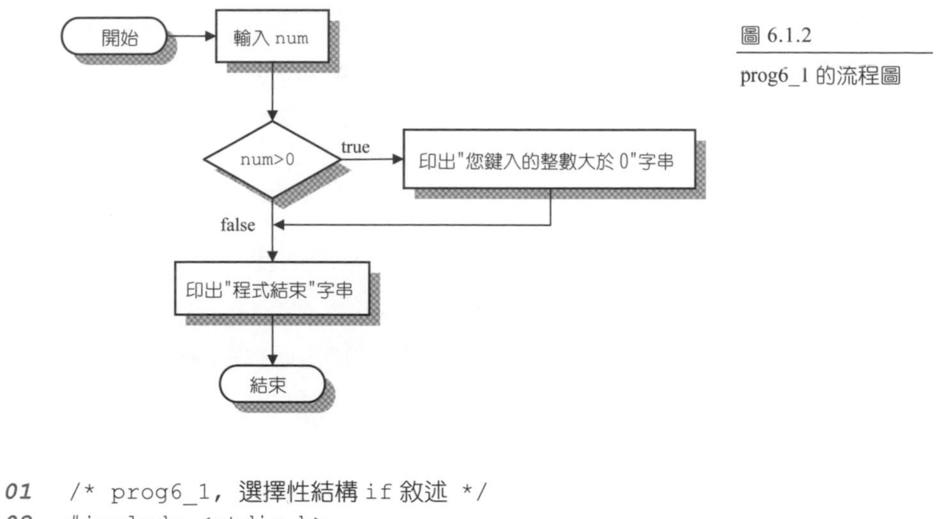

圖 6.1.2
prog6_1 的流程圖

```
01  /* prog6_1, 選擇性結構 if 敘述 */
02  #include <stdio.h>
03  #include <stdlib.h>
04  int main(void)
05  {
06     int num;
07     printf("請輸入一個整數:");
08     scanf("%d",&num);
09
10     if(num>0)     /* if 敘述，用來判別 num 是否大於 0 */
11        printf("您鍵入的整數大於 0\n");
12
13     printf("程式結束\n");
14
15     system("pause");
16     return 0;
17  }
```

/* prog6_1 OUTPUT--

```
請輸入一個整數:58
您鍵入的整數大於 0
程式結束
---------------------*/
```

程式解說

程式第 10 行，當 if 敘述的判斷條件成立（num>0）時，即執行敘述主體（第 11 行）。由於敘述主體內只有一個敘述，因此不必要用大括號包圍敘述主體。最後無論 if 敘述主體是否執行，第 13 行皆會印出 "程式結束" 字串。如果您參考圖 6.1.2，可更加了解到 if 敘述執行的流程。 ❖

於前例中，如果輸入的整數 num 沒有滿足 if 敘述內的判斷式（num>0），則直接離開 if 敘述主體，繼續往下執行。若是想在判斷條件不成立時再做其它的動作，可以如同下面的程式一樣，利用 if 敘述重複判斷 num 的值，再來做不同的事情。下面為 prog6_2 的流程圖與程式碼：

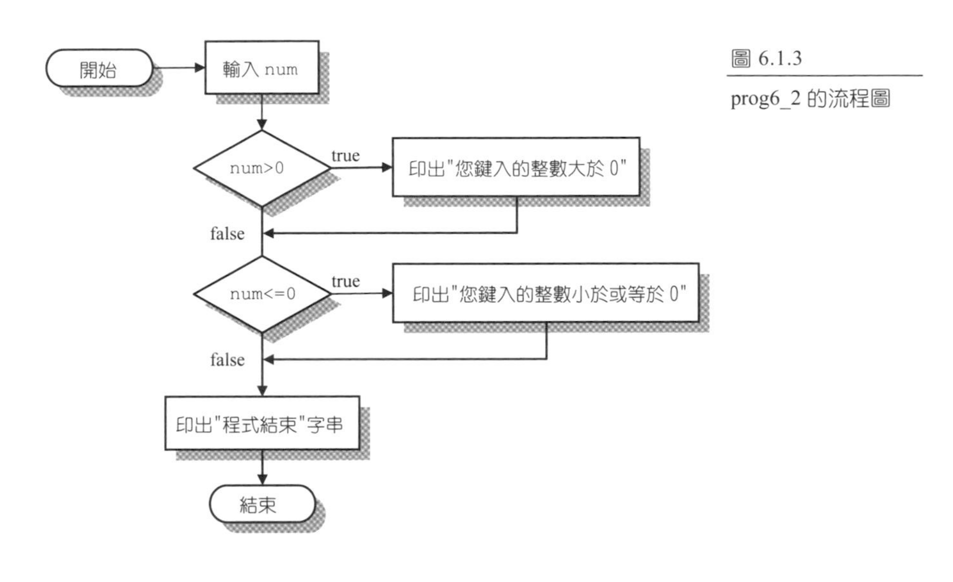

圖 6.1.3
prog6_2 的流程圖

```
01   /* prog6_2, 使用兩個 if 敘述來判斷數字 */
02   #include <stdio.h>
03   #include <stdlib.h>
04   int main(void)
05   {
06      int num;
07
```

```
08      printf("請輸入一個整數:");
09      scanf("%d",&num);
10
11      if(num>0)           /* if 敘述，用來判別 num 是否大於 0 */
12        printf("您鍵入的整數大於 0\n");
13
14      if(num<=0)          /* if 敘述，用來判別 num 是否小於等於 0 */
15        printf("您鍵入的整數小於或等於 0\n");
16
17      printf("程式結束\n");
18
19      system("pause");
20      return 0;
21    }
```

```
/* prog6_2 OUTPUT---
請輸入一個整數:-43
您鍵入的整數小於或等於 0
程式結束
----------------------*/
```

程式解說

於本例中，我們多加了 14~15 行的 if 的判斷敘述，用來判別輸入的整數是否小於或等於 0。現在，如果輸入的整數大於 0，則執行第 12 行的敘述，如果輸入的整數小於或等於 0，則執行第 15 行的敘述。讀者可看出，本範例已經可以正確的判別輸入的整數是大於 0，或者是小於或等於 0 了。 ❖

雖然您可以使用類似 prog6_2 的方式來判別輸入的值，但它不是一個聰明的方法。事實上，在 prog6_2 中，當 11~12 行的第一個 if 條件不成立時，14~15 行的第二個 if 一定成立，所以不需要重複判斷，但是 prog6_2 重複判斷了，因此上述寫法才會不聰明，下一節介紹的 if-else 敘述將可解決這個問題。C 語言提供了不只一種的選擇性結構讓您自由運用，從這些選擇性結構中找到最適合的敘述，才是聰明的選擇哦！

6.2 另外的選擇—if-else 敘述

選擇性結構中除了 if 敘述之外，您還有其它的選擇哦！那就是 if-else 敘述。在 if 敘述中如果判斷條件成立，即可執行敘述主體內的敘述，但若是想於判斷條件不成立時，也做些其它的動作，使用 if-else 敘述就可以節省重複判斷的時間。

6.2.1 使用 if-else 敘述

當程式中有分歧的判斷敘述時，就可以用 if-else 敘述處理。當判斷條件成立，即執行 if 敘述主體，判斷條件不成立時，則執行 else 後面的敘述主體。if-else 敘述格式如下：

```
if (判斷條件)
{
    敘述主體 1;   /* 若判斷條件成立，則執行此部份 */
}
else
{
    敘述主體 2;   /* 若判斷條件不成立，則執行此部份 */
}
```

格式 6.2.1
if-else 敘述的格式

若是在 if 敘述或 else 敘述主體中的敘述只有 1 個，可以將左、右大括號去除。if-else 敘述的流程圖如下所示：

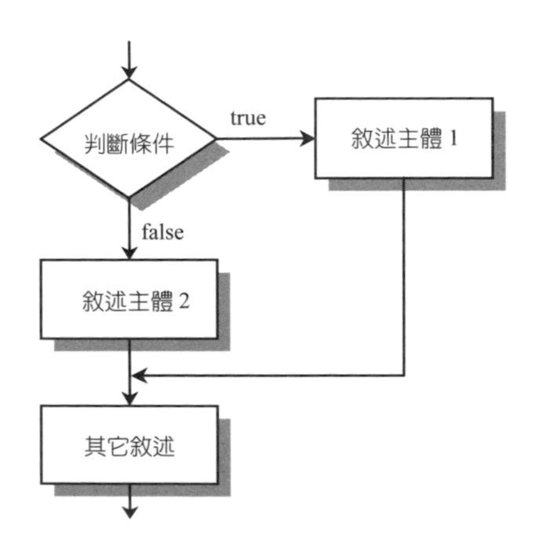

圖 6.2.1
if-else 敘述的基本流程

prog6_3 修改自 prog6_2，其中我們把兩個獨立的 if 敘述改寫成 if-else 敘述，讀者可以從中比較 if-else 敘述所帶來的便利與好處。本範例的流程圖與程式碼如下：

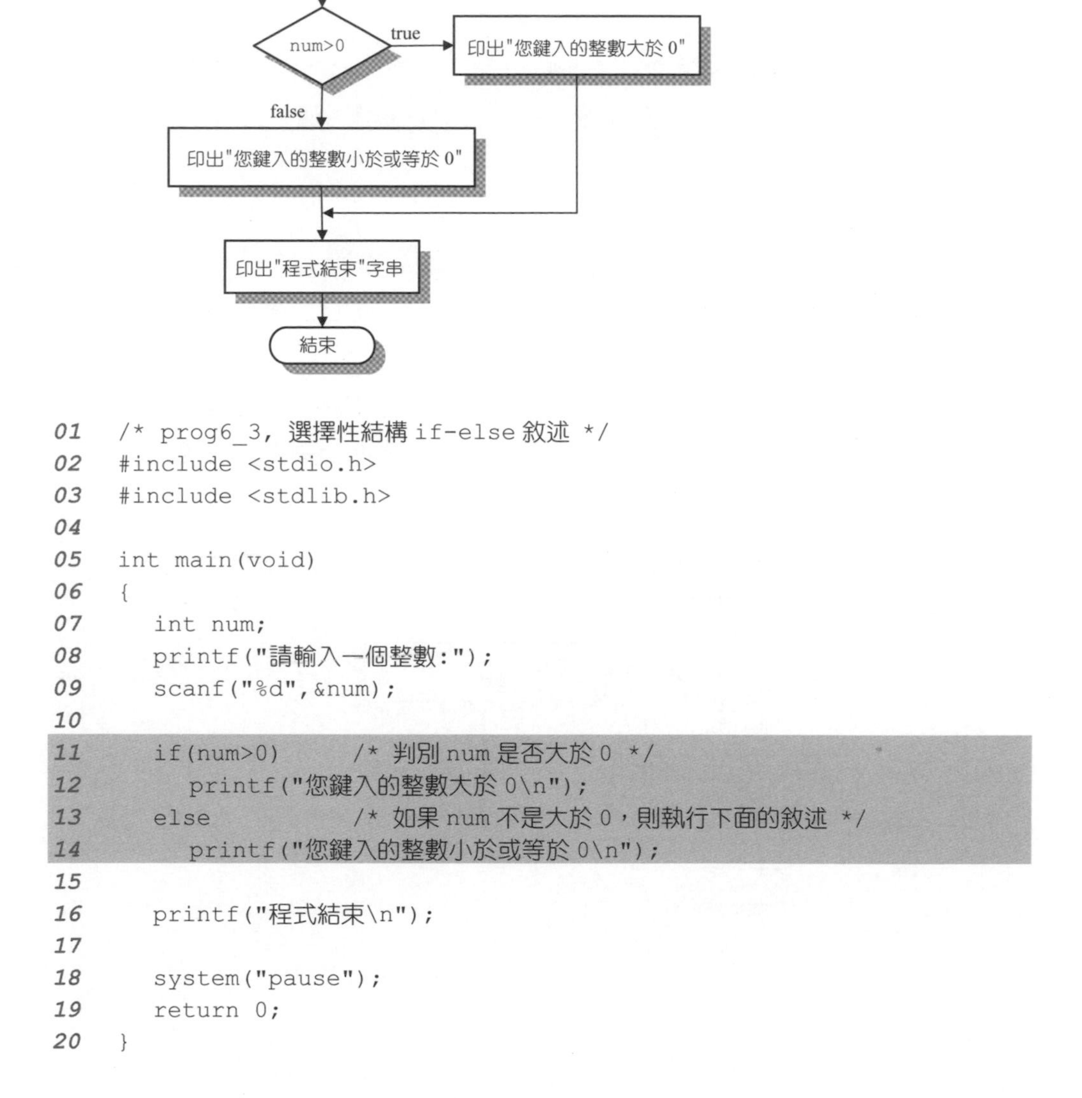

圖 6.2.2
prog6_3 的流程圖

```
01  /* prog6_3, 選擇性結構 if-else 敘述 */
02  #include <stdio.h>
03  #include <stdlib.h>
04
05  int main(void)
06  {
07     int num;
08     printf("請輸入一個整數:");
09     scanf("%d",&num);
10
11     if(num>0)       /* 判別 num 是否大於 0 */
12        printf("您鍵入的整數大於 0\n");
13     else            /* 如果 num 不是大於 0，則執行下面的敘述 */
14        printf("您鍵入的整數小於或等於 0\n");
15
16     printf("程式結束\n");
17
18     system("pause");
19     return 0;
20  }
```

```
/* prog6_3 OUTPUT---
請輸入一個整數:-106
您鍵入的整數小於或等於 0
程式結束
---------------------*/
```

程式解說

程式第 11~14 行為 if-else 敘述。當 num>0 時，執行第 12 行的 if 敘述主體，印出字串 "您鍵入的整數大於 0"，否則執行第 14 行 else 敘述主體，印出字串 "您鍵入的整數小於或等於 0"。 ❖

利用 if-else 敘述，在執行速度上，會比重複使用 if 敘述快些，因為在同樣的情況下（如 prog6_2 及 prog6_3），if-else 只需要判斷一次，而 if 敘述則必須要測試判斷條件兩次。

再舉一個簡單的例子來說明 if-else 的應用。下面的範例可輸入一個整數 num，然後判斷 num 是奇數或是偶數，最後將判斷的結果印出，本例的流程圖與程式碼如下：

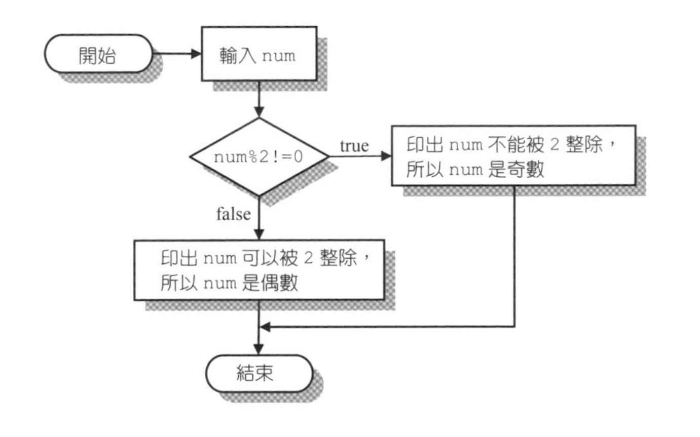

圖 6.2.3

prog6_4 的流程圖

```
01  /* prog6_4,if-else 敘述的練習 */
02  #include <stdio.h>
03  #include <stdlib.h>
04  int main(void)
05  {
06     int num;
07     printf("請輸入一個整數:");     /* 輸入整數 num */
08     scanf("%d",&num);
09
10     if (num%2!=0)        /* 如果 num 不能被 2 整除 */
11     {
12        printf("%d 不能被 2 整除, ",num);
13        printf("所以%d 是奇數\n",num);        /* 印出 num 為奇數 */
14     }
15     else
16     {
17        printf("%d 可以被 2 整除, ",num);
18        printf("所以%d 是偶數\n",num);        /* 印出 num 為偶數 */
19     }
20
21     system("pause");
22     return 0;
23  }
```

```
/* prog6_4 OUTPUT-------
請輸入一個整數:34
34 可以被 2 整除, 所以 34 是偶數
--------------------------*/
```

程式解說

程式第 10~19 行為 if-else 敘述。在第 10 行中，if 的判斷條件為 num%2 是否不等於 0，num 除以 2 的餘數不為 0 代表不能被 2 整除，所以是奇數；num 除以 2 的餘數如果是 0，則代表可以被 2 整除，因此是偶數。

於是，當 num 除以 2 取餘數的結果不為 0 的時候，即執行 11~14 行的敘述，印出 num 是奇數；否則執行程式第 16~19 行，印出 num 是偶數。

另外於本例中，讀者可以注意到，因為 if 與 else 的本體均有一個以上敘述，因此 if 與 else 的本體必須以大括號括起來。 ❖

6.2.2 更多的選擇—巢狀 if 敘述

當 if 敘述中又包含了其它 if 敘述時，這種敘述稱為巢狀 if 敘述（nested if）。巢狀 if 敘述的語法格式如下：

```
if(判斷條件 1)
{
    if(判斷條件 2)        若判斷條件 2
    {                     成立，則執行
        敘述主體;         這個部份
    }
    ...                   若判斷條件 1 成立，
    其它敘述;             則執行這個部份
}
```

格式 6.2.2
巢狀 if 敘述的格式

巢狀 if 敘述可以用下面的流程圖來表示：

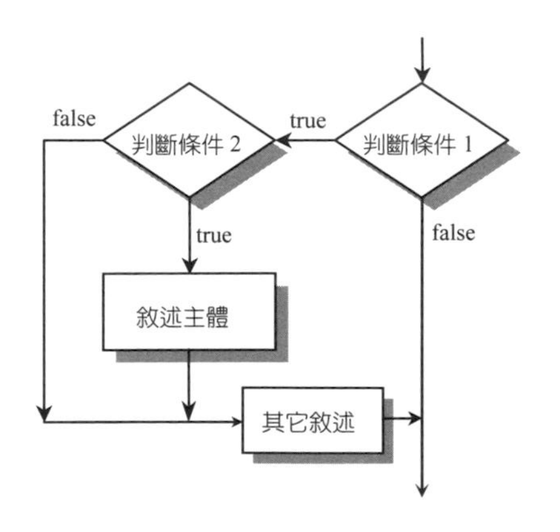

圖 6.2.4
巢狀 if 敘述的流程圖

我們舉一個簡單的例子來說明巢狀 if 敘述的使用。下面的範例可判別學生的成績是否及格。如果小於 50 分，即印出 "必須重修"，若介於 50 到 59 分之間，則印出 "請參加補考"。若是大於等於 60 分，則印出 "本科及格"。下面為本範例的流程圖程式碼：

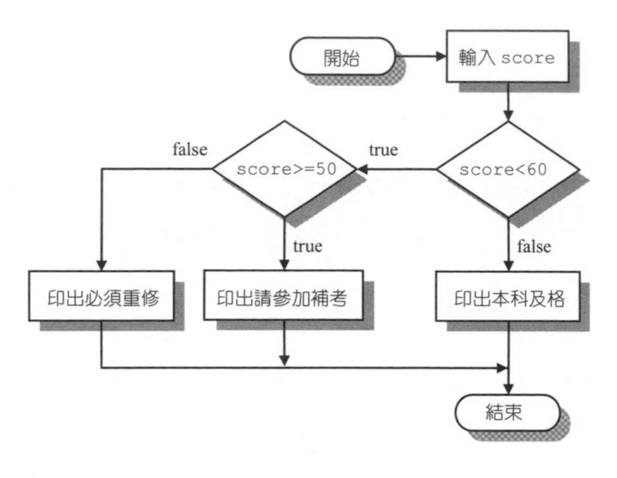

圖 6.2.5

prog6_5 的流程圖

```
01  /* prog6_5, 巢狀 if 敘述的練習 */
02  #include <stdio.h>
03  #include <stdlib.h>
04  int main(void)
05  {
06     int score;
07     printf("請輸入成績:");
08     scanf("%d",&score);
09
10     if (score<60)              /* 如果 score<60 */
11     {
12        if(score>=50)           /* 如果 score>=50 */
13           printf("請參加補考\n");
14        else
15           printf("必須重修\n");
16     }
17     else
18        printf("本科及格\n");
19
20     system("pause");
```

```
21      return 0;
22  }
```

```
/* prog6_5 OUTPUT--
請輸入成績:52
請參加補考
---------------------*/
```

程式解說

程式第 10~18 行為巢狀 if 敘述。第 10 行的 if 敘述判斷條件 score<60 成立時，才會執行第 12~15 行的 if-else 敘述；若判斷條件 score<60 不成立，即離開 if 敘述，執行 17~18 行的 else 敘述。

當第 10 行的 if 敘述判斷條件 score<60 成立時，則 12 行的 if 敘述才會開始測試其判斷條件 score>=50 是否成立，如果成立，則印出 "請參加補考"，否則印出 "必須重修"。 ❖

6.2.3 使用 if-else-if 敘述

如果在 else 敘述主體中緊接著另一個 if 敘述出現，為了簡化程式碼的寫法，可將 else 及下一個 if 敘述合寫在一起，其格式如下：

```
if(判斷條件 1)
{
    敘述主體 1;
}
else if(判斷條件 2)
{
    敘述主體 2;
}
```

若判斷條件 1 成立，則執行敘述主體 1，否則執行 else if 敘述

若判斷條件 2 成立，則執行判斷條件 2

格式 6.2.3

if-else-if 敘述的格式

if-else-if 敘述可以用下面的流程圖表示：

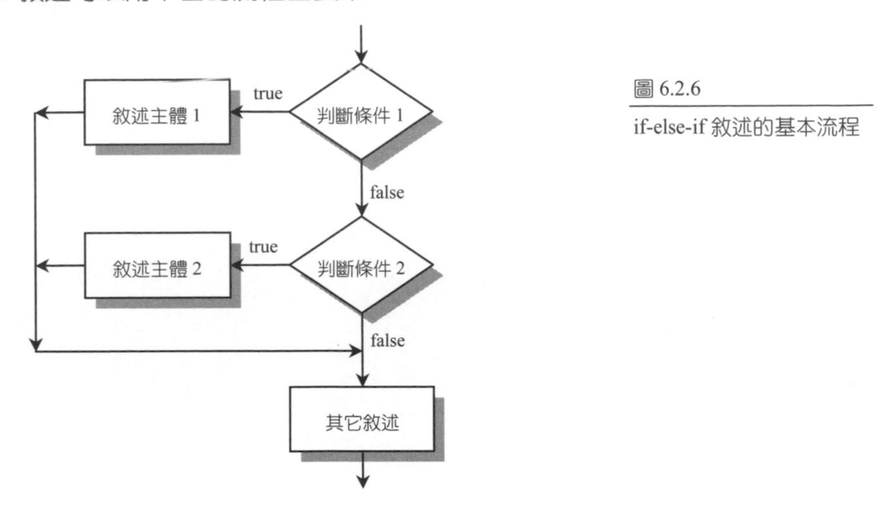

圖 6.2.6
if-else-if 敘述的基本流程

接下來，我們舉一個簡單的例子來說明 if-else-if 敘述的使用。下面的程式可根據輸入的成績判斷等級：80 分以上為 A，70~79 分為 B，60~69 分為 C，59 分以下就被當了（failed），流程圖與程式碼分述如下：

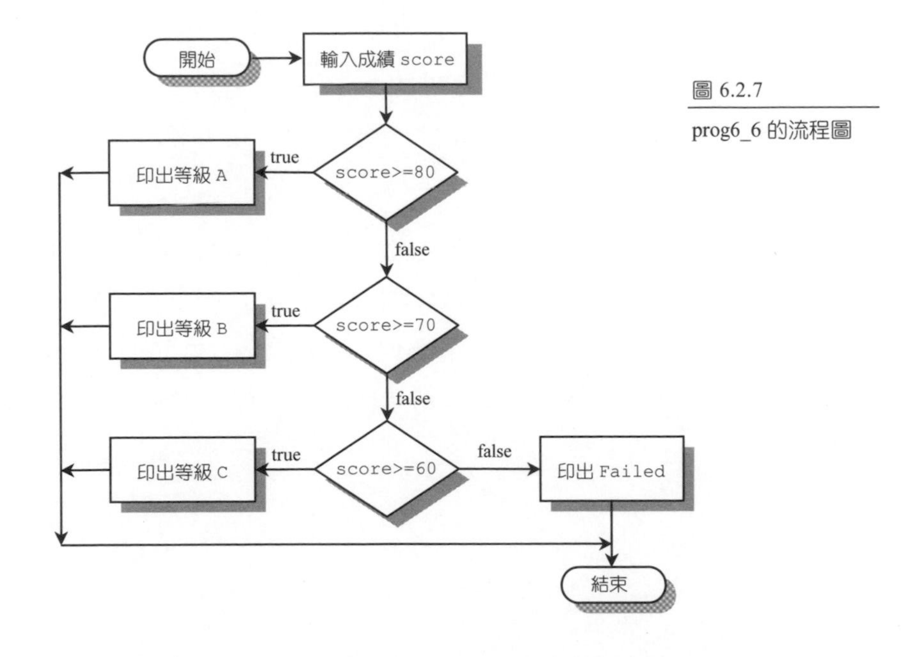

圖 6.2.7
prog6_6 的流程圖

```
01  /* prog6_6, if-else-if 敘述的應用 */
02  #include <stdio.h>
03  #include <stdlib.h>
04  int main(void)
05  {
06     int score;
07     printf("Your score:");
08     scanf("%d",&score);
09
10     if (score>=80)
11        printf("%d is A\n",score);                /* 印出 A */
12     else if (score>=70)
13              printf("%d is B\n",score);          /* 印出 B */
14          else if (score>=60)
15                  printf("%d is C\n",score);      /* 印出 C */
16               else
17                  printf("Failed!!\n");    /* 印出字串"Failed!!" */
18
19     system("pause");
20     return 0;
21  }
```

```
/* prog6_6 OUTPUT---

Your score:58
Failed!!
---------------------*/
```

程式解說

程式第 10~17 行為 if-else-if 敘述。以輸入成績（變數名稱為 score）58 分為例，第 10 行的 if 判斷條件為 score>=80，判斷條件的結果不成立，因此執行第 12 行的 else if 敘述，此時判斷條件 score>=70 的結果仍不成立，於是執行第 14 行的 else if 敘述，判斷條件 score>=60 的結果不成立，所以執行第 16 行的 else 敘述，最後印出 "Failed!!" 字串。 ❖

prog6_6 中用到了許多的 if 與 else，但是 else 怎麼知道它該與哪一個 if 配對呢？事實上，除非某個 if 敘述用了大括號將所有敘述主體包圍起來，否則，else 會去找與它最接近的上一個 if 配成一對。下圖為 prog6_6 的程式片段，您可以看 else 和它所屬的 if 敘述配對的情形，在程式縮排時，可以將同一層次的 if 與 else 敘述排在同一行，如此一來也較不會搞亂它們的順序：

```
10    if (score>=80)
11      printf("%d is A\n",score);
12    else if (score>=70)
13           printf("%d is B\n",score);
14         else if (score>=60)
15                printf("%d is C\n",score);
16              else
17                printf("Failed!!\n");
```

圖 6.2.8

if 與 else 的配對

由上面的程式中會發現，程式的縮排在這種巢狀結構中佔有非常重要的角色，它可以幫助我們容易看清楚程式中不同的層次，在維護上也就比較簡單，而您本身在撰寫程式上也比較不會搞混，因此平常在撰寫程式時就要養成縮排的好習慣。

6.2.4 非常選擇─if 與 else 的配對問題

if 與 else 的配對非常的重要，如果配錯了，可能會得到完全不同的結果。以 prog6_7 及 prog6_8 為例，程式撰寫的內容大致相同，但是於 if 敘述中加上大括號分隔 else 敘述後，執行的結果就會不同。prog6_7 及 prog6_8 皆是輸入一個整數，於程式中判斷整數的大小，再根據不同的判斷結果印出不同的計算結果：

```
01  /* prog6_7, if-else 配對問題(一) */
02  #include <stdio.h>
03  #include <stdlib.h>
04  int main(void)
05  {
```

```
06     int num;
07     printf("請輸入一個整數:");
08     scanf("%d",&num);
09
10     if (num>=0)
11       if(num<=10)
12         printf("數字介於 0 到 10 之間\n");
13       else
14         printf("數字大於 10\n");
15
16     system("pause");
17     return 0;
18  }
```

第 13 行的 else 與第 11 行的 if 配對

```
/* prog6_7 OUTPUT---
請輸入一個整數:7
數字介於 0 到 10 之間
---------------------*/
```

程式解說

於 10~14 行的 if-else 敘述中，else 會與離它最近的上一個 if 敘述配對，所以第 13 行的 else 是與第 11 行的 if 配對，因此當第 11 行的 if 敘述判斷成立時，則會執行第 12 行的敘述，否則執行第 14 行的敘述。 ❖

下面的範例與 prog6_7 非常類似，但以大括號包圍了第一個 if 敘述的本體，因此程式執行的走向也就與前例不同。本範例的程式碼如下：

```
01  /* prog6_8, if-else 配對問題(二) */
02  #include <stdio.h>
03  #include <stdlib.h>
04  int main(void)
05  {
06     int num;
07     printf("請輸入一個整數:");
08     scanf("%d",&num);
09
```

```
10      if (num>=0)
11      {
12         if(num<=10)
13            printf("數字介於 0 到 10 之間\n");
14      }
15      else      /* 如果第 10 行的 if 敘述不成立 */
16         printf("數字小於 0\n");
17
18      system("pause");
19      return 0;
20   }
```

```
/* prog6_8 OUTPUT---
請輸入一個整數:-26
數字小於 0
---------------------*/
```

程式解說

於本例中，由於第 10~14 行的 if 敘述中，有大括號包圍起來，因此 11~14 行是屬於第 10 行 if 敘述的主體，所以第 15 行的 else 會與同一層中，離它最近的 if 敘述配對（第 10 行的 if），因此當第 10 行的判斷成立時，即會執行第 11~14 行的敘述；如果不成立時，即會跳離 if 敘述的主體，執行第 15~16 行的 else 敘述。 ❖

由前兩個範例可以看出，雖然程式撰寫的內容大致相同，但會由於 if 與 else 配對的不同而有不同的執行流程。此外，提醒您應善用程式碼的縮排，尤其是在 else 與 if 配對時更應注意。縮排並不會影響到程式執行的流程，但正確的縮排非常有助於對程式結構的理解。沒有縮排，或錯誤的縮排只會混淆程式的閱讀而已。

6.3 簡潔版的 if-else 敘述—條件運算子

C 語言還提供了「條件」運算子（conditional operator），可以用來代替 if-else 敘述：

表 6.3.1 條件運算子

條件運算子	意義
?:	根據條件的成立與否，來決定結果為?或:後的運算式

條件運算子有 3 個運算元，分別在兩個運算子「？」及「：」之間，其格式如下：

```
條件判斷 ? 運算式1 : 運算式2
```

格式 6.3.1

?:的敘述格式(一)

上面的格式亦即當條件成立時執行運算式 1，否則執行運算式 2。注意運算式 1 與運算式 2 只有一個會被執行。如果我們希望把運算式 1 或 2 的運算結果設給某個變數存放時，可用下面的語法來表示：

```
變數名稱 = 條件判斷 ? 運算式1 : 運算式2
```

格式 6.3.2

?:的敘述格式(二)

格式 6.3.2 以 if 敘述來解釋時，也就相當於下面的 if-else 敘述：

```
if (條件判斷)
    變數名稱 = 運算式1;
else
    變數名稱 = 運算式2;
```

格式 6.3.3

?:與 if-else 的相對關係

接下來，我們試著練習用條件運算子撰寫程式。下面的範例可輸入兩個整數，然後利用條件運算子判斷較大者：

```
01   /* prog6_9, 條件運算子的練習 */
02   #include <stdio.h>
03   #include <stdlib.h>
04   int main(void)
05   {
06      int num1,num2,larger;
07      printf("請輸入兩個整數:");
08      scanf("%d %d",&num1,&num2);
09
10      num1>num2 ? (larger=num1) : (larger=num2);  /* 條件運算子 */
11      printf("%d 數值較大\n",larger);
12
13      system("pause");
14      return 0;
15   }
```

```
/* prog6_9 OUTPUT---
請輸入兩個整數:33 76
76 數值較大
---------------------*/
```

程式解說

程式由第 8 行讀入兩個整數，並分別存放在 num1 與 num2 這兩個變數中。第 10 行利用條件運算子來判定 num1 與 num2 二數的大小，如果 num1 大，便把變數 larger 設為 num1，否則便把 larger 設為 num2。

注意於本例中，我們必須把第 10 行裡的兩個運算式 larger=num1 與 larger=num2 用括號括起來，否則會因運算子優先順序的問題導致編譯發生錯誤。

另外，於程式碼第 10 行中，由於條件運算子裡的兩個運算式都是在為同一個變數做設定的動作，因此第 10 行也可以把它改寫成如下的敘述：

```
10  larger=num1>num2 ? num1 : num2;   /* 條件運算子有傳回值的寫法 */
```

如此一來，我們可以把條件運算子想像成是一個函數，會傳回它的運算結果，然後這個運算結果由變數 larger 所接收。 ❖

由前面的範例可知，如果選擇性敘述不是太複雜的情況下，有些時候使用條件運算子來撰寫程式碼時可能較為簡潔，它可以僅用一個敘述替代一長串的 if-else 敘述，因此可以適度的化簡程式碼。

6.4 更好用的多重選擇—switch 敘述

switch 敘述可以將多選一的情況簡化，使程式簡潔易讀。本節將要介紹如何使用 switch 敘述，以及它的好伙伴—break 敘述；此外，我們也會討論在 switch 敘述中不使用 break 敘述時會發生的問題。

6.4.1 多重選擇—switch 與 break 敘述

當我們要在許多的選擇條件中，找到並執行其中一個符合條件判斷的敘述時，除了可以使用 if-else 不斷地判斷之外，也可以使用另一種更方便好用的多重選擇—switch 敘述。使用巢狀 if-else-if 敘述最常發生的狀況，就是容易將 if 與 else 配對混淆而造成閱讀及執行上的錯誤，而使用 switch 敘述時則可以避免這種錯誤，因此在多選一的情況下，switch 敘述是很不錯的選擇。

switch 敘述的格式如下：

```
switch(運算式)
{
   case 選擇值1:
        敘述主體1;      若運算式的值等於選擇值 1，
        break;          則執行敘述 1
   case 選擇值2:
        敘述主體2;      若運算式的值等於選擇值 2，
        break;          則執行敘述 2
         …
   case 選擇值n:
        敘述主體n;      若運算式的值等於選擇值 n，
        break;          則執行敘述 n
   default:             若運算式的值不等於選擇值 1~n，
        敘述主體;        則執行此部份
}
```

格式 6.4.1
switch 敘述的格式

於 switch 敘述裡，運算式會計算出一個值，此值可能是選擇值 1~n 裡面的任何一個（或是都不在選擇值內也說不定），此時 switch 便會根據運算式所計算出來的選擇值來執行相對應的敘述主體。要特別注意的是，於 switch 敘述裡的選擇值只能是字元或是整數常數。接下來我們來詳細看看 switch 敘述執行的流程：

1. switch 敘述先計算括號中運算式的運算結果。
2. 根據運算式的值，檢查是否符合執行 case 後面的選擇值。如果某個 case 的選擇值符合運算式的結果，就會執行該 case 所包含的敘述，直到執行到 break 敘述之後才跳離整個 switch 敘述。
3. 若是所有 case 的選擇值皆不適合，則執行 default 之後所包含的敘述，執行完畢即離開 switch 敘述。如果沒有定義 default 的敘述，則直接跳離 switch 敘述。

值得一提的是，如果忘了在 case 敘述結尾處加上 break，則會一直執行到 switch 敘述的尾端，才會離開 switch 敘述，如此可能會造成執行結果的錯誤。

switch 敘述的流程圖可繪製如下：

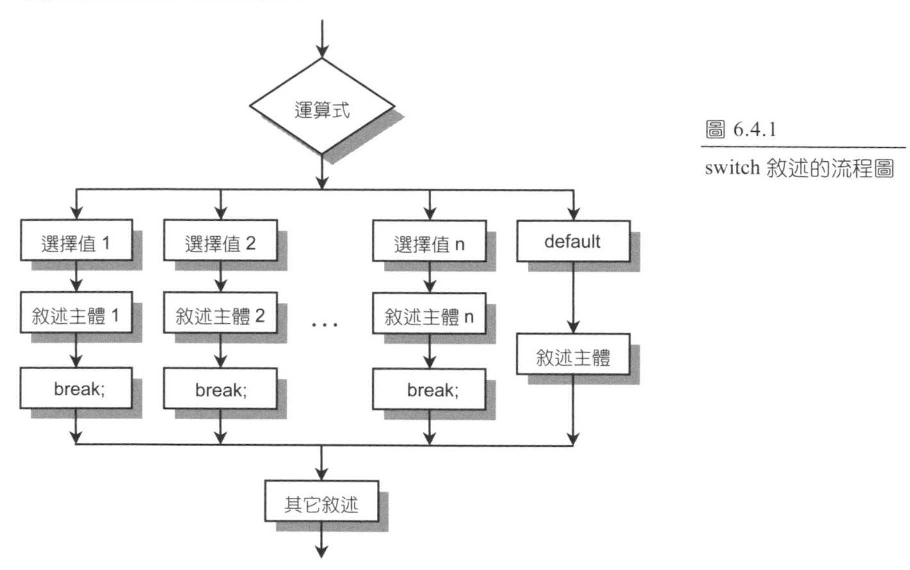

圖 6.4.1

switch 敘述的流程圖

下面的程式是利用 switch 敘述依據選擇值來進行簡單的四則運算，運算完後再列印出運算後的結果：

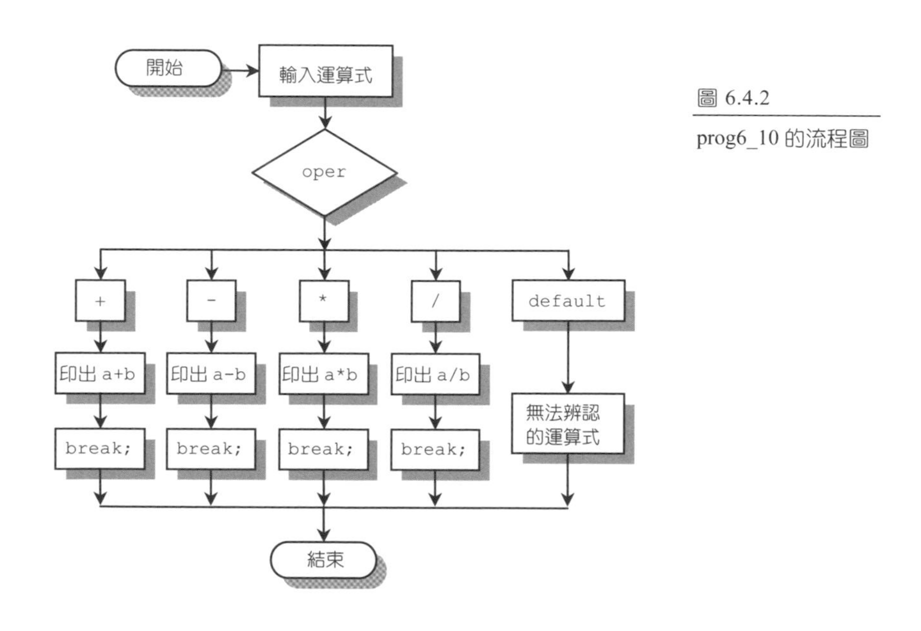

圖 6.4.2

prog6_10 的流程圖

```
01  /* prog6_10, switch 敘述的使用範例 */
02  #include <stdio.h>
03  #include <stdlib.h>
04  int main(void)
05  {
06     int a,b;
07     char oper;
08     printf("請輸入運算式(例如:3+2): ");          /* 輸入運算式 */
09     scanf("%d %c %d",&a,&oper,&b);
10
11     switch(oper)
12     {
13        case '+':
14           printf("%d+%d=%d\n",a,b,a+b);        /* 印出 a+b */
15           break;
16        case '-':
17           printf("%d-%d=%d\n",a,b,a-b);        /* 印出 a-b */
18           break;
19        case '*':
20           printf("%d*%d=%d\n",a,b,a*b);        /* 印出 a*b */
21           break;
22        case '/':
23           printf("%d/%d=%.3f\n",a,b,(float)a/b); /* 印出 a/b */
24           break;
25        default:
26           printf("無法辨認的運算式!!\n");         /* 印出字串 */
27     }
28     system("pause");
29     return 0;
30  }
```

```
/* prog6_10 OUTPUT--------

請輸入運算式(例如:3+2): 100/7
100/7=14.286
------------------------------*/
```

程式解說

程式第 8 行~第 9 行，由鍵盤輸入一個運算式，如 3+2，5*7 等。輸入的第一個數值存放在變數 a 裡，第二個數值存放在變數 b 裡，而兩個數值中間的運算子存放在變數 oper 裡。

第 11 行~27 行為 switch 敘述。當 oper 為字元「+」、「-」、「*」與「/」時，switch 會依據這些字元執行相對應的 case，印出運算結果後離開 switch 敘述。若是所輸入的運算子皆不在這些範圍時，即執行 default 所包含的敘述，然後跳離 switch。值得一提的是，讀者可以注意到本例中的選擇值是字元，因此必須用單引號將字元包圍起來，如 13、16、19 與 22 行所示。 ❖

switch 也允許以不同的選擇值來處理相同的敘述。舉例來說，於鍵盤輸入等級 A、B 及 C（大小寫都可以）後，根據所輸入的字元印出不同的字串，下面為本例的的流程圖與程式碼：

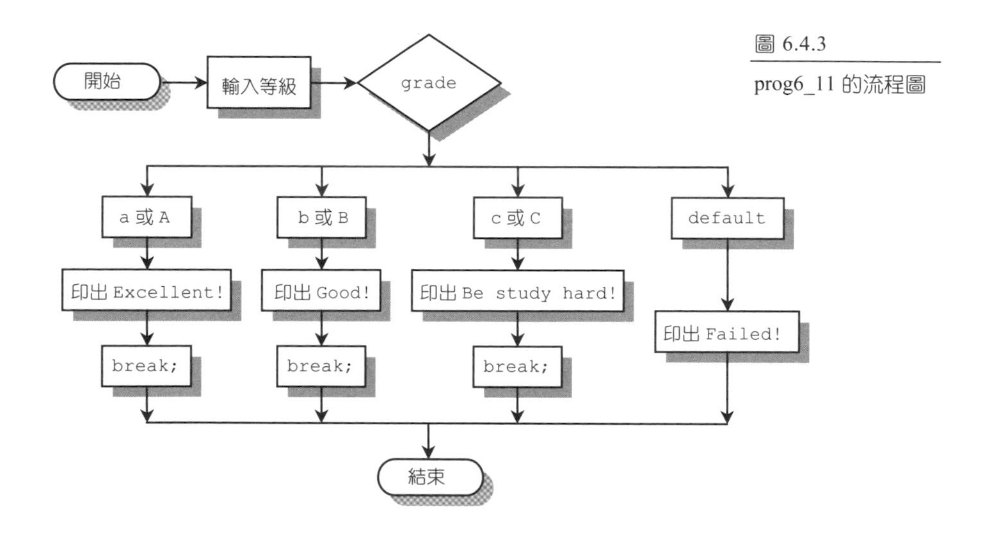

圖 6.4.3

prog6_11 的流程圖

```
01  /* prog6_11, switch 敘述－以不同的選擇值來處理相同的敘述 */
02  #include <stdio.h>
03  #include <stdlib.h>
04  int main(void)
05  {
06     char grade;
07     printf("Input grade:");
08     scanf("%c",&grade);
09  
10     switch(grade)
11     {
12        case 'a':   /* 輸入 a 或 A 時印出 Excellent! */
13        case 'A':
14           printf("Excellent!\n");
15           break;
16        case 'b':   /* 輸入 b 或 B 時印出 Good! */
17        case 'B':
18           printf("Good!\n");
19           break;
20        case 'c':   /* 輸入 c 或 C 時印出 Be study hard! */
21        case 'C':
22           printf("Be study hard!\n");
23           break;
24        default:    /* 輸入其他字元時印出 Failed! */
25           printf("Failed!\n");
26     }
27     system("pause");
28     return 0;
29  }
```

```
/* prog6_11 OUTPUT---

Input grade:B
Good!
---------------------*/
```

程式解說

於本例中，第 7~8 行可由鍵盤輸入一字元並設定給變數 grade。10~26 行為 switch 敘述主體。當 grade 為 'a' 時，因為第 12 行「case 'a'」之後緊接「case 'A'」，所以會

繼續執行接下去的敘述，直到遇到 15 行的 break 敘述為止，因此當 grade 為 'a' 或 'A' 時，皆會執行 14~15 行的敘述。同樣的，當 grade 為 'b' 或 'B' 時，也會執行 18~19 行的敘述，當 grade 為 'c' 或 'C' 時，會執行 22~23 行的敘述。 ❖

練習了幾個不同的範例，是不是覺得 switch 敘述比巢狀的 if-else-if 簡單多了呢？在往後設計程式時，您可以根據不同的需要使用 switch 敘述或是 if-else-if 敘述。

6.4.2 不加 break 敘述的 switch 敘述

不加 break 敘述的 switch 敘述，其執行的結果會發生什麼樣的情況呢？在 6.4.1 節中，我們曾經提到過，若是沒有於 case 敘述結尾處加上 break 敘述，則會一直執行到遇到 break 敘述或是 switch 敘述的尾端，才會離開 switch 敘述。

忘了加上 break 敘述可能會造成程式執行的錯誤。下面以 prog6_11 的程式來說明不加 break 敘述時可能造成的錯誤：

```
01  /* prog6_12, 忘了加上 break 的 switch 敘述 */
02  #include <stdio.h>
03  #include <stdlib.h>
04  int main(void)
05  {
06     char grade;
07     printf("Input grade:");
08     scanf("%c",&grade);
09
10     switch(grade)
11     {
12        case 'a':   /* 輸入 a 或 A 時印出 Excellent! */
13        case 'A':
14           printf("Excellent!\n");
15        case 'b':   /* 輸入 b 或 B 時印出 Good! */
16        case 'B':
17           printf("Good!\n");
18        case 'c':   /* 輸入 c 或 C 時印出 Be study hard! */
```

```
19          case 'C':
20            printf("Be study hard!\n");
21          default:    /* 輸入其他字元時印出 Failed! */
22            printf("Failed!\n");
23        }
24        system("pause");
25        return 0;
26    }
```

```
/* prog6_12 OUTPUT--

Input grade:b
Good!
Be study hard!
Failed!
-----------------------*/
```

程式解說

於本例中，我們輸入了字母 b，因此 switch 敘述裡的第 15 行符合這個條件，因而會執行第 17 行，印出 "Good!" 字串。但是因為沒有 break 敘述來跳離，所以會接著執行第 18 行之後的敘述，直到 switch 結束為止。因此於本例中，"Be study hard!" 與 "Failed!" 相繼印出來，就是這個原因。 ❖

從上面的例子可知沒有加上 break 敘述，程式的執行可能會出現錯誤，所以在使用 switch 敘述的時候，要特別注意是否遺忘了 break 敘述！

6.5 使用 goto 敘述

goto 敘述可以無條件的讓程式隨意由某處跳到另一處。goto 敘述的格式如下：

```
標籤名稱:
    敘述;
goto 標籤名稱;
```

格式 6.5.1

goto 敘述的格式

於上面的格式中，「標籤名稱」不一定要在 goto 敘述的前面，只要程式的流程需要，也可以把「標籤名稱」設計在 goto 敘述的後面。

當程式執行到 goto 敘述時，會無條件跳到 goto 後面所指定之標籤名稱的所在位置繼續執行。舉例來說，想計算 1+2+…+10 的結果，在此可以利用 goto 敘述完成，下面為利用 goto 敘述計算由 1 加到 10，並將結果輸出的流程圖與程式碼：

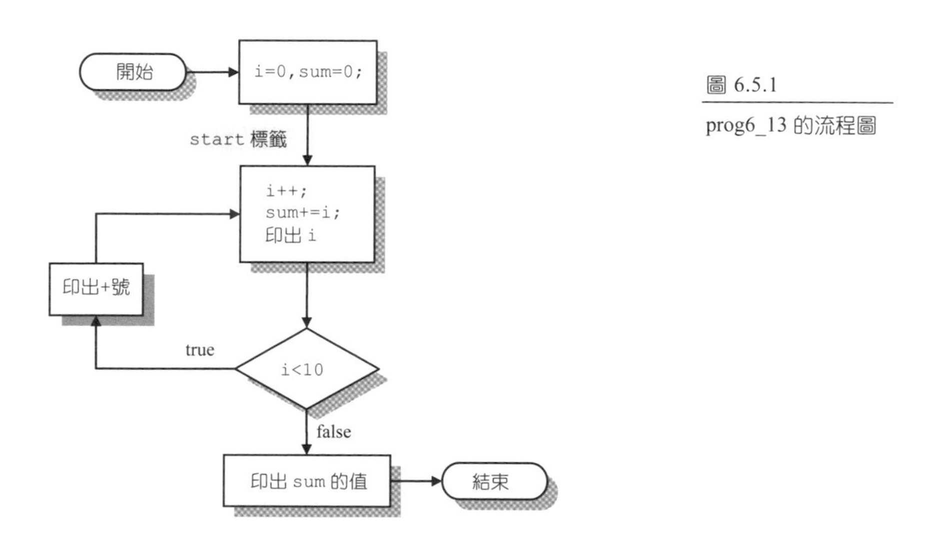

圖 6.5.1

prog6_13 的流程圖

```
01  /* prog6_13, 使用 goto 敘述 */
02  #include <stdio.h>
03  #include <stdlib.h>
04  int main(void)
05  {
06     int i=0,sum=0;
07     start:                  /* start 標籤 */
08        i++;
09        sum+=i;
10        printf("%d",i);
11        if (i<10)
12        {
13           printf("+");  /* 印出+，並回到 start 標籤內的敘述 */
14           goto start;
15        }
16        printf("=%d\n",sum);/* 印出 sum 的值 */
17     system("pause");
18     return 0;
19  }
```

```
/* prog6_13 OUTPUT----
1+2+3+4+5+6+7+8+9+10=55
-----------------------*/
```

程式解說

第 7 行為 start 標籤，若是於程式中沒有使用到 goto 敘述，則此 start 標籤便沒有作用。標籤的名稱可以自行定義，只要是合法的 C 語言識別字，均可做為標籤名稱。

第 11 行的 if 敘述用來判別累加的次數 i 是否小於 10。如果 i<10，則印出「+」號，並回到第 7 行的 start 標籤處繼續往下執行，如此循環，直到 i=10 時，if 敘述的判斷條件不成立，即執行第 16 行的敘述，印出 sum 的值。 ❖

goto 敘述雖然可以產生迴圈（loops）的效果，但卻容易破壞程式的結構化。以結構化程式設計的角度來看，goto 敘述是一個會破壞程式結構的指令，所以建議避免使用，否則將來在除錯及閱讀程式上容易造成困擾。此外，大部分的 goto 敘述皆可以使用其它的敘述代替，所以能夠不使用 goto 敘述就不要使用它。下一章將會介紹到迴圈的使用，到時您會學習到更多樣、更有效率的迴圈來取代 goto。

習 題 （題號前標示有 ⬇ 符號者，代表附錄 E 裡附有詳細的參考答案）

6.1 我的程式會轉彎—if 敘述

⬇ 1. 試撰寫一程式，可由鍵盤讀入一個字元。若此字元是數字（即數字 0~9），則印出 "此字元是數字" 字串；若此字元是英文大小寫字母（即 a~z, A~Z），則印出 "此字元是英文字母" 字串。

2. 試修改 prog6_2 的程式碼，使得它也可以判別數字是等於 0 的情況。也就是說，可判別輸入的整數是大於 0，等於 0，或小於 0 的情況。

3. 試撰寫一程式，可由鍵盤輸入一個整數，然後判斷它是奇數或偶數。

4. 試撰寫一程式，可由鍵盤輸入一整數，然後求此數的絕對值。

6.2 另外的選擇—if-else 敘述

⬇ 5. 試撰寫一程式，可由鍵盤輸入一個整數（代表某個人的體重），然後判斷體重是不是過重。若體重大於 90 公斤，則印出 "體重過重"，否則印出 "不會過重"。

6. 試撰寫一程式，可由鍵盤輸入兩個整數，分別代表某個人的身高與體重，然後判斷它的體重是不是過重。若體重大於 90 公斤，且身高低於 180 公分，則印出 "體重過重"，否則印出 "不會過重"。

⬇ 7. 試撰寫一程式，由程式中宣告並設定三個整數的初值，判斷這三個整數是否能構成三角形的三個邊長（註: 三角形兩邊長之和必須大於第三邊）。

8. 接續習題 7，當三個邊長能夠構成三角形時，再判斷該三角形為鈍角、銳角或是直角三角形，其判別方法如下：

   直角三角形：其中有兩個邊的平方和等於第三邊的平方

   鈍角三角形：其中有兩個邊的平方和小於第三邊的平方

   銳角三角形：任兩邊的平方和大於第三邊的平方

9. 試撰寫一程式，讀入 10 個學生的成績，成績在 0~59 分為 C，60~75 分為 B，76~100 分為 A，最後將得到 A、B、C 的人數印出。

10. 試撰寫一程式，輸入 x、y 座標值，判斷該點位於那一個象限或是在座標軸上。舉例來說，若輸入的座標值為 (3.0,−2.5)，輸出即為第四象限；若輸入的座標值為 (4.5,0.0)，則輸出即為 x 軸。

11. 假設某便利商店的工讀生的月薪資，可以依照下列方式計算：

    60 個小時之內，每小時 75 元
    61~75 個小時，以 1.25 倍計算
    76 個小時以後以 1.75 倍計算

    例如，如果工作時數為 80 小時，則薪資為 60*75+15*75*1.25+5*75*1.75=6562.5 元。試撰寫一程式，於程式中設定某工讀生該月的工作時數（為一整數），然後計算實領的薪資。

12. 試利用 if-else-if 敘述設計一程式，程式的輸入為學生成績，輸出為成績的等級。學生成績依下列的分類方式分級：

    80~100：A 級
    60~79：B 級
    0~59：C 級

13. 試撰寫一程式，可輸入月份，然後判斷其所屬的季節（3~5 月為春季，6~8 月為夏季，9~11 月為秋季，12~2 月為冬季）

14. 試撰寫一程式，可由鍵盤讀入一個 4 個位數的整數，代表西洋的年份，然後判別這個年份是否為閏年（每四年一閏，每百年不閏，每四百年一閏，每四千年不閏，例如西元 1900 雖為 4 的倍數，但可被 100 整除，所以不是閏年，同理，2000 年是閏年，因可被 400 整數，而 2004 當然也是閏年，因可以被 4 整除）。

15. 假設在某商店中購物，輸入所應付款的金額及實際交給店員的金額，輸出則為應找回最少的鈔票數與錢幣數，如果交給店員的金額少於應付金額，則印出 "金額不夠" 字串。舉例來說，我們買了 33 元（所應付款的金額）的東西，而交給店員的錢為 1000 元（實際交給店員的金額），店員應找回一張 500 元，四張 100 元，一個 50 元硬幣，一個 10 元硬幣，一個 5 元硬幣及二個 1 元硬幣（假設幣值只有 1000、500、100、50、10、5 與 1 元）。

16. 已知一元二次方程式 $ax^2+bx+c=0$ 的解為

$$x=\frac{-b\pm\sqrt{b^2-4ac}}{2a}$$

試撰寫一程式，由程式中宣告並設定 a、b、c 三個浮點數的初值，代表方程式 $ax^2+bx+c=0$ 的係數，然後利用判別式 b^2-4ac 的值來計算方程式的根。

【註】當 $b^2-4ac>0$，方程式有二個實根，$x=\dfrac{-b\pm\sqrt{b^2-4ac}}{2a}$。

當 $b^2-4ac=0$，方程式有兩個相等實根，$x=-\dfrac{b}{2a}$。

當 $b^2-4ac<0$，則沒有實根，印出 "沒有實根" 字串。

（開根號請用 sqrt() 函數，注意 sqrt() 的引數型態為 double，傳回值也是 double。使用 sqrt() 函數時必須含括入 math.h 標頭檔）

6.3 簡潔版的 if 敘述—條件運算子

17. 試將習題 5 改用條件運算子來撰寫。

18. 試將習題 6 改用條件運算子來撰寫。

19. 如果編譯下面的程式碼，則會有錯誤訊息發生。試指出錯誤之所在，並試著訂正之：

```
01  /* hw6_19, 條件運算子的練習 */
02  #include <stdio.h>
03  #include <stdlib.h>
04  int main(void)
05  {
06     int a=4,b=6,larger;
07
08     a>b ? larger=a : larger=b;  /* 條件運算子 */
09     printf("%d 數值較大\n",larger);
10
11     system("pause");
12     return 0;
13  }
```

6.4 更好用的多重選擇—switch 敘述

20. 試由鍵盤輸入數值 1~4，並加以判斷輸入值是否在 1~4 之間，如果超出此範圍，則印出 "輸入錯誤"，否則利用 switch 印出相對應的季節：

    1：春天

    2：夏天

    3：秋天

    4：冬天

21. 試由鍵盤輸入一個字元，然後加以判斷輸入的字元是小寫的 a 還是小寫的 b。若是小寫的 a，則印出 "您輸入 a"，若是小寫的 b，則印出 "您輸入 b"，若輸入的字元不是 a 或 b，則印出 "您輸入的不是 a 或 b"。

22. 試修改習題 21，使得輸入的不論是 a 或 A，都印出 "您輸入的是 A"，而不論是 b 或 B，都印出 "您輸入的是 B"，否則印出 "您輸入的不是 A 或 B"。

23. 試由鍵盤輸入一個 1~7 之間的整數，代表星期一到星期日。若輸入的是 1~5，則印出 "今天要上班"，若輸入的是 6~7，則印出 "今天休息"，若輸入的不是 1~7，則印出 "輸入錯誤"。

6.5 使用 goto 敘述

24. 試利用 goto 敘述撰寫一程式，可以計算 1~100 之間，所有奇數的總和。

25. 試利用 goto 敘述撰寫一程式，找出 1900~2000 之間，所有的潤年。關於潤年的判別，請參考習題 14。

26. 試修改習題 20，使得當輸入的數值不是在 1~4 之間，則會要求重新輸入（請利用 goto 敘述來完成）。

chapter

07 迴圈

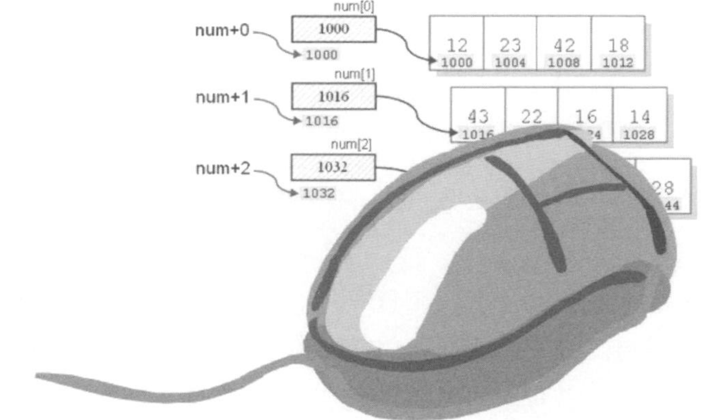

到目前為止，我們所撰寫的程式，都是簡單的循序性敘述。如果想處理重複性的工作時，「迴圈」會是一個很方便的選擇，它可以執行相同的程式片段，還可以讓程式結構化。於本章裡，我們先來認識結構化的程式，再來學習如何利用這些不同的結構撰寫出有趣的程式。

本章學習目標

- 認識結構化程式設計
- 學習 for、while 與 do while 迴圈的使用
- 學習如何選擇適當的迴圈敘述
- 學習如何跳離迴圈

7.1 結構化程式設計

一般來說，結構化的程式設計包含有下面三種結構。

1. 循序性結構（sequence structure）
2. 選擇性結構（selection structure）
3. 重複性結構（iteration structure）

這三種不同的結構，有一個共通點，就是它們都只有一個進入點，也只有一個出口。單一入、出口的結構可以使程式易讀、好維護，也就可以減少除錯的時間。接下來的三個小節將以流程圖的方式來讓您了解這三種結構的不同。

7.1.1 循序性結構

循序性結構在程式中，是採上至下（top to down）的敘述方式，一行敘述執行完畢後，再接著執行下一行敘述。這種結構的流程圖如下所示：

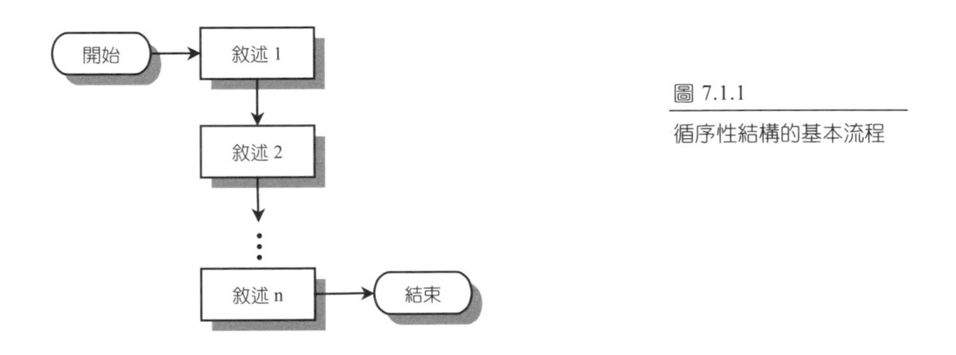

圖 7.1.1

循序性結構的基本流程

雖然循序性結構的程式簡單易懂，但是在程式中卻扮演了非常重要的角色，因為所有程式的撰寫基本上都是依照這種由上而下的流程來設計。本書 1~5 章所撰寫出來的程式碼均是屬於這種結構。

7.1.2 選擇性結構

選擇性結構是根據條件的成立與否，再決定要執行哪些敘述的結構。第六章所介紹過的 if-else 與 switch 等敘述，便是典型的選擇性結構，選擇性結構流程圖可繪製如下：

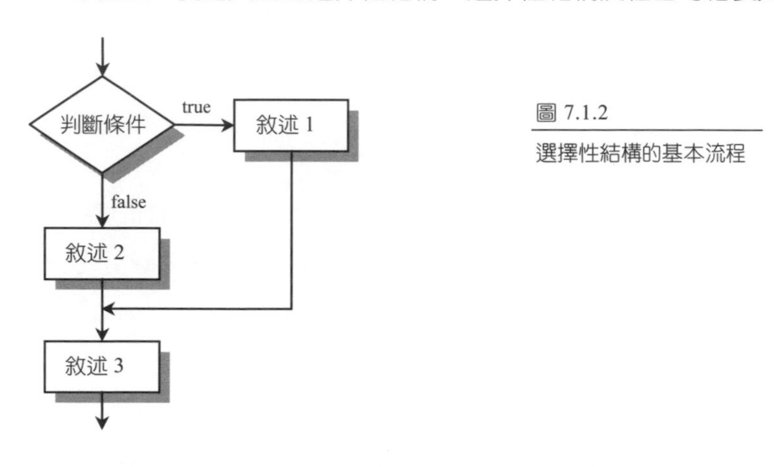

圖 7.1.2
選擇性結構的基本流程

這種結構可以依據判斷條件的結果，來決定執行的敘述為何，當判斷條件的值為真的時候，就執行敘述 1，判斷條件的值為假，則執行敘述 2，不論執行哪一個敘述，最後都會再回到敘述 3 繼續執行。

7.1.3 重複性結構

重複性結構則是根據判斷條件的成立與否，決定程式段落的執行次數，這個程式段落就稱為迴圈主體。重複性結構的流程圖如下圖所示：

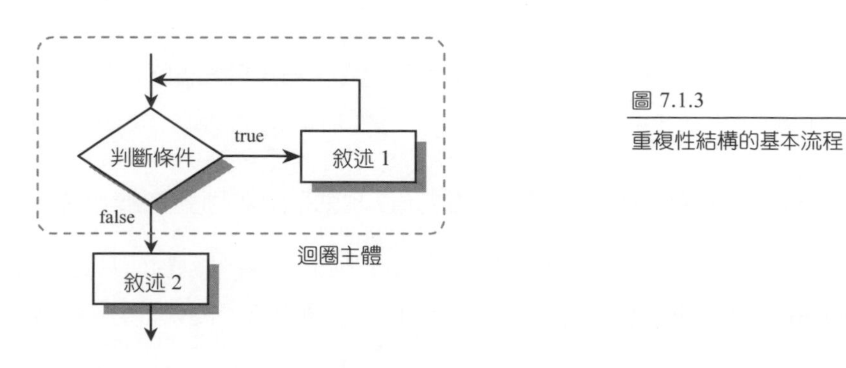

圖 7.1.3
重複性結構的基本流程

C 語言所提供的重複性結構可用迴圈敘述來完成。迴圈計有 for、while 及 do while 三種，後面的小節將分別討論這三種迴圈敘述的用法及其不同之處。

迴圈相當適合用在重複性的計算。舉例來說，如果想計算 1+2+3+4+5 的值時，您可以於程式中寫出如下的敘述：

```
sum=1+2+3+4+5;     /* 計算 1+2+3+4+5 的值 */
```

這是一個不錯的方式，但若是想累加到 1000 的時候，這個方法就行不通囉！此時便得靠迴圈的幫忙。這個簡單的例子，馬上就可以解釋為什麼要學習迴圈的使用。

7.2 使用 for 迴圈

明確知道迴圈要執行的次數時，就可以使用 for 迴圈，其敘述格式如下：

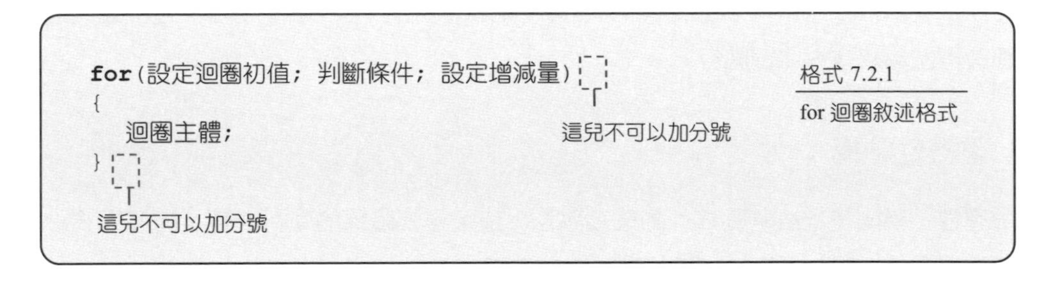

若是在 for 迴圈主體中的敘述只有 1 個，則可以將左、右大括號省略。下面列出了 for 迴圈執行的流程：

1. 第一次進入 for 迴圈時，便會設定迴圈初值，也就是設定迴圈控制變數的起始值。
2. 根據判斷條件的內容，檢查是否要繼續執行迴圈，當條件判斷值為真（true），繼續執行迴圈主體；條件判斷值為假（false），則跳出迴圈執行之後的敘述。

3. 執行完迴圈主體內的敘述後，迴圈控制變數會根據增減量的設定，更改迴圈控制變數的值，再回到步驟 2 重新判斷是否繼續執行迴圈。

根據上述的程序，可繪製出如下的 for 迴圈流程圖：

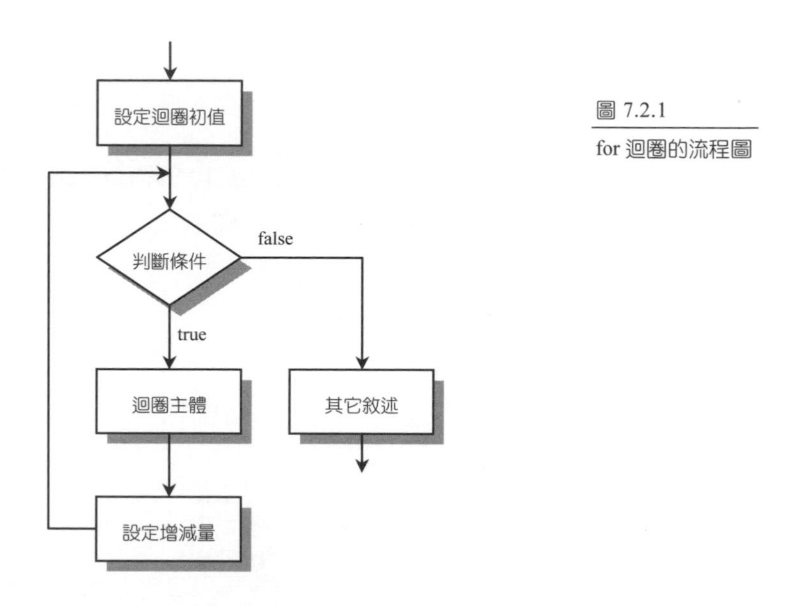

圖 7.2.1

for 迴圈的流程圖

for 迴圈敘述的括號中有三個部分，分別是「設定迴圈初值」、「判斷條件」及「設定增減量」，這三個部分以分號做為區隔。「設定迴圈初值」可以設定迴圈控制變數的起始值，它只在第一次進入 for 迴圈的時候作用，除了可以設定迴圈控制變數的起始值外，我們也可以設定其他變數的初值，如下面的範例：

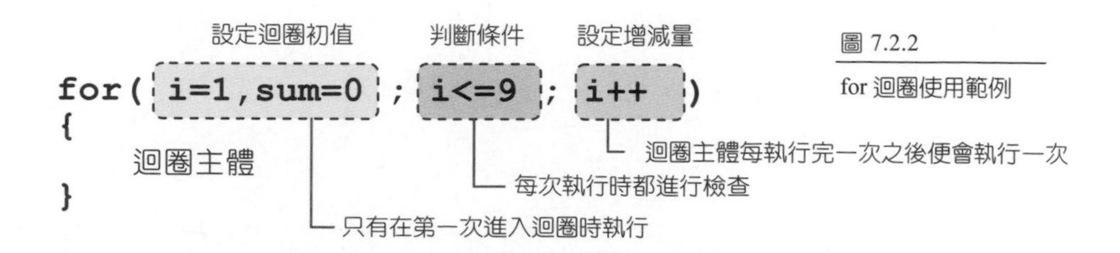

圖 7.2.2

for 迴圈使用範例

上面的敘述中，for 迴圈敘述裡的 i 為迴圈控制變數。此外，雖然 sum=0 不一定要在 for 迴圈中設定，但若是您這樣撰寫程式，C 的編譯程式還是可以接受的。

「判斷條件」是每執行 for 迴圈一次，就會檢查是否繼續執行迴圈的依據；而「設定增減量」的作用則是將迴圈控制變數的值進行增減，您可以使用任何的運算式進行設定變數的值。

程式 prog7_1 是 for 迴圈的範例，它可計算由 1 累加至 10 的運算結果，我們先繪製一張從 1 累加到 10 的流程圖，再根據流程圖寫出累加的程式：

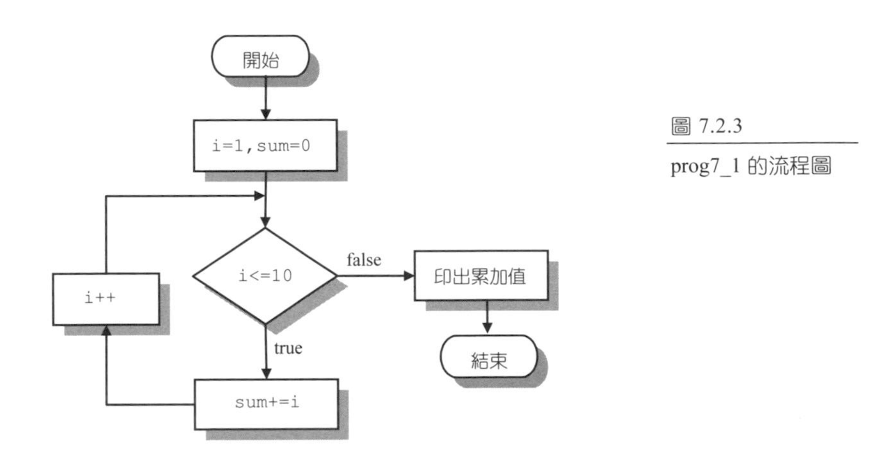

圖 7.2.3
prog7_1 的流程圖

下面的程式就是根據流程圖所撰寫的程式，您可以試著閱讀，也許很容易就能了解程式的內容。

```
01  /* prog7_1, for 迴圈的使用 */
02  #include <stdio.h>
03  #include <stdlib.h>
04  int main(void)
05  {
06     int i,sum=0;
07     for(i=1;i<=10;i++)              /* 計算 1+2+...+10 的結果 */
08        sum+=i;
```

```
09      printf("1+2+3+...+10=%d\n",sum);      /* 印出 sum 的值 */
10
11      system("pause");
12      return 0;
13   }
```

```
/* prog7_1 OUTPUT--
1+2+3+...+10=55
---------------------*/
```

程式解說

於本例中，第 6 行宣告了迴圈的控制變數 i，與累加變數 sum，並將 sum 設定初值為 0；由於要計算 1+2+...+10，所以在第一次進入迴圈的時候，將 i 的值設為 1，接著判斷 i 是否小於等於 10，如果 i 小於等於 10，則計算 sum+i 的值後再指定給 sum 存放，i 的值再加 1，然後回到迴圈起始處，繼續判斷 i 的值是否仍在所定的範圍內，直到 i 大於 10 即會跳出迴圈，表示累加的動作已經完成。

下表列出了本例中，i 值與 sum 值隨著迴圈執行的次數而變化的情形，您可以對照流程圖與下表，以了解 for 迴圈運作的情形：

表 7.2.1 for 迴圈內，i 與 sum 值變化的情形

i 的值	sum 的值	計算 sum+=i 之後，sum 的值
1	0	1
2	1	3
3	3	6
4	6	10
5	10	15
6	15	21
7	21	28
8	28	36
9	36	45
10	45	55

執行完 for 迴圈之後，sum 的值

另外，您可以注意到於本例中，for 迴圈的主體只有一行（即第 8 行），因此包圍迴圈主體的大括號可以略去。 ❖

我們再舉一個例子來熟悉 for 迴圈的使用。假設擲骰子 10000 次，利用亂數取值，計算擲到點數為 3 的次數及機率。本範例的流程圖可繪製如下：

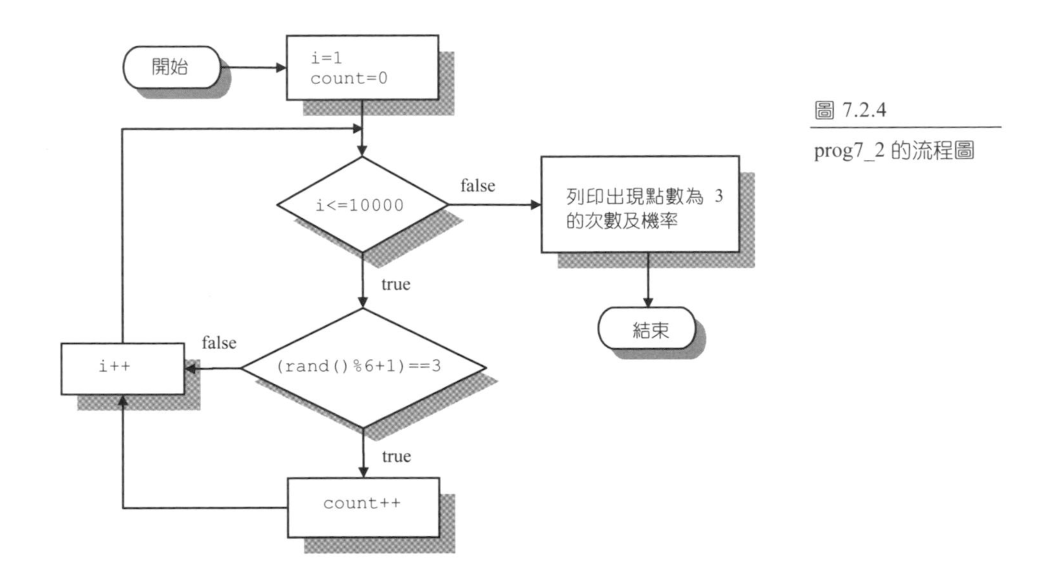

圖 7.2.4

prog7_2 的流程圖

```
01  /* prog7_2, 使用 for 迴圈計算機率 */
02  #include <stdio.h>
03  #include <stdlib.h>                /* 將 stdlib.h 標頭檔含括進來  */
04  int main(void)
05  {
06     int i,count=0;
07
08     for(i=1;i<=10000;i++)
09        if ((rand()%6+1)==3)         /* 取亂數當成擲骰子 */
10           count++;                  /* 當骰子點數為 3 點時，count+1  */
11     printf("擲 10000 次骰子時，出現 3 點的次數為%d 次\n",count);
12     printf("機率為%.3f\n",(float)count/10000);
13
14     system("pause");
```

```
15      return 0;
16  }
```

```
/* prog7_2 OUTPUT------------------
擲 10000 次骰子時，出現 3 點的次數為 1656 次
機率為 0.166
-------------------------------------*/
```

程式解說

本例是利用亂數來執骰子，因此必須使用到亂數函數 rand()。rand() 的函數原型（prototype）是放在 stdlib.h 標頭檔中，使用它之前要記得把它含括進來。有關函數的原型，在第八章的內容裡會有詳細的介紹。

程式最關鍵的地方就是在判斷所擲出的骰子是否為 3，於程式第 9 行中因取亂數除以 6 後再取餘數，所得到的餘數值會在 0~5 之間，所以還要再加上 1，所擲出的骰子才會在 1~6 點之間。骰子擲好了，再來就是判斷所擲出的點數是不是我們想要的點數 3，如果為 3，就把計數變數 count 加上 1，重複擲 10000 次骰子（第 8 行的 for 迴圈），答案就出來了，最後再將結果印出即可。

最後，您可以注意到於本例中，for 迴圈的主體看似兩行，其實只有一個 if 敘述（9~10 行），因此包圍迴圈主體的大括號可以略去。 ❖

7.3 使用 while 迴圈

當迴圈重複執行的次數很確定時，會使用 for 迴圈。但是對於有些問題，無法事先知道迴圈該執行多少次才夠時，就可以考慮使用 while 迴圈或是 do while 迴圈。

7.3.1 簡單的 while 迴圈範例

while 迴圈提供了類似 for 迴圈的功能，但 for 迴圈必須知道迴圈執行的次數，while 迴圈則不用。下面是 while 迴圈的使用格式：

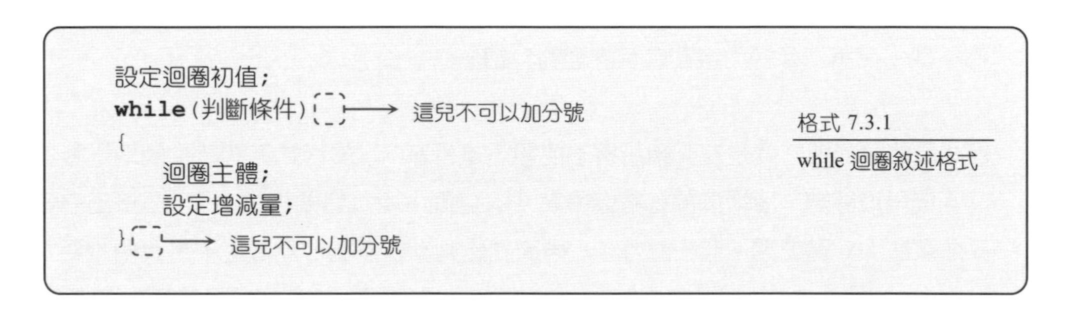

當 while 迴圈主體只有一個敘述時，可以不使用大括號。在 while 迴圈的敘述中，判斷條件通常是一個帶有邏輯運算子的運算式，當判斷條件的值為真（true），迴圈就會執行一次，再重複測試判斷條件、執行迴圈主體，直到判斷條件的值為假（false）時，才會跳離 while 迴圈。下面列出了 while 迴圈執行的流程：

1. 第一次進入 while 迴圈之前，必須先設定迴圈控制變數的初值。
2. 根據判斷條件的內容，檢查是否要繼續執行迴圈，如果條件判斷值為 true，則繼續執行迴圈主體；如果條件判斷值為 false，則跳出迴圈執行後續的敘述。
3. 執行完迴圈主體內的敘述後，重新設定（增加或減少）迴圈控制變數的值，由於 while 迴圈不會主動更改迴圈控制變數的內容，所以在 while 迴圈中，設定迴圈控制變數的工作要由我們自己來做，再回到步驟 2 重新判斷是否繼續執行迴圈。

根據上述的程序，可繪製出如下的 while 迴圈流程圖：

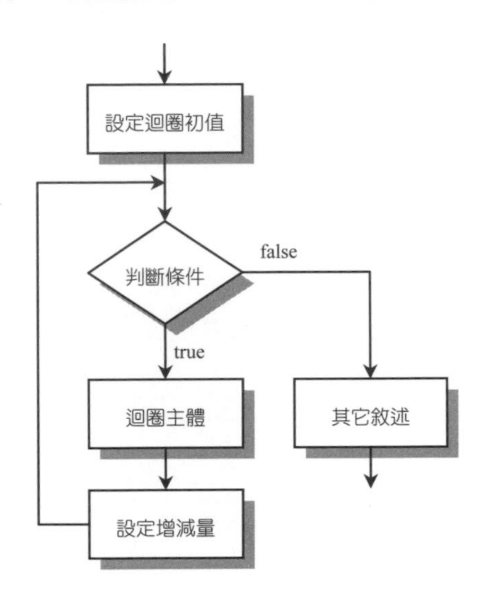

圖 7.3.1
while 迴圈的流程圖

其實您會發現，for 迴圈與 while 迴圈的流程圖幾乎是一樣的。它們不同的地方，就是使用 for 迴圈時必須要知道迴圈執行的次數，所以在選擇使用 for 或 while 迴圈時，最大的考量就在於是否知道迴圈執行的次數。

下面的例子是利用 while 迴圈計算從 1 至少要累加到多少時，累加的值才會超過 100。因為本例中，累加的次數為未知，因此可利用 while 迴圈來撰寫。

```
01   /* prog7_3, while 迴圈的使用 */
02   #include <stdio.h>
03   #include <stdlib.h>
04   int main(void)
05   {
06      int i=1,sum=0;      /* 設定迴圈初值 */
07      while(sum<=100)     /* while 迴圈，當 sum 小於 100 則繼續累加 */
08      {
09         sum+=i;
10         printf("從 1 累加到%2d=%2d\n",i,sum);
11         i++;
12      }
```

```
13      printf("必須累加到%d\n",i-1);
14      system("pause");
15      return 0;
16  }
```

```
/* prog7_3 OUTPUT---
從 1 累加到 1= 1
從 1 累加到 2= 3
從 1 累加到 3= 6
從 1 累加到 4=10
從 1 累加到 5=15
從 1 累加到 6=21
從 1 累加到 7=28
從 1 累加到 8=36
從 1 累加到 9=45
從 1 累加到 10=55
從 1 累加到 11=66
從 1 累加到 12=78
從 1 累加到 13=91
從 1 累加到 14=105
必須累加到 14
--------------------*/
```

程式解說

於本例中，第 6 行將迴圈控制變數 i 的值設定為 1，累加總和變數 sum 設為 0。第 7 行進入 while 迴圈的判斷條件，第 1 次進入迴圈時，由於 sum 的值為 0，所以判斷條件為真，因此執行 9~11 行的迴圈主體。第 9 行把 sum 的值加 i 之後再指定給 sum 存放，第 10 行印出累加值之後，第 11 行再把 i 的值加 1，然後回到迴圈起始處，繼續判斷加總的值 sum 是否仍在所限定的範圍內，如此循環，直到 sum 大於 100 即會跳出迴圈，表示此時累加的值已超過 100 了。

注意在跳出 while 迴圈之前，第 11 行會多執行 1 次，因此 i 的值會多 1，所以在第 13 行印出 i 值時，必須扣掉 1 才能得到正確的結果。 ❖

經由前面的說明及程式演練後，讀者不難發現，如果迴圈的執行次數為已知，則 for 與 while 這兩種迴圈都可以使用。下表列出了 for 與 while 迴圈之語法的比較：

表 7.3.1 for 迴圈與 while 迴圈的敘述比較

<table>
<tr><th>for 迴圈</th><th>while 迴圈</th></tr>
<tr><td><pre>for(設定初值; 判斷條件; 設定增減量)
{
      敘述 1;
      敘述 2;
        ⋮
      敘述 n;
}</pre></td><td><pre>設定初值;
while(判斷條件)
{
    敘述 1;
    敘述 2;
      ⋮
    敘述 n;
    設定增減量
}</pre></td></tr>
</table>

7.3.2 無窮迴圈的造成

「無窮迴圈」(endless loops) 就是在迴圈執行的過程中，找不到可以離開迴圈的出口，所以它只好不斷地重複執行迴圈中的敘述，而不會跳離程式。在 while 迴圈中若是有無窮迴圈的產生，和「迴圈控制變數」與「判斷條件」脫不了關係。我們先來看看什麼是無窮迴圈，如下面的程式：

```
01  /* prog7_4, 無窮迴圈的說明 */
02  #include <stdio.h>
03  #include <stdlib.h>
04  int main(void)
05  {
06    int i=1;
07
08    while (i > 0)       /* 當 i>0 時執行 while 迴圈的主體 */
09      printf("i=%d\n",i++);
10
11    system("pause");
12    return 0;
13  }
```

```
/* prog7_4 OUTPUT---
i=1
i=2
i=3
... （無窮迴圈的輸出）
--------------------*/
```

程式解說

我們在進入 while 迴圈前設定了 i 的值為 1。第 1 次進入迴圈時，由於 i 的值為 1，所以 while 判斷條件的值為真（true），隨即進入迴圈主體。在 while 迴圈中 i 的值雖然會改變，但永遠不會小於 0，因此當 while 迴圈再次判斷 i 是否大於 0 時，永遠符合進入迴圈的條件（i>0），就這樣不斷的測試、執行…，我們在螢幕上看到的結果，就是不停的列印出 i 的值，成為無窮迴圈。

要停止本例的執行，在 Dev C++的環境下，您只要按下 Ctrl + C 鍵，即可強制中斷。若是您使用的編譯程式無法使用 Ctrl + C 鍵中斷程式，請參考該編譯程式所附的操作手冊。 ❖

然而，有時候我們會利用無窮迴圈的特性來設計程式，以便讓程式碼能永無止境的執行。例如提款機的程式就是一個無窮迴圈，也就是當存戶提完款項，提款機就回到最開始的歡迎畫面，等待下一個存戶來使用。

下面的程式碼是無窮迴圈的一個應用。當程式執行時，只要您在鍵盤上按下任意鍵，則該鍵的 ASCII 碼便會被列印出來，但是如果按下 Ctrl+q，則跳出程式的執行：

```
01  /* prog7_5, 無窮迴圈的應用 */
02  #include <stdio.h>
03  #include <stdlib.h>
04  int main(void)
05  {
06     char ch;
```

```
07     while(ch!=17)              /* 當按下的鍵不是 Ctrl+q 時 */
08     {
09        ch=getch();             /* 從鍵盤取得字元 */
10        printf("ASCII of ch=%d\n",ch);     /* 印出取得字元的 ASCII 碼 */
11     }
12     printf("您已按了 Ctrl+q...\n");
13
14     system("pause");
15     return 0;
16  }
```

```
/* prog7_5 OUTPUT---

ASCII of ch=117
ASCII of ch=104
ASCII of ch=13
ASCII of ch=17
您已按了 Ctrl+q...
--------------------*/
```

程式解說

於本例中，我們想設計成只要按下 Ctrl+q 鍵，則會結束程式的執行，否則程式會一直印出鍵盤上所按下按鍵的 ASCII 碼。因為 Ctrl+q 的 ASCII 碼為 17，因此於程式的第 7 行設定只要按鍵的 ASCII 碼不是 17，便會執行 8~11 行的迴圈本體。

於 while 迴圈中，第 9 行利用 getch() 取得鍵盤上所按下的按鍵。還記得嗎？getch() 並不會回應按下的字元到螢幕上，且輸入時只要一按下按鍵，則該鍵所屬的字元即會被接收，並不需要額外再按下 Enter 鍵來輸入。第 9 行取得按下的按鍵之後，第 10 行隨即印出該按鍵的 ASCII 碼，然後回到 while 迴圈的判斷式，再度判別剛才所按下的按鍵是否不為 Ctrl+q，如此一直循環，直到按下 Ctrl+q 為止。 ❖

7.4 使用 do while 迴圈

do while 迴圈也是用於迴圈執行的次數未知時。至於 while 迴圈及 do while 迴圈最大不同的地方，就是進入 while 迴圈前，while 敘述會先測試判斷條件的真假，再決定是否執行迴圈主體；而 do while 迴圈則是「先做再說」，每執行完一次迴圈主體後，才測試判斷條件的真假，所以不管迴圈成立的條件為何，使用 do while 迴圈時，至少都會執行一次迴圈的主體。do while 迴圈的格式如下：

```
設定迴圈初值;
do
{
    迴圈主體;
    設定增減量;
} while(判斷條件);  ──→ 要加分號
```

格式 7.4.1

do while 迴圈敘述格式

當 do 迴圈主體只有一個敘述時，可以直接將左、右大括號去除。第一次進入 do while 迴圈敘述時，不管判斷條件（它可以是任何的運算式）是否符合執行迴圈的條件，都會直接執行迴圈主體，迴圈主體執行完畢，才開始測試判斷條件的值。如果為 true，則再次執行迴圈主體，如此重複測試判斷條件、執行迴圈主體，直到判斷條件的值為 false 時才會跳離 do while 迴圈。

下面列出了 do while 迴圈執行的流程：

1. 進入 do while 迴圈前，要先設定迴圈的初值，也就是設定迴圈控制變數的起始值。

2. 直接執行迴圈主體，迴圈主體執行完畢，才開始根據判斷條件的內容，檢查是否要繼續執行迴圈。若條件式的判斷值為 true，繼續執行迴圈主體；如果條件判斷值為 false，則跳出迴圈，並執行後續的敘述。

3. 執行完迴圈主體內的敘述後，重新設定（增加或減少）迴圈控制變數的值，由於 do while 迴圈和 while 迴圈一樣，不會主動更改迴圈控制變數的內容，所以在 do while 迴圈中設定迴圈控制變數的工作要由自己來做，再回到步驟 2 重新判斷是否繼續執行迴圈。

根據上述的程序，我們繪製出如下的 do while 迴圈流程圖：

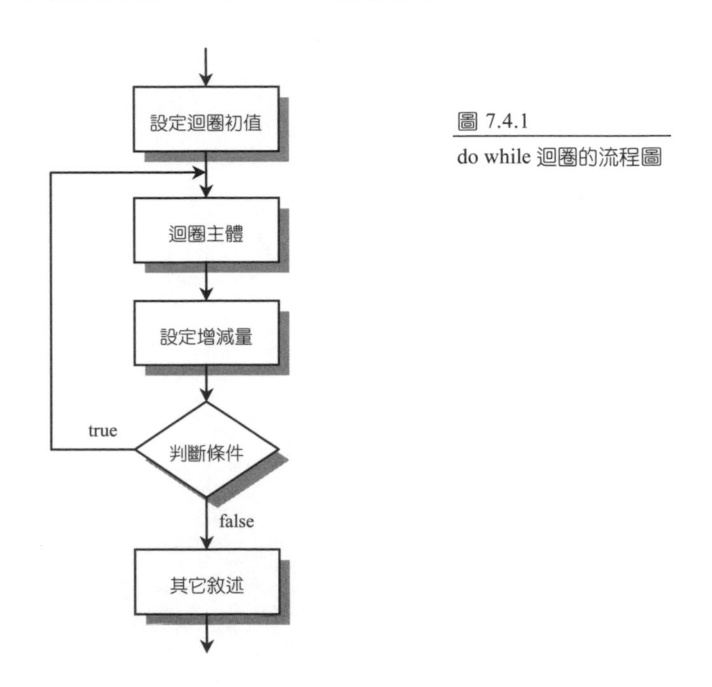

圖 7.4.1
do while 迴圈的流程圖

prog7_6 是利用 do while 迴圈設計一個能累加 1 至 n 的程式，其中整數 n 是由使用者輸入，若 n 的範圍小於 1，則會要求使用者重新輸入。程式的流程圖如下所示：

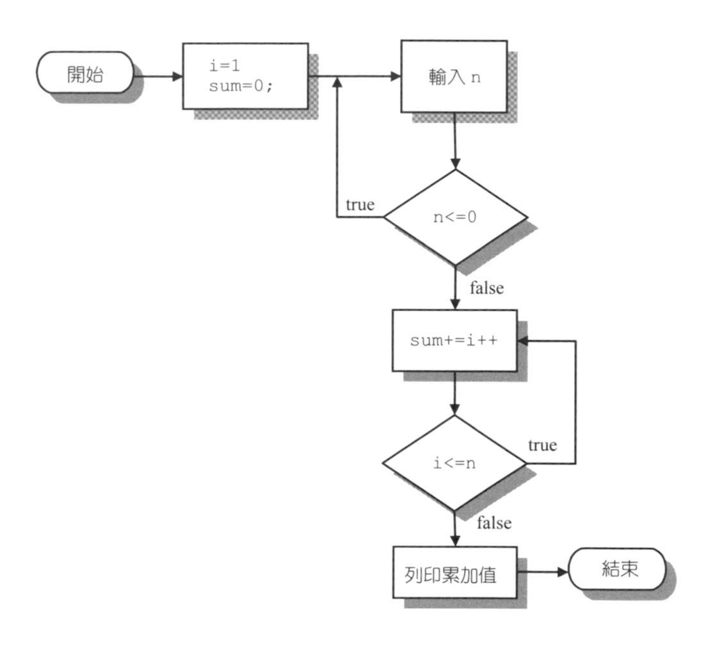

圖 7.4.2

prog7_6 的流程圖

```
01  /* prog7_6, do while 迴圈的應用 */
02  #include <stdio.h>
03  #include <stdlib.h>
04  int main(void)
05  {
06     int n,i=1,sum=0;    /* 設定迴圈初值 */
07     do
08     {
09        printf("請輸入 n 值 (n>0): ");
10        scanf("%d",&n);
11     }
12     while (n<=0);        /* 當 n<=0 時重新輸入 n 的值 */
13
14     do
15        sum+=i++;         /* 計算 sum=sum+i 之後，i 的值再加 1 */
16     while (i <= n);      /* 當 i<=n 時執行累加的動作 */
17     printf("1+2+...+%d=%d\n",n,sum);
18
19     system("pause");
20     return 0;
21  }
```

```
/* prog7_6 OUTPUT---
請輸入n值 (n>0): -6
請輸入n值 (n>0): 10
1+2+...+10=55
---------------------------*/
```

程式解說

本例有兩個 do while 迴圈，分別用來輸入數值與進行累加的動作。第一個 do while 迴圈在 7~12 行，並利用第 12 行來判斷所輸入的 n 值，若小於等於 0，則會重複要求輸入，直到 n 大於 0 為止。

第二個 do while 迴圈在 14~16 行，此迴圈是用來計算 1 累加至 n 的結果。do while 迴圈敘述的判斷條件是 i 的值小於等於 n 時，就執行迴圈主體（第 15 行）。最後第 17 行印出程式執行的結果。

讀者可以注意到，在程式執行時，如果輸入負數，則會看到螢幕上不斷地要求您輸入大於 0 的正整數，直到輸入符合條件的值後，才會開始計算 1+2+...+n。 ❖

再以數學上的階乘（factorial）為例，假設欲設計一程式，由鍵盤輸入 n，求 n 的階乘。於數學上，n 的階乘定義為

$$n! = \begin{cases} 1\times 2\times 3\times \cdots \times n\,; & n\ge 1 \\ 1; & n=0 \end{cases}$$

由於階乘是整數的連乘，因此相當適合以迴圈來撰寫。此外，n 階乘的 n 值不能小於 0，於是我們可以撰寫一個 do while 迴圈來輸入 n 值，用以過濾掉不正確的輸入，計算 n 階乘的流程圖與程式碼如下所示：

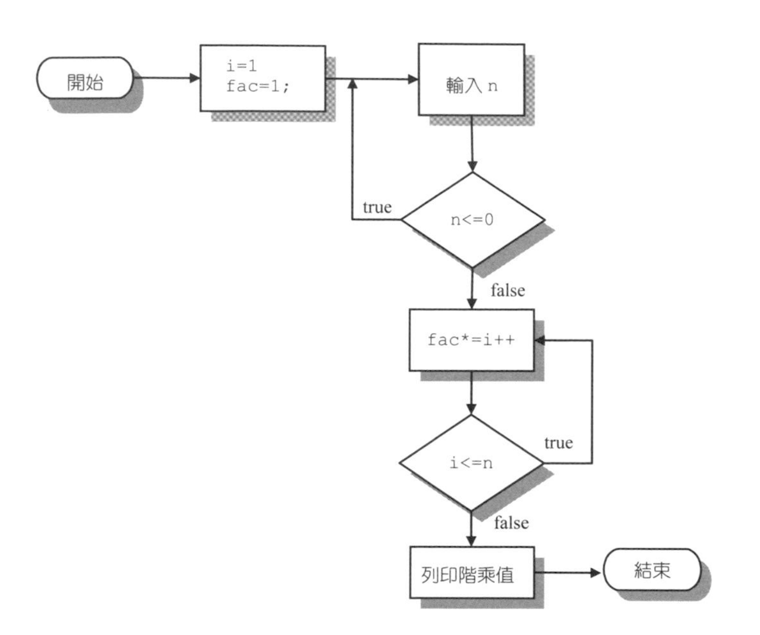

圖 7.4.3

prog7_7 的流程圖

```
01  /* prog7_7, 利用 do while 迴圈求 n! */
02  #include <stdio.h>
03  #include <stdlib.h>
04  int main(void)
05  {
06     int n,i=1,fact=1;          /* 設定迴圈初值 */
07     do
08     {
09        printf("請輸入 n 值 (n>0): ");
10        scanf("%d",&n);
11     }
12     while (n<=0);              /* 當 n<=0 時重複輸入 n 的值 */
13
14     do
15        fact*=i++;
16     while (i <= n);            /* 當 i<=n 時執行累乘的動作 */
17     printf("%d!=%d\n",n,fact);
18
19     system("pause");
20     return 0;
21  }
```

```
/* prog7_7 OUTPUT---
請輸入 n 值 (n>0): -3
請輸入 n 值 (n>0): 6
6!=720
-----------------------*/
```

程式解說

與前例相同，程式第 7 行~12 行，利用 do while 迴圈判斷所輸入的值 n 小於 0 時，會重複輸入直到 n 大於 0。程式第 14 行~16 行，再次利用 do while 迴圈計算累乘 1 至 n 的結果。當 i=n 時，則累乘完畢，於 17 行印出 n!的結果。 ❖

經過幾個簡單的練習後可以知道，do while 迴圈不管條件為何，先做再說，因此迴圈的主體最少會被執行一次。在利用提款機提款前，會先進入輸入密碼的畫面，讓您輸入三次密碼，如果皆輸入錯誤，即會將提款卡吸入，其程式的流程就是利用 do while 迴圈所設計而成的。在日常生活中，如果能夠多加注意，並不難找到迴圈的影子哦！

7.5 空迴圈

不管是 for 迴圈、while 迴圈，還是 do while 迴圈，C 語言都允許空迴圈的存在。到底什麼是空迴圈呢？簡單的說，就是迴圈主體內沒有任何的敘述，因此表面上看起來空迴圈似乎並沒有做到任何事，但是實際上它還是有耗費到 CPU 的處理時間哦！以 for 迴圈為例，其空迴圈的敘述格式如下所示：

```
for(設定初值;判斷條件;設定增減量)
{ }

或是

for(設定初值;判斷條件;設定增減量);  ──→ 要加分號
```

格式 7.5.1

for 迴圈之空迴圈敘述格式

for 迴圈主體以左、右大括號括起，主體內不加入任何的敘述，或是直接在迴圈敘述後面加上分號，就會形成空迴圈。空迴圈通常使用在需要觀看某個部分的執行結果，而故意將執行速度加以延遲。

對大多數的初學者來說，由於對 C 語言的不熟悉，於迴圈敘述後面直接加上分號的情形時有所聞，不知不覺中即把一般的迴圈寫成了空迴圈，反而造成了語意上的錯誤。我們以一個簡單的例子來說明：

```
01  /* prog7_8, 空迴圈的誤用 */
02  #include <stdio.h>
03  #include <stdlib.h>
04  int main(void)
05  {
06    int i;
07    for(i=1;i<=10000;i++);       /* 空迴圈 */
08      printf("i=%d\n",i);
09
10    system("pause");
11    return 0;
12  }
```

```
/* prog7_8 OUTPUT--
i=10001
---------------------*/
```

程式解說

prog7_8 原本是要列印 10000 次變數 i 的值，但是由於錯將 for 迴圈敘述後面加上分號，而印出了迴圈執行完畢後變數 i 的值。在程式執行時也可以感覺到過了有一小段時間之後，才印出執行結果，這並不是代表著您該換顆高速的 CPU，而是迴圈看起來雖然沒有任何的輸出，實際上卻是有在做事的。 ❖

由於 for 迴圈的執行次數是有限的，因此其空迴圈的執行次數也是可以加以控制，但是在 while 及 do while 迴圈中，如果要使用空迴圈，容易造成無窮迴圈，在使用上要更加注意才不會有誤。

7.6 我要使用哪一種迴圈？

for 迴圈、while 迴圈與 do while 迴圈這三種迴圈到底哪一種較好？這個問題沒有一定的答案，完全視程式的需求而定，若是進入迴圈之前就必須先判斷條件，條件成立再執行迴圈主體，那麼 do while 迴圈這種後測試的迴圈就不適合。如果很明確知道想要執行迴圈的次數時，for 迴圈就會是比較好的選擇，它會自動更改迴圈控制變數的值，對我們來說，可以避免忘記變更迴圈控制變數，而造成無窮迴圈的情形。

舉例來說，雖然 do while 迴圈的使用率較低，但並不表示它就不好用，假設想設計一個輸入密碼的程式，do while 迴圈使用起來就較為妥當，因為它保證至少執行一次迴圈主體。所以迴圈的好用與否全看程式的需要。下表中列出了 for 迴圈、while 迴圈及 do while 迴圈的整理與比較：

表 7.6.1 for、while 與 do while 迴圈的比較

迴圈特性	迴圈種類		
	for	while	do while
前端測試判斷條件	是	是	否
後端測試判斷條件	否	否	是
於迴圈主體中需要更改控制變數的值	否	是	是
迴圈控制變數會自動變更	是	否	否
迴圈重複的次數	已知	未知	未知
至少執行迴圈主體的次數	0 次	0 次	1 次
何時重複執行迴圈	條件成立	條件成立	條件成立

一般來說，在某些情況下這三種迴圈是可以互相取代的，也就是說，在同一個程式中需要使用到迴圈敘述時，若是 for 迴圈、while 迴圈或是 do while 迴圈皆可以完成迴圈設計時，想以哪一種迴圈完成工作，就視您的習慣與喜好或是程式的需要，並沒有特殊限制。

7.7 巢狀迴圈

當迴圈中又出現另一個迴圈敘述時，就稱為巢狀迴圈（nested loops）。如巢狀 for 迴圈、巢狀 while 迴圈等，當然，您也可以使用混合巢狀迴圈，也就是迴圈中又有其它不同的迴圈。

我們以列印九九乘法表為例來說明巢狀迴圈的使用。撰寫九九乘法表的流程圖與程式碼如下所示：

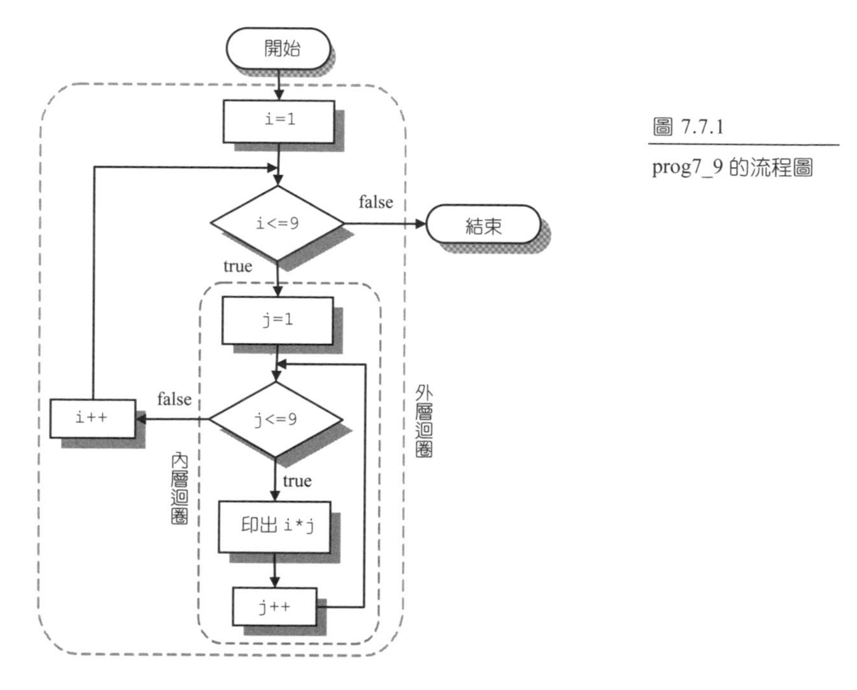

圖 7.7.1

prog7_9 的流程圖

```
01  /* prog7_9, 巢狀 for 迴圈印出九九乘法表 */
02  #include <stdio.h>
03  #include <stdlib.h>
04  int main(void)
05  {
06     int i,j;
07
08     for (i=1;i<=9;i++)        /* 外層迴圈 */
09     {
10       for (j=1;j<=9;j++)    /* 內層迴圈 */     } 內層迴圈   } 外層迴圈
11         printf("%d*%d=%2d  ",i,j,i*j);
12       printf("\n");
13     }
14
15     system("pause");
16     return 0;
17  }
```

```
/* prog7_9 OUTPUT-----------------------------------------------
1*1= 1  1*2= 2  1*3= 3  1*4= 4  1*5= 5  1*6= 6  1*7= 7  1*8= 8  1*9= 9
2*1= 2  2*2= 4  2*3= 6  2*4= 8  2*5=10  2*6=12  2*7=14  2*8=16  2*9=18
3*1= 3  3*2= 6  3*3= 9  3*4=12  3*5=15  3*6=18  3*7=21  3*8=24  3*9=27
4*1= 4  4*2= 8  4*3=12  4*4=16  4*5=20  4*6=24  4*7=28  4*8=32  4*9=36
5*1= 5  5*2=10  5*3=15  5*4=20  5*5=25  5*6=30  5*7=35  5*8=40  5*9=45
6*1= 6  6*2=12  6*3=18  6*4=24  6*5=30  6*6=36  6*7=42  6*8=48  6*9=54
7*1= 7  7*2=14  7*3=21  7*4=28  7*5=35  7*6=42  7*7=49  7*8=56  7*9=63
8*1= 8  8*2=16  8*3=24  8*4=32  8*5=40  8*6=48  8*7=56  8*8=64  8*9=72
9*1= 9  9*2=18  9*3=27  9*4=36  9*5=45  9*6=54  9*7=63  9*8=72  9*9=81
-------------------------------------------------------------*/
```

程式解說

於本例中，我們使用 i 為外層迴圈控制變數，j 為內層迴圈控制變數。當 i=1 時，符合外層 for 迴圈的判斷條件（i<=9），進入迴圈主體，此主體為另一個 for 迴圈，我們稱之為內層迴圈。

在第一次進入內層迴圈時，j 的初值為 1，符合內層 for 迴圈的判斷條件（j<=9），因此進入內層迴圈的主體，印出 i*j 的值（1*1=1），j 再加 1 等於 2，仍符合內層 for 迴圈的判斷條件（j<=9），再次執行列印及計算的工作，直到 j 的值為 10 即離開內層 for 迴圈，回到外層迴圈。此時 i 會加 1 成為 2，符合外層 for 迴圈的判斷條件，繼續執行迴圈主體（內層 for 迴圈），直到 i 的值為 10 時即離開巢狀迴圈。

整個程式到底執行過幾次迴圈呢？您可以看到，當 i 為 1 時，內層迴圈會執行 9 次（j 為 1~9），當 i 為 2 時，內層迴圈也會執行 9 次（j 為 1~9），以此類推的結果，這個程式會執行 81 次迴圈，而螢幕上也正好印出 81 個式子。 ❖

當然，上面這個九九乘法表也可以利用巢狀的 while 迴圈寫出，您可以比較一下兩者的不同。下面為巢狀 while 迴圈列印九九乘法表的流程圖與程式碼：

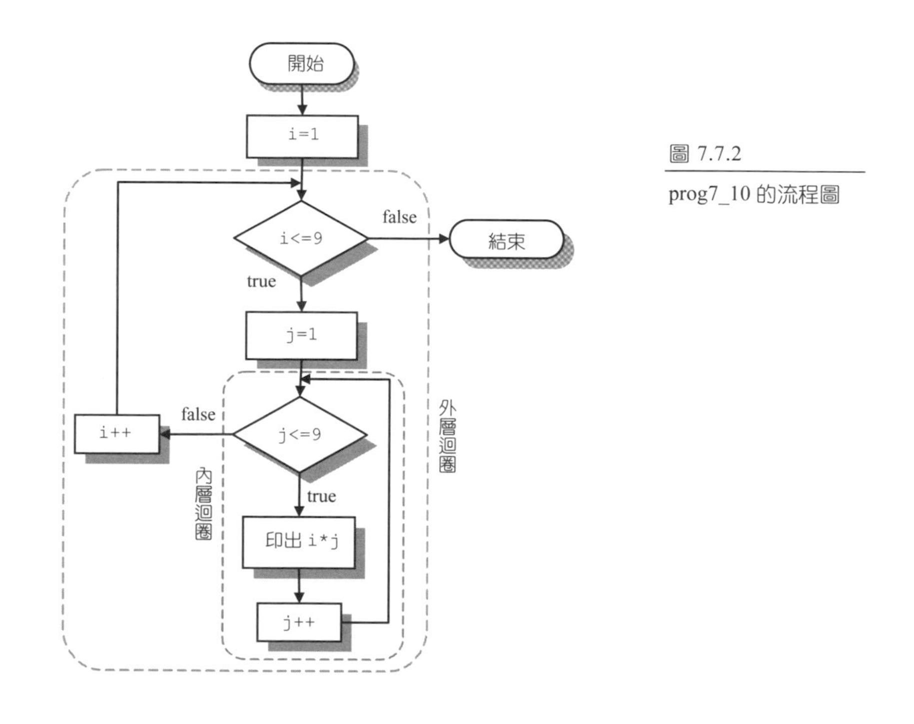

圖 7.7.2
prog7_10 的流程圖

```
01  /* prog7_10, 巢狀 while 迴圈求 9*9 乘法表 */
02  #include <stdio.h>
03  #include <stdlib.h>
04  int main(void)
05  {
06     int i=1;              /* 設定外層迴圈控制變數的初值 */
07
08     while (i<=9)          /* 外層迴圈 */
09     {
10        j=1;               /* 設定內層迴圈控制變數的初值 */
11        while (j<=9)       /* 內層迴圈 */
12        {
13           printf("%d*%d=%2d  ",i,j,i*j);
14           j++;
15        }
16        printf("\n");
17        i++;
18     }
19     system("pause");
20     return 0;
21  }
```



```
/* prog7_10 OUTPUT-----------------------------------------

1*1= 1  1*2= 2  1*3= 3  1*4= 4  1*5= 5  1*6= 6  1*7= 7  1*8= 8  1*9= 9
2*1= 2  2*2= 4  2*3= 6  2*4= 8  2*5=10  2*6=12  2*7=14  2*8=16  2*9=18
3*1= 3  3*2= 6  3*3= 9  3*4=12  3*5=15  3*6=18  3*7=21  3*8=24  3*9=27
4*1= 4  4*2= 8  4*3=12  4*4=16  4*5=20  4*6=24  4*7=28  4*8=32  4*9=36
5*1= 5  5*2=10  5*3=15  5*4=20  5*5=25  5*6=30  5*7=35  5*8=40  5*9=45
6*1= 6  6*2=12  6*3=18  6*4=24  6*5=30  6*6=36  6*7=42  6*8=48  6*9=54
7*1= 7  7*2=14  7*3=21  7*4=28  7*5=35  7*6=42  7*7=49  7*8=56  7*9=63
8*1= 8  8*2=16  8*3=24  8*4=32  8*5=40  8*6=48  8*7=56  8*8=64  8*9=72
9*1= 9  9*2=18  9*3=27  9*4=36  9*5=45  9*6=54  9*7=63  9*8=72  9*9=81
---------------------------------------------------------*/
```

程式解說

於本例中，i 為外層迴圈的控制變數，j 為內層迴圈的控制變數。因為 while 迴圈只提供條件判斷的部分，所以在迴圈外面（第 6 行）必須先把控制變數 i 的值設為 1。

當 i 為 1 時，符合外層 while 迴圈的判斷條件（i<=9），因此進到迴圈內，把內層迴圈控制變數 j 的值設為 1，然後進入內層 while 迴圈。因為 j 的值為 1，符合內層 while 迴圈的判斷條件（j<=9），進入內層迴圈主體，印出 i*j 的值（1*1=1），j 再加 1 等於 2，仍符合內層 while 迴圈的判斷條件，因此再次執行列印及計算的工作，直到 j 的值為 10 即離開內層 while 迴圈，回到外層迴圈。

回到外層迴圈後，i 會加 1 成為 2，符合外層 while 迴圈的判斷條件，因此進到迴圈內將 j 的值重設為 1，然後繼續執行內層 while 迴圈，如此循環，直到 i 的值為 10 時即完全離開巢狀迴圈。 ❖

雖然 prog7_9 與 prog7_10 的執行的結果一樣，但讀者可以體驗到使用 while 迴圈並不會比 for 迴圈方便，反而不容易撰寫程式，這就應證了上一節中所提到的，到底哪一種迴圈好呢？沒有所謂的好與壞，只有適合與不適合的問題，就留給您慢慢思量囉！

接下來，再舉一些有趣的程式範例，讓您了解巢狀迴圈的使用。接下來的範例是利用巢狀 for 迴圈來完成以「*」符號列出三角形，本範例的流程圖與程式碼如下所示：

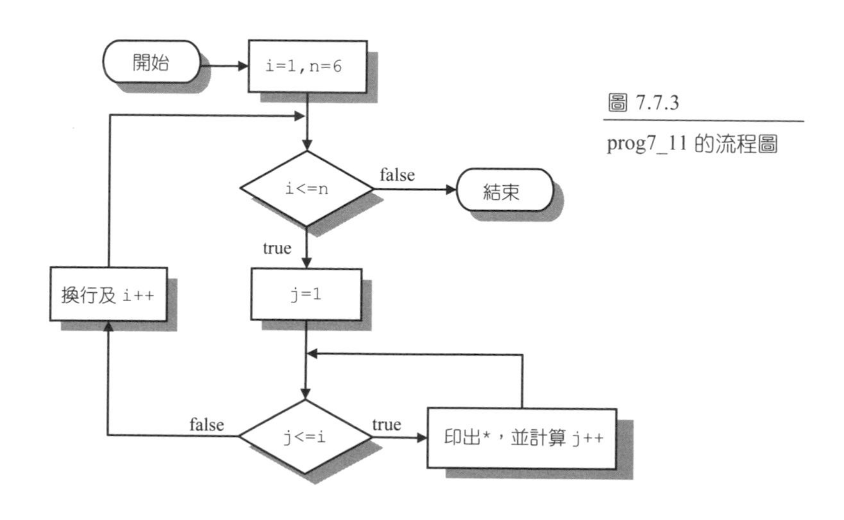

圖 7.7.3
prog7_11 的流程圖

```
01  /* prog7_11, 利用巢狀迴圈印出三角形 */
02  #include <stdio.h>
03  #include <stdlib.h>
04  int main(void)
05  {
06     int i,j,n=6;             /* 設定迴圈初值 */
07  
08     for (i=1;i<=n;i++)       /* 外層迴圈決定哪一列要印星號 */
09     {
10        for (j=1;j<=i;j++)    /* 內層迴圈印出*星號 */
11           printf("*");
12        printf("\n");
13     }
14  
15     system("pause");
16     return 0;
17  }
```

```
/* prog7_11 OUTPUT--
*
**
***
****
*****
******
--------------------*/
```

程式解說

在本例中，由於印出的三角形是由 6 列數目不等的星號所組成，第 1 列有 1 個星號，第 2 列有 2 個星號，以此類推，因此需要一個巢狀迴圈來完成本程式，其中外層迴圈用來控制列印的行數（迴圈控制變數 i），而內層迴圈則是用來控制每一行列印的星號數目（迴圈控制變數 j）。

當 i 為 1 時，符合外層 for 迴圈的判斷條件（i<=n），進入迴圈主體（是一個 for 迴圈），由於是第一次進入內層迴圈，所以 j 的初值為 1，符合內層 for 迴圈的判斷條

件（j<=1），進入內層迴圈主體，印出星號，j 再加 1 等於 2，不符合內層 for 迴圈的判斷條件（j<=i），即離開內層 for 迴圈，回到外層迴圈。此時，i 會加 1 成為 2，符合外層 for 迴圈的判斷條件，再繼續執行迴圈主體（內層 for 迴圈），直到 i 的值為 n 時即離開巢狀迴圈。

整個程式到底執行過幾次迴圈呢？當 i 為 1 時，內層迴圈會執行 1 次，當 i 為 2 時，內層迴圈也會執行 2 次，程式中設 n 值為 6，以此類推的結果，這個程式會執行 1+2+...+n 次迴圈，而螢幕上也正好印出 6 列共 21 個*符號。 ❖

接下來，我們再來練習巢狀 while 迴圈的使用。下面的範例是由鍵盤輸入一個正整數，再將個別位數倒過來印出，例如輸入 123，程式就輸出 321。於本例中，我們刻意將外層迴圈設計成 while(1) 的敘述，除非使用者按下 Ctrl+C 鍵中斷程式，否則程式會不斷的執行。本範例的流程圖與程式碼如下：

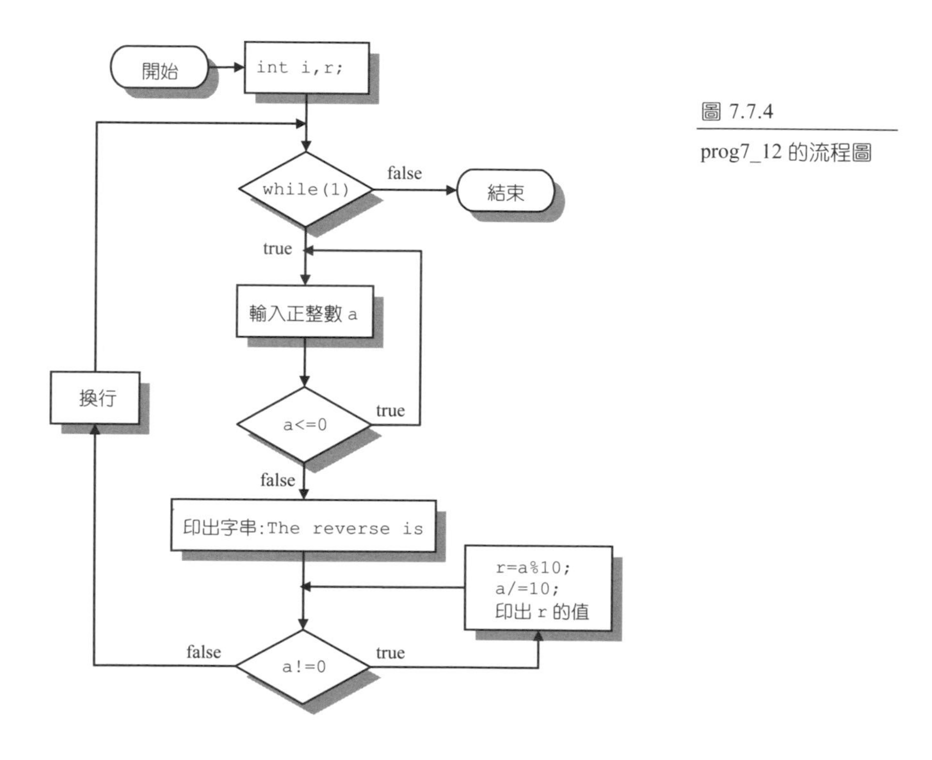

圖 7.7.4

prog7_12 的流程圖

```
01  /* prog7_12, 巢狀迴圈，將整數反過來列印 */
02  #include <stdio.h>
03  #include <stdlib.h>
04  int main(void)
05  {
06     int a,r;
07
08     while(1)
09     {
10        do
11        {
12           printf("Input an integer:");
13           scanf("%d",&a);
14        }
15        while (a<=0);           /* 必須輸入大於 0 的正整數 */
16
17        printf("The reverse is ");
18        while (a!=0)            /* 將正整數倒過來輸出 */
19        {
20           r=a%10;              /* 計算 a/10 的餘數 */
21           a/=10;               /* 計算 a/10，再把結果設回給 a */
22           printf("%d",r);
23        }
24        printf("\n\n");
25     }
26     system("pause");
27     return 0;
28  }
```

```
/* prog7_12 OUTPUT----

Input an integer:-58
Input an integer:13579
The reverse is 97531

Input an integer:2468
The reverse is 8642

Input an integer:
-----------------------*/
```

程式解說

程式第 8 行 while(1) 敘述表示當判斷條件的值為 1 時，這個敘述永遠成立，所以迴圈主體（9~25 行）會一直重複執行（成為無窮迴圈），直到使用者中斷程式為止。

第 10~15 行為內層 do while 迴圈，判斷輸入的數 a 是否為正整數，若是小於等於 0 時，會重複輸入直到輸入的數為正整數。

第 18~23 行為第二個內層 while 迴圈，當 a 不為 0 時，執行迴圈主體中的敘述：

```
r=a%10;          /* 計算 a/10 的餘數 */
a/=10;           /* 計算 a/10，再把結果設回給 a */
printf("%d",r);
```

上面這三個敘述會將 a 的值倒過來印出。那是如何運作的呢？舉例來說，假設 a 的值是 13579，a 除以 10 的餘數為 9（a%10=9），然後把 9 設定給變數 r，再將商數（a/10=1357）設回給 a，此時變數 a 的值為 1357，接著把 r 的值印出來；回到 while 敘述的判斷條件，a 不為 0，所以繼續重複執行迴圈主體內的三個敘述，直到 a 變為 0（商數為 0，表示已經整除到最後 1 位數了），即跳出內層 while 迴圈。

程式第 24 行印出換行後即回到外層 while 迴圈，重複執行迴圈主體，繼續輸入下一個正整數，再將此數倒過來列印，如此循環，直到被中斷為止。 ❖

本節所列出的範例都很簡單，但卻可以將巢狀迴圈一覽無遺，您在學習之時，可以嘗試在紙上寫出每一個迴圈變數變化的情形，並試著依照流程圖追蹤迴圈的執行，相信您的收穫會遠比閱讀書本內容，得到的得更多喔！

7.8 迴圈的跳離

在 C 語言中，有一些跳離的敘述，如 goto、break、continue 等，雖然站在結構化程式設計的角度上，並不鼓勵使用者運用，因為這些跳離敘述會增加除錯及閱讀上的困難。所以建議您，除非在某些不得已的情況下才可以用，否則最好不要用到它們。goto 敘述已於前一章介紹過，本節將討論 break 及 continue 這兩個敘述。

7.8.1 break 敘述

break 敘述可以讓程式強迫跳離迴圈，當程式執行到 break 敘述時，即會離開迴圈，繼續執行迴圈外的下一個敘述，如果 break 敘述出現在巢狀迴圈中的內層迴圈，則 break 敘述只會跳離當層迴圈。以下圖的 for 迴圈為例，在迴圈主體中有一 break 敘述時，當程式執行到 break，即會離開迴圈主體，到迴圈後的敘述繼續執行。

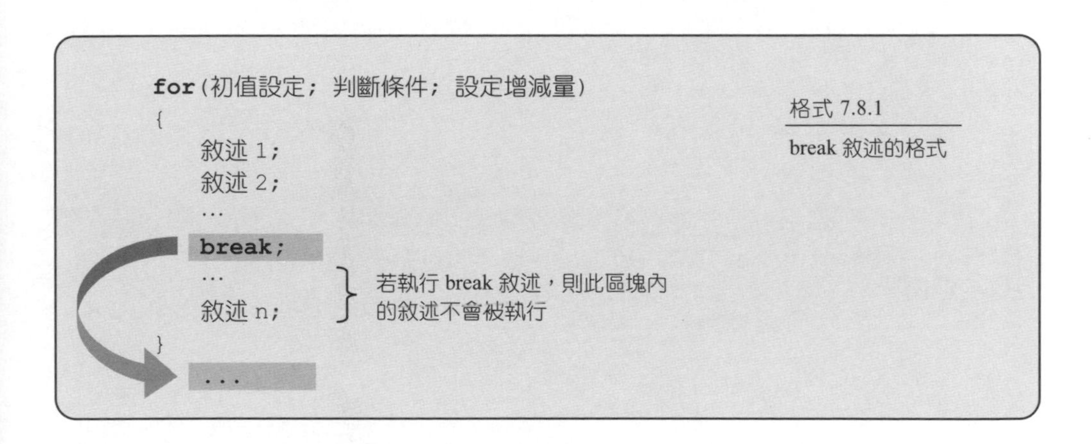

下面的範例是在 for 迴圈裡使用 break 敘述的例子。於這個範例中，我們利用 for 迴圈印出迴圈變數 i 的值，當 i 除以 3 所取的餘數為 0 時，即使用 break 敘述跳離迴圈，並於程式結束前印出迴圈變數 i 最後的值，其流程圖如下圖所示：

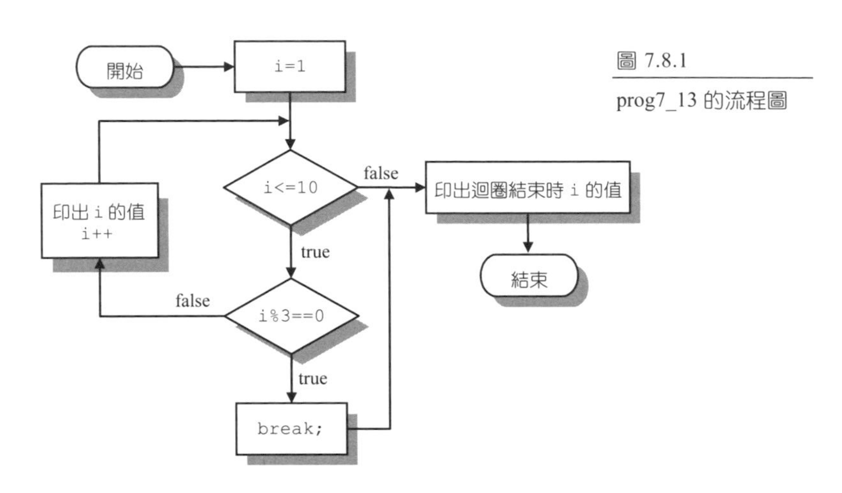

圖 7.8.1

prog7_13 的流程圖

```
01  /* prog7_13, break 敘述的使用 */
02  #include <stdio.h>
03  #include <stdlib.h>
04  int main(void)
05  {
06     int i;
07     for(i=1;i<=10;i++)
08     {
09        if(i%3==0)                 /* 判斷 i%3 是否為 0 */
10           break;                  /* 跳離迴圈 */
11        printf("i=%d\n",i);        /* 印出 i 的值 */
12     }
13     printf("跳離迴圈時, i=%d\n",i);
14
15     system("pause");
16     return 0;
17  }
```

```
/* prog7_13 OUTPUT--

i=1
i=2
跳離迴圈時, i=3
-----------------------*/
```

程式解說

程式第 7~12 行為迴圈主體，i 為迴圈控制變數。當 i%3 為 0 時，符合 if 的條件判斷，即執行程式第 10 行的 break 敘述，跳離整個 for 迴圈。此例中，當 i 的值為 3 時，3%3 的餘數為 0，符合 if 的條件判斷，離開 for 迴圈，跳到第 13 行執行，印出迴圈結束時迴圈控制變數 i 的值 3。 ❖

在程式設計時，通常都會設定一個條件來觸發 break 敘述。當條件成立時，便不再繼續執行迴圈主體，所以在迴圈中出現 break 敘述時，if 敘述通常也會同時出現。break 敘述的特性很適合用在密碼輸入的操作上。通常密碼的輸入會給使用者三次機會，如果輸入三次密碼都不對，則程式便跳離密碼輸入的步驟，這種密碼輸入的程序便是利用 break 敘述的概念寫成的。

7.8.2 continue 敘述

continue 敘述可以強迫程式跳到迴圈的起頭，當程式執行到 continue 敘述時，即會停止執行剩餘的迴圈主體，而到迴圈的開始處繼續執行。以下圖的 for 迴圈為例，在迴圈主體中有一 continue 敘述時，當程式執行到 continue，即會回到迴圈的起點，繼續執行迴圈主體的部分敘述。

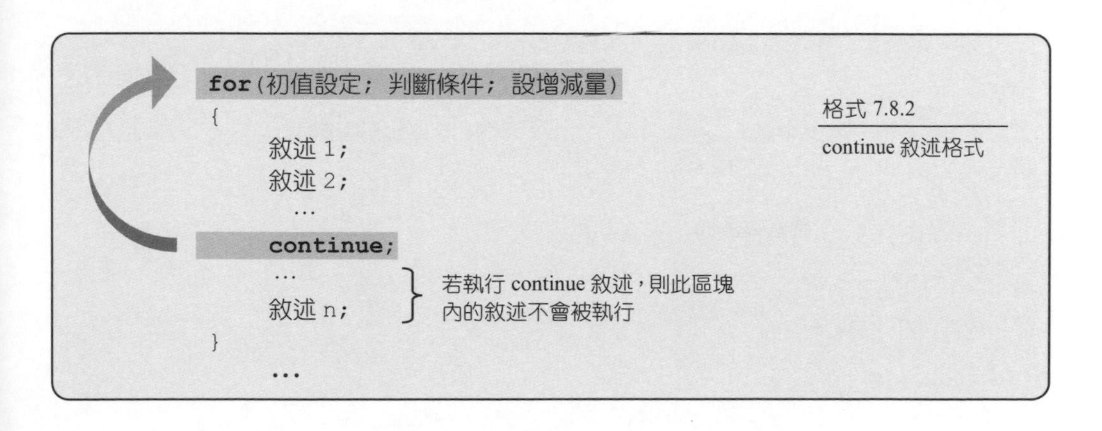

下面的範例修改自 prog7_13，只是將程式中的 break 敘述改成 continue 敘述，您可以觀察一下這兩種跳離敘述的不同。break 敘述會跳離當層迴圈，而 continue 敘述會回到迴圈的起點，更改後的流程圖與程式碼如下：

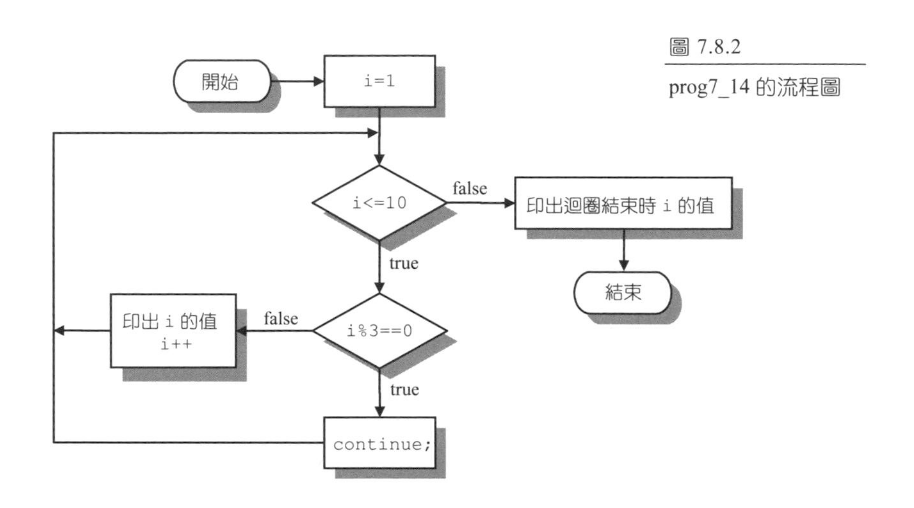

圖 7.8.2

prog7_14 的流程圖

```
01  /* prog7_14, continue 敘述的使用 */
02  #include <stdio.h>
03  #include <stdlib.h>
04  int main(void)
05  {
06     int i;
07     for(i=1;i<=10;i++)
08     {
09        if(i%3==0)              /* 判斷 i%3 是否為 0 */
10           continue;            /* 回到迴圈的起始處繼續執行 */
11        printf("i=%d\n",i);  /* 印出 i 的值 */
12     }
13     printf("跳離迴圈時, i=%d\n",i);
14
15     system("pause");
16     return 0;
17  }
```

```
/* prog7_14 OUTPUT--
i=1
i=2
i=4
i=5
i=7
i=8
i=10
跳離迴圈時, i=11
----------------------*/
```

程式解說

於本例中，當 i%3 為 0 時，符合 if 的條件判斷，即執行程式第 10 行的 continue 敘述，此時迴圈內剩下的敘述（即第 11 行）便不再被執行，回到迴圈開始處判斷是否繼續執行迴圈。此例中，當 i 的值為 3，6，9 時，取餘數為 0，符合 if 的條件判斷，因此會跳離開 continue 之後的敘述，再回到迴圈開始處繼續判斷是否執行迴圈。

當 i 的值為 11 時，不符合迴圈執行的條件，此時執行程式第 13 行，印出迴圈結束時迴圈控制變數 i 的值 11。 ❖

從前兩個範例可以得知，當判斷條件成立時，break 敘述與 continue 敘述會有不同的執行方式。break 敘述會跳離整個迴圈；而 continue 敘述則不再執行此次迴圈的剩餘敘述，直接回到迴圈的起頭。因此當您選擇使用跳離敘述時，可以依照需求來使用它們，不但可以讓程式碼更加的簡潔，同時更容易閱讀喔！

習 題 （題號前標示有 ✚ 符號者，代表附錄 E 裡附有詳細的參考答案）

7.1 結構化程式設計

1. 程式的結構可分為哪三種？試簡略說明之。

✚ 2. 在第 5 章的範例中，有哪些程式碼有用到選擇性的結構？請舉出這些範例的題號，並說明選擇性的結構是位於題目的哪個地方。

7.2 使用 for 迴圈

✚ 3. 試利用 for 迴圈計算 $1+3+5+\cdots+n$ 的總和，其中 n 為奇數，可由使用者自行輸入。

4. 試撰寫一程式，利用 for 迴圈列印 ASCII 碼為 41~64 之間的字元。

5. 試撰寫一程式，求整數 1~100 中，可以同時被 3 與 8 整除之所有整數的總和。

✚ 6. 試撰寫一程式，由鍵盤輸入一個正整數，然後求其所有的因數，例如輸入 24，則印出 24 的所有因數 1、2、3、4、6、8、12 與 24。

7. 試撰寫一程式，利用 for 迴圈印出從 1 到 100 之間，所有可以被 6 整除的數值。

8. 試撰寫一程式，利用 for 迴圈印出從 1 到 100 之間，所有可以被 7 整除，又可以被 3 整除的數值。

✚ 9. 試撰寫一程式，利用 for 迴圈計算 $1^2-2^2+3^2-4^2+\cdots+47^2-48^2+49^2-50^2$ 的值。

10. 試撰寫一程式，利用 for 迴圈計算 $1+\frac{1}{2}+\frac{1}{3}+\cdots+\frac{1}{n}$ 的總和，其中 n 值可自行輸入。

11. 一個數如果恰好等於它的因數之和，這個數就稱為 "完美數"（perfect number）。例如 6=1＋2＋3，因 1、2 與 3 都是 6 的因數，因而 6 是完美數。試撰寫一程式，找出 1000 以內的所有完美數。

12. 所謂 "Armstrong 數" 是指一個三位數的整數，其各位數字之立方和等於該數本身。例如：153 是一個 Armstrong 數，因為 $153=1^3+5^3+3^3$。試撰寫一程式，找出所有的 Armstrong 數。

7.3 使用 while 迴圈

13. 試利用 while 迴圈計算 $2+4+6+\cdots+n$ 的總和，其中 n 為正的偶數，可由使用者自行輸入。若輸入的值不是正偶數，則程式會要求使用者再次輸入，直到輸入的數是正偶數為止。

14. 假設有一條繩子長 3000 公尺，每天剪去一半的長度，請問需要花費幾天的時間，繩子的長度會短於 5 公尺？

15. 試說明於 prog7_5 中，為何在中斷無窮迴圈之前，一定會印出 "ASCII of ch=17" 字串。

16. 試修改 prog7_5 中，使得無論按下 Ctrl+q（ASCII 的值為 17）或 Ctrl+c（ASCII 的值為 3），皆可跳離程式的執行。

17. 試撰寫一程式，利用 while 迴圈印出 1~10 之間所有整數的平方值，最後再印出這些平方值的總和。

7.4 使用 do while 迴圈

18. 試依下面的題意作答：

    (a) 試利用 do while 迴圈，計算 $2+4+6+\cdots+n$ 的總和，其中 n 為正的偶數，可由鍵盤自行輸入。若輸入的不是正偶數，則程式會要求使用者再次輸入，直到輸入的數是正偶數為止。

    (b) 和習題 13 相比，您覺的哪一種迴圈較適合用來計算 $2+4+6+\cdots+n$ 的總和？為什麼？

19. 試利用 do while 迴圈找出最小的 n 值，使得 $1+2+3+\cdots+n$ 的總和大於等於 1000。

20. 試撰寫一程式，由鍵盤分三次讀取 1 個整數，範圍在 1~50 之間；每讀取一個整數 n，就會列印出 n 個 * 號。例如輸入 5，即印出 *****。

7.5 空迴圈

21. 於下面的程式碼片段中，原本預期會印出 3 行星號，但實際上卻只印出了一行。試說明程式錯誤之處，並修正之：

```
01   /* hw7_21, 空迴圈的練習 */
02   int i;
03   for(i=1;i<=3;i++);
04     printf("*********\n");
```

22. 於下面的程式碼片段中，第 4 行的敘述是否會被執行？為什麼？

```
01   /* hw7_22, 空迴圈的練習 */
02   int i=0;
03   while(i);
04     printf("Have a nice day!\n");
```

7.6 我要使用哪一種迴圈？

23. 試依下面的題意作答：

    (a) 試修改習題 19，把 do while 迴圈改以 for 迴圈來撰寫。

    (b) 試修改習題 19，把 do while 迴圈改以 while 迴圈來撰寫。

    (c) 您覺得習題 19 分別以 for、while 和 do while 迴圈來撰寫時，比較起來用哪一種迴圈寫起來較方便？為什麼？

24. 試依下面的題意作答：

    (a) 試修改習題 20，把 do while 迴圈改以 while 迴圈來撰寫。

    (b) 您覺得習題 20 較適合用哪一種迴圈來撰寫？為什麼？

7.7 巢狀迴圈

25. 試利用巢狀迴圈撰寫出一個能產生如下圖結果的程式。請先繪製出流程圖後，根據流程圖撰寫程式：

```
1
22
333
4444
55555
```

26. 試利用巢狀迴圈撰寫出一個能產生如下圖結果的程式：

```
1
12
123
1234
12345
```

27. 試利用巢狀迴圈撰寫出一個能產生如下圖結果的程式：

```
    1
   12
  123
 1234
12345
```

28. 試撰寫一程式，利用 do while 迴圈完成九九乘法表。

7.8 迴圈的跳離

29. 試撰寫一程式，利用 break 敘述來撰寫 4 個數字之密碼輸入的過程。使用者有三次的輸入機會，並須滿足下列的條件：

    (a) 如果密碼輸入不對，則會再次的出現 "請輸入密碼:" 字串。

    (b) 如果三次的輸入都不對，則程式會印出 "密碼輸入超過三次!!" 字串，然後結束程式的執行。

    (c) 如果輸入正確，則印出"密碼輸入正確，歡迎使用本系統!!" 字串。

    本習題的部分程式碼如下，請將它補上該有的程式，以完成本題的需求：

```
01   /* hw7_29, break 敘述的練習 */
02   #include <stdio.h>
03   #include <stdlib.h>
04   int main(void)
```

```
05  {
06     int input;              /* 用來儲存使用者輸入的密碼的變數 */
07     int cnt=0;              /* 用來計數密碼輸入的次數的變數 */
08     int passwd=6128;        /* 預設正確的密碼為 6128 */
09
10     while(1)
11     {
12        printf("請輸入密碼: ");
13        scanf("%d", &input);
14        /* 請在此輸入程式碼，以完成本題的要求 */
15     }
16
17     system("pause");
18     return 0;
19  }
```

30. 試修改習題 29，把 10~15 行的 while 迴圈改以 for 迴圈來撰寫。

31. 試利用 continue 敘述，找出小於 100 的整數裡，所有可以被 2 與 3 整除，但不能被 12 整除的整數。

綜合練習

32. 試撰寫一程式，由鍵盤輸入一個整數，然後判別此數是否為質數（prime）。若是，則印出 "此數是質數" 字串，若不是，則印出 "此數不是質數" 字串（質數是指除了 1 和它本身之外，沒有其它的數可以整除它的數，例如，2, 3, 5, 7 與 11 等皆為質數）。

33. 試撰寫一程式，可由鍵盤讀入一個正整數，並找出小於此數的最大質數。

34. 老王養了一群兔子，但不知有幾隻。三隻三隻數之，剩餘一隻；五隻五隻數之，剩餘三隻；七隻七隻數之，剩餘二隻；試問最少有幾隻兔子？

chapter

08 函數

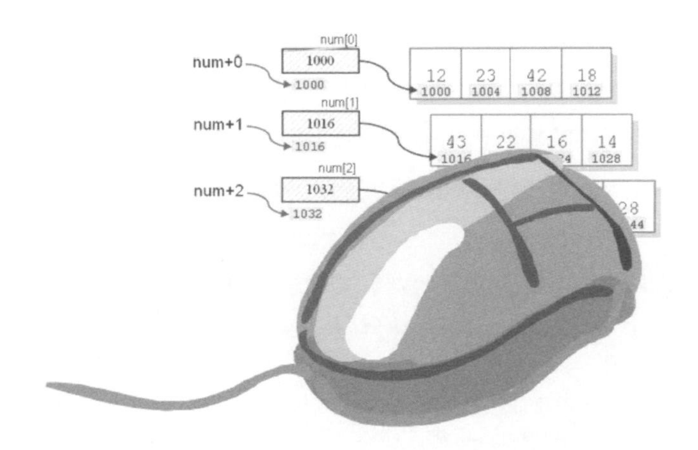

函數是 C 語言的基本模組。函數可以簡化主程式的結構，也可以節省撰寫相同程式碼的時間，達到程式模組化的目的。此外，利用前置處理器不但可以完成簡單函數的定義，同時還可以含括所需要的檔案到程式裡。在本章中，除了告訴您函數的基本概念之外，一些有趣的實作，如 π 值的計算與費氏數列的求解等，都是本章學習的重點哦！

本章學習目標

- 認識函數與其原型
- 學習函數的宣告方式與定義
- 認識區域、全域與靜態變數
- 學習前置處理器的用法

8.1 簡單的函數範例

函數（function）是 C 程式語言相當重要的一個課題，我們可以說，所有的 C 程式碼都是由函數組成的。使用函數最大目的，就是利用模組化的方式來簡化主程式。認識函數的技巧在於學習它的基本架構，包括函數的宣告、引數的使用、函數的主體與傳回值等等，這些主題在稍後的小節中將會一一介紹。

在講解函數的架構之前，我們先來看一個簡單的實例，這個程式撰寫了一個函數 star()，當 star() 被呼叫時，可印出 13 個星號：

```
01  /* prog8_1, 簡單的函數範例 */
02  #include <stdio.h>
03  #include <stdlib.h>
04  void star(void);                    /* star()函數的原型 */
05  int main(void)
06  {
07    star();                           /* 呼叫 star 函數 */
08    printf("歡迎使用 C 語言\n");
09    star();                           /* 呼叫 star 函數 */
10    system("pause");
11    return 0;
12  }
13
14  void star(void)
15  {
16    printf("*************\n");        /* 印出 13 個星號 */
17    return;
18  }
```

```
/* prog8_1 OUTPUT--

*************
歡迎使用 C 語言
*************
---------------------*/
```

程式解說

於本例中，第 4 行宣告了 star() 函數的基本架構（包括函數名稱、傳入的引數型態與傳回值型態），其目的是用來告知編譯器在程式碼裡將使用這麼一個函數。因為這一行是在做函數架構的宣告，所以稱之為函數原型（prototype）的宣告。

在第 4 行 star() 函數原型的宣告中，因為設計的 star() 函數並不需要有傳回值，所以 star() 前面加上一個 void 關鍵字。另外，由於不需要傳入任何引數給 star() 函數使用，所以在 star() 函數的括號內填入 void，下圖說明了 star() 函數原型宣告的語法，您可以從圖中了解函數的原型是如何宣告的：

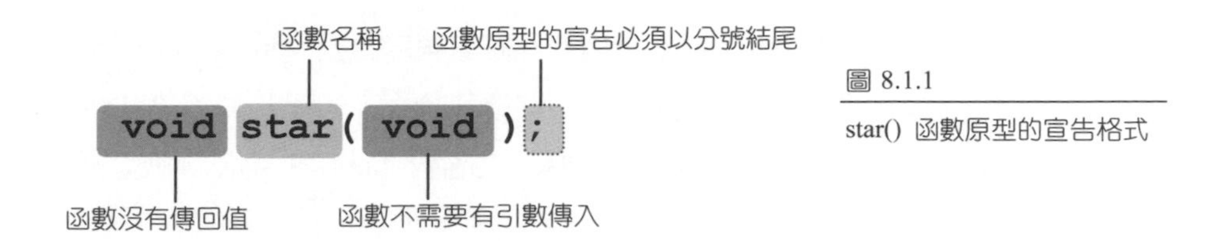

圖 8.1.1 star() 函數原型的宣告格式

14~18 行是 star() 函數的定義，其中第 14 行定義了函數的傳回值型態、函數名稱與傳入的引數等資訊。函數的主體在 16~17 行，它是由兩個成對的大括號所包圍，如下圖所示：

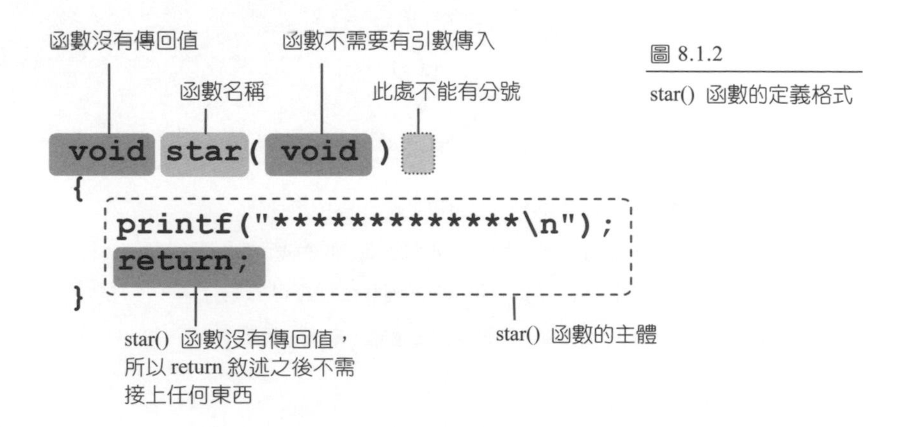

圖 8.1.2 star() 函數的定義格式

star() 函數的主體只有 16~17 兩行，第 16 行是用來印出 13 個星號，第 17 行則是函數結束時要傳值回去給呼叫端（本例是主函數 main()）的敘述。因本例並沒有傳回值，所以 return 後面不用接上任何東西。事實上，正因為函數沒有傳回值，所以第 17 行的 return 敘述是可以省略的。

在程式執行時，第 7 行呼叫了 star() 函數，此時程式會跳到第 14 行的 star() 函數，把程式的主控權交由 star() 函數來處理。第 16 行印出 13 個星號，執行完第 17 行之後，star() 函數便結束了，此時 star() 函數便把主控權交還給主函數 main()。main() 接收了主控權之後，接下來便執行第 8 行，印出 "歡迎使用 C 語言"。

接下來第 9 行再度呼叫 star() 函數，因此程式會再度跳到 star() 函數內執行，印出 13 個星號，然後回到主函數 main() 中，繼續執行剩下的程式碼（10~11 行），最後結束整個程式。下圖繪出了程式執行時，主函數 main 與 star() 函數之間，程式的執行流程：

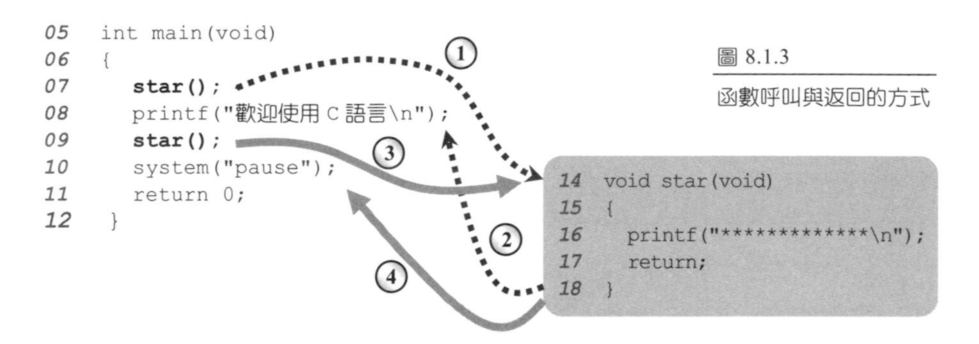

圖 8.1.3

函數呼叫與返回的方式

① 第 7 行呼叫 star() 函數，此時程式跳到第 14 行執行

② star() 函數執行完畢，此時返回主程式，繼續執行第 8 行

③ 第 9 行呼叫 star() 函數，此時程式再度跳到第 14 行執行

④ star() 函數執行完畢，此時返回主程式，繼續執行第 10 行

❖

在 prog8_1 中，我們使用了 C 語言的標準函數 printf()，同時也使用自訂的 star() 函數，印出 13 個星號。這個程式雖然簡單，卻也傳遞不少 C 語言的函數基本觀念。prog8_1 只是個開端，接下來的小節中，我們會分別介紹到函數的重要觀念，包括函數的基本架構、函數裡的變數是如何運作，以及如何撰寫遞迴函數等。

8.2 函數的基本架構

一個完整函數的撰寫包括了函數原型的宣告，以及函數主體的定義。上一節已介紹了函數基本的使用，本節將詳細的說明函數的架構，以及它的撰寫方式。

8.2.1 宣告函數原型與定義函數

就像是使用變數一般，想使用自訂的函數時，我們也需要宣告。稍早已經提及，宣告函數的目的在於用來告知編譯器，在程式碼裡我們將使用這個函數。函數經宣告之後，函數的定義也必須依其宣告的格式來撰寫，因而我們稱函數宣告的這一行為函數的原型（prototype）。

函數原型宣告

函數的原型可置於 main() 函數的外面，也可置於 main() 函數的裡面。如果函數原型放在 main() 裡面，則該函數只能夠被 main() 裡的敘述呼叫；反之，則可以被相同檔案內的其它函數呼叫。本書習慣上將函數原型置於 main() 函數之外。另外函數名稱的命名規則和變數的命名規則相同；函數名稱不能使用到 C 的關鍵字，當然也建議您以有意義的名稱為函數命名。下面為函數原型宣告的格式：

```
傳回值型態 函數名稱(引數型態 1, 引數型態 2,...);
```

格式 8.2.1
函數原型的宣告格式

於上面的格式中，「傳回值型態」是指函數結束時，要傳值回去給呼叫端的資料型態，而「引數型態」指的即是要傳入函數之引數的型態。函數原型宣告的格式也透露出一個重要的訊息，也就是函數可以有數個傳入的引數，但最多只能有一個傳回值。

舉例來說，如果想設計一個函數 add()，它可接收兩個整數引數，傳回值為這兩個整數之和，則依照格式 8.2.1，可以撰寫出下面的函數原型：

```
int add(int, int);     /* add()函數原型的宣告 */
```

於上面的函數原型中，add() 函數之前的 int 代表 add() 函數將傳回整數，而 add() 括號內的兩個 int 則代表了 add() 函數可接收兩個整數型態的引數，如下圖所示：

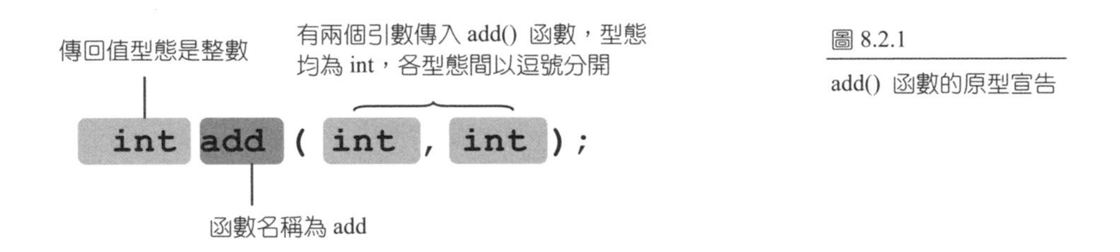

圖 8.2.1

add() 函數的原型宣告

若是函數不需傳遞任何引數，則在宣告函數原型時，可在括號內加上 void 字樣，告訴編譯器該函數沒有引數，如 prog8_1 所宣告的 star() 函數即是：

```
void star(void);          /* star()函數，不需傳入任何引數 */
```

上面的敘述為 star() 函數的原型，函數不需有傳回值。

若是沒有宣告函數的原型會發生什麼事呢？在 Dev C++ 中，編譯程式仍然會讓程式繼續執行，而給您一些警告（warning）訊息，並假設傳回值為整數型態。雖然程式在 Dev C++可以執行，但是並不保證這個程式移植到其它的 C 編譯器之後，還可以正確的執行，所以建議養成宣告函數原型的好習慣。另外，宣告了函數的原型之後，編譯器也可以幫我們檢查輸入引數的個數與型態是否正確，對於程式碼的除錯有很大的助益。

函數的定義

您可以將函數的定義放在程式中任意的位置，本書習慣是把函數放在 main() 的後面。如果把函數置於 main() 函數的前面，則不需宣告函數的原型。自訂函數撰寫方式和您已熟悉了的 main() 函數類似，其格式如下：

```
傳回值型態 函數名稱(型態1 引數1, …, 型態n 引數n)
{
    變數宣告;
    敘述主體;
    return 運算式;      /* 傳回運算式的值 */
}
```

格式 8.2.2

函數的定義格式

於上面的格式中，第一行函數名稱後面的括號內必須同時填上引數的名稱與引數的資料型態，這點與函數原型的宣告稍有不同（函數原型只需填上引數的型態，不必填寫引數的名稱）。此外，如果函數沒有傳回值，則最後一行的 return 敘述可以不用填，或者是保留 return 關鍵字，但其後不接任何的運算式，如 prog8_1 的第 17 行。

舉例來說，先前所介紹的 add() 函數，它可接收兩個整數引數，並可傳回這兩個整數之和，則依格式 8.2.2 可以撰寫出 add() 函數的定義：

```
01  int add(int num1, int num2)     /* 定義add()函數*/
02   {
03      int sum;                    /* 於add()函數裡宣告變數sum*/
04      sum=num1+num2;
05      return sum;                 /* 傳回num1與num2之和 */
06  }
```

事實上，return 敘述也可直接傳回運算式的計算結果，因此上面的程式碼也可改寫成如下較簡潔方式：

```
01   int add(int num1, int num2)      /* 定義 add()函數*/
02   {
03       return num1+num2;            /* 傳回 num1 與 num2 之和 */
04   }
```

8.2.2 於程式裡呼叫函數

呼叫函數的方式有兩種，一種是將傳回值指定給某個變數接收，這種方法通常是用在函數有傳回值時，如下面的格式：

```
變數 = 函數名稱(引數);
```

格式 8.2.3
傳回值指定給某個變數接收的格式

另一種則是直接呼叫函數，不需要變數來接收傳回值。不論函數是否有傳回值，這種方法皆可使用，如下面的格式：

```
函數名稱(引數);
```

格式 8.2.4
直接呼叫函數的格式

若是不需要傳遞任何引數給函數，在呼叫函數時，只要保留括號而不用填入任何的內容。舉例來說，prog8_1 的 star() 函數並不需要傳遞任何的引數，所以第 7 行與第 9 行呼叫 star() 時，括號裡是空的，雖然如此，還是要把括號寫出來。

有了上述的概念之後，現在可以正式撰寫一完整的程式，讓 add() 函數動起來了。我們來看看下面的範例：

```
01   /* prog8_2, 使用 add()函數 */
02   #include <stdio.h>
03   #include <stdlib.h>
04   int add(int,int);              /* add()函數的原型 */
05   int main(void)
06   {
07      int sum, a=5, b=3;
08      sum=add(a,b);               /* 呼叫 add()函數，並把傳回值設給 sum */
09      printf("%d+%d=%d\n",a,b,sum);
10
11      system("pause");
12      return 0;
13   }
14
15   int add(int num1, int num2)    /* add()函數的定義 */
16   {
17      int a;                      /* 於 add()函數裡宣告變數 a */
18      a=num1+num2;
19      return a;                   /* 傳回 num1+num2 的值 */
20   }
```

```
/* prog8_2 OUTPUT--

5+3=8
----------------------*/
```

程式解說

於本例中，第 4 行定義了 add() 函數的原型，而 add() 函數完整的定義則是撰寫在 15~20 行。

第 8 行呼叫了 add() 函數，並傳入 a 和 b 兩個變數的值（即 5 和 3）。此時程式的執行流程跳到第 15 行的 add() 函數裡，其中第一個整數 5 由 num1 所接收，而整數 3 則由 num2 所接收。第 18 行計算完 num1+num2 之後，將計算結果設給變數 a，第 19 行傳回 a 值，此時執行流程回到第 8 行，把傳回值設給變數 sum。第 9 行印出計算結果之後，結束程式的執行。 ❖

從 prog8_2 中，您應該可以清楚的知道整個函數的運作流程了。稍早我們曾提及，如果把函數置於 main() 函數的前面，則不需宣告函數的原型。下面的範例改寫自 prog8_2，但把 add() 函數的放在 main() 函數的前面：

```
01  /* prog8_3, 將 add()函數放在 main()函數的前面 */
02  #include <stdio.h>
03  #include <stdlib.h>
04
05  int add(int num1, int num2)
06  {
07     int a;
08     a= num1+num2;
09     return a;
10  }
11
12  int main(void)
13  {
14     int sum, a=5, b=3;
15     sum=add(a,b);
16     printf("%d+%d=%d\n",a,b,sum);
17
18     system("pause");
19     return 0;
20  }
```

將 add() 放在 main() 函數的前面（第 05～10 行）

main() 函數置於 add() 的後面（第 12～20 行）

```
/* prog8_3 OUTPUT--
5+3=8
----------------------*/
```

程式解說

本例的 main() 與 add() 函數的內容與 prog8_2 完全相同，但放置的順序不同。由於本例中，add() 函數是放置在 main() 函數的前面，所以讀者可以注意到，即使本例沒有撰寫 add() 函數的原型，程式碼依然可以正確的編譯。 ❖

8.3 更多的函數應用範例

有了前面兩節的基礎之後，現在撰寫函數應該不是難事了！使用函數的好處相當多，因為它不但可以重複使用，還可以簡化主程式的結構，提高執行的效率。不但如此，無論程式中呼叫某個函數幾次，該函數所產生的程式碼只會被編譯一次，並不會因呼叫次數而增加，造成編譯後程式碼的膨脹。

本節將介紹更多函數的應用範例，包括基礎數學常用函數的撰寫、同時呼叫多個函數，以及函數之間的相互呼叫等。

8.3.1 簡單的函數練習

在這個小節中，我們舉了 4 個典型的 C 語言函數範例，使您更加熟悉函數的撰寫，並進一步探討函數執行的流程以及執行效率等問題。

字元列印函數 display()

本範例是一個字元列印函數 display() 的練習，它可指定某個字元重複列印的次數。我們把 display() 設計成沒有傳回值的函數，但可接收一個整數 n 與字元 ch，然後於螢幕上連續印出 n 個 ch 字元。本例的程式碼如下：

```
01  /* prog8_4, display()的練習 */
02  #include <stdio.h>
03  #include <stdlib.h>
04  void display(char,int);   /* display()函數的原型 */
05  int main(void)
06  {
07     int n;
08     char ch;
09     printf("請輸入欲列印的字元:");
10     scanf("%c",&ch);
11     printf("請問要印出幾個字元:");
12     scanf("%d",&n);
13     display(ch,n);              /* 呼叫自訂的函數，印出 n 個 ch 字元 */
```

```
14
15       system("pause");
16       return 0;
17    }
18
19    void display(char ch,int n)    /* 自訂的函數 display() */
20    {
21       int i;
22       for(i=1;i<=n;i++)              /* for 迴圈，可印出 n 個 ch 字元 */
23          printf("%c",ch);               /* 印出 ch 字元 */
24       printf("\n");
25       return;
26    }
```

```
/* prog8_4 OUTPUT--
請輸入欲列印的字元:&
請問要印出幾個字元:12
&&&&&&&&&&&&
---------------------*/
```

程式解說

第 4 行宣告了函數 display() 的原型，傳回值型態為 void（沒有傳回值）；display() 的引數有兩個，分別為 char 及 int 型態。display() 函數則是定義在 19~26 行，22~23 行的 for 迴圈則是用來在螢幕上列印 n 個 ch 字元。

於本例中，我們輸入要列印 12 個 '&' 字元，因而主程式內，n 設值為 12，ch 設值為 '&'。於第 13 行呼叫 display() 函數時，19 行的變數 ch 會接收傳過來的字元 '&'，n 會接收傳過來的整數 12。22~23 行的 for 迴圈則是印出了 12 個 '&' 字元。display() 函數結束執行後，控制權交還給主程式，繼續執行完 15~16 行之後程式即隨之結束。

也許您早已注意到，在 prog8_4 的 main() 函數中使用了變數 n 與 ch，在 display() 函數中也有使用相同名稱的變數 n 與 ch，執行起來也不會有什麼問題。事實上，在 C 語言裡，於不同的函數中可以使用相同的變數名稱。雖然變數名稱相同，但它們位於不同的函數內，因此編譯器就會把它們看成是不同的變數。

另外於 prog8_4 中，因 display() 函數宣告為 void（無傳回值），所以可以省略掉 25 行的 return 敘述；也就是說，即使不撰寫第 25 行，一樣可以正常的編譯與執行，讀者可以自行試試。

絕對值函數 abs()

絕對值（absolute value）應該是大家都很熟悉的函數吧！絕對值就是把負數轉換成正數，正數則不做轉換，所以絕對值函數可用下面簡單的數學式來定義：

$$\text{abs}(n) = \begin{cases} n; & n \ge 0 \\ -n; & n < 0 \end{cases}$$

因此在設計 abs() 函數時，只要設計當 abs() 的引數 n 小於 0 時，即傳回 $-n$，否則直接傳回 n 就可以了。下面的程式是絕對值函數設計的範例：

```
01  /* prog8_5, 求絕對值函數 abs() */
02  #include <stdio.h>
03  #include <stdlib.h>
04  int abs(int);                /* 宣告函數 abs()的原型 */
05  int main(void)
06  {
07    int i;
08    printf("Input an integer:");          /* 輸入整數 */
09    scanf("%d",&i);
10    printf("abs(%d)=%d\n",i,abs(i));      /* 印出絕對值 */
11
12    system("pause");
13    return 0;
14  }
```

```
15
16  int abs(int n)   /* 自訂的函數 abs(),傳回絕對值 */
17  {
18     if (n<0)
19        return -n;
20     else
21        return n;
22  }
```

```
/* prog8_5 OUTPUT---
Input an integer:-6
abs(-6)=6
----------------------*/
```

程式解說

程式第 4 行，宣告函數 abs() 的原型，其傳回值型態為 int，且可接收一個 int 型態的引數。函數 abs() 的內容則是定義在 16~22 行。當接收的引數 n<0 時，傳回-n 的值，否則傳回 n 的值。

於本例中，我們輸入-6，因此當主程式於第 10 行呼叫 abs() 函數時，可以看成是執行 abs(-6)，因此 abs() 函數裡的引數 n 會接收 i 的值（-6），由於-6<0，所以執行第 19 行，傳回 6。 ❖

次方函數 power(x,n)

接下來練習撰寫一個可以求出 x^n 的次方函數 power(x,n)，其中 x 為 double 型態，n 為正整數，而傳回值也是 double 型態。例如，power(5.0, 3) 會計算 5.0*5.0*5.0，然後傳回 125.0。本範例的程式撰寫如下：

```
01  /* prog8_6, 計算 x 的 n 次方 */
02  #include <stdio.h>
03  #include <stdlib.h>
04  double power(double, int);     /* 宣告函數 power()的原型 */
05  int main(void)
06  {
```

```
07      double x;       /* x 為底數 */
08      int n;          /* n 是次方 */
09
10      printf("請輸入底數與次方:");
11      scanf("%lf,%d",&x,&n);       /* 輸入底數與次方 */
12      printf("%lf 的%d 次方=%lf\n",x,n,power(x,n));
13
14      system("pause");
15      return 0;
16   }
17
18   double power(double base, int n)   /* power()函數的定義 */
19   {
20      int i;
21      double pow=1.0;
22      for(i=1;i<=n;i++)        /* for() 迴圈，用來將底數連乘 n 次 */
23         pow=pow*base;
24      return pow;
25   }
```

```
/* prog8_6 OUTPUT--------
請輸入底數與次方:5.0,3
5.000000 的 3 次方=125.000000
---------------------------*/
```

程式解說

於本例中，power() 函數可接收兩個引數，第一個引數為底數(base)，型態為 double，第二個引數為次方（exponent），型態為整數，power() 的傳回值型態則為 double，因此 power() 函數原型的宣告如程式碼的第 4 行所示。

在執行時，我們輸入底數為 5.0，次方為 3，也就是要計算 5.0 的 3 次方。第 12 行呼叫 power() 函數，並把底數 5.0 傳給 base，把指數 3 傳給 n。要計算 5.0 的 3 次方，也就是把 5.0 連乘 3 次就對了，因此經過 22~23 行的累乘之後，底數 5.0 就會被連乘 3 次，得到 125.0，最後第 24 行傳回運算結果，並於 12 行印出即結束程式的執行。

下表是在 power() 接收到的 base 引數為 5.0，n 為 3 時，power() 函數內變數 pow 變化的情形，看完下表，您應該會對 power() 函數的運作更加的熟悉：

表 8.3.1 base=5.0，n=3 時，power() 函數內變數 pow 的變化

i	pow	pow=pow*base
1	1.0	pow=1.0*5.0=5.0
2	5.0	pow=5.0*5.0=25.0
3	25.0	pow=25.0*5.0=125.0
4		

不符合 for 迴圈的判斷條件（i<=3），跳出 for 迴圈，傳回 pow=125.0

❖

質數測試函數 is_prime()

質數（prime numbers）是指除了 1 和它本身之外，沒有其它整數可以整除它之數。最小的質數為 2，它也是唯一的偶數質數。其它諸如 3、5、7、11、13、17 與 19 等等均是質數。

於本例中，我們定義了一個 is_prime() 函數，可用來判別傳入 is_prime() 內的引數是否為質數。若是，則回應 1，否則回應 0。此外，於主程式中並利用 is_prime() 函數來找出所有小於 30 的質數。本範例的完整程式碼如下所示：

```
01  /* prog8_7, 質數的找尋 */
02  #include <stdio.h>
03  #include <stdlib.h>
04  int is_prime(int);                /* 宣告函數 is_prime()的原型 */
05  int main(void)
06  {
07     int i;
08     for(i=2;i<=30;i++)             /* 找出小於 30 的所有質數 */
09        if(is_prime(i))             /* 呼叫 is_prime()函數 */
```

```
10            printf("%3d",i);        /* 如果是質數,便把此數印出來 */
11      printf("\n");
12      system("pause");
13      return 0;
14   }
15
16   int is_prime(int num)      /* is_prime()函數,可測試 num 是否為質數 */
17   {
18      int i;
19      for(i=2;i<=num-1;i++)
20         if(num%i==0)         /* 可以被 i 整除，代表 num 不是質數 */
21            return 0;
22      return 1;
23   }
```

```
/* prog8_7 OUTPUT------------
  2  3  5  7 11 13 17 19 23 29
-------------------------------*/
```

程式解說

因為 is_prime(num) 函數必須傳回 0 或 1，因此其傳回值型態為 int，此外，質數一定是整數，所以我們把傳入 is_prime() 的引數型態設計成整數。is_prime() 函數的原型如程式碼的第 4 行所示。

程式 16~23 行定義了 is_prime() 函數，可用來測試傳入的引數 num 是否為質數。因為質數是指除了 1 和它本身之外，沒有其它整數可以整除它之數，因此最簡單的方法就是把 num 用 2 開始去除它，除到 num-1 為止，只要從 2~ num-1 之間的數有任何一個數可以整除 num（即餘數為 0），則代表此數就不是質數，此時便立刻傳回 0（第 21 行），代表傳入的引數 num 不是質數。注意如果一旦執行 21 行的 return 敘述，程式的流程便會立刻跳離 is_prime() 函數，因而第 22 行的 return 敘述不會被執行到。

如果把 num 用 2 開始去除它，除到 num-1 為止，都沒有任何一個數可以整除它，也就是第 20 行的條件都沒有一個整數成立，則程式就會執行第 22 行，傳回整數 1，代表傳入的引數 num 是質數。

下表是利用 is_prime() 函數測試數字 7 與數字 9 是否為質數時，is_prime() 函數內變數變化的情形：

表 8.3.2　num 分別等於 7 和 9 時，is_prime() 函數內變數變化的情形

num=7

i	num%i
2	7%2=1
3	7%3=1
4	7%4=3
5	7%5=2
6	7%6=1
7	

2~6 都無法整除 7，所以 7 是質數

不符合 for 迴圈的判斷條件（i<=num-1），跳出 for 迴圈，執行第 22 行，傳回 1，代表 7 是質數

num=9

i	num%i
2	9%2=1
3	9%3=0

3 可以整除 9，所以 9 不是質數

符合 20 行的判斷條件，傳回 0，代表 9 不是質數

於主程式中，我們利用 for 迴圈來找出小於 30 的所有質數，在第 9 行的敘述裡，is_prime() 的傳回值剛好用來做為 if 敘述的引數。若 is_prime(i) 傳回 1，則 if 敘述判斷成立，代表引數 i 是質數，於第 10 行便可將它列印出來。

另外，值得探討的是，本例所撰寫的 is_prime() 函數，雖可運作，但它並不是一個有效率的程式。例如，第 19~21 行的迴圈中，我們用 2~num-1 去除 num，用來判別是否有哪一個數可整除 num，但這個方式並不太有效率，因為所有大於 num/2 的數，沒有任何一個數可以整除 num（例如若 num 等於 24，則沒有任何一個超過 24/2=12 的整數可以整除 num）。

由上面的分析可知，如果把 19~21 行的程式碼改寫成

```
19      for(i=2;i<=num/2;i++)    /* 只用 2~num/2 之間的數來除 num */
20        if(num%i==0)
21          return 0;
```

則程式執行起來會更有效率。事實上，第 19 行的敘述也不用判別到 num/2，其實只要判別到 $\sqrt{\text{num}}$ 即可（想想看，為什麼），有興趣的讀者可參閱本節的習題。

此外，本範例還有個小小的問題，也就是當您測試整數 1 時，is_prime() 函數會回應 1，代表 1 是質數，但這並不正確，因為最小的質數是 2，並非 1（質數必需有兩個因數，一個是 1，另一個是它本身，但 1 只有一個因數），於本節的習題中，我們將會要求您訂正這個錯誤。 ❖

8.3.2 同時使用多個函數

在 C 語言裡可同時使用多個函數。就像一個公司會依工作性質的不同而分成數個不同的部門，這些部門的作業都是獨立的，卻又息息相關，它們各司其職，並且為達成公司所要求的目標前進，我們可以把這些部門看成程式中的函數，而主函數就是管理這些函數的統領者。

我們以一個簡單的程式來說明如何同時使用多個函數。下面的程式定義了 fac(n) 與 sum(n) 函數，可分別用來計算$1\times2\times\cdots\times n$及$1+2+\cdots+n$的結果：

```
01  /* prog8_8, 同時呼叫多個函數 */
02  #include <stdio.h>
03  #include <stdlib.h>
04  void sum(int), fac(int);       /* 定義函數的原型 */
05  int main(void)
06  {
```

```
07      fac(5);                /* 呼叫 fac()函數 */
08      sum(5);                /* 呼叫 sum()函數 */
09
10      system("pause");
11      return 0;
12   }
13
14   void fac(int a)           /* 自訂函數 fac()，計算 a! */
15   {
16      int i,total=1;
17      for(i=1;i<=a;i++)
18         total*=i;
19      printf("1*2*...*%d=%d\n",a,total);   /* 印出 a!的結果 */
20   }
21
22   void sum(int a)           /* 自訂函數 sum()，計算 1+2+...+a 的結果*/
23   {
24      int i,total=0;
25      for(i=1;i<=a;i++)
26         total+=i;
27      printf("1+2+...+%d=%d\n",a,total);   /* 印出加總的結果 */
28   }
```

```
/* prog8_8 OUTPUT--

1*2*...*5=120
1+2+...+5=15
---------------------*/
```

程式解說

程式 14~20 行定義了階乘函數 fac(n)，用來計算 n 階乘，即$1\times2\times\cdots\times n$。22~28 行定義了累加函數 sum($n$)，可用來計算整數的累加$1+2+\cdots+n$。本例中，您可以看到 fac() 及 sum() 函數在程式裡是獨立完整的模組，當主函數呼叫這兩個函數時，被呼叫的函數就會立刻將主函數傳遞的資料接收，並開始執行函數的內容。

在 prog8_8 中，fac() 及 sum() 函數可以說是為了簡化 main() 函數的結構而撰寫出來的，這也是使用函數的目的之一。在程式裡，您可以看到 fac() 及 sum() 函數都是由主函數呼叫的，在一般的程式裡，您也可以看到另一種呼叫函數的方式，就是函數與函數之間的相互呼叫，也就是說，函數並不一定非要由主函數才可以呼叫使用，這個部份在下節裡便會介紹到。

附帶一提，於第 4 行同時宣告了 fac() 與 sum() 的原型，這是因為這兩個函數的傳回值型態皆相同之故（都是 void）。如果傳回值的型態不同，則這兩個函數原型的宣告必須分開來撰寫。 ❖

8.3.3 函數之間的相互呼叫

於上節中，我們把公司的各部門比喻成函數。雖然公司的每個部門是由總經理掌理，但是各部門之間仍然有許多工作相互關聯，例如出納部門雖然可以發出員工的薪資，但是要人事部門將員工薪資明細彙總再交由會計部門作帳後，再將薪資帳目交給出納部門發薪。因此我們可以很容易的瞭解到，在 main() 函數裡可以呼叫 a、b 函數，同樣的在 a 函數中可以呼叫 b 函數，在 b 函數中也可以呼叫 a 函數。

下面的程式碼是從一個函數呼叫另一個函數的範例。於這個範例中，我們將利用萊布尼茲（Leibniz，1646～1716，德國數學家）所發現的公式來估算圓周率 π 的值：

$$
\begin{aligned}
\pi = 4\sum_{k=1}^{\infty}\frac{(-1)^{k-1}}{2k-1} &= 4\left(\frac{(-1)^{1-1}}{2(1)-1}+\frac{(-1)^{2-1}}{2(2)-1}+\frac{(-1)^{3-1}}{2(3)-1}+\frac{(-1)^{4-1}}{2(4)-1}+\frac{(-1)^{5-1}}{2(5)-1}+\ldots\right)\\
&= 4\left(1-\frac{1}{3}+\frac{1}{5}-\frac{1}{7}+\frac{1}{9}-\frac{1}{11}+\ldots\right)
\end{aligned}
$$

從上面的公式可知，要估算 π 的值，則數列的和要取到無窮多項，但事實上，我們只要取到有限項，便可以看到數列逼近 π 值（3.14159....）。

在這範例中，我們把這個數學公式寫成兩個函數，一個是計算次方的函數 power()，這個函數我們在 prog8_6 已經介紹過了，所以直接拿來套用即可，另一個函數則是計算數列和的函數，我們把它叫做 Leibniz() 函數。Leibniz() 函數可以接收一個整數引數 n，用來代表數列有幾項要加總。程式碼的撰寫如下：

```
01  /* prog8_9, 用萊布尼茲方法估算π */
02  #include <stdio.h>
03  #include <stdlib.h>
04  double Leibniz(int);                    /* 宣告函數 Leibniz()的原型 */
05  double power(double, int);              /* 宣告函數 power()的原型 */
06  int main(void)
07  {
08     int i;
09     for(i=1;i<=10000;i++)                /* 找出前 10000 個π的估算值 */
10        printf("Leibniz(%d)=%12.10f\n",i,Leibniz(i));
11     system("pause");
12     return 0;
13  }
14
15  double Leibniz(int n)      /* Leibniz()函數，可估算π值到第 n 項*/
16  {
17     int k;
18     double sum=0.;
19     for(k=1;k<=n;k++)
20        sum=sum+power(-1.0,k-1)/(2*k-1);        /* 萊布尼茲公式 */
21     return 4*sum;
22  }
23
24  double power(double base, int n) /* power()函數,可計算 base 的 n 次方 */
25  {
26    int i;
27     double pow=1.0;
28     for(i=1;i<=n;i++)
29        pow=pow*base;
30     return pow;
31  }
```

```
/* prog8_9 OUTPUT-----
Leibniz(1)=4.0000000
Leibniz(2)=2.6666667
Leibniz(3)=3.4666667
Leibniz(4)=2.8952381
Leibniz(5)=3.3396825
Leibniz(6)=2.9760462
Leibniz(7)=3.2837385
Leibniz(8)=3.0170718
Leibniz(9)=3.2523659
Leibniz(10)=3.0418396
  ....
Leibniz(9999)=3.1416927
Leibniz(10000)=3.1414927
--------------------------*/
```

程式解說

於本例中，我們把萊布尼茲公式定義成一個函數

$$\text{Leibniz(n)} = 4\sum_{k=1}^{n}\frac{(-1)^{k-1}}{2k-1}$$

上面的公式必須先計算 $(-1)^{k-1}/(2k-1)$ 的累加，然後再乘以 4。在計算 $(-1)^{k-1}$ 時，可以呼叫函數 power(−1.0, k−1) 來完成，所以萊布尼茲公式可以寫成如20行的程式碼：

```
20    sum=sum+power(-1.0,k-1)/(2*k-1);         /* 萊布尼茲公式 */
```

然後再把它放在 for 迴圈裡做累加，最後把結果乘上 4，即可得到計算到第 n 項之後，π 的估算值。

於本例的輸出中，讀者可以看到函數的輸出慢慢的趨近 π 的值，因輸出程式太長，我們只截取部份的程式輸出。此外，執行時間可能會花上好幾分鐘，如要中斷程式的執行，只要在 DOS 視窗的模式裡按下 Ctrl+C 即可。 ❖

在 prog8_9 中，您可以看到我們在 Leibniz() 函數裡呼叫了 power() 函數，而 Leibniz() 函數則是在 main() 函數裡呼叫。像這種在函數內呼叫另一個函數內的技巧，在程式設計的課題裡隨處可見。這個例子很簡單的說明了函數的呼叫方式，並不一定要由 main() 函數來呼叫，C 語言並不會限制程式的流向，只要程式最終的控制權回到主函數，能執行完全部的流程即可。

談到 π ，數學大師歐勒（Leonhard Euler，1707 - 1783），也找到了一個計算圓周率的無窮乘積：

$$\pi = 2\times\left(\frac{3}{2}\times\frac{5}{6}\times\frac{7}{6}\times\frac{11}{10}\times\frac{13}{14}\times\frac{17}{18}\times\frac{19}{18}\times\frac{23}{22}\times\cdots\right)$$

有趣的是，這個公式裡，所有的分子都是大於 2 的質數，分母則是不能被 4 整除，且最靠近分子的偶數。這個公式很巧妙的把質數與圓周率連在一起，很可惜，它的推導方式已經失傳。如果您對這個範例有興趣，可參閱本節的習題。

8.4 遞迴函數

C 語言的函數也支援遞迴（recursive）的機制。所謂的遞迴就是函數本身呼叫自己。舉例來說，階乘函數（factorial function， $n!$ ）的數學公式定義如下：

$$\mathrm{fac}(n) = \begin{cases} 1\times 2\times\cdots\times n\,; & n\ge 1 \\ 1\,; & n=0 \end{cases} \qquad \text{（非遞迴的運算方式）}$$

然而，上式也可改寫成如下的遞迴方式

$$\mathrm{fac}(n) = \underbrace{1\times 2\times\cdots\times(n-1)}_{\mathrm{fac}(n-1)}\times n = n\times\mathrm{fac}(n-1)$$

因此 fac() 函數也可以利用遞迴的方式來定義：

$$\text{fac}(n)=\begin{cases} n\times \text{fac}(n-1); & n\geq 1 \\ 1; & n=0 \end{cases}$$ （遞迴的運算方式）

有了遞迴的概念後，我們以階乘函數來說明如何撰寫遞迴函數：

```
01  /* prog8_10, 遞迴函數，計算階乘 */
02  #include <stdio.h>
03  #include <stdlib.h>
04  int fac(int);      /* 遞迴函數 fac()的原型 */
05  int main(void)
06  {
07    printf("fac(4)=%d\n", fac(4));   /* 呼叫遞迴函數 fac() */
08
09    system("pause");
10    return 0;
11  }
12
13  int fac(int n)   /* 自訂函數 fac()，計算 n! */
14  {
15    if(n>0)
16      return (n*fac(n-1));
17    else
18      return 1;
19  }
```

```
/* prog8_10 OUTPUT--
fac(4)=24
----------------------*/
```

程式解說

程式第 13~19 行定義了 fac() 函數，它可接收整數型態的引數 n，當 n 大於 0，傳回 n*fac(n−1)，否則直接傳回 1。於本例中，我們計算 $\text{fac}(4)=4\times 3\times 2\times 1=24$，其遞迴計算的過程如下圖所示：

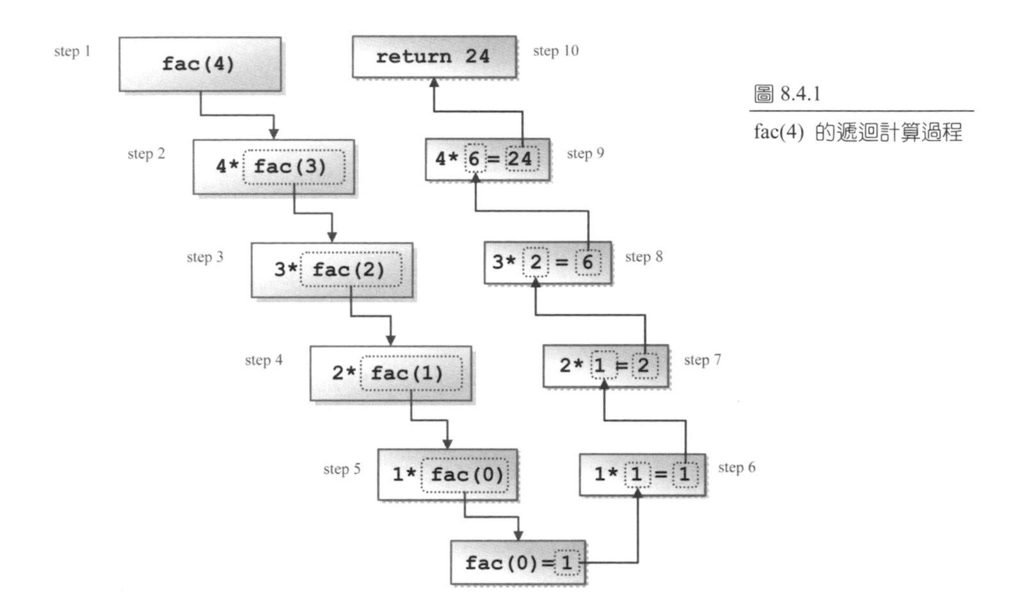

圖 8.4.1

fac(4) 的遞迴計算過程

當主函數第一次呼叫 fac(4) 函數時，程式的控制權會交給 fac() 函數，並將 4 當成引數傳入函數中，由變數 *n* 所接收。由於 *n*=4 大於 0，傳回 4*fac(3)，但是傳回值中必須先求出 fac(3) 的值，所以再次進入 fac() 函數，傳入的引數值為 3；同樣的，3 大於 0，傳回 3*fac(2)，必須先求出 fac(2) 的值，所以再次進入 fac() 函數，傳入的引數值為 2 大於 0，傳回 2*fac(1)，此時要先求出 fac(1)的值，再次進入 fac() 函數，傳入的引數值為 1 大於 0，傳回 1*fac(0)，最後求出 fac(0) 的值。

求出 fac(0) 之後，因第 15 行的 if 敘述判別不成立，所以執行第 18 行，直接傳回 1，所以 fac(0)=1，回到上一層呼叫該函數的地方，得到 fac(1)=1 的結果，返回上一層呼叫函數的地方，得到 fac(2)=2 的結果，返回上一層呼叫函數的地方，得到 fac(3)=6，再返回上一層呼叫函數的地方，得到 fac(4)=24 的結果，此時函數即結束執行，並傳回 24。 ❖

程式中使用遞迴函數可以讓程式碼變得簡潔，但是使用時必須注意到遞迴函數一定要有可以結束函數執行的終止條件，使得函數得以返回上層呼叫的地方，否則容易造成無窮迴圈，最後因記憶體空間不足而停止。

此外，當我們呼叫一般函數時，函數中的區域變數會因為函數結束而結束生命週期，但是在呼叫遞迴函數時，由於函數本身並未結束就又再次呼叫自己，所以每一個未執行完畢的函數與區域變數，便會佔用記憶空間來存放它們，等到開始返回時再由記憶空間取出未完成的部分繼續執行，被佔用的記憶空間才會一一釋放。當呼叫遞迴函數的層數很大時，就必須要有較大的記憶空間，因此容易造成記憶體不足，這也是使用遞迴函數要注意的地方。關於函數裡區域變數與生命週期的概念，於 8.5 節將會有更詳細的探討。

有了遞迴的概念後，我們再舉一個求次方的程式來練習遞迴函數的使用。次方函數 b^n 可用下面的數學式來表示：

$$b^n = \begin{cases} \underbrace{b \times b \times \cdots \times b}_{\text{連乘 } n \text{ 次}}; & n \ge 1 \\ 1; & n = 0 \end{cases}$$

（非遞迴的運算方式）

因為 $b^n = b\,(b^{n-1})$，所以次方函數也可改寫成如下的遞迴函數：

$$b^n = \begin{cases} b\,(b^{n-1}); & n \ge 1 \\ 1; & n = 0 \end{cases}$$

（遞迴的運算方式）

於是，若定義次方函數

$\text{power}(b,n) = b^b$

則以遞迴的方式表示時，power(b,n) 即可寫成

$$\text{power}(b,n)=\begin{cases} b\times\text{power}(b,n-1)\,; & n\geq 1 \\ 1\,; & n=0 \end{cases}$$

下面的程式碼便是利用上面的遞迴公式寫成的：

```
01  /* prog8_11, 遞迴函數 power(b,n)，計算 b 的 n 次方 */
02  #include <stdio.h>
03  #include <stdlib.h>
04  int power(int,int);       /* 迴函數 power()的原型 */
05  int main(void)
06  {
07     printf("power(2,3)=%d\n", power(2,3));
08     system("pause");
09     return 0;
10  }
11
12  int power(int b,int n)     /* 自訂函數 power()，計算 b 的 n 次方 */
13  {
14     if(n==0)
15        return 1;
16     else
16        return (b*power(b,n-1));
18  }
```

```
/* prog8_11 OUTPUT--
power(2,3)=8
----------------------*/
```

程式解說

程式第 14~16 行為遞迴函數 power() 的主體，接收的引數為整數型態的變數 b 與 n，當 n 等於 0，直接傳回 1（因為 $b^0=1$），否則傳回 b*power(b,n-1)。本例中 b、n 的值分別為 2 及 3，下圖是遞迴函數 power(2,3) 的執行過程，您可以參考此圖來了解遞迴的整個流程是如何運作的：

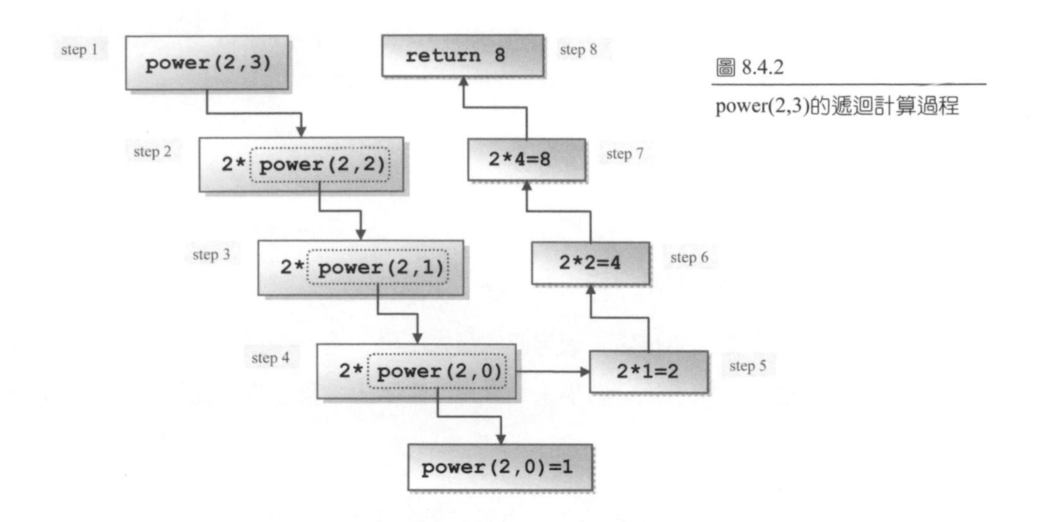

圖 8.4.2

power(2,3)的遞迴計算過程

當 power() 接收到引數 b=2，n=3 時，由於 n=3 不為 0，因此傳回 2*power(2,2)，於是再次進入 power() 函數，傳入的引數值為 2 及 2；同樣的 n=2 不為 0，傳回 2*power(2, 1)，於是再求出 power(2, 1)的值，所以再次進入 power() 函數，傳入的引數值為 2 及 1，n=1 不為 0，傳回 2*power(2, 0)，此時要先求出 power(2, 0)的值，再次進入 power() 函數，傳入的引數值為 2 及 0。

當 n=0 時，power() 直接傳回 1，所以 power(2, 0)=1，回到上一層呼叫該函數的地方，得到 power(2, 1)=2 的結果，返回上一層呼叫函數的地方，得到 power(2, 2)=4，再返回上一層呼叫函數的地方，得到 power(2, 3)=8 的結果，此時函數即結束執行，控制權交還給主程式，印出 power(2, 3)=8。 ❖

最後我們介紹一個有趣的兔子問題，來結束本節。1202 年 Fibonacci（義大利數學家，1170-1250）在他的書 Liber Abbaci 中寫了一個兔子的習題：

1. 一開始有一對小兔子關在籠子裡。
2. 一個月後，這一對兔子可長大為成兔。長大之後，再一個月就可生一對小兔子，而且在以後每個月都會再生一對小兔子。
3. 每一對小兔子在出生後滿一個月便會長大，再一個月後便可生下一對小兔，而且之後每個月都會再生一對小兔。請問一年以後共有多少對兔子（假設生下來的兔子都不會死）？

要了解這個問題，最好的方法是畫張圖，然後數數幾對兔子，如下圖所示：

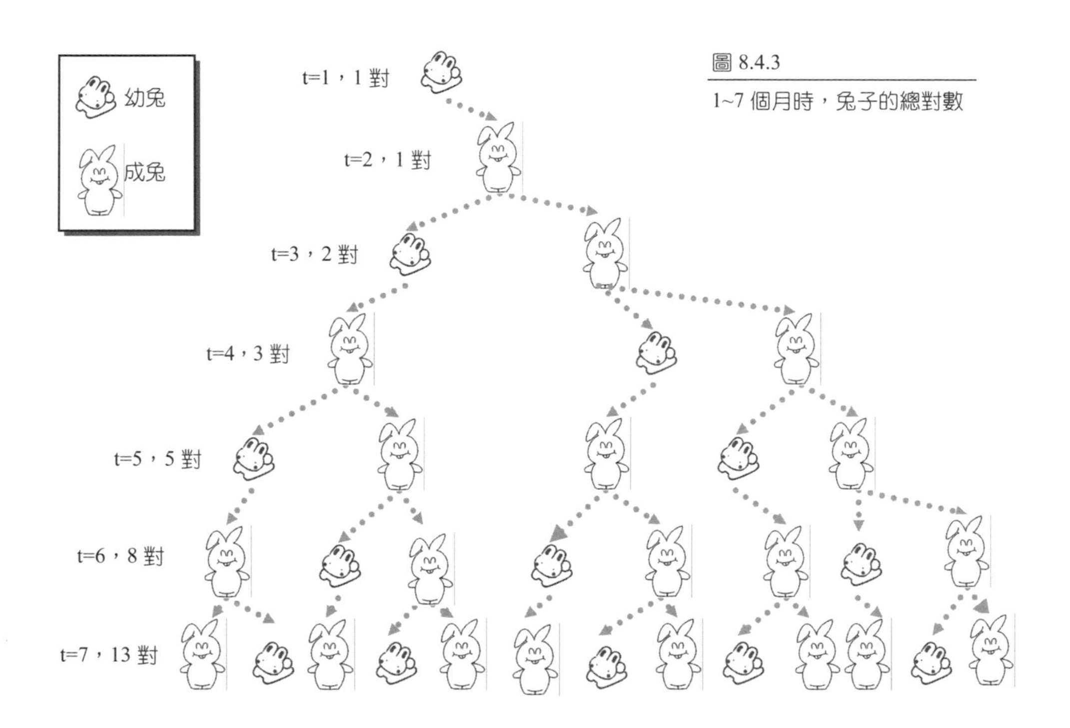

圖 8.4.3
1~7 個月時，兔子的總對數

於上圖中，一開始時只有一對幼兔（t=1），第 2 個月時（t=2），這對幼兔已變為成兔，第 3 個月時（t=3），此對成兔生了一對小兔，因而總數變成兩對。第 4 個月時，成兔又生了一對小兔，而上個月剛出生的小兔已長大為成兔，因此總數變成三對。您可以參考上圖，並依此類推，此時可得到一個數列，如下所示：

月份	1	2	3	4	5	6	7	8	9	10
兔子對數	1	1	2	3	5	8	13	21	34	55

如果您仔細查看上表裡的兔子對數，可以發現這個數列除了第 1 個與第 2 個數字都是 1 之外，其餘的數字都是前兩個數字之和。因這個數列最早由 Fibonacci 提出，因此稱之為 Fibonacci 數列（費氏數列）。

由於費氏數列裡的每一個數是前面的兩個數相加的結果，因此我們可以將費氏數列寫成一個遞迴函數 fib(n)：

$$\text{fib}(n) = \begin{cases} 1; & n = 1, 2 \\ \text{fib}(n-1) + \text{fib}(n-2); & n \geq 3 \end{cases}$$

其中 n 為整數，也就是說，費氏數列第 n 項的值等於數列裡第 n-1 和 n-2 項的和，且 $\text{fib}(1) = \text{fib}(2) = 1$。

有了上面的公式之後，費氏數列的遞迴程式就不難寫出來了。下面的程式碼是費氏數列的遞迴程式：

```
01  /* prog8_12,費氏數列 */
02  #include <stdio.h>
03  #include <stdlib.h>
04  int fib(int);                    /* fib()函數的原型 */
05  int main(void)
06  {
07     int n;
```

```
08     for(n=1;n<=10;n++)            /* 計算前 10 個費氏數列 */
09       printf("fib(%d)=%d\n",n,fib(n));
10
11     system("pause");
12     return 0;
13   }
14
15   int fib(int n)          /* 定義函數 fib()，計算費氏數列的第 n 個數 */
16   {
17     if(n==1 || n==2)    /* 如果 n=1 或 n=2，則傳回 1 */
18       return 1;
19     else                /* 否則傳回 fib(n-1)+fib(n-2) */
20       return (fib(n-1)+fib(n-2));
21   }
```

```
/* prog8_12 OUTPUT----

fib(1)=1
fib(2)=1
fib(3)=2
fib(4)=3
fib(5)=5
fib(6)=8
fib(7)=13
fib(8)=21
fib(9)=34
fib(10)=55
-----------------------*/
```

程式解說

於本例中，15~21 行定義了 fib() 函數，可傳入整數引數 n。當 n 為 1 或 2 時直接傳回 1（費氏數列第 1 及第 2 項皆為 1），其餘的 n 值則傳回 fib(n−1)+fib(n−2) 的結果（第 n−1 項與 n−2 項相加）。

舉例來說，費氏數列的第 5 項 fib(5)可拆解成 fib(4)+fib(3)，而 fib(4) 又可拆解成 fib(3)+fib(2)，且 fib(3) 可拆解成 fib(2)+fib(1)，直到每一項均拆解到遞迴的最底部 fib(2) 或 fib(1)為止，然後再慢慢往回推，如下圖遞迴函數 fib(5) 的執行過程所示：

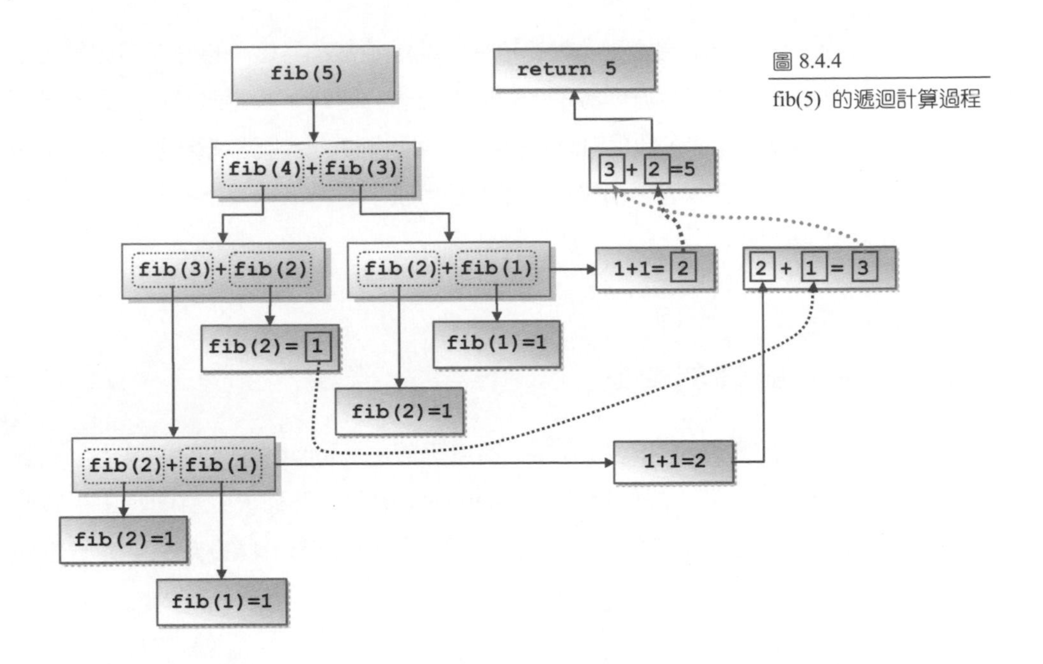

圖 8.4.4
fib(5) 的遞迴計算過程

由上圖可知，fib(5) 可拆解成 fib(4)+fib(3)，fib(4) 的最終計算結果為 3，而 fib(3) 的最終計算結果為 2，因為最後 fib(5) 傳回 3+2=5。

也許您已經注意到了，在計算 fib(5) 的遞迴過程中，fib(4) 只被呼叫一次，但 fib(3) 被呼叫兩次，fib(2) 被呼叫三次，而 fib(1) 也被呼叫兩次。因為重複呼叫的關係，使得以遞迴的方式計算費氏數列時，執行效率大打了折扣。讀者可以試著用紙筆來推導 fib(10) 的計算流程，您便可了解到當 n 的值變大時，重複呼叫的次數也就更多。讀者可試著將程式碼第 8 行修改成印出前 50 個費氏數列，便可清楚的看出當 n 的值變大，費氏數列遞迴的計算也就趨緩。

由本例可知，並非以遞迴的方式所撰寫的函數執行起來就較有效率。事實上，如果遞迴函數重複呼叫的次數過多，將拖累可觀的 CPU 計算資源。因此慎選函數的演算法對執行的效率而言是相當重要的。 ❖

經由這些練習後，可以歸納出遞迴函數的特性，就是函數本身會一直呼叫自己，但是在程式中一定要有終止的條件讓函數得以返回上一層的呼叫。我們還可以找到許多可以利用遞迴函數完成的程式，像是 Hanoi tower（河內塔）、二元樹搜尋法、十進位轉換成二進位、最大公因數等等，都是很有趣的題目哦！您可以再找出一些有相關的例子，試著寫成遞迴函數。

8.5 區域、全域與靜態變數

在 C 語言中，常用的變數種類可概分為「區域變數」（local variable）、「全域變數」（global variable）及「靜態變數」（static variable）三種。到目前為止，我們所用到的變數都是屬於區域變數，本節也先從區域變數談起，然後介紹全域變數與靜態變數。

8.5.1 區域變數

在 C 語言裡，如果沒有特別指定，則宣告於函數（包括主函數 main()，或自己撰寫的函數）內的變數都是屬於「區域變數」。區域變數的生命週期（life cycle，也就是變數保留於記憶內的時間）只在於主控權在函數手上時。一旦函數交出了主控權，則宣告於函數內的變數便會被銷毀，因而無法在其它地方做存取。

在函數裡，區域變數的活動範圍（scope）始於它被宣告之處，而止於函數結束之時。這裡所謂的「活動範圍」指的就是變數可以拿來使用的範圍。我們以下面簡單的程式碼來做說明：

```
01  /* prog8_13, 區域變數的範例（一）*/
02  #include <stdio.h>
03  #include <stdlib.h>
04  int fac(int);                  /* fac()函數的原型 */
05  int main(void)
06  {
07     int ans;
08     ans=fac(5);
09     printf("fac(5)=%d\n",ans);
10                                          區域變數 ans 的活動範圍
11     system("pause");
12     return 0;
13  }
14
15  int fac(int n)
16  {
17     int i, total=1;
18     for(i=1; i<=n; i++)          區域變數 i 與 total    區域變數 n 的活動範圍
19        total=total*i;            的活動範圍
20     return total;
21  }
```

```
/* prog8_13 OUTPUT--

fac(5)=120
---------------------*/
```

程式解說

prog18_13 裡共有兩個函數，一個是主函數 main()，另一個是階乘函數 fac()。在階乘函數 fac() 裡，第 15 行宣告了一個區域變數 n，並由它來接收傳進來的數值。因為 n 是區域變數，所以從第 15 行起到第 21 行 fac() 結束為止，這個區間都是變數 n 的活動範圍。

此外，在 fac() 內的第 17 行也宣告了變數 i 與 total，由於它們也是區域變數，所以 i 與 total 的活動範圍是從它們的宣告處（第 17 行）開始，直到第 21 行 fac() 結束為止。值得一提的是，在 fac() 函數裡宣告的 n、i 與 total 都是區域變數，所以一旦 fac() 執行結束，控制權交還給 main() 之後，n、i 與 total 的值也就消失不見。

在 main() 函數裡，第 7 行宣告的 ans 也是區域變數，所以它的活動範圍是從它的宣告處（即第 7 行開始），到 main() 函數結束之處為止（即第 13 行）。

讀者應了解到，我們無法直接從 main() 函數裡存取到 fac() 函數裡的區域變數 n、i 與 total 的值，因為這些區域變數並不在 main() 函數的活動範圍之內。相同的，您也無法從 fac() 函數內存取到 main() 函數裡的 ans 變數，因為 ans 變數的活動範圍也不在 fac() 函數之內。 ❖

另外，在不同的函數裡可以宣告相同名稱的變數。雖然變數名稱相同，但因它們各自有各自記憶空間，也有不同的活動範圍，所以彼此之間並不會混淆，就好比是不同的家庭裡，小朋友的名字可能會相同一樣。

以下面的程式為例，於 main() 函數及 func() 函數裡各宣告一個相同名稱的整數變數 a，分別設值為 100 及 300，並在呼叫 func() 函數前後及函數中將 a 值印出，您可以仔細觀察在 main() 函數及 func() 函數裡 a 值的變化情形：

```
01  /* prog8_14, 區域變數的範例（二）*/
02  #include <stdio.h>
03  #include <stdlib.h>
04  void func(void);
05  int main(void)
06  {
07     int a=100;       /* 宣告main()函數裡的區域變數 a  */
08
09     printf("呼叫 func()之前,a=%d\n",a);     /* 印出main()中 a 的值 */
10     func();          /* 呼叫自訂的函數 */
11     printf("呼叫 func()之後,a=%d\n",a);     /* 印出 a 的值 */
12
13     system("pause");
14     return 0;
15  }
16
```

```
17  void func(void)        /* 函數 func() */
18  {
19     int a=300;          /* 宣告 func()函數裡的區域變數 a */
20     printf("於 func()函數裡,a=%d\n",a);    /* 印出 func 函數中 a 的值 */
21  }
```

```
/* prog8_14 OUTPUT--
呼叫 func()之前,a=100
於 func()函數裡,a=300
呼叫 func()之後,a=100
----------------------*/
```

程式解說

於本例中，我們在 main() 與 func() 函數裡各宣告了一個名稱相同的變數 a。雖然這兩個變數名稱相同，但它們是位於不同活動範圍之內的變數，各有它們的生命週期，所以彼此之間並不會混淆。

在程式執行，第 7 行設定 a 的值為 100，第 9 行印出 a 的值，得到 100，然後於第 10 行呼叫函數 func()，此時控制權交給了 func()。在函數 func() 中也宣告了一個整數變數 a，並設初值為 300，第 20 行印出函數 func() 中，a 的值為 300 之後，回到 main() 函數，執行第 11 行述敘，從結果可知，在 main() 函數裡變數 a 的值仍為 100。

由本例可知，不同的函數裡雖然有兩個相同名稱的變數 a，但在 func() 函數裡更改了變數 a 的內容並不會影響到在 main() 函數裡變數 a 的值，這是因為它們都是區域變數之故，各自佔有自己的記憶空間，且活動範圍及生命週期都是不一樣的。

在 main() 函數中的變數 a，只能在 main() 裡使用，當 main() 結束執行時，這個變數 a 的記憶體位置才會被釋放；而 func() 函數裡的變數 a，只有當 main() 函數呼叫 func() 時，變數 a 才開始在記憶體中佔有一個區塊，當 func() 執行完畢，控制權交還給原呼叫函數的下一敘述時，變數 a 所佔有的位置就會被釋放，而 a 的值也會消失。所以呼叫 func() 完畢後再印出的 a 值仍然是 100。 ❖

8.5.2 全域變數

如果把變數宣告在函數的外面，則這個變數就成了「全域變數」（global variable）。當變數宣告成全域變數之後，每一個函數及程式區段皆可以使用這個變數。

我們以一個簡單的範例來說明全域變數的使用。下面的範例修改自 prog8_14，但把函數裡的區域變數改為全域變數：

```
01  /* prog8_15, 全域變數的範例(一) */
02  #include <stdio.h>
03  #include <stdlib.h>
04  void func(void);          /* 函數 func()的原型 */
05  int a;                    /* 宣告全域變數 a */
06  int main(void)
07  {
08     a=100;                 /* 設定全域變數 a 的值為 100 */
09     printf("呼叫 func()之前,a=%d\n",a);
10     func();                /* 呼叫自訂的函數 */
11     printf("呼叫 func()之後,a=%d\n",a);
12
13     system("pause");
14     return 0;
15  }
16
17  void func(void)           /* 自訂的函數 func() */
18  {
19     a=300;                 /* 設定全域變數 a 的值為 300 */
20     printf("於 func()函數裡,a=%d\n",a);
21  }
```

全域變數 a 的活動範圍

```
/* prog8_15 OUTPUT--

呼叫 func()之前,a=100
於 func()函數裡,a=300
呼叫 func()之後,a=300
----------------------*/
```

程式解說

於本例中，第 5 行宣告了全域變數 a。注意變數 a 是宣告在函數 main() 的最外面，而不是在 main() 裡面，因而它是一個全域變數。既然變數 a 是全域變數，那麼在變數 a 以下之處的所有程式碼皆可存取到它，也就是說，變數 a 的活動範圍是從第 5 行的宣告處開始，到第 21 行程式碼結束為止。

在程式執行時，於 main() 函數裡，第 8 行把全域變數 a 的值設為 100，接下來第 10 行呼叫 func() 函數，進到 func() 之後，第 19 行再把全域變數 a 的值設為 300。注意在 func() 內的變數 a 與 main() 裡的變數 a 是同一個變數。第 20 行印出 a 的值為 300 之後，程式回到 main() 裡繼續執行，於第 11 行還是印出 a 的值為 300，由此可見 main() 函數與 func() 都是共用一個全域變數。 ❖

由於全域變數的活動範圍較為寬廣，可以作為函數與函數之間傳遞或共同使用的通道，但是也由於它的共通性，容易產生的混亂，造成管理上的問題，所以在使用上要多加注意。

此外，如果在全域變數的活動範圍裡另外宣告相同名稱的區域變數，則全域變數在區域變數的活動範圍內，將會被區域變數所取代，我們來看看下面的範例：

```
01  /* prog8_16, 全域變數的範例(二) */
02  #include <stdio.h>
03  #include <stdlib.h>
04  void func(void);
05  int a=50;                        /* 宣告全域變數 a */
06
07  int main(void)
08  {
09     int a=100;                    /* 宣告區域變數 a */
10     printf("呼叫 func()之前,a=%d\n",a);
11     func();        /* 呼叫自訂的函數 */
12     printf("呼叫 func()之後,a=%d\n",a);
13
14     system("pause");
15     return 0;
16  }
17
18  void func(void)
19  {
20     a=a+300;                      /* 這是全域變數 a */
21      printf("於 func()函數裡,a=%d\n",a);
22  }
```

全域變數 a 的活動範圍（第 5～8 行）

區域變數 a 的活動範圍（第 9～16 行）

全域變數 a 的活動範圍（第 18～22 行）

```
/* prog8_16 OUTPUT--
呼叫 func()之前,a=100
於 func()函數裡,a=350
呼叫 func()之後,a=100
-----------------------*/
```

程式解說

於本例中，第 5 行宣告了全域變數 a，但在 main() 函數裡，第 9 行也宣告了一個區域變數 a。此時區域變數 a 的活動範圍（第 9~16 行）便會取代全域變數 a 在這個部份的活動範圍。但因區域變數 a 的活動範圍只到 main() 函數結束為止，因此在 func() 函數內第 20 行的變數 a 是屬於全域變數。

於是，在程式執行時，您可以觀察到，由於第 9 行設定 a 為區域變數的關係，所以第 10 行印出 a 的值為 100。程式第 11 行呼叫 func() 函數後，進到 func() 函數內，執行第 20 行 a=a+300 的敘述。因為在 func() 函數裡，變數 a 是屬於全域變數，因此 a=a+300 就變成 a=50+300=350，所以 21 行印出 a=350。

當執行完 func()，回到 main() 之後，第 12 行印出變數 a 的值，此處是在區域變數 a 的活動範圍內，在 func() 內修改全域變數 a 的值並不會影響到區域變數 a 的值，所以此行會再度印出 a=100。 ❖

使用全域變數的好處之一是方便。因為每一個函數均共享同一個全域變數，因此如果在程式裡有某個變數可由大家所共享，則把它宣告為全域變數較為方便。下面的程式宣告了一個全域變數 pi，用來代表圓周率 π，此時的 pi 值即可由所有的函數所共享，於函數裡並可利用 pi 的值求圓周及圓面積，程式的撰寫如下：

```
01  /* prog8_17, 全域變數的使用範例（三） */
02  #include <stdio.h>
03  #include <stdlib.h>
04  double pi=3.14;                        /* 宣告全域變數 pi */
05  void peri(double);
06  void area(double);
07  int main(void)
08  {
09     double r=1.0;
10     printf("pi=%.2f\n",pi);             /* 於 main()裡使用全域變數 pi*/
11     printf("radius=%.2f\n",r);
12     peri(r);        /* 呼叫自訂的函數 */
13     area(r);
14
15     system("pause");
16     return 0;
17  }
18
19  void peri(double r)   /* 自訂的函數 peri()，印出圓周 */
20  {
```

```
21      printf("圓周長=%.2f\n",2*pi*r);   /* 於peri()裡使用全域變數pi */
22    }
23
24    void area(double r)   /* 自訂的函數area()，印出圓面積 */
25    {
26      printf("圓面積=%.2f\n",pi*r*r);   /* 於area()裡使用全域變數pi */
27    }
```

```
/* prog8_17 OUTPUT--

pi=3.14
radius=1.00
圓周長=6.28
圓面積=3.14
----------------------*/
```

程式解說

程式第 4 行，宣告一個全域變數 pi，型態為 double，並設值為 3.14。因為它是全域變數，所以 pi 的活動範圍由定義處（程式第 4 行）以下的函數皆可使用。本範例的程式碼很簡單，於 main() 函數裡印出 pi、半徑 r 的值之後，再呼叫 peri() 及 area() 函數，計算圓周長及圓面積後印出結果。

由於 pi 的值在 peri() 及 area() 函數中都會用到，所以可以在函數外部就先宣告好，如此一來 main()、peri() 及 area() 三個函數皆可方便的使用它，而不必靠引數來傳遞。另外，半徑 r 為區域變數，所以當其它函數要使用時，就必須將變數 r 傳遞到函數中。 ❖

全域變數不但可以在函數之間互通有無，還可以跨越檔案使用呢！關於這個部分，有興趣的讀者可以先行參考本書第十三章的說明。

8.5.3 靜態變數

「靜態變數」（static variable）和區域變數類似，它也是在函數內部進行宣告，但靜態變數是在編譯時就已配置有固定的記憶體空間，因此即使主控權不在函數手上，靜態變數的值還是可以保存下來。靜態變數是以 static 關鍵字來做宣告，如下面的範例：

```
static float num;    /* 宣告靜態浮點數變數 num */
```

靜態變數的活動範圍和區域變數相同，都是在宣告之處開始，到函數結束為止。靜態變數的「生命週期」，則在被編譯時即被配置一個固定的記憶體開始，函數執行結束時靜態變數並不會隨之結束，其值也會被保留下來，若是再次呼叫該函數時，會將靜態變數存放在記憶體空間中的值取出來使用，而非宣告的初值。

以下面的程式為例，我們使用一個 func() 函數，函數裡宣告了一個靜態變數 a，並設初值為 100，於 main() 函數中連續呼叫 func() 函數三次，您可以看到靜態變數 a 的變化：

```
01  /* prog8_18, 區域靜態變數使用的範例 */
02  #include <stdio.h>
03  #include <stdlib.h>
04  void func(void);        /* 宣告 func()函數的原型 */
05  int main(void)
06  {
07     func();              /* 呼叫函數 func()  */
08     func();              /* 呼叫函數 func()  */
09     func();              /* 呼叫函數 func()  */
10
11     system("pause");
12     return 0;
13  }
14
15  void func(void)
16  {
17     static int a=100;                  /* 宣告靜態變數 a */
18     printf("In func(),a=%d\n",a);    /* 印出 func()函數中 a 的值 */
19     a+=200;
20  }
```

```
/* prog8_18 OUTPUT---
In func(),a=100
In func(),a=300
In func(),a=500
---------------------*/
```

程式解說

於 func() 函數中，第 17 行宣告了一個靜態變數 a，其初值為 100。此函數於 18 行印出 a 的值之後，再於 19 行將 a 值加 200，然後設回給 a 存放。

在程式執行時，第 7 行呼叫 func() 函數，於是第 18 行印出 a 的值為 100，並將 a 的值加 200，成為 300。由於 a 為靜態變數，所以 a 的值（300）會保留在記憶體中直到程式結束，所以第二次呼叫 func() 函數時，由於是第二次呼叫，所以第 17 行初值的設定便不會被執行，因此第 18 行印出 a 的值為 300，而不是初值 100。最後，第 19 行再將 a 的值加 200，變成 500，因此第三次呼叫 func() 函數時，會印出 a 的值為 500。

由本例可知，函數執行結束時靜態變數的值並不會隨之消失，其值會被保留下來，若是再次呼叫該函數時，靜態變數的值可以再繼續使用。讀者可試著將第 17 行的 static 關鍵字拿掉，亦即把靜態變數 a 修改為一般的區域變數，然後重新執行此程式，便能比較出靜態變數和區域變數的不同。 ❖

8.6 引數傳遞的機制

到目前為止所介紹的函數，其引數傳遞的機制皆是以「傳值」（pass by value）的方式來進行。所謂的「傳值」，指的即是在引數傳遞時，編譯器會將欲傳入函數的引數之值另行複製一份，供呼叫的函數使用，因此不管在被呼叫函數內如何改變這個傳進來的引數值，都不會更改到原先變數的值，這也就是所謂的「傳值呼叫」（call by value）。

以下面的程式為例，將變數 a、b 傳到 add10() 函數裡，於 add10() 內將 a 與 b 的值加 10 後，設回給變數 a 與 b，用以觀察 a 與 b 之值的變化情形：

```
01  /* prog8_19, 函數的傳值機制 */
02  #include <stdio.h>
03  #include <stdlib.h>
04  void add10(int,int);                   /* add10()的原型 */
05  int main(void)
06  {
07    int a=3, b=5;                        /* 宣告區域變數 a 與 b */
08
09    printf("呼叫函數 add10()之前: ");
10    printf("a=%d, b=%d\n",a,b);         /* 印出 a、b 的值 */
11    add10(a,b);
12    printf("呼叫函數 add10()之後: ");
13    printf("a=%d, b=%d\n",a,b);         /* 印出 a、b 的值 */
14
15    system("pause");
16    return 0;
17  }
18
19  void add10(int a,int b)
20  {
21    a=a+10;                    /* 將變數 a 的值加 10 之後，設回給 a */
22    b=b+10;                    /* 將變數 b 的值加 10 之後，設回給 b */
23  }
```

```
/* prog8_19 OUTPUT---------
呼叫函數 add10()之前: a=3, b=5
呼叫函數 add10()之後: a=3, b=5
-----------------------------*/
```

程式解說

於本例中，第 7 行宣告了區域變數 a=3，b=5，然後於第 11 行將這兩個變數傳入 add10() 函數中。在 add10() 函數裡，第 21~22 行將傳進來的 a 與 b 之值分別加 10 之後，再設回給變數 a 與 b 存放。執行流程回到 main() 函數裡，第 13 行印出呼叫 add10() 函數之後，變數 a 與 b 的值。從程式的輸出可知，main() 函數裡變數 a 與 b 的值並沒有被改變，這是因為引數是以「傳值」的方式來傳遞之故。

於本例中，函數引數傳遞的情形與函數的傳回值，可由下圖來表示：

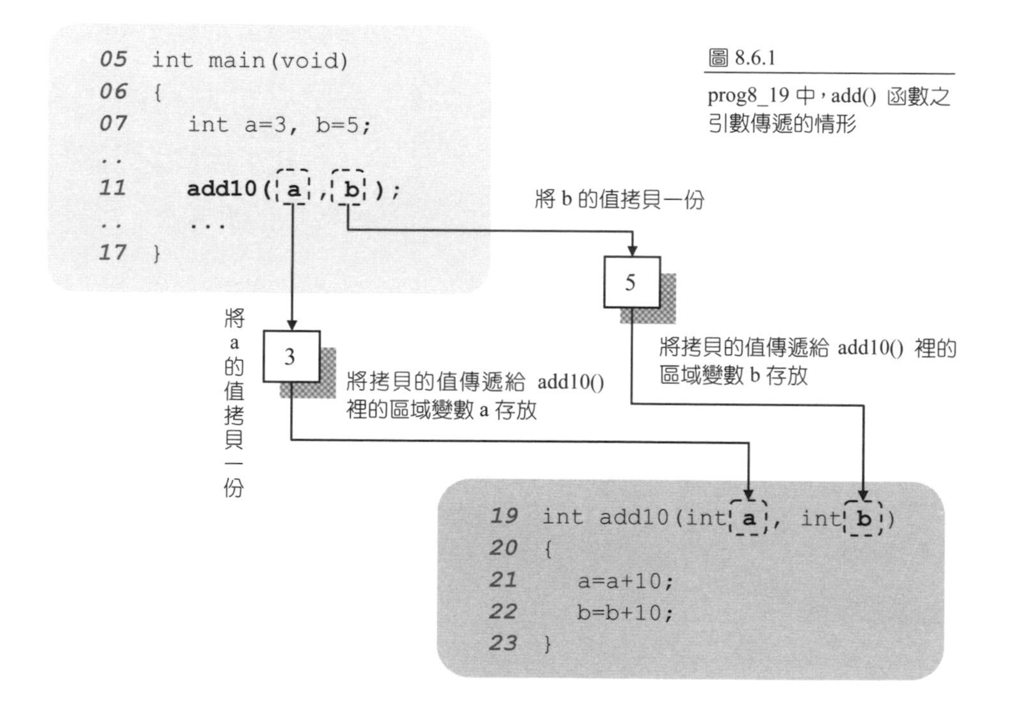

圖 8.6.1

prog8_19 中，add() 函數之引數傳遞的情形

由上圖可知，雖然我們把變數 a 與 b 傳遞到 add10() 函數裡，並在 add10() 函數裡更動變數 a 與 b 之值，但事實上，main() 函數的 a 與 b 之值並沒有被更動，這是因為當函數在傳遞引數時，add10() 會先宣告兩個區域變數 a 與 b（這兩個變數不同於 main() 裡的 a 與 b，只是本例中，我們刻意把變數名稱設計成相同而已），然後再用這兩個變數來接收傳遞過來的拷貝值。因這兩個區域變數 a 與 b 的可視範圍與生命週期皆不同於 main() 裡的變數 a 與 b，於是不論在 add10() 函數裡如何 更改 a 與 b 的值，在 main() 裡的變數 a 與 b 皆不會被更改，就是這個道理。 ❖

現在您對函數的傳值方式應該有基礎的認識了。除了「傳值呼叫」的方式之外，C 語言還提供了「傳址呼叫」（call by address）的方式，在這種模式下，函數所傳遞引數的值可能就會被更改，這個部分我們留到第 10 章再做討論。

8.7 前置處理器—#define

在 C 的程式中，通常於程式一開始處，都會加上如 #include 的指令，它是屬於前置處理器的一種，在第二章裡已稍微介紹過它的用法與意義了。除了#include 之外，C 語言所提供的前置處理器尚包括了#define（巨集指令）與條件式編譯，它們均是以「#」開頭的前置處理指令。

以「#」開頭的前置處理指令，之所以會稱為 "前置處理"，這是因為這些指令是在編譯之前就會先進行處理，再把處理後的結果與程式碼一起送給編譯器編譯。舉例來說，#include 指令在含括入標頭檔之後，才與程式碼一起編譯，因此#include 指令的動作是在編譯之前就先處理的，所以#include 是屬於前置處理器的一種。

在本章裡，我們先討論 #define 及 #include 兩種前置處理器，而條件式編譯的部分留到第十三章再行介紹。

8.7.1 使用 #define 前置處理器

使用 #define 前置處理器可方便將常用的常數、字串替換成一個自訂的識別名稱，除此之外，還可以利用 #define 取代簡單的函數呢！所以在一些大程式中常可看到#define 前置處理器的蹤跡。#define 前置處理器的使用格式如下：

```
#define 識別名稱 代換標記     ← 這兒不可以加分號
```

格式 8.7.1
前置處理器#define 的格式

在 #define 後面所使用的「識別名稱」，是用來替換後面的「代換標記」。為了讓程式閱讀時能夠很容易的看出那些部分被替換，習慣上識別名稱都會以大寫來表示。此外，識別名稱不能有空格，因為識別名稱會在第一個空格的地方做結束，空格後的文字會

被視為「代換標記」的內容。「代換標記」可以是常數、字串或是函數等內容，注意在代換標記的後面不需要加上分號。下面的範例皆為合法的 #define 定義：

```
#define MAX 32767              /* 定義MAX為常數32767 */
#define IOU "I love you!"      /* 定義IOU為字串I love you! */
```

我們以 prog 8_20 為例，將 C 語言裡的左右大括號以 #define 重新定義，程式修改後如下所示：

```
01  /* prog8_20, 使用#define */
02  #include <stdio.h>
03  #include <stdlib.h>
04  #define BEGIN {                /* 定義識別名稱 BEGIN 為左大括號{ */
05  #define END }                  /* 定義識別名稱 END 為右大括號} */
06  int main(void)
07  BEGIN                          /* 此行的 BEGIN 相當於左大括號 { */
08     int i,j;
09
10     for(i=1;i<=5;i++)
11     BEGIN                       /* 此行的 BEGIN 相當於左大括號 { */
12        for(j=1;j<=i;j++)
13           printf("*");
14        printf("\n");
15     END                         /* 此行的 END 相當於右大括號 } */
16
17     system("pause");
18     return 0;
19  END                            /* 此行的 END 相當於右大括號 } */
```

```
/* prog8_20 OUTPUT--

*
**
***
****
*****
---------------------*/
```

程式解說

於本例中，第 4 行利用前置處理器 #define 將左大括號（{）定義為 BEGIN，第 5 行則是將右大括號（}）定義為 END。由於編譯器在編譯程式碼時，會先處理前置處理器指令，於是程式碼的第 7 與第 11 行會被代換成左大括號，而第 15 與 19 行則是被代換成右大括號之後，編譯器才進行編譯的動作，因此本例的大括號雖然以 BEGIN 與 END 來取代，但是程式還是可以正確的執行。 ❖

如果 #define 定義的內容很長時，可以利用反斜線（\）將定義分成兩行，如下面的程式範例：

```
01  /* prog 8_21,使用#define */
02  #include <stdio.h>
03  #include <stdlib.h>
04  #define WORD "Think of all the things \
05  we've shared and seen.\n"
06  int main(void)
07  {
08     printf(WORD);
09
10     system("pause");
11     return 0;
12  }
```

```
/* prog8_21 OUTPUT--------------------------
Think of all the things we've shared and seen.
---------------------------------------------*/
```

程式解說

於第 4 行中，利用 #define 定義一個識別符號 WORD。在編譯之前，前置處理指令便會將第 8 行 printf() 函數中的 WORD 以字串 "Think of all the things we've shared and seen." 替換。注意在第 4 行的最後加上反斜線（\）即可將定義換行，但是要注意的是，若是想將定義內容接連著，就必須對齊最前面，不能縮排。 ❖

8.7.2 為什麼要用 #define？

利用 #define 最大的好處，就是可以增加程式的易讀性，往後當自己或其他人閱讀該程式時，只要看到某個經過 #define 的識別名稱，即可很清楚的知道該識別名稱所代表的意義，進而縮短閱讀程式的時間。例如，數學常數 π 可用 #define 來定義成 3.14，如下面的敘述：

```
#define PI 3.14          /* 定義 PI 為 3.14 */
```

如此一來，只要在程式碼有用到 PI 的地方，都會被代換成常數 3.14，如下面的範例：

```
01  /* prog8_22, 使用前置處理器來定義數學常數 */
02  #include <stdio.h>
03  #include <stdlib.h>
04  #define PI 3.14              /* 定義 PI 為 3.14 */
05  double area(double);
06  int main(void)
07  {
08     printf("PI=%4.2f, area()=%6.2f\n",PI,area(2.0));
09
10     system("pause");
11     return 0;
12  }
13
14  double area(double r)
15  {
16     return PI*r*r;
17  }
```

```
/* prog8_22 OUTPUT---
PI=3.14, area()= 12.56
-------------------------*/
```

程式解說

於本例中，第 4 行把 PI 定義成常數，因此只要在程式碼裡有 PI 的地方，在編譯之前均會被替換為常數 3.14。值得一提的是，如果在字串裡有與識別名稱相同的文字時，則此文字並不會被代換；如第 8 行 printf() 函數內的格式字串裡也有一個 "PI"，但這個 "PI" 不會被代換掉，因為它是在字串裡。

此外，第 4 行已經把 PI 定義成 3.14，如此一來，我們便不能在程式碼的任何地方重新定義 PI 的值。舉例來說，如果在 prog8_22 程式碼的第 9 行撰寫出如下的敘述：

```
PI=3.1416;            /* 將 PI 重新設為 3.1416 */
```

則在編譯時會發生錯誤，這是因為前置處理器會把上面的敘述代換成

```
3.14=3.1416;
```

由於不能把常數設給另一個常數，因此會有錯誤訊息產生。由此可知，使用前置處理器來定義常數，不但方便使用，而且可以防止常數在程式碼的其它地方被修改，減少錯誤機會的發生。 ❖

此外，使用前置處理器來定義常數的另一個好處是，當程式中需要修改常數的內容時，只要在相關的 #define 指令中更改，再重新編譯即可。舉例來說，若在一個大型程式裡有數十個常數 3.14，現在若想把所有的 3.14 改為 3.1416，若在程式碼裡一個一個修改，是不是很不方便？如果是使用前置處理器來定義，則只需要在 #define 這一行稍做修改，再重新編譯即可，是不是很方便？

那麼把 PI 定義成 3.14，和把 PI 宣告成全域變數再設值為 3.14，這兩者會有什麼不同呢？事實上，這兩者並沒有太大的差異，但變數必須佔用記憶空間，且執行時必須從記憶體中取值，而使用 #define 所定義的識別名稱在編譯前便會以常數置換，所以使用 #define 會較節省記憶空間，程式碼執行起來也會較有效率。

當然我們也可以直接使用常數，而不要透過 #define 來定義常數的識別名稱，一樣也可達到同樣的目的，但是有時候使用 #define 所定義的識別名稱，要比常數來得容易理解。舉例來說，我們利用 #define 定義 MAX 為 65535，在程式中要判斷無號短整數變數 a 是否大於無號短整數所能表示的最大值 65535 時，用 a>MAX 的寫法就會比 a>65535 來得好，因為只用常數，表示通常要讓閱讀程式的人想一下設計者的用意為何，而使用 #define 時，看到識別名稱通常就能夠明白該識別名稱所代表的意義。

8.7.3 使用 const 修飾子

現在您已知道前置處理器可用來定義常數的識別名稱了。在 C 語言裡，除了用上一節介紹的技巧來定義常數之外，還可以利用 const 關鍵字（const 為 constant 的縮寫，為常數之意）來宣告變數並設定初值，使得該變數的值不能再被修改，如下面的範例：

```
const double pi=3.14;     /* 宣告 pi 為 double 型態的常數，其值為 3.14 */
```

一旦變數宣告為 const 之後，其值便無法在程式碼的其它地方更改。如果想要試圖修改經過 const 宣告後的變數值，則會收到編譯器的錯誤訊息，告訴您該變數的值是無法被更改的。下面的程式修改自 prog8_22，但把原先由 #define 所定義的常數 PI 改成利用 const 關鍵字來宣告:

```
01  /* prog8_23, const 關鍵字使用的範例 */
02  #include <stdio.h>
03  #include <stdlib.h>
04  const double pi=3.14;           /* 宣告 pi 為 double 型態的常數 */
05  double area(double);
06  int main(void)
07  {
08     /* 若在此處設定 pi=3.1416，則編譯時會發生錯誤 */
09     printf("pi=%4.2f, area()=%6.2f\n",pi,area(2.0));
10
11     system("pause");
12     return 0;
13  }
14
```

```
15   double area(double r)
16   {
17      return pi*r*r;
18   }
```

```
/* prog8_23 OUTPUT---
pi=3.14, area()= 12.56
------------------------*/
```

程式解說

於本例中，第 4 行利用 const 宣告 pi 為無法修改的常數後，就可以達到和 #define 相同的定義效果，讀者可試著修改程式碼，在第 8 行重新設定 pi 的值，然後編譯之，看看編譯器會有什麼樣的回應。 ❖

現在您已學會二種將變數的值設為無法被更改的方法了。雖然這兩種方法都很常用，但就實際的層面來說，用 #define 來設定的程式碼會較為簡潔，在執行時也會較有效率。

8.7.4 利用 #define 取代簡單的函數

除了前面所使用到 #define 來做簡單的替換工作之外，#define 的另一個好用的功能就是巨集（macro）。巨集可以想像成是以一個簡單的指令來替代多個操作步驟。#define 可以替換常數或字串，也可以替換一個程式區段，所以適當的使用巨集可以取代簡單的函數。舉例來說，想計算 n 的平方，即可以利用巨集完成，程式的撰寫如下：

```
01   /* prog8_24, 使用巨集的範例 */
02   #include <stdio.h>
03   #include <stdlib.h>
04   #define SQUARE n*n          /* 定義巨集 SQUARE 為 n*n */
05   int main(void)
06   {
07      int n;
08      printf("Input an integer:");
09      scanf("%d",&n);
```

```
10     printf("%d*%d=%d\n",n,n,SQUARE);  /* 計算並印出 n 的平方 */
11
12     system("pause");
13     return 0;
14  }
```

```
/* prog8_24 OUTPUT---

Input an integer:4
4*4=16
---------------------*/
```

程式解說

在上面的程式中，前置處理器會將程式裡有 SQUARE 識別字的地方均以 n*n 替換，因此可以將程式第 10 行的敘述看成是

```
printf("%d*%d=%d\n",n,n,n*n);    /* 計算並印出 n 的平方 */
```

於本例中我們輸入的整數為 4，所以會得到 4^2=16 的結果。 ❖

8.7.5 使用有引數的巨集

資料在函數中傳遞是常有的事，同樣的巨集也可以使用引數，再以 prog8_25 為例，於本例中我們將 SQUARE 修改為帶有引數的巨集，程式的撰寫如下所示：

```
01  /* prog8_25, 帶有引數的巨集 */
02  #include <stdio.h>
03  #include <stdlib.h>
04  #define SQUARE(X)  X*X      /* 定義巨集 SQUARE(X)為 X*X */
05  int main(void)
06  {
07     int n;
08     printf("Input an integer:");
09     scanf("%d",&n);
10     printf("%d*%d=%d\n",n,n,SQUARE(n));  /* 計算並印出 n 的平方 */
11     system("pause");
12     return 0;
13  }
```

```
/* prog8_25 OUTPUT---

Input an integer:12
12*12=144
---------------------*/
```

程式解說

從本例可看出，帶有引數的巨集就好像是函數一般，前置處理器會將程式裡有 SQUARE(n) 的識別字以 n*n 替換，等到程式執行時確定 n 的值後，再計算運算式 n*n 的結果。 ❖

帶有引數的巨集在使用時要特別小心，因為若巨集定義的不好，使用時可能會帶來不少麻煩。下面的範例修改自 prog8_25，其中我們再將程式第 10 行稍做修改，將 SQUARE(n) 改成 SQUARE(n+1)，然後觀察程式執行的結果：

```
01   /* prog8_26, 使用巨集常見的錯誤 */
02   #include <stdio.h>
03   #include <stdlib.h>
04   #define SQUARE(X)  X*X                    /* 定義巨集 SQUARE(X)為 X*X */
05   int main(void)
06   {
07      int n;
08      printf("Input an integer:");
09      scanf("%d",&n);
10      printf("%d*%d=%d\n",n+1,n+1,SQUARE(n+1));    /* 印出 n+1 的平方 */
11
12      system("pause");
13      return 0;
14   }
```

```
/* prog8_26 OUTPUT---

Input an integer:12
13*13=25
---------------------*/
```

程式解說

從程式的輸出可觀察到，這次執行的結果不對了！如果仔細查看第 10 行，在前置處理器代換過後，應該是下面的敘述：

```
printf("%d*%d=%d\n",n+1,n+1, n+1*n+1);
```

n 的值為 12，所以

$$n+1*n+1=n+(1*n)+1=12+(1*12)+1=25$$

而不是正確的結果 169，這是因為前置處理器並不會先行計算引數內的值，而是直接將引數傳到巨集後再於程式中做替換，所以執行時造成乘法的優先權高於加法，得到的結果就不正確。 ❖

該如何解決這個問題呢？只要加上括號即可。以前面的例子來說，只要在 x*x 各個運算元外加上括號，變成 (x)*(x)，運算的結果就不會有錯誤！程式的修改如下所示：

```
01  /* prog8_27, 修改 prog8_26 的錯誤 */
02  #include <stdio.h>
03  #include <stdlib.h>
04  #define SQUARE(X)  (X)*(X)      /* 定義巨集 SQUARE(X)為(X)*(X)  */
05  int main(void)
06  {
07     int n;
08     printf("Input an integer:");
09     scanf("%d",&n);
10     printf("%d*%d=%d\n",n+1,n+1,SQUARE(n+1));  /* 印出 n+1 的平方*/
11
12     system("pause");
13     return 0;
14  }
```

```
/* prog8_27 OUTPUT---
Input an integer:12
13*13=169
----------------------*/
```

程式解說

由於程式裡傳入巨集中的是 n+1，因此前置處理器會替換成 (n+1)*(n+1)，執行時輸入 n 的值為 12，運算結果就變成 13*13=169。

由本例可知，在使用巨集時，在巨集裡必須將敘述中的每個引數以括號包圍起來，如此才可確保執行結果的正確。 ❖

8.7.6 使用函數？使用巨集？

巨集在使用上並不需要像函數一樣要宣告、定義傳回值及引數的型態，因為 #define 所處理的只是字串而已，前置處理器將「代換標記」的內容直接替代掉在程式碼中出現的識別名稱，所以使用巨集時並不用特別考慮變數的型態問題，它可以處理整數、浮點數…各種型態，也因為如此，巨集可以直接代替簡單的函數。

然而，假設程式裡會使用到巨集十次，在編譯時就會產生十段相同的程式碼，但是無論程式裡呼叫函數幾次，只會有一段程式碼出現。因此在選擇使用函數或是巨集的同時，也需要程式設計師在時間與空間中做出取捨：選擇巨集，佔用的記憶體較多，但是程式的執行流程不用移轉，因而程式執行的速度較快；選擇函數，程式碼較短，佔用的記憶體較少，但是程式的執行流程必須要交給函數使用，所以執行速度會較慢。

此外，若是想要以巨集來增加執行的效率，而程式裡僅使用到該巨集一次，使用巨集的效果不會很明顯，因為編譯的程式碼和函數一樣，都只有一段，再加上現在 CPU 處理的速度比以前快上許多，基本上都不會有明顯的不同，而在複雜巢狀迴圈裡使用巨集，就會比較容易感覺到執行效率的增加。

函數與巨集都是很好用的模組，但是不管哪一種，過度的濫用都會造成程式閱讀的困難。至於要明確的說出何種是最好的，除了視程式的實際需求外，也要依照個人的喜好而定，這是個見人見智的問題，並沒有一定的答案。

8.8 再來看看 #include 前置處理器

#include 前置處理器除了可以含括 C 語言所提供的標頭檔之外，也可以含括入我們自己所撰寫標頭檔。舉例來說，如果在程式裡經常會使用到計算圓、長方形及三角形面積的公式，就可以利用 #define 將這些公式以巨集定義，然後存在一個標頭檔內讓 #include 來含括，如此便可減少每個程式碼都要撰寫相同巨集的麻煩。

本節將引導您撰寫一個屬於自己的標頭檔，在撰寫之前，先來認識一下 C 語言所提供的標準標頭檔。

8.8.1 標準的標頭檔

以 Dev C++為例，在 C:\Dev-Cpp\include 資料夾中可以看到有兩百多個標頭檔，如 stdio.h、conio.h、time.h、math.h…等，這些都是 C 語言為使用者所撰寫的標頭檔。這些標頭檔包含了一些常數巨集，以及函數標頭檔的定義等等，當程式裡有需要某個常數，或是需要用到某個函數時，只要將所屬的標頭檔含括進來，即可立即使用。下圖是以 Dev C++ 開啟 math.h 標頭檔的畫面，讀者可以試著開啟看看，然後瀏覽一下 math.h 標頭檔的內容：

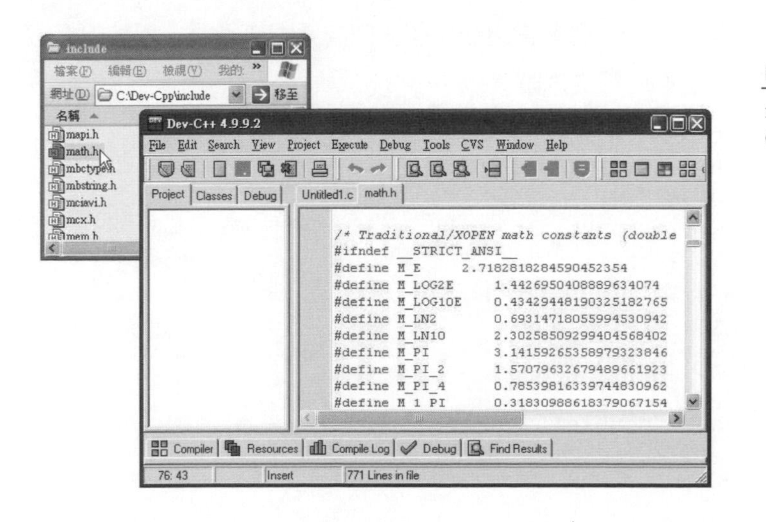

圖 8.8.1

math.h 標頭檔以 Dev C++開啟時的畫面

在開啟 math.h 標頭檔之後，如果把捲軸往下拉，可看到如下的程式碼片段：

```
#define M_E          2.7182818284590452354
#define M_LOG2E      1.4426950408889634074
#define M_LOG10E     0.43429448190325182765
#define M_LN2        0.69314718055994530942
#define M_LN10       2.30258509299404568402
#define M_PI         3.14159265358979323846
#define M_PI_2       1.57079632679489661923
#define M_PI_4       0.78539816339744830962
#define M_1_PI       0.31830988618379067154
#define M_2_PI       0.63661977236758134308
#define M_2_SQRTPI   1.12837916709551257390
#define M_SQRT2      1.41421356237309504880
#define M_SQRT1_2    0.70710678118654752440
```

現在讀者對這些程式碼應該不陌生了，就如同 prog8_22 用 #define 來定義 PI 值一樣，它們都是用來定義數學上常用的常數。例如，上面定義的 M_PI 即定義了 π，並準確到小數點以下第 20 位。倒數第二行的 M_SQRT2 則是定義了 $\sqrt{2}$ 。

math.h 標頭檔裡除了定義了一些常用的數學常數之外，也定義了一些函數的原型，這也是為何要使用標頭檔的原因之一，例如，在 math.h 標頭檔裡，您也可以找到函數原型的定義，從這些原型即可看出，這些常用的數學函數的傳回值型態、引數的個數，以及引數的型態等等，如下面的程式片段：

```
double sin (double);
double cos (double);
double tan (double);
double sinh (double);
double cosh (double);
double tanh (double);
double asin (double);
double acos (double);
double atan (double);
double atan2 (double, double);
double exp (double);
double log (double);
```

```
double log10 (double);
double pow (double, double);
double sqrt (double);
```

有了上述標準標頭檔的基本認識之後，下一節我們將來探討如何撰寫屬於自己所需要的標頭檔。

8.8.2 使用自訂的標頭檔

現在我們以面積公式的巨集為例，說明如何將巨集的定義儲存成一個標頭檔，再於程式中以 #include 將該檔案含括進來使用。下面的巨集定義了常數 PI，以及圓形、長方形及三角形面積公式：

```
#define PI 3.14
#define CIRCLE(r) ((PI)*(r)*(r))
#define RECTANGLE(length,height) ((length)*(height))
#define TRIANGLE(base,height) ((base)*(height)/2.)
```

現在我們要把上面的巨集存成一個標頭檔，假設檔名為 area.h。您可以先在任何的編輯器中編輯，然後再儲存它們。下面是以記事本來編輯標頭檔的畫面：

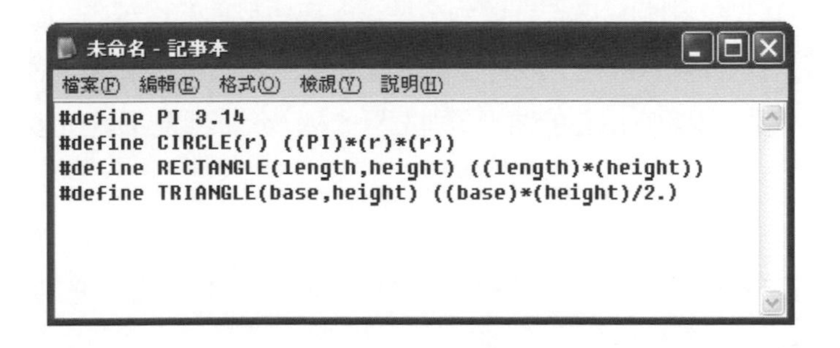

圖 8.8.2
用記事本編輯標頭檔

編輯好了之後，假設我們把巨集儲存於硬碟 C 的根目錄「C:\」中，檔案名稱為 area.h。習慣上我們是以附加檔名 .h 代表標頭檔（header 的第一個字母），儲存完畢後，您可以到「C:\」的目錄下查看標頭檔 area.h 是否有正確寫入，如下圖所示：

圖 8.8.3
查看標頭檔 area.h

標頭檔 area.h 編譯好了之後，當程式中需要用到面積公式時，只要在程式最前面加上如下面的含括指令，就可以使用自訂的巨集函數：

```
#include "c:\area.h"   /* 含括位於目錄 c:\裡之標頭檔 area.h */
```

也許您會注意到，上面的敘述使用了雙引號「" "」包圍標頭檔的檔名（含路徑），而非用慣用的「< >」括號。習慣上，若是含括入 C 語言的標準標頭檔，則使用「< >」括號，若是含括入自己撰寫的標頭檔，則是使用雙引號。

另外，如果沒有指定標頭檔的路徑，則前置處理器會到標準標頭檔所放置的目錄內（於 Dev C++中，是在 C:\Dev-Cpp\include 資料夾）找尋被含括的檔案。因此，如果在含括標頭檔 area.h 時，若不想每次都要撰寫它所在的路徑，則把標頭檔 area.h 移到系統所設定的目錄即可。

接下來，我們就以剛才建立完成的標頭檔 area.h 為例，於程式裡將「C:\」路徑下的標頭檔 area.h 含括進來，並於程式碼裡計算三角形的面積：

```
01  /* prog8_28, 使用自訂的標頭檔 area.h */
02  #include <stdio.h>
03  #include <stdlib.h>
04  #include "C:\area.h"    /* 載入 C:\ 路徑下的標頭檔 area.h */
05  int main(void)
06  {
07     float base, height;
08
09     printf("請輸入三角形的底:");
10     scanf("%f",&base);
11     printf("請輸入三角形的高:");
12     scanf("%f",&height);
13     printf("三角形面積為:%.2f\n",TRIANGLE(base,height));
14
15     system("pause");
16     return 0;
17  }
```

```
/* prog8_28 OUTPUT--
請輸入三角形的底:3
請輸入三角形的高:5
三角形面積為:7.50
----------------------*/
```

程式解說

於本例中，您可以注意到程式碼裡並沒有定義 TRIANGLE 函數或巨集，但是程式仍然可以正確的執行，這是因為 TRIANGLE 的定義是放在 area.h 標頭檔中，由於程式一開始就將該檔案含括進來，所以呼叫 TRIANGLE 巨集函數時，前置處理器便把 TRIANGLE 的內容置換到第 13 行裡，因此可以正確的計算出三角形的面積。

如果自已設計一個專案，裡面包含有數個函數，也有不少巨集的話，那麼把這些函數原型與巨集寫成標頭檔是個不錯的方式。它不但節省程式重複開發的時間，且可把標頭檔標準化與他人共享。另外大型程式的發展也少不了自行撰寫標頭檔，關於這個部份，我們留到第十三章再做介紹。

習 題 （題號前標示有 ◆ 符號者，代表附錄 E 裡附有詳細的參考答案）

8.1 簡單的函數範例

◆ 1. 試寫一函數 void kitty(void)，當主程式呼叫 kitty() 時，螢幕上會顯示出 "Hello Kitty" 之字串。

2. 試撰寫 void kitty(int k) 函數，當主程式呼叫 kitty(k) 時，螢幕上會顯示出 k 行的 "Hello Kitty"。

8.2 函數的基本架構

◆ 3. 試撰寫 int cub(int x) 函數，可用來傳回 x 的 3 次方，並利用此函數來計算 cub(2)，即計算 2^3。

4. 試撰寫 double square(double x) 函數，可用來傳回 x 的平方，並利用此函數來計算 square(4.0)，即計算 4.0^2。

5. 試撰寫 int mod(int x, int y) 函數，計算 x/y 的餘數。並利用此函數來計算 mod(17,5)，即計算 $\frac{17}{5}$ 的餘數。

8.3 更多的函數應用範例

6. 試撰寫函數 int power(int x, int n)，用來計算 x 的 n 次方，並於主程式裡計算 power(5,3)，即計算 5^3。

◆ 7. 試撰寫一 int prime(int n)，可用來找出第 n 個質數（第一個質數為 2，第二個質數為 3，以此類推），並以此函數找出第 100 個質數。

8. 設 $f(x)=3x^3+2x-1$，試寫一函數 double f(double x)，用來傳回 $f(x)$ 的值，並於主程式裡分別計算 $f(-3.2)$、$f(-2.1)$、$f(0)$ 與 $f(2.1)$。

9. 試修改 prog8_7，使得當 n=1 時，is_prime(n) 會傳回 0（即判別 1 不是質數）。

10. 如果質數滿足 $2^p - 1$（p 為正整數）的話，則該質數稱為梅森尼質數（Mersenne primes）。例如，7 是梅森尼質數，因為 $p = 3$ 時，$2^3 - 1 = 7$。另外，11 就不是梅森尼質數，因為我們找不到一個整數 p，使得 $2^p - 1 = 11$。

    目前數學家搜尋更大的質數的方法，許多都是利用電腦來檢驗梅森尼質數，在西元 1999 年六月，數學家用這種方法發現了第 38 個梅森尼質數 $2^{26972593} - 1$，此數是當時所發現的最大質數！它是一個 2098960 位數，如果一張 A4 的紙可以印 5000 個數字，則這個質數必須印掉 420 張紙！

    現在請您撰寫程式碼，找出前 8 個梅森尼質數，並於主程式裡測試之。

11. 在《孫子算經》（此書約完成於西元 400 年左右）裡有個著名的「孫子問題」：

    "今有物不知其數，三三數之剩二，五五數之剩三，七七數之剩二，問物幾何？"

    若把它翻譯成白話，便是：有一堆東西不知道有幾個；三個三個數它，剩餘二個；五個五個數它，剩餘三個；七個七個數它，剩餘二個；問這堆東西有幾個？

    (a) 試找出滿足孫子問題裡的最小整數。
    (b) 試撰寫一函數 int find(int n)，可以傳回滿足孫子問題裡的第 n 個整數，然後利用此函數找出滿足孫子問題的第 5 個與第 7 整數。
    (c) 試利用 (b) 所定義的函數找出前 12 個滿足孫子問題的整數。

    ps. 如果您對《孫子算經》的數學探討有興趣，可參考台大數學系蔡聰明教授所撰寫的「談韓信點兵問題」：http://episte.math.ntu.edu.tw/articles/sm/sm_29_09_1

12. 試依序回答下面的問題：

    (a) 撰寫一函數 double my_fun (int n)，可用來計算下面的數學式：

$$\text{my\_fun}(n) = \sum_{k=1}^{n} \frac{1}{2^k} = \frac{1}{2} + \frac{1}{2^2} + \frac{1}{2^3} + \cdots + \frac{1}{2^n}$$

    並於主程式裡計算 my_fun(3)、my_fun(4)、my_fun(5) 與 my_fun(6) 的值。

(b) 如果將 n 值加大，my_fun(n) 的結果會趨近於一個定值，試問此定值是多少？

(c) 試問 n 值最少要多大時，my_fun(n) 的結果才會大於 0.99999？

13. 試依序回答下面的問題：

(a) 撰寫一函數 double my_fun (int n)，可用來計算下面的數學式（提示，您可以利用 prog8_8 所定義的 fac(n) 函數來計算分母）：

$$\text{my\_fun}(n)=\sum_{k=1}^{n}\frac{1}{k!}=\frac{1}{1!}+\frac{1}{2!}+\frac{1}{3!}+\cdots+\frac{1}{n!}$$

並於主程式裡計算 my_fun(5)、my_fun(8) 與 my_fun(10) 的值。

(b) 試問 n 值最少要多大時，my_fun(n−1) 與 my_fun(n) 的差值才會小於 0.00001？

14. 試依序回答下面的問題：

(a) 撰寫一函數 double my_fun (double x, int n)，可用來計算下面的數學式（提示，您可以分別利用 prog8_6 所定義的 power(x, n) 與 prog8_8 所定義的 fac(n) 來計算分子與分母）：

$$\text{my\_fun}(x,n)=\sum_{k=1}^{n}\frac{x^k}{k!}=\frac{x^1}{1!}+\frac{x^2}{2!}+\frac{x^3}{3!}+\cdots+\frac{x^n}{n!}$$

並於主程式裡計算 my_fun(0.1, 5)、my_fun(0.1, 8) 與 my_fun(0.2, 8) 的值。

(b) 試問 n 值最少要多大時，my_fun(0.1, n−1) 與 my_fun(0.1, n) 的差值才會小於 0.00001？

15. 試依序回答下面的問題：

(a) 撰寫一函數 double my_fun (double x, int n)，可用來計算下面的數學式（提示，您可以分別利用 prog8_6 所定義的 power(x,n) 與 prog8_8 所定義的 fac(n) 來計算分子與分母）：

$$\text{my\_fun}(x,n)=\sum_{k=1}^{n}\frac{(-1)^k x^{2k+1}}{(2k+1)!}$$

並於主程式裡計算 my_fun(2.2, 3) 與 my_fun(2.2, 5) 的值。

(b) 試問 n 值最少要多大時，my_fun(2.2, n−1) 與 my_fun(2.2, n) 的差值才會小於 0.0001？

16. 試撰寫一函數 int find_k(int n)，它可用來找出一個 k 值（k 為整數），使得 4k+2 的值最靠近 n。例如，設 n=19，若 k=4，則 4k+2=18；若 k=5，則 4k+2=22，因 18 離 19 較近，所以 find_k(19) 會傳回 4。

17. 數學大師歐勒（Euler，1707−1783），找到了一個計算圓周率的無窮乘積：

$$\frac{\pi}{2}=\frac{3}{2}\times\frac{5}{6}\times\frac{7}{6}\times\frac{11}{10}\times\frac{13}{14}\times\frac{17}{18}\times\frac{19}{18}\times\frac{23}{22}\times\cdots$$

有趣的是，這個公式裡，所有的分子都是大於 2 的質數，分母則是不能被 4 整除，且最靠近分子的偶數。

試撰寫一函數 double Euler(int n)，用來估算圓周率的值到第 n 項，並計算 Euler(10)、Euler(100)、Euler(1000) 與 Euler(10000) 的結果（提示，利用習題 16 的 find_k() 函數來求解分母）。

8.4 遞迴函數

18. 試依序回答下列的問題：

(a) 試將 prog8_12 計算費氏數列的函數 int fib(n)，改以非遞迴的方式來撰寫（提示：利用 for 迴圈）。

(b) 就效率而言，以 for 迴圈撰寫的 fib() 函數的執行速度較快，還是以遞迴的方式來撰寫的 fib() 函數較快，為什麼？

19. 試撰寫遞迴函數 double rpower(double b, int n)，用來計算 b 的 n 次方，並利用此函數來計算 2.0^3。

20. 試以遞迴的方式撰寫函數 int sum(int n)，利用遞迴公式

    sum(n) = n+sum(n−1)， sum(1)=1

    用來計算$1+2+3+\cdots+n$的值。

21. 試利用下面的公式

    sum2(n)=sum2(n-1)+2*n，sum2(1)=2

    撰寫遞迴函數 int sum2(int n)，用來計算$2+4+6+\cdots+2n$之和。

22. 試撰寫遞迴函數 int rsum(int n) 來求算$1\times 2+2\times 3+3\times 4+\cdots+(n-1)\times n$之和。

23. 若$f(n)=2f(n-1)-5$；$f(0)=3$，試求解$f(5)$的值。

8.5 區域、全域與靜態變數

24. 試完成下面的程式碼，使得每呼叫 counter() 函數一次，便會印出 "counter() 已被呼叫 n 次了" 字串，其中 n 為 counter() 被呼叫的次數（counter() 函數裡計數的變數請用靜態變數來撰寫）。

```
01  /* hw8_24, 靜態變數的練習 */
02  #include <stdio.h>
03  #include <stdlib.h>
04  void counter(void);
05  int main(void)
06  {
07     counter();
08     counter();
09     system("pause");
10     return 0;
11  }
12  void counter(void)
13  {
14     /* 試在此處填上程式碼，使得 counter()可以印出它被呼叫的次數 */
15  }
```

本習題的執行結果應如下所示：

```
counter()已被呼叫 1 次了...
counter()已被呼叫 2 次了...
```

25. 利用 24 題的 counter() 函數來追蹤 prog8_12 所定義的遞迴函數 fib()，在遞迴的過程中一共被呼叫幾次。例如，若計算 fib(5)，則程式碼的輸出為

```
counter()已被呼叫 1 次了...
counter()已被呼叫 2 次了...
counter()已被呼叫 3 次了...
counter()已被呼叫 4 次了...
counter()已被呼叫 5 次了...
counter()已被呼叫 6 次了...
counter()已被呼叫 7 次了...
counter()已被呼叫 8 次了...
counter()已被呼叫 9 次了...
```

代表 fib() 函數一共被呼叫 9 次。

26. 試利用 24 題所撰寫的 counter() 函數來追蹤習題 19 裡的 rpower() 函數，在計算 rpower(2.0, 9) 的過程中，rpower() 函數一共被呼叫幾次。

27. 試撰寫一程式，用來比較計算 fib(n) 函數時，遞迴版本和 for 迴圈版本執行 fib() 的總次數（關於 fib() 函數的定義，請參考 8.4 節）。n 值取 1~30，執行結果應如下所示：

```
n= 1, for 迴圈  1 次, 遞迴 1 次
n= 2, for 迴圈  1 次, 遞迴 1 次
n= 3, for 迴圈  3 次, 遞迴 3 次
n= 4, for 迴圈  4 次, 遞迴 5 次
       ...
n=30, for 迴圈 30 次, 遞迴 1664079 次
```

28. 試修改習題 24，把 counter() 函數裡計數的變數改以全域變數來撰寫。

8.6 引數傳遞的機制

29. 如果把 prog8_19 的變數 a 與 b 改以全域變數來撰寫，其它程式碼不更動，則執行結果是否會和 prog8_19 相同？為什麼？

30. 在 prog8_19 中，當我們呼叫 add10() 之後，在 main() 裡變數 a 與 b 的值並不會被加 10。試修改程式碼，使得當 add10() 被呼叫之後，a 與 b 的值會加 10。

8.7 前置處理器—#define

31. 試利用 #define 定義巨集函數 $f(x)=4x^2+6x-5$，並於主程式中計算 $f(1.0)$、$f(2.2)$ 與 $f(3.14)$ 的值。

32. 試利用 #define 定義一巨集函數 CUBIC(X)，可用來計算 X 的 3 次方，並利用此巨集計算 5^3 和 2.4^3 。

33. 試利用巨集定義 AVERAGE(X,Y) 函數，用來計算 X 與 Y 的平均值，並利用此巨集計算 12.6 和 4.2 的平均值。

34. 試利用條件運算子「?:」定義巨集 ABS(X)，用來計算 X 的絕對值，並利用此巨集計算 -13.6 的絕對值。

8.8 再來看看 #include 前置處理器

35. 試利用 8.8.2 節所建立的標頭檔 area.h 來計算下列各題：

    (a) 半徑為 1.0 的圓面積。

    (b) 長為 5.0，寬為 4.6 的長方形面積。

    (c) 底為 12.2，高為 9.4 的三角形面積。

36. 試撰寫一個 my_math.h 的自訂標頭檔，裡面定義了下面的巨集：

    (1) SQUARE(X)，可計算 X 的平方值

    (2) CUBIC(X)，可計算 X 的三次方值

    (3) ABS(X)，可計算 X 的絕對值

    (4) AVERAGE(X,Y)，可計算 X 與 Y 的平均值

    (5) PRODUCT(X,Y)，可計算 X 與 Y 的乘積

    (a) 利用 #include 將標頭檔 my_math.h 含括到程式中，由鍵盤輸入一個整數後，計算它的平方值、三次方值及絕對值。

    (b) 試利用 #include 將標頭檔 my_math.h 含括到程式中，由鍵盤輸入兩個浮點數後，計算這兩個數的平均值及乘積。

chapter

09 陣列與字串

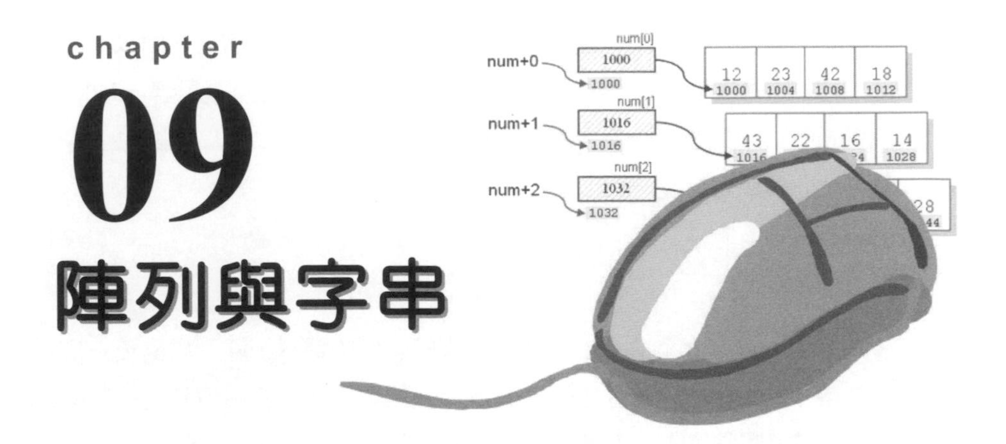

想要存放一連串相關的資料，使用陣列會是個很好的選擇，如全班的數學小考成績、一週內的氣溫等相同型態的資料即可利用陣列來存放。此外，C 語言的字串是由字元陣列所組成，因此在本章中也一併討論字串的使用。學完本章，您將會對陣列與字串的使用有更深一層的認識。

本章學習目標

- 學習一維、二維與多維陣列的使用
- 學習如何傳遞陣列給函數
- 認識字串，並學習與字串相關的函數
- 學習字元陣列的使用

9.1 一維陣列

「陣列」（array）是由一群相同型態的變數所組成的一種資料結構，它們以一個共同的名稱表示。陣列中各別的元素（element）是以「索引值」（或稱為註標，index），來標示存放的位置。陣列依存放元素的複雜程度，分為一維、二維與二維以上的多維陣列，本節先從一維陣列的宣告談起。

9.1.1 一維陣列的宣告

一維陣列（1-dimensional array）可以存放多個相同型態的資料，陣列和變數一樣，也需要經過宣告後才能使用。陣列宣告後，編譯器分配給該陣列的記憶體是一個連續的區塊，此時即可在這個區塊內存放資料。一維陣列的宣告格式如下所示：

```
資料型態 陣列名稱[個數];
```

格式 9.1.1
一維陣列的宣告格式

陣列的宣告格式裡，「資料型態」是宣告陣列內，欲存放之元素的資料型態，這些元素的型態都是相同的。常見的陣列有整數陣列、浮點數陣列、字元陣列等。「陣列名稱」是用來賦予陣列一個識別的名稱，其命名規則和變數相同。「個數」則是告訴編譯器，所宣告的陣列可存放多少的元素。下面是一維陣列宣告的範例：

```
int score[4];        /* 宣告整數陣列 score，可存放 4 個元素 */
float temp[7];       /* 宣告浮點數陣列 temp，可存放 7 個元素 */
char name[12];       /* 宣告字元陣列 name，可存放 12 個元素 */
```

宣告好陣列之後，如果想要使用陣列裡的元素，可以利用陣列的索引值完成。整個陣列就好比是整個旅館裡的房間，而索引值就好像是房間的編號一樣，只要根據房間編號（索引值），就能夠找到住宿的客人（儲存於陣列裡的元素）。

陣列索引值的編號必須由 0 開始。例如，如果在程式碼裡宣告了下面的 score 陣列：

```
int score[4];          /* 宣告整數陣列 score，可存放 4 個元素 */
```

則 score[0] 代表陣列裡的第一個元素，score[1] 代表陣列裡的第二個元素，而 score[3] 則是陣列裡的最後一個元素。下圖為 score 陣列中元素的表示法及排列方式：

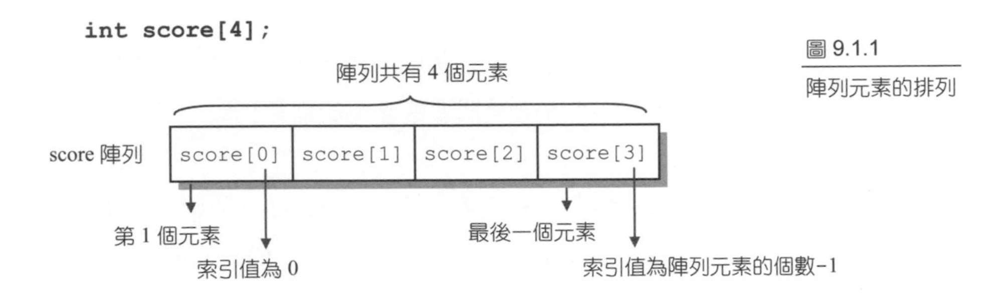

圖 9.1.1
陣列元素的排列

下面是使用陣列的典型範例。於這個範例中，我們宣告了可存放 4 個整數的 score 陣列，並分別將陣列的元素設值，然後在螢幕上列印出來。程式的撰寫如下：

```
01  /* prog9_1, 一維陣列的基本操作 */
02  #include <stdio.h>
03  #include <stdlib.h>
04  int main(void)
05  {
06     int i,score[4];     /* 宣告整數變數 i 與整數陣列 score */
07
08     score[0]=78;        /* 設定陣列的第一個元素為 78 */
09     score[1]=55;        /* 設定陣列的第二個元素為 55 */
10     score[2]=92;        /* 設定陣列的第三個元素為 92 */
11     score[3]=80;        /* 設定陣列的最後一個元素為 80 */
12
13     for(i=0;i<=3;i++)
14       printf("score[%d]=%d\n",i,score[i]);  /* 印出陣列的內容 */
15
16     system("pause");
17     return 0;
18  }
```

```
/* prog9_1 OUTPUT--
score[0]=78
score[1]=55
score[2]=92
score[3]=80
---------------------*/
```

程式解說

於本例中，第 6 行宣告了一個可存放 4 個整數的陣列 score，8~11 行則是分別將陣列裡的每一個元素設值。13~14 行則是把這些元素的值都列印出來。

由於陣列是利用索引值來存取陣列內的元素，而索引值是從 0 開始的連續整數，因此陣列相當適合用來儲存一連串資料型態相同的資料，如一個班級的學生成績、一天之內每個小時的溫度記錄等等。 ❖

值得一提的是，陣列的元素如果沒有設值給它，則該元素的值會是原先留在記憶體內的殘值。此外，C 語言並不會自動做陣列索引值界限的檢查，也就是說，如果陣列索引值超出了原先陣列宣告所能儲存的範圍時，將會得到無法預期的結果，如下面的範例：

```
01  /* prog9_2, 一維陣列的基本操作(錯誤的示範) */
02  #include <stdio.h>
03  #include <stdlib.h>
04  int main(void)
05  {
06     int i,score[4];    /* 宣告整數變數 i 與整數陣列 score */
07
08     score[0]=78;
09     score[1]=55;
10     /* score[2]=92;  此行刻意不將 score[2]設值 */
11     score[3]=80;
12
13     for(i=0;i<=4;i++)  /* 此行刻意將索引值超出陣列 score 的可容許範圍 */
```

```
14          printf("score[%d]=%d\n",i,score[i]);
15
16      system("pause");
17      return 0;
18  }
```

```
/* prog9_2 OUTPUT--

score[0]=78
score[1]=55
score[2]=51        ─┐
score[3]=80         ├─ 這兩個值都是原先留於記憶體內的殘值
score[4]=2293600   ─┘
---------------------*/
```

程式解說

本範例與 prog9_1 類似，但做了兩個小修改，第一個是在程式碼的第 10 行，此行刻意不將 score[2] 設值，從輸出中可發現，score[2] 的值為 51，但這並不正確，因為它只是原先記憶體內的殘值。

第二個修改是程式碼的第 13 行，把迴圈的界限改為 i<=4，使得 14 行可以印出 score[4] 的值（score[4] 已超出陣列 score 索引值的可容許範圍）。讀者可以發現，本例在編譯時不會發生錯誤，執行時依然可以印出 score[4] 的值，只是這個值是原先記憶體內的殘值罷了。

另外，由於印出的 score[2] 與 score[4] 的值都是原先留於記憶體內的殘值，因此在不同的執行環境裡可能會得到不同的結果，讀者執行時的輸出可能會與本範例的輸出不同。 ❖

從 prog9_2 的執行結果可知，C 語言不會做陣列索引值界限的檢查，而把這個工作留給程式設計師；這麼做的考量點是為了加快程式執行的速度。當陣列索引值超出可容許的範圍時，程式的執行結果將不可預期，prog9_2 雖然可以順利的印出殘值，但這並不保證在其它程式裡依然可以順利的執行，嚴重的話可能出現執行時期的錯誤（run time error），因此使用陣列時，必須小心陣列索引值是否超出可容許範圍。

9.1.2 陣列初值的設定

如果想直接在宣告時就設定陣列的初值，只要在陣列的宣告格式後面再加上初值的設定即可，如下面的格式：

```
資料型態 陣列名稱[個數 n]={初值 1,初值 2,…,初值 n};
```

格式 9.1.2
一維陣列初值的設定

於上面的格式中，大括號內的初值會依序指定給陣列的第 1 個到第 n 個元素存放，如下面初值設定的範例：

```
int score[4]={78,55,92,80};   /* 宣告 score 陣列，並設定陣列的初值 */
```

上面的敘述宣告了一個整數陣列 score，陣列元素有 4 個，大括號裡的初值會分別依序指定給各元素存放，score[0] 為 78，score[1] 為 55，score[2] 為 92，score[3] 為 80。

如果想將陣列內所有的元素皆設值為同一個數時，在左、右大括號中只要填入一個數值，不管陣列元素有多少，都會被設成相同的數值，如下面的敘述：

```
int data[5]={0};       /* 將陣列 data 內的所有元素值都設為 0 */
```

若是在宣告時沒有將陣列元素的個數列出，編譯器會視所給予的初值個數來決定陣列的大小，如下面的設定範例：

```
int score[]={60,75,48,92};     /* 有 4 個初值，所以陣列 score 的大小為 4 */
```

上面的敘述宣告了整數陣列 score，雖然此處沒有指明陣列元素的個數，但是大括號裡的初值有 4 個，因此編譯器會配置 4 個可存放整數的記憶空間給陣列 score，並依序設定 score[0] 為 60，score[1] 為 75，score[2] 為 48，score[3] 為 92。

當宣告的陣列大小與實際的初值個數不同時，如果初值個數比宣告的陣列元素少，則剩餘未設值的空間會填入 0；如果初值個數比宣告的陣列元素多，編譯器則會出現警告訊息。以 Dev C++ 為例，當所設定的初值個數比宣告的陣列元素多時，會有如下的警告訊息：

```
excess elements in array initializer   /* 編譯器的警告訊息 */
```

上面的警告訊息告訴我們陣列初值的個數已超出了陣列的容許值。在這種情況下，雖然程式可以執行，但是容易造成不可預期的錯誤。在稍後的內容裡我們將會討論到陣列界限的檢查，可用來避免發生類似的錯誤。

9.1.3 查詢陣列所佔的記憶空間

還記得 sizeof 關鍵字嗎？我們也可以利用它來查詢陣列元素，或者是整個陣列所佔的位元組，甚至可利用它來找出陣列元素的個數呢！如果要查詢整個陣列所佔的位元組，可用下面的語法：

```
sizeof(陣列名稱)    /* 查詢陣列所佔的位元組 */
```

格式 9.1.3
查詢陣列所佔的位元組

接下來，我們來看看利用 sizeof 關鍵字查詢陣列所佔的位元的範例：

```
01  /* prog9_3, 查詢陣列所佔的記憶空間 */
02  #include <stdio.h>
03  #include <stdlib.h>
04  int main(void)
05  {
06     double data[4];    /* 宣告有 4 個元素的 double 型態陣列 */
07     printf("陣列元素所佔的位元組:%d\n",sizeof(data[0]));
08     printf("整個陣列所佔的位元組:%d\n",sizeof(data));
09     printf("陣列元素的個數:%d\n",sizeof(data)/sizeof(double));
10
11     system("pause");
12     return 0;
13  }
```

```
/* prog9_3 OUTPUT---
陣列元素所佔的位元組:8
整個陣列所佔的位元組:32
陣列元素的個數:4
----------------------*/
```

程式解說

於本例中，第 6 行宣告了 double 型態的陣列 data，它可存放 4 個元素。由於 double 型態所佔用的位元組為 8 個 bytes，所以陣列內的每一個元素當然也就佔了 8 個 bytes，因此第 7 行的 sizeof(data[0]) 會傳回 8。另外，陣列 data 可儲存的元素有 4 個，所以佔用的記憶體共有 8*4=32 個位元組，於是第 8 行的 sizeof(data) 傳回 32。

值得一提的是，C 語言並沒有提供查詢陣列大小的函數，但我們可以利用陣列所佔的位元組去除以陣列的資料型態，得到的結果即為陣列元素的個數（想想看，為什麼？），如程式碼的第 9 行所示。 ❖

9.1.4 陣列的輸入與輸出

陣列裡元素的值也可以由鍵盤來輸入，其做法和一般變數的輸入方式差不多。下面的範例說明了如何由鍵盤輸入資料來設定陣列內元素的值：

```
01  /* prog9_4, 一維陣列內元素的設值 */
02  #include <stdio.h>
03  #include <stdlib.h>
04  int main(void)
05  {
06     int i,age[3];
07     for(i=0;i<3;i++)
08     {
09        printf("請輸入 age[%d]的值:",i);
10        scanf("%d",&age[i]);  /* 由鍵盤輸入數值給陣列 age 裡的元素 */
11     }
12     for(i=0;i<3;i++)
13        printf("age[%d]=%d\n",i,age[i]);
14
15     system("pause");
16     return 0;
17  }
```

```
/* prog9_4 OUTPUT----
請輸入 age[0]的值:12
請輸入 age[1]的值:54
請輸入 age[2]的值:55
age[0]=12
age[1]=54
age[2]=55
---------------------*/
```

程式解說

第 6 行宣告了變數 i 做為迴圈控制變數，另外也宣告一整數陣列 score，其陣列元素有 3 個。程式第 7~11 行，在 for 迴圈內由鍵盤輸入數值，並將值指定給陣列元素存放。最後 12~13 行，印出陣列裡各元素的內容。

由第 10 行不難發現，陣列元素設值的方式和一般變數類似，陣列元素之前一樣要加上位址符號「&」，用來告知編譯器把輸入的資料存放在指定位址的記憶體內。

接下來我們再舉一個例子，用來熟悉陣列元素的操作。下面的範例示範了如何找尋陣列裡所有元素的最大值及最小值：

```
01  /* prog9_5, 比較陣列元素值的大小 */
02  #include <stdio.h>
03  #include <stdlib.h>
04  int main(void)
05  {
06     int A[5]={74,48,30,17,62};
07     int i,min,max;
08     min=max=A[0];           /* 將 max 與 min 均設為陣列的第一個元素 */
09
10     for(i=0;i<5;i++)
11     {
12        if(A[i]>max)         /* 判斷 A[i]是否大於 max */
13           max=A[i];
14        if(A[i]<min)         /* 判斷 A[i]是否小於 min */
15           min=A[i];
16     }
17     printf("陣列裡元素的最大值為%d\n",max);
18     printf("陣列裡元素的最小值為%d\n",min);
19
20     system("pause");
21     return 0;
22  }
```

```
/* prog9_5 OUTPUT---

陣列裡元素的最大值為 74
陣列裡元素的最小值為 17
----------------------*/
```

程式解說

程式第 6 行宣告整數陣列 A，陣列元素有 5 個，並於宣告的同時設定初值。第 7 行宣告了整數變數 i 做為迴圈控制變數，另外也宣告存放最小值的變數 min 與存放最大值的變數 max，第 8 行則是將 min 與 max 的初值設為陣列的第一個元素。

在 10~16 行的 for 迴圈裡，12~13 行逐一比對陣列裡是否有哪一個元素的值比 max 還大，如果是的話，則 max 的值就會被該元素的值所取代，使 max 的內容保持最大；相同的，第 14~15 行逐一比對陣列裡是否有哪一個元素的值比 min 還小，如果有的話，則 min 的值就會被該元素的值所取代，使 min 的內容保持最小，直到整個陣列比對完為止。

經 10~16 行的比對後，min 的值就會是陣列內的最小值，max 就會是陣列裡的最大值，最後第 17~18 行則印出比較後的最大值與最小值。 ❖

如果事先並不知道使用者要輸入多少資料時，可以利用 do-while 迴圈，判斷當輸入值符合條件時才得以繼續輸入，通常我們都會將陣列的大小設得稍大些，以免輸入的資料不夠存放。以下面的程式為例，輸入全班成績並計算平均值，當成績為 0 時即可結束輸入，並立即計算平均值：

```
01  /* prog9_6, 輸入未定個數的資料到陣列裡 */
02  #include <stdio.h>
03  #include <stdlib.h>
04  #define MAX 10          /* 定義 MAX 為 10 */
05  int main(void)
06  {
07     int score[MAX];      /* 宣告有 10 個元素的整數陣列 */
08     int i=0,num;
09     int sum=0;           /* 宣告用來成績總和的變數 sum */
10
11     printf("請輸入成績，要結束請輸入 0:\n");
12     do
13     {
```

```
14          printf("請輸入成績:");
15          scanf("%d",&score[i]);
16       }while(score[i++]>0);                /* 輸入成績，輸入 0 時結束 */
17       num=i-1;
18       for(i=0;i<num;i++)
19          sum+=score[i];                    /* 計算平均成績 */
20       printf("平均成績為 %.2f\n",(float)sum/num);
21       system("pause");
22       return 0;
23    }
```

```
/* prog9_6 OUTPUT----

請輸入成績，要結束請輸入 0:
請輸入成績:70
請輸入成績:80
請輸入成績:60
請輸入成績:90
請輸入成績:0
平均成績為 75.00
-----------------------*/
```

程式解說

程式第 4 行，利用 #define 定義 MAX 為 10，用來當成陣列的大小。第 7 行則是宣告一整數陣列 score，其陣列元素有 MAX 個。

程式 12~16 行，由鍵盤輸入學生成績，並將輸入的值指定給陣列索引值為 i 的元素存放，當成績為 0 時即結束輸入。另外，因為當最後一個成績輸入後，還必須輸入 0 結束迴圈的執行，此時 i 的值會再加 1，所以第 17 行還要再將 i 的值減 1，才是全部的學生人數。第 18~19 行則是計算成績的總和，最後第 20 行印出成績的平均成績。 ❖

9.1.5 陣列界限的檢查

C 語言並不會檢查索引值的大小，也就是說當索引值超過陣列的長度時，C 語言並不會因此不讓使用者繼續使用該陣列，它只是將多餘的資料放在陣列之外的記憶體中，如此一來很可能會蓋掉其他的資料或是程式碼，因此會產生不可預期的錯誤。這種錯誤是在執行時才發生的（run-time error），而不是在編譯時期發生的錯誤（compile-time error），因此編譯程式無法提出任何的警告訊息。

由於 C 語言為了增加執行的速度，並不會做陣列界限的檢查，所以範圍檢查的工作必須交給程式設計師來做。為了避免這種不可預期的錯誤發生，在程式中（尤其是大程式）最好還是加上陣列界限的檢查程式。下面的範例修改自 prog9_6，它將陣列界限的檢查範圍加入程式中，用以確保程式執行的正確性：

```
01  /* prog9_7, 陣列的界限檢查 */
02  #include <stdio.h>
03  #include <stdlib.h>
04  #define MAX 5             /* 定義 MAX 為 5 */
05  int main(void)
06  {
07    int score[MAX];         /* 宣告 score 陣列，可存放 MAX 個整數 */
08    int i=0,num;
09    float sum=0.0f;
10
11    printf("請輸入成績，要結束請輸入 0:\n");
12    do
13    {
14      if(i==MAX)            /* 當 i 的值為 MAX 時，表示陣列已滿，即停止輸入 */
15      {
16        printf("陣列空間已使用完畢!!\n");
17        i++;                /* 此行先將 i 值加 1，因為 23 行會把 i 的值減 1 掉 */
18        break;
19      }
20      printf("請輸入成績:");
21      scanf("%d",&score[i]);
22    }while(score[i++]>0);    /* 輸入成績，輸入 0 時結束 */
23    num=i-1;
```

```
24      for(i=0;i<num;i++)
25         sum+=score[i];         /* 計算平均成績 */
26      printf("平均成績為 %.2f\n",sum/num);
27
28      system("pause");
29      return 0;
30   }
```

```
/* prog9_7 OUTPUT--
請輸入成績，要結束請輸入 0:
請輸入成績:60
請輸入成績:50
請輸入成績:70
請輸入成績:80
請輸入成績:90
陣列空間已使用完畢!!
平均成績為 70.00
---------------------*/
```

程式解說

為了方便觀看執行的結果，所以第 4 行利用 #define 定義 MAX 為 5，用來當成陣列的大小。12~22 行由鍵盤輸入學生成績，並將值指定給陣列元素存放，當成績為 0 時即結束輸入。進入迴圈後，先檢查 i 的值是否等於 MAX，如果相等即表示存放在陣列裡的資料已滿，將 i 加 1 後利用 break 敘述中斷迴圈的執行。此處將 i 值加 1 是因為第 23 行會把 i 的值減 1 掉，所以在此處先加 1。

由本例的執行結果可知，將陣列大小設成 5 後，當程式執行時，輸入完第 5 筆資料時，即使不是輸入 0，也會強制結束輸入的動作，如此一來就能確保陣列界限不會超出範圍。看似小小的功能，但卻可以避免不可預期的錯誤呢！ ❖

接下來，我們再來看看如何在陣列中搜尋想要的資料。下面的程式裡，可輸入一整數，然後於陣列裡逐一尋找與該輸入值相同的數值，並將元素於陣列裡的索引值印出：

```
01  /* prog9_8, 陣列的搜尋 */
02  #include <stdio.h>
03  #include <stdlib.h>
04  #define SIZE 6          /* 定義 SIZE 為 6 */
05  int main(void)
06  {
07     int i,num,flag=0;
08     int A[SIZE]={33,75,69,41,33,19};
09
10     printf("陣列 A 元素的值為:");
11     for(i=0;i<SIZE;i++)
12        printf("%d ",A[i]);          /* 印出陣列的內容 */
13
14     printf("\n 請輸入欲搜尋的整數:");
15     scanf("%d",&num);               /* 輸入欲搜尋的整數 */
16
17     for(i=0;i<SIZE;i++)
18        if(A[i]==num)    /* 判斷陣列元素是否與輸入值相同 */
19        {
20           printf("找到了! A[%d]=%d\n",i,A[i]);
21           flag=1;       /* 設 flag 為 1，代表有找到相同的數值 */
22        }
23     if(flag==0)
24        printf("沒有找到相同值!!\n");
25
26     system("pause");
27     return 0;
28  }
```

```
/* prog9_8 OUTPUT---------------

陣列 A 元素的值為:33 75 69 41 33 19
請輸入欲搜尋的整數:33
找到了! A[0]=33
找到了! A[4]=33
------------------------------------*/
```

程式解說

第 7 行宣告了一個整數變數 flag（初值為 0），它是專門用來記錄搜尋的結果，如果找到符合條件的數值，flag 即為 1，若是整個陣列尋找完畢仍沒有找到，flag 的值就不會被更改（維持 0），表示沒有找到。

17~24 行為程式核心的部份，17~22 行利用 for 迴圈加上 if 敘述來判斷陣列元素是否與輸入值相同，若是，則印出其值，並把 flag 設為 1，代表有找到相同的值。如果都沒有找到，則 flag 會保留原先為 0 的設定，因而第 24 行會印出 "沒有找到相同值!!" 的字串。

此外，我們利用 #define 定義了 SIZE 為 6，並將陣列大小宣告為 SIZE（其值為 6），在印出陣列內容及搜尋陣列時，為了避免超出陣列的界限，在迴圈的判斷條件中都以 SIZE 為判斷的對象，如此一來，若是想在程式中修改陣列的大小時，只要更改 SIZE 的內容即可，不會因為忘了更改迴圈判斷值而造成不可預期的錯誤。 ❖

9.2 二維陣列與多維陣列

一維陣列可用來處理一般簡單的資料，但在某些場合使用二維陣列來存取資料會較為方便。瞭解了如何使用一維陣列後，我們再來看看二維陣列的使用。

9.2.1 二維陣列的宣告與初值的設定

二維陣列（2-dimensional array）和一維陣列的宣告方式很類似，其宣告格式如下所示：

```
資料型態 陣列名稱[列的個數][行的個數];
```

格式 9.2.1
二維陣列的宣告格式

在二維陣列的宣告格式中，「列的個數」是告訴編譯器，所宣告的陣列有多少列（橫的為列），「行的個數」則是一列中有多少行（直的為行）。下面的範例都是合法的陣列宣告：

```
int data[10][5];      /* 宣告整數陣列 data，可存放 10 列 5 行的整數資料 */
float score[4][3];    /* 宣告浮點數陣列 score，可存放 4 列 3 行的浮點數資料 */
```

舉例來說，某汽車公司有兩個業務員，他們在 2004 年每季的銷售量可以整理成如下表的業績：

表 9.2.1 業務員於 2004 年每季的銷售業績

業務員	2004 年銷售量			
	第一季	第二季	第三季	第四季
1	30	35	26	32
2	33	34	30	29

要儲存上表裡每季的銷售量，可以選擇 2 列 4 行的二維陣列來存放，因此我們可以宣告一個 2 列 4 行的陣列：

```
int sale[2][4];     /* 宣告整數陣列 sale，可存放 2 列 4 行的資料 */
```

習慣上，我們稱 m 列 n 行的陣列為 "m×n 陣列"，因此，以 sale 陣列為例，sale 陣列便是一個 2×4 的矩陣。在 Dev C++ 中，由於整數資料型態所佔用的位元組為 4 個 bytes，而整數陣列 sale 可儲存的元素有 2×4=8 個，因此佔用的記憶體共有 4×8=32 個位元組。

下面把陣列 sale 化為圖形表示，您可以比較容易理解二維陣列的儲存方式：

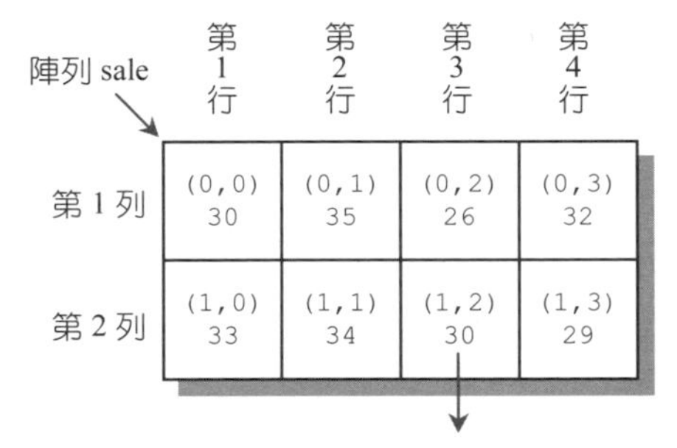

圖 9.2.1
二維陣列的示意圖

陣列中的「第 1 列」代表業務員 1，第 1 列的 1~4 行為業務員 1 第一季~第四季的業績；「第 2 列」代表業務員 2，第 2 列的 1~4 行為業務員 2 第一季~第四季的業績。兩個業務員的業績儲存在陣列後，就可以利用陣列計算 2004 年總業績或是某季的業績等。

於二維陣列中，如果想直接在宣告時就給與陣列初值，可以利用下面的語法：

```
資料型態 陣列名稱[列的個數][行的個數]={{第 1 列初值},
                                      {第 2 列初值},
                                      {    ...    },
                                      {第 n 列初值}};
```

格式 9.2.2

二維陣列初值的設定格式

以圖 9.2.1 裡的 sale 陣列為例，我們可以將 sale 陣列的初值做如下的設定：

```
int sale[2][4]={{30,35,26,32},        /* 宣告二維陣列，並設定初值*/
                {33,34,30,29}};
```

在上面的敘述中，我們宣告了一個整數陣列 sale，陣列有 2 列 4 行共 8 個元素，大括號裡的初值會分別依序指定給各列裡的元素存放，sale[0][0] 為 30，sale[0][1] 為 35，…，sale[1][3]為 29。

事實上，您可以把一個 m 列 n 行的陣列（即 m×n 陣列）想像成是由 m 個一維陣列所組成，其中每一個一維陣列都恰好有 n 個元素。以 sale 陣列來說，因 sale 是 2×4 的陣列，所以它是由 2 個一維陣列 {30,35,26,32} 與 {33,34,30,29} 所組成，您可以注意到每一個一維陣列恰有 4 個元素。利用這個觀念，二維陣列的初值設定便可很容易地依下面的圖說來設定：

2×4 的陣列是由 2 個具有 4 個元素的一維陣列所組成

```
int sale[2][4]={{30,35,26,32},{33,34,30,29}};
```

2×4 的陣列　　一維陣列，有 4 個元素　　一維陣列，有 4 個元素

圖 9.2.2

二維陣列初值的設定的說明

現在，二維陣列初值的設定應該不是難事了！習慣上，我們會把上圖裡二維陣列初值的設定寫成兩行，並讓每一個一維陣列對齊，讓它看起來像是數學上二維的矩陣，如格式 9.2.2 裡的撰寫方式。

值得注意的是，C 語言允許二維與二維以上的多維陣列在設定初值時，可以省略第一個（即最左邊）索引值，但其它的索引值都必須填寫，如下面的範例：

```
int temp[][4]={{30,35,26,32},            /* 省略第一個索引值不填 */
               {33,34,30,29},
               {25,33,29,25}};
```

如果省略了最左邊的索引值，則可以很方便地增加或縮短陣列的大小，而不用顧慮到陣列宣告的大小是否與初值設定的維度相同，因此用起來較為方便。

9.2.2 二維陣列元素的存取

二維陣列元素的輸入與輸出方式與一維陣列相同。以上一節中所練習的二維陣列 sale 為例，下面的範例將兩個業務員的銷售業績以鍵盤輸入後，再計算該公司 2004 年汽車的總銷售量，程式及執行結果如下：

```
01  /* prog9_9, 二維陣列的輸入輸出 */
02  #include <stdio.h>
03  #include <stdlib.h>
04  int main(void)
05  {
06     int i,j,sale[2][4],sum=0;
07
08     for(i=0;i<2;i++)
09        for(j=0;j<4;j++)
10        {
11           printf("業務員%d 的第%d 季業績:",i+1,j+1);
12           scanf("%d",&sale[i][j]);         /* 輸入銷售量 */
13        }
14
15     printf("***Output***");
```

```
16      for(i=0;i<2;i++)                    /* 輸出銷售量並計算總銷售量 */
17      {
18         printf("\n 業務員%d 的業績分別為",i+1);
19         for(j=0;j<4;j++)
20         {
21            printf("%d  ",sale[i][j]);
22            sum+=sale[i][j];
23         }
24      }
25      printf("\n2004 年總銷售量為%d 部車\n",sum);
26
27      system("pause");
28      return 0;
29   }
```

```
/* prog9_9 OUTPUT-------------
業務員 1 的第 1 季業績:30
業務員 1 的第 2 季業績:35
業務員 1 的第 3 季業績:26
業務員 1 的第 4 季業績:32
業務員 2 的第 1 季業績:33
業務員 2 的第 2 季業績:34
業務員 2 的第 3 季業績:30
業務員 2 的第 4 季業績:29
***Output***
業務員 1 的業績分別為 30  35  26  32
業務員 2 的業績分別為 33  34  30  29
2004 年總銷售量為 249 部車
--------------------------------*/
```

程式解說

程式第 6 行宣告了 2 列 4 行的整數陣列 sale，用來存放每一個業務員每一季的業績，同時也宣告了整數變數 sum，用來存放所有陣列元素值的總和。程式 8~13 行利用兩個 for 迴圈輸入二維陣列 sale 裡每一個元素的值，16~24 行則是印出陣列裡每一個元素的內容，並加總各元素值，最後由第 25 行印出年度的總銷售量。 ❖

由 prog9_9 可知，二維陣列元素的設值方式和一維陣列大致上相同，不同的是，二維陣列元素的索引值有兩個，所以需要用到巢狀迴圈來處理。

接下來再舉一個範例來說明二維陣列的使用。數學上的矩陣（matrix）其結構和二維陣列頗為類似，因而我們可以利用二維陣列來儲存矩陣。如果兩個陣列的維度相同，則可進行加法的運算，例如

$$A=\begin{bmatrix}1 & 2 & 3\\5 & 6 & 8\end{bmatrix},\quad B=\begin{bmatrix}3 & 0 & 2\\3 & 5 & 7\end{bmatrix}$$

則

$$A+B=\begin{bmatrix}1 & 2 & 3\\5 & 6 & 8\end{bmatrix}+\begin{bmatrix}3 & 0 & 2\\3 & 5 & 7\end{bmatrix}=\begin{bmatrix}1+3 & 2+0 & 3+2\\5+3 & 6+5 & 8+7\end{bmatrix}=\begin{bmatrix}4 & 2 & 5\\8 & 11 & 15\end{bmatrix}$$

下面的範例是將兩個二維矩陣做相加的運算：

```
01  /* prog9_10, 矩陣的相加 */
02  #include <stdio.h>
03  #include <stdlib.h>
04  #define ROW 2          /* 定義 ROW 為 2 */
05  #define COL 3          /* 定義 COL 為 3 */
06  int main(void)
07  {
08     int i,j;
09     int A[ROW][COL]={{1,2,3},{5,6,8}};   /* 宣告陣列 A 並設定初值 */
10     int B[ROW][COL]={{3,0,2},{3,5,7}};   /* 宣告陣列 B 並設定初值 */
11  
12     printf("Matrix A+B=\n");
13     for(i=0;i<ROW;i++)            /* 外層迴圈，用來控制列數 */
14     {
15        for(j=0;j<COL;j++)         /* 內層迴圈，用來控制行數 */
16           printf("%3d",A[i][j]+B[i][j]);       /* 計算二陣列相加 */
17        printf("\n");
18     }
19     system("pause");
20     return 0;
21  }
```

```
/* prog9_10 OUTPUT--
Matrix A+B=
  4  2  5
  8 11 15
----------------------*/
```

程式解說

於本例中，第 4~5 行定義了 ROW 為 2，COL 為 3，分別用來代表陣列的列數與行數。9~10 行則是分別宣告了陣列 A 與 B，並設定初值給它們。由於二維矩陣的相加法則是在相同位置的元素做加法運算，因此 13~18 行設計了一個巢狀的 for 迴圈，用來進行元素的相加運算。

由本例可看出定義 ROW 為 2，COL 為 3 的好處。整個程式裡，只要有需要用到列數的地方，均可用 ROW 來取代，而需要用行數的地方，均可用 COL 來取代，因此不但程式碼撰寫起來較為清楚，同時若陣列的大小有所改變時，只要修改 ROW 與 COL 的值即可，使用起來相當的方便。 ❖

9.2.3 多維陣列

經過前面一、二維陣列的練習後不難發現，想要提高陣列的維度，只要在宣告陣列的時候將中括號與索引值再加一組即可。所以如果要宣告一個第一維度為 2，第二維度為 4，第三維度為 3 的整數陣列 A（即 2×4×3 陣列），可以利用下面的語法來宣告：

```
int A[2][4][3];     /* 宣告 2×4×3 整數陣列 A */
```

我們可以把三維陣列想像成是由數個二維陣列所組成，因此 2×4×3 的三維陣列可以解釋成此陣列是由 2 個 4×3 的二維陣列所組成，也就是說，如果把 4×3 的二維陣列想像成是由 4 個橫列，3 個直行的積木所疊成，則 2×4×3 的三維陣列就是兩組 4 個橫列，3 個直行的積木併在一起，組成一個立方體就對了！因此三維陣列就好比是疊成一個立方體的積木一樣，每一個積木即代表了三維陣列裡的一個元素。我們把這個概念畫成下圖，從圖中可以更了解三維陣列是如何拆解的：

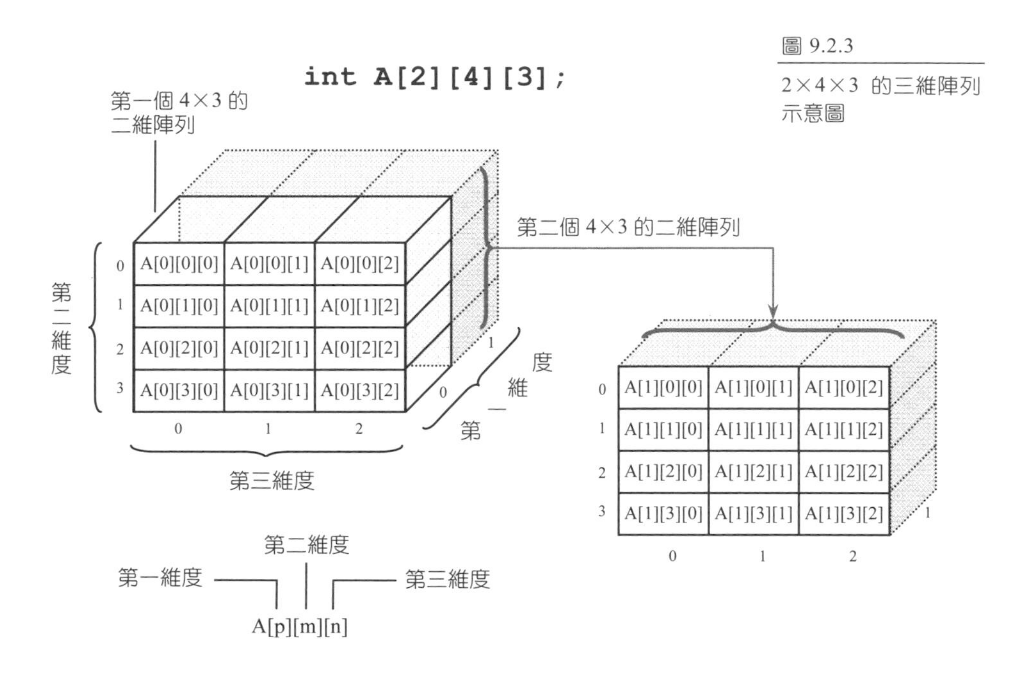

圖 9.2.3

2×4×3 的三維陣列示意圖

使用多維陣列時，存取陣列元素的方式和一、二維相同，但是每多一維，巢狀迴圈的層數就必須多一層，所以維數愈高的陣列其複雜度也就愈高。下面的程式碼以 2×4×3 的三維陣列為例，說明如何在三維陣列裡，找出所有元素的最大值：

```
01   /* prog9_11, 三維陣列與初值的設定 */
02   #include <stdio.h>
03   #include <stdlib.h>
04   int main(void)
05   {
06      int A[2][4][3]={{{21,32,65},
07                       {78,94,76},
08                       {79,44,65},
09                       {89,54,73}},
10                      {{32,56,89},
11                       {43,23,32},
12                       {32,56,78},
13                       {94,78,45}}};
14
```

設定 2×4×3 陣列的初值

```
15    int i,j,k,max=A[0][0][0];    /* 設定 max 為 A 陣列的第一個元素 */
16
17    for(i=0;i<2;i++)             /* 外層迴圈 */
18      for(j=0;j<4;j++)           /* 中層迴圈 */
19        for(k=0;k<3;k++)         /* 內層迴圈 */
20          if(max<A[i][j][k])
21             max=A[i][j][k];
22
23    printf("max=%d\n",max);      /* 印出陣列的最大值 */
24    system("pause");
25    return 0;
26 }
```

利用三個 for 迴圈找出陣列的最大值

```
/* prog9_11 OUTPUT---
max=94
---------------------*/
```

程式解說

於本例中，6~13 行宣告了一個 2×4×3 的三維陣列，並設定初值。三維陣列初值的設定看似複雜，但如果把 2×4×3 的三維陣列看成是 2 個 4×3 的二維陣列所組成，就簡單多了。下圖是仿照圖 9.2.3，繪製出本範例中，三維陣列 A 的示意圖：

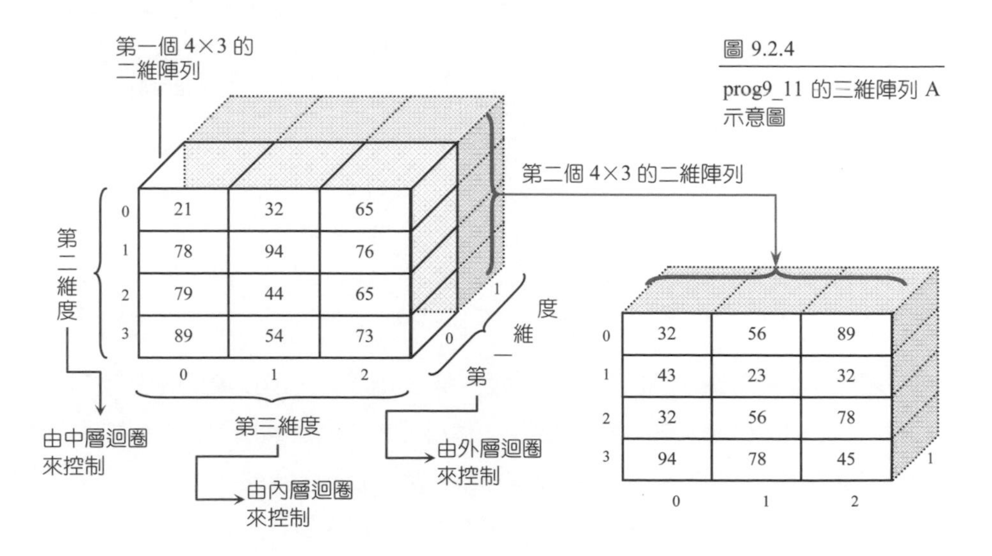

圖 9.2.4

prog9_11 的三維陣列 A 示意圖

因 2×4×3 的三維陣列可看成是 2 個 4×3 的二維陣列，所以三維陣列 A 的第一個 4×3 的二維陣列為

```
{{21,32,65},
 {78,94,76},
 {79,44,65},
 {89,54,73}}
```

第二個 4×3 的二維陣列為

```
{{32,56,89},
 {43,23,32},
 {32,56,78},
 {94,78,45}}
```

而 2×4×3 的三維陣列 A 可看成是這兩個陣列的組合，也就是說，2×4×3 的三維陣列可以寫成

2×4×3 的三維陣列 ={ 4×3 的二維陣列，4×3 的二維陣列 }

因此陣列 A 初值的設定便可用下圖來表示：

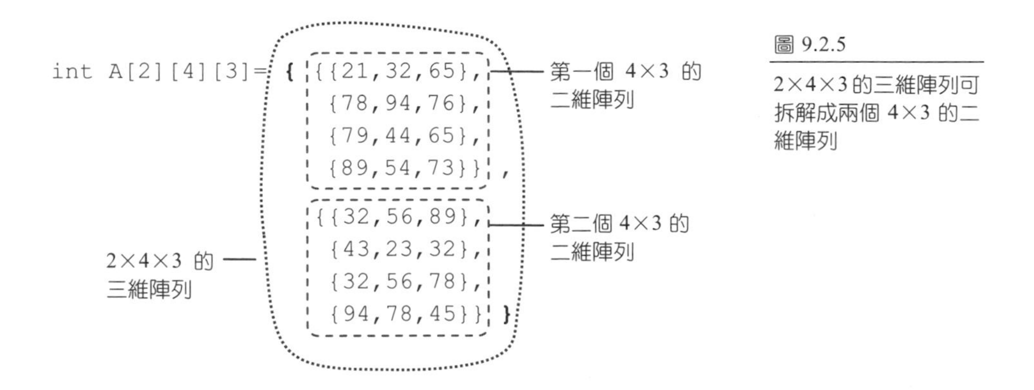

圖 9.2.5
2×4×3 的三維陣列可拆解成兩個 4×3 的二維陣列

在找尋陣列 A 的最大值時，由於陣列 A 是三維陣列，所以巢狀迴圈有三層，而索引值也有三個，最外層的迴圈控制第一個維度，中層迴圈控制第二個維度，最內層的迴圈控制第三個維度。利用這三個迴圈，便能把三維陣列 A 裡的每一個元素都走訪一次，便能藉由 20~21 行的敘述找出陣列裡的最大值了。 ❖

9.3 傳遞陣列給函數

在 C 語言裡，除了可以傳遞變數、常數給函數之外，還可以將陣列當成引數傳遞到函數裡呢！我們來看看如何傳遞陣列給函數。

9.3.1 以一維陣列為引數來傳遞

想要把一維陣列當成引數傳遞給函數時，只要把陣列名稱當成函數的引數來傳遞即可。下面的語法說明了在傳遞一維陣列時，函數原型的宣告、函數的定義，以及函數引數的填寫方式：

```
傳回值型態 函數名稱(資料型態 陣列名稱[]);  /* 原型 */
int main(void)
{
   資料型態 陣列名稱[個數];
        ...
   函數名稱(陣列名稱);
        ...
}
傳回值型態 函數名稱(資料型態 陣列名稱[])
{
      ...
}
```

陣列括號內可以不填元素的個數

格式 9.3.1

傳遞一維陣列至函數的格式

於格式 9.3.1 中，在宣告函數原型的部分，所填入的陣列名稱可以是任何有效的識別字，不一定要與函數定義中的陣列名稱相同。當然也可以使用「指標」（pointer）的寫法，這個部分我們留到第十章再做討論。

在函數定義的部分，如果所接收的引數為一維陣列時，則陣列名稱後面的中括號內可以不填入元素的個數。事實上 C 語言在傳遞陣列時，傳遞至函數的並不是一整個陣列，而是傳遞存放陣列的記憶體位址，函數裡的程式碼便是根據陣列的位址來進行陣列元

素的處理。此時您只要知道函數原型與函數的定義是如何撰寫的，關於傳遞陣列位址的機制，於下節中將有更詳盡的介紹。

下面的程式簡單的說明了函數是如何傳遞一維陣列。於此例中，我們把一維陣列 A 傳遞給函數 show()，然後在 show() 裡把陣列 A 的內容列印出來。本範例的程式碼如下：

```
01  /* prog9_12, 傳遞一維陣列到函數裡 */
02  #include <stdio.h>
03  #include <stdlib.h>
04  #define SIZE 4
05  void show(int arr[]);               /* 宣告函數 show()的原型 */
06  int main(void)
07  {
08    int A[SIZE]={5,3,6,1};            /* 設定陣列 A 的初值 */
09    printf("陣列的內容為: ");
10    show(A);                          /* 呼叫函數 show()  */
11
12    system("pause");
13    return 0;
14  }
15  void show(int arr[])                /* 函數 show()的定義 */
16  {
17    int i;
18    for(i=0;i<SIZE;i++)
19      printf("%d ",arr[i]);           /* 印出陣列內容 */
20    printf("\n");
21  }
```

```
/* prog9_12 OUTPUT--
陣列的內容為: 5 3 6 1
----------------------*/
```

程式解說

在本例中，第 5 行宣告了 show() 函數的原型，在第 8 行宣告並設定陣列 A 的初值後，第 10 行將陣列 A 傳入 show() 函數裡。在 15~21 行的 show() 函數裡，第 15

行利用陣列 arr 來接收由主程式傳來的陣列 A，18~19 行則是利用 for 迴圈將陣列的內容列印出來。 ❖

prog9_12 雖然簡單，但卻也蘊涵著一些重要的訊息。事實上，在程式碼第 10 行傳遞陣列 A 到函數 show() 裡時，傳遞的內容並不是整個陣列 A 的內容，而是陣列 A 的位址。至於為何是傳遞陣列的位址，我們留到下個小節再來探討。

9.3.2 函數傳遞引數的機制

在第八章中曾經提到過，呼叫函數時，若是沒有特別指明，都是以「傳值呼叫」（call by value）的方式傳到函數中。您可能會覺得有些疑問，為什麼將陣列當成引數時，傳到函數中的卻是陣列的位址？

當我們傳遞一般的變數名稱到函數時，接收的函數會將參數的內容複製一份，放在函數所使用的記憶體中，就像是函數裡的區域變數一樣，當函數結束後，原先在其它區段裡的變數並不會更改其值。

而傳遞的引數是陣列時，由於陣列的長度可能很大，基於執行效率上的考量，C 語言採用一個較好的機制，就是當以陣列為引數時，傳遞到函數中的只是該陣列存放於記憶體內的位址，而不用像一般的變數一樣，將陣列裡的每個元素都複製一份，再傳遞它們。

我們以兩個實際的例子來說明傳遞一般變數與傳遞陣列的不同。下面的程式中，宣告一整數變數 a，並將 a 當成引數傳遞到函數 func() 中，在主程式及函數 func() 內皆印出變數 a 的值及位址，您可以觀察一下程式執行的結果：

```
01  /* prog9_13, 印出變數的位址 */
02  #include <stdio.h>
03  #include <stdlib.h>
04  void func(int);
05  int main(void)
06  {
07     int a=13;
08     printf("於 main()裡,a=%d,a 的位址=%p\n",a,&a);
09     func(a);              /* 這是傳值呼叫的機制 */
10
11     system("pause");
12     return 0;
13  }
14
15  void func(int a)         /* 自訂函數 func() */
16  {
17     printf("於 func()裡,a=%d,a 的位址為=%p\n",a,&a);
18  }
```

```
/* prog9_13 OUTPUT--------------
於 main()裡,a=13,a 的位址=0022FF6C
於 func()裡,a=13,a 的位址=0022FF50
---------------------------------*/
```

本範例的執行結果可能會因執行環境的不同而有所不同

程式解說

於本例中，第 7 行宣告了整數變數 a，第 8 行印出了 a 的值與存於記憶體內的位址。注意要列印變數 a 的位址，必須在變數 a 的前面加上位址運算子「&」，列印格式碼則是用「%p」。第 9 行呼叫函數 func()，並把變數 a 傳入函數內。

雖然 func() 函數裡用來接收傳遞過來的引數的變數名稱也是 a，但是函數 func() 是將主程式裡變數 a 的值複製一份到函數中，再利用自己本身的區域變數 a 來接收它，因此這兩個變數名稱雖相同，但卻不是同一個變數，因此它們存放在記憶體的地方（即位址）也不一樣，關於這點，您可以從程式的輸出中得到驗証。下圖為函數 func() 傳遞變數 a 時，變數位址的示意圖：

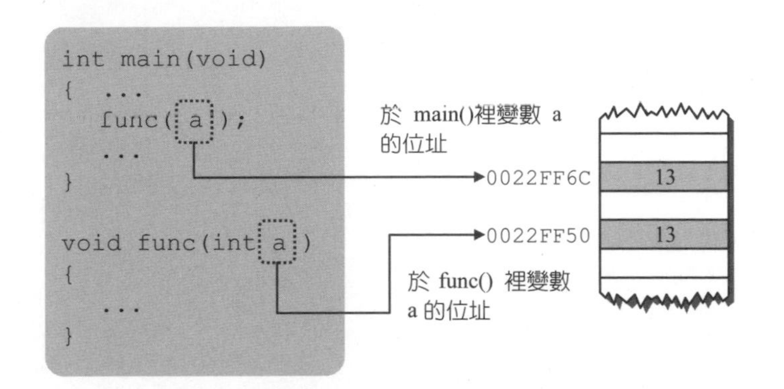

圖 9.3.1

於 main() 裡的變數 a 與 func() 裡的變數 a 是不同的變數

接下來的範例是以一維陣列為引數傳遞到函數裡，並且在程式及函數內分別印出陣列的值及位址，您可以觀察一下程式執行的結果，並與 prog9_13 做比較：

```
01  /* prog9_14, 印出陣列的位址 */
02  #include <stdio.h>
03  #include <stdlib.h>
04  #define SIZE 3
05  void func(int arr[]);
06  int main(void)
07  {
08     int i,A[SIZE]={20,8,13};
09
10     printf("在 main()裡，陣列 A 元素的位址為\n");
11     for(i=0;i<SIZE;i++)
12        printf("A[%d]=%2d,位址為%p\n",i,A[i],&A[i]);
13     func(A);                    /* 這是傳址呼叫的機制 */
14
15     system("pause");
16     return 0;
17  }
18  void func(int arr[])          /* 自訂函數 func() */
19  {
20     int i;
21     printf("\n 在 func()裡，陣列 arr 元素的位址為\n");
22     for(i=0;i<SIZE;i++)
23        printf("arr[%d]=%2d,位址為%p\n",i,arr[i],&arr[i]);
24  }
```

```
/* prog9_14 OUTPUT----------
在 main()裡，陣列 A 元素的位址為
A[0]=20,位址為 0022FF48
A[1]= 8,位址為 0022FF4C
A[2]=13,位址為 0022FF50

在 func()裡，陣列 arr 元素的位址為
arr[0]=20,位址為 0022FF48
arr[1]= 8,位址為 0022FF4C
arr[2]=13,位址為 0022FF50
------------------------------*/
```

本範例的執行結果可能會因執行環境的不同而有所不同

程式解說

於本例中，第 8 行宣告了整數陣列 A，並設定初值，11~12 行則是印出了陣列 A 裡，每一個元素的值與存於記憶體內的位址。第 13 行呼叫函數 func()，並把陣列 A 傳入函數內，由陣列 arr 來接收。從程式的輸出可知，於 main() 函數裡，陣列 A 的每一個元素的位址與 func() 函數裡陣列的每一個元素的位址均相同。也就是說，main() 函數裡的陣列 A 與 func() 函數裡陣列 arr 事實上是同一個陣列，即使它們的名稱不同，如下圖所示：

圖 9.3.2

陣列 A 與 arr 是同一個陣列

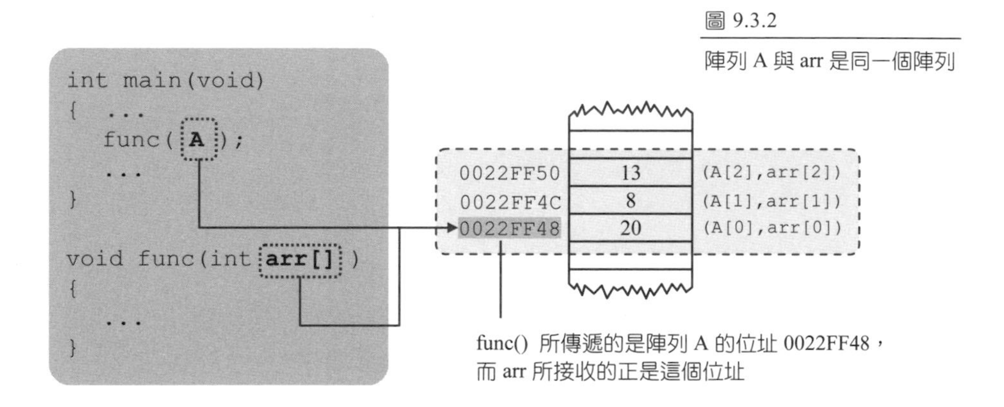

❖

陣列的位址

現在您已經知道，函數在傳遞陣列時，實際上是傳遞陣列的位址。也許您會覺得好奇，陣列裡可能有好幾個元素，那麼到底是哪一個元素的位址才是陣列的位址呢？事實上，C 語言是以陣列的第一個元素的位址當成是陣列的位址（如果是二維陣列，則是第一列第一行元素的位址為陣列的位址）。

以 prog9_14 為例，從執行的結果可知陣列 A 裡的三個元素 A[0]、A[1] 與 A[2] 分別存放在位址為 0022FF48、0022FF4C 與 0022FF50 的記憶體內，因 C 語言是以陣列第一個元素的位址當成是陣列的位址，所以陣列 A 的位址為 0022FF48，因此 func() 所傳遞的是陣列 A 的位址 0022FF48，而 arr 所接收的也是這個位址。

有趣的是，C 語言還有一個巧妙的設計，那就是

" 陣列名稱本身就是存放陣列位址的變數 "

怎麼說呢？以 prog9_14 為例，如果您以「%p」格式碼來列印陣列的名稱，您將可發現印出來的結果正是陣列的位址，如下面的範例：

```
01  /* prog9_15, 印出陣列的位址 */
02  #include <stdio.h>
03  #include <stdlib.h>
04  #define SIZE 3
05  int main(void)
06  {
07     int i,A[SIZE]={20,8,13};
08
09     for(i=0;i<SIZE;i++)
10        printf("A[%d]=%2d,位址為%p\n",i,A[i],&A[i]);
11     printf("陣列 A 的位址=%p\n",A);     /* 印出陣列 A 的位址 */
12
13     system("pause");
14     return 0;
15  }
```

```
/* prog9_15 OUTPUT----
A[0]=20,位址=0022FF48
A[1]= 8,位址=0022FF4C
A[2]=13,位址=0022FF50
陣列 A 的位址=0022FF48
-----------------------*/
```

本範例的執行結果可能會因執行環境的不同而有所不同

程式解說

於本例中，9~10 行印出了陣列 A 裡每一個元素的位址，11 行則印出了陣列 A 的位址。從程式的輸出中，可以看出陣列 A 的位址正是陣列裡第一個元素的位址。由此可知，我們在傳遞陣列時，在函數內都只填上陣列的名稱，事實上函數所傳遞的，也就是陣列的位址，這也就是 C 語言所提供的「傳址呼叫」的機制。 ❖

從本節的探討可知，函數在傳遞陣列時，所傳遞的事實上是陣列的位址。既然如此，如果在函數內更改了陣列的內容，則主程式內陣列的值也會隨之被更改。我們舉一個實例來說明。

下面的範例是從主程式內傳遞一個陣列給 add2() 函數，然後在 add2() 裡將陣列裡每一個元素都加 2，用以觀察主程式內陣列元素值的變化。本範例程式的撰寫如下：

```
01  /* prog9_16, 於函數內更改陣列元素的值 */
02  #include <stdio.h>
03  #include <stdlib.h>
04  #define SIZE 4
05  void show(int arr[]);            /* 函數 show()的原型 */
06  void add2(int arr[]);            /* 函數 add2()的原型 */
07
08  int main(void)
09  {
10    int A[SIZE]={5,3,6,1};
11    printf("呼叫 add2()前,陣列的內容為: ");
12    show(A);            /* 呼叫函數 show() */
```

```
13      add2(A);               /* 呼叫函數 add2() */
14      printf("呼叫 add2()後,陣列的內容為: ");
15      show(A);               /* 呼叫函數 show() */
16
17      system("pause");
18      return 0;
19    }
20    void show(int arr[])
21    {
22      int i;
23      for(i=0;i<SIZE;i++)      /* 印出陣列內容 */
24        printf("%d ",arr[i]);
25      printf("\n");
26    }
27    void add2(int arr[])
28    {
29      int i;
30      for(i=0;i<SIZE;i++)
31        arr[i]+=2;
32    }
```

```
/* prog9_16 OUTPUT------------

呼叫 add()前,陣列的內容為: 5 3 6 1
呼叫 add()後,陣列的內容為: 7 5 8 3
------------------------------*/
```

程式解說

於本例中，第 10 行宣告了一個整數陣列 A，並設定初值。在第 12 行印出陣列的元素值之後，第 13 行把陣列 A 傳入 add2() 函數，並由 add2() 函數內的 arr 陣列所接收。在 add2() 函數內，第 30~31 行利用 for 迴圈將 arr 陣列的每個元素都加 2，返回主程式後，第 15 行再度印出陣列 A 的內容。

從程式的執行結果可知，在陣列裡修改了 arr 陣列的元素值，於主程式內陣列 A 的元素值也會隨之被更改，這便是函數「傳址」的機制所致。因為 add2() 函數傳遞的是陣列 A 位址，此值被 arr 所接受，因此無論是 main() 函數內的陣列 A，還是

add2() 函數裡的陣列 arr，事實上指的都是同一個陣列，因此於本例裡更改了 arr 陣列元素的值，陣列 A 的元素值也會隨之被更改。 ❖

9.3.3 一維陣列的應用--氣泡排序法

在本節中我們要利用一維陣列來撰寫氣泡排序法（bubble sort）的程式。氣泡排序法是讓數值大的數字慢慢往右移，就像在水裡的氣泡上浮一樣，因而得名。舉例來說，假設我們要從小到大排序

26 5 81 7 63

這 5 個數據。氣泡排序法的做法是從左到右，把數字兩兩比對，若前面的數字比後面大，則前後交換，否則不換。因此對於上面的數據而言，26 比 5 來的大，所以 26 和 5 對換，變成

5 26 81 7 63

接下來比對 26 與 81，因 26<81，所以不換。再來比對 81 與 7，因 81>7，所以互換，因此變成

5 26 7 81 63

接下來比對 81 與 63，因 81>63，所以互換，因此變成

5 26 7 63 81

到此第一次搜尋已結束，此時最大的數值一定會被挪到最右邊（想想看，為什麼？），因此第二次搜尋時，我們只需此對前面 4 個數字即可。接下來開始第二次搜尋，其做法還是從左到右，只差最後兩個數字不用比。因 5<26，所以不換；接下來比對 26 與 7，因 26>7，所以互換，此時數據變成

5 7 26 63 81

接下來比對 26 與 63，因 26<63，所以不換，到此第二次搜尋結束。相同的，第二次搜尋結束後，數據內的次大值一定會被挪到最右邊數來第二個，因此第三次搜尋時，只需比對前面 3 個數字即可。

接下來開始第三次搜尋，因 5<7，所以不換，再來 7<26，也不換，所以第三次搜尋結束。現在，數據內的三個最大值都已經出現了，因此第四次的搜尋只要比對前兩個數字即可，因 5<7，所以還是不換。到此所有的比對全部結束，而最後的數據

5 7 26 63 81

也就是我們最終排序的結果。由上面的推導可知，如果有 n 筆數據要排序，則氣泡排序法便要搜尋 n-1 次。下面的程式碼就是依據上面排序的演算法寫成的：

```
01  /* prog9_17, 氣泡排序法 */
02  #include <stdio.h>
03  #include <stdlib.h>
04  #define SIZE 5
05  void show(int a[]), bubble(int a[]);   /* 定義函數的原型 */
06  int main(void)
07  {
08    int data[SIZE]={26,5,81,7,63};
09
10    printf("排序前...\n");
11    show(data);                    /* 印出陣列內容 */
12    bubble(data);                  /* 呼叫 bubble()函數 */
13    printf("排序後...\n");
14    show(data);                    /* 印出陣列內容 */
15    system("pause");
16    return 0;
17  }
18  void show(int a[])               /* 自訂函數 show() */
19  {
20    int i;
21    for(i=0;i<SIZE;i++)
22      printf("%d ",a[i]);          /* 印出陣列的內容 */
23    printf("\n");
24  }
```

```
25   void bubble(int a[])        /* 自訂函數 bubble() */
26   {
27      int i,j,temp;
28      for(i=1;i<SIZE;i++)
29         for(j=0;j<(SIZE-i);j++)
30            if(a[j]>a[j+1])      
31            {
32               temp=a[j];         如果 a[j]>a[j+1]，則元素的值互換
33               a[j]=a[j+1];
34               a[j+1]=temp;
35            }
36   }
```

```
/* prog9_17 OUTPUT---
排序前...
26 5 81 7 63
排序後...
5 7 26 63 81
------------------------*/
```

程式解說

本例定義了兩個函數 show() 與 bubble()，分別用來顯示陣列的內容及排序資料。

程式 25~36 行為 bubble() 函數的定義。bubble() 可接收一個一維的整數陣列，然後進行陣列元素由小到大的排序。在 28~35 行的巢狀 for 迴圈中，外層迴圈的變數 i 控制搜尋的次數，每執行完一次外層迴圈，即代表搜尋過一次陣列內容；內層迴圈的變數 j 用來進行兩個相鄰陣列元素的比較，當排列的次序（前面的數大於後面的數）不對時，就將兩元素值交換，每一輪迴的搜尋會將該次搜尋的最大值放到陣列最後面。

以數據 26、5、81、7 與 63 為例，下圖顯示了 bubble() 的排序過程：

圖 9.3.3
氣泡排序的過程

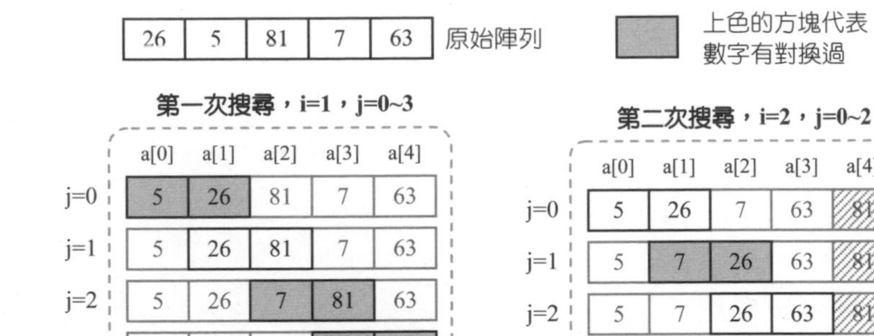

執行完 30~35 行 if 敘述之後的結果

執行完 30~35 行 if 敘述之後的結果

執行完 30~35 行 if 敘述之後的結果

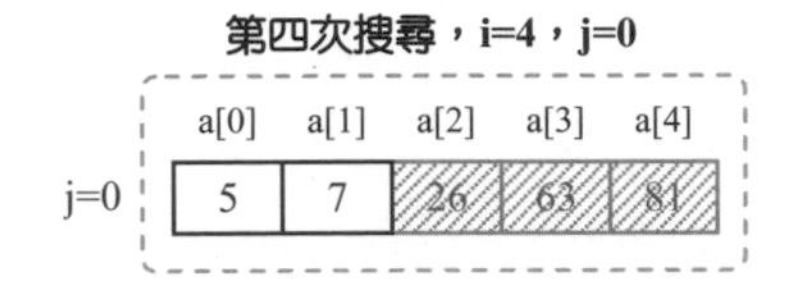

執行完 30~35 行 if 敘述之後的結果

由本例的執行結果可知，雖然排序的結果正確，但是在排序的過程中，不管資料是否已完成排序，都必須不斷地重複比較，直到用來控制搜尋次數的外層迴圈執行完畢為止。因此由上圖的說明可以看到，第二次搜尋完畢後，其實就已經完成排序的動作，但是卻必須等到外層迴圈執行完才能停下來，反而浪費了許多的時間。 ❖

為了改進 prog9_17 的缺點，下面的範例引進了一個旗標變數 flag，用來控制進入外層迴圈搜尋的時機，如下面的程式：

```
01    /* prog9_18, 氣泡排序法之改良版 */
02    #include <stdio.h>
03    #include <stdlib.h>
04    #define SIZE 5
05    void show(int a[]),bubble2(int a[]);
```

```
06  int main(void)
07  {
08     int data[SIZE]={26,5,81,7,63};
09
10     printf("Before process...\n");
11     show(data);
12     bubble2(data);
13     printf("After process...\n");
14     show(data);
15     system("pause");
16     return 0;
17  }
18  void show(int a[])                /* 自訂函數 show() */
19  {
20     int i;
21
22     for(i=0;i<SIZE;i++)
23        printf("%d ",a[i]);        /* 印出陣列的內容 */
24     printf("\n");
25  }
26  void bubble2(int a[])             /* 氣泡排序函數 */
27  {
28     int i,j,temp;
29     int flag=0;                    /* 設定 flag 為 0 */
30
31     for(i=1;(i<SIZE)&&(!flag);i++)
32     {
33        flag=1;
34        for(j=0;j<(SIZE-i);j++)
35           if(a[j]>a[j+1])
36           {
37              temp=a[j];            /* 對換陣列內的值 */
38              a[j]=a[j+1];
39              a[j+1]=temp;
40              flag=0;
41           }
42     }
43  }
```

```
/* prog9_18 OUTPUT--

Before process...
26 5 81 7 63
After process...
5 7 26 63 81

--------------------*/
```

程式解說

於本例中，在搜尋的過程裡若是有兩個元素相調換，即將 flag 值設為 0，若是該次搜尋時皆沒有做元素調換的動作，flag 值為 1，表示陣列已完成排序，此時就不再需要做下一回合的搜尋動作，即可離開迴圈。

再以 26、5、81、7、63 五個數為例，當程式進入第三次（i=3）搜尋迴圈（第 31 行）判別時，由於 flag 的值為 0（!flag 的值就為 1，代表 true），且 i<SIZE（i 值為 3），符合進入迴圈的條件，因此在第 33 行將 flag 的值設定為 1，由於該階段並沒有任何的交換動作，因此 flag 的值會一直為 1，等到要執行第四次搜尋時，並不符合 31 行迴圈執行的條件，即離開迴圈，而資料也已排序完成。

第一次搜尋，i=1，j=0~3

執行完 33 行之後的結果

a[0]	a[1]	a[2]	a[3]	a[4]	flag
26	5	81	7	63	1

執行完 35~41 行 if 敘述之後的結果

j=0	5	26	81	7	63	0
j=1	5	26	81	7	63	0
j=2	5	26	7	81	63	0
j=3	5	26	7	63	81	0

第二次搜尋，i=2，j=0~2

執行完 33 行之後的結果

a[0]	a[1]	a[2]	a[3]	a[4]	flag
5	26	7	63	81	1

執行完 35~41 行 if 敘述之後的結果

j=0	5	26	7	63	81	1
j=1	5	7	26	63	81	0
j=2	5	7	26	63	81	0

圖 9.3.4

有 flag 之氣泡排序的過程

第三次搜尋，i=3，j=0~1

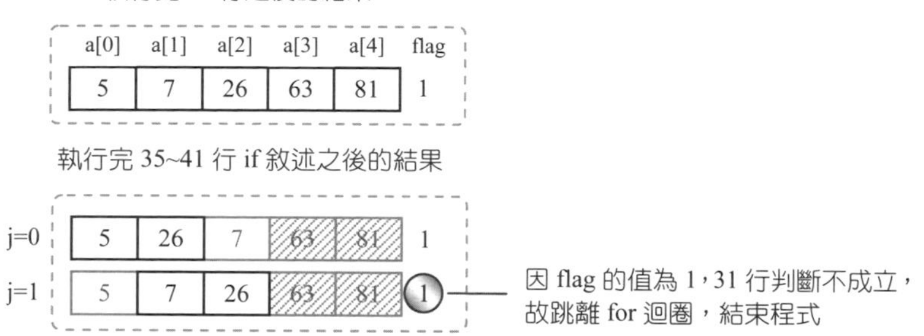

利用 flag 變數來控制迴圈的進入，可節省不少重複搜尋的時間，使得氣泡排序法更加有效率。目前所使用的排序法有很多種，有的強調是最快的，有的則強調交換次數最少，有興趣的讀者可以參考其它專門介紹排序的書籍。 ❖

9.3.4 傳遞二維與多維陣列

同樣的，函數也可以用來傳遞二維或二維以上的多維陣列。以傳遞二維陣列至函數為例，下面列出了傳遞二維陣列的語法：

```
傳回值型態 函數名稱(資料型態 陣列名稱[][行的個數]); /* 原型 */
int main(void)                    必須填入行的個數
{
   資料型態 陣列名稱[列的個數][行的個數];
      ...
   函數名稱(陣列名稱);
      ...
}
傳回值型態 函數名稱(資料型態 陣列名稱[] [行的個數] )
{
      ...                          必須填入行的個數
}
```

格式 9.3.2
傳遞二維陣列至函數的格式

值得注意的是，不管陣列的維度是多少，把陣列傳入函數時，陣列名稱後面的第一個中括號內（也就是第一個維度）可以不填入元素的個數，但是後面所有中括號內都必須填入數值，這是為了讓編譯程式能夠處理陣列內各元素的位置。

接下來以一個簡單的例子來說明傳遞多維陣列到函數的使用。在下面的程式裡，我們將二維陣列 a 與一維陣列 b 傳遞到 search() 函數內，並在 search() 函數內尋找陣列 a 的最大值與最小值，最後把找到的最大值與最小值設給陣列 b 存放。本範例的程式撰寫如下：

```
01  /* prog9_19, 尋找二維陣列的最大值與最小值 */
02  #include <stdio.h>
03  #include <stdlib.h>
04  #define ROW 4
05  #define COL 3
06  void search(int a[][COL],int b[]);       /* search() 函數的原型 */
07  int main(void)
08  {
09     int a[ROW][COL]= {{26, 5, 7},
10                       {10, 3,47},
11                       { 6,76, 8},
12                       {40, 4,32}};
13     int i,j,b[2];
14     printf("二維陣列內的元素:\n");          /* 印出陣列的內容 */
15     for(i=0;i<ROW;i++)
16     {
17        for(j=0;j<COL;j++)
18           printf("%02d ",a[i][j]);
19        printf("\n");
20     }
21     search(a,b);                        /* 呼叫 search()函數 */
22     printf("陣列的最大值=%02d\n",b[0]);    /* 印出陣列的最大值 */
23     printf("陣列的最小值=%02d\n",b[1]);    /* 印出陣列的最小值 */
24     system("pause");
25     return 0;
26  }
27  void search(int arr[][COL],int p[])  /* 自訂函數 search() */
28  {
```

```
29      int i,j;
30      p[0]=p[1]=arr[0][0];          /* 將p[0]與p[1]均設為arr[0][0] */
31      for(i=0;i<ROW;i++)
32         for(j=0;j<COL;j++)
33         {
34            if(p[0]<arr[i][j])      /* 尋找陣列裡的最大值 */
35               p[0]=arr[i][j];
36            if(p[1]>arr[i][j])      /* 尋找陣列裡的最小值 */
37               p[1]=arr[i][j];
38         }
39   }
```

```
/* prog9_19 OUTPUT---
二維陣列內的元素:
26 05 07
10 03 47
06 76 08
40 04 32
陣列的最大值=76
陣列的最小值=03
----------------------*/
```

程式解說

於本例中，search() 函數可接收兩個引數，第一個引數是一個二維陣列 arr，search() 函數可找尋這個二維陣列 arr 裡的最大值；第二個引數是一維陣列 p，它只有兩個元素，分別為 b[0] 與 b[1]，我們將利用它們來存放找到的最大值和最小值。

於 search() 函數內，30 行將 p[0] 與 p[1] 均設為 arr[0][0]，31~38 行利用巢狀迴圈逐一把二維陣列中的每一個元素和 p[0] 與 p[1] 相比。因為我們是利用 p[0] 與 p[1] 來存放最大值和最小值，因此如果 p[0] 小於二維陣列的元素值，則把該元素的值設給 p[0]（34~35 行）；相同的，如果 p[1] 大於二維陣列的元素值，則把該元素的值設給 p[1]（36~37 行），如此一來，當迴圈結束時，p[0] 就是二維陣列裡的最大值，而 p[1] 就是最小值了。

讀者應該了解到，由於陣列傳遞到函數是以「傳址」的方式來進行，因此在 search() 函數裡的陣列 p 所接收到的是主程式裡陣列 b 的位址。所以 search() 函數內把最大值與最小值寫到陣列 p 裡，事實上就等同於把大值與最小值寫到主程式裡的陣列 b 一樣，因此於主程式裡的 21~22 行可以印出最大與最小值，就是這個原因。 ❖

傳遞陣列到函數的方式其實和一般的變數差不多，但是由於陣列裡的資料比單一變數來得複雜，所以在處理上也就會比較煩雜，只要能夠釐清最重要的處理流程，相信任何問題就像是「庖丁解牛」，都可以迎刃而解。

9.4 字串

現在您對字串（string）這個名詞應該不陌生了。我們常會利用 printf() 函數印出字串，但是到目前為止，我們還沒探討過字串要如何處理（例如插入某個字元等操作）。由於字串是由字元陣列（即陣列的元素是字元）所組成，所以處理字串事實上也就是在處理陣列裡的字元。

9.4.1 字串的宣告與初值的設定

雖然在 C 語言裡並沒有「字串」的資料型態，但可以由字元陣列來組成字串。字元常數是以單引號（'）所包圍，而字串常數則是以兩個雙引號（"）包圍起來，如下所示：

```
'a'                /* 這是字元常數 a */
"a"                /* 這是字串常數 a */
"Sweet home"       /* 這是字串常數 Sweet home */
```

要使用字串變數，就要宣告字元陣列。宣告字元陣列後，即可將該字元陣列的名稱視為字串變數來使用。宣告字元陣列的格式和宣告其它型態之陣列的語法一樣，但是要透過 char 關鍵字來宣告，如下面的語法：

```
char 字元陣列名稱[陣列大小];
```

格式 9.4.1
宣告字元陣列的格式

C 語言把字串常數儲存在字元陣列時，會在最後面額外加上字串結束字元「\0」做為結尾，這個設計看似簡單，但卻非常重要，因為許多字串處理函數都是以這個結尾符號來辨認字串結束的位置。因此，我們如果要存放有 5 個字元的字串常數，則必須配置 5+1=6 個空間給字元陣列存放。

字元陣列一樣可以設定初值，例如下面的敘述便是宣告了字元陣列 ch_arr，它可容納 10 個字元，在宣告的同時並設定初值給它：

```
char ch_arr[10]={'S','w','e','e','t',' ','h','o','m','e'};
```

值得注意的是，上面的字元陣列 ch_arr 不能當成是字串變數，因為字串必須以字串結束符號「\0」來結尾。但是如果把上面的敘述改為

```
char str[11]={'S','w','e','e','t',' ','h','o','m','e','\0'};
```

則字元陣列 str 就可以看成是一個字串變數了，因為字元陣列 str 裡最後一個字元是字串結束符號「\0」。另外，在上面的宣告中，由於我們已經設定了字元陣列的初值，因此陣列的大小事實上是可以不用填的。

利用一個字元一個字元來設定字串的初值，在實際撰寫程式碼時顯然有些麻煩。因此 C 語言提供了另一種字串宣告的方式，如下面的語法：

```
char 字元陣列名稱[陣列大小] = 字串常數;
```

格式 9.4.2
宣告字元陣列的格式

例如，下面的敘述是合法的字元陣列宣告，並且設定了初值：

```
char str[11]="Sweet home";  /* 宣告字串變數 str，並設定初值為 Sweet home */
```

於上面的敘述中，雖然 Sweet home 只有 10 個字元（含空白），但編譯器會自動在字串結尾處加上字串結束字元「\0」，因此必須多留一個位置給字串結束符號存放，所以 str 陣列的大小要宣告為 11 個。當然，我們也可以選擇不要填入陣列的大小，讓編譯器依照字串的大小來配置記憶空間，如下面的語法：

```
char str[]="Sweet home";   /* 讓編譯器配置記憶空間給字元陣列 str */
```

宣告完字元陣列 str，並設定初值後，編譯器便會配置可存放 11 個字元的記憶空間來存放字元陣列 str，其配置如下圖所示：

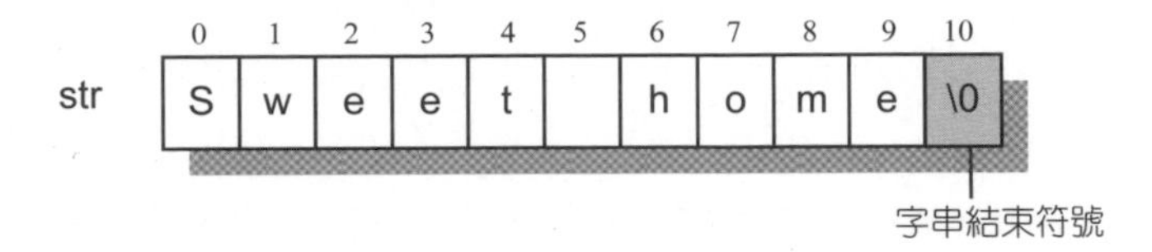

圖 9.4.1
編譯器會在字元陣列之後加上「\0」做為結尾

9.4.2 簡單的範例－字元與字串的比較

我們以一個簡單的範例來說明字元與字串的不同，並介紹如何以 sizeof 關鍵字來列印字串所佔的位元組：

```
01  /* prog9_20, 印出字元及字串的長度 */
02  #include <stdio.h>
03  #include <stdlib.h>
04  int main(void)
05  {
06     char ch='a';                 /* 宣告字元變數 ch */
07     char str1[]="a";             /* 宣告字串變數 str1 */
08     char str2[]="Sweet home";    /* 宣告字串變數 str2 */
09
10     printf("字元 ch 佔了%d 個位元組\n",sizeof(ch));
11     printf("字串 str1 佔了%d 個位元組\n",sizeof(str1));
```

```
12      printf("字串 str2 佔了%d 個位元組\n",sizeof(str2));
13
14      system("pause");
15      return 0;
16  }
```

```
/* prog9_20 OUTPUT---
字元 ch 佔了 1 個位元組
字串 str1 佔了 2 個位元組
字串 str2 佔了 10 個位元組
----------------------*/
```

程式解說

於本例中可以看到，雖然字元變數 ch 與字串變數 str1 的內容皆為「a」，但所佔的位元組卻不相同，字串變數 str1 的設值是以雙引號包圍（第 7 行），因此編譯器會自動加上字串結束符號「\0」，所以 str1 的長度會變成 2 個位元組，而字元變數的設值是以單引號包圍，編譯器並不會為它加上「\0」，所以佔一個位元組。

另外，字串 str2 的內容為 "Sweet home"，包括空白只有 10 個字元，但是利用 sizeof() 函數求出來的長度卻是 11 個位元組，這是也因為加上了字串結束字元之故。 ❖

9.5 字串的輸入與輸出函數

簡單的學會字串變數的宣告及設值之後，接下來要開始練習字串的輸出與輸入。第三章曾簡單的介紹過 scanf() 與 printf() 函數，可分別用來輸入與列印字串，但是 scanf() 函數在讀取字串時有其限制（例如不能讀取字串裡的空白），因此用起來並不是很方便。事實上，C 語言提供了更好用的 gets() 與 puts() 函數，利用它們即可將字串做最完美的輸入及輸出。

gets() 函數是 get string 的縮寫，而 puts() 函數則是 put string 的縮寫，它們的原型都是定義在 stdio.h 標頭檔裡，專門用來處理字串的輸入、輸出函數。

gets() 可用來輸入字串，當使用者輸入字串時，除非按下 Enter 鍵，gets() 才會將該字串接收，並存放在指定的字元陣列中，同時在字串結尾處加上字串結束字元「\0」。gets() 函數的格式如下：

```
gets(字元陣列名稱);
```

格式 9.5.1

gets() 函數的格式

在使用 gets() 函數輸入字串時，其字元陣列名稱前面並不需要加上位址運算子「&」，因為陣列名稱本身就是陣列的位址。

puts() 函數可用來在螢幕上列印出字串，其使用的語法如下：

```
  puts(字元陣列名稱);
或者是
  puts(字串常數);
```

格式 9.5.2

puts() 函數的格式

puts() 函數會逐一輸出字串，直到遇到字串結束字元「\0」為止。由於 puts() 無法控制列印格式，而且在輸出字串後即會自動換行，所以使用 puts() 函數的頻率就比 printf() 函數來得低上許多。

接著我們就利用 gets() 及 puts() 函數練習字串的輸出及輸入。下面的範例是利用 gets() 函數輸入字串，然後利用 puts() 印出字串：

```
01  /* prog9_21, 輸入及印出字串 */
02  #include <stdio.h>
03  #include <stdlib.h>
04  int main(void)
05  {
06     char name[15];      /* 宣告字元陣列 name */
07
08     puts("What's your name?");
09     gets(name);          /* 利用 gets()讀入字串，並寫入字元陣列 name 裡 */
10     puts("Hi!");
11     puts(name);          /* 印出字元陣列 name 的內容 */
12     puts("How are you?");
13     system("pause");
14     return 0;
15  }
```

```
/* prog9_21 OUTPUT---

What's your name?
David Young
Hi!
David Young
How are you?
------------------------*/
```

程式解說

本例是利用 gets() 函數輸入姓名，然後利用 puts() 函數來印出輸入的字串。從本例中，您可以看到 puts() 函數在輸出字串後會自動換行，因此在某些場合用起來並不是太方便，所以在使用上可以和 printf() 函數相互利用，以達到最完美的輸入與輸出格式。 ❖

字串是由字元陣列所組成的，因此字串的處理事實上也就是對字串裡的字元做處理。例如，下面的範例定義了一個 toUpper() 函數，可將字串裡的小寫全數轉換成大寫。因為英文字母的大寫與小寫的 ascii 碼差了 32，因此只要利用這個觀念，便可進行大小寫的轉換了。本範例的程式碼如下：

```
01  /* prog9_22, 將字串裡小寫字母轉換成大寫 */
02  #include <stdio.h>
03  #include <stdlib.h>
04  void toUpper(char s[]);   /* 宣告函數 toUpper()的原型 */
05  int main(void)
06  {
07     char str[15];            /* 宣告可容納 15 個字元的陣列 str */
08
09     printf("請輸入一個字串: ");
10     gets(str);               /* 輸入字串 */
11     toUpper(str);            /* 呼叫 toUpper() 函數 */
12     printf("轉換成大寫後: %s\n",str);     /* 印出 str 字串的內容 */
13
14     system("pause");
15     return 0;
16  }
17
18  void toUpper(char s[])
19  {
20     int i=0;
21     while(s[i]!='\0')        /* 如果 s[i] 不等於\0，則執行下面的敘述 */
22     {
23        if(s[i]>=97 && s[i]<=122) /* 如果是小寫字母 */
24           s[i]=s[i]-32;      /* 把小寫字母的 ASCII 碼減 32，變成大寫 */
25        i++;
26     }
27  }
```

```
/* prog9_22 OUTPUT---------

請輸入一個字串: Happy Birthday
轉換成大寫後: HAPPY BIRTHDAY
-----------------------------*/
```

程式解說

於本例中，第 10 行輸入字串 str 後，第 11 呼叫 toUpper() 函數，並由第 18 行的字串 s 所接收。因為字串的結束符號是「\0」，因此 21 行利用這個特性，便可判別字串是否轉換完畢。如果是還沒處理完畢，則執行 23~25 行的敘述。

由於大寫字母的 ASCII 碼比小寫字母小 32，因此 23 行就先判斷處理的字元是否是小寫字母（ASCII 碼介於 97~122 之間），如果是的話，將小寫字母 ASCII 碼的值減去 32，就變成大寫字母的 ASCII 碼了。 ❖

9.6 字串陣列

字串是以一維的字元陣列來存放，但是如果有好幾個字串，彼此又有相關性，此時就可以利用二維陣列來儲存這些字串。因為二維陣列可看成是由許多一維陣列所組成的陣列，因此儲存字串的二維陣列也可稱為字串陣列。

9.6.1 字串陣列的宣告與初值的設定

字串陣列也和所有的變數、陣列一樣，都需要事先經過宣告才能使用。字串陣列的宣告及初值設定的格式如下：

```
char 字元陣列名稱[字串的個數][字串長度];
```

格式 9.6.1

字串陣列的宣告格式

如果想在宣告字串陣列的同時便一起設定初值，可利用下面的語法：

```
char 字元陣列名稱[字串的個數][字串長度]=
 {"字串常數 1", "字串常數 2", …, "字串常數 n"};
```

格式 9.6.2

宣告字串陣列，並設定初值

字串陣列中的第一個索引值「字串的個數」，代表陣列中字串的數量，而第二個索引值「字串長度」則表示每個字串最大可存放的字元數。下面的範例即為合法的字串陣列之宣告：

```
char customer[6][15];     /* 宣告 customer 的字串陣列，可以容納
                             6 個字串，每個字串為 15 個字元 */
```

上面的敘述宣告了字串陣列 customer，可以容納 6 個字串，每個字串的長度為 15 個位元組。值得一提的是，以二維陣列來儲存字串時，由於每個字串的長度可能不會完全相同，所以多多少少會造成儲存空間的浪費。

如果想在宣告字串陣列的同時便設定初值，可用左、右大括號包圍所有的字串。另外，以雙引號包圍的字串常數本身就可看成是一維陣列，因此並不需要像一般的二維陣列一樣，將每個字串元都以左、右大括號包圍，但是每個字串常數之間要以逗號分隔。下面的範例即為合法的字串陣列之宣告與初值的設定：

```
char S[3][10]={"Tom","Lily","James Lee"};  /* 宣告字串陣列 S，並設定初值 */
```

上面的敘述即宣告了字串陣列 S，可以儲存 3 個字串，每個字串可容納 10 個字元（含字串結束字元），並分別設定初值為 "Tom"、"Lily" 及 "James Lee"。

9.6.2 字串陣列元素的引用及存取

字串陣列雖然是二維陣列，但是其元素的輸入與輸出方式與一維陣列類似。我們以下面的程式為例，將字串陣列 S 所有的元素列印出來，並印出每列元素的位址，用以探討字串變數於記憶體內的儲存方式。本範例的程式及執行結果如下：

```
01  /* prog9_23,字串陣列 */
02  #include <stdio.h>
03  #include <stdlib.h>
04  int main(void)
05  {
06     char S[3][10]= {"Tom","Lily","James Lee"};
07     int i;
08
09     for(i=0;i<3;i++)
10        printf("S[%d]=%s\n",i,S[i]);    /* 印出字串陣列內容 */
11     printf("\n");
12     for(i=0;i<3;i++)   /* 印出字串陣列元素的位址 */
13     {
14        printf("S[%d]=%p\n",i,S[i]);
15        printf("address of S[%d][0]=%p\n\n",i,&S[i][0]);
16     }
17     system("pause");
18     return 0;
19  }
```

```
/* prog9_23 OUTPUT----------

S[0]=Tom
S[1]=Lily
S[2]=James Lee

S[0]=0253FDB8
address of S[0][0]=0253FDB8

S[1]=0253FDC2
address of S[1][0]=0253FDC2

S[2]=0253FDCC
address of S[2][0]=0253FDCC
-------------------------------*/
```

程式解說

於本例中，第 6 行宣告了字串陣列 S，可以儲存 3 個字串；每個字串可容納 10 個字元，初值分別設定為 "Tom"、"Lily" 及 "James Lee"。程式 9~10 行則是利用 for 迴圈印出字串的內容。此處讀者可以觀察到，要印出第一個字串，printf() 函數內要填上 S[0]，相同的，要印出第二個字串，必須填上 S[1]，以此類推。

稍早我們曾提及，要印出字串，printf() 函數內只要利用格式字元「%s」配合字元陣列名稱即可；另外，我們也知道陣列名稱本身是一個常數，它存放了該陣列所在的記憶體位址。由此可以臆測，S[0] 所存放的是儲存字串 "Tom" 之陣列的位址，相同的，S[1] 所存放的是儲存字串 "Lily" 之陣列的位址，而 S[2] 所存放的是儲存字串 "James Lee" 之陣列的位址。

要如何驗證上面的臆測是對的呢？很簡單，只要把陣列的位址印出來就可以了。12~16 行利用 for 迴圈印出了二維陣列 S 的位址，從程式的輸出中，讀者可以發現，S[i] 所存放的其實就是 S[i][0] 的位址，因此在列印字串陣列的時候，只要將第一個索引值寫出即可指向相對應的字串。下圖中我們將字串陣列 S 化為圖形表示，您可以比較容易理解字串陣列的儲存方式：

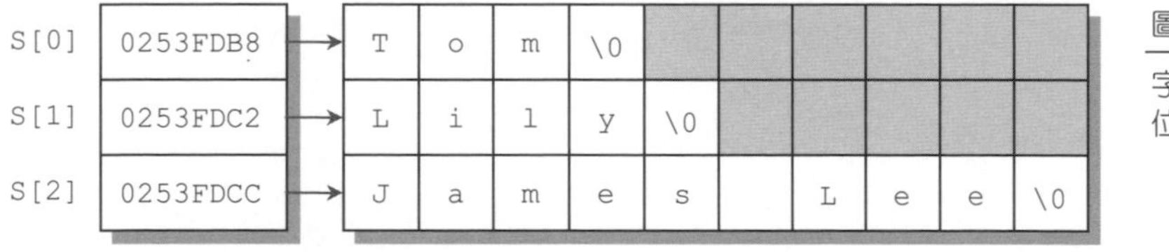

圖 9.6.1
字串陣列 S 的位址示意圖

另外，由於宣告陣列時，編譯器會分配給該陣列一塊連續的記憶空間，所以 S[0] 與 S[1] 剛好差 10 個位元組，而 S[1] 與 S[2] 也是差 10 個位元組。至於 C 語言為什麼要把陣列 S 第 1~3 列的位址存放在 S[0] ~ S[2] 呢？S[0]、S[1] 與 S[2] 在二維陣列 S 裡又代表了什麼意義？關於這問題，我們留到第 10 章再做討論。 ❖

在瞭解了字串陣列的儲存方式後，我們再來練習字串陣列的使用。下面的範例可將字串陣列 arr1 的內容複製到另一個陣列 arr2，然後再將複製後的陣列內容印出：

```
01  /* prog9_24, 字串陣列的複製 */
02  #include <stdio.h>
03  #include <stdlib.h>
04  #define MAX 3
05  #define LENGTH 10
06  int main(void)
07  {
08    char arr1[MAX][LENGTH]={"Tom","Lily","James Lee"};
09    char arr2[MAX][LENGTH];
10    int i,j;
11
12    for(i=0;i<MAX;i++)        /* 將 arr1 的內容複製到 arr2 中 */
13    {
14      for(j=0;j<LENGTH;j++)
15        if(arr1[i][j]=='\0')    /* 如果遇到「\0」,代表讀到字串結束 */
16          break;                /* 此行的break敘述會跳到第19行執行 */
17        else
18          arr2[i][j]=arr1[i][j];
19      arr2[i][j]='\0';
20    }
21    for(i=0;i<MAX;i++)
22      printf("arr2[%d]=%s\n",i,arr2[i]);   /* 印出陣列 arr2 的內容 */
23    system("pause");
24    return 0;
25  }
```

```
/* prog9_24 OUTPUT---

arr2[0]=Tom
arr2[1]=Lily
arr2[2]=James Lee
-----------------------*/
```

程式解說

程式第 4~5 行，利用 #define 定義 MAX 為 3，LENGTH 為 10，用來當成字串陣列的大小。程式第 8~9 行，宣告兩個相同大小的字串陣列，皆可以容納 3 個字串，而每個字串的長度為 10 個位元組。

程式第 12~20 行是程式的核心部分，它可將陣列 arr1 內存放的字串複製到陣列 arr2 中。複製的方式是利用巢狀 for 迴圈一個字元一個字元複製，當複製到某個字元為 '\0' 時，即表示該字串結束，即用 break 敘述跳離內層迴圈，在外層迴圈中再將 '\0' 補上，直到外層迴圈執行完畢，即代表陣列複製完成。程式最後在 21~22 行，印出複製後的陣列 arr2 之內容。 ❖

事實上，C 語言的函數庫裡已提供了相當豐富的字串處理函數，有些是類似 prog9_24 複製字串陣列的函數，有些是可用來進行大小寫的轉換等等。有興趣的讀者可以查閱附錄 C，查看 C 語言提供了哪些相關的字串處理函數。

習 題（題號前標示有 ♣ 符號者，代表附錄 E 裡附有詳細的參考答案）

9.1 一維陣列

♣ 1. 試撰寫一程式，宣告一個具有 5 個元素的整數陣列 arr，然後利用 for 迴圈設值給這個陣列，arr[0] ~ arr[4] 分別設值為 1~5，最後列印出陣列 arr 的每一個元素值。

2. 試撰寫一程式，宣告一個具有 5 個元素的整數陣列 arr，並利用陣列設定初值的方式，將 arr[0] ~ arr[4] 分別設值為 2, 3, 1, 7 與 9，最後列印出陣列 arr 的每一個元素值。

3. 試利用 sizeof 關鍵字查詢習題 2 裡的陣列 arr 共佔了多少個位元組。

4. 試撰寫一程式，宣告一個具有 3 個元素的整數陣列 arr，然後利用鍵盤輸入數字，將陣列內的三個元素設值，最後於程式裡印出這三個元素。

5. 下列矩陣初值的設定方式是正確的嗎？如果不是，試指出其錯誤的地方。

   (a) `int arr={1,2,3,4,5,6};`

   (b) `int arr[5]={1,2,3,4,5,6};`

   (c) `int arr[10]={1,2,3,4,5,6};`

   (d) `int arr[10]={1,2.2,3,6.4,5.5};`

   (e) `int arr[]={1,2,3,6};`

6. 設陣列 array 宣告為

```
int array[]={3,5,0,3,2,4,1,6,8,5,4,3,2};
```

   (a) 試撰寫一程式，利用 sizeof 關鍵字計算陣列 array 內元素的個數。

   (b) 接續 (a)，試找出陣列 array 內元素的值介於 3~6 之間（包含 3 和 6）的元素共有幾個。

7. 試撰寫一程式，由鍵盤輸入 5 個浮點數，並存放到一陣列，再計算這 5 個數的平均值。

8. 試撰寫一程式，找出一維整數陣列元素最大值的索引值與最小值的索引值。

9.2 二維陣列與多維陣列

9. 試修改 prog9_9，使得程式的輸出是每一季裡，業務員 1 與業務員 2 銷售業績的總和。

10. 試修改 prog9_9，使得程式的輸出分別是業務員 1 於 2004 年的總銷售業績，和業務員 2 的總銷售業績。

11. 試修改 prog9_10 裡的 A 與 B 陣列為 4×3 的陣列，然後計算 A+B 之後的結果。陣列內的元素值請自訂。

12. 試撰寫一程式，找出二維陣列中最小值的索引值。陣列的大小與元素的值請自行設定。

13. 假設某一公司有五種產品 A、B、C、D 與 E，其單價分別為 12、16、10、14 與 15 元；而該公司共有三位銷售員，他們在某個月份的銷售量如下所示：

銷售員	產品 A	產品 B	產品 C	產品 D	產品 E
1	33	32	56	45	33
2	77	33	68	45	23
3	43	55	43	67	65

試寫一程式印出上表的內容，並計算：

(a) 每一個銷售員的銷售總金額。

(b) 每一項產品的銷售總金額。

(c) 有最好業績（銷售總金額為最多者）的銷售員。

(d) 銷售總金額為最多的產品。

14. 下表為某地星期一至星期四的時段一、時段二與時段三的氣溫：

	星期一	星期二	星期三	星期四
時段一	18.2	17.3	15.0	13.4
時段二	23.8	25.1	20.6	17.8
時段三	20.6	21.5	18.4	15.7

請將上表的內容直接於程式中以陣列初值方式設定，並依序完成下列各題：

(a) 印出陣列內容。

(b) 每日的平均溫度。

(c) 時段一、時段二與時段三的平均氣溫。

(d) 溫度最高的日子與時段。

(e) 溫度最低的日子與時段。

15. 設陣列 A 的維度為 4×2×3，試在程式碼裡宣告此一陣列，並在宣告同時設定初值，然後計算陣列 A 內所有元素的總和。

16. 在數位彩色照片裡，每一個畫素（pixel）的顏色是由紅、綠與藍（red、green 與 blue，即 rgb）三個顏色混色而成的。通常 rgb 的強度可用 0~255 的數值來表示。數值越大代表該顏色的強度越強。照片的維度是二維，因此恰可用一個二維的矩陣來表示它，每一個矩陣的元素即代表了一個畫素。但因每一個畫素必須是由紅、綠與藍三個顏色組成，於是要正確的表示一張數位彩色照片的資料，最方便的方式是利用三維矩陣。下面是一個三維矩陣的示意圖，它代表了一個 4×5 畫素的彩色影像：

$$\underset{\text{紅色}}{\begin{pmatrix} 247 & 67 & 32 & 187 & 240 \\ 122 & 41 & 21 & 16 & 154 \\ 52 & 35 & 79 & 21 & 93 \\ 27 & 22 & 35 & 154 & 75 \end{pmatrix}} \quad \underset{\text{綠色}}{\begin{pmatrix} 14 & 145 & 132 & 25 & 40 \\ 212 & 221 & 121 & 54 & 14 \\ 132 & 235 & 178 & 19 & 14 \\ 122 & 122 & 133 & 54 & 47 \end{pmatrix}} \quad \underset{\text{藍色}}{\begin{pmatrix} 17 & 44 & 32 & 127 & 240 \\ 22 & 231 & 21 & 156 & 124 \\ 32 & 35 & 78 & 21 & 194 \\ 127 & 22 & 33 & 54 & 45 \end{pmatrix}}$$

(a) 試以一個三維的陣列來描述此一影像。

(b) 試將每一個畫素中的 r 值加 30。若加 30 之後的值超過 255，則以 255 取代之。

(c) 試將每一個畫素中的 g 值減 30。若減 30 之後的值小於 0，則以 0 取代之。

9.3 傳遞陣列給函數

17. 試撰寫一函數 int min(int arr[])，可傳回一維陣列 arr 裡所有元素的最小值，並測試之。

18. 試撰寫一函數 int idx(int arr[])，可傳回一維陣列 arr 裡最小值的索引值，並測試之。

19. 試撰寫一函數 void square(int arr[])，在呼叫 square() 函數後，一維陣列 arr 裡的每一個元素皆會被平方。

20. 試撰寫一函數 void count(int arr[])，它可接收一個一維整數陣列 arr，並於函數內計算陣列 arr 裡奇數及偶數的個數，然後將它們列印出來。

21. 試撰寫一函數 double average(int arr[ROW][COL])，可用來傳回二維陣列 arr 裡所有元素的平均值，其中 ROW 與 COL 是由前置處理器 #define 所定義的常數，ROW 代表陣列的列數，COL 為行數。

22. 試撰寫一函數

```
void add(int A[ROW][COL],int B[ROW][COL],int C[ROW][COL])
```

可用來計算矩陣 A 與 B 的相加，並把相加後的結果放矩陣 C 裡。ROW 與 COL 是由前置處理器 #define 所定義的常數，ROW 代表陣列的列數，COL 為行數。

9.4 字串

23. 若宣告了下面的字元陣列

```
char str[]="Hello, C language";
```

則字元陣列 str 共佔了幾個 bytes？試撰寫一程式來驗證您的結果。

24. 試撰寫一程式，由鍵盤輸入一字串後，分別計算該字串出現 a、e、i、o、u 的次數。

25. 試設計一程式，將字串中所有的大寫字母轉換成小寫字母。

9.5 字串的輸入與輸出函數

26. 試撰寫一函數 int length(char str[])，可用來計算字串變數 str 的字元數（不包含字串結束字元「\0」）。

27. 試撰寫一函數 void reverse(char str[])，它可將字串 str 反序印出來。舉例來說，輸入的字串為"Hello"，輸出即為"olleH"。字串的輸入請用 gets() 函數，輸出請用 puts() 函數。

28. 試撰寫一函數 void toLower(char str[])，它可將字串 str 的大寫字母改成小寫印出。字串的輸入請用 gets() 函數，輸出請用 puts() 函數。

9.6 字串陣列

29. 設字串陣列 arr 宣告為

```
char arr[][11]={"C language", "C++", "Java"};
```

試回答下面的問題：

(a) 下面是陣列 arr 的記憶體配置圖，裡面已填入了部分的字元，但尚未全部完成。請試著將它們填滿（未使用到的空間請用斜線來填滿）：

C										
J	a	v	a	\0						

(b) 陣列 arr 共佔了多少個位元組？

(c) 陣列 arr 裡，有幾個位元組的記憶空間浪費掉了？

(d) 假設 arr[0][0] 的位址是 10，arr[0][1] 的位址是 11，以此類推（每一個元素都佔了一個位元組），試接續 (a) 的圖，將每一個陣列元素的位址都填上。

(e) 接續 (d)，若以

```
for(i=0;i<3;i++)
   printf("arr[%d]=%p\n",i,arr[i]);
```

來列印，您將會得到什麼答案？這些答案各代表什麼意義？

(f) 試撰寫一程式，可列印出字串陣列 arr 裡所有的字串。

30. 試改寫 prog9_24，使得拷貝字串陣列的動作是在函數 string_cpy() 裡進行。string_cpy() 函數的原型請宣告為

```
void string_cpy(char arr1[MAX][LENGTH],char arr2[MAX][LENGTH]);
```

當函數 string_cpy() 呼叫時，可將字串陣列 arr1 的內容拷貝到字串陣列 arr2。

31. 如果把 prog9_24 裡，12~20 行的 for 迴圈改成只有下面三行

```
for(i=0;i<MAX,i++)
   for(j=0;j<LENGTH;j++)
      arr2[i][j]=arr1[i][j];
```

則程式執行的結果是相會相同？試比較上述的寫法與 prog9_24 的寫法的優缺點。

chapter

10 指標

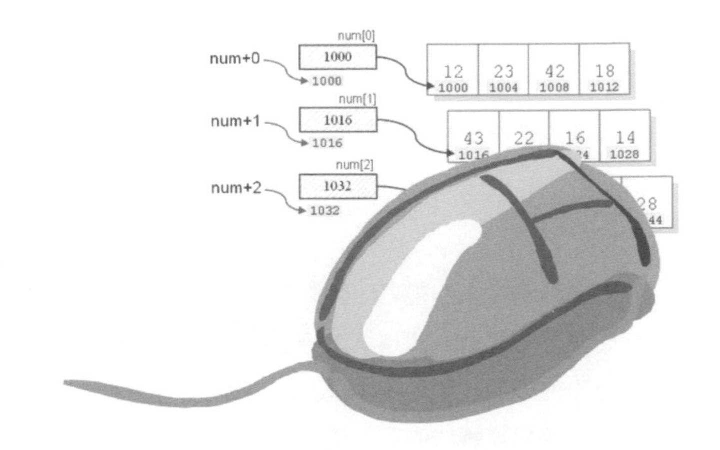

對於 C 語言的初學者而言，指標可能是個較不容易懂的課題。許多學過 C 語言的人都覺得指標並不好學，因為指標總是隔了一層面紗，令人摸不著邊際。事實上，學好指標並不難，只要釐清觀念，多加練習，便可以揭開指標的真相，並進而利用指標的特性，來駕馭 C 語言。

本章學習目標

- 認識指標
- 學習指標運算子的用法
- 利用函數來傳遞指標
- 認識指標與陣列之間的關係
- 認識指向指標的指標（雙重指標）

10.1 指標概述

到目前為止，我們都是透過變數名稱來存取變數的內容。除了透過變數的名稱之外，C 語言尚提供了另一種存取變數的特殊方式，可以不必使用變數的名稱，便能存取到變數的值，這種技術便是利用「指標」（pointer）來達成的。

10.1.1 認識指標

指標可看成是一種特殊的變數，用來存放變數在記憶體中的位址。當我們宣告一個變數時，編譯器便會配置一塊足夠儲存這個變數的記憶體空間給它。每個記憶體空間均有它獨一無二的編號，這些編號稱為記憶體的「位址」（address），程式便是利用記憶體的位址來存取變數的內容。位址有如車牌號碼一樣，程式可以依照位址來存取變數，就如同只要有了車牌號碼（位址），便可掌握到車籍資料（變數內容）一樣。

在 C 語言裡，指標是用來儲存變數位址的一種特殊變數。如果指標 ptr 存放了變數 a 的位址，則我們就說

" 指標 ptr 指向變數 a "

當指標 ptr 指向變數 a 之後，如果需要存取變數 a 時，便可以利用指標 ptr 先找到該變數 a 的位址，再由該位址取出所儲存的變數值。這種依照位址來存取變數值的方式，稱為「依址取值」。下面是指標 ptr 指向變數 a 的示意圖：

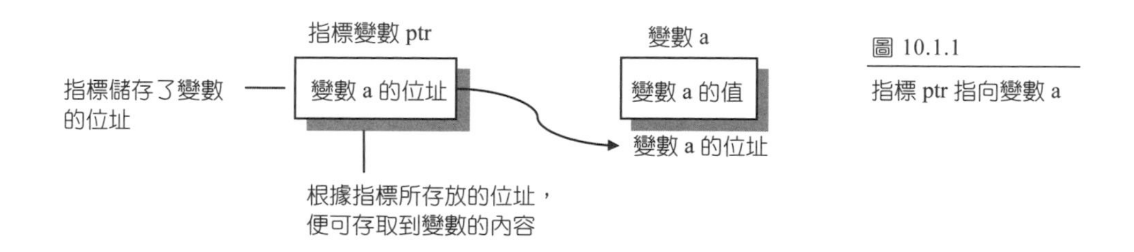

圖 10.1.1 指標 ptr 指向變數 a

我們舉一個實例來說明指標與它所指向的變數之間的關係。假設程式裡宣告了整數變數 a，以及指標變數 ptr，其中變數 a 的值為 20，存放變數 a 的記憶體位址為 1400。如果指標 ptr 指向變數 a（也就是指標 ptr 存放的是變數 a 的位址），則指標的內容即為 1400。

因為指標變數也是變數的一種，所以編譯器也會安排一塊適當大小的記憶體來存放它，所以指標變數本身也會有一個屬於它自己的位址。於本例中，假設指標變數 ptr 的位址為 1408，則變數 a 與指標變數 ptr 於記憶體內的配置情形可由下圖來表示：

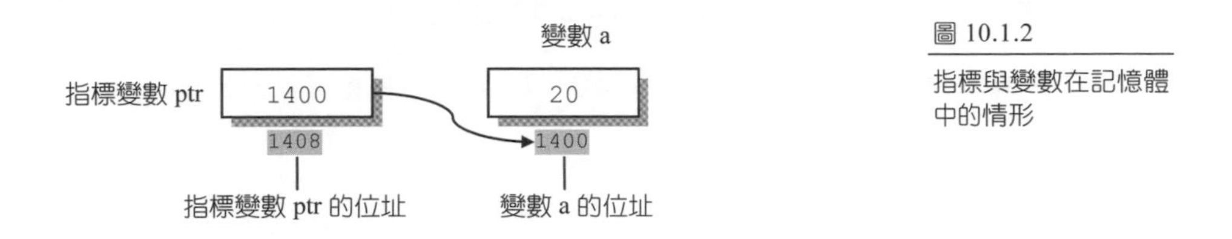

圖 10.1.2
指標與變數在記憶體中的情形

上圖顯示了變數 a 的位址為 1400，指標變數 ptr 的位址為 1408。因指標 ptr 是指向變數 a，所以它存放變數 a 的位址，也就是 1400。

通常編譯程式是採「位元組定址法」來決定變數的位址，也就是把記憶體內每個位元組依序編號，而變數的位址即是它所佔位元組裡，第一個位元組的位址。以變數 a 為例，a 為整數，所以它佔了 4 個位元組，假設這 4 個位元組於記憶體內的編號是 1400~1403，如下圖所示：

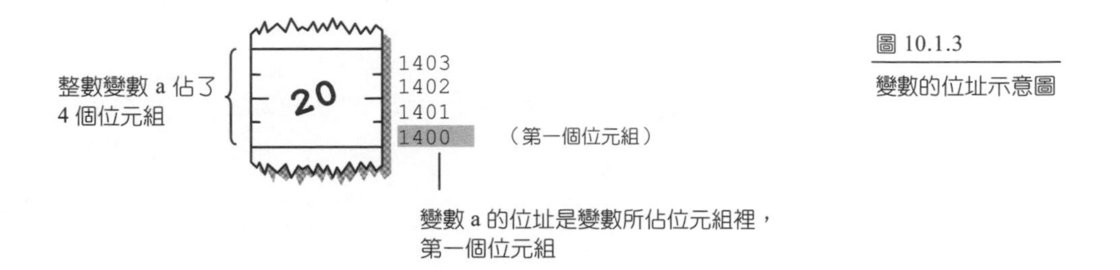

圖 10.1.3
變數的位址示意圖

因 C 語言是採位元組定址法，所以變數 a 的位址是 1400~1403 裡的第一個位元組，也就是 1400。

10.1.2 為什麼要用指標？

指標只是轉了個彎來存取變數，因此腦筋也要拐個彎來學習指標。雖然有些場合即使不用指標，依然可以撰寫出不錯的程式，但是有些情況下如果使用指標，不但可以解決程式設計上的一些難題，同時也可增進程式執行的效率：

(1) 利用指標可以使得函數在傳遞陣列或字串時更有效率。

(2) 較複雜的資料結構，如鏈結串列（linked list）或二元樹（binary tree）等，均須要指標的協助才能將資料鏈結在一起。

(3) 許多函數必須利用指標來傳達記憶體的訊息，例如記憶體配置函數 malloc() 與檔案開啟函數 fopen() 等，都必須借助指標的幫忙。

指標之所以讓人覺得難以親近，最主要的原因就是因為它和記憶體的位址有很大的關聯，而記憶體的位址又得要靠想像才能描繪出來。但是當您學會了指標之後，就會因為方便而使得指標在程式中頻頻出現，這就是 C 語言中獨特且迷人的地方。

10.1.3 記憶體的位址

指標與記憶體位址有密不可分的關係，因此在還沒正式介紹指標之前，我們先來看看編譯器是如何配置記憶空間給變數使用。

下面是一個簡單的範例，於程式中宣告了三個變數 a、b 與 c，然後分別印出它們的值、所佔記憶體的大小，與變數的位址等資訊：

```
01  /* prog10_1, 印出變數於記憶體內的位址 */
02  #include <stdio.h>
03  #include <stdlib.h>
04  int main(void)
05  {
06     int a,b=5;          /* 宣告變數 a 與 b，但變數 a 沒有設定初值 */
07     double c=3.14;
08
09     printf("a=%4d, sizeof(a)=%d, 位址為%d\n",a,sizeof(a),&a);
10     printf("b=%4d, sizeof(b)=%d, 位址為%d\n",b,sizeof(b),&b);
11     printf("c=%4.2f, sizeof(c)=%d, 位址為%d\n",c,sizeof(c),&c);
12     system("pause");
13     return 0;
14  }
```

```
/* prog10_1 OUTPUT---------------
a=4203, sizeof(a)=4, 位址為 2293612
b=   5, sizeof(b)=4, 位址為 2293608
c=3.14, sizeof(c)=8, 位址為 2293600
---------------------------------*/
```

程式解說

習慣上，記憶體的位址是以十六進位來表示，但於本例題中，為了方便查看變數所佔記憶體的大小，所以是用十進位來顯示位址，因此於 9~11 行的 printf() 函數中，列印變數位址的格式碼是使用「%d」。另外，如果要取得變數的位址，只要在變數前面加上一個位址符號「&」即可，例如第 9 行的「&a」即可取出變數 a 的位址，而第 10 行的的「&b」即可取出變數 b 的位址。

由於變數 a 並沒有設定初值，因此第 9 行以 printf() 函數印出變數 a 的值是留在記憶體內的殘值，所以您的執行結果可能會和本書所得的 4203 不一樣。此外，變數的位址是編譯程式依據程式執行時的環境而自動設定的，我們無法改變它們，所以您的執行結果中，變數 a、b 與 c 的位址可能與本書也不一樣。下圖為本例中，變數於記憶體內配置的情形：

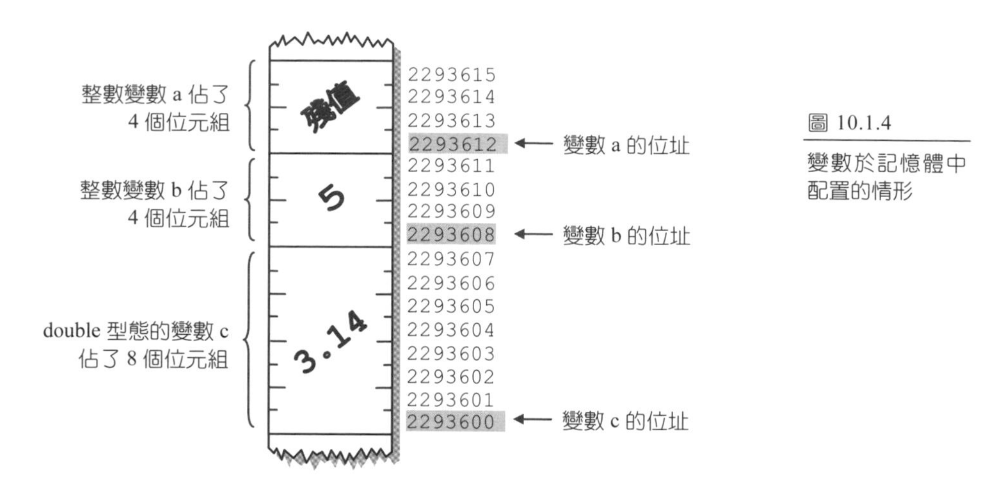

圖 10.1.4

變數於記憶體中配置的情形

於本例中，如果希望位址以十六進位顯示，只需將格式碼「%d」改成「%p」即可。在接續的範例中，我們也都將以「%p」來列印變數的位址。 ❖

10.2 使用指標變數

在 C 語言裡，凡是要使用的變數都必須先經過宣告，當然指標變數也不例外。在本節中，我們將學習如何宣告指標變數，並利用指標來存取變數的內容。

10.2.1 指標變數的宣告

指標變數所存放的內容，並不是一般的資料，而是存放變數的位址。因為指標所存放的是某個資料在記憶體中的位址，所以根據指標所存放的位址，即可找到它所指向之變數的內容。指標變數的宣告格式如下所示：

```
資料型態 *指標變數;        /* 宣告指標變數 */
```

格式 10.2.1

指標變數的宣告格式

於上面的格式中，在變數的前面加上指標符號「*」，即可將變數宣告成指標變數，而指標變數之前的資料型態，則是代表指標所指向之變數的型態。下面的敘述即為指標變數宣告的範例：

```
int *ptr;          /* 宣告指向整數的指標變數 ptr */
```

上面的敘述宣告了指標變數 ptr，它所存放的位址必須是一個整數變數的位址。宣告完指標變數 ptr 之後，如果想把指標 ptr 指向整數變數 num(也就是存放變數 num 的位址)，可以利用如下的敘述：

```
int num=20;        /* 宣告整數變數 num，並設值為 20 */
ptr=&num;          /* 把指標 ptr 設為變數 num 的位址，即把 ptr 指向 num */
```

於上面的敘述中，如果 num 的位址為 1400，則上面的語法就相當於把 num 的位址 1400 設定給 ptr 存放，因此這時候 ptr 的值即為 1400，如下圖所示：

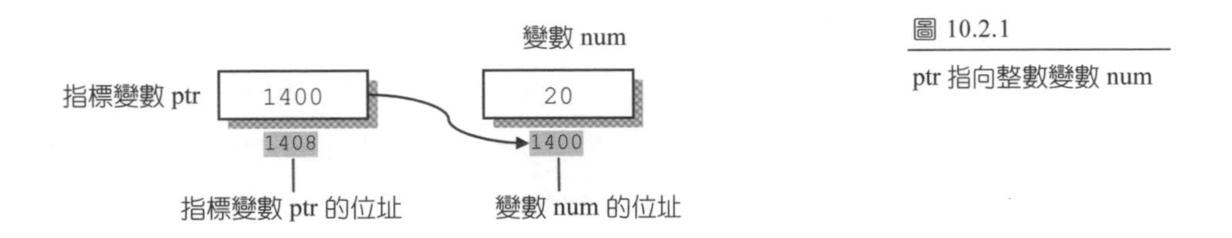

圖 10.2.1

ptr 指向整數變數 num

C 語言也允許在宣告指標變數時，便立即將它指向某個整數，如下面的敘述：

```
int value=12;          /* 宣告整數變數 value，並設值為 12 */
int *ptr=&value;       /* 宣告指標變數 ptr，並將它指向變數 value */
```

上面的範例是以指向整數的指標為例來說明指標的應用。事實上，只要是 C 語言所提供的資料型態，都可以設定指標變數來指向它。本書稍後也會提及，陣列與指標也有密不可分的關係。

10.2.2 指標變數的使用

指標常用的運算有兩種，一是取出變數的位址，然後存放在指標裡；二是取出指標變數所指向之變數的內容，這兩種工作可以經由下列兩種運算子完成：

(1) **位址運算子「&」：**

位址運算子「&」可用來取得變數的位址。舉例來說，如果宣告一整數變數 num，則 &num 即代表取出 num 在記憶體中的位址：

圖 10.2.2
位址運算子「&」可取得變數的位址

(2) **依址取值運算子「*」：**

依址取值運算子「*」可取得指標所指向變數的內容。舉例來說，假設宣告了一整數型態的指標 ptr，ptr 內所存放的位址是變數 num（假設 num=20）的位址 1400，則 *ptr 便可取得 num 的值（num 值為 20）：

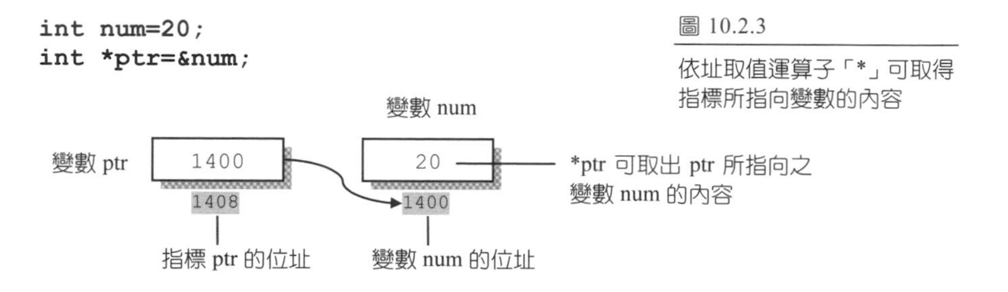

圖 10.2.3
依址取值運算子「*」可取得指標所指向變數的內容

我們以一個實例來說明位址運算子「&」與依址取值運算子「*」的使用。下面的範例宣告了整數變數 num 與指標變數 ptr，並將 ptr 指向 num 的位址，然後於程式中印出變數的位址與變數值：

```
01  /* prog10_2, 指標變數的宣告 */
02  #include <stdio.h>
03  #include <stdlib.h>
04  int main(void)
05  {
06     int *ptr,num=20;   /* 宣告變數 num 與指標變數 ptr */
07
08     ptr=&num;          /* 將 num 的位址設給指標 ptr 存放 */
09     printf("num=%d, &num=%p\n",num,&num);
10     printf("*ptr=%d, ptr=%p, &ptr=%p\n",*ptr,ptr,&ptr);
11     system("pause");
12     return 0;
13  }
```

```
/* prog10_2 OUTPUT------------------

num=20, &num=0022FF68
*ptr=20, ptr=0022FF68, &ptr=0022FF6C
--------------------------------------*/
```

程式解說

程式第 6 行宣告了指向整數的指標 ptr，以及整數變數 num，並將 num 設值為 20。經過宣告後，記憶體位址的配置如下所示：

圖 10.2.4

執行完第 6 行後，記憶體的配置

程式第 8 行，將 ptr 設值為 num 的位址，如此一來，ptr 的內容即為 num 的位址，也就是將指標 ptr 指向變數 num：

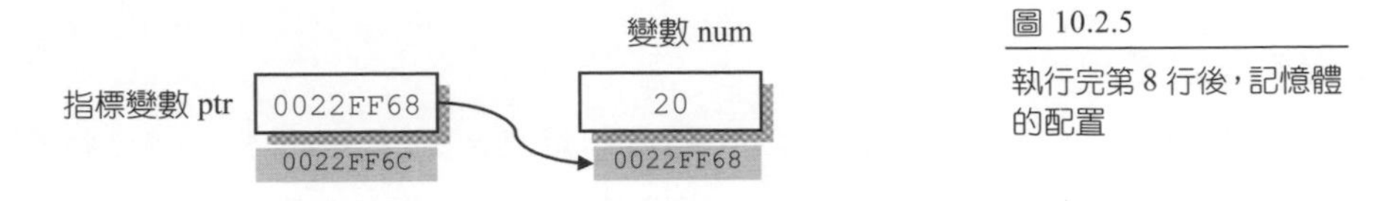

圖 10.2.5

執行完第 8 行後，記憶體的配置

程式第 9 行，印出 num 的內容 20 及位址 0022FF68。程式第 10 行，印出 ptr 所指向的變數值 20、ptr 的內容 0022FF68，及 ptr 本身的位址 0022FF6C。

由本例可以得知，ptr 是指標變數，它可用來存放變數的位址；*ptr 是用來取出 ptr 所指向的變數值，而 &ptr 則是指標變數本身的位址。 ❖

把指標指向某個變數之後，我們依然可以重新設定它指向另一個相同型態的變數，如下面的範例：

```
01  /* prog10_3, 指標變數的使用 */
02  #include <stdio.h>
03  #include <stdlib.h>
04  int main(void)
05  {
06     int a=5,b=3;
07     int *ptr;             /* 宣告指標變數 ptr */
08
09     ptr=&a;               /* 將 a 的位址設給指標 ptr 存放 */
10     printf("&a=%p, &ptr=%p, ptr=%p, *ptr=%d\n",&a,&ptr,ptr,*ptr);
11     ptr=&b;               /* 將 b 的位址設給指標 ptr 存放 */
12     printf("&b=%p, &ptr=%p, ptr=%p, *ptr=%d\n",&b,&ptr,ptr,*ptr);
13
14     system("pause");
15     return 0;
16  }
```

```
/* prog10_3 OUTPUT------------------------------
&a=0022FF6C, &ptr=0022FF64, ptr=0022FF6C, *ptr=5
&b=0022FF68, &ptr=0022FF64, ptr=0022FF68, *ptr=3
---------------------------------------------*/
```

程式解說

程式第 6 行，宣告整數變數 a 與 b，並分別設值為 5 與 3。另外，第 7 行宣告了指向整數的指標 ptr。經過宣告後，記憶體位址的分配如下所示：

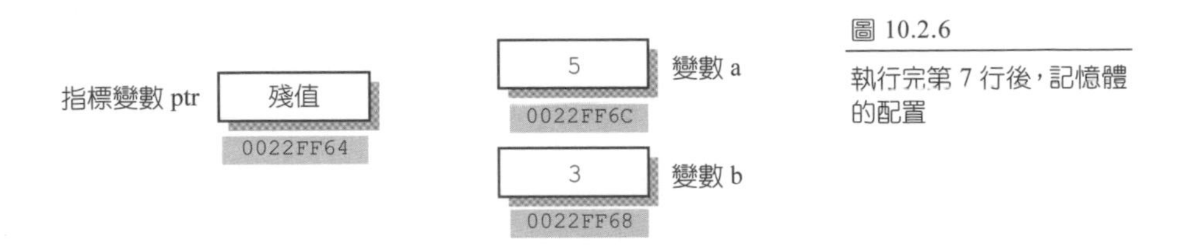

圖 10.2.6
執行完第 7 行後，記憶體的配置

程式第 9 行，將變數 a 的位址設給 ptr 存放，也就是讓指標 ptr 指向變數 a，如此一來，ptr 的內容即為 a 的位址，此時記憶體的配置如下圖所示：

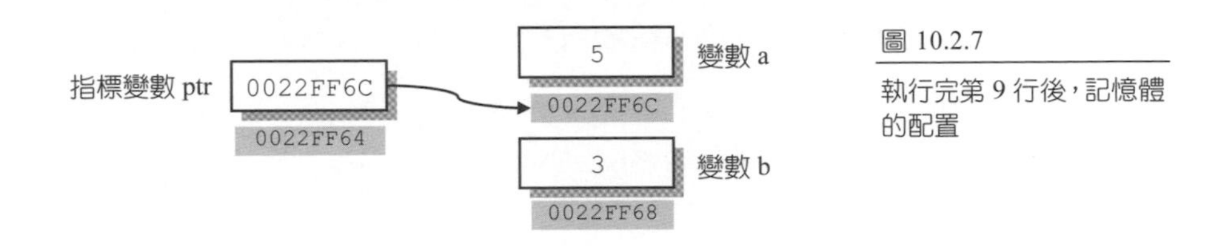

圖 10.2.7
執行完第 9 行後，記憶體的配置

第 10 行則分別印出了 a 的位址、指標 ptr 的位址、ptr 的值與 ptr 所指向之變數值。您可以把第 10 行的輸出與上圖做個比較，更可以了解指標運作的方式。

程式第 11 行，重新設定 ptr 的值，使得它指向變數 b，如此一來，ptr 的內容就變成了 b 的位址，此時記憶體的配置如下圖所示：

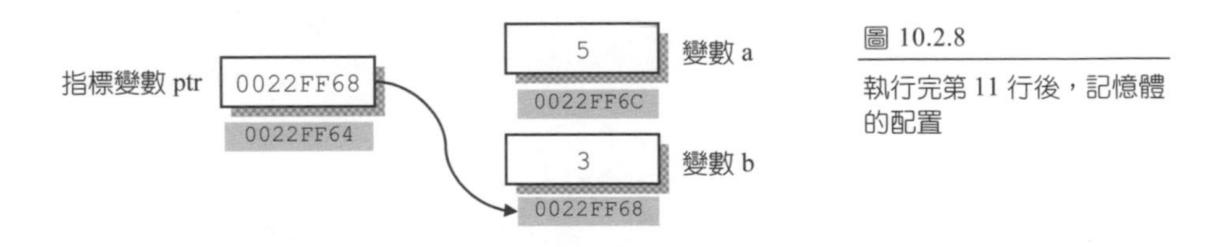

圖 10.2.8
執行完第 11 行後，記憶體的配置

最後程式碼第 12 行印出了變數 b 與指標 ptr 的位址，以及 ptr 的值與它所指向之變數值。從本例中可以學習到，只要是變數的型態相同，指標是可以更改它的指向，使它指向另一個變數。 ❖

指標變數不論它指向之變數的型態為何，編譯器配置給指標變數的空間都是 4 個位元組。以下面的程式為例，於程式中分別宣告了指向整數與字元的指標變數，然後利用 sizeof() 求出指標變數所佔的位元組：

```
01  /* prog10_4, 指標變數的大小 */
02  #include <stdio.h>
03  #include <stdlib.h>
04  int main(void)
05  {
06     int *ptri;          /* 宣告指向整數的指標 ptri */
07     char *ptrc;         /* 宣告指向字元的指標 ptrc */
08
09     printf("sizeof(ptri)=%d\n",sizeof(ptri));
10     printf("sizeof(ptrc)=%d\n",sizeof(ptrc));
11     printf("sizeof(*ptri)=%d\n",sizeof(*ptri));
12     printf("sizeof(*ptrc)=%d\n",sizeof(*ptrc));
13
14     system("pause");
15     return 0;
16  }
```

```
/* prog10_4 OUTPUT---
sizeof(ptri)=4      } 指標變數皆佔了 4 個
sizeof(ptrc)=4      } 位元組
sizeof(*ptri)=4
sizeof(*ptrc)=1
----------------------*/
```

程式解說

於本例中，第 6 行與第 7 行分別宣告了指向整數與字元的指標，由於指標存放的是記憶體的位址，與位址內存放的資料型態無關，所以無論它是指向何種型態，指標變數均佔了 4 個位元組，因此程式碼的第 9 行與第 10 行的輸出皆為 4 個位元組。

另外，第 11 行利用 sizeof() 求出 *ptri 所佔的位元組。由於第 6 行已宣告了 ptri 是指向整數的指標，所以 *ptri 也就是 ptri 所指向的整數，因此 *ptri 佔了 4 個位元組。相同的，*ptrc 代表 ptrc 所指向的字元，所以 *ptrc 佔了一個位元組。 ❖

有了上述的概念之後，我們再來做一些練習，用以熟悉位址運算子「&」與依址取值運算子「*」的用法。下面是一個簡單的範例，其中宣告了 a 與 b 兩個整數，同時宣告了指向整數的指標 ptr1 與 ptr2，並在程式裡加入一些敘述，用來更改變數的內容，藉以熟悉指標的操作：

```
01  /* prog10_5, 指標的操作練習 */
02  #include <stdio.h>
03  #include <stdlib.h>
04  int main(void)
05  {
06     int a=5,b=10;
07     int *ptr1,*ptr2;
08     ptr1=&a;                /* 將 ptr1 設為 a 的位址 */
09     ptr2=&b;                /* 將 ptr2 設為 b 的位址 */
10     *ptr1=7;                /* 將 ptr1 指向的內容設為 7 */
11     *ptr2=32;               /* 將 ptr2 指向的內容設為 32 */
12     a=17;                   /* 設定 a 為 17 */
13     ptr1=ptr2;              /* 設定 ptr1=ptr2 */
14     *ptr1=9;                /* 將 ptr1 指向的內容設為 9 */
15     ptr1=&a;                /* 將 ptr1 設為 a 的位址 */
16     a=64;                   /* 設定 a 為 64 */
17     *ptr2=*ptr1+5;          /* 將 ptr2 指向的內容設為*ptr1+5*/
18     ptr2=&a;                /* 將 ptr2 設為 a 的位址 */
19
20     printf("a=%2d, b=%2d, *ptr1=%2d, *ptr2=%2d\n",a,b,*ptr1,*ptr2);
21     printf("ptr1=%p, ptr2=%p\n",ptr1,ptr2);
22
23     system("pause");
24     return 0;
25  }
```

```
/* prog10_5 OUTPUT------------

a=64, b=69, *ptr1=64, *ptr2=64
ptr1=0022FF6C, ptr2=0022FF6C

---------------------------------*/
```

程式解說

於本例中，第 6 行宣告了兩個整數 a 與 b，第 7 行則是宣告了兩個指向整數的指標 ptr1 與 ptr2。8~18 行做了一些設定，例如將指標指向另一個變數，或者是更改指標所指向之變數的內容等。最後程式碼 20~21 行印出了變數 a 的值為 64，b 的值為 69，*ptr1 與 *ptr2 皆為 64，另外，ptr1 與 ptr2 的值皆為 0022FF6C。這些最終的值是怎麼得來的呢？

下表是在執行 6~18 行時，每執行完一行，變數 a、b 與指標 ptr1、ptr2 之值的變化情形，其中變數 a 的位址假設為 FF6C，變數 b 的位址假設為 FF68：

表 10.2.1 執行 6~18 行時，變數變化的情形（&a=FF6C，&b= FF68）

行號	程式碼	a	b	ptr1	*ptr1	ptr2	*ptr2
06	int a=5,b=10;	5	10				
07	int *ptr1,*ptr2;	5	10	殘值	殘值	殘值	殘值
08	ptr1=&a;	5	10	FF6C	5	殘值	殘值
09	ptr2=&b;	5	10	FF6C	5	FF68	10
10	*ptr1=7;	7	10	FF6C	7	FF68	10
11	*ptr2=32;	7	32	FF6C	7	FF68	32
12	a=17;	17	32	FF6C	17	FF68	32
13	ptr1=ptr2;	17	32	FF68	32	FF68	32
14	*ptr1=9;	17	9	FF68	9	FF68	9
15	ptr1=&a;	17	9	FF6C	17	FF68	9
16	a=64;	64	9	FF6C	64	FF68	9
17	*ptr2=*ptr1+5;	64	69	FF6C	64	FF68	69
18	ptr2=&a;	64	69	FF6C	64	FF6C	64

建議讀者應依循上面的步驟，一步步的探討表格內的數據是如何得來的，同時建議讀者修改 prog10_5，使得每執行完一行，程式碼裡便能印出所有變數的值，用來驗證上表的正確性。 ❖

由 prog10_5 可知，不管是利用變數或是指標，都可以更改變數裡的值，但是不管如何，變數的位址卻是無法更改的，因為它是由編譯器所配置的，若是隨意更改變數的位址，很可能不小心就佔用到作業系統的位址，而造成不可預期的錯誤。

10.2.3 宣告指標變數所指向之型態的重要性

在宣告指標變數時，我們便會賦予指標所指向的資料型態。一旦確定指標變數所指向的資料型態之後，我們便不能夠再更改它。若是把 A 型態的指標指向 B 型態的變數，在編譯時編譯器會發出警告訊息，告訴您指標和指向變數的型態不合，此時程式執行時就會發生資料被不正常截取的問題，因而造成指向的變數內容不正確。

我們實際舉個簡單的例子來說明。下面的程式分別宣告了整數變數 a1、指向整數的指標 ptri、浮點數變數 a2，以及指向浮點數的指標 ptrf，並讓 ptrf 指向 a1，ptri 指向 a2，再於程式中印出它們的值：

```
01  /* prog10_6, 錯誤的指標型態 */
02  #include <stdio.h>
03  #include <stdlib.h>
04  int main(void)
05  {
06     int a1=100, *ptri;
07     float a2=3.2f, *ptrf;
08     ptri=&a2;      /* 錯誤，將 int 型態的指標指向 float 型態的變數 */
09     ptrf=&a1;      /* 錯誤，將 float 型態的指標指向 int 型態的變數 */
10     printf("sizeof(a1)=%d\n",sizeof(a1));
11     printf("sizeof(a2)=%d\n",sizeof(a2));
12     printf("a1=%d,*ptri=%d\n",a1,*ptri);
13     printf("a2=%.1f,*ptrf=%.1f\n",a2,*ptrf);
14
```

```
15      system("pause");
16      return 0;
17  }
```

```
/* prog10_6 OUTPUT------
sizeof(a1)=4
sizeof(a2)=4
a1=100,*ptri=-1717986918
a2=3.2,*ptrf=0.0
--------------------------*/
```

程式解說

於本例中，ptri 宣告成指向 int 型態的指標，但第 8 行卻把它指向 float 型態的變數。相同的，ptrf 宣告成指向 float 型態的指標，但第 9 行卻把它指向 int 型態的變數。當指標宣告的型態與其所指向之變數的型態不同時，程式在抓取資料時便會發生錯誤。所以在使用指標時，其型態要和所指向的變數型態一樣。 ❖

10.2.4 指標變數的宣告方式

到目前為止，您應該已經慢慢習慣指標變數的宣告方式了。若是要宣告一個指向整數的指標變數 ptr，可用下面的方式來宣告：

```
int *ptr;       /* 宣告指向整數的指標變數 ptr */
```

注意在上面的宣告中，「*」號緊鄰著指標變數的名稱。我們可以把上面的語法解釋成 ptr 是一個指標變數（因為宣告時，ptr 前面有一個「*」號），它所指向之變數的型態是 int（最前面的型態是 int）。

除了上面的宣告方式之外，我們也可以在宣告指標變數時，把「*」號緊接著型態之後，如下面的宣告方式：

```
int* ptr;       /* 宣告型態為「指向整數之指標」的變數 ptr */
```

在上面的寫法中，我們可以把「int*」看成是一種新的型態，也就是「指向整數之指標」的型態，然後利用這個型態來宣告變數 ptr。

上述兩種指標變數的宣告方式，C 語言都接受。本書的程式碼都是採用第一種寫法來宣告指標變數，但有些初學者可能會覺得第二種寫法較易理解。然而採用第二種寫法宣告時，一次只能宣告一個指標變數，例如於下面的宣告中，

```
int* a,b;      /* 想宣告 a 與 b 同是指向整數的指標變數 */
```

編譯器會把它解讀成

```
int *a,b;      /* 宣告 a 是指向整數的指標變數，b 是整數 */
```

因此，如果要一次宣告數個指標變數，可採用第一種方式來撰寫，若是採第二種方式，則必須分成數行來宣告。另外，第二種寫法也可以用在函數的傳回值為一個指標時，這個部分留到 10.3.2 節再進行討論。

10.3 指標與函數

指標可以在函數之間傳遞，也可以從函數傳回指標。在許多情況下，函數的引數藉由指標的傳遞，不但可以簡化程式碼的撰寫、增加程式執行的效率，同時還可以解決一些程式設計裡無法達成的難題呢！

10.3.1 傳遞指標到函數裡

如果想要把指標傳入函數裡，可利用如下的語法：

```
傳回值型態 函數名稱(資料型態 *指標變數)
{
    /* 函數的本體 */
}
```

格式 10.3.1

將指標傳入函數的格式

例如，若是想設計一個函數 address()，它可接收一個指向整數的指標，且沒有傳回值，則函數 address() 可以定義成如下的敘述：

```
void address(int *ptr)          /* 定義函數 address()*/
{
   /* 函數的內容  */
}
```

另外，因為函數 address() 原型的括號內不必填上引數名稱，所以括號內只保留指標所指向變數之型態，以及一個星號「*」，代表傳入的是一個指向整數的指標即可：

```
void address(int *);            /* 宣告函數 address()的原型 */
```

在呼叫 address() 時，由於 address() 必須接收一個指向整數的指標，因此我們可以把整數的位址，或者是指向整數的指標當成引數傳入函數內，如下面的敘述：

```
int a=12;
int *ptr=&a;             /* 將指標 ptr 指向變數 a */
address(&a);             /* 傳入 a 的位址*/
address(ptr);            /* 傳入指向整數的指標 ptr */
```

下面是函數 address() 的完整範例。於此範例中，address() 可以接收一個指向整數的指標（即整數變數的位址），然後在函數內將位址與該位址內存放的變數值列印出來：

```
01  /* prog10_7, 傳遞指標到函數裡 */
02  #include <stdio.h>
03  #include <stdlib.h>
04  void address(int *);         /* 宣告 address()函數的原型 */
05  int main(void)
06  {
07     int a=12;                 /* 設定變數 a 的值為 12 */
08     int *ptr=&a;              /* 將指標 ptr 指向變數 a */
09
10     address(&a);              /* 將 a 的位址傳入 address()函數中 */
11     address(ptr);             /* 將 ptr 傳入 address()函數中 */
12
```

```
13     system("pause");
14     return 0;
15  }
16  void address(int *p1)
17  {
18     printf("於位址%p 內，儲存的變數內容為%d\n",p1,*p1);
19  }
```

```
/* prog10_7 OUTPUT-------------
於位址 0022FF6C 內，儲存的變數內容為 12
於位址 0022FF6C 內，儲存的變數內容為 12
-----------------------------------*/
```

程式解說

於本例中，16~19 行定義了函數 address()，它可接收指向整數型態的指標（也就是可以接收一個存放整數的位址）。在主程式中，第 7 行宣告整數變數 a，並設值為 12，第 8 行宣告了指向整數的指標 ptr，並將它指向變數 a。

程式第 10 行呼叫函數 address()，並傳入變數 a 的位址，傳入的位址由第 16 行的指標變數 p1 所接收，並於第 18 行印出傳入的位址，以及該位址內的變數值。由程式的輸出可知，變數 a 的位址是 0022FF6C，而此位址內，儲存的變數值為 12，當然也就是變數 a 的值，如下圖所示：

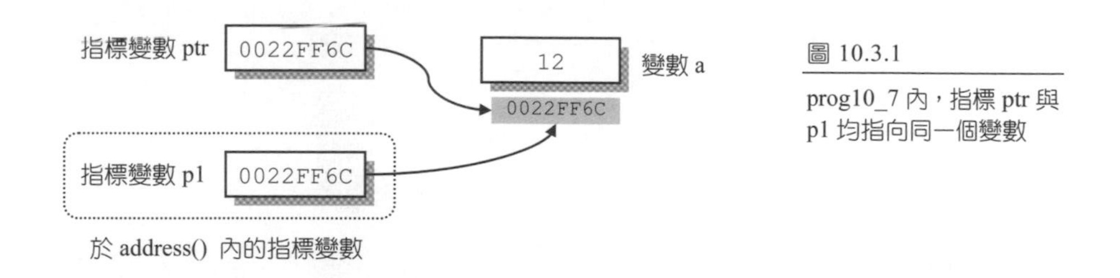

圖 10.3.1

prog10_7 內，指標 ptr 與 p1 均指向同一個變數

另外，第 11 行呼叫函數 address()，同時傳入指標 ptr。由於第 8 行已將 ptr 指向變數 a，因此 ptr 存放的實際上就是 a 的位址，所以函數 address() 的執行結果也就和第 10 行的執行結果相同。 ❖

prog10_7 說明了如何傳遞指標（位址）到函數裡。既然函數可以藉由指標的傳遞來得知變數的位址，因此我們也就可以在函數內透過位址來改變呼叫端變數的內容。以下面的範例為例，於程式中定義了一個 add10() 函數，它可接收一個整數變數。只要 add10() 函數被呼叫，呼叫端傳入 add10() 的變數便會被加 10：

```
01   /* prog10_8, 傳遞指標的應用 */
02   #include <stdio.h>
03   #include <stdlib.h>
04   void add10(int *);          /* add10()函數的原型 */
05   int main(void)
06   {
07     int a=5;
08
09     printf("呼叫 add10()之前,a=%d\n",a);
10     add10(&a);                /* 呼叫 add10()函數 */
11     printf("呼叫 add10()之後,a=%d\n",a);
12
13     system("pause");
14     return 0;
15   }
16
17   void add10(int *p1)
18   {
19     *p1=*p1+10;
20   }
```

```
/* prog10_8 OUTPUT--
呼叫 add10()之前,a=5
呼叫 add10()之後,a=15
----------------------*/
```

程式解說

於本例中，第 10 行把變數 a 的位址傳遞給函數 add10()，並由第 17 行的指標變數 p1 所接收，此時記憶體的配置如下圖所示：

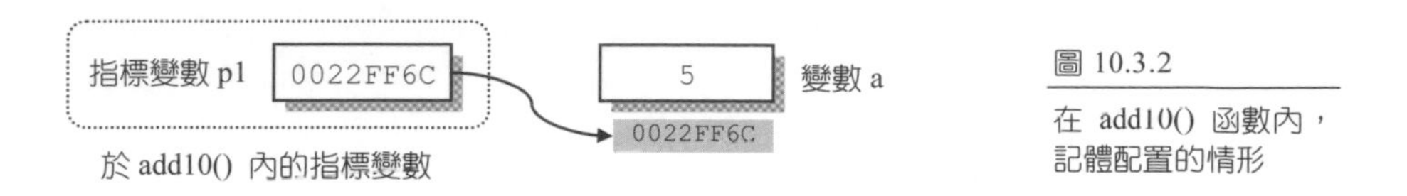

圖 10.3.2
在 add10() 函數內，記體配置的情形

第 19 行設定 *p1=*p1+10；由於 p1 是指向變數 a，因此第 19 行也就相當於把變數 a 的值加 10，變成 15，所以執行流程回到主程式時，11 行便會印出 a 的值為 15。 ❖

在 C 語言裡，有些運算必須透過指標的傳遞才能達成。舉例來說，想利用函數將變數 a 與 b 的值互換，便無法以傳值（pass by value）的方式來撰寫，而必須以指標的傳遞（pass by address）來完成。下面為錯誤程式的示範：

```
01  /* prog10_9, 將 a 與 b 值互換(錯誤示範) */
02  #include <stdio.h>
03  #include <stdlib.h>
04  void swap(int,int);   /* swap()函數的原型 */
05  int main(void)
06  {
07     int a=5,b=20;
08     printf("交換前... ");
09     printf("a=%d,b=%d\n",a,b);
10     swap(a,b);             /* 呼叫 swap()函數，將 a 和 b 兩個變數的值互換 */
11     printf("交換後... ");
12     printf("a=%d,b=%d\n",a,b);
13
14     system("pause");
15     return 0;
16  }
17
18  void swap(int x,int y)    /* 定義 swap()函數 */
19  {
20     int tmp=x;
21     x=y;
22     y=tmp;
23  }
```

```
/* prog10_9 OUTPUT-------
交換前... a=5,b=20
交換後... a=5,b=20
--------------------------*/
```

程式解說

程式第 4 行宣告了 swap() 函數原型，它沒有傳回值，但可接收兩個整數。程式第 7 行，宣告兩個整數變數 a、b，並分別設值為 5、20。變數 a 及 b 在記憶體中的配置如下圖所示：

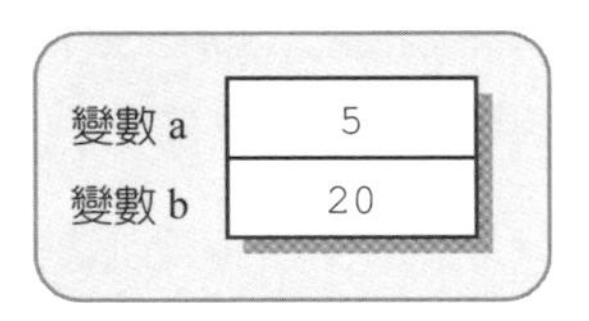

於主函數裡的變數

圖 10.3.3 執行完第 7 行後，記憶體配置的情形

程式第 10 行呼叫 swap() 函數，並傳入變數 a 與 b。此時程式的流程進到函數 swap() 內，a 與 b 的值分別由變數 x 與 y 所接收，此時記憶體的配置如下圖所示：

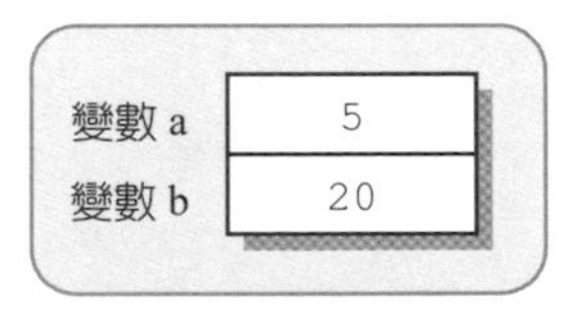

於主函數裡的變數

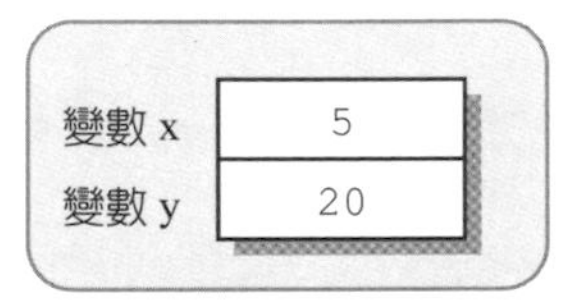

於 swap() 裡的變數

圖 10.3.4 進入 swap() 函數時，記憶體配置的情形

程式第 20 行宣告一個 tmp 變數，並把 x 的值設給它，此時記憶體的配置如下：

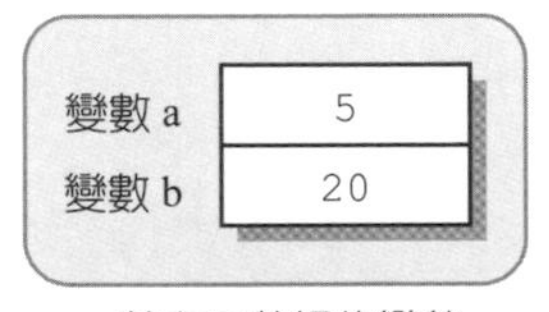

於主函數裡的變數

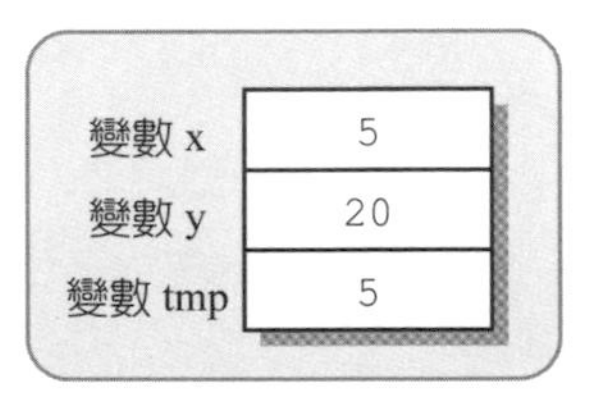

於 swap() 裡的變數

圖 10.3.5 執行完第 20 行後，記憶體配置的情形

程式第 21 行設定 x=y，此時記憶體的配置如下：

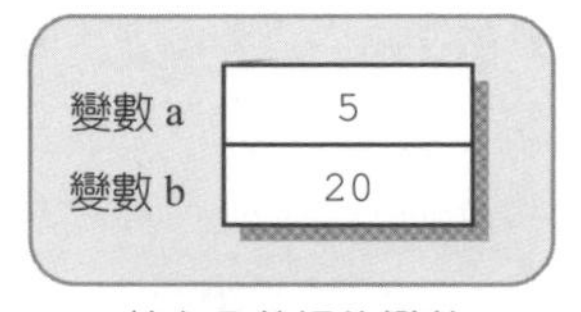

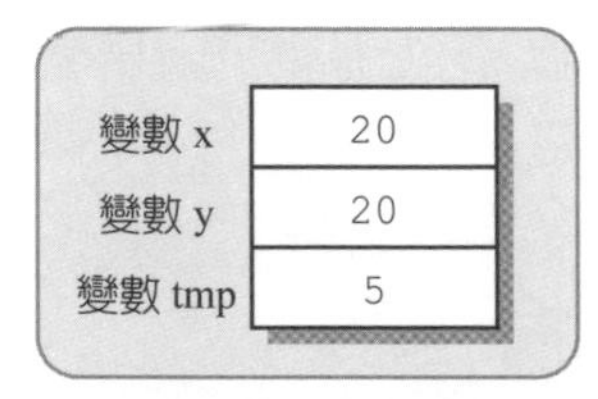

圖 10.3.6
執行完第 21 行後，記憶體配置的情形

程式第 22 行設定 y=tmp，讀者可發現，在 swap() 裡的變數 x 與 y 的值已被交換了，此時變數在記憶體中的配置如下：

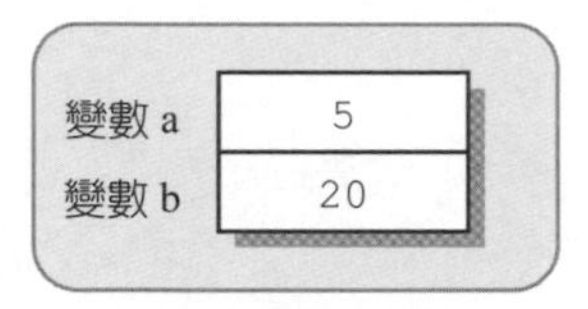

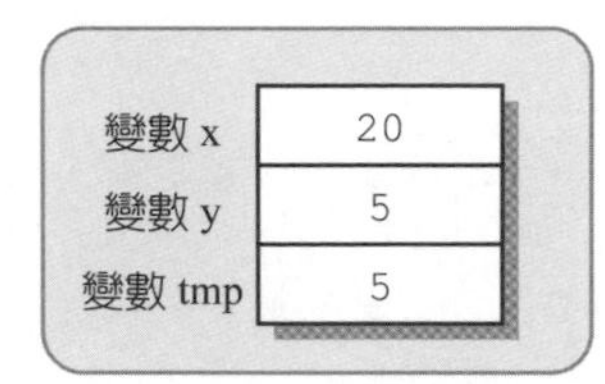

圖 10.3.7
執行完第 22 行後，記憶體配置的情形

當函數 swap() 執行結束，在 swap() 裡的區域變數 x、y 與 tmp 會被銷毀，程式執行流程回到 main() 函數內，讀者可以發現，在主程式裡的變數 a 與 b 的值並沒有被對調。

為什麼變數 a、b 的值並沒有被更改到呢？在函數 swap() 中，我們不是也有將 x、y 的值調換嗎？這就牽涉到變數的等級問題了！傳遞到 swap() 函數裡的只是 a、b 的值，而接收 a、b 的是函數內的區域變數 x、y，雖然 20~22 行執行了交換的動作，但這個交換並不會變更到 main() 函數內的變數 a 與 b，因此當函數執行完畢， a 與 b 的值並沒有任何的變動。

針對程式 prog10_9 的錯誤，我們將程式修改成 prog10_10，利用傳遞指標的方式來處理變數內容的交換：

```
01  /* prog10_10, 將 a 與 b 值互換(正確範例) */
02  #include <stdio.h>
03  #include <stdlib.h>
04  void swap(int *,int *);   /* 函數 swap()原型的宣告 */
05  int main(void)
06  {
07     int a=5,b=20;
08     printf("交換前... ");
09     printf("a=%d,b=%d\n",a,b);
10     swap(&a,&b);        /* 呼叫 swap()函數,並傳入 a 與 b 的位址 */
11     printf("交換後... ");
12     printf("a=%d,b=%d\n",a,b);
13
14     system("pause");
15     return 0;
16  }
17
18  void swap(int *p1,int *p2)          /* swap()函數的定義 */
19  {
20     int tmp=*p1;
21     *p1=*p2;
22     *p2=tmp;
23  }
```

```
/* prog10_10 OUTPUT----

交換前... a=5,b=20
交換後... a=20,b=5
-------------------------*/
```

程式解說

程式第 4 行宣告了 swap() 函數原型，它沒有傳回值，但可接收兩個指向整數的指標。第 7 行宣告兩個整數變數 a、b，與前例一樣設值為 5、20。變數 a 及 b 在記憶體中的配置如下圖所示（記憶體的位址為假設值）：

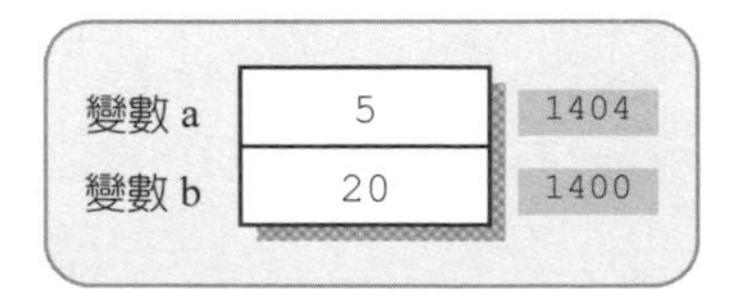

於主函數裡的變數

圖 10.3.8

執行完第 7 行後，記憶體配置的情形

程式第 10 行呼叫 swap() 函數，並傳入變數 a 與 b 的位址，此時進到 swap() 函數，變數 a 與 b 的位址分別由指標 p1 與 p2 接收，此時記憶體的配置如下圖所示：

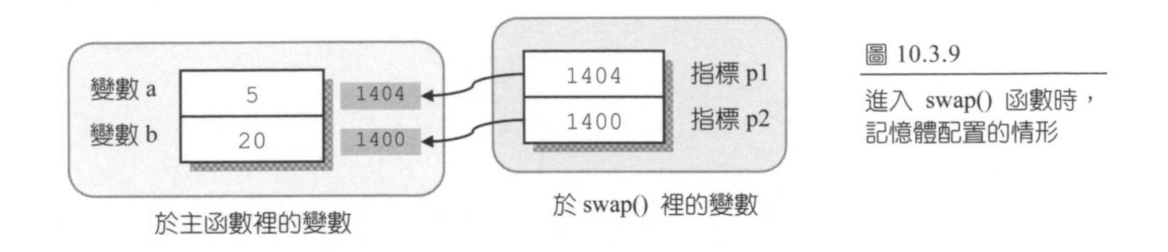

圖 10.3.9

進入 swap() 函數時，記憶體配置的情形

程式第 20 行宣告 tmp 變數，並設值為指標 p1 所指向的變數值，此時記憶體的配置如下圖所示：

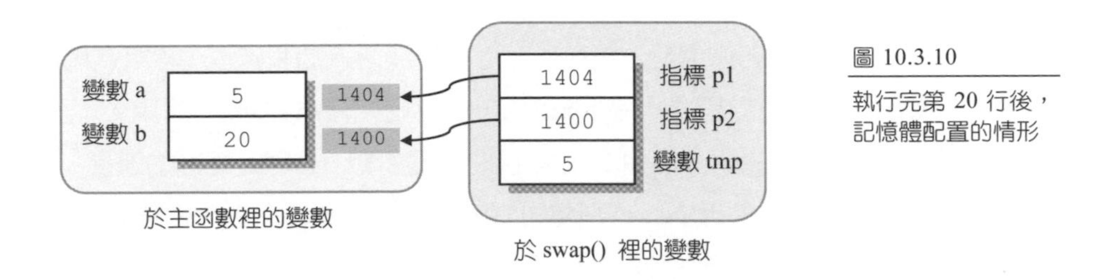

圖 10.3.10

執行完第 20 行後，記憶體配置的情形

程式第 21 行將指標 p2 所指向的變數值設定給 p1 所指向的變數存放，此時記憶體的配置如下圖所示：

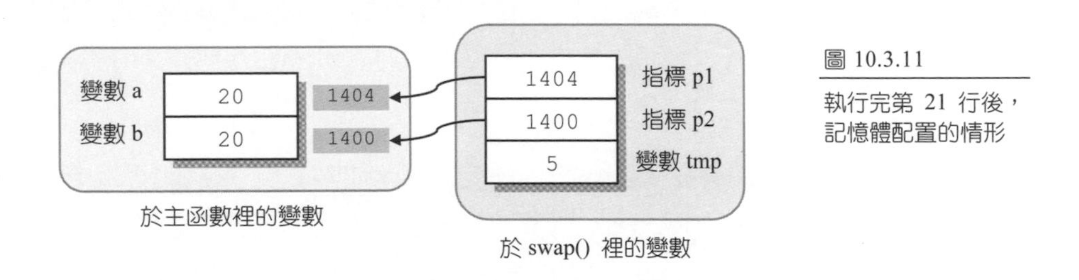

圖 10.3.11

執行完第 21 行後，記憶體配置的情形

程式第 22 行把 tmp 的值設定給 p2 所指向的變數存放，此時變數在記憶體中的配置如下，由此圖中，讀者可看出主函數內的變數 a 與 b 的值已被交換：

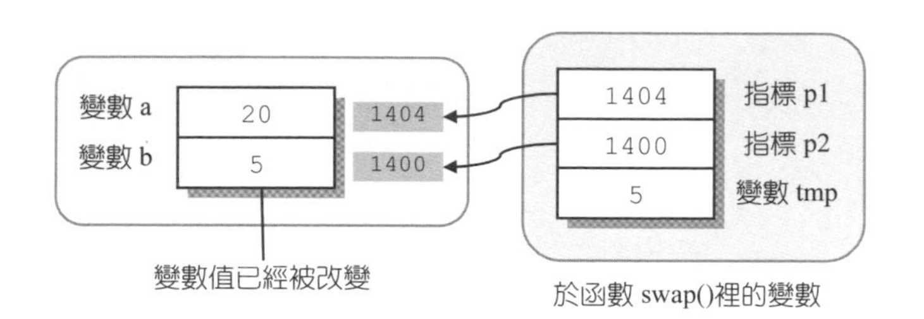

圖 10.3.12
執行完第 22 行後，記憶體配置的情形

程式 prog10_9 與 prog10_10 最大的不同，就是傳入 swap() 函數的引數，prog10_9 是以變數 a、b 的值傳入函數中，這是屬於「傳值呼叫」的方式，而 prog10_10 則是將變數 a、b 的位址傳入函數，是屬於「傳址呼叫」。由本例可知，利用傳址呼叫的方式，即可直接將傳入函數的變數 a、b 內容更改。 ❖

由前幾個例子可知，指標的好處之一是在於它可以更改傳入的引數值，利用這個特性，我們可以設計出相當實用的程式。接下來再舉一個例子來說明指標的應用。下面的程式設計了一個函數 rect(x,y,area,length)，它可接收 4 個引數，分別為矩形的邊長 x 與 y，以及兩個分別指向變數 area 與 peri 的指標。當 rect() 函數執行完後，變數 area 可存放矩形的面積，而變數 peri 則可存放矩形的周長。本例程式如下：

```
01  /* prog10_11, 傳回多個數值的函數 */
02  #include <stdio.h>
03  #include <stdlib.h>
04  void rect(int,int,int *,int *);    /* 函數 rect()的原型 */
05  int main(void)
06  {
07     int a=5,b=8;
08     int area,peri;
09     rect(a,b,&area,&peri);           /* 呼叫 rect(),計算面積及周長 */
10     printf("area=%d,total length=%d\n",area,peri);
11
12     system("pause");
13     return 0;
14  }
15
```

```
16  void rect(int x,int y,int *p1, int *p2)
17  {
18     *p1=x*y;
19     *p2=2*(x+y);
20  }
```

```
/* prog10_11 OUTPUT---
area=40,total length=26
-------------------------*/
```

程式解說

程式第 7 行，宣告兩個整數變數 a、b，並分別設值為 5、8，第 8 行宣告了變數 area 與 peri，此時變數在記憶體中的配置如下圖所示：

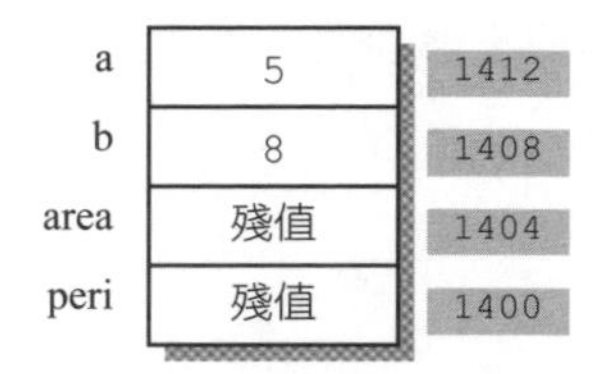

圖 10.3.13

執行完第 8 行後，記憶體配置的情形

第 9 行呼叫了 rect() 函數，並將變數 a、b 的值，以及 area、peri 的位址傳入函數中。當程式進入 rect() 函數執行時（程式第 16 行），變數在記憶體中的配置情形如下圖：

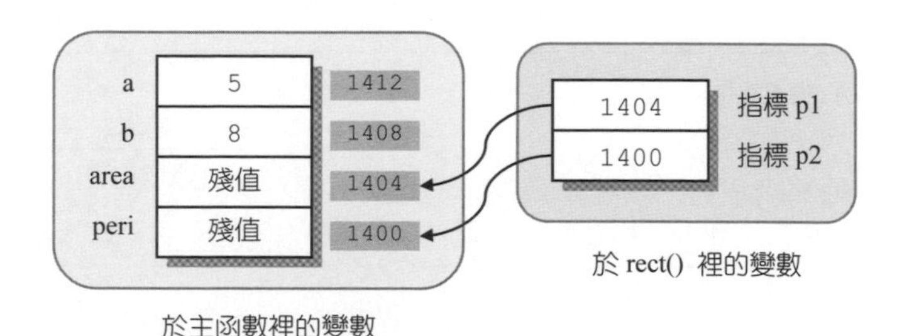

圖 10.3.14

進入 rect() 函數時，記憶體配置的情形

第 18 行將 x*y（即矩形面積）的值設定給指標 p1 所指向的變數存放，19 行則是計算 2*(x+y) （即矩形周長）的值設定給指標 p2 所指向的變數存放，此時記憶體的配置如下：

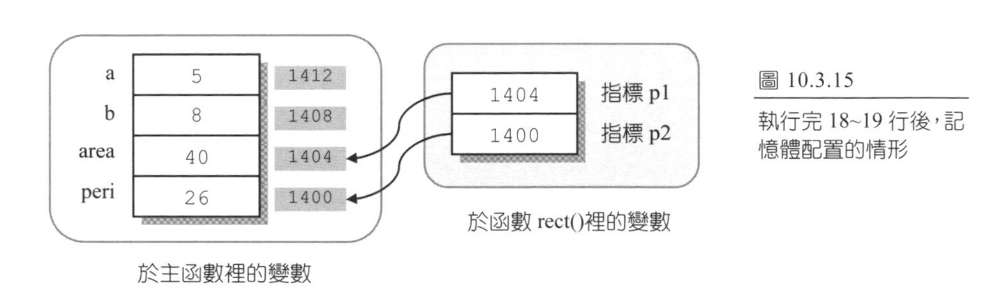

圖 10.3.15
執行完 18~19 行後，記憶體配置的情形

現在，您可以看到主程式裡的 area 變數已存放了矩形的面積，而且 peri 變數也存放了矩形的周長。由本例可以學習到，即使函數不傳回值，也可以更改到傳入的引數的值，因此善用指標的傳遞，可以撰寫出更合用的程式哦！ ❖

10.3.2 由函數傳回指標

除了可以把指標當成引數傳給函數之外，我們也可以從函數傳回指標。如果要從函數傳回指標，只要在函數傳回值的型態之後，加上一個星號「*」就可以了，如下面的格式：

```
傳回值型態 *函數名稱(資料型態 引數)
{
    /* 函數的本體 */
}
```

格式 10.3.2
由函數傳回指標

我們舉一個實例來說明如何從函數傳回指標。於下面的例子中，我們設計了一個 max() 函數，它可接收兩個變數的位址，而傳回值則是這兩個變數中，數值較大之變數的位址，再利用傳回的位址印出該位址內存放的值。本範例程式的撰寫如下：

```
01  /* prog10_12, 由函數傳回指標  */
02  #include <stdio.h>
03  #include <stdlib.h>
04  int *max(int *,int *);          /* 宣告函數 max() 的原型 */
05  int main(void)
06  {
07     int a=12,b=17,*ptr;
08     ptr=max(&a,&b);
09     printf("max=%d\n",*ptr);
10
11     system("pause");
12     return 0;
13  }
14
15  int *max(int *p1, int *p2)
16  {
17     if(*p1>*p2)
18        return p1;       傳回 p1 與 p2 所指向之整數中，
19     else                數值較大之整數的位址
20        return p2;
21  }
```

```
/* prog10_12 OUTPUT--

max=17
-----------------------*/
```

程式解說

於本例中，第 4 行宣告了 max() 函數的原型，它可接收兩個指向整數的指標，傳回值則是整數的位址（即指向整數的指標）。在程式執行時，第 7 行宣告了變數 a、b 與指標變數 *ptr，此時變數於記憶體內配置的情形如下圖所示（位址為假設值）：

變數	值	位址
a	12	1408
b	17	1404
ptr	殘值	1400

圖 10.3.16

執行完第 7 行後，記憶體配置的情形

第 8 行呼叫 max() 函數，此時執行流程進到 max() 函數內，變數 a 的位址由指標 p1 接收，變數 b 的位址由指標 p2 接收，執行完第 15 行後，記憶體的配置如下：

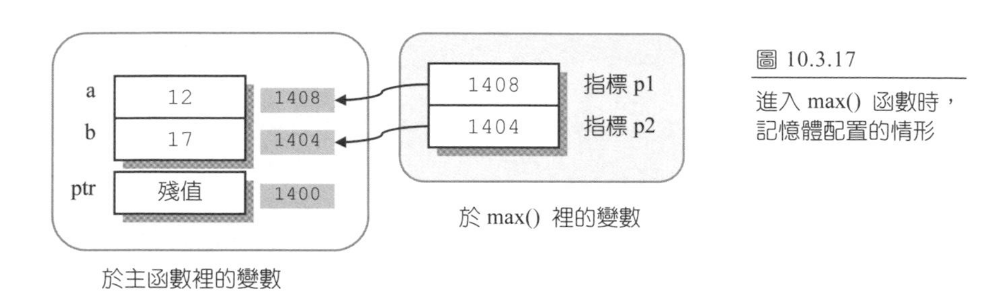

圖 10.3.17
進入 max() 函數時，記憶體配置的情形

接下來執行 17~20 行的判斷敘述。由於 p1 所指向的變數之值（a 的值為 12）小於 p2 所指向的變數之值（b 的值為 17），因此第 20 行的敘述會被執行，傳回 p2，也就是變數 b 的位址，並在第 8 行由指標 ptr 所接收，於是此時 ptr 指向變數 b：

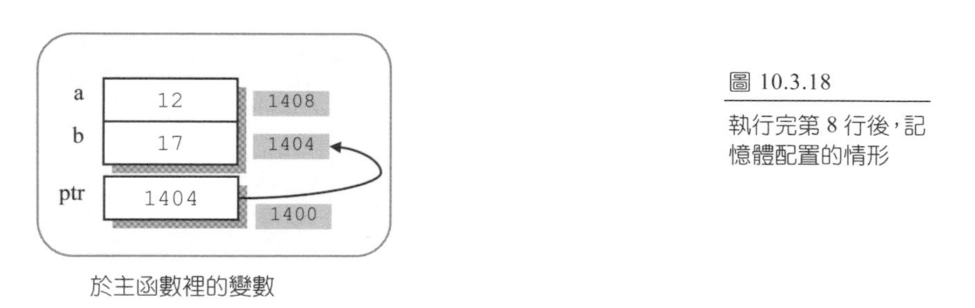

圖 10.3.18
執行完第 8 行後，記憶體配置的情形

最後第 9 行印出 ptr 所指向之變數的內容，因為 ptr 已指向變數 b，所以程式的輸出會印出 max=17。 ❖

注意在 prog10_12 中，我們可以把第 4 行函數原型的宣告改寫成

```
04   int* max(int*,int*);       /* 宣告函數 max()的原型 */
```

也就是讓「*」緊貼著型態，如此讀者便可以把 max 函數看成是傳回「int*」型態，也就是傳回「指向整數的指標」之變數。關於這種寫法，讀者可以參考 10.2.4 節的說明。

10.4 指標與一維陣列

指標與陣列看似兩個不同的主題，事實上，這兩者是高度相關的。過去我們都是使用陣列的索引值（index）來存取陣列的元素，然而，因為陣列元素在記憶體內排列的特性，使得陣列元素也相當適合用指標來存取。本節將介紹指標與陣列二者之間的關係，首先探討指標的算術運算。

10.4.1 指標的算術運算

指標的算術運算（arithmetic operation），指的是指標內所存放的位址做加法或減法運算。指標執行加法或減法運算時，是針對它所指向之資料型態的大小來處理。舉例來說，如果指標 ptr 指向一個整數，則 ptr+1 並不是將位址的值加 1 ，而是加上了 4 個位元組，這是因為指標 ptr 指向整數之故（整數佔了 4 個位元組）。

指標減法的概念與加法相同。例如，若是 ptr 指向一個字串裡的某個字元，因字元型態佔了 1 個位元組，則 ptr-1 會把指標的值減去一個位元組，使得指標指向字串裡的前一個字元。

指標的算術運算多半是用在存取陣列元素的操作上，這是因為編譯器是以連續的記憶體空間來配置給陣列元素存放，所以陣列元素的位址彼此之間有高度的關聯性，因此相當適合利用指標來存取。另外，陣列有個巧妙的設計，也就是

" 陣列名稱本身是一個存放位址的「指標常數」，它指向陣列的位址 "

稍早我們已經提及，陣列第一個元素的位址即代表了陣列的位址。因此對於一維陣列而言，一維陣列的位址當然就是一維陣列裡，第一個元素的位址，而二維陣列的位址則是陣列裡，第一行第一列之元素的位址。

另外，陣列名稱之所以是一個指標常數（pointer constant），而非指標變數，這是因為陣列名稱雖是一個指標，它指向了陣列的位址，但是我們不能夠更改陣列名稱的指向，因為它是一個常數，如下圖所示：

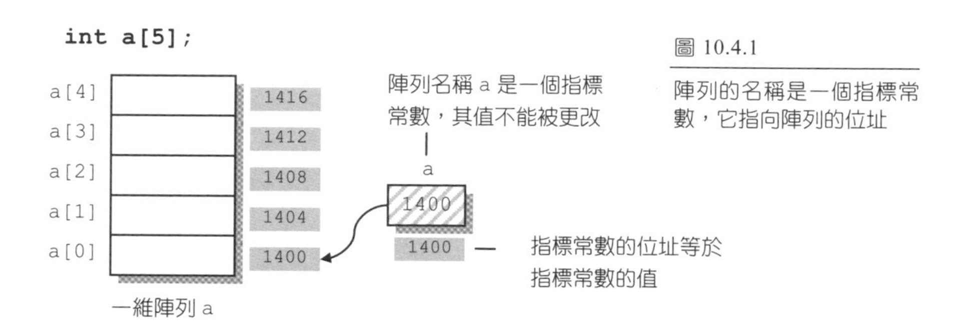

圖 10.4.1
陣列的名稱是一個指標常數，它指向陣列的位址

有趣的是，於上圖中，陣列名稱 a 雖然是一個指標常數，但是如果把指標常數 a 的位址列出來，您會發現 a 的位址等於它本身所存放的位址，這個精巧的設計有助於將指標常數的應用擴展到二維以上的陣列，關於這個部分，我們稍後再做討論。下面以簡單的程式碼來驗證陣列名稱 a 是一個指向陣列位址的指標常數：

```
01  /* prog10_13, 指標常數的值與位址 */
02  #include <stdio.h>
03  #include <stdlib.h>
04  int main(void)
05  {
06     int i,a[5]={32,16,35,65,52};
07     printf("a=%p\n",a);            /* 印出指標常數 a 的值 */
08     printf("&a=%p\n",&a);          /* 印出指標常數 a 的位址 */
09
10     for(i=0;i<5;i++)
11       printf("&a[%d]=%p\n",i,&a[i]);  /* 印出陣列 a 每一個元素的位址 */
12
13     system("pause");
14     return 0;
15  }
```

```
/* prog10_13 OUTPUT-----------
a=0022FF38      ——  指標常數 a 的值
&a=0022FF38     ——  指標常數 a 的位址
&a[0]=0022FF38  ┐
&a[1]=0022FF3C  │
&a[2]=0022FF40  ├ 陣列元素的位址
&a[3]=0022FF44  │
&a[4]=0022FF48  ┘
--------------------------------*/
```

程式解說

於本例中，第 6 行宣告了具有 5 個元素的整數陣列 a，第 7 行印出了 a 的值，得到 0022FF38，因為 a 是指標常數，它指向了陣列 a，因此可知陣列 a 的位址為 0022FF38。另外，第 8 行印出指標常數 a 的位址，讀者可以觀察到，指標常數 a 的位址和指標常數的值相同，均是 0022FF38。

程式 10~11 行印出了陣列 a 每一個元素的位址，我們把這些元素與位址繪製於下圖，從圖中讀者可以觀察到，一維陣列 a 的位址正是陣列 a 裡第一個元素的位址：

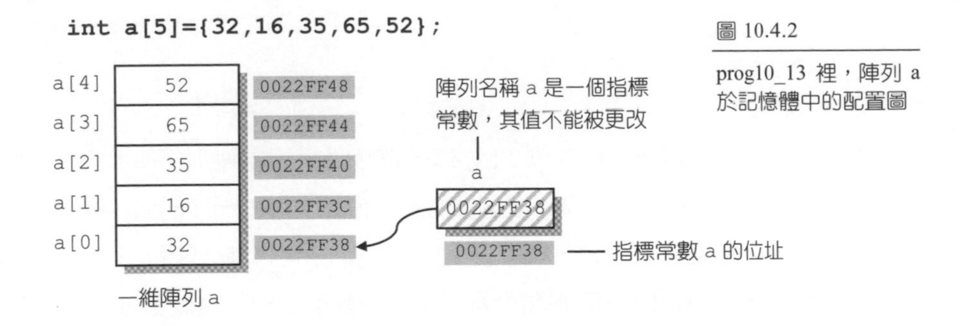

圖 10.4.2

prog10_13 裡，陣列 a 於記憶體中的配置圖

現在我們已經知道陣列名稱是一個指標常數，它儲存了陣列第一個元素的位址。既然陣列名稱是一個指標常數，我們也就可以利用它配合指標的算術運算來存取陣列的元素，如下面的範例：

```
01  /* prog10_14, 利用指標常數來存取陣列的內容 */
02  #include <stdio.h>
03  #include <stdlib.h>
04  int main(void)
05  {
06     int a[3]={5,7,9};
07     printf("a[0]=%d, *(a+0)=%d\n",a[0],*(a+0));
08     printf("a[1]=%d, *(a+1)=%d\n",a[1],*(a+1));
09     printf("a[2]=%d, *(a+2)=%d\n",a[2],*(a+2));
10
11     system("pause");
12     return 0;
13  }
```

```
/* prog10_14 OUTPUT--
a[0]=5, *(a+0)=5
a[1]=7, *(a+1)=7
a[2]=9, *(a+2)=9
-----------------------*/
```

程式解說

於本例中，第 6 行宣告了可存放 3 個整數的陣列 a。因為陣列名稱本身是一個指標常數，所以陣列名稱 a 也可拿來做指標的算術運算。由於編譯器知道陣列 a 的資料型態為 int，亦即知道每一個元素佔了 4 個位元組，所以在程式裡 a+i 即代表 a[i] 的位址，而 *(a+i) 則可以把存於位址為 a+i 的整數值取出，也就是 a[i] 的元素值。利用指標的加減法運算，即可改變指標的指向，進而控制陣列的各個元素，如下圖所示：

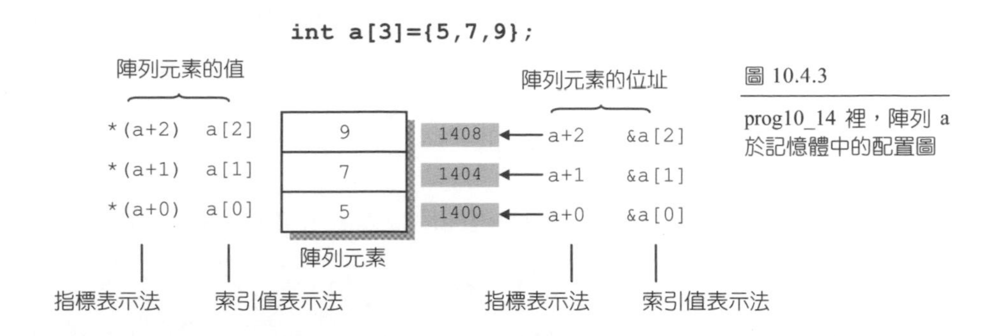

圖 10.4.3

prog10_14 裡，陣列 a 於記憶體中的配置圖

由本例可以看出，利用指標指向的陣列內容，與利用索引值取得的陣列元素值是相同的；也就是說，*(a+1) 與 a[1] 都是指向陣列的第 2 個元素，而 &a[1] 與 a+1 都是指向記憶體 1404 的位址。 ❖

10.4.2 利用指標存取一維陣列的元素

瞭解了指標與陣列的關係之後，我們來做一些簡單的練習。下面的程式係利用指標的表示方式，計算一陣列內所有元素的總和。

```
01  /* prog10_15, 利用指標求陣列元素和 */
02  #include <stdio.h>
03  #include <stdlib.h>
04  int main(void)
05  {
06     int a[3]={5,7,9};
07     int i,sum=0;
08     for(i=0;i<3;i++)
09       sum+=*(a+i);           /* 加總陣列元素的總和 */
10     printf("sum=%d\n",sum);
11
12     system("pause");
13     return 0;
14  }
```

```
/* prog10_15 OUTPUT--
sum=21
-----------------------*/
```

程式解說

於程式第 9 行中，由於 *(a+i) 就等於是 a[i] 的元素值，因此可以將程式寫成如下面的敘述：

```
sum+=*(a+i);          /* 此行相當於 sum=sum+a[i] */
```

因此經過 8~9 行 for 迴圈的計算後，陣列元素的總和便可計算出來。 ❖

值得注意的是，於 prog10_15 中，陣列 a 的位址是由編譯器所決定，我們無法在程式裡修改它。因此雖然陣列名稱 a 可看成是一個指標，但是我們不能更改 a 的值（更改 a 的值就相當於變更了陣列 a 的位址）。由於陣列 a 的位址不能被更改，因此陣列名稱 a 可以看成是一個指標常數，也就是說，我們不能在程式碼裡寫出如下的敘述：

```
a=a+1;      /* 錯誤，陣列名稱 a 是一個指標常數，不能變更它的值 */
```

雖然如此，若是宣告一個指向整數的指標來指向陣列 a，如下面的敘述：

```
int *ptr=a;     /* 宣告指向整數的指標 ptr 來指向陣列 a */
```

則

```
ptr=ptr+1;     /* 將指標 ptr 指向陣列 a 下一個元素的位址 */
```

的敘述是合語法的。經指標的加法運算後，此時的 ptr 便指向陣列元素 a[1] 的位址。

下面的範例修改自 prog10_15，改以指標變數 ptr 來指向陣列 a，並利用它來進行陣列元素的加總：

```
01  /* prog10_16, 利用指標求陣列元素和 */
02  #include <stdio.h>
03  #include <stdlib.h>
04  int main(void)
05  {
06     int a[3]={5,7,9};
07     int i,sum=0;
08     int *ptr=a;               /* 設定指標 ptr 指向陣列元素 a[0] */
09     for(i=0;i<3;i++)
10       sum+=*(ptr++);          /* 計算陣列元素值的累加  */
11     printf("sum=%d\n",sum);
12
13     system("pause");
14     return 0;
15  }
```

```
/* prog10_16 OUTPUT--
sum=21
-----------------------*/
```

程式解說

於本例中，程式第 8 行宣告了指向整數的指標 ptr，並設定它指向陣列 a 的第一個元素。程式 9~10 行利用 for 迴圈進行陣列元素值的累加，於第 10 行中，因為 ptr++ 相當於 ptr=ptr+1，所以每執行完一次迴圈的主體，ptr 便會指向下一個陣列元素，因此利用 for 迴圈便可將陣列內的元素加總。

值得一提的是，我們不能把程式的第 10 行寫成這樣的敘述：

```
sum+=*(a++);          /* 錯誤，因為 a 是指標常數  */
```

由於陣列 a 以指標的方式表示時，a 會被視為指標常數，a++ 就相當於 a=a+1，但是 a 的值不能被更改，所以在編譯時會出現錯誤，但是指標變數 ptr 就不同了，由於 ptr 是指標變數，所以 ptr++ 處理時並不會有問題。 ❖

10.4.3 利用指標傳遞一維陣列到函數裡

經由前兩節的討論，現在我們已經知道指標與陣列之間密切的關係了。稍早我們曾提及，如果將陣列傳遞到函數裡，所傳遞的事實上是陣列的位址，而不是陣列每一個元素的值。利用這個概念，我們可以把傳遞一維陣列的函數之語法，改成以傳遞指標的方式來撰寫，如下面的格式：

```
傳回值型態 函數名稱(資料型態 *陣列名稱)
{                              |
    /* 函數的內容 */          用來接收一維陣列
}                              的位址
```

格式 10.4.1

可接收一維陣列之函數的定義格式

例如，要設計一個可接收一維的整數陣列，且沒有傳回值的函數 func()，則 func() 的定義可以撰寫成如下的格式：

```
void func(int *arr)        /* 函數 func()，可接收一維的整數陣列 */
{
    /* 函數的內容 */
}
```

函數 func() 原型的宣告雖不必填上引數的名稱，但在函數原型的括號內還是要保留資料型態與一個星號「*」，用以告知編譯器這個引數是一個指標，如下面的敘述：

```
void func(int *)           /* 函數 func()原型的宣告 */
```

在呼叫函數 func() 時，因為 func() 必須接收陣列的位址，而陣列名稱本身存放的即是陣列的位址，所以 func() 的括號內只要填上陣列名稱即可，如下面的敘述：

```
int A[]={12,43,32,18,98};      /* 宣告整數陣列 A，並設定初值 */
func(A);                       /* 呼叫 func 函數，並傳入陣列 A */
```

接下來我們以一個簡單的範例，來說明如何以指標傳遞一維陣列。下面的程式定義了 replace(a, n, num) 函數，可將整數陣列 a 裡，第 n 個元素的值更改為 num：

```
01  /* prog10_17, 將陣列第 n 個元素的值取代為 num */
02  #include<stdio.h>
03  #include <stdlib.h>
04  void replace(int *,int,int);    /* 宣告 replace()函數的原型 */
05  int main(void)
06  {
07     int a[5]={13,32,67,14,95};
08     int i,num=24;
09
10     replace(a,4,num);               /* 呼叫函數 replace() */
11     printf("置換後，陣列的內容為");
12     for(i=0;i<5;i++)                /* 印出陣列的內容 */
13        printf("%3d",a[i]);
14     printf("\n");
15
16     system("pause");
17     return 0;
18  }
19
20  void replace(int *ptr,int n,int num)
21  {
22     *(ptr+n-1)=num;         /* 將陣列第 n 個元素設值為 num */
23  }
```

```
/* prog10_17 OUTPUT-----------
置換後，陣列的內容為 13 32 67 24 95
---------------------------------*/
```

程式解說

於本例中，20~23 行定義了 replace() 函數，可將陣列第 n 個元素的值更改為 num。程式第 10 行呼叫 replace() 函數，並傳入陣列 a，以及整數 4 與 num；此時陣列 a 的位址會被指標 ptr 所接收，且 n 的值等於 4。第 22 行的 *(ptr+n−1) 相當於 *(ptr+4−1)=*(ptr+3)，它代表了陣列第 4 個元素，因此把它設值為 num（num 的值為 24），就相當於陣列第 4 個元素的值被更改為 24 了。 ❖

稍早曾提及，函數可以傳回指標型態的變數，其做法是在宣告函數原型及定義函數時，在函數名稱前面加上指標符號（*），即可傳回指標。我們再舉一個例子來說明如何讓函數傳回指標。下面的程式是利用函數傳回指標的方式，傳回陣列中數值最大之元素的位址，再利用此位址，印出位址內存放的值：

```
01  /* prog10_18, 函數傳回值為指標 */
02  #include <stdio.h>
03  #include <stdlib.h>
04  #define SIZE 5
05  int *maximum(int *);          /* 宣告 maximum()函數的原型 */
06  int main(void)
07  {
08     int a[SIZE]={3,1,7,2,6};
09     int i,*ptr;
10     printf("array a=");
11     for(i=0;i<SIZE;i++)
12        printf("%d ",a[i]);
13     ptr=maximum(a);            /* 呼叫 maximum()函數，並傳入陣列 a */
14     printf("\nmaximum=%d\n",*ptr);
15
16     system("pause");
17     return 0;
18  }
19
20  int *maximum(int *arr)        /* 定義 maximum()函數 */
21  {
22     int i,*max;
23     max=arr;                   /* 設定指標 max 指向陣列的第一個元素 */
24     for(i=1;i<SIZE;i++)
25        if(*max < *(arr+i))
26           max=arr+i;
27     return max;                /* 傳回最大值之元素的位址 */
28  }
```

```
/* prog10_18 OUTPUT--

array a=3 1 7 2 6
maximum=7
-----------------------*/
```

程式解說

於本例中，第 5 行宣告了函數 maximum() 的原型，它可接收一個指向整數的指標（此處為一個整數陣列的位址），且傳回值也是指向整數的指標。20~28 行是函數 maximum() 的定義，經過 24~26 行的 for 迴圈計算後，指標 max 便會指向陣列 a 內，數值最大之元素的位址，於 27 行傳回此位址。於主程式內，第 14 行便可依此位址印出陣列內的最大值。

由本例可知，於程式中呼叫 maximum() 時，在函數名稱前面並不需要加上指標符號，而在函數中，使用 return 敘述傳回呼叫程式時，所傳回去的是指標所指向的位址，而不是指標所指向的變數內容，如此一來接收傳回值的指標變數，才會收到正確的位址，再根據該位址找到陣列的元素值。 ❖

10.5 指標與字串

由前一章可知，指標與陣列有密不可分的關係。然而，C 語言裡的字串是由字元陣列所組成，因此指標在字串裡所扮演的角色也就非常的重要。本節將探討指標變數與字串之間的關係。

10.5.1 以指標變數指向字串

在第九章裡所提到的字串設定，都是先宣告一個字元陣列，然後再把字串設給這個字元陣列。例如，字串 "How are you?" 可以利用字元陣列來儲存，如下面的範例：

```
char str[]="How are you?";   /* 宣告字元陣列 str，並設定初值 */
```

事實上，C 語言尚提供了另一種設定方式，也就是設定一個指向字元的指標，然後把這個指標指向一個字串，如下面的敘述：

```
char *ptr="How are you?";    /* 將指向字元的指標 ptr 指向字串 */
```

現在，我們有兩種方式來儲存字串，一是利用字元陣列，另一種是利用指向字元的指標。事實上，這兩種方式在使用上並無太大的差異，其主要的差別在於，如果是以字元陣列 str 來儲存字串時，str 的值是字串裡第一個字元的位址。此時 str 是一個指標常數，我們無法修改它。

如果是以指向字元的指標 ptr 來指向字串時，則編譯器會配置一個記憶空間給指標 ptr 存放，而 ptr 的內容則儲存了字串裡第一個字元的位址。與 str 不同的是，ptr 是一個指標變數，因此可以更改它所儲存的值。您可以參考下圖，即可了解利用字元陣列來儲存字串，和利用指標指向字串這二者之間的差異：

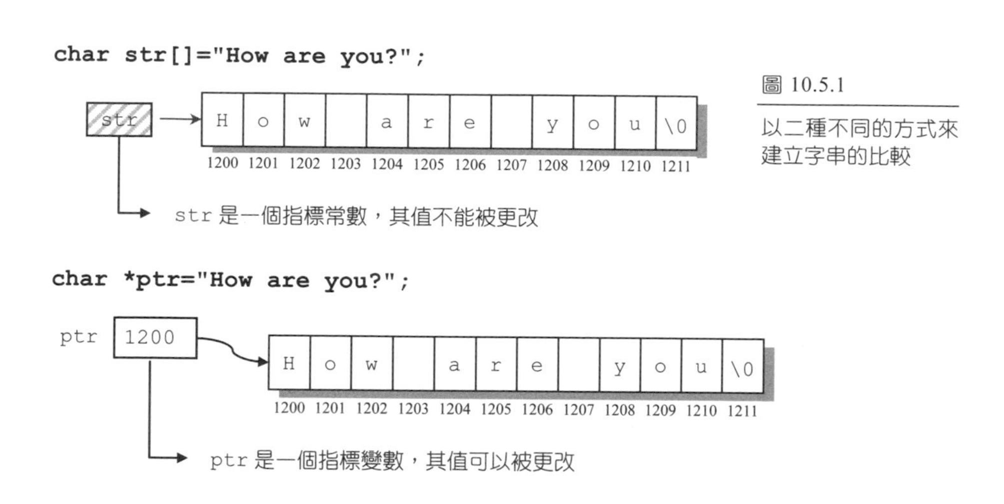

圖 10.5.1
以二種不同的方式來建立字串的比較

由前面的探討可知，以字元陣列 str 來建立字串時，str 的值為指標常數，因此不能被更改，相反的，如果以指標 ptr 來建立字串，則 ptr 是指標變數，因此可以更改 ptr 的值。例如，若執行下面的敘述：

```
ptr=ptr+4;      /* 更改 ptr 的值，使它指向第 5 個字元（即字元 a） */
puts(ptr);      /* 印出 ptr 所指向的字串 */
```

則會於螢幕上印出字串 "are you"。

下面是利用指標來指向字串的練習。於程式中，使用者可輸入一個英文名字，程式的輸出則會印出相對應的問候語。本範例程式的撰寫如下：

```
01  /*  prog10_19, 以指標變數指向字串 */
02  #include <stdio.h>
03  #include <stdlib.h>
04  int main(void)
05  {
06     char name[20];
07     char *ptr="How are you?";     /* 將指標指向字串"How are you?" */
08     printf("what's your name? ");
09     gets(name);                   /* 由鍵盤讀入字串 */
10     printf("Hi, %s, ",name);      /* 印出字串陣列 name 的內容 */
11     puts(ptr);                    /* 印出由 ptr 所指向的字串 */
12
13     system("pause");
14     return 0;
15  }
```

```
/* prog10_19 OUTPUT---
what's your name? Wien
Hi, Wien, How are you?
------------------------*/
```

程式解說

於本例中，第 6 行宣告了字元陣列 name，第 7 行宣告了一個指向字元的指標，並設定它指向字串 "How are you?"。第 9 行可由鍵盤讀取字串，並把它存放在字元陣列 name 裡。第 10~11 行則分別利用字元陣列 name，與指向字串的指標 ptr 來印出問候語。

於本例中，name 是指標常數，它的值不能更改，而 ptr 是指標變數，我們可以更改它的值。讀者可以試試，在程式碼的第 12 行分別加上

```
puts(++name);           /* 先將 name 的值加 1，然後印出字串 */
```

與

```
puts(++ptr);            /* 先將 ptr 的值加 1，然後印出字串 */
```

敘述，看看哪一個可以正確的編譯，並探討為什麼會有這樣的執行結果。 ❖

10.5.2 指標陣列

指標也可以像其它型態的變數一樣，把它宣告成陣列，成為「指標陣列」。指標陣列的宣告綜合了指標與陣列的宣告方式。也就是說，當我們宣告指標陣列時，在陣列名稱前再加上「*」運算子，所宣告的陣列即為指標陣列，如下面的一維指標陣列的宣告格式：

```
資料型態 *陣列名稱[元素個數];     /* 宣告指標陣列 */
```

格式 10.5.1
指標陣列的宣告格式

例如，若於程式碼裡宣告了如下的敘述：

```
int *ptr[3];        /* 宣告指標陣列 ptr，可存放 3 個指向整數的指標 */
```

則我們便有三個指向整數的指標（分別為 ptr[0]、ptr[1] 與 ptr[2]）可以使用。

一維的指標陣列常用在字串陣列初值化的設定。過去我們是以二維的字元陣列來儲存字串陣列，如下面的敘述：

```
char str[3][10]={"Tom", "Lily", "James Lee"};
```

上面的敘述即宣告了字串陣列 str，可以儲存 3 個字串，每個字串的可容納 10 個字元（含字串結束字元），並分別設定初值為 "Tom"、"Lily" 及 "James Lee"。

我們也可以把上面的敘述改成以指標陣列的方式來撰寫，如下面的敘述：

```
char *ptr[3]={"Tom", "Lily", "James Lee"};
```

此時 ptr[0] 即是指向字串 "Tom" 的指標，ptr[1] 則是指向 "Lily"，ptr[2] 則是指向 "James Lee"。

上述兩種儲存字串的方式，看似相同，但儲存字串的方式卻有差別。以二維的字元陣列來儲存字串時，由於每一個字串的長度不一，因而常會造成陣列空間的浪費。如下圖中，在字串結束字元「\0」之後的空間雖然沒有使用，但是由於字串在宣告的時候，直接宣告一塊足夠空間大小的記憶體，即使沒有用到，也是閒置在那兒：

str[0] →	T	o	m	\0						
str[1] →	L	i	l	y	\0					
str[2] →	J	a	m	e	s		L	e	e	\0

圖 10.5.2
字串陣列的儲存方式

如果是以一維的指標陣列來指向字串陣列時，則編譯器會自動配置恰可容納該字串的空間來存放字串，因此不會有浪費記憶空間的問題，如下圖所示：

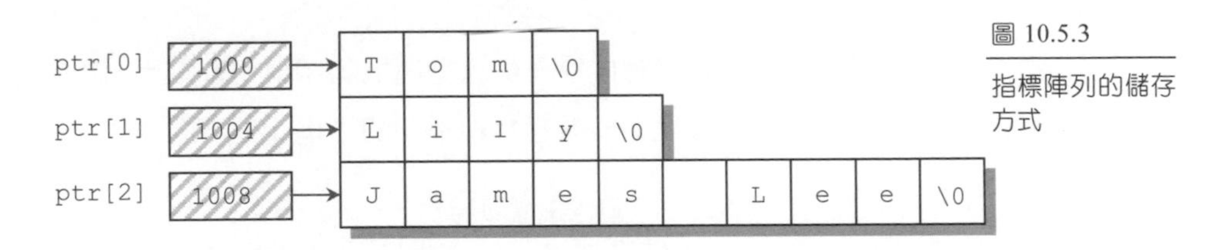

圖 10.5.3
指標陣列的儲存方式

下面的範例是使用指標陣列的練習。於程式中，我們宣告了指標陣列 ptr，並將它們分別指向不同長度的字串，然後印出這些字串的內容。本範例的程式碼如下：

```
01  /* prog10_20, 指標陣列 */
02  #include <stdio.h>
03  #include <stdlib.h>
04  int main(void)
05  {
06     int i;
07     char *ptr[3]={"Tom", "Lily", "James Lee"};
08     for(i=0;i<3;i++)
09        puts(ptr[i]);    /* 印出指標 ptr[i]所指向的字串 */
10
11     system("pause");
12     return 0;
13  }
```

```
/* prog10_20 OUTPUT--

Tom
Lily
James Lee
----------------------*/
```

程式解說

於本例中，第 7 行宣告了指標陣列 ptr[3]，並設定 ptr[0] 指向字串 "Tom"，ptr[1] 指向字串 "Lily"，而 ptr[2] 指向字串 "James Lee"。8~9 行則是利用 for 迴圈印出每一個指標所指向的字串。

於本例中，我們是在宣告指標陣列的時候便一併讓指標指向字串。事實上，您也可以先宣告指標陣列，然後再一一設定每一個指標所指向的字串，如下面的敘述：

```
char *ptr[3];              /* 宣告指標陣列 ptr */
ptr[0]="Tom";              /* 設定 ptr[0]指向字串 "Tom" */
ptr[1]="Lily";             /* 設定 ptr[1]指向字串 "Lily" */
ptr[2]="James Lee";        /* 設定 ptr[2]指向字串 "James Lee" */
```

❖

利用指標陣列即可節省這些沒有用到的空間，當儲存的資料量小時，大概不會覺得有什麼不妥，但是當資料量大到上千萬筆，這些被浪費掉的記憶體可是相當的可觀哦！這時指標陣列就可以發揮它的功效，達到節省記憶空間的目的。

10.6 指向指標的指標—雙重指標

指標存放著變數的位址，透過這個位址，即可存取到該變數的內容，這是指標的基本概念。在 C 語言裡，指標不但可以指向任何一種資料型態的變數，我們還可以讓指標指向另一個指標變數，這種指向指標的指標（pointer to pointer），稱為雙重指標。

雙重指標內所存放的是某個指標變數的位址，透過這個位址即可找到雙重指標所指向的指標變數，再間接存取指標變數所指向變數的內容，如下圖所示：

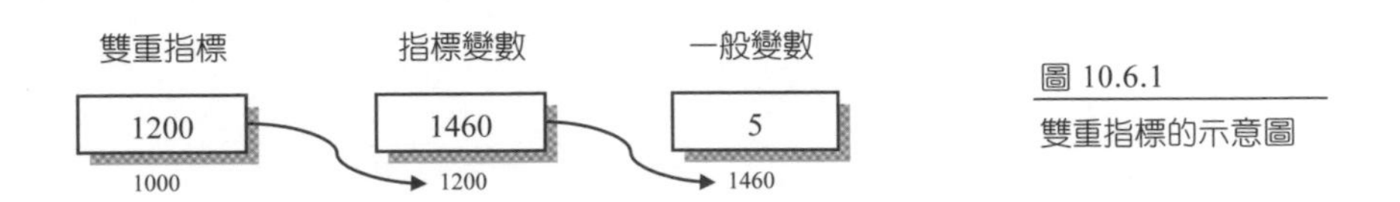

圖 10.6.1
雙重指標的示意圖

由上圖可知，雙重指標變數所存放的內容，並不是一般的變數位址，而是存放另一個指標變數的位址，也就是說，雙重指標變數所存放的是某個指標在記憶體中的位址。雙重指標變數的宣告格式如下所示：

```
資料型態 **雙重指標;
```

格式 10.6.1
雙重指標的宣告格式

在變數名稱的前面加上兩個指標符號，即可將變數宣告成雙重指標，也就是說，這個被宣告的變數就是一個指向指標的指標變數。下面的敘述為宣告雙重指標的範例：

```
int **ptri;          /* 宣告一個指向整數的雙重指標 ptri */
char **ptrc;         /* 宣告一個指向字元的雙重指標 ptrc */
```

上面的敘述分別宣告了一個整數型態的雙重指標 ptri，以及字元型態的雙重指標 ptrc。我們也可以在兩個指標符號之間加上括號，使它們成為如下的敘述：

```
int *(*ptri);        /* 宣告一個指向整數的雙重指標 ptri */
char *(*ptrc);       /* 宣告一個指向字元的雙重指標 ptrc */
```

您可以依照自己的習慣及程式的撰寫情況決定是否加上括號。

我們舉一個簡單的例子來說明雙重指標的使用。下面的程式宣告整數變數 n、指標變數 p 及雙重指標 pp，並設定 p 指向 n，pp 指向 p，並於程式裡印出它們的內容及位址：

```
01   /* prog10_21, 雙重指標的範例 */
02   #include <stdio.h>
03   #include <stdlib.h>
04   int main(void)
05   {
06      int n=20,*p,**pp;
07      p=&n;
08      pp=&p;
09      printf("n=%d,&n=%p,*p=%d,p=%p,&p=%p\n",n,&n,*p,p,&p);
10      printf("**pp=%d,*pp=%p,pp=%p,&pp=%p\n",**pp,*pp,pp,&pp);
11
12      system("pause");
13      return 0;
14   }
```

```
/* prog10_21 OUTPUT------------------------

n=20,&n=0022FF6C,*p=20,p=0022FF6C,&p=0022FF68
**pp=20,*pp=0022FF6C,pp=0022FF68,&pp=0022FF64
---------------------------------------------*/
```

程式解說

在上面的程式裡，pp 為整數型態的雙重指標，pp 所存放的內容即為指標 p 的位址 0022FF68；而 *pp 代表了 pp 所指向之指標變數 p 的內容 0022FF6C。由於 **pp 可以拆解成 *(*pp)，(*pp) 的值為 0022FF6C，因此 *(*pp) 就代表把位址為 0022FF6C 的變數值取出，也就是 n 的值 20。您可以參考下圖的記憶體配置：

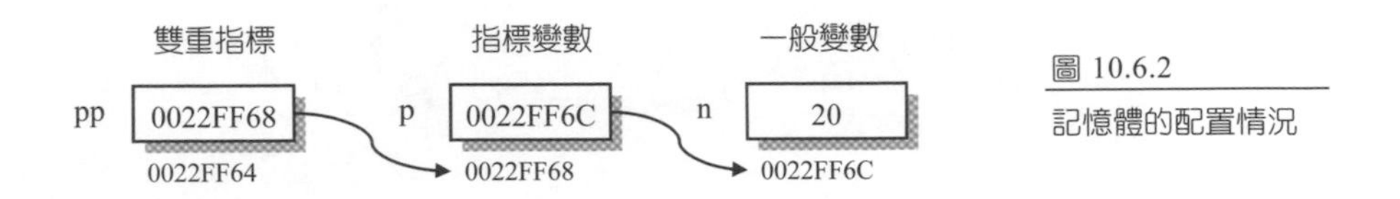

圖 10.6.2
記憶體的配置情況

由此可知，**pp 的值就是雙重指標 pp 最後所指向的變數（即變數 n）的內容，pp 的值是指標 p 的位址，p 的值是變數 n 的位址，*pp 的值就是雙重指標 pp 所指向的變數（即變數 p）的內容。 ❖

二維陣列與雙重指標之間的關係

稍早我們已經提及，陣列的名稱是一個指向陣列位址的指標常數；另外，對於指標常數而言，指標常數的位址等於指標常數的內容（請參考 10.4.1 節），有了這個概念之後，就可以很容易的解釋二維陣列與雙重指標之間的關係。我們以 3×4 的二維陣列 num 為例，說明如何利用雙重指標來表示陣列元素。

3×4 的二維陣列 num 可以看成是由 3 個一維陣列所組成，每個一維陣列裡各有 4 個元素。也就是因為這個原因，在宣告 num 陣列時，編譯器會自動配置一個「指標常數」的陣列 num[0]、num[1] 與 num[2]，讓它們分別指向每一個一維陣列，同時並把陣列名稱 num 指向這一個指標常數陣列，如下圖所示（為了方便解說，已將陣列的元素值與位址的假設值填入）：

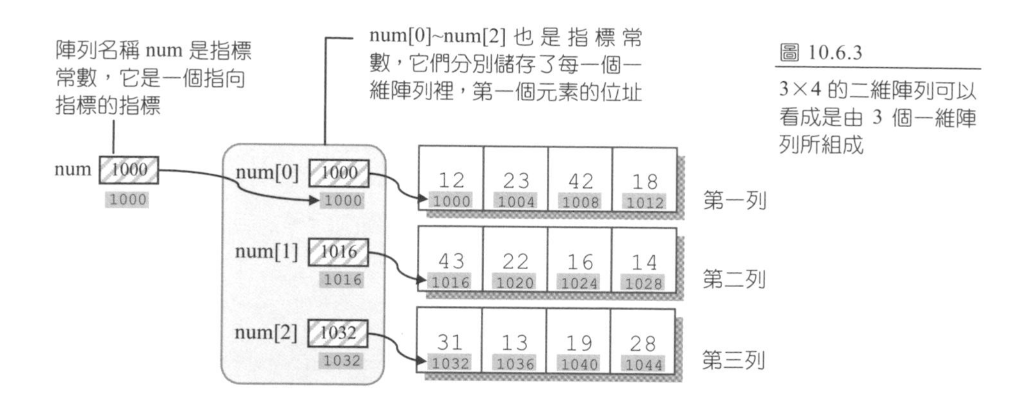

圖 10.6.3

3×4 的二維陣列可以看成是由 3 個一維陣列所組成

於上圖中，num 是一個雙重指標常數，因為它指向了另一個指標。此外，num[0]~num[2] 是指標常數陣列，它們分別指向一維陣列。

下面簡單的範例可用來驗證在二維陣列 num 中，陣列名稱 num 是一個雙重指標常數，它指向了另一個指標 num[0]，同時也驗證了 num[0]~num[2] 是指標常數陣列，它們分別指向一維陣列：

```
01  /* prog10_22, 印出陣列的位址 */
02  #include <stdio.h>
03  #include <stdlib.h>
04  int main(void)
05  {
06    int num[3][4];                /* 宣告 3×4 的二維陣列 num */
07
08    printf("num=%p\n",num);       /* 印出雙重指標 num 的值 */
09    printf("&num=%p\n",&num);     /* 印出雙重指標 num 的位址 */
10    printf("*num=%p\n",*num);     /* 印出雙重指標 num 所指向之指標的值 */
11
12    printf("num[0]=%p\n",num[0]);    /* 印出指標常數 num[0]的值 */
13    printf("num[1]=%p\n",num[1]);    /* 印出指標常數 num[1]的值 */
14    printf("num[2]=%p\n",num[2]);    /* 印出指標常數 num[2]的值 */
15
16    printf("&num[0]=%p\n",&num[0]);  /* 印出指標常數 num[0]的位址 */
17    printf("&num[1]=%p\n",&num[1]);  /* 印出指標常數 num[1]的位址 */
```

```
18      printf("&num[2]=%p\n",&num[2]);    /* 印出指標常數 num[2]的位址 */
19
20      system("pause");
21      return 0;
22  }
```

```
/* prog10_22 OUTPUT--
num=0022FF38
&num=0022FF38
*num=0022FF38
num[0]=0022FF38
num[1]=0022FF48     } 指標常數的值
num[2]=0022FF58
&num[0]=0022FF38
&num[1]=0022FF48    } 指標常數的位址
&num[2]=0022FF58
-----------------------*/
```

原來 num, num[0]
與&num[0]的值
都是一樣的

程式解說

於本例中，第 6 行宣告了 3×4 的整數陣列 num，8~10 行印出了雙重指標常數 num 的值與位址，以及它所指向之指標的值。讀者可以參考圖 10.6.4，就可以了解為什麼這三者的值都是 0022FF38 了（下圖的位址均省略了變數位址的前 4 個數字）：

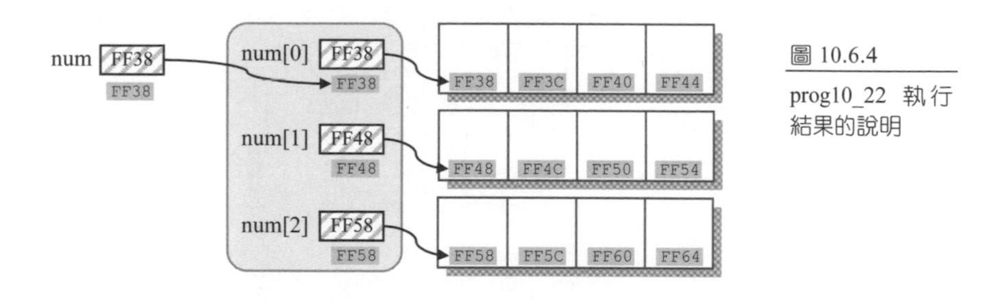

圖 10.6.4
prog10_22 執行結果的說明

程式 12~14 行印出了指標常數 num[0]~num[2] 的值，16~18 行印出了指標常數 num[0]~num[2] 的位址，從程式碼的輸出中，讀者也可以驗證指標常數的值就等於它的位址。 ❖

二維陣列的指標表示方式

因為編譯器知道二維陣列裡，每一列有多少行，有了這個資訊之後，編譯器就很容易進行指標的加法了。於圖 10.6.3 中，陣列名稱 num 是雙重指標常數，它指向指標常數陣列的起始位址，所以 num 的值為 1000。值得一提的是，這個值不但是指標常數陣列第一個元素的位址，同時也是 3×4 的二維陣列 num 裡第一列第一個元素的位址。

在 C 語言裡，把雙重指標常數 num 的值加 1，就相當於把 num 的指向移到指標常數陣列的下一個元素，也就是 num[1]，因此 num+1 相當於第二列的位址。因為 num 是一個 3 列 4 行的二維陣列，且整數佔了 4 個位元組，因此每一列佔了 4*4=16 個位元組，所以 num+1 的值會等於 1000+4*4=1016。

相同的，num+2 代表了第三列的位址，因此 num+2 的值會等於 num[2] 的值。因為第三列第一個元素與第一列第一個元素相距 8 個元素，所以 num+2 的值會等於 1000+8*4=1032，您可以從下圖的位址來驗證這些計算：

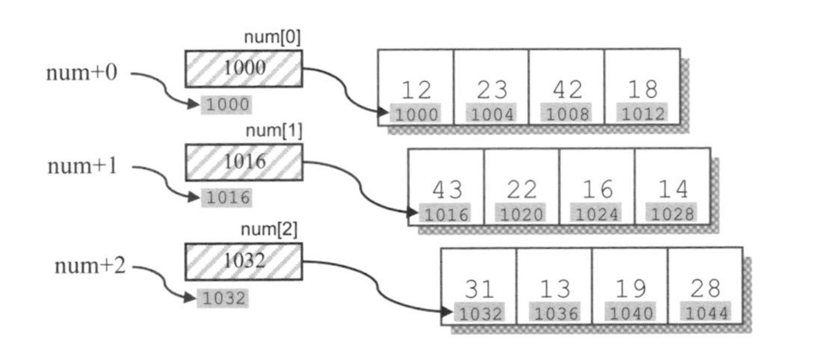

圖 10.6.5
num+m 的值代表了第 m+1 列的位址

現在您已經知道要如何取得二維陣列裡，每一列的位址了。那麼，要如何取得每一列裡特定的元素呢？以陣列的第 2 列為例，num+1 指向了指標常數 num[1]，因此如果在 (num+1) 之前加上一個星號（*），即可取得 (num+1) 所指向之位址的內容，因此 *(num+1) 實際上取得的是指標常數陣列 num[1] 的內容，即 1016，如下圖所示：

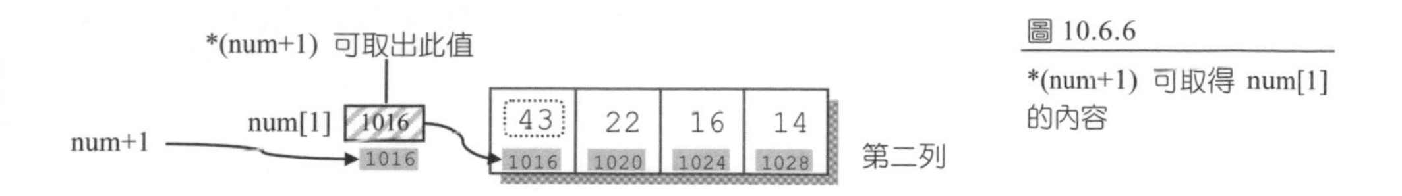

圖 10.6.6

*(num+1) 可取得 num[1] 的內容

也許您已經注意到，num+1 與 *(num+1) 的值同為 1016，為何 C 語言要用不同的表示方式來表示相同的值呢？事實上，它們之間的不同是在於尺度（scale）上的不同。num+1 是指向指標常數 num[1] 的指標，如果把 num+1 的值再加 1，則會使得它指向下一個指標常數 num[2]，因此會指向 1032 這個位址。所以把 num+1 的值再加 1，事實上是把 num+1 的值再加上 4*4=16 個位元組，變成 1032。

然而，*(num+1) 則是代表了第二列第一個元素的位址，如果把 *(num+1) 的值再加 1，則代表了第二列第二個元素的位址（1020），因此把 *(num+1) 的值再加 1，事實上是把位址加上了 4*1=4 個位元組，如下圖所示：

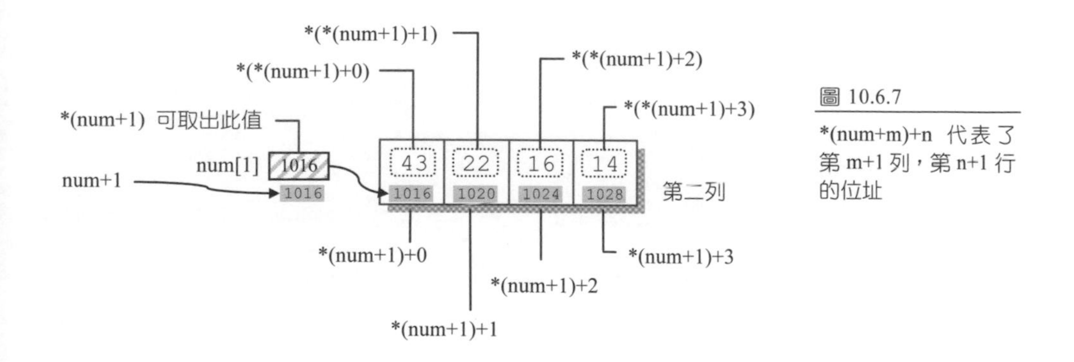

圖 10.6.7

*(num+m)+n 代表了第 m+1 列，第 n+1 行的位址

由上面的討論可知，*(num+1) 則代表了第二列，第一行的位址，而 *(num+2)+1 則代表了第三列，第二行的位址，由此可推測得，要取出陣列裡，第 m+1 列，第 n+1 行的內容時，可用下列的語法：

```
*(*(num+m)+n);    /* 取出陣列 num 裡，第 m+1 列，第 n+1 行的值  */
```

也就是說，如果想用指標來表示陣列元素 num[m][n]，可以把它寫成 *(*(num+m)+n)，如下面的語法：

```
*(*(num+m)+n);    /* 用指標表示陣列元素 num[m][n] */
```

格式 10.6.2
用指標表示陣列元素

在下面的程式裡，我們宣告了 3×4 的二維陣列 num，並印出指標常數、指標常數所指向的變數值，以及每一個元素的位址，您可以仔細觀察程式執行的結果，並與圖 10.6.3 做比較：

```
01  /* prog10_23, 印出陣列的位址 */
02  #include <stdio.h>
03  #include <stdlib.h>
04  int main(void)
05  {
06     int num[3][4]={{12,23,42,18},
07                    {43,22,16,14},
08                    {31,13,19,28}};
09     int m,n;
10
11     for(m=0;m<3;m++)
12      for(n=0;n<4;n++)
13        printf("num[%d][%d]=%d, 位址=%p\n",m,n,*(*(num+m)+n),*(num+m)+n);
14
15     printf("**num=%d\n",**num);
16
17     system("pause");
18     return 0;
19  }
```


/* prog10_23 OUTPUT----------

```
num[0][0]=12, 位址=0022FF38
num[0][1]=23, 位址=0022FF3C
num[0][2]=42, 位址=0022FF40
```

```
num[0][3]=18, 位址=0022FF44
num[1][0]=43, 位址=0022FF48
num[1][1]=22, 位址=0022FF4C
num[1][2]=16, 位址=0022FF50
num[1][3]=14, 位址=0022FF54
num[2][0]=31, 位址=0022FF58
num[2][1]=13, 位址=0022FF5C
num[2][2]=19, 位址=0022FF60
num[2][3]=28, 位址=0022FF64
**num=12
-------------------------------*/
```

程式解說

從本節的探討可知，對於二維陣列 num 而言，*(num+m)+n 代表了陣列元素 num[m][n] 的位址，而 *(*(num+m)+n) 則代表了陣列元素 num[m][n] 的值。下圖繪出了本例中，陣列元素的內容與位址，讀者可與本例的執行結果做一個對照比較：

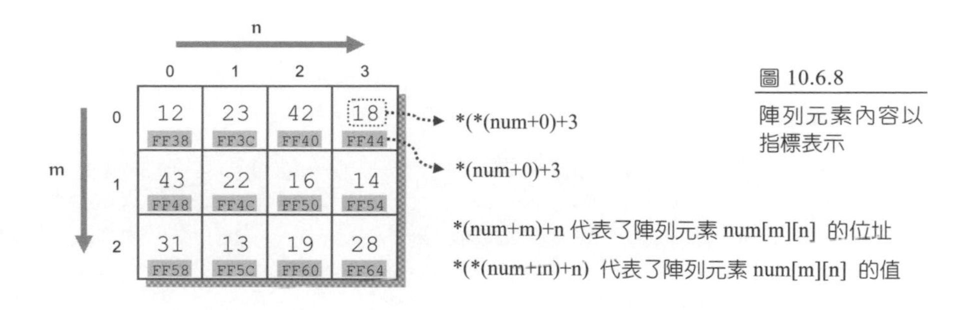

圖 10.6.8
陣列元素內容以指標表示

另外，程式第 15 行印出了 **num 的值。因為 num 是雙重指標常數，所以*num 是它所指向之指標的值，也就是常數指標 num[0] 之值，而 **num 則是 num[0] 所指向變數之值，即 12，如下圖所示：

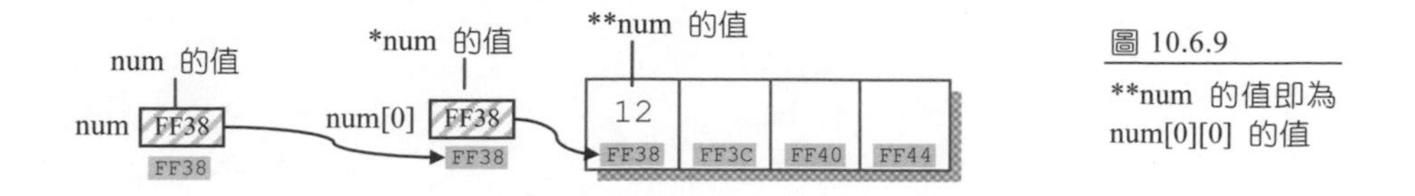

圖 10.6.9
**num 的值即為 num[0][0] 的值

由上圖可知，**num 的值即是 num[0][0] 的值，事實上，如果把 m=0，n=0 代入格式 10.6.2 中，可得 num[0][0]=*(*(num+m)+n)= *(*(num+0)+0)=**num。由此可知，num[0][0] 的值若以指標來表示，也可以寫成 **num。 ❖

接下來我們再練習一個範例，用以熟悉如何將陣列元素以指標來表示。下面的程式可將二維陣列中，所有大於 40 的元素值均以 40 來取代：

```
01  /* prog10_24, 利用指標將大於 40 的陣列元素設值為 40 */
02  #include <stdio.h>
03  #include <stdlib.h>
04  int main(void)
05  {
06     int num[3][4]={{12,23,42,18},
07                    {43,22,16,14},
08                    {31,13,19,28}};
09     int m,n;
10
11     for(m=0;m<3;m++)
12     {
13        for(n=0;n<4;n++)
14        {
15           if(*(*(num+m)+n)>40)    /* 判別 num[m][n]的值是否大於 40 */
16              *(*(num+m)+n)=40;    /* 如果是，則將元素值設為 40 */
17           printf("%3d",*(*(num+m)+n));    /* 印出元素 num[m][n]的值 */
18        }
19        printf("\n");
20     }
21     system("pause");
22     return 0;
23  }
```

```
/* prog10_24 OUTPUT-----
 12 23 40 18
 40 22 16 14
 31 13 19 28
-------------------------*/
```

程式解說

本例以一個巢狀的 for 迴圈，並配合指標來判別陣列元素 num[m][n]是否大於 40。如果是，則第 16 行將 num[m][n] 的值設為 40。第 17 行則是印出了每一個陣列元素的值。當程式執行完整個巢狀迴圈之後，陣列裡所有的元素值也就都被判別過，且已列印在螢幕上了。 ❖

最後，提醒您一個重要的觀念，雖然二維陣列可以用雙重指標來表示，但是函數並不能接受以雙重指標的方式傳遞二維陣列。也就是說，如果想設計一個傳回值型態為 void，且可接收二維整數陣列的函數 func()，我們不能將它定義成如下的格式：

```
void func(int **arr)   /* 錯誤，函數不能接收雙重指標 */
{
     /* 函數的內容 */
}
```

所以如果想傳遞二維或二維以上的多維陣列到函數裡，必須依照第 9 章所介紹的方法來傳遞。

指標的優點在於它的彈性很大，它可以幫助我們解決一些程式設計上的難題。學完本章，您已知道不管是陣列或者是字串，都可以用指標來表示它們的內容。在接續的章節中，我們還會利用指標來進行進階的程式設計，例如 C 語言的檔案處理，更是少不了指標的幫忙哦！

習 題 （題號前標示有 ➔ 符號者，代表附錄 E 裡附有詳細的參考答案）

10.1 指標概述

➔ 1. 若指標變數 ptr 指向整數變數 a，a 的位址為 1300，a 的值為 12，指標變數 ptr 的位址為 1360，試仿照圖 10.1.2 繪出指標 ptr 與變數 a 在記憶體中的配置情形。

➔ 2. 假設在程式碼裡宣告了下面的敘述：

```
float num=4.2f;
int a1=4, a2=12;
```

試於程式碼裡印出變數 num、a1 與 a2 的位址，並仿照圖 10.1.4 繪出變數於記憶體裡的配置情形。

3. 假設在程式碼裡宣告了下面的敘述：

```
double b1=3.14;
int num=5;
```

試於程式碼裡印出變數 b1 與 num 的位址，並仿照圖 10.1.4 繪出變數於記憶體裡的配置情形。

10.2 使用指標變數

4. 假設在程式碼裡有如下的敘述：

```
float num=12.6f,*ptr;
ptr=&num;
```

試撰寫一程式，列印出變數 num 與指標變數 ptr 的位址，並仿照圖 10.2.1 繪出變數於記憶體內的配置情形。

5. 試修改 prog10_5，使得在程式碼 6~18 行中，每執行完一行，便能印出變數 a、b、ptr1、*ptr1、ptr2 與 *ptr2 的值。

➔ 6. 於下表中，假設 a 的位址為 1000，b 的位址為 2000，試仿照 prog10_5，依序將下列的空格填滿，並撰寫一程式，印出表格裡相關的數據，用以驗證您所填入的數值：

	程式碼	a	b	ptr	*ptr
1	int a=12,b=7;	12	7		
2	int *ptr;				
3	ptr=&a;				
4	*ptr=19;				
5	ptr=&b;				
6	b=16;				
7	*ptr=12;				
8	a=17;				
9	ptr=&a;				
10	a=b;				
11	*ptr=63;				

7. 於下表中，假設 a 的位址為 1000，b 的位址為 2000，試仿照 prog10_5，依序將下列的空格填滿，並撰寫一程式，印出表格裡相關的數據，用以驗證您所填入的數值：

	程式碼	a	b	ptr1	*ptr1	ptr2	*ptr2
1	int a=28,b=16;	28	16				
2	int *ptr1,*ptr2;						
3	ptr1=&b;						
4	ptr2=&a;						
5	*ptr1=4;						
6	a=16;						
7	*ptr2=12;						
8	ptr2=ptr1;						
9	*ptr1=19;						
10	ptr1=&a;						
11	a=7;						
12	*ptr2=*ptr1;						

8. 試指出下面的敘述哪兒出錯，並請試著說明訂正的方法：

```
float num=16.4f;
int *ptr=&num;
```

10.3 指標與函數

9. 假設於程式碼裡有如下的宣告：

```
float pi=3.14f;
float *ptr=&pi;
```

試仿照 prog10_7 的做法，將 &pi 與 ptr 傳入 address() 函數中，用來列印變數 pi 的值與位址，並仿照圖 10.3.1 繪製出記憶體的配置圖。

10. 試撰寫一函數 void count(int *)，可接收一個整數變數 num 的位址（num 的初值請設為 0）。每當 count() 函數被呼叫一次，主程式裡的 num 之值也會被加 1，並於主程式裡自行測試之。

11. 試修改第八章的 prog8_19，使得當 add10() 函數被呼叫時，傳入 add10() 裡的變數 a 與 b 的值均會被加 10。

10.4 指標與一維陣列

12. 試撰寫一函數 void square(int *arr)，在呼叫 square() 函數後，一維陣列 arr 裡的每一個元素皆會被平方。

13. 試閱讀下列的程式碼，然後回答接續的問題：

```
01   /* hw10_13, 「*」與「++」運算子優先次序的比較 */
02   #include <stdio.h>
03   #include <stdlib.h>
04   int main(void)
05   {
06      int num[]={14,23,32,62,19};
07      int *p1,*p2;
08      p1=p2=num;
09
10      *p1++;
11      printf("*p1=%d\n",*p1);
12
13      (*p2)++;
14      printf("*p2=%d\n",*p2);
15
```

```
16        system("pause");
17        return 0;
18    }
```

(a) 如果執行此程式，則第 11 行與第 14 行的輸出為何？

(b) 試解釋第 11 行與第 14 行的輸出為何不同。

14. 假設整數陣列 arr 宣告為

```
int arr[5]={34,76,33,42,76};
```

試利用指標常數 arr 的算術運算，將陣列 arr 裡每一個元素的值加上 10，並列印出結果。

15. 假設整數陣列 arr 宣告為

```
int arr[5]={31,17,33,22,16};
```

試宣告一個指向整數的指標 ptr 指向陣列 arr，然後利用指標的算術運算，將陣列 arr 裡每一個元素的值加上 10，並列印出結果。

16. 試修改第九章的範例 prog9_5，利用指標常數 A 的算術運算來找尋陣列裡元素的最大值及最小值。

17. 試撰寫一程式，利用指標的算術運算來找出一維整數陣列中，元素最大值的索引值與最小值的索引值（一維整數陣列的元素值請自行設定）。

10.5 指標與字串

18. 設程式碼裡有如下的字串宣告：

```
char *ptr="We are best friends.";
```

(a) 試撰寫一程式，計算 ptr 所指向的字串裡，共有多少個字元（不含字串結束字元）。

(b) 試撰寫一程式，計算小寫字母的字元數。

19. 試撰寫一函數 int length(char *ptr)，可用來計算由指標變數 ptr 所指向的字串裡，所有的字元數（不包含字串結束字元「\0」）。

20. 試撰寫一程式，計算 prog10_20 中，由指標陣列 ptr 所指向的三個字串共佔了多少個位元組（包含字串結束字元「\0」）。

21. 試撰寫一函數 void display(char *ptr, int n)，它可接收一個指向字串的指標變數 ptr，以及一個整數 n，並於函數內印出 ptr 所指向的字串中，從第 n 個字元開始，到字串結束。

22. 假設在程式碼裡宣告有如下的字串陣列：

```
char str[2][20]={"Time is money","Have a good time"}
```

試利用指標常數 str，配合 puts() 函數，將字串陣列裡的每一個字串列印出來。

10.6 指向指標的指標—雙重指標

23. 試修改第 9 章的範例 prog9_10，使得第 16 行矩陣相加的運算是以指標的方式來撰寫。

24. 試修改第 9 章的範例 prog9_19，將 search() 函數內，陣列 arr 的元素改以指標的方式來撰寫。

25. 如果在程式裡有如下的宣告：

```
int arr[2][4]={{2,3,4,5},{6,7,8,9}};
```

假設 arr[0][0] 的位址為 1200，試回答下列各題：

(a) arr 的值為何？

(b) arr[0] 與 arr[1] 的值各是多少？

(c) arr+1 的值為何?

(d) *(arr+0) 與*(arr+1) 的值為何？

(e) *(arr+1)+0、*(arr+1)+1、*(arr+1)+2 與 *(arr+1)+3 的值各是多少？

(f) *(*(arr+1)+0)、*(*(arr+1)+1)、*(*(arr+1)+2)與 *(*(arr+1)+3) 的值各是多少？

(g) 試撰寫一程式碼，用來驗證 (a)~(f) 小題裡每一項的數據。

(h) 試仿造圖 10.6.4，繪出本例中，陣列 arr 元素於記憶體內的配置圖。記憶體位址請用 (g) 小題裡所求得的真實位址。

chapter

11

結構與其它資料型態

陣列只能用來存放一群相同型態的資料，「結構」就沒有這個限制。相較於陣列，利用「結構」即可以把不同的資料型態組合在一起，形成一個新的資料型態，這就是「結構」的基本概念。另外，「列舉」可用一組有意義的名稱取代一組整數常數，以方便程式設計。本章介紹了「結構」與「列舉」等自訂的資料型態，學完本章，您將會對 C 語言中自訂的資料型態有更深一層的認識。

本章學習目標

- 認識結構與巢狀結構
- 學習結構陣列的各種使用方法
- 學習列舉的使用
- 學習使用自訂的型態─typedef

11.1 認識結構

利用 C 語言所提供的「結構」（structure），可將一群型態不同，卻又相互關聯的資料組合在一起，形成一種新的資料形態。本節將介紹結構的基本概念以及它的使用方式，首先，我們來看看結構變數的定義與宣告方式。

11.1.1 結構的定義與宣告

如果想同時儲存學生的姓名與數學成績，因為這兩種資料的型態並不相同，過去我們必須使用兩個不同型態的變數來儲存它們，現在則是可以利用 C 語言所提供的結構，將這些有關聯性，型態卻不同的資料存放在同一個新式的資料結構裡。

結構的定義

在使用結構之前，必須先定義結構的內容，然後再利用定義的結構來宣告變數。結構的定義及宣告格式如下：

```
struct 結構名稱          /* 定義結構 */
{
     資料型態 成員名稱 1;  ┐
     資料型態 成員名稱 2;  │
        ...                ├ 宣告結構的成員
     資料型態 成員名稱 n;  ┘
};
```

格式 11.1.1
結構的定義格式

結構的定義以關鍵字 struct 為首，struct 後面所接續的識別字，即為所定結構的名稱；而左、右大括號所包圍起來的內容，就是結構裡面的各個成員，由於每個成員的型態可能不同，所以各成員就如同一般變數宣告的方式一樣，要指定其所屬型態。下面是結構定義的範例：

```
struct data              /* 定義 data 結構*/
{
  char name[10];    
  char sex;              定義結構的成員
  int math;
};
```

原來我的考卷也可以看成是一個結構

上面的敘述定義了結構 data，其成員包括了學生的姓名 name[10]（字元陣列）、性別 sex（字元型態）與數學成績 math（整數型態），經過上面的定義之後，結構 data 便包含有 name[10]、sex 與 math 三個資料成員，如下圖所示：

```
struct data
{
  char name[10];
  char sex;
  int math;
};
```

結構 data 的資料成員

成員	型態
name[10]	字元陣列
sex	字元
math	整數

圖 11.1.1
結構 data 的資料成員

宣告結構變數

您可以把結構想像成是一種自訂的資料型態。如果想要使用這種自訂的資料型態，必須先宣告這種結構型態的變數。要宣告結構型態的變數，可利用下面的語法：

```
struct 結構名稱 變數 1, 變數 2,..., 變數 n;
```

格式 11.1.2
宣告結構變數

以先前定義好結構 data 為例，如要宣告 student1 與 student2 這兩個 data 型態的結構變數，可用如下的宣告方式：

```
struct data student1, student2;    /* 宣告 data 型態的結構變數 */
```

現在我們已經知道，要使用結構變數之前必須先定義結構，然後利用此結構來宣告結構變數。事實上，我們也可以把這兩個步驟合併成一個，也就是在定義完之後，立即宣告結構變數，如下面的格式：

```
struct 結構名稱            /* 定義結構 */
{
   資料型態 成員名稱 1;  ┐
   資料型態 成員名稱 2;  │
          ...            ├ 宣告結構的成員
   資料型態 成員名稱 n;  ┘
}結構變數 1,結構變數 2,..., 結構變數 n;   /* 宣告結構變數 */
```

格式 11.1.3

定義完結構之後，立即宣告結構變數

如果想在定義結構內容之後直接宣告該結構的變數，就可以使格式 11.1.3，如下面的範例：

```
struct data                 /* 定義 data 結構*/
{
  char name[10];
  char sex;
  int math;
}student1,student2;          /* 宣告結構變數 student1 與 student2 */
```

在上面的範例中，右大括號後面接的識別字 student1 與 student2，便是我們所宣告的結構變數。

11.1.2 結構變數的使用及初值的設定

我們可以利用「結構成員存取運算子」（或稱為點號運算子「.」，dot operator）來存取變數內的成員，在點號運算子之前是結構變數的名稱，點號運算子後面是欲存取的結構成員名稱，如下面的格式：

```
結構變數名稱.成員名稱;
```

格式 11.1.4
存取結構變數的成員

以前面所宣告的結構變數 student1（或 student2）為例，結構內的成員可以利用點號運算子來存取，如 student1.name、student1.sex 及 student1.math 等。

下面的範例說明了 student 結構的使用。為了簡化程式碼，我們略去了 student 結構裡的 sex 成員。這個範例可由鍵盤輸入每個成員的資料，然後再將結構變數中的內容列印出來：

```
01  /* prog11_1, 結構變數的輸入與輸出 */
02  #include <stdio.h>
03  #include <stdlib.h>
04  int main(void)
05  {
06     struct data          /* 定義結構 data */
07     {
08        char name[10];
09        int math;
10     } student;           /* 宣告 data 型態的結構變數 student */
11
12     printf("請輸入姓名: ");
13     gets(student.name);                    /* 輸入學生姓名 */
14     printf("請輸入成績 :");
15     scanf("%d",&student.math);             /* 輸入學生成績 */
16
17     printf("姓名:%s\n", student.name);
18     printf("成績:%d\n", student.math);
19
20     system("pause");
21     return 0;
22  }
```

```
/* prog11_1 OUTPUT-----------
請輸入姓名: Tom Lee
請輸入成績: 89
姓名:Tom Lee
成績:89
------------------------------*/
```

程式解說

於本例中，6~10 行定義了結構 data，並利用此結構宣告了 student 變數。第 13 行利用 gets() 函數從鍵盤讀入字串，並把字串寫入字串陣列 student.name 裡。第 15 行則可輸入數學成績，並將它存放在 student.math 裡。注意在第 15 行利用 scanf() 函數來輸入成績時，student.math 之前要加上一個位址符號「&」。最後，程式第 17~18 印出了 student.name 與 student.math 這兩個結構變數之成員的值。

值得一提的是，因為第 8 行把結構成員 name 宣告成可存放 10 個字元的陣列，所以在初值的設定時，字串的字元數不能多於 10 個（含字串結束字元），否則會有不可預期的錯誤。

由本例可知，要存取到結構變數裡的成員，只要利用「結構變數名稱.成員名稱」就可以了，其它的用法與一般變數的用法並沒有太大的差別。 ❖

結構所佔用的記憶體有多少呢？以程式 prog11_1 裡所定義的結構 data 為例，我們利用 sizeof() 求出該結構所佔用的記憶體空間：

```
01  /* prog11_2, 結構的大小 */
02  #include <stdio.h>
03  #include <stdlib.h>
04  int main(void)
05  {
06     struct data    /* 定義結構 */
07     {
08        char name[10];
```

```
09          int math;
10       } student;
11       printf("sizeof(student)=%d\n",sizeof(student));
12
13       system("pause");
14       return 0;
15   }
```

```
/* prog11_2 OUTPUT--

sizeof(student)=16
---------------------*/
```

程式解說

在 student 結構變數中，字元陣列 name 佔有 10 個位元組，整數變數 math 則佔有 4 個位元組，但是利用 sizeof() 函數所取得的資料型態長度卻是 16 個位元組。為什麼 sizeof() 回應的不是 10+4=14 呢？

事實上這是因為編譯器在編譯程式時，會以結構成員裡，所佔位元組最多的資料型態為單位來配置記憶空間之故。就本例來說，char 佔了 1 個位元組，而 int 佔了 4 個，所以基本單位是 4 個位元組，因此結構變數所佔的位元組必須是 4 的倍數。於是 student 結構變數裡的成員雖只佔了 14 個位元組，但編譯器卻配置 16 個位元組給它，就是這個原因。 ❖

結構變數初值的設定

要如何才能設定結構變數的初值呢？於宣告結構變數後，以設定運算子「=」來設定結構變數的初值。變數內容以左、右大括號（{}）包圍起來，再依照結構內容的定義型態，分別給予各個成員初值。以下面的程式片段為例，在宣告 data 結構之後，如要設定結構變數 student 的初值，可利用下面的語法：

```
struct data              /* 定義結構 data */
{
   char name[10];
   int math;
};
struct data student={"Jenny",78};      /* 設定結構變數 student 的初值 */
```

在上面的敘述中，我們設定了結構變數 student 的初值，其中 name 設定為 "Jenny"，math 為 78。

當然您也可以在定義結構之後，直接宣告變數的初值，以上面的程式敘述為例，結構的定義與初值的設定可以撰寫成如下面的敘述：

```
struct data              /* 定義結構 data */
{
   char name[10];
   int math;
} student={"Jenny",78};      /* 宣告結構變數 student,並設定初值 */
```

接下來，我們來看看在程式中如何設定結構變數的初值。下面的程式修改自 prog11_1，其中的結構變數是以設定初值的方式來設定初值：

```
01   /* prog11_3, 結構變數的初值設定 */
02   #include <stdio.h>
03   #include <stdlib.h>
04   int main(void)
05   {
06      struct data    /* 定義結構 data */
07      {
08         char name[10];
09         int math;
10      };
11      struct data student={"Mary Wang",74};   /* 設定結構變數初值 */
12
13      printf("學生姓名: %s\n",student.name);
14      printf("數學成績: %d\n",student.math);
15
```

```
16      system("pause");
17      return 0;
18   }
```

```
/* prog11_3 OUTPUT--

學生姓名: Mary Wang
數學成績: 74
---------------------*/
```

程式解說

於本例中，6~10 行定義了結構 data，第 11 行再以 data 來宣告結構變數 student，並設定它的初值為 {"Mary Wang", 74}。注意在設定結構成員的初值時，所有的成員必須以大括號括起來，並且以逗號分開。 ❖

把結構變數的值設給另一個結構變數

由於不同的結構可能包含有不同的資料型態，所以必須是相同的結構才可以把結構變數的值設給另一個結構變數。接下來，我們再來看看如何將一個結構變數的值設定給另一個相同型態的結構變數：

```
01   /* prog11_4, 結構的設值 */
02   #include <stdio.h>
03   #include <stdlib.h>
04   int main(void)
05   {
06      struct data
07      {
08         char name[10];
09         int math;
10      } s1={"Lily Chen",83};      /* 宣告結構變數 s1，並設定初值 */
11      struct data s2;             /* 宣告結構變數 s2 */
12      s2=s1;                      /* 把結構變數 s1 的值設定給結構變數 s2 */
13
14      printf("s1.name=%s, s1.math=%d\n",s1.name,s1.math);
15      printf("s2.name=%s, s2.math=%d\n",s2.name,s2.math);
16
```

```
17      system("pause");
18      return 0;
19   }

/* prog11_4 OUTPUT-----------
s1.name=Lily Chen, s1.math=83
s2.name=Lily Chen, s2.math=83
------------------------------*/
```

程式解說

由本例的程式碼可以看出，當結構的成員都相同時，我們就可以像設定一般變數那樣，直接將結構變數 s1 的值指定給結構變數 s2 存放。 ❖

11.2 巢狀結構

既然結構可以存放不同的資料型態，是不是也可以在結構中擁有另一個結構呢？答案是肯定的！這種在結構裡又包含另一個結構的結構，稱為「巢狀結構」（nested structure）。巢狀結構的定義格式如下：

```
struct 結構 1
{
   /* 結構 1 的成員 */
};
struct 結構 2
{
   /* 結構 2 的成員 */
   struct 結構 1 變數名稱
};
```

定義巢狀結構

格式 11.2.1
巢狀結構的定義格式

於上面的格式中，由於結構 2 中使用到了結構 1 的變數，所以結構 1 必須定義在結構 2 的前面，而結構 2 就屬於巢狀結構的型態。

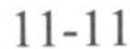

我們舉一個實例來說明巢狀結構的使用。下面的程式定義了一個巢狀結構 data，其成員包括了字串 name（學生姓名）、整數變數 math（成績）與結構變數 birthday（生日），其中 birthday 是結構 date 型態的變數，由整數變數 month（月份）與 day（日期）二個成員所組成：

```
01  /* prog11_5, 巢狀結構的使用 */
02  #include <stdio.h>
03  #include <stdlib.h>
04  int main(void)
05  {
06     struct date          /* 定義結構 date */
07     {
08        int month;
09        int day;
10     };
11     struct data          /* 定義巢狀結構 data */
12     {
13        char name[10];
14        int math;
15        struct date birthday;
16     } s1={"Mary Wang",74,{10,2}};   /* 設定結構變數 s1 的初值 */
17
18     printf("學生姓名: %s\n",s1.name);
19     printf("生日: %d 月%d 日\n",s1.birthday.month,s1.birthday.day);
20     printf("數學成績: %d\n",s1.math);
21
22     system("pause");
23     return 0;
24  }
```

```
/* prog11_5 OUTPUT--

學生姓名: Mary Wang
生日: 10 月 2 日
數學成績: 74
---------------------*/
```

程式解說

於本例中，程式 6~10 行定義了結構 date，包括 month 與 day 二個成員，用來記錄生日。11~16 行定義結構 data，包含了 name、math 及 birthday 三個成員，用來記錄學生資料，其中的 birthday 為結構 date 型態。

在定義完結構 data 之後，第 16 同時宣告了 data 型態的結構變數 s1，並為其設定初值。由於成員 birthday 為結構 date 型態，所以在設值時要將該結構以左、右大括號另外括起來。最後程式第 18~20 行，印出結構變數 s1 的所有內容。

在程式的第 19 行，讀者可以注意到，如要取出結構變數 s1 裡，birthday 成員裡的 month 與 day，則必須分別使用 s1.birthday.month 與 s1.birthday.day 的語法。以此類推，要取出多重巢狀結構變數的成員時，每多一層結構，就必須多一個點號運算子「.」，如此一來才會得到正確的結構成員。 ❖

於 prog11_5 中，結構變數 s1 裡的成員是在定義完結構之後，便進行初值的設定。如果要改由鍵盤輸入，則在 s1 裡的 birthday 成員中，month 與 day 成員還是得利用 s1.birthday.month 與 s1.birthday.day 的語法來存取它。本節的習題將會要求您把 prog11_5 中，結構變數 s1 的成員改以鍵盤來輸入。

11.3 結構陣列

結構變數與一般的變數一樣，只能存放一筆資料，如果想同時存放多筆資料，則可以利用結構陣列。下面為結構陣列的宣告格式：

```
struct 結構型態 結構陣列名稱[元素個數];
```

格式 11.3.1
結構陣列的宣告格式

例如想宣告結構 data 型態的陣列 s1，元素個數為 10，則可以利用如下的語法：

```
struct data s1[10];     /* 宣告結構陣列 s1 */
```

若是要存取結構陣列 s1 裡某個元素的成員時，只要利用索引值指出正確的陣列元素，然後接上成員名稱即可，如下面的範例：

```
s1[2].math=12;                /* 設定 s1[2].math=12 */
strcpy(s1[2].name,"Peggy");   /* 設定 s1[2].name 的值為"Peggy" */
```

於上面兩個敘述中，第一個敘述是把 s1[2].math 的值設為 12。第二個敘述是將字串 "Peggy" 利用 strcpy() 函數拷貝至 s1[2].name 中，這個動作事實上也就相當於把字串陣列 s1[2].name 的內容設值為 "Peggy"。strcpy() 是 C 語言提供的標準函數，它的原型宣告在 string.h 中。strcpy 是 string copy 的縮寫，可用來將括號內第二個引數的內容拷貝到第一個引數裡。關於 strcpy() 的用法，讀者可參考附錄 C。

結構陣列會佔有多少的記憶體空間呢？以程式 prog11_2 所定義的 data 結構為例，下面的程式宣告了結構 data 型態的陣列 student，元素的個數為 10，並利用 sizeof() 計算陣列元素所佔的位元組，及整個陣列所佔的位元組：

```
01  /* prog11_6, 結構陣列的大小 */
02  #include <stdio.h>
03  #include <stdlib.h>
04  int main(void)
05  {
06     struct data          /* 定義結構 */
07     {
08        char name[10];
09        int math;
10     }student[10];
11
12     printf("sizeof(student[3])=%d\n",sizeof(student[3]));
13     printf("sizeof(student)=%d\n",sizeof(student));
14     system("pause");
15     return 0;
16  }
```

```
/* prog11_6 OUTPUT----
sizeof(student[3])=16
sizeof(student)=160
------------------------*/
```

程式解說

由本例的執行結果可知，在結構陣列裡單一元素所佔的位元組也是 16，這和 prog11_2 執行的結果一樣。另外，如果要利用 sizeof() 計算出整個陣列的長度時，sizeof() 內只需填上結構陣列的名稱，如第 13 行所示。由於陣列中，每一個元素佔了 16 個位元組，且陣列共有 10 個元素，因此整個陣列總共佔了 160 個位元組。 ❖

下面是一個使用結構陣列的範例。此範例定義了一個結構 data，其成員包括有學生姓名及數學成績，同時宣告了結構 data 型態的結構陣列。程式執行時，使用者可由鍵盤輸入姓名及數學成績，執行的結果則是印出結構陣列裡的內容：

```
01  /* prog11_7, 結構陣列的使用 */
02  #include <stdio.h>
03  #include <stdlib.h>
04  #define MAX 2
05  int main(void)
06  {
07    int i;
08    struct data              /* 定義結構 data */
09    {
10      char name[10];
11      int math;
12    } student[MAX];          /* 宣告結構陣列 student */
13
14    for(i=0;i<MAX;i++)
15    {
16      printf("學生姓名: ");
17      gets(student[i].name);           /* 輸入學生姓名 */
18      printf("數學成績: ");
19      scanf("%d",&student[i].math);    /* 輸入學生數學成績 */
20      fflush(stdin);                   /* 清空緩衝區內的資料 */
21    }
```

```
22
23     for(i=0;i<MAX;i++)                    /* 輸出結構陣列的內容 */
24       printf("%s 的數學成績=%d\n",student[i].name,student[i].math);
25
26     system("pause");
27     return 0;
28  }
```

```
/* prog11_7 OUTPUT--
學生姓名: Jenny
數學成績: 65
學生姓名: Teresa
數學成績: 88
Jenny 的數學成績=65
Teresa 的數學成績=88
----------------------*/
```

程式解說

於本例中，8~12 行定義了結構 data，並且以此結構宣告了具有兩個元素的結構陣列 student。第 14~21 行，利用迴圈輸入姓名及數學成績，23~24 行則是印出了結構陣列 student 的所有內容。

值得一提的是，程式第 20 行利用 fflush() 函數來清空緩衝區裡的資料，這是因為在 scanf() 函數取得輸入值後，會將 Enter 鍵的值留下，如果沒有清空緩衝區，則第二次進入迴圈時，Enter 鍵的值便會被 gets() 函數所接收，因而造成了執行的錯誤（fflush() 函數的使用方法，讀者可參考 4.3 節）。 ❖

11.4 指向結構的指標

指標可以指向 C 語言所提供的資料型態，同樣的，指標也可以指向結構。結構指標也是指標的一種，只是它是指向結構的指標，而非指向一般的變數。結構指標的宣告格式如下：

```
struct 結構型態 *結構指標名稱;
```

格式 11.4.1
結構指標的宣告格式

舉例來說，假設於程式中定義如下的結構型態：

```
struct data              /* 定義結構 data */
{
   char name[10];
   int math;
}student;                /* 宣告結構 data 型態之變數 student */
```

要宣告指向結構的指標變數，可利用如下的語法：

```
struct data *ptr;            /* 宣告指向結構 data 型態之指標 ptr */
```

宣告好結構變數及指標之後，還必須將指標指向該結構變數：

```
ptr=&student;                /* 將指標 ptr 指向結構變數 student */
```

經過宣告及設值後，指標變數 ptr 就會指向結構變數 student，如此一來，就可以利用指標來存取結構變數的內容了。值得注意的是，在使用指標存取結構變數的成員時，要利用箭號「->」來連接欲存取的成員，如下面的格式：

```
結構指標名稱->結構變數成員;
```

格式 11.4.2
使用指標存取結構變數的成員

以前面所宣告的結構變數 student 及指標 ptr 為例，ptr->math 即代表了指向結構變數 student 的 math 成員。

下面的程式是結構指標的練習。本程式可利用結構指標輸入學生的姓名、數學以及英文的成績，接著計算兩科的平均值，最後印出計算的結果：

```
01  /* prog11_8, 使用指向結構的指標 */
02  #include <stdio.h>
03  #include <stdlib.h>
04  int main(void)
05  {
06     struct data   /* 定義結構 */
07     {
08        char name[10];
09        int math;
10        int eng;
11     } student,*ptr;    /* 宣告結構變數 student 及指向結構的指標 ptr */
12
13     ptr=&student;              /* 將 ptr 指向結構變數 student 的位址 */
14     printf("學生姓名: ");
15     gets(ptr->name);           /* 輸入字串給 student 的 name 成員存放 */
16     printf("數學成績: ");
17     scanf("%d",&ptr->math); /* 輸入整數給 student 的 math 成員存放*/
18     printf("英文成績: ");
19     scanf("%d",&ptr->eng);  /* 輸入整數給 student 的 eng 成員存放*/
20
21     printf("數學成績=%d, ",ptr->math);
22     printf("英文成績=%d, ",ptr->eng);
23     printf("平均分數=%.2f\n",(ptr->math + ptr->eng)/2.0);
24     system("pause");
25     return 0;
26  }
```

```
/* prog11_8 OUTPUT ----------------

學生姓名: Jenny
數學成績: 78
英文成績: 89
數學成績=78, 英文成績=89, 平均分數=83.50
-----------------------------------*/
```

程式解說

程式第 6~11 行定義了結構 data，並宣告 data 型態的結構變數 student，以及指向 data 型態的 ptr。第 13 行將指標 ptr 指向結構變數 student，14~19 行輸入學生姓名，以及數學和英文的成績。讀者可以注意到，利用 scanf() 函數輸入資料時，除了要以箭號「->」取得成員之外，還必須使用到位址運算子「&」。

程式 21~22 行印出數學、英文成績後，23 行印出了這兩科的平均值。在程式中可觀察到，如要取出某個結構變數的成員時，在結構指標名稱前面並不需要特別加上依址取值運算子「*」。 ❖

以指標來表示結構陣列

由於結構陣列可以看成是指標的一種，所以結構陣列名稱也可以視為指標名稱，而陣列中的元素，即可利用指標的算術運算來存取。要以指標的方式表示結構陣列時，可用下面的語法：

```
(結構指標名稱+i)->結構成員;
```

格式 11.4.3
以指標的方式表示結構陣列

接下來我們練習一個範例，以指標的表示方式存取結構陣列的元素。下面的程式定義了 data 結構，同時宣告了結構陣列 student，並設定結構陣列的初值，然後利用指標的表示方式找出結構陣列 student 裡，math 成員的最大值：

```
01  /* prog11_9, 以指標來表示結構陣列 */
02  #include <stdio.h>
03  #include <stdlib.h>
04  #define MAX 3
05  int main(void)
06  {
```

```
07     int i,m,index=0;
08     struct data                    /* 定義結構 data */
09     {
10        char name[10];
11        int math;
12     } student[MAX]={{"Mary",87},{"Flora",93},{"Jenny",74}};
13
14     m=student->math;               /* 將 m 設值為 student[0].math */
15     for(i=1;i<MAX;i++)             /* 輸出結構陣列的內容 */
16     {
17        if((student+i)->math > m)
18        {
19           m=(student+i)->math;
20           index=i;
21        }
22     }
23     printf("%s 的成績最高, ",(student+index)->name);
24     printf("分數為%d 分\n",(student+index)->math);
25     system("pause");
26     return 0;
27  }
```

```
/* prog11_9 OUTPUT ------
Flora 的成績最高, 分數為 93 分
----------------------------*/
```

程式解說

程式 8~12 行定義了結構 data，並宣告 data 型態的結構陣列 student，陣列大小為 MAX（MAX 為 3），同時設定陣列的初值。程式第 14 行將 m 設值為 student->math，此處 student->math 就相當於 (student+0)->math，也就是 student[0].math。

15~22 行利用 for 迴圈找出 student 結構陣列中，擁有最大之 math 成員的元素，並將其索引值以 index 變數來記錄。找到索引值之後，23~24 行印出了成績最高分的學生姓名，以及相對應的成績。 ❖

11.5 以結構為引數傳遞到函數

把結構當成引數傳遞到函數中，其實就和傳遞其它的資料型態之方式相同。在本節中，我們將以程式範例來說明如何將結構傳遞到函數中。

11.5.1 將整個結構傳遞到函數

將結構變數傳遞到函數時，是以「傳值」的方式來進行，也就是說傳遞到函數中的結構變數，並不是傳入該結構變數的位址，而是它的值。下面列出將結構傳遞到函數中的格式：

```
傳回值型態 函數名稱(struct 結構名稱 變數名稱)
{
   /* 函數的定義 */
}
```

格式 11.5.1

將結構傳遞到函數中的格式

我們以下面的程式為例，在 main() 函數中將結構變數 s1 當成引數傳入函數 display() 後，在 display() 裡印出結構變數 s1 的內容：

```
01  /* prog11_10, 傳遞結構到函數裡 */
02  #include <stdio.h>
03  #include <stdlib.h>
04
05  struct data
06  {
07     char name[10];
08     int math;
09  };
10
11  void display(struct data);          /* 宣告函數 display()的原型 */
12
13  int main(void)
14  {
15     struct data s1={"Jenny",74};    /* 設定結構變數 s1 的初值 */
```

將結構 data 定義在 main() 的外部，這個結構就成了全域的結構

```
16    display(s1);          /* 呼叫函數 display()，傳入結構變數 s1 */
17
18    system("pause");
19    return 0;
20  }
21
22  void display(struct data st)      /* 定義 display()函數 */
23  {
24    printf("學生姓名: %s\n",st.name);
25    printf("數學成績: %d\n",st.math);
26  }
```

```
/* prog11_10 OUTPUT --
學生姓名: Jenny
數學成績: 74
-----------------------*/
```

程式解說

程式第 5~9 行，定義結構 data，其結構成員包括了字元陣列 name，以及整數變數 math 兩個成員。讀者可注意到，結構 data 是定義在 main() 函數的外面，使得它是一個「全域」（global）的結構，如此在主函數 main() 與函數 display() 裡才能使用到它。

程式第 11 行宣告了 display() 函數的原型。因為在 display() 原型裡指明了引數的型態為 data 的結構，因此 display() 函數的原型宣告必須放在結構 data 定義的後面，如此 display() 函數才會知道結構 data 的定義為何。

第 15 行宣告了結構變數 s1，並設定初值。第 16 行呼叫 display() 函數，並傳入 s1，此時程式的執行流程跑到第 22 行，由結構變數 st 來接收 s1。最後 24~25 行印出了結構變數 st 裡的 name 與 math 成員之值。由執行的結果可知，結構變數 st 所接收的，正是宣告於 main() 函數裡，結構變數 s1 的值。 ❖

11.5.2 傳遞結構的位址

在 prog11_10 中，結構傳遞到 display() 裡是以「傳值」的機制來進行。在這個機制底下，如果在函數裡更改了傳進來的引數值，在主函數內結構變數的值並不會被更改。如果想讓主函數內結構變數的值也會被更改，則可以傳遞結構的位址。

下面的程式是傳遞結構位址的範例。於這個例子中，我們設計了 swap() 函數，可接收兩個結構變數的位址。在執行完 swap() 之後，這兩個結構變數的值會被互換：

```
01  /* prog11_11, 傳遞結構的位址到函數裡 */
02  #include <stdio.h>
03  #include <stdlib.h>
04
05  struct data       /* 定義全域的結構 data */
06  {
07     char name[10];
08     int math;
09  };
10  void swap(struct data *,struct data *);   /* swap()的原型 */
11
12  int main(void)
13  {
14     struct data s1={"Jenny",74};     /* 宣告結構變數 s1，並設定初值 */
15     struct data s2={"Teresa",88};    /* 宣告結構變數 s2，並設定初值 */
16
17     swap(&s1,&s2);           /* 呼叫 swap()函數 */
18     printf("呼叫 swap()函數後:\n");
19     printf("s1.name=%s, s1.math=%d\n",s1.name,s1.math);
20     printf("s2.name=%s, s2.math=%d\n",s2.name,s2.math);
21
22     system("pause");
23     return 0;
24  }
25  void swap(struct data *p1,struct data *p2)
26  {
27     struct data tmp;
28     tmp=*p1;
29     *p1=*p2;
```

```
30      *p2=tmp;
31   }
```

/* prog11_11 OUTPUT -------

```
呼叫 swap()函數後:
s1.name=Teresa, s1.math=88
s2.name=Jenny, s2.math=74
---------------------------*/
```

程式解說

於本例中，25~31 行定義了 swap() 函數，它可接收兩個指向結構 data 型態的指標。並於 28~30 行把這兩個指標所指向的結構變數之值進行互換。

在主程式裡，14~15 行宣告了兩個結構 data 型態的變數 s1 與 s2，並設定初值。17 行呼叫 swap() 函數，傳入這兩個變數的位址，並由指標 p1 與 p2 接收。由於 p1 與 p2 是指向結構變數 s1 與 s2，所以 28~30 行會把 s1 與 s2 的值互換，讀者可以從 19~20 行的輸出中得到驗證。 ❖

11.5.3 傳遞結構陣列

傳遞陣列到函數時，也是傳入該陣列的位址。接下來，我們介紹如何將結構陣列當成引數傳遞到函數中。下面範例修改自 prog11_9，其中我們設計了一個 maximum() 函數，可用來傳回結構陣列內，成績最高之元素的索引值。程式的撰寫如下：

```
01   /* prog11_12, 傳遞結構陣列 */
02   #include <stdio.h>
03   #include <stdlib.h>
04   #define MAX 3
05
06   struct data               /* 定義全域的結構 data */
07   {
08      char name[10];
09      int math;
10   };
```

```
11  int maximum(struct data arr[]);    /* 宣告函數 maximum()的原型 */
12  int main(void)
13  {
14     int idx;
15     struct data s1[MAX]={{"Mary",87},{"Flora",93},{"Jenny",74}};
16
17     idx=maximum(s1);     /* 呼叫 maximum()函數 */
18     printf("%s 的成績最高, ",(s1+idx)->name);     /* 印出最高分的姓名 */
19     printf("分數為%d 分\n",(s1+idx)->math);      /* 印出最高分的成績 */
20
21     system("pause");
22     return 0;
23  }
24  int maximum(struct data arr[])     /* maximum()函數的定義 */
25  {
26     int m,i,index;
27     m=arr->math;                    /* 將 m 設值為 arr[0].math */
28     for(i=0;i<MAX;i++)
29       if((arr+i)->math>m)
30       {
31          m=(arr+i)->math;
32          index=i;
33       }
34     return index;              /* 傳回陣列的索引值 */
35  }
```

```
/* prog11_12 OUTPUT ------
Flora 的成績最高, 分數為 93 分
---------------------------*/
```

程式解說

於本例中，24~35 行定義了 maximum() 函數，它可接收一個結構 data 型態的陣列。函數的傳回值為整數 index，它代表了陣列元素中，擁有最大的 math 成員之元素的索引值，這個索引值傳回主函數之後，由第 17 行的 idx 變數接收，如此一來，18~19 行便可依這個變數，利用指標的算術運算來列印出最高分的成績，以及學生姓名等資訊。 ❖

11.6 列舉型態

列舉型態（enumeration）是一種特殊的常數定義方式，藉由列舉型態的宣告，即可利用一組有意義的名稱來取代較不易記憶的一組整數常數，使得程式的可讀性提高，進而減少程式的錯誤。

11.6.1 列舉型態的定義及宣告

列舉型態的定義及宣告方式與結構類似，其格式如下。

```
enum 列舉型態名稱
{
   列舉常數 1,
   列舉常數 2,
     ...
   列舉常數 n
};
enum 列舉型態名稱 變數 1, 變數 2,..., 變數 m;  /* 宣告變數 */
```

（大括號右側標註：定義列舉型態）

格式 11.6.1

列舉型態的定義與變數的宣告格式

列舉型態的定義以關鍵字 enum 為首，enum 後面所接續的識別字，即為自訂的列舉型態名稱；而左、右大括號所包圍起來的內容，就是所要列舉的常數，如下面的範例：

```
enum color
{
   red,
   blue,
   green
};
enum color shirt, hat;    /* 宣告列舉型態 color 之變數 shirt 與 hat */
```

（大括號右側標註：定義列舉型態 color）

上面的敘述是定義了列舉型態 color，其中的成員包括了 red、blue 與 green 三個列舉常數（enumerated constant）。列舉型態定義完畢後，必須宣告列舉型態的變數，才能使用列舉型態裡所定義的常數。例如於上例中，最後一行敘述宣告了 color 列舉型態的變數 shirt 與 hat。

格式 11.6.1 是把列舉型態的定義和變數的宣告分開來撰寫。除了使用這種方式外，您也可以在定義完列舉型態後，立即宣告列舉型態的變數，如下面的範例：

```
enum color          /* 宣告列舉型態 color */
{
    red,    ⎫
    blue,   ⎬ 列舉常數
    green   ⎭
} shirt,hat;        /* 定義完列舉型態後，便立即宣告變數 shirt 與 hat */
```

現在讀者可以發現，列舉型態的定義方式和結構定義的方式相當類似，對於這兩者而言，C 語言都允許先定義，後宣告，或者是定義之後立即宣告變數。

當然，在某些場合裡，我們也可以把上面的敘述寫成一行，以減少程式的行數，如下面的敘述：

```
enum color{red ,blue, green} shirt,hat;  /* 宣告列舉型態，並定義列舉常數 */
```

11.6.2 列舉型態的使用與初值的設定

宣告列舉型態變數後，這個變數的值就只能是列舉常數裡的其中一個。通常在沒有特別指定的情況下，C 語言會自動給與列舉常數一個整數值，列舉常數 1 的值為 0，列舉常數 2 的值為 1，以此類推。以下面的列舉型態 color 為例：

```
enum color          /* 定義列舉型態 color */
{
   red,
   blue,
   grcen
}shirt,hat;         /* 宣告列舉型態 color 的變數 shirt 與 hat */
```

上面的敘述定義了列舉型態 color，並宣告該列舉型態的變數 shirt 與 hat。在沒有特別指定時，列舉常數 red 的值會被設為 0，blue 的值設為 1，green 的值設為 2，且這些值不能夠再被更改。

使用列舉型態的變數最大的好處在於方便程式的撰寫。舉例來說，在視窗程式設計裡的下拉選單的概念就非常類似列舉型態。例如下圖顯示了一個下拉選單，裡面只有 red、green 與 blue 三種顏色可供選擇：

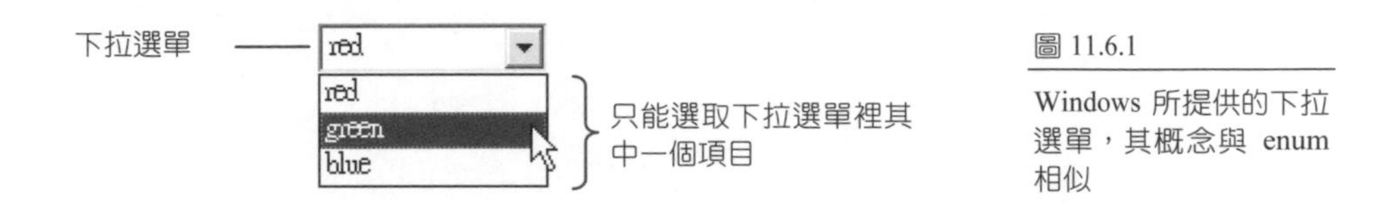

圖 11.6.1

Windows 所提供的下拉選單，其概念與 enum 相似

於上圖的下拉選單中只有 red、green 與 blue 可供選擇，不會有其它的值，這個概念恰好與列舉相似，例如於前例中，利用 color 來宣告 shirt 變數之後，則 shirt 的值就只能是 red、green 與 blue 三種之一，而不會有其它的值。

下面的範例說明了列舉型態的使用。在這個程式中，我們宣告了一個列舉型態 color 的變數 shirt，於程式裡印出該變數所佔的位元組，並印出列舉常數的值：

```
01  /* prog11_13, 列舉型態的使用 */
02  #include <stdio.h>
03  #include <stdlib.h>
04  int main(void)
05  {
```

```
06      enum color          /* 定義列舉型態 color */
07      {
08         red,
09         green,
10         blue
11      };
12      enum color shirt;  /* 宣告列舉型態的變數 shirt */
13
14      printf("sizeof(shirt)=%d\n",sizeof(shirt));
15      printf("red=%d\n",red);
16      printf("green=%d\n",green);
17      printf("blue=%d\n",blue);
18
19      shirt=green;         /* 將 shirt 的值設為 green */
20      if(shirt==green)
21         printf("您選擇了綠色的衣服\n");
22      else
23         printf("您選擇了非綠色的衣服\n");
24
25      system("pause");
26      return 0;
27   }
```

```
/* prog11_13 OUTPUT--

sizeof(shirt)=4
red=0
green=1
blue=2
您選擇了綠色的衣服
----------------------*/
```

程式解說

由程式執行的結果可以看到，列舉型態的變數所佔的位元組與整數型態相同，皆為 4 個位元組，這是因為列舉型態的變數本身就是整數之故。此外，在沒有特別設定的狀況下，第 1 個列舉常數 red 的預設值為 0，第 2 個列舉常數 green 的預設值為 1，第 3 個列舉常數 blue 的預設值為 2。

定義列舉型態的好處在於撰寫程式上的方便。例如把 shirt 宣告成列舉型態的變數之後，shirt 的值就可以設定成 red、green 或 blue，使用起來比起設定 shirt 為 0、1 或 2 來的方便許多，程式閱讀起來也更加賞心悅目。例如第 19 行設定 shirt=green 之後，shirt 的值就變成 1，於是第 20 行

```
if(shirt==green)   /* 判別 shirt 的值是否為 green */
```

的判別成立，所以會執行第 21 行的敘述。試想，如果把 20 行的敘述改寫成

```
if(shirt==1)   /* 判別 shirt 的值是否為 1 */
```

雖然也可以執行，但在閱讀上是不是沒那麼方便易懂了呢？ ❖

列舉常數的值不一定要從 0 開始，您可以設定列舉常數的值從任意數開始，例如，如果定義了下列的列舉型態，則 red 的值為 5，green 的預設值為 6，blue 的預設值為 7：

```
enum color        /* 定義列舉型態 color */
{
   red=5,         /* 設定 red 的值為 5 */
   green,         /* green 的預設值為 6 */
   blue           /* blue 的預設值為 7 */
};
```

當然，我們也可以設定不同的值給每一個列舉常數，以符合實際上的需要。此外，在宣告列舉型態的變數時，也可以一併設定初值，例如下面的範例中，除了將 red、green 與 blue 設為不同的值之外，所宣告的列舉變數 shirt 也設定其初值為 blue。

```
enum color        /* 定義列舉型態 color */
{
   red=10,        /* 設定 red 的值為 10 */
   green=20,      /* 設定 green 的值為 20 */
   blue=30        /* 設定 blue 的值為 30 */
}shirt=blue;
```

使用列舉型態的變數時，為了程式的可攜性，最好是只把列舉型態的變數設值為列舉常數，而不要進行額外的設定。舉例來說，於 prog11_13 中，列舉型態 color 定義成

```
enum color        /* 定義列舉型態 color */
{
   red,           /* red   的值預設為 0 */
   green,         /* green 的值預設為 1 */
   blue           /* blue  的值預設為 2 */
};
```

在宣告了 shirt 為列舉型態 color 之變數之後，shirt 可設定為 red、green 或 blue，或者是 0~2 之間的整數，這當然沒問題；但是如果將 shirt 設定其它的值，在某些編譯器裡可能會有錯誤發生，如下面的範例：

```
shirt=blue;       /* 合法，此時 shirt 的值為 2 */
shirt=1;          /* 合法，這個設定相當於把 shirt 的值設成 green */
shirt=5;          /* shirt 的值已超出容許範圍，某些編譯器不容許這麼定義 */
red=12;           /* 不合法，因 red 已是列舉常數，其值不能再被更改 */
```

雖然把 shirt 的值設成 0~2 之外的數，於 Dev C++ 裡也可正常的編譯，但其它的編譯器可能會不接受這種寫法，因此建議讀者盡量把列舉型態的變數設值為列舉常數，以提高程式的可攜性。

我們再舉一個例子來說明列舉型態的應用。這個範例可以讓使用者輸入 r、g 與 b 這三個鍵，分別代表紅、綠與藍三個顏色，程式的輸出則是印出相對應的顏色訊息。如果輸入的不是這三個鍵，則程式會要求重新輸入：

```
01  /* prog11_14, 列舉型態的使用範例 */
02  #include <stdio.h>
03  #include <stdlib.h>
04  int main(void)
05  {
06     char key;         /* 用來儲存按鍵的資訊 */
07     enum color        /* 定義列舉型態 color */
08     {
```

```
09       red=114,     /* 將列舉常數 red 設定為 114，即字母 r 的 ASCII 碼 */
10       green=103,   /* 將列舉常數 green 設定為 103 (g 的 ASCII 碼) */
11       blue=98      /* 將列舉常數 blue 設定為 98 (b 的 ASCII 碼) */
12     } shirt;       /* 宣告列舉型態的變數 shirt */
13
14     do
15     {
16       printf("請輸入 r,g 或 b: ");
17       scanf("%c",&key);      /* 讀入一個字元 */
18       fflush(stdin);         /* 清空緩衝區內的資料 */
19     } while((key!=red)&&(key!=green)&&(key!=blue));
20
21     shirt=key;               /* 將 key 的值指定給 shirt 變數存放 */
22
23     switch(shirt)            /* 根據 shirt 的值印出字串 */
24     {
25       case red:
26         printf("您選擇了紅色\n");
27         break;
28       case green:
29          printf("您選擇了綠色\n");
30         break;
31       case blue:
32          printf("您選擇了藍色\n");
33         break;
34     }
35     system("pause");
36     return 0;
37   }
```

```
/* prog11_14 OUTPUT --

請輸入 r,g 或 b: h
請輸入 r,g 或 b: k
請輸入 r,g 或 b: b
您選擇了藍色
-----------------------*/
```

程式解說

程式第 6 行，宣告字元變數 key，用來儲存按鍵的資訊。程式第 7~12 行，定義了列舉型態 color，並設定了每一個列舉常數的初值。定義完後，第 12 行也接著宣告列舉型態的變數 shirt。

程式第 14~19 行，利用 do-while 迴圈由鍵盤輸入字元給變數 key 存放，19 行會檢查輸入的字元是否為 red、green 或 blue 這三個值（即字母 r、g 與 b 的 ASCII 碼）其中之一。如果不是，則會要求重新輸入。取得 key 的值之後，程式第 21 行便把 key 的值設定給變數 shirt 存放。最後，23~34 行便根據 shirt 的值印出相對應的字串。

11.7 使用自訂的型態─typedef

typedef 是 type definition 的縮寫，顧名思義，就是型態的定義。利用 typedef 可以將已經有的資料型態重新定義其識別名稱，也就是說，它可以定義屬於自己的資料型態，如此一來可以使程式的宣告變得較為清楚，也可以提高程式的可讀性。typedef 的使用格式如下所示：

```
typedef 資料型態 識別字;
```

格式 11.7.1
typedef 的使用格式

自訂型態的定義以關鍵字 typedef 為首，typedef 後面所接續的資料型態，就是原先 C 語言所定義的型態，最後面的識別字，即為自訂的型態名稱。如下面的型態定義及宣告範例：

```
typedef int clock;     /* 定義 clock 為整數型態 */
clock hour,second;     /* 宣告 hour,second 為 clock 型態 */
```

第一行敘述是定義 clock 為整數型態，經過定義之後，clock 就像 C 語言中內定的資料型態一樣，即可將變數宣告成 clock 型態。第二行敘述是利用 clock 來宣告變數 hour 與 second，經宣告後，hour 與 second 為 clock 型態，亦即為整數型態。

typedef 發生作用的區域，視其定義的位置而定，若是放置在函數之中，則利用 typedef 定義的型態就只能在函數之內使用，若是放在 main() 函數之前，所定義的型態就會是全域，其它的函數皆可使用這個新定義的型態，和一般變數的生命週期與活動範圍的規定是相同的。

接下來我們來看一個利用 typedef 來定義資料型態的範例。這個範例改寫自 prog11_10。於 prog11_10 中，每次要利用結構 data 來宣告結構變數時，都必須要以 struct data 來宣告結構變數，例如程式碼第 15 行宣告 s1 變數即是：

```
struct data s1={"Jenny",74};   /* 設定結構變數 s1 的初值 */
```

因此用起來有些不便。於下面的程式中，其中我們把結構型態 struct data 改以 typedef 定義成新的型態名稱 SCORE，讀者可以比較下面的範例與 prog11_10 的異同：

```
01  /* prog11_15, 利用 typedef 來定義資料型態 */
02  #include <stdio.h>
03  #include <stdlib.h>
04  struct data
05  {
06     char name[10];
07     int math;
08  };
09  typedef struct data SCORE;       /* 把 struct data 定義成新的型態 */
10  void display(SCORE);             /* 宣告函數 display()的原型 */
11  int main(void)
12  {
13     SCORE s1={"Jenny",74};        /* 設定結構變數 s1 的初值 */
```

```
14      display(s1);                    /* 呼叫 display()，傳入結構變數 s1 */
15
16      system("pause");
17      return 0;
18  }
19  void display(SCORE st)              /* 定義函數 display()*/
20  {
21      printf("學生姓名: %s\n",st.name);
22      printf("數學成績: %d\n",st.math);
23  }
```

```
/* prog11_15 OUTPUT--
學生姓名: Jenny
數學成績: 74
----------------------*/
```

程式解說

於本例中，4~8 行定義了結構 data，第 9 行把資料型態 struct data 定義成新的型態 SCORE。現在 SCORE 可以看成是一種新的型態，只要原先程式碼裡，有出現 struct data 的地方改成 SCORE 就可以了。

因此讀者可以看到，程式第 10 行 display() 原型的宣告與第 19 行 display() 的定義，皆設定了 display() 可接收 SCORE 型態的變數。另外，第 13 行宣告了 SCORE 型態的變數 s1，並於第 14 行將它傳入函數 display()，印出 SCORE 型態的變數之內容。讀者可以比較本範例與 prog11_10，這兩者的執行結果均是完全相同。 ❖

在某些情況下可以發現 #define 可以取代 typedef，例如稍早所提及的 typedef 敘述：

```
typedef int clock ;          /* 利用 typedef 來定義 clock 型態 */
```

在此即可將它改以 #define 來定義，成為如下面的敘述：

```
#define clock int        /* 利用#define 來定義 clock */
```

在簡單的情形之下，#define 的確可以達到與 typedef 相同的功能，但是如果要用來定義較為複雜的資料型態，如指標、結構等，#define 就無用武之地了。此外，值得注意的是，在程式中使用 typedef 時是由編譯器來執行，而 #define 則是由前置處理器主導，兩者的處理時間不同。

prog11_15 是先定義了結構 data，然後再以 typedef 關鍵字定義一個新的結構型態 SCORE。事實上，您也可以把這兩個步驟利用下面的語法，簡化成一個步驟，如下面的格式：

```
typedef struct
{
   char name[10];
   int math
} SCORE;  ───────→ 新的資料型態名稱
```

格式 11.7.2

利用 typedef 定義結構成一種新的資料型態

在上面的敘述中，定義以關鍵字 typedef 為首，typedef 後面所接續的資料型態，就是原先 C 語言所定義的型態，由於我們要定義的是結構型態，所以 typedef 後面的資料型態即為 struct，最後面的識別字 SCORE，即為自訂的型態名稱。經過定義之後，我們就可宣告 SCORE 型態的結構變數了。

利用 typedef 可以使程式閱讀起來更有其意義，相對的，也提高了程式的可攜性，這也是 C 語言迷人的原因之一哦！本節的習題將會要求您把 prog11_15 改寫成格式 11.7.2 的語法，讀者可以試試。

習 題 （題號前標示有 ➡ 符號者，代表附錄 E 裡附有詳細的參考答案）

11.1 認識結構

➡ 1. 假設有一結構 data 的定義與結構變數 aaa 的宣告如下：

```
struct data
{
   int num;
   char ch;
   double dist;
}aaa;
```

(a) 試問結構變數 aaa 共佔了多少個位元組？

(b) 試撰寫一程式，利用 sizeof() 列印出結構變數 aaa 的大小，用來驗證 (a) 的推論是否正確。

2. 試依下列的題目作答：

(a) 試撰寫一程式，建立一日期結構 date，其成員包括 year（年份）、month（月份）及 day（日期），型態皆為整數。

(b) 宣告一個結構 date 型態的變數 holiday，並設定初值為 {2004, 4, 26}。

(c) 宣告一個結構 date 型態的變數 festival，並可由鍵盤輸入數值來設定變數 festival 的 year 成員為 2005、month 成員為 12 與 day 成員為 25。

(d) 以 mm/dd/yyyy 的格式印出結構 holiday 與 festival 的值。mm 代表月份，佔有 2 格；dd 代表日期，佔有 2 格；yyyy 代表年份，佔有 4 格，如 06/18/2004。

➡ 3. 於習題 2 中，結構 date 型態的變數佔了多少個位元組？試撰寫一程式利用 sizeof() 檢驗之，並仿照圖 11.1.1 繪出結構 date 的資料成員。

➡ 4. 試撰寫一程式，使其能夠完成下列功能：

(a) 建立一時間結構 time，其成員包括 hour（小時）、minutes（分）及 second（秒），其中 hour 與 minutes 的型態皆為 int，而 second 的型態則為 double。

(b) 宣告一個結構 time 型態的變數 start，並設定初值為 {12, 32, 25.49}。

(c) 宣告一個結構 time 型態的變數 end，並設定初值為 {15, 12, 17.53}。

(d) 以 hh:mm:ss.ss 的格式印出結構 start 與 end 的值。hh 代表小時，佔有 2 格；mm 代表分，佔有 2 格；ss.ss 代表秒，其中秒數部分，整數與小數部分均取兩位。例如 05:19:20.43 代表了 5 小時 19 分 20.43 秒。

(e) 試計算從 start 開始，到 end 結束為止，總共經歷了多少時間，請把經歷的時間用另一個結構變數 elapse 來儲存，並以 hh:mm:ss.ss 的格式列印出來。

5. 於習題 4 中，結構 time 型態的變數佔了多少個位元組？試撰寫一程式利用 sizeof() 檢驗之，並仿照圖 11.1.1 繪出結構 time 的資料成員。

11.2 巢狀結構

6. 試修改 prog11_5，使得結構變數 s1 的成員之值是以鍵盤來輸入。

7. 於 prog11_5 中，試分析結構變數 s1 共佔了多少個位元組，並撰寫一程式，利用 sizeof() 來檢驗您分析的結果。

8. 試依下列的題目作答：

(a) 試參考習題 2 與習題 4，請重新定義習題 2 的結構 date，使得它的成員除了包含有原來的 year、month 與 day 之外，再加入習題 4 所定義的 time 結構，使得結構 date 共有 4 個成員，而成為一個巢狀結構。

(b) 宣告一個結構 date 型態的變數 now，並設定初值為今天的日期，與目前的時間。

(c) 請撰寫一程式，列印變數 now 的值，列印格式請用

mm/dd/yyyy hh:mm:ss.ss

的格式來列印（yyyy 與 hh 之間請空兩個空格）。

(d) 試分析結構變數 now 共佔了多少個位元組，並撰寫一程式，利用 sizeof() 來檢驗您分析的結果。

11.3 結構陣列

9. 試修改 prog11_7，宣告一個具有 5 個元素的結構陣列 student，並於程式碼裡設定初值給陣列元素，然後撰寫相關的程式碼來下列各項：

   (a) 成績最高分的學生姓名與分數。

   (b) 所有成績不及格的學生姓名與分數（60 分為及格）。

   (c) 成績的平均值。

10. 試將習題 9 裡，結構陣列元素之設值改成可由鍵盤輸入。

11. 試修改習題 9，先宣告好結構陣列，然後再逐一設定結構陣列內每一個元素的值（也就是把結構陣列的宣告和設值寫在不同的敘述），再完成 (a) ~ (c) 小題。

11.4 指向結構的指標

12. 試修改 prog11_7，使得程式碼裡所有關於結構陣列 student 之元素的存取，皆是以指標的算術運算來完成。

13. 假設於習題 9 裡，我們利用一個指向結構 data 型態的指標，來指向結構陣列 student，如下面的敘述：

```
struct data *ptr;        /* 宣告指向結構 data 型態的指標 ptr */
ptr=student;             /* 將 ptr 指向陣列 student 的位址 */
```

    試以指標 ptr 的算術運算來完成習題 9 的程式設計。

11.5 以結構為引數傳遞到函數

14. 於 prog11_10 中，如果將 display() 函數裡，結構 st 的 math 成員的值加 10，於主函數 main() 裡的結構 s1 的 math 成員之值是否也會被加 10？為什麼？

15. 假設結構 data 的定義為

```
struct data
{
   char name[10];
   int math;
};
```

試設計一函數 void add5(struct data *)，只要函數 add5() 被呼叫，則傳入之引數的 math 成員之值便會被加 5。

16. 試參考習題 4，請撰寫一函數 void display(struct time)，用來列印變數 start、end 及 elapse 之值。列印的格式請用 hh:mm:ss.ss。

17. 試修改 prog11_7，宣告一個具有 5 個元素的結構陣列 student，並於程式碼裡設定初值給陣列元素，並依下列的敘述進行程式設計：

    (a) 試撰寫一函數 struct data best(struct data student[])，可接收結構陣列 student，傳回值則為成績最高分的結構陣列元素。

    (b) 試撰寫一函數 void failed(struct data student[])，可接收結構陣列 student，並於函數裡列印出所有成績不及格之學生姓名與分數（60 分為及格）。

    (c) 試撰寫一函數 double average(struct data student[])，可接收結構陣列 student，傳回值則為成績的平均值。

    (d) 試撰寫一函數 void sort(struct data student[])，可接收結構陣列 student，並於函數裡將陣列元素排列。分數越高者排列越前面。

11.6 列舉型態

18. 下面的程式碼裡定義了列舉型態 boolean，請先閱讀它，並試著回答接續的問題：

```
01  /* hw11_18.c, 列舉型態的練習 */
02  #include <stdio.h>
03  #include <stdlib.h>
04  int main(void)
05  {
06     enum boolean
07     {
08       FALSE,
09       TRUE
10     }test;
11     test=5<20;
12     if(test==TRUE)
13       printf("5<20 成立\n");
14     else
```

```
15          printf("5>=20 不成立\n");
16
17       system("pause");
18       return 0;
19    }
```

(a) 列舉常數 FALSE 與 TRUE 的預設值各是多少？

(b) 變數 test 佔了多少個位元組？

(c) 程式的執行結果為何？試解釋為何會有這個執行結果。

(d) 如果把 12~15 行修改成

```
12    if(test)
13       printf("5<20 成立\n");
14    else
15       printf("5>=20 不成立\n");
```

則程式是否依然可以正確執行？為什麼？

19. 試修改 prog11_14，使得不論按下大寫或小寫的英文字母 r、g 或 b，程式的執行結果均能列印出相對應的顏色。

11.7 使用自訂的型態—typedef

20. 如果將 prog11_15 的第 9 行 SCORE 型態的定義移到 main() 函數內，在編譯時您會得到什麼樣的錯誤訊息？試解釋錯誤發生的原因。

21. 於 prog11_15 裡，由 typedef 所定義之 SCORE 型態，是否可以改成用前置處理器 #define 來定義？為什麼？

22. 試以格式 11.7.2 的定義方式改寫 prog11_15。

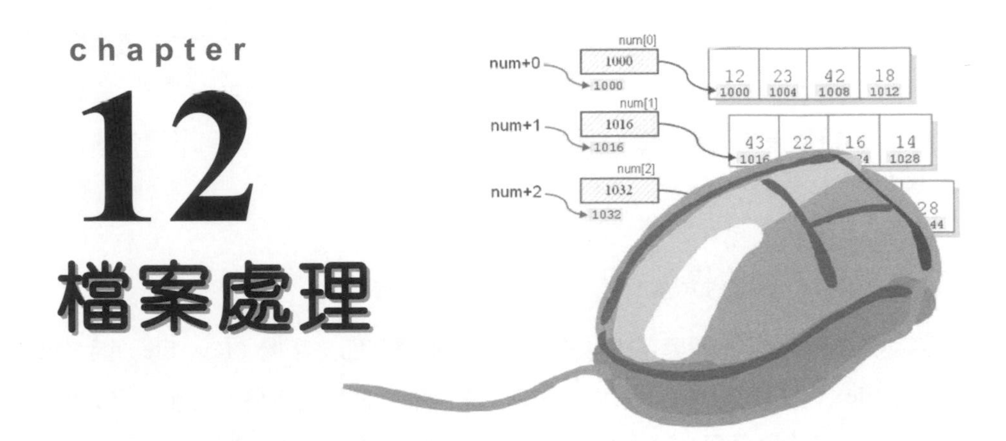

chapter 12 檔案處理

當您開始使用電腦時，就已經接觸到許多的「檔案」了。經由檔案，即可將資料永久儲存以供後續使用。本章將介紹純文字檔與二進位檔的檔案處理，其中的主題包含了緩衝區的概念、檔案處理函數的分類、將資料寫入檔案，以及如何讀取檔案裡的資料等等。

本章學習目標

- 學習檔案的觀念與操作的方式
- 區分有緩衝區與無緩衝區的檔案處理函數
- 學習二進位檔案的使用方式

12.1 檔案的觀念

檔案依其目的之不同可概分為三種不同的類型，分別為程式檔、執行檔與資料檔。程式檔與執行檔讀者應該不陌生，C 程式語言的程式碼所存成的檔案為程式檔；編譯與連結過後的可執行檔案即為執行檔，而資料檔則為程式執行所產生，或是程式執行時所需要的資料。

12.1.1 文字檔與二進位檔

不論檔案的類型為何，它們儲存的形式可以分為兩種，即文字檔（text file）與二進位檔（binary file）。文字檔是以 ASCII 碼儲存，每個字元皆佔有 1 個位元組。舉例來說，若是將數值 182956 儲存在文字檔中，則會當成 6 個字元來存檔，如下圖所示：

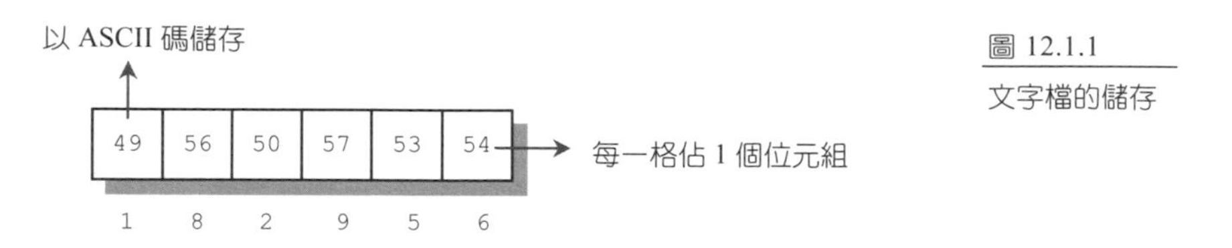

圖 12.1.1
文字檔的儲存

一般來說，文字資料都是用這種方式儲存起來，其內容可以利用文書編輯軟體，如 Windows 裡的記事本來查看或編輯。

二進位檔則是將資料以二進位的格式儲存，如影像檔或執行檔。因為文書處理軟體並不能處理二進位檔，如果以記事本開啟，視窗內就只會出現一堆亂碼。再以整數 182956 為例，以二進位的格式存檔時，會以其二進位的值 101100101010101100 來儲存，如下圖所示：

圖 12.1.2
二進位檔的儲存

資料以二進位格式存檔時，是以其資料型態的長度（位元組）為儲存單位，整數 182956 在 Dev C++ 中佔有 4 個位元組，以二進位格式儲存時就是 4 個位元組。在相同的資料下，以二進位格式儲存的檔案會比以文字檔來得小，所以大部分的圖形檔、聲音檔、影像檔都是以二進位格式來存取。

12.1.2 一般檔案與唯讀檔案

檔案依其存取的權限，可分為一般檔案與唯讀檔（read-only）。所謂的一般檔案，是指檔案不但可以讀取資料，也可以寫入資料。然而唯讀檔就不同了，它只能夠讀取，不能寫入資料。

在 Windows 裡，想辨識一個檔案是否是唯讀，只要將滑鼠移到該檔案上方，按下滑鼠右鍵，於出現的選單中選擇「內容」，於出現的對話方塊中，如果「屬性」欄位內的「唯讀」選項有打勾，即代表該檔案是唯讀，如下圖所示：

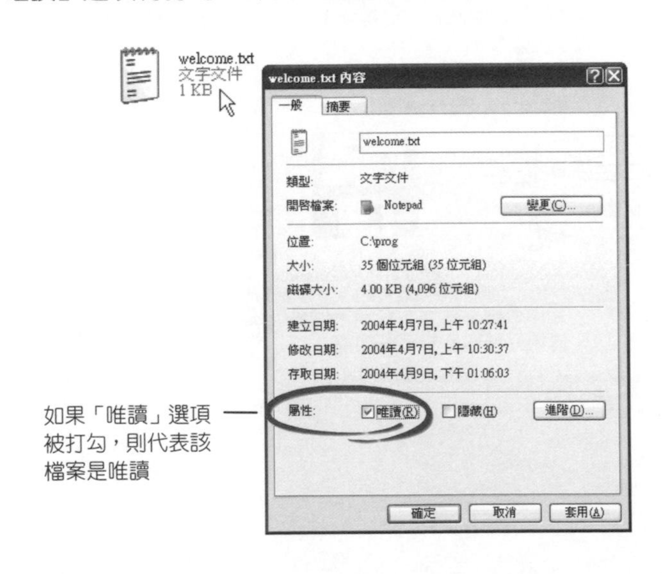

圖 12.1.3
查看檔案屬性是否為唯讀

唯讀的主要目的是用來保護檔案的內容不會被修改。如要取消唯讀的屬性，只要把「屬性」欄位內「唯讀」選項的打勾取消即可。

12.1.3 有緩衝區與無緩衝區的檔案處理

當程式在執行的過程中，常需要一些額外的記憶體來存放資料，以提高程式執行的效率與程式執行的速度，這個暫時存放的區域就稱為緩衝區（buffer）。C 語言檔案處理的函數可概分為兩類，即有緩衝區與沒有緩衝區的檔案處理函數。

有緩衝區的檔案處理函數係以緩衝區作為程式與資料檔之間的橋樑。若是從檔案裡讀取資料，則檔案處理函數會先到緩衝區裡讀取資料。如果緩衝區裡沒有資料，則會從資料檔裡讀取資料至緩衝區後，再由緩衝區把資料讀至程式中。同樣的，若是把資料寫入檔案，有緩衝區的檔案處理函數會先把資料放在緩衝區中，待緩衝區的資料裝滿或檔案關閉時，再一併將資料從緩衝區寫入資料檔中，其過程如下圖所示：

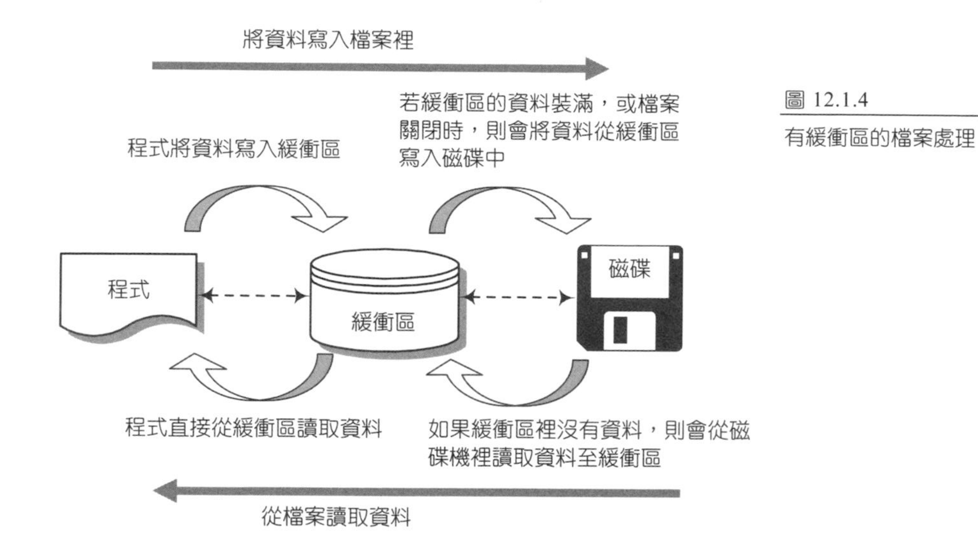

圖 12.1.4
有緩衝區的檔案處理

沒有緩衝區的檔案處理函數則是沒有緩衝區可供使用，我們必須自行設定資料所需使用的緩衝區，如下圖所示：

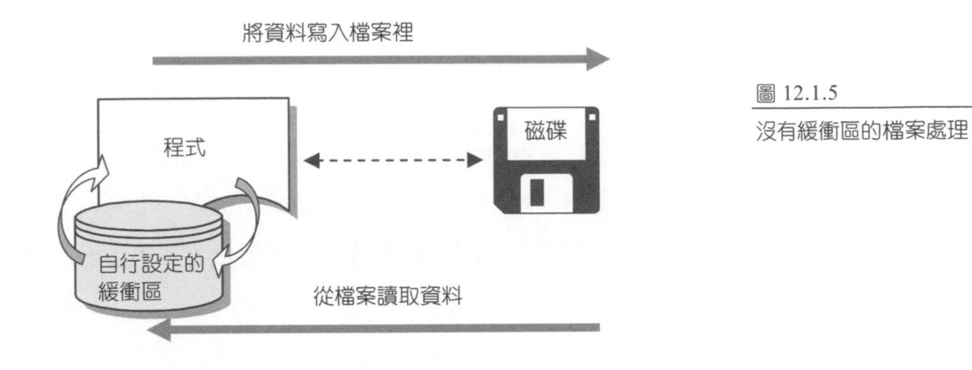

圖 12.1.5
沒有緩衝區的檔案處理

無論使用者使用的是何種性質的檔案處理函數，在處理檔案時，不外乎是讀取資料、將資料寫入檔案、更新檔案內容、增加資料到檔案等，其步驟如下所示：

1. 開啟檔案：將欲新增或修改的檔案開啟。
2. 更新檔案內容：將新資料寫入檔案中。
3. 關閉檔案：檔案使用完畢，要將檔案關閉才能確保資料全部寫入檔案。

在 C 語言中一次可以同時開啟多個檔案，開啟及關閉檔案雖然是以簡單的指令完成，但卻是必要的，否則編譯器會不知道我們要使用或是結束的是哪一個檔案，所以在撰寫檔案處理的程式時，要養成好習慣，記得檔案不再使用時就隨即關閉。

12.2 有緩衝區的檔案處理函數

有緩衝區的檔案處理，其好處在於不需要不斷地做磁碟的輸入與輸出，因此可以增加程式執行的速度；其缺點是，必須佔用一塊記憶體空間；此外，如果沒有關閉檔案或是系統當機，會因為留在緩衝區裡的資料尚未寫入磁碟而造成資料的流失。

有緩衝區的檔案處理函數之原型定義於標頭檔 stdio.h 中。因此在使用這些函數之前，必須含括這個標頭檔。另外在開啟檔案之前，必須先宣告一個指向檔案的指標。這個指標可以在檔案開啟之後，記錄這個檔案所使用的緩衝區之起始位址，如下面的宣告格式：

```
FILE *指標變數;    /* 宣告指向檔案的指標 */
```

格式 12.2.1
檔案指標的宣告格式

指向檔案的指標變數宣告完成後，和一般的指標變數一樣，需要將指標變數指向某個檔案，待檔案開啟之後，這個指標變數即代表某個被指向的檔案。

無論要寫入資料到檔案裡，或者是要從檔案讀取資料，都必須先進行開檔的動作。利用 fopen() 函數即可處理有緩衝區的檔案，其格式如下所示：

```
fopen("欲開啟檔案名稱","存取模式");
```

格式 12.2.2
fopen() 函數的使用格式

於上面的格式中，fopen() 函數的第一個引數是想要開啟的檔案名稱（在此也可指定檔案路徑），第二個引數是存取模式，它是用來指定檔案的存取方式，如下表所列：

表 12.2.1 有緩衝區檔案存取的模式

存取模式	代碼	說　明
讀取資料	r	開啟檔案以供讀取。在開啟前，此檔案必須先存在於磁碟機內。如果檔案不存在，則開檔函數 fopen() 開檔失敗，將無法執行
寫入資料	w	開啟檔案以供寫入。如果檔案已經存在，則該檔案的內容將被覆蓋掉。如果檔案不存在，則系統會自行建立此檔案
附加於檔案之後	a	開啟一個檔案，可將資料寫入此檔案的末端。如果檔案不存在，則系統會自行建立此檔案

利用 fopen() 函數開啟檔案時，若是開啟失敗，會傳回指標 NULL（NULL 是定義在 stdio.h 裡的一個指標，指標被設為 NULL 則代表它不指向任何變數）；若是開啟成功，則會傳回一個指向該檔案的指標，由此可判別檔案是否開啟成功。舉例來說，想開啟檔案 abc.txt 以讀取資料，可以寫出如下的敘述：

```
FILE *fptr;                      /* 宣告指向檔案的指標 fptr */
fptr=fopen("abc.txt","r");       /* 開啟檔案 abc.txt 以供讀取 */
if(fptr!=NULL)                   /* 判別檔案是否開啟成功 */
{
   /* 檔案開啟成功時，所要執行的程式碼 */
}
else
{
   /* 檔案開啟失敗時，所要執行的程式碼 */
}
```

若是想指出檔案所在的資料夾，則必須將路徑中有反斜線（\）的部分再加一個反斜線，這是因為反斜線是 C 語言中的控制字元之故。如果不多加一個反斜線，則編譯程式會將反斜線視為控制字元，而造成執行時的錯誤，檔案也就無法順利開啟。舉例來說，想開啟一個在 c:\prog 資料夾下的檔案 abc.txt 以供讀取，可以寫成如下面的敘述：

```
fptr=fopen("c:\\prog\\abc.txt","r");   /* 開啟 c:\prog 資料夾下的檔案 */
```

本章範例所開啟的檔案，皆假設放在 c:\prog 資料夾中，若是想將開啟的檔案放在其它資料夾，直接修改範例程式中的資料夾名稱即可。

12.2.1 檔案處理函數的整理

除了檔案開啟函數 fopen() 之外，stdio.h 標頭檔中還有定義一些處理檔案時常會使用到的函數，我們將這些函數列表如下：

表 12.2.2 有緩衝區的檔案處理函數

函數功能	格式及說明
開啟檔案	`FILE *fopen(const char *filename, const char *mode);` 開啟指定的檔案，並指定存取模式。fopen() 的第一個引數為檔案名稱字串，第二個引數為存取模式的代表。fopen() 的傳回值為檔案指標，開檔失敗傳回 NULL
關閉檔案	`int fclose(FILE *fptr);` 關閉由 fptr 所指向的檔案，關檔成功傳回 0
讀取字元	`int getc(FILE *fptr);` 由 fptr 所指向的檔案讀取一個字元，傳回值為被讀取的字元
寫入字元	`int putc(int ch,FILE *fptr);` 將字元 ch 寫入由 fptr 所指向的檔案
讀取字串	`char *fgets(char *str,int maxchar,FILE *fptr);` 從 fptr 所指向的檔案裡讀取最多 maxchar 個字元，然後將它寫入字元陣列 str 中。若讀取失敗，或已讀到檔尾，則傳回 NULL
寫入字串	`int fputs(const char *str,FILE *fptr);` 將字串 str 寫入 fptr 所指向的檔案
檢查檔案是否結束	`int feof(FILE *fptr);` 檢查 fptr 所指向的檔案是否已讀取到檔案結束的位置。若尚未到達檔尾，則傳回 0；若已到檔尾，則傳回非 0 的值

函數功能	格式及說明
區塊輸入	`size_t fread(void *p,size_t s,size_t cnt,FILE *fptr);` 由檔案讀取 cnt 個資料項目，存放到指標 p 所指向的位址中，每一個資料項目的大小為 s 個位元組，傳回值為讀取資料的個數
區塊輸出	`size_t fwrite(const void *p,size_t s,size_t cnt,FILE *fptr);` 將 cnt 個大小為 s 個位元組的資料，寫入指標 p 所指向的位址中，傳回值為成功寫入資料的個數

當您完成處理後，切記一定要利用 fclose() 將檔案關閉，如此一來在檔案緩衝區中的資料，才不會因程式結束而沒有寫入檔案。此外，關閉檔案的另一個目的，就是釋放出這個檔案所佔用的記憶體區域，以供其它的檔案使用，而檔案所佔用的記憶體區域包括緩衝區及檔案的結構。

12.2.2 檔案處理函數的練習

我們實際舉一個範例來說明如何利用有緩衝區的檔案處理函數，來讀取純文字檔 welcome.txt。welcome.txt 的內容如圖 12.2.1 所示。您可以在記事本裡建好它，或者是由書附檔案來取用：

圖 12.2.1
純文字檔 welcome.txt 的內容

假設此 welcome.txt 存放在目錄 c:\prog 裡，下面的範例說明了如何讀取這個檔案，並計算這個檔案的字元數：

```
01  /* prog12_1, 顯示檔案內容，並計算字元數 */
02  #include <stdio.h>
03  #include <stdlib.h>
04  int main(void)
05  {
06     FILE *fptr;           /* 宣告指向檔案的指標 fptr */
07     char ch;              /* 宣告字元變數 ch，用來接收讀取的字元 */
08     int count=0;          /* 宣告整數 count，用來計算檔案的字元數*/
09
10     fptr=fopen("c:\\prog\\welcome.txt","r");      /* 開啟檔案 */
11     if(fptr!=NULL)  /* 如果 fopen()的傳回值不為 NULL，代表檔案開啟成功 */
12     {
13        while((ch=getc(fptr))!=EOF)    /* 判斷是否到達檔尾 */
14        {
15           printf("%c",ch);            /* 一次印出一個字元 */
16           count++;
17        }
18        fclose(fptr);                  /* 關閉所開啟的檔案 */
19        printf("\n 總共有%d 個字元\n",count);
20     }
21     else              /* 檔案開啟失敗 */
22        printf("檔案開啟失敗!!\n");
23
24     system("pause");
25     return 0;
26  }
```

```
/* prog12_1 OUTPUT--

Welcome to the
world of C language
總共有 34 個字元
----------------------*/
```

程式解說

於本例中，第 6 行宣告一指向檔案的指標 fptr。第 8 行宣告整數變數 count，並設定初值為 0，用來記錄有多少個字元。第 10 行開啟檔案 welcome.txt，並指定其存取模式為 r，代表所開啟的檔案是可供讀取的檔案。fopen() 會傳回一個指向檔案的指標，我們將它設給指標變數 fptr。

程式第 11~22 行為 if-else 敘述，用來設定開檔成功與失敗所需執行的動作。若是 fptr!=NULL，表示檔案開啟成功，即執行 12~20 行，反之則執行 21~22 行的敘述。

如果檔案開啟成功，則第 13 行的 getc() 可從檔案中讀取一個字元，並利用 while 迴圈判斷是否到達檔案結尾 EOF，若已經到達檔尾即離開 while 迴圈，否則印出該字元，同時 count 加 1，直到讀取到檔案結束，然後於 18 行利用函數 fclose() 關閉檔案，並於 19 行印出所開啟的檔案中，總共有多少個字元。

在本程式中，由於空白字元及換行字元也列入字元數的計算，因此會得到總字元數為 34，如下圖所示：

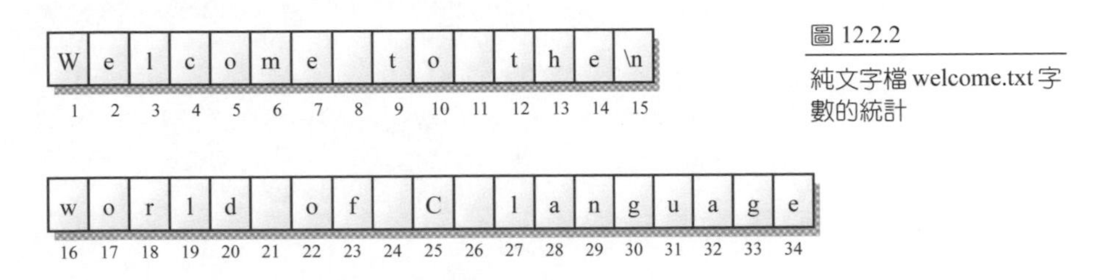

圖 12.2.2
純文字檔 welcome.txt 字數的統計

讀者可注意到，由於 fopen() 函數裡的存取模式為 r，因此除了限定所開啟的檔案必須要是已經存在的檔案外，這個被開啟的檔案也只能作為讀取用，並不能寫入任何的資料。若是開檔時，fopen() 函數根據指定的路徑找不到要開啟的檔案，或是要開啟的檔案不存在，就會傳回 NULL 值，代表檔案開啟失敗，程式也就直接跳到第 22 行執行，印出檔案開啟失敗的字串。建議您在開啟檔案時要做檔案開啟是否成功的判斷，如此一來即可避免檔案沒有開啟，程式就直接結束的問題。

在程式第 13 行還出現了 EOF 字樣，它是 C 語言的關鍵字，定義在 stdio.h 標頭檔中的一個整數值（其值為-1），代表檔案結尾（end of file, EOF），當 getc() 發現已讀到檔案尾端，就會傳回 EOF，因此可利用這個訊息來判別檔案內是否還有資料可供讀取。 ❖

接下來我們再來看一個檔案拷貝的範例。這個範例是練習將純文字檔案 welcome.txt 的內容拷貝到另一個新建立的純文字檔 output.txt 中：

```
01  /* prog12_2, 拷貝檔案內容到其它的檔案 */
02  #include <stdio.h>
03  #include <stdlib.h>
04  int main(void)
05  {
06     FILE *fptr1,*fptr2;      /* 宣告指向檔案的指標 fpt1 與 fpt2 */
07     char ch;
08
09     fptr1=fopen("c:\\prog\\welcome.txt","r");  /* 開啟可讀取的檔案 */
10     fptr2=fopen("c:\\prog\\output.txt","w");   /* 開啟可寫入的檔案 */
11
12     if((fptr1!=NULL) && (fptr2!=NULL))          /* 如果開檔成功 */
13     {
14        while((ch=getc(fptr1))!=EOF)            /* 判斷是否到達檔尾 */
15           putc(ch,fptr2);           /* 將字元 ch 寫到 fptr2 所指向的檔案 */
16        fclose(fptr1);               /* 關閉 fptr1 所指向的檔案 */
17        fclose(fptr2);               /* 關閉 fptr2 所指向的檔案 */
18        printf("檔案拷貝完成!!\n");
19     }
20     else
21        printf("檔案開啟失敗!!\n");
22
23     system("pause");
24     return 0;
25  }
```

```
/* prog12_2 OUTPUT--
檔案拷貝完成!!
----------------------*/
```

程式解說

程式第 6 行，宣告指向檔案的指標 fptr1 及 fptr2，程式第 9 行，開啟 welcome.txt，其存取模式為 r，指明所開啟的檔案可供讀取，同時讓指標 fptr1 指向它。第 10 行開啟 output.txt，並定義其存取模式為 w，代表開啟的檔案是一個只可以寫入資料的

檔案，同時讓指標 fptr2 指向它。在存取模式為 w 的情況下，如果檔案已經存在，則該檔案的內容將被覆蓋掉。若是檔案不存在，則系統會自行建立此檔案。

若是 welcome.txt 與 output.txt 兩個檔案皆開啟成功（fptr1 與 fptr2 皆不為 NULL），則執行 13~19 行的敘述。程式第 14~15 行，一次從 fptr1 檔案中讀取一個字元，判斷是否到達檔案結尾 EOF，若是已經到達檔尾，即離開 while 迴圈，否則將被讀取的字元寫入 fptr2，直到讀取到檔案結束為止。拷貝完後，16~17 行分別關閉檔案，並於第 18 行印出檔案拷貝成功的訊息。

您可以利用記事本開啟檔案 output.txt，以驗證檔案 welcome.txt 的內容已經拷貝到 output.txt 中了。下圖是以記事本開啟 output.txt 的視窗畫面：

圖 12.2.3

純文字檔 output.txt 的內容

由本例可知，利用 getc() 函數逐一讀取 fptr1 檔案中的資料，再逐一使用 putc() 函數將資料寫入 fptr2 檔案內，即達到檔案複製的目的。 ❖

前面所做的練習，都是以一次一個字元的方式，將資料讀取或寫入。接下來，我們來看看如何利用 fwrite() 函數，一次寫入一個區塊到檔案中。

下面的範例可讓使用者輸入字串，當儲存字串的空間已滿，或者是使用者按下 Enter 鍵，則會把輸入的字串，附加在前一個範例中所產生的檔案 output.txt 裡：

```
01  /* prog12_3, 由鍵盤輸入字串，並附加到檔案 output.txt 中 */
02  #include <stdio.h>
03  #include <conio.h>          /* 函數 getche()的原型定義在這兒 */
04  #include <stdlib.h>
05  #define ENTER 13            /* Enter 鍵的 ASCII 碼為 13 */
06  #define MAX 80
07  int main(void)
08  {
09    FILE *fptr;
10    char str[MAX],ch; /* 宣告字元陣列 str，用來儲存由鍵盤輸入的字串 */
11    int i=0;
12    fptr=fopen("c:\\prog\\output.txt","a");
13
14    printf("請輸入字串，按 ENTER 鍵結束輸入:\n");
15    while((ch=getche())!=ENTER && i<MAX)  /* 按下的鍵不是 ENTER 且 i<MAX */
16       str[i++]=ch;           /* 一次增加一個字元到字元陣列 str 中 */
17
18    putc('\n',fptr);          /* 寫入換行字元 */
19    fwrite(str,sizeof(char),i,fptr);   /* 寫入字元陣列 str */
20    fclose(fptr);             /* 關閉檔案 */
21    printf("\n 檔案附加完成!!\n");
22
23    system("pause");
24    return 0;
25  }
```

```
/* prog12_3 OUTPUT----------
請輸入字串，按 ENTER 鍵結束輸入:
I love the C language best!
檔案附加完成!!
------------------------------*/
```

程式解說

程式第 5 行，定義 ENTER 的值為 13，用來表示 ENTER 鍵的 ASCII 碼。第 6 行定義 MAX 的值為 80，決定字元陣列 str 的大小。第 12 行，開啟檔案 output.txt，並設定其存取模式為 a，代表資料是以附加方式來寫入。如果開啟的檔案不存在，則系統會自行建立此檔案。

程式第 15~16 行，一次從鍵盤輸入一個字元，判斷輸入值是否為 ENTER 鍵，若是按下 ENTER 鍵或是 str 已滿（陣列 str 大小設定為 80）即離開 while 迴圈，否則將字元存放在 str 中，直到按下 ENTER 鍵或是 str 已滿為止。跳離迴圈後，累加的 i 值即代表字元輸入的總數。

第 18 行寫入一個換行字元，讓輸入的字串可以從新的一行附加到檔案內。第 20 行使用 fwrite() 函數將陣列 str 中的資料，以 sizeof(char)（1 個位元組）為單位，共取出 i 個資料項，附加於原有內容的後面。程式執行完後，如果開啟檔案 output.txt，可以看到在原有的內容之後，我們所建立的字串已被附加進去了，如下圖所示：

圖 12.2.4
將輸入的字串附加在純文字檔 output.txt 之後

值得注意的是，fwrite() 函數的格式中，第 1 個引數必須是欲寫入之資料的位址，於是在此填上了 str，代表陣列 str 的位址。第 2 個引數是告訴 fwrite() 函數，一個資料項的單位是多少位元組，本例是寫入字元，所以它佔了 1 個位元組。在此筆者不用 1 表示，而是使用 sizeof(char) 的寫法，雖然兩者的意義相同，卻可以增加程式的可讀性。第 3 個引數可用來指定要寫入多少個資料項，由於第 16 行我們已經利用變數 i 來計算輸入字元的總數，因此第 3 個引數填上 i，即可把所有輸入的字元全數附加到 output.txt 中。 ❖

也許讀者已經注意到了，prog12_3 並沒有檢查檔案是否開啟成功，在接續的程式範例裡也都沒有刻意去撰寫檢查開檔的程式碼，這是因為筆者想讓程式碼看起來更為簡潔之故。但是建議讀者在實際開發程式時，都能夠加上檢查檔案是否開啟成功的程式碼，以減少使用者執行程式時發生錯誤的可能性。

學會了使用 fwrite() 函數將資料寫入檔案中，我們再來看看如何利用 fread() 函數讀取前一個範例裡，output.txt 的檔案內容：

```
01  /* prog12_4, 使用 fread()函數讀取檔案內容 */
02  #include <stdio.h>
03  #include <stdlib.h>
04  #define MAX 80
05  int main(void)
06  {
07    FILE *fptr;
08    char str[MAX];
09    int bytes;              /* 存放 fread()成功讀取的字元數 */
10    fptr=fopen("c:\\prog\\output.txt","r");
11
12    while(!feof(fptr))      /* 如果還沒讀到檔尾  */
13    {
14      bytes=fread(str,sizeof(char),MAX,fptr);
15      if(bytes<MAX)
16        str[bytes]='\0';
17      printf("%s\n",str);   /* 印出檔案內容 */
18    }
19    fclose(fptr); /* 關閉檔案 */
20
21    system("pause");
22    return 0;
23  }
```

```
/* prog12_4 OUTPUT--------
Welcome to the
world of C language
I love the C language best!
----------------------------*/
```

程式解說

程式第 9 行，宣告整數變數 bytes，用來存放函數 fread() 所讀取的字元數。第 10 行開啟 output.txt，12~18 行利用 while 迴圈進行檔案讀取的動作。若有資料尚未讀取完，即執行 13~18 行，使用 fread() 函數將檔案中的資料，以 sizeof(char) 的大小

（1 個位元組）為單位，最多取出 MAX 個資料項存放到陣列 str 裡，同時判斷所讀取的資料項（即 bytes）是否小於 str 的大小 MAX；如果判斷成立，即表示已經讀取到檔尾，且 str 內還有空間，此時將 str[bytes] 的值（最後一個元素）設為字串結束字元「\0」，這個動作可以確保資料以字串輸出時可以正確的列印。

❖

簡單的介紹了幾個有緩衝區的檔案處理函數之後，相信您對於檔案的認識與處理的方式有些許的概念了，下一節介紹無緩衝區的檔案處理，到時您就可以瞭解這兩種檔案處理方式的異同。

12.3 無緩衝區的檔案處理函數

無緩衝區的檔案處理，就是資料存取時直接透過磁碟，而不透過緩衝區。這種方式處理資料的好處，就是不需要佔用一大塊記憶體空間當成緩衝區，同時只要程式中一做資料的寫入檔案動作時，也可以馬上寫入磁碟，如果系統突然當機，所受到的損失較小；其缺點是，由於磁碟運轉的速度較慢，在讀取或寫入資料時容易拖累程式執行的速度。也因為如此，程式設計師通常在使用該類型的函數時，都會自行設置一塊記憶體（如陣列）當成緩衝區。

無緩衝區的檔案處理函數定義在標頭檔 fcntl.h 及 io.h 中，fcntl 是 file control（檔案控制）的縮寫，io 當然就是 input/output 的縮寫囉！另外，設定檔案屬性的一些常數定義是放在標頭檔 sys/stat.h 中，在使用無緩衝區的檔案處理函數之前，必須將 fcntl.h、io.h 與 sys/stat.h 含括到程式中，如下面的指令敘述：

```
#include <fcntl.h>
#include <io.h>
#include <sys/stat.h>
```

如此一來即可在程式中使用無緩衝區的檔案處理函數了。利用 open() 函數即可開啟無緩衝區的檔案，其格式如下所示：

```
open("檔案名稱", 開啟模式, 存取屬性);
```

格式 12.3.1
open() 函數的使用格式

上面的格式中「開啟模式」是用來告知編譯器所開啟的檔案是要做什麼樣的處理，例如，開啟的檔案是只供讀取，還是只供寫入，或者是兩者都可以。open() 提供了八種開啟模式，如下表所列：

表 12.3.1 函數 open() 提供的檔案開啟模式

檔案開啟模式		說　　明
基本模式	O_RDONLY	開啟的檔案只供讀取，不能寫入資料
	O_WRONLY	開啟的檔案只供寫入，不能讀取資料
	O_RDWR	開啟的檔案可供讀取與寫入資料
修飾模式	O_CREAT	若開啟的檔案不存在，則建立新檔；若存在，則此功能無效
	O_APPEND	開啟的檔案可供寫入，寫入時不會蓋掉原有的內容，而是附加在其後，若與 O_RDONLY 一起使用，則此功能無效
	O_BINARY	開啟一個二進位檔案 (binary file)
	O_TEXT	開啟文字檔案

利用函數 open() 開啟檔案時，於上表中的基本模式只能填上一個，但修飾模式則可選用多個，也可以不使用，全看所開啟的檔案是做何用途。當使用的模式不只一個時，可以利用位元運算子 OR「|」將所有的模式串接起，如下面的範例：

```
O_WRONLY                        /* 開啟舊檔，此檔只供寫入，不能讀取 */
O_WRONLY|O_APPEND               /* 開啟舊檔，此檔可以附加資料，但不能讀取 */
O_WRONLY|O_CREAT|O_APPEND       /* 開啟舊檔，如不存在，則建立新檔，並可附加資料 */
O_RDONLY|O_TEXT                 /* 開啟已存在的文字檔，且只供讀取 */
```

另外，open() 最後一個引數，是用來表示檔案的存取屬性。在一般的情況下，使用 open() 函數只要寫出前面兩個引數，即檔案名稱及檔案的開啟模式，但是當檔案開啟模式為 O_CREAT 時，則必須寫出該檔案的存取屬性，因此這個引數是選用的格式。下表列出了 O_CREAT 的存取屬性：

表 12.3.2 存取權限的模式

存取屬性	說　明
S_IWRITE	新建立的檔案可供寫入
S_IREAD	新建立的檔案只供讀取（即屬性為唯讀）
S_IREAD | S_IWRITE	新建立的檔案，可供讀取與寫入資料

事實上，於 Windows 裡，檔案存取的屬性只分為可讀取與寫入（read/write），以及唯讀（read-only）兩種，因此存取的屬性設定為 S_IWRITE 和 S_IREAD | S_IWRITE 的效果是相同的。

利用 open() 開啟檔案之後，若是開啟失敗，open() 會傳回-1，若是開啟成功，則會傳回一個整數值，這個整數值就稱為檔案代號（handle），因此在使用 open() 函數開啟檔案之前，必須宣告一個整數變數來接收這個傳回值，待檔案開啟之後，這個整數便代表某個檔案，如下面的宣告範例：

```
int f1;   /* 宣告整數變數 f1，用來接收開檔成功所傳回的檔案代號 */
```

經過上述宣告後，就可以使用變數 f1 來接收某個檔案代號。舉例來說，想開啟 welcome.txt 的檔案以讀取資料，可以寫出如下的敘述：

```
int f1;
f1=open("c:\\prog\\abc.txt",O_WRONLY|O_CREAT|O_TEXT,S_IREAD);
```

上面的敘述可開啟存放於資料夾 c:\prog 裡的文字檔 abc.txt，並將檔案代碼設定給整數變數 f1 存放。此外，開檔時限定了開啟的檔案只能寫入資料，若檔案不存在，則建立新檔，並設定此一新檔的存取屬性是唯讀的，也就是說，當這個檔案寫入資料，並且關檔之後，這個檔案的的屬性就會被設為唯讀。下次開啟此檔時，就不能再寫入東西。

12.3.1 檔案處理函數的整理

除了檔案開啟函數 open() 之外，fcntl.h 標頭檔中還有定義一些處理檔案時會使用到的函數，我們來看看這些無緩衝區的檔案處理函數。

表 12.3.3 無緩衝區的檔案處理函數

函數功能	格式
開啟檔案	`int open(const char *filename,int oflag[,int pmode]);` 開啟指定的檔案及開啟模式，傳回值為檔案代號，開檔失敗時傳回-1。oflag 代表開檔模式，oflag 之後的中括號所包圍的引數 pmode（代表存取屬性）為可有可無，視檔案的需要而取捨
關閉檔案	`int close(int handle);` 關閉指定的檔案，關檔成功傳回 0，關檔失敗傳回 1
開新檔案	`int creat(const char *filename,int pmode);` 建立一個存取屬性為 pmode 的檔案，傳回值為檔案代號，開檔失敗時傳回-1

函數功能	格式
讀取資料	int read(int handle,char *buffer,unsigned count); 讀取檔案中的資料，最多可一次讀取 count 位元組，並存放到位址為 buffer 的變數裡。傳回值為實際讀取資料的位元組，若是傳回-1，表示讀取失敗
寫入資料	int write(int handle,char *buffer,unsigned count); 將位址為 buffer 的變數內容寫入檔案中，最多可一次寫入 count 位元組，傳回值為實際寫入資料的位元組，若是傳回-1，表示寫入失敗

除了利用 open() 函數可以開啟檔案之外，creat() 函數也可以開啟一個全新的檔案，同樣的在使用 creat() 函數時，也必須寫出該檔案的存取屬性。

12.3.2 檔案處理函數的練習

接下來我們舉一個範例來說明無緩衝區檔案的操作方式。下面的範例與 prog12_2 相同，都是先讀取一個檔案，再將它的內容拷貝到一個新的檔案，但是於本例中，我們將它改以無緩衝區的檔案函數來撰寫：

```
01  /* prog12_5, 複製檔案內容 */
02  #include <stdio.h>
03  #include <stdlib.h>
04  #include <fcntl.h>
05  #include <io.h>
06  #include <sys/stat.h>
07  #define SIZE 512        /* 設定 read()一次可讀取的最大位元組為 512 */
08  int main(void)
09  {
10     char buffer[SIZE];
11     int f1,f2,bytes;
12
13     f1=open("c:\\prog\\welcome.txt",O_RDONLY|O_TEXT);
14     f2=creat("c:\\prog\\output2.txt",S_IWRITE);
15
16     if((f1!=-1)&&(f2!=-1))       /* 測試檔案是否開啟成功 */
```

```
17     {
18        while(!eof(f1))            /*  如果還沒有讀到檔案末端 */
19        {
20           bytes=read(f1,buffer,SIZE);      /* 從 f1 讀取資料 */
21           write(f2,buffer,bytes);          /* 將資料寫入檔案 f1 中 */
22        }
23        close(f1);
24        close(f2);
25        printf("檔案拷貝完成!!\n");
26     }
27     else
28        printf("檔案開啟失敗!!\n");
29
30     system("pause");
31     return 0;
32  }
```

```
/* prog12_5 OUTPUT---
檔案拷貝完成!!
-----------------------*/
```

程式解說

於本例中，4~6 行含括了必要的標頭檔到程式中，第 11 行宣告整數變數 f1、f2 及 bytes，變數 f1 及 f2 是用來記錄開啟檔案成功後的檔案代號，bytes 則是用來存放 read() 函數傳回成功讀取的資料數。

第 13 行利用 open() 開啟文字檔 welcome.txt，開啟模式為 O_RDONLY|O_TEXT，代表所開啟的檔案為只供讀取的文字檔案，open() 會傳回一個整數值，我們把它設定給變數 f1，此時 f1 即代表檔案 welcome.txt。

相同的，第 14 行利用函數 creat() 開啟 output2.txt，開啟模式設為 S_IWRITE，代表所開啟的是可以寫入資料的檔案。如果檔案已經存在，則該檔案的內容將會被覆蓋

掉。若是檔案不存在，則系統會自行建立此檔案。creat() 也會傳回一個整數值，我們把它設定給變數 f2，此時 f2 即代表檔案 output2.txt。

程式第 16~28 行，為 if-else 敘述，若是 f1 與 f2 不等於-1，表示檔案開啟成功，反之則開檔失敗。檔案開啟成功時，執行程式第 17~26 行的敘述，其中第 18 行利用 while 迴圈判別檔案是否讀到末端了，如果還沒，即執行程式第 19~22 行，使用 read() 函數將檔案 f1 讀取最多 SIZE 個位元組的資料，然後存放到陣列 buffer 裡，再將陣列 buffer 以 bytes（read() 函數所傳回讀取成功的資料數）個位元組的資料寫入檔案 f2 中。下圖是以記事本開啟 output2.txt 的視窗畫面：

圖 12.3.1
純文字檔 output2.txt 的內容

讀者可以發現，read()、write() 函數與 fread()、fwrite() 函數很類似，都是允許資料一次存取一個指定的資料項，這種方式會比一個字元一個字元複製來得快。同時，若是我們所指定的資料項太小，如上面程式中所使用的 SIZE，也會影響到程式執行的速度，尤其是無緩衝區的檔案處理函數。也就是說，當 SIZE 很小時，對磁碟的輸出、輸入動作就會比較頻繁，相對的就會多出許多等待寫入及讀取的時間，因此您可以根據實際的需要來決定 SIZE 的大小。 ❖

12.4 二進位檔案的使用

不論是有緩衝區或是沒有緩衝區的檔案處理函數，皆可以處理二進位（binary）格式的檔案。在本節中，我們要學習如何處裡二進位檔。

12.4.1 使用有緩衝區的函數處理二進位檔

要處理二進位檔，必須在使用 fopen() 函數開檔時，便指明所開啟的檔案為二進位格式。下表為使用 fopen() 函數開啟二進位檔案時的存取模式：

表 12.4.1 二進位檔案的存取模式

存取模式	代碼	說　明
二進位檔的讀取	rb	開啟一個僅供讀取資料的二進位檔案 (binary file)
二進位檔的寫入	wb	開啟一個僅供寫入資料的二進位檔案
二進位檔的附加	ab	開啟一個可以附加資料的二進位檔案

舉例來說，若是想開啟一個可以附加資料的二進位檔案 test.bin，其 fopen() 函數可以撰寫成如下面的敘述：

```
FILE *fptr;                        /* 宣告 fptr 為一指向檔案的指標變數 */
fptr=fopen("test.bin","ab");       /* 開啟可供附加資料的二進位檔案 test.bin */
```

下面的程式是利用 fopen() 函數開啟一個全新的二進位檔案，利用 fwrite() 函數寫入二個 double 型態的變數，以及一個具有三個元素的整數陣列：

```
01  /* prog12_6, 輸入資料到二進位檔案 */
02  #include <stdio.h>
03  #include <stdlib.h>
04  int main(void)
05  {
06     double a=3.14,b=6.28;
```

```
07      int arr[]={12,43,64};
08      FILE *fptr;
09
10      fptr=fopen("c:\\prog\\number.bin","wb");      /* 開啟檔案 */
11      fwrite(&a,sizeof(double),1,fptr);     /* 寫入變數 a 的值 */
12      fwrite(&b,sizeof(double),1,fptr);     /* 寫入變數 b 的值 */
13      fwrite(arr,sizeof(int),3,fptr);       /* 寫入陣列 arr 的所有元素 */
14
15      fclose(fptr);      /* 關閉檔案 */
16      printf("檔案寫入完成!!\n");
17
18      system("pause");
19      return 0;
20   }
```

```
/* prog12_6 OUTPUT--
檔案寫入完成!!
-----------------------*/
```

程式解說

於本例中，第 6 行宣告了兩個 double 型態的變數 a 與 b，並設定初值，第 7 行宣告了一個整數陣列，具有三個元素，同時也設定了初值。第 10 行利用 fopen() 函數開啟 number.bin，並設定開啟模式為 wb，代表所開啟的檔案是僅供寫入的二進位檔。

程式第 11~12 行將變數 a 與 b 的值寫入檔案 number.bin 內，13 行則是將整個陣列 arr 寫入 number.bin。注意第 13 行的語法，它是使用 fwrite() 函數將陣列 arr 的資料，以 sizeof(int)（4 個位元組）為單位，共取出 3 個這樣大小的資料，然後將它寫入檔案中。在第 13 行 fwrite() 的語法中，因為我們想把整個陣列 arr 全數寫入，所以第三個引數填入 3。

因為 double 佔了 8 個位元組，int 佔了 4 個位元組，所以寫入檔案 number.bin 內的資料大小共佔了 $8\times2+4\times3=28$ 個位元組。在 Windows XP 裡，只要把滑鼠游標移

到 number.bin 圖示上方，在游標旁邊會出現檔案大小為 28 個位元組的說明，如下圖所示：

圖 12.4.1

寫入 number.bin 的資料共佔 28 個位元組

由此可初步驗證資料已被寫入 number.bin 中了。 ❖

要讀取二進位檔，可用 fread() 函數。下面的範例接續 prog12_6，其中示範了如何將儲存於檔案 number.bin 中的數值取出。本範例的撰寫如下：

```
01  /* prog12_7, 讀取二進位檔案的內容 */
02  #include <stdio.h>
03  #include <stdlib.h>
04  int main(void)
05  {
06     double a,b;
07     int i,arr[3];
08     FILE *fptr;
09
10     fptr=fopen("c:\\prog\\number.bin","rb");  /* 開啟檔案 */
11     fread(&a,sizeof(double),1,fptr);   /* 把讀取的資料設定給 a 存放 */
12     fread(&b,sizeof(double),1,fptr);   /* 把讀取的資料設定給 b 存放 */
13     fread(arr,sizeof(int),3,fptr);  /* 把讀取的資料設定給陣列 arr 存放 */
14
15     printf("a=%4.2f\n",a);
16     printf("b=%4.2f\n",b);
17     for(i=0;i<3;i++)
18        printf("arr[%d]=%d\n",i,arr[i]);
19
20     fclose(fptr);       /* 關閉檔案 */
21
22     system("pause");
23     return 0;
24  }
```

```
/* prog12_7 OUTPUT--
a=3.14
b=6.28
arr[0]=12
arr[1]=43
arr[2]=64
-----------------------*/
```

程式解說

程式第 10 行，開啟 number.bin，並設定開啟模式為 rb，代表所開啟的檔案是僅供讀取資料的二進位檔。第 11~13 行利用 fread() 函數將檔案中的資料依序讀出，並設定給變數存放。注意於 number.bin 中，前兩筆資料的型態是 double，後三筆是 int，因此在讀取檔案時，也必依照這個次序，指定相同型態的變數來存放它們。

程式 15~18 行印出了由二進位檔 number.bin 讀取的內容，讀者可以觀察到，取出的值正是於前例中所寫入的數值。 ❖

學習完本節，讀者可以發現不管檔案是二進位或者是文字格式，其操作的方式都是一樣的，唯一不同的就只有在檔案開啟時的存取模式。

12.4.2 使用無緩衝區函數處理二進位檔案

函數 open() 是屬於無緩衝區的檔案處理函數，它也可以用來存取二進位檔。舉例來說，若是想要以二進位模式寫入資料到一個新檔案 test.bin，可利用如下的方式：

```
int f1;          /* 宣告整數變數 f1 來接收檔案代號 */
f1=open("test.bin", O_WRONLY|O_CREAT|O_BINARY, S_IREAD);
```

上面的敘述中，open() 函數的第 2 個引數 O_WRONLY|O_CREAT|O_BINARY，表示所開啟的檔案只供寫入，如果檔案不存在，則會開啟一個新檔，寫入的格式是二進位格式，且設定這個檔案的屬性是唯讀型態，也就是說，下次再開啟這個檔案時，它僅供讀取，不能再寫入資料。

大致瞭解無緩衝區的二進位檔案如何開啟後，我們實際做個練習。下面的程式是把結構變數的內容寫入二進位檔中：

```
01  /* prog12_8, 輸入資料到二進位檔案 */
02  #include <stdio.h>
03  #include <stdlib.h>
04  #include <fcntl.h>
05  #include <io.h>
06  #include <sys/stat.h>
07  int main(void)
08  {
09     int f1;
10     struct data                    /* 定義結構 data */
11     {
12        char name[10];
13        int math;
14     }student={"Jenny",96};       /* 宣告結構變數 data，並設定初值 */
15
16     f1=open("c:\\prog\\score.bin",O_CREAT|O_WRONLY|O_BINARY,S_IREAD);
17     if((f1!=-1))         /* 檔案開啟成功 */
18     {
19        write(f1,&student,sizeof(student));
20        close(f1);
21        printf("資料已寫入檔案!!\n");
22     }
23     else
24        printf("檔案開啟失敗!!\n");
25
26     system("pause");
27     return 0;
28  }
```

```
/* prog12_8 OUTPUT--
資料已寫入檔案!!
---------------------*/
```

程式解說

於本例中，10~14 行定義了結構 data，同時宣告結構變數 student，並設定初值。第 16 行利用 open() 函數開啟 score.bin，其中第二個引數設定了

```
O_CREAT|O_WRONLY|O_BINARY
```

它代表所要開啟的檔案 score.bin 是一個可以寫入資料的二進位檔，如果檔案不存在，則會新建一個檔案。另外，因為開檔模式中有 O_CREAT 這個項目，所以我們可以在 open() 函數裡加入第三個引數，在此加入

```
S_IREAD
```

設定這個檔案是唯讀檔。

程式 17~24 行為 if-else 敘述，若是 f1 不等於-1，表示檔案開啟成功，反之則開檔失敗，執行 24 行。如果檔案開啟成功，則執行 18~22 行。要特別注意的是第 19 行利用 write() 函數將結構變數 student 的內容，以 sizeof(student)（16 個位元組）為單位，一次取出 1 個資料項寫入檔案 f1 中。

值得一提的是，在本例中，我們設定了 score.bin 是唯讀檔（您可以在 score.bin 檔案圖示上按滑鼠右鍵選擇「內容」來確定它是唯讀檔），第一次執行此程式時，score.bin 才被新建，因此執行時並不會有問題，然而執行完後，檔案 score.bin 已存在，且是唯讀，如果此時再執行本範例一次，您將會發現檔案已不能再開啟，這是因為在程式碼裡，我們指定了開檔模式是唯讀之故。

要解決這個問題，您可以把原先的 score.bin 刪掉再重新執行一次，或者是把 open() 函數裡的第三個引數改成

```
S_IWRITE
```

如此一來，score.bin 檔案的屬性就不是唯讀了，有興趣的讀者可自行試試。 ❖

接下來，我們再把程式 prog12_8 所建立的二進位檔案，利用 read() 函數讀取出來，程式的撰寫如下：

```
01  /* prog12_9, 讀取二進位檔案的內容 */
02  #include <stdio.h>
03  #include <stdlib.h>
04  #include <fcntl.h>
05  #include <io.h>
06  #include <sys/stat.h>
07  int main(void)
08  {
09     int f1;
10     struct data
11     {
12        char name[10];
13        int math;
14     }student;            /* 宣告結構變數 student */
15     f1=open("c:\\prog\\score.bin",O_RDONLY | O_BINARY);
16
17     if((f1!=-1))         /* 檔案開啟成功 */
18     {
19        read(f1,&student,sizeof(student)); /* 讀取資料並給 student 存放 */
20        printf("student.name=%s\n",student.name);
21        printf("student.math=%d\n",student.math);
22        close(f1);
23     }
24     else /* 檔案開啟失敗 */
25        printf("檔案開啟失敗!!\n");
26
27     system("pause");
28     return 0;
29  }
```

```
/* prog12_9 OUTPUT--

student.name=Jenny
student.math=96
-------------------------*/
```

程式解說

程式第 10~14 行定義了結構 data，14 行並宣告 data 型態的結構變數 student。第 15 行，開啟檔案 score.bin，其開啟模式為 O_RDONLY | O_BINARY，代表僅供讀取資料的二進位檔案。

第 19 行利用 read() 函數將檔案 score.bin 中的資料，以 sizeof(student)（16 個位元組）為單位，一次讀取出 1 個資料項存放到結構變數 student 裡，再印出變數 student 中存放的內容。從程式的輸出中，讀者可以發現 20~21 行所印出的數值，正是於 prog12_8 中寫入檔案 score.bin 的數值。 ❖

經過這麼多的練習之後，是不是覺得有緩衝區的檔案處理函數比較簡單呢？開啟檔案時，只要寫上 r、b、w、…等即可說明存取的模式呢！其實兩種檔案函數各有好用的地方，譬如說，有緩衝區的函數在字元、格式化的 printf()、scanf() 函數等處理會比較方便，但是利用無緩衝區的函數處理一個區塊的資料，就會比較容易。再者，有緩衝區的函數雖然比較容易撰寫，但是無緩衝區的函數通常能夠產生較有效率的執行碼，因此所產生的執行檔會較小，執行速度也較快。

習 題 （題號前標示有 ➜ 符號者，代表附錄 E 裡附有詳細的參考答案）

12.1 檔案的觀念

1. 請說明什麼是唯讀檔？它有什麼好處？

➜ 2. 試說明有緩衝區之檔案處理函數，在讀取檔案時，與緩衝區互動的過程。

12.2 有緩衝區的檔案處理函數

➜ 3. 試撰寫一程式，以每 5 個字元為單位的方式，讀取 prog12_1 中所使用的資料檔 welcome.txt（提示：可利用 fgets() 函數來撰寫）。

➜ 4. 試修改 prog12_2，使得檔案在拷貝時，也能夠計算出共有多少個字元被拷貝了（含換行字元）。

5. 試修改 prog12_2，使得檔案在拷貝時，是以 fgets() 函數來讀取檔案，且以 fputs() 函數來寫入資料到 output.txt 中。

6. 試修改 prog12_3，加入檢查開檔是否成功的程式碼，以確定檔案是正常的開啟。

7. 試修改 prog12_4 的第 17 行，將 printf() 函數改成利用 puts() 函數來輸出字串。

8. 試撰寫一程式，將文字檔 aa.txt 與 bb.txt 的內容合併成 cc.txt。

12.3 無緩衝區的檔案處理函數

➜ 9. 如果把 prog12_5 裡，第 7 行 SIZE 的定義修改為 16，程式是否可以正確執行？為什麼？

10. 試修改 prog12_5，使得檔案在拷貝的同時，也可以於螢幕上印出拷貝的內容。

11. 試依下列的步驟完成程式設計：

    (a) 試產生 10 個 1~64 之間的整數亂數，並將它寫入純文字檔 "rand.txt" 內。

    (b) 撰寫一程式讀取純文字檔 rand.txt 的內容，並計算這 10 個數值的平均值。

12.4 二進位檔案的使用

12. 設程式裡定義有下列的變數：

```
int arr[]={12,4,5,6};
int a=12,b=16;
```

試利用 write() 函數將這些變數的值以二進位的模式寫入檔案 hw12_12.bin 中。

13. 接續習題 12，試利用 read() 函數將 hw12_12.bin 檔案中的內容取出，並顯示在螢幕上。

14. 試修改習題 12，請使用 fwrite() 函數，將變數的值改以二進位檔案的格式寫入檔案 hw12_14.bin 中。

15. 接續習題 14，請使用 fread() 函數將檔案 hw12_14.bin 的內容取出，並顯示在螢幕上。

16. 試依下列的步驟完成程式設計：

    (a) 試產生 10 個 1~16 之間的整數亂數，並將它寫入二進位檔 "rand.bin" 內。

    (b) 撰寫一程式讀取二進位檔 rand.bin 的內容，並找出這 10 個數值的最大值與平均值。

17. 試依下列的步驟完成程式設計：

    (a) 修改 prog12_8，試建立 3 個 struct data 型態之物件陣列 student，並將它寫入二進位檔 "student.bin" 內。

    (b) 撰寫一程式讀取 (a) 中所建立之二進位檔的內容，並將結果顯示在螢幕上。

18. 設程式裡定義有下列的變數：

```
int arr[]={11326,4445,15589,23740,76840};
```

    (a) 試將陣列 arr 的值，以純文字檔的模式儲存在檔案 "hw12_18.txt" 裡。

    (b) 試將陣列 arr 的值，以二進位檔的模式儲存在檔案 "hw12_18.bin" 裡。

    (c) 試比較檔案 hw12_18.txt 與 hw12_18.bin 的大小，並分析就節省記憶空間而言，採用哪一種方式來儲存數字較為經濟。

chapter

13 大型程式的發展

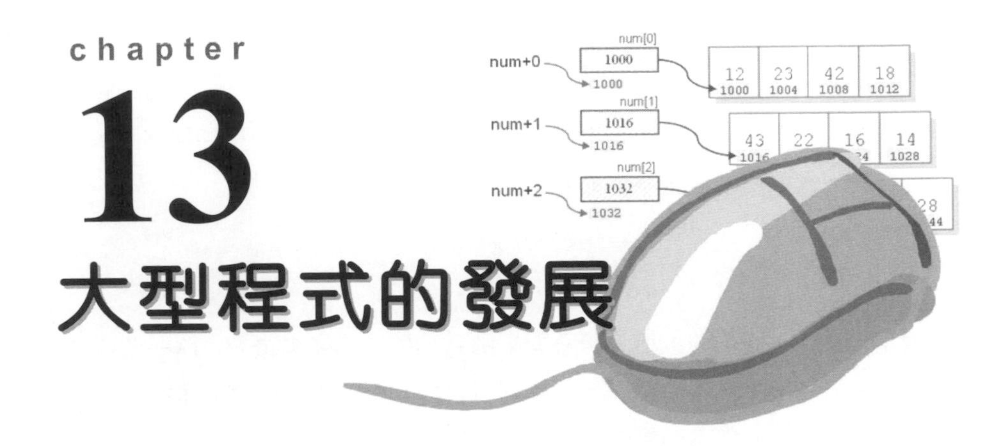

於 C 語言裡，我們可以將特定功能的程式碼獨立成為一個函數，以簡潔程式。但是對於大型程式而言，如果函數過多，又都寫在同一個檔案內，此舉可能會影響程式的可讀性，在維護上也不太方便。如果把函數分門別類，儲存到其它的檔案裡，再與 main() 函數一起編譯執行，如此程式碼將更具親和性，且易於維護。本章將介紹大型程式的發展，從概念到實作，均可在本章裡找到答案。

本章學習目標

- 認識程式的模組化
- 學習各別編譯的實作
- 認識條件式編譯指令的用法
- 學習命令列引數的使用

13.1 程式的模組化與實作

一般在撰寫程式時，會將程式分成數個較小的函數，然後利用主程式來呼叫函數。這種方式雖可達到程式模組化的目的，但是當程式的行數過多時，衍生出的問題也就跟著而來。試想，一個 C 語言的程式檔若包含了數十個函數與上千行的程式碼，在編輯與程式的維護上是不是相當的不便呢？

13.1.1 程式的模組化

在發展大型程式時，我們可以把函數分開來撰寫，依其功能來區分，將一個或數個函數模組存成一個檔案，然後分別編譯，等到所有的函數模組都開發完畢後，再與主程式一起連結與執行。此舉不但有助於程式的模組化，同時更有助於程式碼的維護，並且大幅地提高程式的可讀性。程式模組化的概念可由下圖來表示：

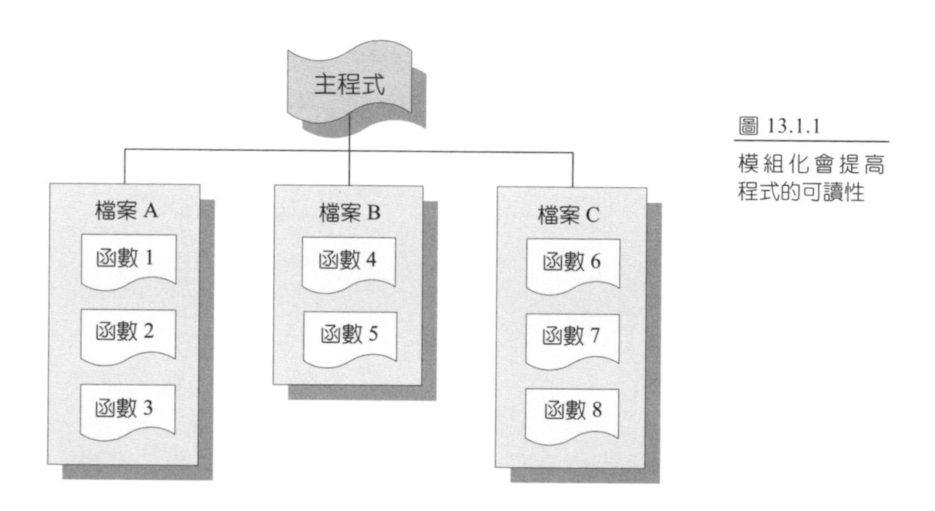

圖 13.1.1
模組化會提高程式的可讀性

將函數分開儲存在不同的檔案中，除了可以使程式模組化之外，若是某個函數的功能在其它的程式中也會使用到，那麼我們就不需要重新撰寫該函數，而可以直接將該函數的原始檔與其它程式一起編譯，這也是為什麼多年來模組化的程式撰寫方式，會受到許多人廣泛的討論與採用的原因之一。

13.1.2 各別編譯的實作

我們以實際的範例來說明如何將程式中的函數與主程式分開，讓它們各別編譯，卻又可以在主程式中呼叫自訂的函數。下面的範例設計了函數 area()、peri() 與 show()，可分別用來計算圓面積、圓周長與顯示半徑：

```
01  /* prog13_1, 大型程式的範例 */
02  #include <stdio.h>
03  #include <stdlib.h>
04  #include <math.h>              /*  含括 math.h 標頭檔 */
05  #define PI 3.1416
06  double area(double r);
07  double peri(double r);
08  void show(double r);
09  int main(void)                 /* 定義 main()函數 */
10  {
11     printf("area(2.2)=%5.2f\n",area(2.2));
12     printf("peri(1.4)=%5.2f\n",peri(1.4));
13     system("pause");
14     return 0;
15  }
16
17  double area(double r)          /* 自訂函數 area()，計算圓面積 */
18  {
19     show(r);
20     return (PI*pow(r,2.0));  /* pow(r,2.0)可計算 r 的平方 */
21  }
22
23  double peri(double r)          /* 自訂函數 peri()，計算圓周長 */
24  {
25     show(r);
26     return (2*PI*r);
27  }
28
29  void show(double r)            /* 自訂函數 show()，可顯示半徑 */
30  {
31     printf("半徑為%5.2f, ",r);
32  }
```

```
/* prog13_1 OUTPUT--------
半徑為 2.20, area(2.2)=15.21
半徑為 1.40, peri(1.4)= 8.80
-----------------------------*/
```

程式解說

本例分別定義了一個主程式與三個函數，其中 area() 與 peri() 函數內可呼叫另一個函數 show()。注意在 area() 函數內，我們使用了 pow(r,2.0) 函數，用來計算 r 的平方。因 pow() 函數的原形是定義在 math.h 裡，所以第 4 行要載入 math.h 標頭檔。

讀者可觀察到本例的程式碼較長，在閱讀上可能會造成困難。若是能將每個函數獨立開發，然後再以主程式來呼叫它們，如此不但可以簡化程式碼的撰寫，在維護上也較為容易。稍後我們將把這個程式碼分成數個模組，然後再分別編譯之。 ❖

各別編譯的實作

多半的 C 編譯程式均具有各別編譯的功能。於接下來的範例中，我們將一步一步引導您如何在 DevC++ 裡將 prog13_1 拆解成數個模組，然後各別編譯之（如果您是使用 Visual C++，請參考附錄 B 來實作本節的內容）。

首先，我們可以把 main() 函數獨立成一個檔案，並把它存成 prog13_2.c（稍後將引導您怎麼做）。因 main() 函數裡呼叫了 area() 與 peri() 函數，所以在這個模組裡，必須宣告 area() 與 peri() 函數的原型。prog13_2.c 的內容如下所示：

```
01  /* prog13_2.c, 大型程式的範例 (主程式) */
02  #include <stdio.h>
03  #include <stdlib.h>
04  double area(double r);              /* 函數 area()的原型 */
05  double peri(double r);              /* 函數 peri()的原型 */
06  int main(void)
07  {
08     printf("area(2.2)=%5.2f\n",area(2.2));
09     printf("peri(1.4)=%5.2f\n",peri(1.4));
```

```
10
11    system("pause");
12    return 0;
13  }
```

接下來我們來看看 area() 函數。area() 函數裡用到了常數 PI，所以必須用 #define 來定義 PI 這個常數。另外，area() 也呼叫了 show() 與 pow() 函數；pow() 的原型定義在 math.h 標頭裡，所以第 2 行要把它含括進來，而 show() 是自訂函數，它的原型也必須在這兒一併宣告。稍後將把 area() 函數存成 area.c，其內容如下：

```
01  /* area.c, 自訂函數 area(), 可計算圓面積 */
02  #include <math.h>
03  #define PI 3.1416
04  void show(double);
05  double area(double r)      /* 自訂函數 area()，計算圓面積 */
06  {
07      show(r);
08      return (PI*pow(r,2.0));
09  }
```

關於函數 prei() 的部分，由於 peri() 裡會用到常數 PI 與 show() 函數，因此必須定義 PI 與 show() 函數的原型。稍後我們將把 peri() 函數存成 peri.c，其內容如下：

```
01  /* peri.c, 自訂函數 peri()，可計算圓周長 */
02  #define PI 3.1416
03  void show(double);
04  double peri(double r)      /* 自訂函數 peri()，計算圓周長 */
05  {
06      show(r);
07      return (2*PI*r);
08  }
```

最後，show() 函數裡只用到 printf() 函數，所以只要含括入 stdio.h 就可以了。相同的，稍後會把 show() 函數存成 show.c，其內容如下：

```
01  /* show.c, 自訂函數 show()，顯示半徑 */
02  #include <stdio.h>
03  void show(double r)
04  {
05    printf("半徑為%5.2f, ",r);
06  }
```

將程式拆解好了之後，下面的步驟介紹了如何於 Dev C++ 裡分別建立主程式 prog13_2.c，以及其它三個函數模組 area.c、peri.c 與 show.c（如果您是使用 Visual C++，則分開編譯的方法請參閱附錄 B）：

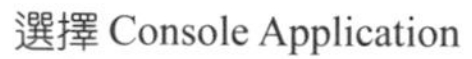

步驟 1

首先建立一個新的專案。請選擇「檔案」功能表裡的「開新檔案」-「專案」，此時會出現如下圖的「建立新專案」對話方塊。請於 Basic 標籤內選擇「Console Application」，「專案選項」裡的名稱選項請填上 my_prj（當然，您可以取不同的名稱），然後選擇「C 專案」，此時方塊的內容應如下所示：

圖 13.1.2
於 DevC++裡建立一個新的專案

步驟 2

按下確定鈕後，會出現一個「Create new project」的視窗，尋問您要把專案檔放置到哪一個資料夾裡。於本例中，我們是把它放在 C 磁碟根目錄裡的 prog 資料夾裡，如下圖所示：

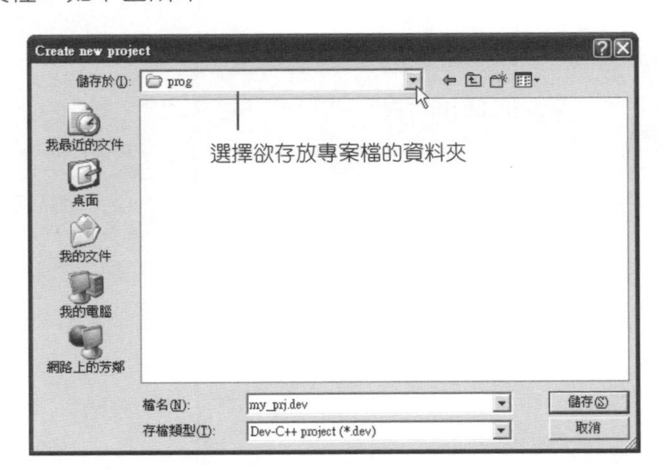

圖 13.1.3
選擇所要存放專案的資料夾

步驟 3

按下「存檔」鈕後，Dev C++ 便開啟專案 my_prj，視窗右邊也同時開啟了一個預設檔名為 main.c 的檔案，並且已將它加入了專案，如下圖所示：

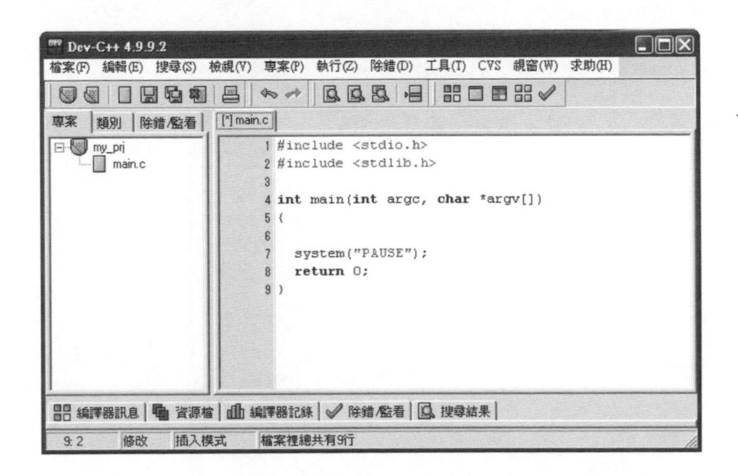

圖 13.1.4
已經開啟的專案 my_prj 與預設的檔案 main.c

步驟 4

在 main.c 的檔案編輯區裡輸入主程式 prog13_2.c 的內容。輸入完成後，按下「儲存」按鈕，此時「儲存檔案」對話方塊會出現，將檔名從原先的 main.c 修改為 prog13_2.c，儲存好後，prog13_2.c 即會自動加入專案 my_prj 中，如下的畫面：

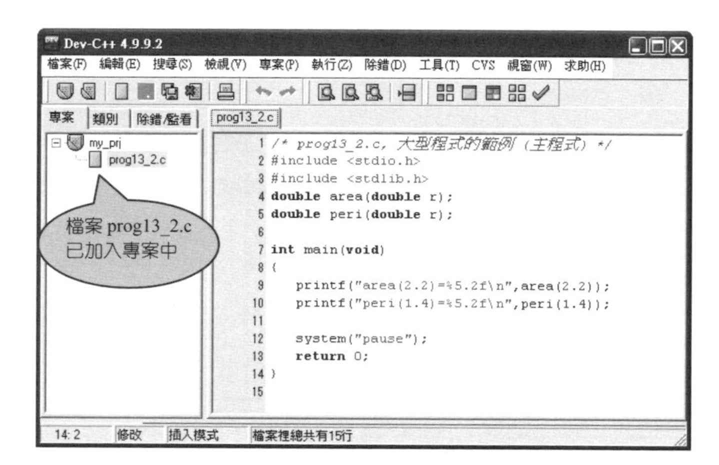

圖 13.1.5
將 prog13_2.c 加入 my_prj 專案之後的視窗

步驟 5

選擇「專案」功能表裡的「新增檔案」，此時 DevC++ 會開啟一個新的檔案編輯視窗，此時請重複步驟 4，將 area.c、peri.c 與 show.c 以同樣的方式加入 my_prj 中，最後應會得到如下的視窗：

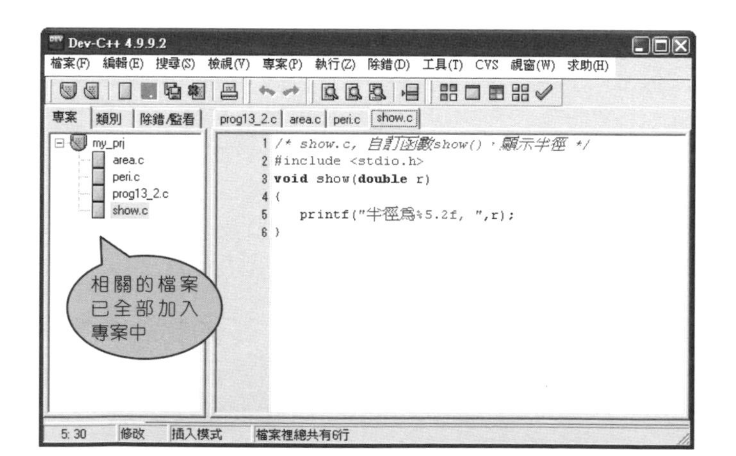

圖 13.1.6
編輯好之後的專案視窗

如果您早已撰寫好 area.c、peri.c 與 show.c，現在只是想把它們加入專案中，則可從專案功能表中選擇「將檔案加入專案」，再由出現的「開啟檔案」對話方塊中挑選要加入專案的檔案即可。

現在您已建置好一個專案了。接下來依照平常編譯與執行程式的方式，將這 4 個程式一起編譯。程式執行的結果如下所示：

```
/* prog13_2 OUTPUT--------
半徑為 2.20, area(2.2)=15.21
半徑為 1.40, peri(1.4)= 8.80
------------------------------*/
```

以專案的方式來編譯數個程式時，Dev C++ 會產生一個與專案名稱相同的執行檔，以及每一個函數模組的目的檔（在 Dev C++中，目的檔的附加檔名為 .o），如果打開儲存專案的資料夾，將可看到這些經過編譯後的目的檔與執行檔，如下圖所示：

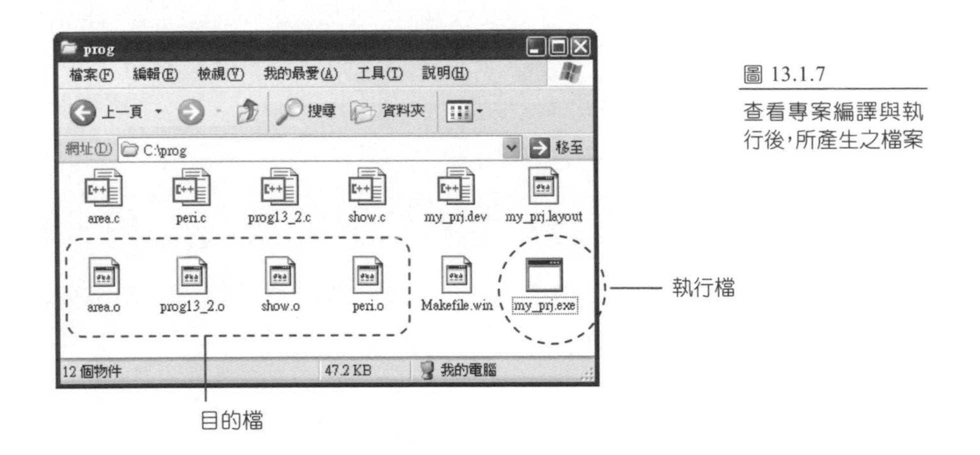

圖 13.1.7

查看專案編譯與執行後，所產生之檔案

在 Dev C++ 中，只要將相關的檔案放在同一個專案中，編譯時就可以將它們一起交由編譯器執行，在使用上來說是相當的簡單與方便。

13.2 於不同檔案裡使用全域變數

將程式模組化，獨立成數個不同的檔案之後，如果想在不同的檔案裡使用同一個全域變數，則必須在函數裡把該變數利用 C 語言的關鍵字 extern 來宣告。下面我們以一個實例來做說明。

假設在 prog13_3.c 是一個包含主函數的程式模組，裡面宣告了一個全域變數 cnt。現在希望撰寫在不同檔案裡的函數 count() 也可以使用到這個變數，只要 count() 函數被呼叫，全域變數 cnt 的值便會被加 1。在這種情況下，我們可以把全域變數 cnt 宣告在 prog13_3.c 裡面，而在函數 count() 裡把變數 cnt 宣告成 extern 就可以了。下面是程式 prog13_3.c 的撰寫方式：

```
01  /* prog13_3.c, 全域變數的使用範例 (主程式) */
02  #include <stdio.h>
03  #include <stdlib.h>
04  int cnt;                  /* 宣告全域變數 cnt */
05  void count(void);         /* 宣告 count()函數的原型 */
06  int main(void)
07  {
08    printf("請輸入 cnt 的初值: ");
09    scanf("%d",&cnt);
10
11    count();          /* 第一次呼叫函數 count() */
12    count();          /* 第二次呼叫函數 count() */
13
14    cnt++;                           /* 將 cnt 的值加 1 */
15    printf("cnt=%d\n",cnt);          /* 印出 cnt 的值 */
16
17    system("pause");
18    return 0;
19  }
```

接下來是設計函數 count() 的部分。在 count() 函數裡必須用到全域變數 cnt，所以必須利用 extern 關鍵字來指明 cnt 是全域變數，如下面的程式碼：

```
01  /* count.c, 將全域變數的值加 1，並列印出來 */
02  #include <stdio.h>
03  void count(void)
04  {
05     extern int cnt;      /* 利用 extern 關鍵字指明 cnt 是全域變數 */
06     cnt++;
07     printf("cnt=%d\n",cnt);
08  }
```

了解了 prog13_3.c 與 count() 函數的設計之後，接下來請依上一節所介紹的方法，將 prog13_3.c 與 count.c 加到一個新的專案裡編譯並執行之。如果執行沒有問題，應可得到如下的結果：

```
/* prog13_3 OUTPUT--
請輸入 cnt 的初值: 10
cnt=11
cnt=12
cnt=13
-----------------------*/
```

程式解說

於本例中，我們輸入全域變數 cnt 的值為 10，並於主程式的 11~12 行呼叫 count() 兩次，因為全域變數 cnt 是由所有的函數模組所共享，所以不論在 count() 裡將 cnt 的值加 1，或者是在 main() 函數內將 cnt 的值加 1，所加到的變數 cnt 都是同一個，如下圖所示：

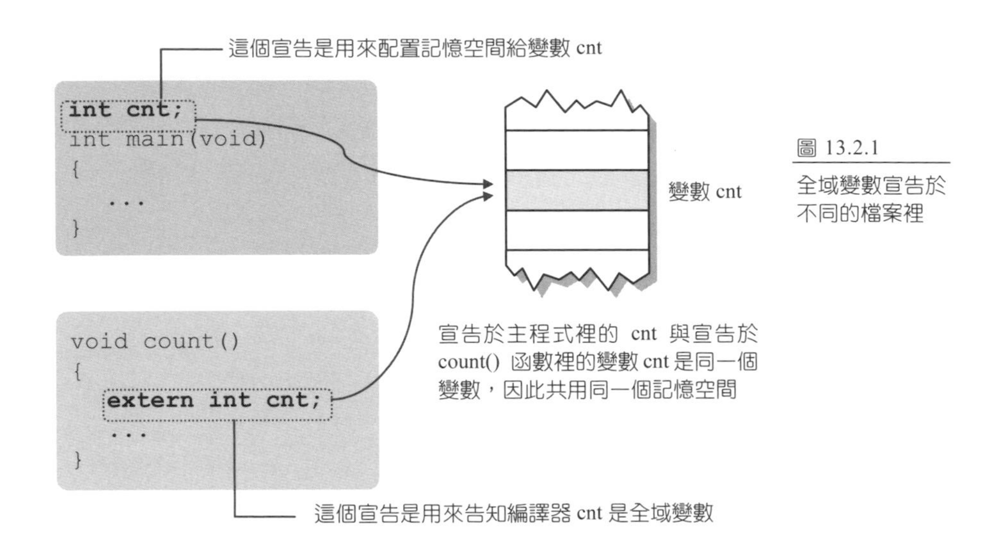

圖 13.2.1
全域變數宣告於不同的檔案裡

由上圖可知，全域變數在不同的檔案裡，不但宣告的位置和方式不一樣，同時編譯器也會用不同的方式解讀它們。在 prog13_3.c 裡，全域變數 cnt 必須宣告在 main() 函數的前面，其用意是用來告知編譯器它是一個全域變數，必須要配置記憶空間給它；而在 count.c 裡，cnt 必須利用 extern 關鍵字宣告在 count() 函數裡，這個宣告是用來告知編譯器 cnt 是全域變數。 ❖

13.3 條件式編譯

有時候我們會希望編譯器在某個情況下，只把程式中的某個部分編譯，而不是全部都編譯，這個時候使用 C 語言所提供的「條件式編譯」指令，是再方便也不過的了。

13.3.1 條件式編譯的基本介紹

使用條件式編譯指令，可以方便追蹤程式在執行時所遇到的問題，再根據條件判斷來決定某個部份的程式碼是否要編譯。在學習這些指令前，您可能覺得它們看起來一點兒都不親切，瞭解它們的用法之後，就知道好用之處了呢！

#ifdef、#else、#endif 與 #ifndef 指令

#ifdef、#else、#endif 與 #ifndef 為條件式編譯指令中的假設語法。#ifdef 是 if defined 的縮寫，其作用是當後面所接的識別字已被定義過時，則編譯 #ifdef 到 #else 之間的敘述，否則編譯 #else 到 #endif之間的敘述，如下面的格式：

```
#ifdef 識別字
    /* 如果識別字有被定義過，則編譯此部份的程式碼 */
#else
    /* 否則編譯此部份的程式碼 */
#endif
```

格式 13.3.1

#if、#else 及#endif 的使用格式

#ifndef是 if not defined 的縮寫，其作用恰與 #ifdef 相反，也就是如果後面所接的識別字沒有被定義過時，則編譯 #ifndef 到 #else 之間的敘述，否則編譯 #else 到 #endif 之間的敘述。

於格式 13.3.1 中，您也可以省略 #else 的部份，只保留 #ifdef與 #endif。#ifdef、#else 與 #endif 指令其實和 C 語言裡的選擇性敘述很類似，差別只在前者是前置處理指令，在編譯器開始編譯程式之前就已經處理了，而後者則是編譯時才處理。接下來我們舉一個簡單的範例來說明如何使用這些指令：

```
01  /* prog13_4, 使用#ifdef、#else與#endif 指令 */
02  #include <stdio.h>
03  #include <stdlib.h>
04  #define STR "Hello C language.\n"        /* 定義 STR 為一個字串 */
05  int main(void)
06  {
07    #ifdef STR                             /* 如果 STR 已被定義了 */
08      printf(STR);
09    #else                                  /* 如果 STR 沒有被定義 */
10      printf("STR 沒有被定義\n");
11    #endif
12
13    system("pause");
```

```
14      return 0;
15   }
```

```
/* prog13_4 OUTPUT--

Hello C language.

------------------------*/
```

程式解說

程式第 4 行定義了 STR 為 "Hello C language." 字串，因 STR 已定義過，於是第 7 行的判斷為真，所以第 8 行的敘述會被編譯，印出 "Hello C language." 字串。

稍早曾提及，前置處理指令會在編譯器開始編譯程式之前，就已經先處理程式碼了，因此於本例中，實際送至編譯器裡編譯的主程式只剩下面的程式碼：

```
01  int main(void)
02  {
03     printf("Hello C language.\n");
04     system("pause");
05     return 0;
06  }
```

❖

#if、#else、#elif 與 #endif 指令

#if、#else、#elif 與 #endif 指令和選擇性敘述中的 if-else 指令很類似，都是當前面一項運算式的值為真時，則編譯後面的敘述，否則編譯 #elif 或 #else 後面的敘述，直到遇到 #endif 為止，其格式如下所示：

```
#if 運算式 1
    /* 若運算式 1 的結果成立，則編譯此區段的敘述 */
#elif 運算式 2
    /* 若運算式 2 的結果成立，則編譯此區段的敘述 */
#elif 運算式 3
    :
#endif
```

格式 13.3.2
前置判斷條件指令的使用格式

#else 與 #elif 必須與 #if、#endif 指令配合，不能單獨使用它們，當然您也可以加入數個 #elif 敘述，進行更複雜的判斷。下面的程式是前置處理指令的綜合練習：

```
01  /* prog13_5, 使用#if、#else與#endif指令 */
02  #include <stdio.h>
03  #include <stdlib.h>
04  #define SIZE 15        /* 定義 SIZE 等於 15 */
05
06  int main(void)
07  {
08     #ifdef SIZE
09        #if SIZE>20
10           char str[SIZE]="Hello C language.";
11        #else
12           char *str="SIZE too small";
13        #endif
14     #else
15        char *str="SIZE not defined";
16     #endif
17
18     printf("%s\n",str);
19
20     system("pause");
21     return 0;
22  }
```

如果有定義 SIZE，則編譯這個程式區塊

```
/* prog13_5 OUTPUT---
SIZE too small
----------------------*/
```

程式解說

於 prog13_5 中，第 4 行定義 SIZE 為 15。第 8 行判別了 SIZE 是否被定義過，若是，則編譯 9~13 行的敘述，否則編譯 15 行的敘述。於本例中，因 SIZE 已被定義過，於是 9~13 行的敘述會被編譯。第 9 行判斷 SIZE 是否大於 20，其結果為不成立，於是 12 行會被編譯，因此指標 str 會指向 "SIZE too small" 字串。最後，18 行會印出 str 所指向的字串，所以本例的輸出為 "SIZE too small"。 ❖

#undef 指令

#undef 是將之前定義過的識別字取消其定義，使得該識別字在往後的程式中無法再繼續使用，使用格式如下：

```
#undef 識別字
```

格式 13.3.3
#undef 的使用格式

使用 #undef 時，若是該識別字並沒有被定義過，則不受 #undef 指令的影響。

簡單的介紹了幾個常用的條件式編譯指令，相信下回再看到它們，就不會覺得陌生了！當您在撰寫程式時，不妨利用它們來為程式增加些許的彈性，這將會使程式功能變得更強大，而您的程式設計能力當然也會更具有水準囉！

13.3.2 條件式編譯與大型程式的發展

條件式編譯通常是應用在大型程式的發展上。如果您好奇的打開 C 語言所提供的標頭檔，可以發現幾乎每個標頭檔裡都有使用到條件式編譯。本節我們將介紹條件式編譯如何應用在大型程式的撰寫上。

在第八章的範例 prog8_28，我們曾寫了一個 area.h 標頭檔，用以計算各種幾何形狀的面積。現在再以標頭檔 area.h 來延伸，進而引導您如何在標頭檔裡撰寫條件式編譯的程式碼。

首先，請先仿照 prog8_28 的方式建好 area.h 標頭檔，然後把它存放在 c:\prog 的資料夾內。area.h 內含了一些計算幾何形狀之面積的函數定義，其內容如下所示：

```
/* area.h 的標頭檔 */
#define PI 3.14159
#define CIRCLE(r) ((PI)*(r)*(r))
#define RECTANGLE(length,height) ((length)*(height))
#define TRIANGLE(base,height) ((base)*(height)/2.)
```

接下來，請再建立一個標頭檔 volume.h，裡面定義了可以計算立體幾何形狀之體積的公式，定義好了之後，也請您將它存放在 c:\prog 的資料夾內：

```
/* volume.h 的標頭檔 */
#define PI 3.1416
#define SPHERE(r) (4.0/3.0*(PI)*(r)*(r)*(r))
#define BOX(length,width,height) ((length)*(width)*(height))
```

撰寫好了之後，如要計算圓面積，只要把標頭檔 area.h 含括進來即可。相同的如要計算圓球體積，只要含括 volume.h 即可。現在，如果要同時計算圓面積與圓球體積，是否可以同時含括 area.h 與 volume.h 標頭檔呢？現在我們來動手試試，如下面的程式碼所示：

```
01  /* prog13_6, 同時含括 area.h 與 volume.h 標頭檔(錯誤示範)  */
02  #include <stdio.h>
03  #include <stdlib.h>
04  #include "c:\prog\area.h"     /* 含括標頭檔 area.h */
05  #include "c:\prog\volume.h"   /* 含括標頭檔 volume.h */
06  int main(void)
07  {
08     printf("CIRCLE(1.0)=%5.2f\n",CIRCLE(1.0));   /* 計算圓面積 */
09     printf("SPHERE(1.0)=%5.2f\n",SPHERE(1.0));   /* 計算圓球體積 */
10
11     system("pause");
12     return 0;
13  }
```

```
/* prog13_6 OUTPUT---

CIRCLE(1.0)= 3.14
SPHERE(1.0)= 4.19
----------------------*/
```

程式解說

本範例雖可執行，但是會有警告訊息出現，告訴我們在巨集裡，PI 被重複定義了！這是什麼原因呢？如果檢視 area.h 與 volume.h 這兩個標頭檔，將會發現它們均定義了 PI，而且兩個 PI 值的定義又有些微不同，因此同時含括這兩個標頭檔，PI 也就被定義了兩次，於是警告訊息就產生了。 ❖

於範例 prog13_6 中，標頭檔 area.h 與 volume.h 裡的 PI 值的定義有些許的不同，但是誤差不大，假設我們對計算精度的要求不是很高，則無論編譯器接受了哪一個 PI 值的定義，計算結果都會在容許的範圍之內。問題是，是否有辦法避免類似這種重複定義的情形出現呢？事實上，只要利用上一節所介紹的「條件式編譯」指令，即可巧妙的避開這些問題。

下面的程式碼是 volume.h 的改寫，其中加入了 #ifndef 和 #endif 的敘述，用來判別 PI 是否有被定義過：

```
01  /* volume2.h 的標頭檔 */
02  #ifndef PI
03    #define PI 3.1416
04  #endif
05  #define SPHERE(r) (4.0/3.0*(PI)*(r)*(r)*(r))
06  #define BOX(length,width,height) ((length)*(width)*(height))
```

如果 PI 沒被定義，
則定義 PI 為 3.1416

下面的程式碼是將 prog13_6 程式中，第 5 行的標頭檔 volume.h 修改為 volume2.h，藉以觀察程式的執行結果：

```
01  /* prog13_7, 同時含括 area.h 與 volume2.h 標頭檔(修正版) */
02  #include <stdio.h>
03  #include <stdlib.h>
04  #include "c:\prog\area.h"
05  #include "c:\prog\volume2.h"  /* 含括入標頭檔 volume2.h */
06  int main(void)
07  {
08    printf("CIRCLE(1.0)=%5.2f\n",CIRCLE(1.0));   /* 計算圓面積 */
09    printf("SPHERE(1.0)=%5.2f\n",SPHERE(1.0));   /* 計算圓球體積 */
10
11    system("pause");
12    return 0;
13  }
```

```
/* prog13_7 OUTPUT---

CIRCLE(1.0)= 3.14
SPHERE(1.0)= 4.19
----------------------*/
```

程式解說

於本例中，我們只在第 5 行做一個小修改，將標頭檔從 prog13_6 的 volume.h 改成含括入 volume2.h。在程式執行時，第 4 行含括入 area.h 時，PI 值就會被定義，處理到第 5 行，在含括 volume2.h 時，條件式編譯指令發現了 PI 已被定義過，因此不再重新定義。現在讀者可觀察到現在程式碼可以正常的執行，而且不會有警告的訊息出現。 ❖

然而，只有修改 volume.h 並不能解決所有問題。在 prog13_7 中，如果把第 4 行與第 5 行對調，在編譯時，一樣的錯誤結果還是會發生。是錯在哪兒呢？要如何修改？我們把這個部份留在習題裡討論。

13.4 命令列引數的使用

現在，您已經具備開發大型程式的能力了！本節將介紹如何從命令列裡傳遞引數給 main() 函數，做為本章的結束。

到目前為止，我們所撰寫的程式若是在 MS-DOS 模式下執行時，只要直接鍵入編譯後的執行檔名稱，或者是連按兩下執行檔的圖示即可執行。其實，C 語言還提供一個可以在命令列中將引數傳入的功能，也就是說，我們可以在 MS-DOS 模式下，在執行檔名稱的後面，可以填入需要的引數。舉例來說，假設在 MS-DOS 模式下鍵入如下的指令：

```
type abc.txt
```

我們知道 type 指令的作用是顯示檔案的內容，因此於本例中，abc.txt 就成了 type 指令的引數，所以 type 指令會印出 abc.txt 的內容，這就是命令列引數的使用。在 C 語言中，也可以因應程式的需求，在命令列中加入引數。

為了要使主程式能夠接收這些使用者輸入的引數，因此在主函數 main() 中，也必須要有適合的格式加以配合，如下面的格式所示：

```
int main(int argc, char *argv[])
{
   /* main() 函數裡的程式碼 */
}
```

格式 13.4.1

命令列引數的使用格式

在上面的格式中，argc 是 argument count 的縮寫，代表送進 main() 函數之引數的總個數（系統會自動計算）。

argv 是 argument value 的縮寫，它是一個指標陣列，分別指向了命令列中輸入的字串。系統會自動將 argv[0] 指向執行檔的檔名（包含路徑），再將 argv[1]、argv[2]...等陣列元素依序指向執行檔檔名後面所接的引數，也正是因為無法事先得知使用者會由命令列中輸入多少個引數，在宣告字元指標陣列 argv 時，並不需要限定陣列的大小。

我們實際舉幾個簡單的例子，就可以很容易地瞭解，命令列引數的使用其實並不困難。下面的程式是在命令列中輸入引數後，印出 argc 與字串陣列 argv 的值，於此例中，程式的執行檔名稱為 prog13_8，其所在的資料夾在 c:\prog：

```
01  /* prog13_8, 命令列引數的使用 */
02  #include <stdio.h>
03  #include <stdlib.h>
04  int main(int argc, char *argv[])  /* 定義可接收引數的 main()函數 */
05  {
06     int i;
07
08     printf("argc 的值為%d\n",argc);              /* 印出 argc 的值 */
09     for(i=0;i<argc;i++)
10       printf("argv[%d]=%s\n",i,argv[i]);       /* 印出 argv[i]的值 */
11
12     system("pause");
13     return 0;
14  }
```

要執行本程式，在 Windows XP 模式下，請選擇「開始」功能表-「程式集」-「附屬應用程式」-「命令提示字元」選項，將路徑切換到執行檔的所在位置（c:\prog），再鍵入執行檔的名稱及引數即可看到程式執行的結果：

```
/* prog13_8 OUTPUT-----------------------
C:\Documents and Settings\wien>cd c:\prog
C:\prog>prog13_8 Time is money!
argc 的值為 4
argv[0]=prog13_8
argv[1]=Time
argv[2]=is
argv[3]=money!
-------------------------------------------*/
```

將路徑切換到執行檔的所在位置

在 DOS 模式下執行 prog13_8

程式解說

於本例中，第 4 行定義了可接收引數的函數 main()，第 8 行印出了 argc 的值，因為在程式執行時，輸入了下面的字串

```
prog13_8 Time is money!
```

這個字串可看成是由 4 個子字串所組成，每一個子字串之間都是以空白鍵分開，因此從輸出中，讀者可以觀察到 argc 的值為 4。

9~10 行印出了 argv[0] ~ argv[3] 的值。argv 事實上是一個指標陣列，它共有 4 個元素，分別存放了指向 "prog13_8"、"Time"、"is" 與 "money!" 這 4 個字串的指標，如下圖所示：

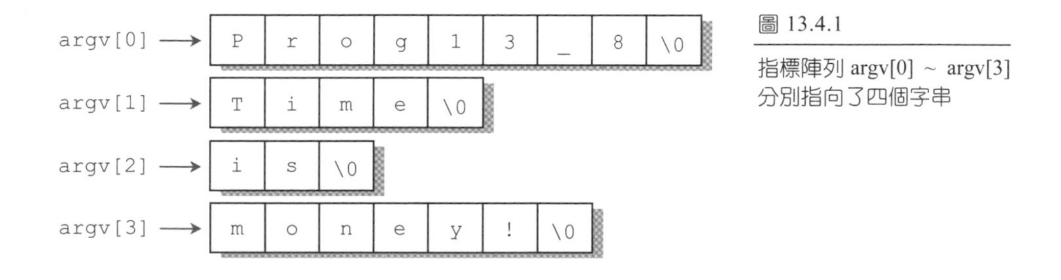

圖 13.4.1

指標陣列 argv[0] ~ argv[3] 分別指向了四個字串

值得注意的是，由於執行檔的名稱本身也是一個字串，因此 argc 的值是執行檔名稱與所有引數個數的總和；而指標陣列 argv 第 1 個元素 argv[0] 的值為命令列中所輸入的第 1 個字串，亦即執行檔的名稱。 ❖

在執行 prog13_8 時，必須要切換到 DOS 模式下來執行程式，這對讀者來說似乎有點麻煩。事實上，DevC++ 提供了更方便的步驟，可以讓您不用跳到 DOS 模式，也可以輸入這些引數。在 DevC++ 的環境裡，選擇「執行」功能表下的「參數」，此時「參數」對話方塊會出現，在「要傳給您的程式的參數」之欄位內填上要傳入的引數，再按「確定」鈕，即可將引數傳入，如下圖所示：

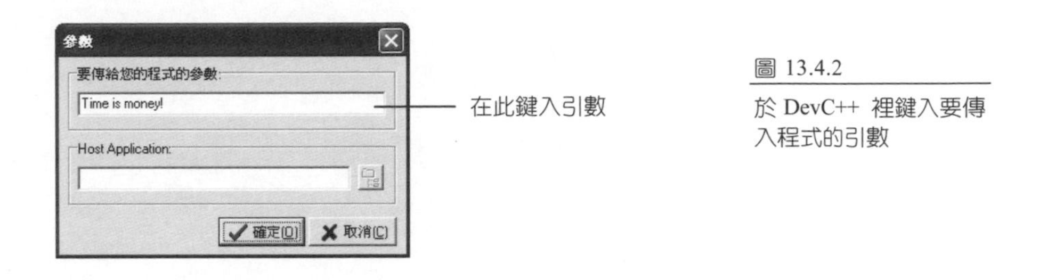

圖 13.4.2
於 DevC++ 裡鍵入要傳入程式的引數

鍵入好了之後，重新編譯與執行，此時於對話方塊內鍵入的引數即會被傳入 main() 函數中。附帶一提，利用這種方式來鍵入引數時，編譯程式會自動將執行檔的路徑放入 argv[0] 中，讀者可自行試試。

最後再舉一個範例來結束本節。下面的程式則是模仿 DOS 指令 copy 複製檔案的功能，在命令列中輸入兩個檔案名稱，於程式中將第一個檔案複製到第二個檔案。例如，如果鍵入

```
prog13_9  welcome.txt  output.txt
```

則會把文字檔 welcome.txt 的內容逐字拷貝，複製到文字檔 output.txt 裡。在執行下面程式碼之前，請先確定 welcome.txt 檔案已存在，且與 prog13_9 是放置在同一個資料夾裡：

```
01  /* prog13_9, 複製檔案內容 */
02  #include <stdio.h>
03  #include <stdlib.h>
04  int main(int argc, char *argv[])
05  {
06    FILE *fptr1,*fptr2;
07    char ch;
08
09    if(argc==3)   /* 命令列有 3 個引數輸入時 */
10    {
11      fptr1=fopen(argv[1],"r");     /* 開啟檔案 */
12      fptr2=fopen(argv[2],"w");
13      if((fptr1!=NULL) && (fptr2!=NULL))     /* 檔案開啟成功 */
14      {
15        while((ch=getc(fptr1))!=EOF)         /* 判斷是否到達檔尾 */
16          putc(ch,fptr2);                    /* 一次拷貝一個字元 */
17        fclose(fptr1);
18        fclose(fptr2);
19        printf("檔案拷貝完成!!\n");
20      }
21      else
22        printf("檔案開啟失敗!!\n");
23    }
24    else
25      printf("請重新檢查輸入!!\n");
26    system("pause");
27    return 0;
28  }
```

```
/* prog13_9 OUTPUT------------------------
C:\Documents and Settings\wien> cd c:\prog    ——— 將路徑切換到執行檔所在的位置
C:\prog>prog13_9 welcome.txt output.txt
檔案拷貝完成!!
----------------------------------------*/
```

程式解說

於本例中，第 9 行先檢查所輸入的引數是否為 3 個（一個是執行檔名稱，一個是原始檔和，另一個是拷貝檔），如果不是三個，則於 25 行印出 "請重新檢查輸入!!" 字串。

在程式執行所鍵入的三個引數，argv[0] 會指向第一個引數（即執行檔的檔名），argv[1] 會指向第二個引數（即原始檔的檔名，也就是 welcome.txt），argv[2] 則指向第三個引數（也就是 output.txt）。因此 11~12 行利用 argv[1] 與 arg[2] 這兩個引數分別開啟 welcome.txt 與 output.txt，然後利用 15~16 行的敘述逐字將 welcome.txt 的內容拷貝到 output.txt 中。

執行完成後，您可以分別打開 welcome.txt 與 output.txt 這兩個檔案，比較一下它們的內容是否完全相同。 ❖

讀完本章，您已學會了大型程式的發展方法，也知道 main() 函數事實上是可以接收引數的。許多大型程式，事實上也都是從命令列傳遞引數給 main() 函數。雖然本章利用 "迷你" 的程式來介紹大型程式的開發，但只要能瞭解其中的關鍵所在，對於撰寫大型程式而言，一點也不是難事喔！

習 題 （題號前標示有 ➙ 符號者，代表附錄 E 裡附有詳細的參考答案）

13.1 程式的模組化與實作

1. 將大型程式拆解成一些獨立的模組，這對程式設計來說，可帶來哪些好處？

➙ 2. 試仿照圖 13.1.1，將範例 prog13_2 中，檔案分割的方式以圖 13.1.1 的表示方式來繪出。

➙ 3. 在 13.1 節所建立的專案 my_prj 中，檔案 area.c 與 peri.c 裡均宣告了 show() 函數的原型，但於檔案 prog13_2.c 裡卻沒有宣告。試解釋 prog13_2.c 裡為什麼不需要宣告 show() 的原型？

4. 在 13.1 節所建立的專案 my_prj 中，於檔案 area.c 裡，如果沒有第 2 行 PI 的定義，則在編譯時會有什麼情況產生？試解釋這種情況發生的原因。

➙ 5. 試修改 13.1 節所建立的專案 my_prj，使得函數 area()、peri() 與 show() 是在同一個檔案內（檔案名稱請取為 function.c，專案名稱請用 prj13_5）。

6. 試修改第八章的 prog8_1，使得主程式 main() 與 star() 是分存於兩個不同的檔案的來編譯（包含主程式的檔案請存成 hw13_6.c，包含 star() 函數的檔案請存成 star.c）。

13.2 於不同檔案裡使用全域變數

➙ 7. 如果於 prog13_3 中，把函數模組 count.c 裡第 5 行的 extern 關鍵字拿掉，然後重新編譯，您會得到什麼樣的結果？試解釋為何會有這種結果產生？

8. 試修改第八章的 prog8_15，使得主程式 main() 與 func() 是分存於兩個不同的檔案的來編譯（包含主程式的檔案請存成 hw13_8.c，包含 func() 函數的檔案請存成 func.c）。

➙ 9. 試修改第八章的 prog8_17，把主程式 main()，以及 area() 和 peri()分存於三個不同的檔案的來編譯（包含主程式的檔案請存成 hw13_9.c，包含 area() 函數的檔案請存成 area.c，包含 peri() 函數的檔案請存成 peri.c）。

13.3 條件式編譯

10. 試修改 prog13_4，將第 7 行的 #ifdef 改寫成利用 #ifndef 來判斷 STR 是否沒有被定義過，若沒有，則印出 "STR 沒有定義" 字串，否則印出 "Hello C language" 字串。

11. 試修改 prog13_5，加入一個 #elif 敘述，用來判別 SIZE 的值如果介於 10~20 之間，則印出 "Welcome" 字串。

12. 試指出於 prog13_5 中，經前置處理器處理過後，真正送到編譯器去編譯的程式碼是哪些（提示：請參考 prog13_4 的解說）。

13. 試修改 prog13_7 中所探討的問題，也就是修改 area.h，成為 area2.h，使得把 prog13_7 裡的第 4 與第 5 行對調，程式依然可以正確編譯與執行。

13.4 命令列引數的使用

14. 試撰寫一程式，可利用命令列引數的方式接收一個字元，程式的輸出則是印出該字元相對應的 ASCII 碼。

15. 試撰寫一程式，可利用命令列引數的方式接收一個整數 n。程式的輸出則可印出 n 列的 "Hello kitty!" 字串。例如，若輸入 3 時，即印出 3 列的 "Hello kitty!" 字串，如下所示（提示：可利用字串轉換整數函數 atoi() 完成）：

```
C:\prog> hw13_15 3  ——  命令列
Hello kitty!  }
Hello kitty!  } 輸出內容
Hello kitty!  }
```

16. 試著模仿 Dos 指令 type 的功能，在命令列中輸入執行檔名稱(執行檔名稱請用 hw13_16）與欲顯示的檔案名稱（為一文字檔）後，即可將該檔案的內容顯示在螢幕中，如下面的範例：

```
C:\prog> hw13_16 welcome.txt  ——  命令列
Welcome to the        }
world of C language   } 輸出內容
```

chapter

14 動態記憶體配置與鏈結串列

到目前為止，我們所使用的變數均是以靜態的方式來配置記憶體，也就是在編譯階段就配置好記憶體。這種方式在宣告變數時較為方便，但相對的也容易造成記憶空間的浪費。本章將介紹動態記憶體的配置，它可以在程式執行階段視實際需求來配置記憶空間，因此使用起來較有效率。本章也把動態記憶體配置的概念應用於鏈結串列上，其中包含了鏈結串列的建立、節點的插入、刪除與走訪等。

本章學習目標

- 認識動態記憶體配置
- 認識鏈結串列
- 了解循序串列與鏈結串列的優缺點
- 以 C 語言實作鏈結串列

14.1 動態記憶體配置

當我們宣告一個陣列之後，系統在編譯程式時，便會依照陣列的大小配置足夠的記憶空間給它。例如下面的敘述

```
int num[3];        /* 宣告具有 3 個元素的整數陣列 num */
```

在編譯時期（compile-time），編譯器便會配置 3 個可以存放整數的記憶空間給陣列 num 存放。一旦配置了記憶空間給 num，這個記憶空間便會一直存在，直到程式執行結束為止。同時在程式執行時，陣列的大小無法改變，也無法回收被陣列佔去的記憶空間。

因為陣列在使用前必須先宣告陣列的大小，如果無法預知所要存放之資料量的大小，可能會造成配置的記憶空間過多或過少。要改進這個缺點，可以利用動態記憶體配置（dynamic memory allocation）的方式來進行。所謂動態記憶體配置，是指在程式執行時期（run-time），可以向系統要求記憶空間，當這個記憶空間不再使用時，也可以將空間歸還給系統，如此一來就不會有類似陣列宣告的空間過多或過少的情形發生。

14.1.1 C 語言的動態記憶體配置

C 語言是利用 malloc() 函數來進行動態記憶體的配置。malloc 是 memory 與 allocation 的縮寫，即記憶體配置之意。malloc() 函數的原型是定義在 stdlib.h 這個標頭檔裡，使用之前記得要含括它。malloc() 函數的語法如下：

```
指標變數=(指標變數所指向的型態 *) malloc(所需的記憶空間)
```

（底線部分「指標變數所指向的型態 *」：將 malloc() 所傳回的位址強制轉換成指標變數所指向的型態）

格式 14.1.1
malloc() 的語法

malloc() 函數會傳回所配置記憶體的位址，所以必須以一個指標變數來接收它。因為指標變數會有它所指向的型態，因此我們把 malloc() 所傳回的位址先進行型態轉換，再把它設給指標變數存放。如果配置失敗（如記憶空間不足），則 malloc() 傳回 NULL。

舉例來說，如果要動態配置 3 個可存放整數的記憶空間（假設每個整數佔 4 個位元組），則可以利用下面的語法來進行：

```
int *ptr;                   /* 宣告指向整數的指標 ptr  */
ptr=(*int) malloc(12);      /* 配置 3*4=12 個位元組的記憶空間，並把 ptr 指向它 */
```

由於不同的編譯程式可能會使用不同的位元組來存放整數，建議讀者利用 sizeof 指令來找出整數所佔的位元組，以提高程式碼的可攜性，所以上面的第二行敘述可以改寫成

```
ptr=(*int) malloc(3*sizeof(int));     /* 配置可存放 3 個整數的記憶空間 */
```

配置好後，指標 ptr 便會指向所配置之記憶空間的位址（也就是這 3 個存放整數的記憶空間中，第一個記憶空間的位址）。如果想將整數存放於所配置之記憶空間，可利用下面的語法來設定：

```
*ptr=12;           /* 將 ptr 所指向的第 1 個記憶空間設值為 12 */;
*(ptr+1)=35;       /* 將第 2 個記憶空間設值為 35 */
*(ptr+2)=140;      /* 將第 3 個記憶空間設值為 140 */
```

由上面的語法可知，由 malloc() 所配置的記間空間中，第 k 個記憶空間的內容可藉由 $*(\mathrm{ptr}+k-1)$ 來取得。設定好後，動態記憶體的內容如下圖所示：

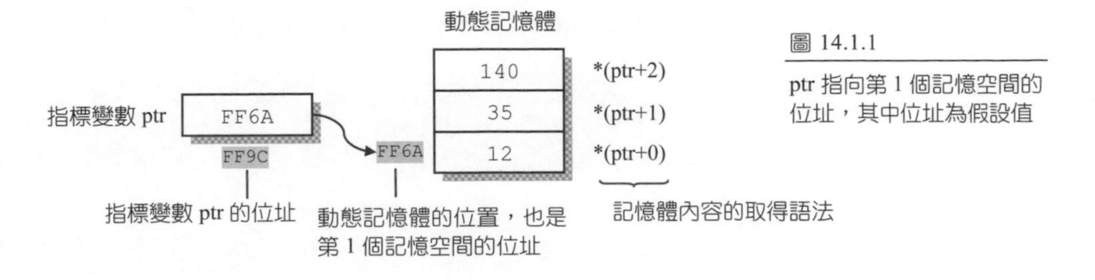

圖 14.1.1

ptr 指向第 1 個記憶空間的位址，其中位址為假設值

當動態記憶體不再使用，而要把它歸還給系統時，可利用 free() 函數。free() 的原型也是定義在 stdlib.h 標頭檔內，其語法如下：

```
free(指標變數);  /* 釋放由指標變數所指向的記憶空間 */
```

格式 14.1.2
free() 函數的語法

例如下面的敘述可用來釋放前例中，指標變數 ptr 所指向的動態記憶空間：

```
free(ptr);    /* 釋放指標變數 ptr 所指向的記憶空間 */
```

透過 malloc() 所分配出來的空間必須呼叫 free() 才能歸還給系統。如果沒有用 free() 歸還，可能會造成程式佔用太多記憶體，此現象稱為記憶體洩漏（memory leakage）。相反的，如果空間已用 free() 歸還了，卻還嘗試著去使用那塊記憶空間，則會發生記憶空間分割失敗（segmentation fault）的錯誤。

14.1.2 動態記憶體配置的使用實例

接下來我們以兩個實例來說明 malloc() 與 free() 函數的使用。從這兩個範例中，讀者可以清楚地了解到動態記憶體是如何配置與釋放的。

```
01 /* prog14_1, 動態記憶體配置的範例 */
02 #include<stdio.h>
03 #include<stdlib.h>
04 int main(void)
05 {
06    int *ptr,i;
07    ptr=(int *) malloc(3*sizeof(int));   /* 配置 3 個存放整數的空間 */
08 
09    *ptr=12;              /* 把配置之記憶空間的第 1 個位置設值為 12  */
10    *(ptr+1)=35;          /* 把第 2 個位置設值為 35 */
11    *(ptr+2)=140;         /* 把第 3 個位置設值為 140 */
12 
13    for(i=0;i<3;i++)
14       printf("*ptr+%d=%d\n",i,*(ptr+i));    /* 印出存放的值 */
```

```
15
16    free(ptr);              /* 釋放由 ptr 所指向的記憶空間 */
17
18    system("pause");
19    return 0;
20 }
```

```
/* prog14_1 OUTPUT---
*ptr+0=12
*ptr+1=35
*ptr+2=140
----------------------*/
```

程式解說

於本例中，我們要動態配置 3 個可存放整數的記憶空間，首先必須要宣告一個指向整數的指標變數來存放這個記憶空間的位址，因此第 6 行宣告了指標變數 ptr，並於第 7 行中讓它接收由 malloc() 所傳回的位址，這位址也就代表了 3 個可存放整數的記憶空間中，第一個記憶空間的位址。第 9 到 11 行則分別設值給這 3 個記憶空間存放。13~14 行利用 for 迴圈印出記憶空間內所存放的值。最後，第 16 行的 free() 函數則釋放掉由 malloc() 所取得的記憶空間。

從本例中讀者可以觀察到，一旦取得 malloc() 所配置之記憶空間的位址之後，我們便可利用指標的操作來存取記憶空間裡所存放的值，其語法與利用指標來存取陣列的內容是一樣的。

❖

malloc() 函數不只可以配置記憶空間給整數，只要是 C 語言提供的型態，諸如 char、float、double，甚至是結構型態（struct）等均可動態的配置記憶空間。下面是以 malloc() 配置記憶空間給結構變數的範例。這個範例改寫自 prog11_9，讀者可以比較一下這兩個範例的不同：

```
01  /* prog14_2, 配置記憶空間給結構變數 */
02  #include<stdio.h>
03  #include<stdlib.h>
04  int main(void)
05  {
06     int num,i;
07     struct student            /* 定義結構 student */
08     {
09       char name[10];
10       int score;
11     } *ptr;                   /* 宣告指向結構 student 的指標 ptr */
12
13     printf("Number of student: ");
14     scanf("%d",&num);
15
16     ptr=(struct student *) malloc(num*sizeof(struct student));
17
18     for(i=0;i<num;i++)
19     {
20       fflush(stdin);                        /* 清空緩衝區的內容 */
21       printf("name for student %d: ",i+1);
22       gets((ptr+i)->name);                  /* 將鍵入的字串寫入 name 成員 */
23       printf("score for student %d: ",i+1);
24       scanf("%d",&(ptr+i)->score);  /* 將鍵入的整數寫入 score 成員 */
25     }
26     for(i=0;i<num;i++)
27       printf("%s: score=%d\n",(ptr+i)->name,(ptr+i)->score);
28
29     free(ptr);                              /* 釋放記憶空間 */
30
31     system("pause");
32     return 0;
33  }
```

/* prog14_2 OUTPUT---------

```
Number of student: 2
name for student 1: Jenny
score for student 1: 65
name for student 2: Teresa
score for student 2: 88
Jenny: score=65
Teresa: score=88
---------------------------*/
```

程式解說

於本例中，7~11 行定義了結構 student，內含兩個成員 name 與 score，同時於第 11 行宣告了指向結構 student 的指標 ptr。第 14 行則是要求使用者輸入學生的人數，用來當成 malloc() 要配置多少記憶空間來存放結構變數的依據。第 16 行利用 malloc() 函數配置 num 個可存放結構 student 的記憶空間，並把記憶空間的位址設定給指標變數 ptr 存放。

18~25 行的 for 迴圈分別要求使用者輸入學生的名字與成績，然後分別把它們設定給結構的成員存放。26~27 行則是印出了每一個學生的名字與成績，用以驗證輸入的正確性。最後 29 行則是把 ptr 所指向的記憶空間釋放掉。

在此提醒您，在使用指標存取結構變數的成員時，要利用箭號「->」來連接欲存取的成員。另外，讀者可以觀察到本例是以 malloc() 所傳回的指標來存取結構的成員，其語法與利用指標存取結構陣列的方式相同，讀者可參考 prog11_9，並比較它與本範例的異同。 ❖

14.2 鏈結串列

在日常生活中，許多資料的呈現都是有序的（ordered），也就是資料的前後次序有一定的順序。例如四季的順序為春、夏、秋、冬，阿拉伯數字由 0 到 9 也是有次序的。這種有次序的資訊稱為串列（list）。

串列依照其元素存放於記憶體中的方式，可分為循序串列（sequential list）與鏈結串列（linked list）。若存放串列元素的記憶體是循序的（即有先後次序），則此串列稱為循序串列。如果存放串列元素的記憶體並不連續，而必須以指標將它們鏈結起來，這種串列則稱為鏈結串列。

因為陣列本身恰好是一個循序的記憶體，因而很適合用來儲存串列的內容。在陣列裡要存取某一個數值也相當方便，只要知道這個數值的索引值即可進行操作。然而以陣列來儲存串列也有其不便的地方，例如，若是這個串列常需要加入或刪除某些資料，則會造成資料的移動頻繁，降低執行的效率。

以下圖為例，我們要在數字 61 和 77 之間插入 69，我們必須移動 61 之後所有的數字，然後才可以把 69 插入空出來的位置。然而，如果要移動的元素相當多時，這種儲存方式顯然會拖垮執行的效率，如下圖所示：

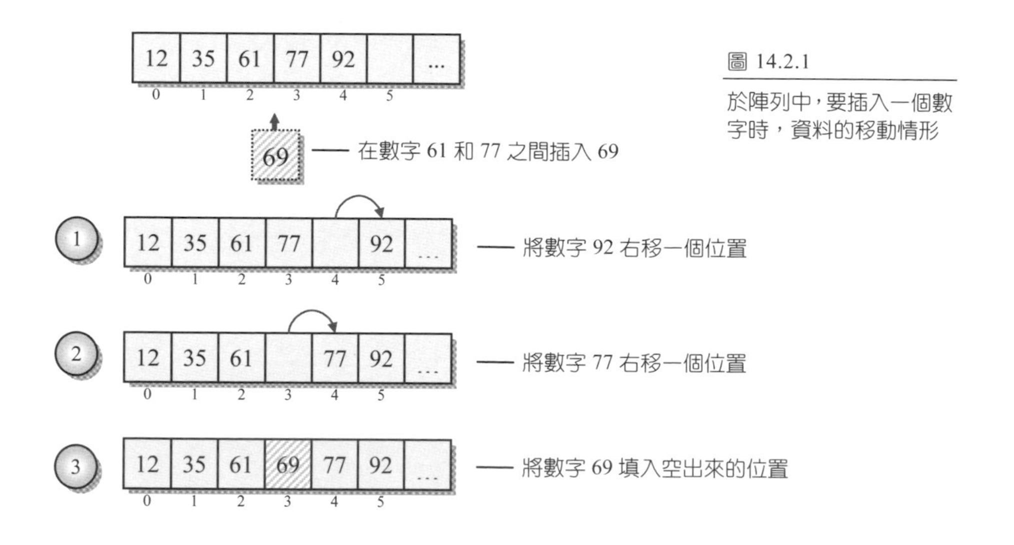

圖 14.2.1
於陣列中，要插入一個數字時，資料的移動情形

另外，因為陣列必須先宣告好儲存的空間，如果沒有辦法預知儲存資料的個數，則可能會因為陣列宣告太小而導致儲存空間不足，或是宣告太大而造成記憶空間的浪費。要解決這個問題，我們可以利用鏈結串列來儲存資料。

14.2.1 鏈結串列的表示法

鏈結串列是由節點（node）串接而成，而每一個節點是採動態記憶體配置的方式來配置記憶空間給它們。節點包含有兩個成員，第一個成員是該節點所儲存的資料，第二個成員則是一個指標，它指向了下一個節點的位址。例如於下圖中，節點本身的位址為 130A，節點儲存的資料為 47，下一個節點的位址為 146B：

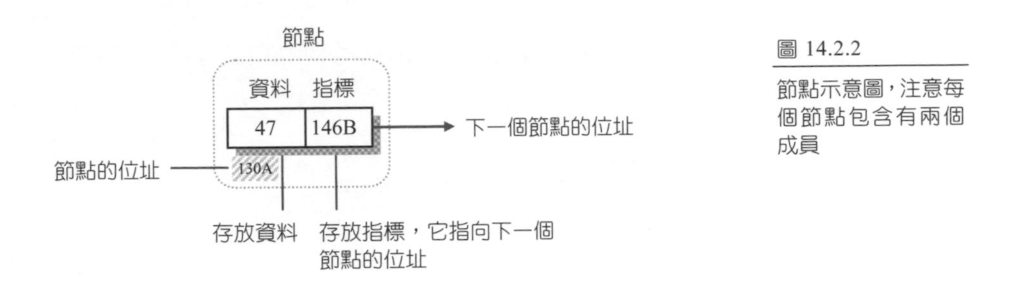

圖 14.2.2
節點示意圖，注意每個節點包含有兩個成員

因為鏈結串列是由許多節點鏈結而成，每一個節點均有一個指標指向下一個節點，因而整個鏈結串列可由下圖來表示：

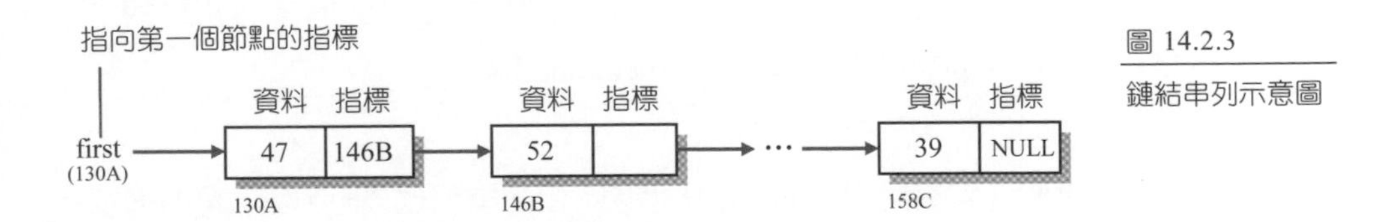

圖 14.2.3
鏈結串列示意圖

在鏈結串列中，第一個節點稱為首節點，最後一個節點稱為終端節點。因為終端節點已是最後一個節點，所以我們把它的第二個成員設成 NULL，代表其後已無任何節點。另外，因為首節點並沒有任何的指標指向它，所以我們會設計一個指標 first，讓它指向首節點。

由於鏈結串列的每一個節點在記憶體中的位置不是連續的，所以如果要擷取或修改某個節點的內容，必須從第一個元素開始，依鏈結的指標依序往後找尋，直到找到該節

點為止，因此在操作上會比較耗時。然而如果是要刪除或插入串列中的某個節點，因為只需要更改指標的指向，所以花費的時間會較為固定，同時也較循序串列所花的時間短。

14.2.2 以結構來表示鏈結串列

因為每一個節點有兩個成員，分別用來存放資料（在此假設為整數）與指向下一個節點的指標。由於所存放的資料與指標的型態不同，因此可利用 C 語言的結構來設計它，如下圖所示：

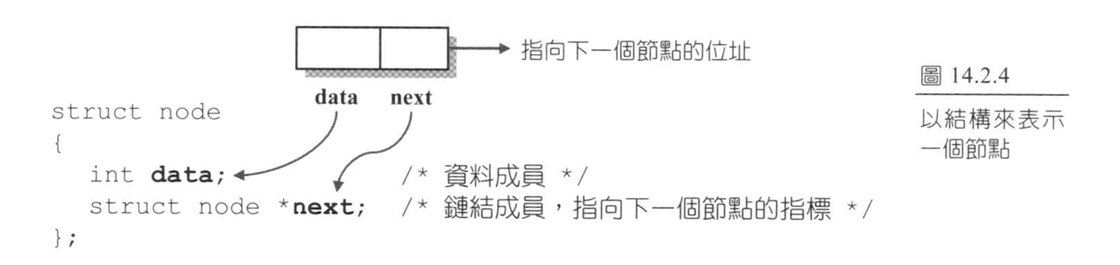

圖 14.2.4 以結構來表示一個節點

因為 next 是指向下一個節點的指標，所以它的型態是 "指向節點的指標"。節點的型態為 struct node，所以 next 的型態可以看成是 struct node *。

另外在實作鏈結串列時，常會用到 struct node 型態。但在撰寫程式時，型態寫的這麼長實在不是太方便，因而可以利用 typedef 關鍵字將 struct node 定義成一個新的型態：

```
typedef struct node NODE;          /* 將 struct node 定義成 NODE 型態 */
```

如此一來，NODE 就代表了 struct node 這種型態，接下來便可利用它來宣告變數：

```
NODE node1,node2;          /* 宣告 NODE 型態的變數 node1 與 node2 */
NODE *ptr;                 /* 宣告指向 NODE 型態的指標 ptr */
```

14.2.3 鏈結串列的實作範例

接下來我們將以兩個範例來說明鏈結串列的建立方式。下面的範例建立了 1 個鏈結串列，它具有 3 個節點 a、b 與 c，鏈結的順序依序為 a、b 與 c，儲存的資料分別為 12、30 與 64。鏈結串列的配置圖如下所示：

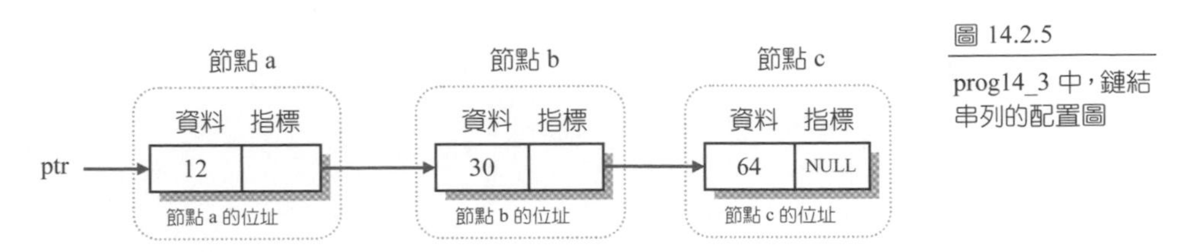

圖 14.2.5

prog14_3 中，鏈結串列的配置圖

```
01 /* prog14_3, 建立 3 節點的鏈結串列 */
02 #include<stdio.h>
03 #include<stdlib.h>
04 struct node
05 {
06    int data;                    /* 資料成員 */
07    struct node *next;           /* 鏈結成員，存放指向下一個節點的指標 */
08 };
09 typedef struct node NODE;      /* 將 struct node 定義成 NODE 型態 */
10
11 int main(void)
12 {
13    NODE a,b,c;           /* 宣告 a,b,c 為 NODE 型態的變數 */
14    NODE *ptr=&a;         /* 宣告 ptr,並將它指向節點 a */
15
16    a.data=12;            /* 設定節點 a 的 data 成員為 12 */
17    a.next=&b;            /* 將節點 a 的 next 成員指向下一個節點，即 b */
18    b.data=30;
19    b.next=&c;
20    c.data=64;
21    c.next=NULL;          /* 將節點 c 的 next 成員設成 NULL */
22
23    while (ptr!=NULL)  /* 當 ptr 不是 NULL 時，則執行下列敘述 */
24    {
25       printf("address=%p, ",ptr);         /* 印出節點的位址 */
26       printf("data=%d, ",ptr->data);      /* 印出節點的 data 成員 */
```

```
27        printf("next=%p\n",ptr->next);      /* 印出下一個節點的位址 */
28        ptr=ptr->next;                      /* 將 ptr 指向下一個節點 */
29     }
30
31     system("pause");
32     return 0;
33  }
```

```
/* prog14_3 OUTPUT-----------------------
address=0022FF70, data=12, next=0022FF68
address=0022FF68, data=30, next=0022FF60
address=0022FF60, data=64, next=00000000
----------------------------------------*/
```

程式解說

在 prog14_3 中，程式 4~8 行定義了結構 node，內含兩個成員 data 與 next，同時第 9 行定義了 struct node 為 NODE 型態，以方便後續程式碼的撰寫。注意在本例中，我們把結構 node 定義在 main() 函數的外面，如此一來，結構 node 就變成一個全域的定義，此時在 main() 與其它函數內都可以宣告 NODE 型態的變數。如果把 4~9 行移到 main() 函數內，則於其它函數內就不能宣告 NODE 型態的變數了。因為本例並沒有使用到其它函數，所以即使把 4~9 行移到 main() 函數裡，程式依然可以正確執行。

第 13 行宣告了三個 NODE 型態的變數 a、b 與 c，第 14 行則宣告了指向 NODE 型態的指標 ptr，並將它設值為節點 a 的位址。16~21 行分別設定每一個節點中，每一個成員的值。因為節點 a 的下一個節點是 b，所以第 17 行把 a 的 next 成員設成 b 的位址，如此就把 a 的 next 成員指向 b 了。相同的，第 19 行把 b 的 next 成員指向 c。因為第 c 是最後一個節點，所以第 21 行把 c 的 next 成員指向 NULL，代表其後已經沒有任何節點了。

23~29 行則是利用 while 迴圈印出每一個節點的位址，以及 data 與 next 成員的值，其中 28 行是把指標 ptr 指向下一個節點，如此重複，直到 ptr 指向 NULL 為止。下面是本例執行結果的示意圖，讀者可以由此圖中了解每一個節點之間鏈結的關係：

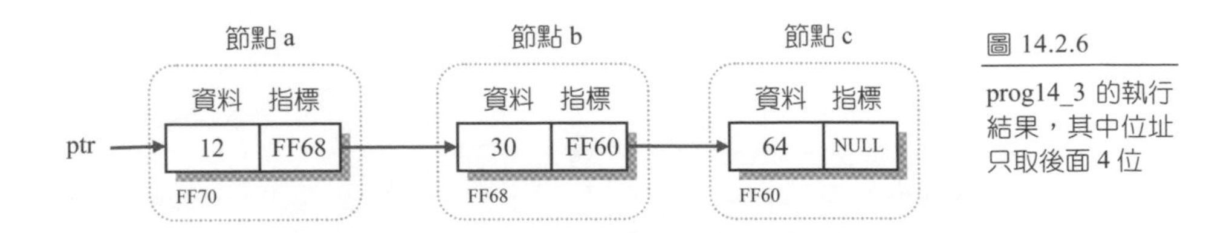

圖 14.2.6

prog14_3 的執行結果，其中位址只取後面 4 位

❖

在 prog14_3 中，a、b 與 c 三個節點的記憶體是以靜態的方式來配置，也就是程式在編譯時便已配置好記憶空間給每一個節點。這種配置方式會有些不便，例如無法新增節點，同時當一個節點不再使用時，被它所佔去的記憶空間也無法回收。

下面的範例修改自 prog14_3，但是改用 malloc()來配置記憶空間。在程式中，使用者可以輸入節點的數目，以及每一個節點之 data 成員的值。本範例程式的撰寫如下：

```
01  /* prog14_4, 以動態記憶體配置鏈結串列 */
02  #include<stdio.h>
03  #include<stdlib.h>
04  struct node
05  {
06     int data;                    /* 資料成員  */
07     struct node *next;           /* 鏈結成員，存放指向下一個節點的指標  */
08  };
09  typedef struct node NODE;      /* 將 struct node 定義成 NODE 型態 */
10
11  int main(void)
12  {
13     int i,val,num;
14     NODE *first,*current,*previous;     /* 建立 3 個指向 NODE 的指標 */
15     printf("Number of nodes: ");
16     scanf("%d",&num);              /* 輸入節點的個數 */
```

```
17     for(i=0;i<num;i++)
18     {
19       current=(NODE *) malloc(sizeof(NODE));  /* 建立新的節點 */
20       printf("Data for node %d: ",i+1);
21       scanf("%d",&(current->data));        /* 輸入節點的 data 成員 */
22       if(i==0)                           /* 如果是第一個節點 */
23         first=current;                   /* 把指標 first 指向目前的節點 */
24       else
25         previous->next=current;   /* 把前一個節點的 next 指向目前的節點 */
26       current->next=NULL;         /* 把目前的節點的 next 指向NULL */
27       previous=current;           /* 把前一個節點設成目前的節點 */
28     }
29     current=first;            /* 設定 current 為第一個節點 */
30     while (current!=NULL)     /* 如果還沒有到串列末端，則進行走訪的動作 */
31     {
32       printf("address=%p, ",current);       /* 印出節點的位址 */
33       printf("data=%d, ",current->data); /* 印出節點的 data 成員 */
34       printf("next=%p\n",current->next);  /* 印出節點的 next 成員 */
35       current=current->next;          /* 設定 current 指向下一個節點 */
36     }
37     system("pause");
38     return 0;
39   }
```

```
/* prog14_4 OUTPUT----------------------

Number of nodes: 3
Data for node 1: 12
Data for node 2: 30
Data for node 3: 64
address=003D3B70, data=12, next=003D2430
address=003D2430, data=30, next=003D2440
address=003D2440, data=64, next=00000000
----------------------------------------*/
```

程式解說

於本例中，第 14 行宣告了 3 個指向 NODE 型態的指標 first、current 與 previous，分別代表指向串列的第一個節點、現在正要處理的節點，以及前一個節點的指標。

讀者可以注意到，因為這些指標的命名都與它們功用相同，這個設計很方便後續程式碼的撰寫。

第 16 行輸入鏈結串列之節點總數 num 之後，進入 17~28 行的 for 迴圈，於 19 行配置可以存放一個節點的記憶空間，並把此記憶空間的位址設定給 current 存放。接下來要處理的節點就是這個新建立的節點 current。第 21 行由使用者輸入節點的 data 成員。假設我們輸入 12，因為這是第一次進入 for 迴圈，所以 i = 0 ，於是第 23 行會把 current 的值設定給 first 存放，如此我們就取得鏈結串列第一個節點的位址了。接下來因為目前只有一個節點，所以第 26 行把 current 的 next 成員設成 NULL，代表它本身也是最後一個節點。

到目前為止，我們把 current 節點的成員都設定好了，也把指標 first 指向這個節點了，接下來第 27 行把 current 設定給 previous 存放，代表在下一個迴圈中，目前的節點 current 就會變成前一個節點了。此時鏈結串列的配置如下圖所示：

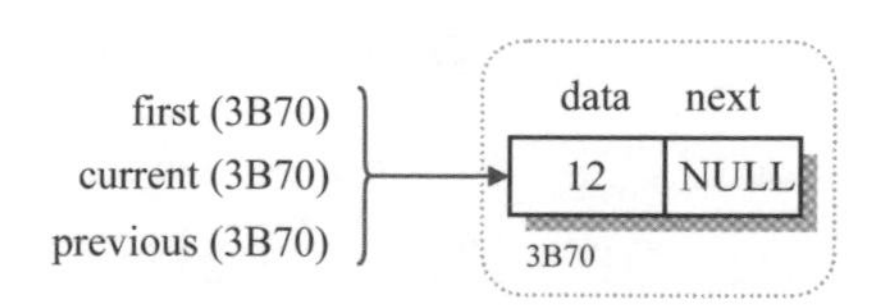

圖 14.2.7

執行完第一次迴圈之後，鏈結串列的配置情行

接下來第二次進到迴圈內，第 19 行把 current 指向新配置的節點，21 行讀入節點的資料，此時 i 值為 1，所以執行第 25 行的敘述，把 previous 的 next 設成 current，也就是把前一個節點（即資料值為 12 的節點）的 next 指向目前新建立的節點，然後第 26 行再把 current 的 next 成員設成 NULL。最後 27 行再把 current 設定給 previous 存放，此時鏈結串列的配置如下：

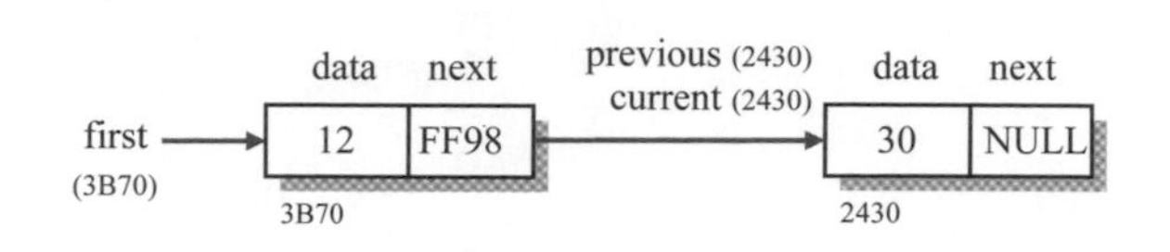

圖 14.2.8

執行完第二次迴圈之後，鏈結串列的配置情行

接下來第三次進到迴圈中，其執行的方式與第二次進到迴圈的方式完全相同。執行完第三次迴圈，鏈結串列也就建立好了。

離開 for 迴圈之後，29 行把指標指向串列的第一個節點，30~36 行則進行節點走訪的動作。這個部份程式碼的撰寫與上一個範例相同。在此不再詳述。最後注意在本範例中，我們並沒有釋放由 malloc() 所佔去的記憶空間，雖然如此，當程式執行完畢後，系統還是會自動回收它們。但請您記得要養成回收記憶體的好習慣，也就是用 free() 函數去釋放它們。 ❖

從 prog14_4 中，我們可以知道利用動態的方式配置記憶空間，可以有效的解決記憶體配置過多或過少的問題。prog14_4 介紹了鏈結串列的建立與走訪，事實上，鏈結串列還有許多常用的操作，這些操作我們將於下一節再進行討論。

14.3 鏈結串列的操作

學習完前兩節，現在您已具備了撰寫鏈結串列相關程式碼的能力了。接下來的三個小節將介紹鏈結串列常用的操作，其中包括了節點的建立、列印、插入、刪除、搜尋，以及記憶體的釋放等，我們會把這些操作以函數來實作。因為這些函數的原型以及節點結構的定義在稍後的小節中會經常出現，因此建議讀者把它寫成如下的標頭檔，以方便後續程式碼的撰寫：

```
01 /* linklist.h, 鏈結串列的標頭檔 */
02 struct node
03 {
04    int data;                   /* 資料成員  */
05    struct node *next;          /* 鏈結成員，存放指向下一個節點的指標  */
06 };
07 typedef struct node NODE;     /* 將 struct node 定義成 NODE 型態 */
08
09 NODE *createList(int *, int);            /* 串列建立函數 */
10 void printList(NODE *);                  /* 串列列印函數 */
```

```
11 void freeList(NODE *);                    /* 釋放串列記憶空間函數 */
12 void insertNode(NODE *,int );             /* 插入節點函數 */
13 NODE *searchNode(NODE *, int );           /* 搜尋節點函數 */
14 NODE *deleteNode(NODE *, NODE *);         /* 刪除節點函數 */
```

您只要把這個標頭檔存成 linklist.h（或其它更適當的名稱），然後將它放在和主程式相同的資料夾內，使用時只要利用

```
#include "linklist.h"
```

這個語法，即可將它載入。

14.3.1 鏈結串列的建立與走訪

本節介紹了三個函數，分別是串列建立函數 createList()、串列列印函數 printList()與釋放記憶空間的函數 freeList()，並將於 prog14_5 中使用它們。因為在 prog14_4 中已經撰寫過建立串列的程式碼，要把它改成函數，只要把相關的程式碼再利用一下就可以了。串列建立函數 createList() 的撰寫如下：

```
01 /* createList()，串列建立函數 */
02 NODE *createList(int *arr, int len)
03 {
04   int i;
05   NODE *first,*current,*previous;
06   for(i=0;i<len;i++)
07   {
08     current=(NODE *) malloc(sizeof(NODE));
09     current->data=arr[i];           /* 設定節點的資料成員 */
10     if(i==0)                        /* 判別是否為第一個節點 */
11       first=current;
12     else
13       previous->next=current;  /* 把前一個節點的 next 指向目前節點 */
14     current->next=NULL;
15     previous=current;
16   }
17   return first;
18 }
```

程式解說

createList() 函數可以接收一個整數陣列，以及陣列元素的個數，傳回值為串列第一個節點的位址（注意 createList() 的傳回型態為 NODE *，代表它的傳回值是指向 NODE 型態的指標）。於 for 迴圈中，在第 8 行配置好記憶空間之後，第 9 行把陣列元素寫入節點的 data 成員中。接下來 10~15 行的程式碼與 prog14_4 裡，22~27 行的程式碼完全相同。在 for 迴圈裡建立好串列之後，第 17 行把指向第一個節點的指標 first 傳回呼叫端，如此便可藉由這個指標來進行串列的操作了。 ❖

要印出整個串列的內容，只要把串列走訪一次就可以了。所謂的走訪（traverse），是指沿著鏈結的方向，一個節點一個節點的走訪下去。鏈結串列的列印、搜尋與記憶體的釋放等都會用到鏈結串列的走訪。事實上，我們早已練習過鏈結串列的走訪了，在 prog14_4 中，列印鏈結串列的程式碼即是走訪的一例實例。

下面是串列列印函數 printList()的撰寫，這個函數可以接收一個指向串列第一個節點的指標，並利用走訪的過程把節點的每一個 data 成員都列印出來：

```
01 /* printList()，串列列印函數 */
02 void printList(NODE* first)
03 {
04    NODE* node=first;          /* 將 node 指向第一個節點 */
05    if(first==NULL)            /* 如果串列是空的，則印出 List is empty! */
06      printf("List is empty!\n");
07    else                       /* 否則走訪串列，並印出節點的 data 成員 */
08    {
09      while(node!=NULL)
10      {
11        printf("%3d", node->data);
12        node=node->next;
13      }
14      printf("\n");
15    }
16 }
```

程式解說

在串列列印函數 printList() 中，如果指向第一個節點的指標是 NULL，代表這個串列沒有任何的節點，則第 6 行印出 "List is empty!" 字串，否則執行 else 敘述，執行走訪的動作，亦即印出串列的內容。 ❖

當串列不再使用時，我們就必須回收由 malloc() 所佔去的記憶空間，下面是釋放記憶空間函數 freeList() 的撰寫，讀者可以注意到記憶空間的釋放也是利用節點走訪的方式，依序將每一個節點的記憶空間釋放：

```
01 /* freeList()，釋放記憶空間函數 */
02 void freeList(NODE* first)
03 {
04    NODE *current,*tmp;
05    current=first;                     /* 設定 current 指向第一個節點 */
06    while (current!=NULL)
07    {
08       tmp=current;                    /* 先暫存目前的節點 */
09       current=current->next;          /* 將 current 指向下一個節點 */
10       free(tmp);                      /* 將暫存的節點釋放掉 */
11    }
12 }
```

程式解說

在記憶空間釋放的過程中，第 5 行先把 current 指向第一個節點，然後進到 while 回圈中，第 8 行先利用 tmp 指標儲存目前的節點位址，第 9 行再把 current 指向下一個節點，然後第 10 再把 tmp 指向的節點釋放掉，如此循環，直到最後一個節點處理完畢為止。

下面我們以一個的實例來說明 createList()、printList() 與 freeList() 函數的使用。在執行下面的程式時，請記得先建好標頭檔 linklist.h，並把它存放在與 prog14_5.c 同一個資料夾中，另外這三個函數的內容已介紹過，因此在下面的程式碼中，不再將它們列出，但請記得在撰寫程式時，必須將它們放在正確的位置：

```
01 /* prog14_5.c, 鏈結串列的建立、列印與記憶體的釋放 */
02 #include<stdio.h>
03 #include<stdlib.h>
04 #include "linklist.h"                    /* 含括標頭檔 linklist.h */
05
06 int main(void)
07 {
08   NODE *first;
09   int arr[]={14,27,32,46};               /* 建立陣列 arr[] */
10   first=createList(arr,4);               /* 以陣列元素建立鏈結串列 */
11   printList(first);                      /* 印出鏈結串列的內容 */
12   freeList(first);                       /* 釋放記憶空間 */
13
14   system("pause");
15   return 0;
16 }
17 /* 請將 createList()函數放在此處 */
18 /* 請將 printList()函數放在此處 */
18 /* 請將 freeList()函數放在此處  */
```

```
/* prog14_5 OUTPUT--

 14 27 32 46
---------------------*/
```

程式解說

在第 4 行中，我們把標頭檔 linklist.h 含括進來。linklist.h 裡定義有 NODE 型態，以及本節所會用到之函數的原型，所以將它載入。第 8 行宣告了指向 NODE 型態的指標 first，在第 9 行建立陣列 arr 之後，第 10 行的 createList() 接收陣列 arr，以及陣列元素的個數這兩個引數，其傳回值為所建立之鏈結串列中，第一個節點的位址，然後把它設定給指標 first 存放，這代表了指標 first 指向了第一個節點的位址。接下來第 11 行列印串列的內容，還有第 12 行記憶體的釋放，都可利用指標 first 以串列走訪的方式完成相對應的操作。 ❖

由 prog14_5 中，讀者可以觀察到指標 first 的重要性。指標 first 有點像是綁在粽子上頭的繩子，只要把最上方的繩子一拉，整串粽子就可以拉起來了。

14.3.2 節點的搜尋與插入

想要插入或刪除一個節點，我們都必須先要知道某些特定節點的位址，才有辦法進行相關的操作。下面的 searchNode(first, item) 函數可用來找尋哪一個節點存放變數 item，傳回值則為第一個存放 item 之節點的位址：

```
01 /* searchNode()函數，可傳回第一個存放 item 之節點的位址 */
02 NODE* searchNode(NODE* first, int item)
03 {
04   NODE *node=first;
05   while(node!=NULL)
06   {
07     if(node->data==item)        /* 如果 node 的 data 等於 item */
08       return node;              /* 傳回 node，即該節點的位址 */
09     else
10       node=node->next;          /* 否則將指標指向下一個節點 */
11   }
12   return NULL;          /* 如果找不到符合的節點，則傳回 NULL */
13 }
```

程式解說

searchNode() 函數也是利用走訪的方式，從第一個節點開始逐一搜尋是否有哪一個節點的 data 成員的值等於 item，如果有，則直接傳回該節點的位址，否則把指標指向下一個節點。如果整個串列都找不到符合的節點，則傳回 NULL。 ❖

接下來我們介紹如何在串列的特定位置插入一個節點。如果要在某一個節點之後插入一個新的節點，例如於下圖中已存在有 12、38 與 57 這三個節點（在此我們把節點的資料成員名稱當成是節點的名稱，以方便程式碼的講解）：

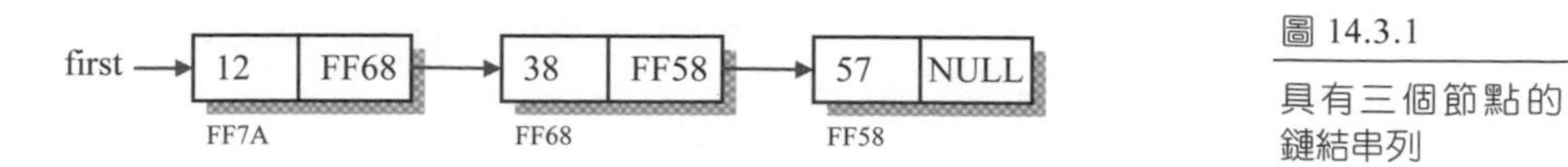

圖 14.3.1 具有三個節點的鏈結串列

現想在節點 38 之後插入一個新的節點 46，我們可以先把節點 38 的 next 指向新的節點 46，再把新的節點的 next 指向下一個節點，即節點 57，如下圖所示：

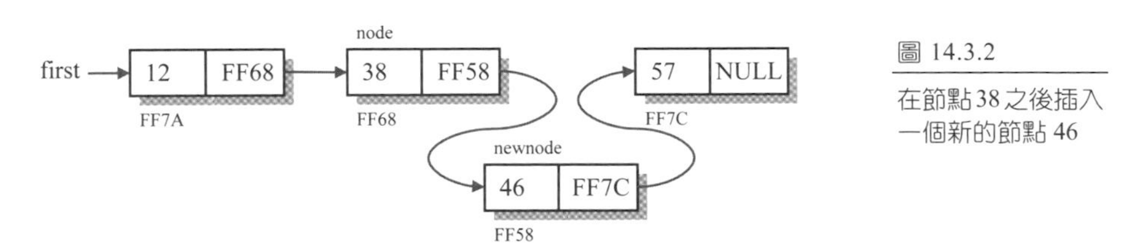

圖 14.3.2
在節點 38 之後插入一個新的節點 46

有了上面的概念之後，我們就可以進行 insertNode() 函數的撰寫了。insertNode() 函數可以接收兩個引數，第一個引數是節點的位址 node，而第二個引數是整數 item。insertNode() 的作用是新建一個節點來存放 item 的值，然後將這一個新的節點連接在節點 node 之後。insertNode() 函數的撰寫如下：

```
01 /* insertNode()，可在 node 之後加入一個新的節點 */
02 void insertNode(NODE *node,int item)
03 {
04    NODE *newnode;
05    newnode=(NODE *) malloc(sizeof(NODE));    /* 取得新節點的位址 */
06    newnode->data=item;                  /* 將新節點的 data 設為 item */
07    newnode->next=node->next;    /* 將新節點的 next 設為原節點的 next */
08    node->next=newnode;                    /* 將原節點的 next 指向新節點 */
09 }
```

程式解說

insertNode() 函數接收了節點的位址 node，與欲插入之節點的資料 item 之後，第 5 行配置記憶空間給欲插入之節點，第 6 行將資料 item 寫入 data 成員，第 7 行是把新節點的 next 成員設成節點 node 的 next 成員，第 8 行再把節點 node 的 next 成員指向新建立的節點 newnode 就可以了。關於節點 node 與 newnode 之間的關係，讀者可以參考圖 14.3.2 的說明。 ❖

接下來我們將以一個實例來說明 searchNode() 與 insertNode() 這兩個函數的使用方式。在下面的程式中，假設我們想依圖 14.3.2 的方式，在節點 38 與 57 之間插入一個節點 46，因此必須先利用 searchNode() 找出節點 38 的位址，然後再利用 insertNode() 將節點 46 鏈結在節點 38 與節點 57 之間：

```
01 /* prog14_6.c, 節點的搜尋與插入 */
02 #include<stdio.h>
03 #include<stdlib.h>
04 #include "linklist.h"
05 int main(void)
06 {
07   NODE *first,*node;
08   int arr[]={12,38,57};
09   first=createList(arr,3);          /* 建立鏈結串列 */
10   printList(first);
11
12   node=searchNode(first,38);        /* 找出節點資料值為 38 的位址 */
13   insertNode(node,46);              /* 將節點 46 鏈結在節點 38 之後 */
14   printList(first);                 /* 印出節點的內容 */
15   freeList(first);
16
17   system("pause");
18   return 0;
19 }
20 /* 請將 createList()函數放在此處 */
21 /* 請將 printList()函數放在此處 */
22 /* 請將 freeList()函數放在此處 */
23 /* 請將 searchNode()函數放在此處 */
24 /* 請將 insertNode()函數放在此處 */
```

```
/* prog14_6 OUTPUT--

 12 38 57
 12 38 46 57
---------------------*/
```

程式解說

在本例中，第 9 行建立一個鏈結串列，第 12 行找出節點資料值為 38 的位址，並將它設定給指標變數 node 存放。第 13 行在節點 38 之後插入節點 46。從第 14 行的輸出可知，節點 46 已被插入在節點 38 與節點 57 之間了。 ❖

注意 insertNode() 只能夠在某個節點之後插入一個新的節點，它無法在整個串列的第一個位置插入新的節點。本節的習題將要求您撰寫一個新的函數 insertFirstNode()，可用來解決這個問題。

14.3.3 節點的刪除

如果要刪除串列裡的某一個節點，只要將鏈接到該節點的指標先指向下一個節點，然後把該節點的記憶空間刪除掉即可。在刪除節點時，會有下列三種情況發生：

1. 如果串列為空串列時，則不必進行刪除的動作。
2. 如果刪除的是串列裡的第一個節點，則把指向第一個節點的指標 first 指向下一個節點，然後刪除第一個節點：

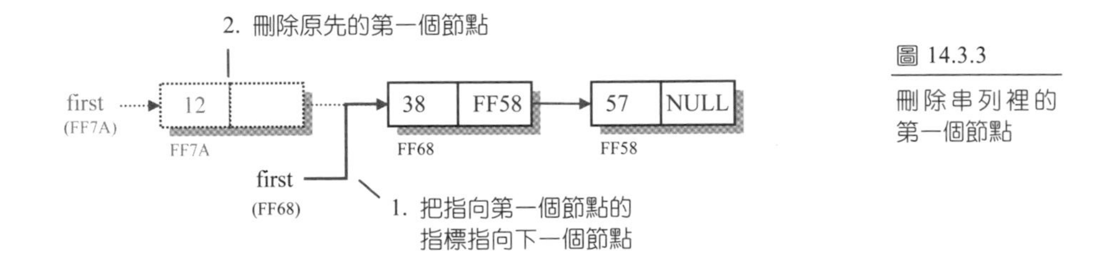

圖 14.3.3 刪除串列裡的第一個節點

3. 如果刪除的是串列裡，第一個節點以外的其它節點，則將指向該節點的指標轉而指向要刪除之節點的下一個節點，然後再釋放掉該節點的記憶空間：

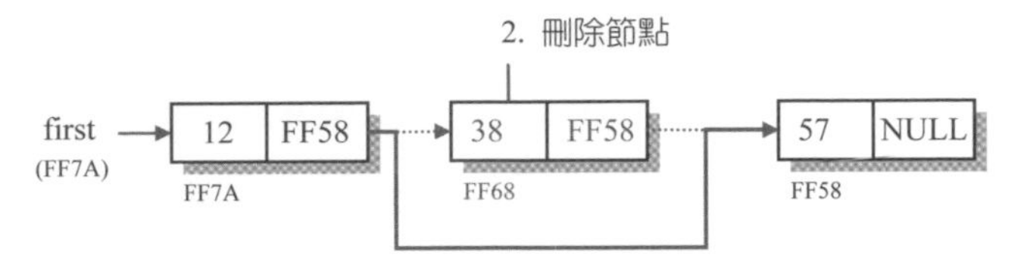

圖 14.3.4
刪除的串列裡，第一個節點以外的其它節點

有了上面的概念之後，現在撰寫刪除節點的函數就容易多了。下面是 deleteNode() 函數的撰寫，它可接收兩個引數，第一個是指標 first（也就是第一個節點的位址），第二個是所要刪除之節點的位址，函數的輸出為指向第一個節點的指標。deleteNode() 函數的撰寫如下：

```
01 /* 刪掉 node，傳回刪掉 node 之後，串列第一個節點的位址 */
02 NODE* deleteNode(NODE *first, NODE *node)
03 {
04    NODE *ptr=first;
05    if(first==NULL)  /* 如果串列是空的，則印出 Nothing to delete! */
06    {
07       printf("Nothing to delete!\n");
08       return NULL;
09    }
10    if(node==first)              /* 如果刪除的是第一個節點 */
11       first=first->next;        /* 把 first 指向下一個節點 */
12    else                         /* 如果刪除的是第一個節點以外的其它節點 */
13    {
14       while(ptr->next!=node)    /* 找到要刪除之節點的前一個節點 */
15          ptr=ptr->next;
16       ptr->next=node->next;     /* 重新設定 ptr 的 next 成員 */
17    }
18    free(node);
19    return first;
20 }
```

程式解說

在 deleteNode() 函數中，如果所要刪除的節點的位址是 NULL，代表此串列是空的，因此於第 7 行印出 Nothing to delete! 字串。如果刪除的是第一個節點，則執行第 11 行，把原先指向第一個節點的指標 first 指向下一個節點，然後於第 18 行再刪除原先的第一個節點。

如果刪除的是第一個節點以外的其它節點，則先執行 14~15 行的 while 迴圈，找到要刪除之節點的前一個節點，於第 16 行將此節點的 next 指向要刪除之節點的下一個節點，然後再於第 18 行釋放掉所要刪除之節點的記憶空間。 ❖

下面的範例是以圖 14.3.4 的鏈結串列為例，我們先利用 createList() 建立一個鏈結串列，然後刪除串列中的某些元素，用以觀察 deleteNode() 的運作情形：

```
01 /* prog14_7.c, 節點刪除的範例 */
02 #include<stdio.h>
03 #include<stdlib.h>
04 #include "linklist.h"
05 int main(void)
06 {
07   NODE *first,*node;
08   int arr[]={12,38,57};
09   first=createList(arr,3);        /* 建立鏈結串列 */
10   printList(first);
11
12   node=searchNode(first,38);         /* 找出節點資料值為 38 的位址 */
13   first=deleteNode(first,node);      /* 將節點 38 刪除掉 */
14   printList(first);                  /* 印出節點的內容 */
15
16   first=deleteNode(first,first);     /* 刪除掉第一個節點*/
17   printList(first);                  /* 印出節點的內容 */
18
19   first=deleteNode(first,first);     /* 刪除掉第一個節點*/
20   printList(first);                  /* 印出節點的內容 */
21
22   freeList(first);
```

```
23
24     system("pause");
25     return 0;
26 }
27 /* 請將 createList()函數放在此處 */
28 /* 請將 printList()函數放在此處 */
29 /* 請將 freeList()函數放在此處 */
30 /* 請將 searchNode()函數放在此處 */
31 /* 請將 deleteNode()函數放在此處 */
```

```
/* prog14_7 OUTPUT--------------
 12 38 57  ——————  執行完第 10 行的結果
 12 57  ———————  執行完第 14 行的結果
 57  —————————  執行完第 17 行的結果
List is empty! —  執行完第 20 行的結果
--------------------------------*/
```

程式解說

在本例中，首先在第 9 行建立了一個鏈結串列。因為 deleteNode() 需要傳入欲刪除節點的位址，假設欲刪除節點 38，所以在第 12 行先取得節點 38 的位址，然後在第 13 行將它傳入 deleteNode() 中把它刪除，從第 14 行的輸出中，讀者可發現節點 38 不見了。

接下來我們想刪除第一個節點，也就是節點 12，因此第 16 行中，deleteNode() 的第二個引數傳入第一個節點的位址，從第 17 行的輸出中，讀者可發現節點 12 已被刪除掉了，只剩下節點 57。於 19 行再把第一個節點刪除掉，因為此時串列裡已無任何節點，所以第 20 行印出 List is empty! 字串。

限於篇幅的關係，本章無法列舉出所有與鏈結串列相關的運算。其它常用的運算尚包括了串列長度的計算，以及把兩個串列鏈接在一起等等，本章把這些操作留做習題，有興趣的讀者可自行參考。

習 題 （題號前標示有 ◆ 符號者，代表附錄 E 裡附有詳細的參考答案）

14.1 動態記憶體配置

1. 試利用 malloc() 配置可存放一個整數的記憶空間，並讓指標變數 ptr 指向它，然後把 ptr 指向的整數設值為 12，接著將它平方，最後把所得的結果列印出來。

◆ 2. 於 prog14_1 中，第 6 行所宣告的變數 i 並不是用動態記憶體的方式配置記憶空間給它。試修改它，使得變數 i 的記憶空間是由 malloc() 所配置。

3. 試以 malloc() 配置 3 個可存放 double 型態的變數（即利用 malloc(3*sizeof(double)) 的語法）之記憶空間，然後在 for 迴圈裡，分別以 scanf() 函數輸入 1.4, 2.8 和 1.9 這三個浮點數，最後再計算它們的總和與平均值。

4. 試修改習題 3，使得 malloc() 函數是撰寫在 for 迴圈裡。也就是說，習題 3 是一次配置 3 個記憶空間，而本習題則是在 for 迴圈裡一次配置一個可存放 double 型態之變數的記憶空間，然後分別以 scanf() 函數輸入 1.4, 2.8 和 1.9 這三個浮點數，最後再計算它們的總和與平均值。

5. 在 prog14_2 中，第 6 行所宣告的變數 num 與 i 都不是用動態記憶體的方式配置記憶空間給它們。試修改之，使得變數 num 與 i 的記憶空間是由 malloc() 所配置。

◆ 6. 試修改 prog14_2，使得使得程式的輸出為所有學生成績之平均。

14.2 鏈結串列

◆ 7. 試撰寫一函數 int insertElement(int *arr, int item, int pos, int length)，可將整數 item 插入長度為 length 的陣列 arr 中，索引值為 pos 的位置，傳回值為插入後，陣列 arr 的長度。例如，若陣列 arr={12, 56, 37, 63}，item=10，pos=2，length=4，則插入後，陣列的內容會變成 {12, 56, 10, 37, 63}，length 則變成 5。

8. 試撰寫一函數 int deleteElement(int *arr, int pos, int length)，可將長度為 length 的陣列 arr 中，索引值為 pos 的位置的元素刪除，傳回值為插入後，陣列 arr 的長度。例如，若陣列 arr={12, 56, 37, 63}，pos=1，length=4，則刪除索引值為 1 的元素後，陣列的內容會變成 {12, 37, 63}，length 則變成 3。

9. 試參考 prog14_3 的寫法，請建立具有 4 個節點的鏈結串列，節點的資料依序為 12, 38, 64, 37，建好之後，請將整個鏈結串列列印出來。

10. 接續習題 9，請在第 2 個節點之後插入一個資料值為 92 的新節點，並印出插入後的鏈結串列。

11. 接續習題 9，請將第二個節點（資料值為 38 的節點）刪除，並印出刪除後的鏈結串列。

12. 試修改習題 9，使得 4 個節點均是以動態記憶體配置來完成。

13. 接續習題 12，請在第 3 個節點之後插入一個資料值為 47 的新節點，並印出插入後的鏈結串列。

14. 接續習題 12，請將第 2 與第 3 個節點（資料值為 38 與 64 的節點）刪除，並印出刪除後的鏈結串列。

15. 於 prog14_4 中，在結束程式之前，我們並沒有釋放掉被 malloc() 所佔去的記憶空間。請修改它，使得儲存串列的記憶空間可以被釋放。

16. 於 prog14_4 的第 9 行中，我們已經把型態 struct node 定義成 NODE 型態。但在許多場合，我們會使用到指向 NODE 型態的指標，如 prog14_4 的第 14 行即是。事實上，我們可以再把指向 NODE 型態的指標利用 typedef 關鍵字定義成一個新的型態：

```
typedef struct node NODE;        /* 定義型態 NODE  */
typedef struct node* NODEp;      /* 定義新的型態 NODEp */
```

在上面的兩行敘述中，由於第一行已經定義了 struct node 為 NODE 型態，因此接下來的 struct node* 就可以寫成 NODE*，所以可以把上面兩行改寫成如下的敘述：

```
typedef struct node NODE;        /* 定義型態 NODE  */
typedef NODE* NODEp;             /* 定義新的型態 NODEp */
```

試利用這個新的型態 NODEp 改寫 prog14_4，使得程式碼裡，所有指向 NODE 型態的指標都是使用 NODEp 來宣告。

14.3 鏈結串列的操作

17. 試以陣列 arr[]={12, 43, 56, 34, 98, 76, 43, 24} 建立一個鏈結串列，然後將它列印出來。
18. 接續習題 17，試在節點 56 之後插入一個新的節點 88，並測試之。
19. 接續習題 17，試刪除節點 12、34 與 24，並測試之。
20. 試撰寫一函數 NODE *insertFirstNode(NODE *first, int item)，可在串列的第一個位置插入資料值為 item 的節點，傳回值為指向此串列第一個節點（即新插入之節點）的指標。撰寫好後，請以陣列 arr[]={12, 43, 56, 34} 建立一個鏈結串列，然後在此串列的第一個位置插入資料值為 53 的節點。
21. 試撰寫一函數 int listLength(NODE *first)，可用來計算鏈結串列中，共有多少個節點。撰寫好後，請以陣列 arr[]={12, 43, 56, 34, 98} 建立一個鏈結串列，然後以 listLength() 測試此串列的長度。
22. 試撰寫一函數 void combineList(NODE *first1, NODE *first2)，可將串列 2 鏈接在串列 1 的後面，其中 first1 與 first2 分別為串列 1 與串列 2 中，第一個節點的位址。撰寫好後，請分別以陣列 arr1[]={12, 43, 56, 34, 98} 與陣列 arr2[]={36, 77, 99} 建立兩個鏈結串列，然後利用 combineList() 函數將它們串接起來。

chapter 15 位元處理

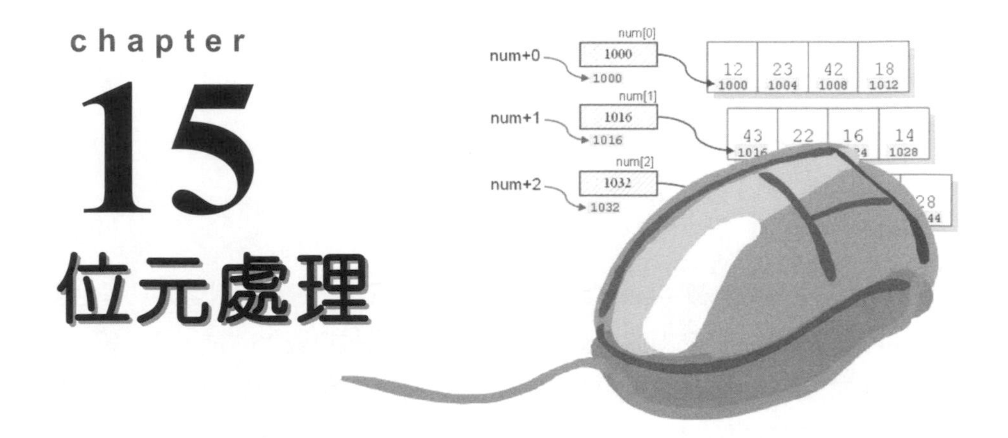

位元（bit）是電腦儲存資料的基本單位，大部份的高階程式語言，並不能讓使用者直接切入這個部分，C 語言卻可以。在本章裡，我們要介紹數字系統、位元及位元組的觀念，瞭解這些基本知識後，再來熟悉 C 語言的位元處理。

本章學習目標

- 認識各種進位系統
- 學習位元運算子的使用方法
- 學習位元欄位結構的使用

15.1 數字系統與位元、位元組

電腦也有自己的語言哦！雖然它不能張口說話，但是卻會利用其它的方式表達。想要對電腦有更深一層的瞭解，就必須先知道它所用的語言。首先，我們先來複習一下什麼是進位系統，以及資料存放於記憶體裡的儲存單位。

15.1.1 數字系統概述

在日常生活中最常使用的數字系統應該是十進位系統了！十進位的計數方式是由 0 到 9，若是要再繼續計數，就必須進一個位數，9 加 1 就進位變成 10，成為 2 位數，19 加 1 又進位就變成 20，…當我們計數到 99 時，如果再加 1 就會變成 100，又比原來的 2 位數多 1 位數，這種數字系統是遇到 10 即會進位，因此稱為十進位系統。

舉例來說，以十進位的數值 6935 而言，其千位數是 6，百位數是 9，十位數為 3，個位數是 5，因此我們可以將 6935 寫成如下的式子：

$$6935_{10} = 6\times10^3 + 9\times10^2 + 3\times10^1 + 5\times10^0$$

其中數字 6935 的下標 10 代表 6935 是一個 10 進位的數字。10 進位系統是以 10 的乘冪為基礎，因此可以說 6935 是以 10 為基底（base）的數值。

除了十進位之外，我們也可以使用其它的進位做為日常的數字系統的基準，不過由於人們從小就習慣用 10 根手指頭來計算數字，因此在日常生活中，十進位就變成了最主要的數字系統。

我們再舉一個七進位的數字系統來說明。七進位由 0、1、2、3、4、5、6 幾個數字組成，就好像一個星期的計算方式一樣，0 代表星期日，1~6 分別表示星期一到星期六，利用這種方式來認識七進位就非常的容易了。

由於十進位的 7 並不在七進位的系統中，該如何表示這個 7 呢？很簡單，利用進位的方式，因此十進位的 7 在七進位中是以 10（唸法為一０）表示，十進位的 8 即為七進位的 11（唸法為一一），十進位的 9 為七進位的 12，…以此類推，到了十進位的 14 時就變成七進位的 20（唸法為二０）。您可以參考下表中十進位、七進位與星期系統的對照說明：

表 15.1.1 十進位、七進位與星期系統的對照

十進位	0	1	2	3	4	5	6	7	8	9	10	11	12	13	14	15	16
七進位	0	1	2	3	4	5	6	10	11	12	13	14	15	16	20	21	22
星期系統	日	一	二	三	四	五	六	日	一	二	三	四	五	六	日	一	二

因為七進位是以 7 為基底的系統，所以如果要把七進位的 536 換算成 10 進位的數字，可利用如下的計算方式：

$$536_7 = 5 \times 7^2 + 3 \times 7^1 + 6 \times 7^0 = 272_{10}$$

由此可知，七進位的 536 相當於 10 進位的 272。

15.1.2 位元與位元組

在電腦中所有的訊息都是以 ON 與 OFF 的狀態表示，由於二進位是以 0 與 1 表示數字，而 1 與 0 正好可以用來表示開關的 ON 與 OFF，如下圖，燈泡開啟（ON）為 1，燈泡關閉（OFF）為 0，當它們以不同的 0 與 1 組合在一起時，就可以代表許多的資訊。

圖 15.1.1
on 與 off 可以代表電腦中 1 與 0

在電路板中也有許多 0 與 1 的開關，來代表目前的狀態，因此電腦內部使用的就是二進位系統。在後面的內容中我們會分別介紹電腦所使用的二進位，以及常用的八進位與十六進位的表示方式。

既然電腦使用的是二進位系統，那麼就必須要有一套規範來計算資料的大小，因此就定義了最小的儲存單位為一個位元（bit）。但是位元這個單位實在是太小了，使用起來不是那麼的方便，因此就再定義一個新的單位，也就是位元組（byte），一個位元組定義成 8 個位元。一個位元組就像有 8 個燈泡開關一樣，可以表示出 2^8=256 種不同的組合。如果用來表示正整數，即可表示 0~255 之間的所有整數。

15.2 二進位系統

由前一節的說明可以了解到，二進位就是一堆 0 和 1 所組合而成的數字系統，本節將對二進位系統再做更深一層的探討，並介紹二進位與十進位之間的轉換。

15.2.1 二進位轉換成十進位

二進位數字系統是以 2 為基底的數字系統，此進位系統內的數字只有 0 與 1。想要把十進位的整數轉換成二進位，可以將這個十進位的整數逐次除 2，並記錄所得的商與餘數，最後就可以由計算的結果求得該整數之二進位的表示法。

以十進位整數 89 為例，將十進位整數 89 轉換成二進位之表示方式的計算過程，可由下圖來說明：

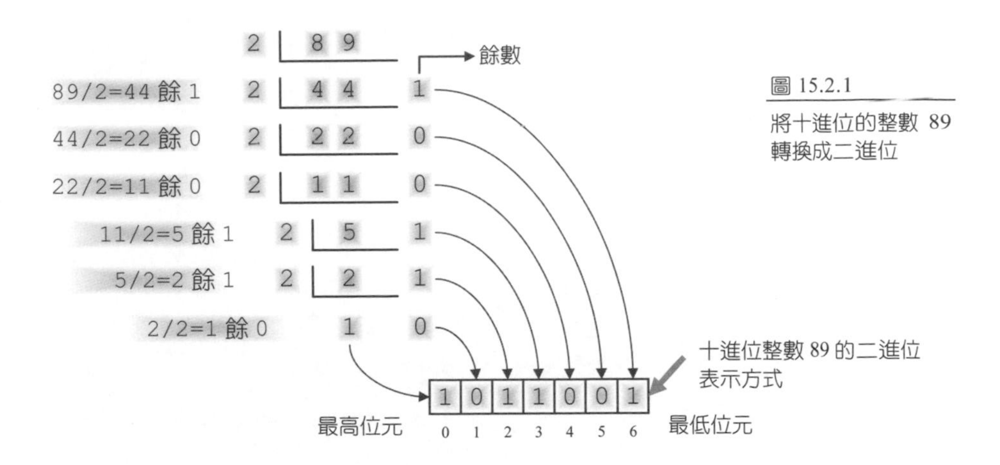

圖 15.2.1
將十進位的整數 89 轉換成二進位

由上圖的計算可知，89 的二進位可表示成 1011001。

二進位的數值內，每一個位數的值只能是 0 或 1，因此恰可用一個位元來儲存。一般來說，習慣上，最右邊的位元定義成最低位元，最左邊的位元則是最高的位元。

15.2.2 十進位轉換成二進位

如要將二進位數值轉換回十進位，只要把二進位的位元值乘上該位元所代表之值，然後再加總即可。例如，要把二進位 1011001 轉換回十進位，可用如下的計算方式：

$$1011001_2 = 1\times 2^6 + 1\times 2^4 + 1\times 2^3 + 1\times 2^0 = 89_{10}$$

現在我們就依圖 15.2.1 的概念來撰寫一函數 show_binary(int num)，可將十進位整數 num 的值轉換成二進位後，於螢幕上列印出來。本範例程式的撰寫如下：

```
01   /* prog15_1, 將十進位整數以二進位來表示 */
02   #include <stdio.h>
03   #include <stdlib.h>
04   #define SIZE 8                /* 定義 SIZE 為 8，代表以 8 個數字顯示二進位 */
05   void show_binary(int);        /* 宣告 show_binary()函數的原型 */
06   int main(void)
```

```
07  {
08     printf("89的二進位為: ");
09     show_binary(89);          /* 顯示89的二進位*/
10
11     system("pause");
12     return 0;
13  }
14  void show_binary(int num)  /* 函數show_binary()的定義 */
15  {
16     int i,b[SIZE]={0};        /* 宣告陣列b，並設定元素的初值都是0 */
17     for(i=1;i<=SIZE;i++)
18     {
19        b[SIZE-i]=num%2;       /* 將num%2的餘數設定給b[SIZE-i]存放 */
20        num=num/2;             /* 將num/2的值設回給num */
21     }
22     for(i=0;i<SIZE;i++)
23        printf("%d",b[i]);
24     printf("\n");
25  }
```

```
/* prog15_1 OUTPUT--
89的二進位為: 01011001
-----------------------*/
```

程式解說

於本例中，第 4 行定義了 SIZE 為 8，代表程式裡將以 8 個數字來顯示二進位的值。第 5 行宣告了 show_binary() 函數的原型，而函數的定義是在 14~25 行，它可接收一個十進位的整數num，並利用17~21行的for迴圈將num%2的值存入陣列b[SIZE-i]內，然後再將 num 的值除以 2，再設回給 num 存放，如此一來，經過 SIZE 次的運算之後，陣列 b 內所存放的值即為 num 二進位的表示方式中，每一個位數的數值。

於本例中，我們測試 89 的二進位之表示法，得到 01011001，恰與圖 15.2.1 所求得的值相同。事實上，只核對一下圖 15.2.1 的解說與 show_binary() 函數，就可知道其核心程式碼 19~20 行是怎麼寫出來的。

另外，本程式可利用 SIZE 來控制二進位數值列印之數字的個數。舉例來說，如果整數 a 的二進位值有 11 位，但是想將輸出結果印成共有 16 個位數時，就可以將 SIZE 修改成 16，如此一來，程式會在二進位碼的前面補上 5 個 0，使得列印的總位數為 16 位。 ❖

15.3 其它的進位系統

八進位與十六進位都是 2 的乘冪，這兩種數字系統對電腦來說，比起十進位都來得更為密切。本節中我們要認識八進位與十六進位的使用。

15.3.1 八進位系統

八進位數字系統是以 8 為基底的數字系統，它是由 0、1、2、3、4、5、6、7 等八個數字所組成。如要將八進位轉換成十進位時，只要將八進位中各個數字乘上所屬的次方值，再進行累加即可。因此八進位的 346，可以利用如下的計算法則將它轉換成 10 進位：

$$346_8 = 3\times 8^2 + 4\times 8^1 + 6\times 8^0 = 230_{10}$$

我們也可以將八進位的每個數字看成是 3 個欄位的二進位所組成，利用這種對應關係，便可以很容易地在八進位與二進位之間做換算了。下表列出了八進位的數字和三個欄位的二進位相對應的值：

表 15.3.1 八進位和二進位的相對應值

八進位	0	1	2	3	4	5	6	7
二進位	000	001	010	011	100	101	110	111

舉例來說，八進位的 62 可以看成是 6 的二進位 110 與 2 的二進位 010 所合成的，也就是 110010，如下圖所示：

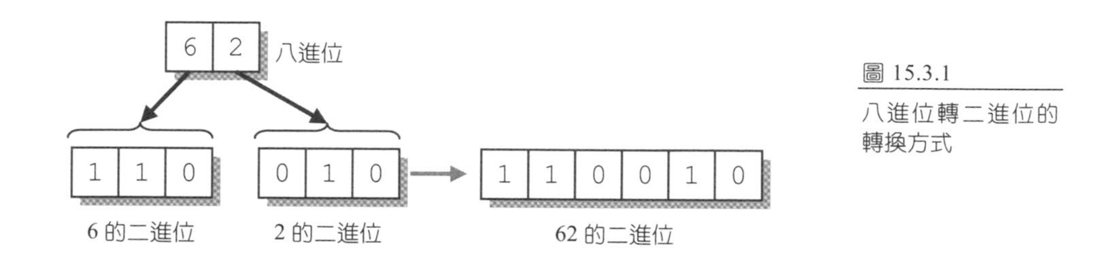

圖 15.3.1
八進位轉二進位的轉換方式

利用這種對應關係，是不是很容易的便可把八進位轉換成二進位了呢？

在 C 語言裡，要指明一個整數常數是八進位，只要在該常數之前加上一個數字 0 即可。例如，062 即代表八進位的整數常數 62。此外，八進位整數用於 printf() 的列印控制碼與用於 scanf() 的輸入控制碼都是%o（小寫的字母 o，或是大寫也可以）。下面是一些八進位整數在使用上的範例：

```
int num,a=38,b=062;  /* 宣告變數，並設定 a=38，b 的值為八進位的 62 */
printf("%d",b);      /* 將變數 b 的值以十進位印出 */
printf("%o",a);      /* 將變數 a 的值以八進位印出 */
scanf("%o",&num);    /* 從鍵盤輸入一個八進位的整數 */
```

15.3.2 十六進位系統

十六進位數字系統就是以 16 為基底的數字系統，它是由 0~9 與 A~F 所組成，由於 10~15 的部分無法由單一的數字表示，就利用英文字母 A~F 為代表，如 5D 即為十六進位的合法使用格式（5D 的值為 10 進位的 93）。下表為十進位與二進位、八進位和十六進位的對照表，從中您可以做一個比較，看看這些不同的數字系統之間，是如何表示一個相同的值：

表 15.3.2 十六進位、十進位、八進位與二進位的對照表

十進位	二進位	八進位	十六進位
0	0000	00	0
1	0001	01	1
2	0010	02	2
3	0011	03	3
4	0100	04	4
5	0101	05	5
6	0110	06	6
7	0111	07	7
8	1000	10	8
9	1001	11	9
10	1010	12	A
11	1011	13	B
12	1100	14	C
13	1101	15	D
14	1110	16	E
15	1111	17	F

如要將十六進位轉換成十進位值，只要將十六進位中各個數字乘上所屬的次方值，再進行累加即可。例如，十六進位的 5D，可以寫成下面的式子：

$$5D_{16} = 5 \times 16^{1} + 13 \times 16^{0} = 93_{10}$$

十六進位要轉換成二進位時，也可以將十六進位的每個數字看成是 4 個欄位的二進位值，如 3A 可以看成是 3 的二進位 0011 與 A 的二進位 1010 所合成的，也就是 00111010，而 9E2 則可以看成是 9 的二進位 1001 與 E 的二進位 1110，以及 2 的二進位 0010 所合成，因此是 100111100010。利用這種對應關係，就可以很容易的在二進位與十六進位之間換算。

在撰寫程式碼時，如要指明一個整數常數是十六進位，必須在該常數之前加上 0x（數字 0 和一個小寫的字母 x）。例如，0x6A 即代表十六進位的整數常數 6A。十六進位整數用於 printf() 的列印控制碼與用於 scanf() 的輸入控制碼都是%x（英文字母 x，或是大寫也可以）。下面是一些十六進位整數在使用上的範例：

```
int num,a=25,b=0x6A; /* 宣告變數，並設定 a=25，b 的值為十六進位的 6A */
printf("%d",b);      /* 將變數 b 的值以十進位印出 */
printf("%x",a);      /* 將變數 a 的值以十六進位印出 */
scanf("%x",&num);    /* 從鍵盤輸入一個十六進位的整數 */
```

15.4 位元運算子

C 語言提供了「位元邏輯」與「位元位移」兩種運算子，可針對位元做邏輯與移位的運算。相較於第五章所介紹的邏輯運算子，本節所提的「位元邏輯」運算子和第五章所提及的邏輯運算子是不相同的。邏輯運算子是把整個數值看成是一個單位，然後再作用到它們身上，而「位元邏輯」運算子則是作用到整數裡的每一個位元。

15.4.1 位元邏輯運算子

C 語言的位元邏輯運算子共有四種，分別為 NOT、AND、OR 與 XOR 運算子。這些運算子只有在運算元是整數型態時才能使用。下表列出了 C 語言提供的位元邏輯運算子，以及它們所代表的意義：

表 15.4.1 位元邏輯運算子

位元邏輯運算子	意義
~	位元 NOT 運算子
&	位元 AND 運算子
|	位元 OR 運算子
^	位元 XOR 運算子

NOT 運算子「~」

「~」運算子屬於一元運算子的一種，它只需要一個運算元。「~」運算子用來將位元顛倒，使位元值為 0 者變成 1，1 者變成 0，如下表所示：

表 15.4.2 NOT 運算子「~」之真值表

a	~a
0	1
1	0

舉例來說，若變數 a 的二進位值為 01101001。~a 就等於 10010110，「~」運算子所運算出來的結果其實也就是取 1 的補數。

AND 運算子「&」

AND 運算子「&」是用來將運算子左、右兩邊運算元裡的每一個位元逐一比較，兩者皆為 1 時其結果才為 1，如下表所示：

表 15.4.3 AND 運算子「&」之真值表

a	b	a&b
0	1	0
0	0	0
1	1	1
1	0	0

舉例來說，假設變數 a=105（二進位值為 01101001），b=26（二進位值為 00011010），則 a&b 的結果為 8（二進位值為 00001000）其運算結果如下圖所示：

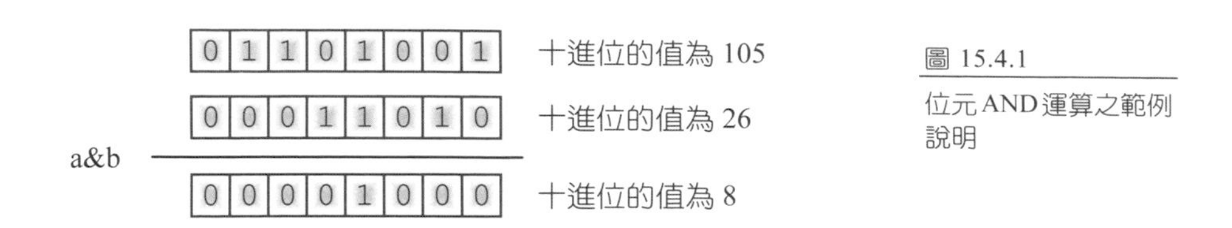

圖 15.4.1

位元 AND 運算之範例說明

我們將上面的說明化成實際的程式，您可以觀察其程式執行的結果：

```
01  /* prog15_2, 位元 AND 運算子「&」的範例說明 */
02  #include <stdio.h>
03  int main(void)
04  {
05     int a=105,b=26;
06     printf("%d&%d=%d\n",a,b,a&b);     /* 計算 a&b 的值 */
07
08     system("pause");
09     return 0;
10  }
```

```
/* prog15_2 OUTPUT---
105&26=8
-----------------------*/
```

程式解說

於本例中，第 5 行宣告了 a 的值為 105，b 的值為 26。在做位元的邏輯運算時，位元邏輯運算子是針對整數的運算元裡的每一個位元做處理，因此 105 會被轉換成 01101001，26 會被轉換成 00011010，然後再逐一處理每一個位元，因此這種方式與第五章的「&&」運算子的處理方式並不相同。

值得注意的是，整數變數 a 與 b 的二進位值都佔有 32 個位元（4 個位元組），但是由於前面 24 個位元皆為 0，並不影響運算結果（在 AND 的運算中，a 與 b 的位元都必須是 1，運算的結果才為 1），在此並沒有將這些 0 列出，但是讀者要知道實際上是有這些 0 的存在。 ❖

OR 運算子「|」

使用 OR 運算子「|」時，它會將運算子左、右兩邊運算元裡的每一個位元逐一比較，只要有一個位元為 1 時其結果就會為 1，如下表所示：

表 15.4.4 OR 運算子「|」之真值表

a	b	a | b
0	1	1
0	0	0
1	1	1
1	0	1

舉例來說，若變數 a 的二進位值為 01101001，b 的二進位值為 00011010，a|b 的運算結果為 01111011，如下圖的說明：

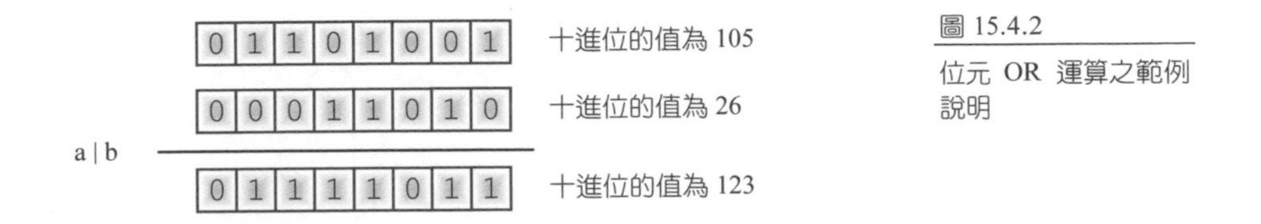

圖 15.4.2 位元 OR 運算之範例說明

XOR 運算子「^」

使用 XOR 運算子「^」時，它會將運算子左、右兩邊運算元裡的每一個位元逐一比較，其中只有一個位元為 1 時其結果才會為 1，其餘皆為 0，如下表所示：

表 15.4.5 XOR 運算子「^」之真值表

a	b	a ^ b
0	1	1
0	0	0
1	1	0
1	0	1

舉例來說，如果變數 a 的二進位值為 01101001，b 的二進位值為 00011010，則 a^b 的運算結果為 01110011，如下圖的說明：

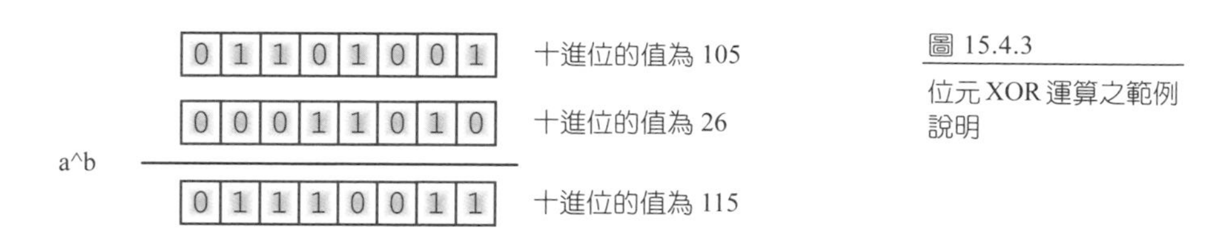

圖 15.4.3
位元 XOR 運算之範例說明

您可以觀察到位元邏輯運算子的作用對象是整數裡的每一個位元，而在第五章中所學到的邏輯運算子，如「&&」、「||」等，其作用對象則是位元組，雖然觀念很相近，但是用法不同。

15.4.2 位元位移運算子

C 語言提供了「左移」與「右移」兩個位元位移運算子，用來將運算元的位元左移或右移。下表列出了位元位移運算子，同樣的，這些運算子只有在整數型態才能運算：

表 15.4.6 位元位移運算子

位元位移運算子	意義
num **<<** n	左移，將 num 的位元向左移 n 個位元
num **>>** n	右移，將 num 的位元向右移 n 個位元

左移運算子「<<」

左移運算子「<<」可以使位元左移 n 個位元，超過最左邊的位元予以刪去，而空白位數則填上 0。以下圖為例，圖中每格皆佔有一個位元，如果利用左移運算子將位元向左移一格，則最左邊的位元 a 會因為超出位元界限而被刪除，最右邊的位元，會因空白而填入 0：

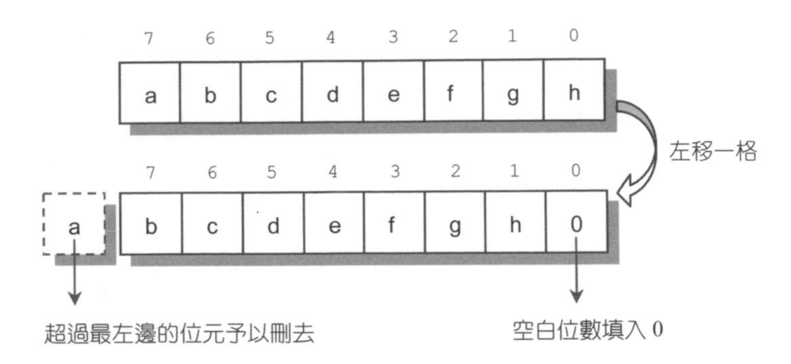

圖 15.4.4
位元左移運算子的使用範例說明

我們實際舉一個簡單的例子來驗證左移位元運算子的用法。下面的程式可用來將整數 89 左移一個位元，並印出左移前與左移後的二進位值，用以說明左移運算子的作用。本範例程式的撰寫如下：

```
01  /* prog15_3, 左移運算子「<<」的使用範例 */
02  #include <stdio.h>
03  #include <stdlib.h>
04  #define SIZE 8        /* 定義 SIZE 為 8，代表以 8 個數字來顯示二進位 */
05  void show_binary(int);    /* 宣告 show_binary()函數的原型 */
06  int main(void)
07  {
08     int a;
09     a=(89<<1);      /* 將整數 89 往左移一個位元，然後設定給變數 a 存放 */
10
11     printf("89 二進位的值為: ");
12     show_binary(89);              /* 顯示數字 89 的二進位 */
13     printf("左移一個位元後: ");
14     show_binary(a);               /* 顯示 89 左移一個位元後的二進位 */
15     printf("左移一個位元後的十進位值為: %d\n",a);
16
17     system("pause");
18     return 0;
19  }
20  void show_binary(int num)       /* show_binary()函數的定義 */
21  {
22     int i,b[SIZE]={0};
23     for(i=1;i<=SIZE;i++)
24     {
```

```
25        b[SIZE-i]=num%2;      /* 將 num%2 的餘數設定給 b[SIZE-i]存放 */
26         num=num/2;           /* 將 num/2 的值設回給 num */
27      }
28      for(i=0;i<SIZE;i++)
29        printf("%d",b[i]);
30      printf("\n");
31   }
```

```
/* prog15_3 OUTPUT-----
89 二進位的值為: 01011001
左移一個位元後: 10110010
左移一個位元後的十進位值為: 178
---------------------------*/
```

程式解說

於本例中，第 9 行將整數 89 往左移一個位元，然後設定給變數 a 存放。第 12 行與 14 行分別印出了整數 89，與 89 往左移一個位元後的二進位表示方式，最後第 15 行則是印出了 89 左移一個位元後的十進位值。

89 的二進位為 01011001，左移之後變成 10110010，把它換成十進位的數值，可以得到

$$2^7 + 2^5 + 2^4 + 2^1 = 128 + 32 + 16 + 2 = 178_{10}$$

讀者可以觀察到，我們計算的結果與程式的輸出相同。下圖繪出了整數 89 左移一個位元的過程，讀者可以把下圖的說明與本例做一個詳細的對照比較：

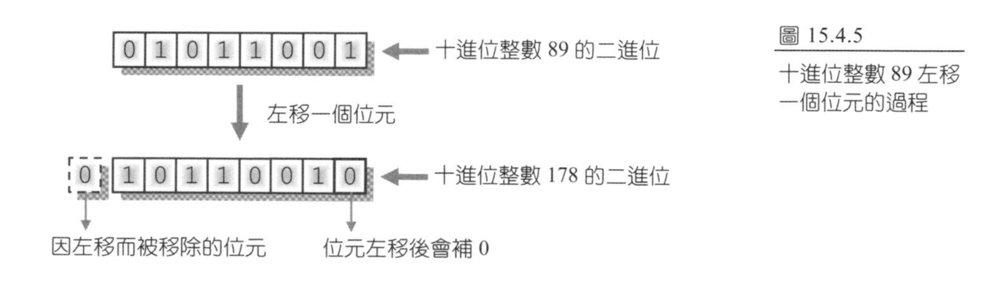

圖 15.4.5 十進位整數 89 左移一個位元的過程

右移運算子「>>」

位元右移運算子「>>」的概念和左移運算子相同，只是它是用來右移位元。以下圖為例，圖中每格皆佔有一個位元，將此圖利用右移運算，使位元向右移一格，則最右邊的位元 h 會因為超出位元界限而被刪除，最左邊的位元，會因空白而填入 0：

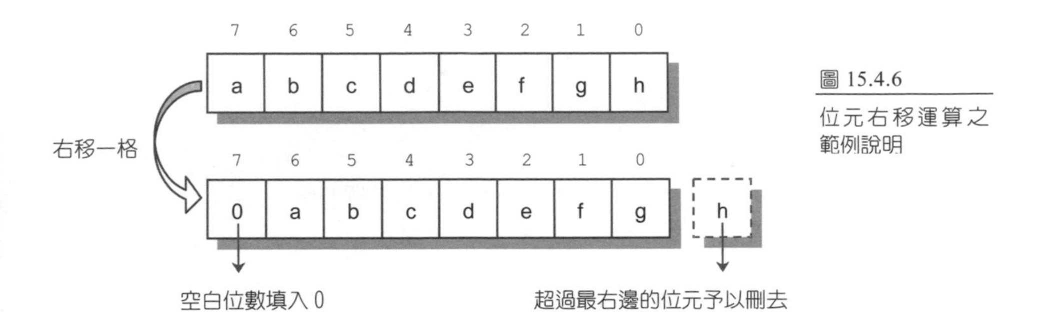

圖 15.4.6 位元右移運算之範例說明

位元右移和左移的觀念是相同的，只是位元移到的方向相反。讀者不彷照圖 15.4.5，試著將十進位整數 89 右移一個位元看看，並比較您推算的結果和程式執行的結果是否相同。

15.5 位元欄位

C 語言提供了一種特別的結構，能夠充分使用到結構變數中的每一個位元，這種特別的結構稱為位元欄位結構，它可用如下的格式來定義：

```
struct 位元欄位結構的名稱
{
   資料型態 欄位名稱 1: 位元長度;
   資料型態 欄位名稱 2: 位元長度;
              ...
   資料型態 欄位名稱 n: 位元長度;
};
```

格式 15.5.1 宣告位元欄位結構的格式

上面的定義格式中，資料型態必須是整數（int）或是無號整數（unsigned）才行，通常看到的關於位元欄位的程式中，大部份都是以無號整數來宣告位元欄位的型態。

例如，如果想定義一個位元欄位結構，其欄位包括性別（sex，1 個位元）、婚姻狀況（marriage，1 個位元）以及年齡（age，7 個位元），可以撰寫出如下的定義：

```
struct status                    /* 定義位元欄位結構 */
{
   unsigned sex:1;               /* sex 欄位，佔 1 個位元 */
   unsigned marriage:1;          /* marriage 欄位，佔 1 個位元*/
   unsigned age:7;               /* age 欄位，佔 7 個位元*/
};
```

在上面的結構中，以 1 個位元來代表性別與婚姻狀況，因為性別只會有男女之分，因此可以用 0 來代表女生，用 1 來代表男生；相同的，婚姻狀況只會有已婚與未婚兩種，因此也可以用一個位元來表示，其中是以 0 表示未婚，用 1 來表示已婚。

關於年齡方面，利用 7 個位元已經可以表示整數 0~127，已足以表示大多數人的年齡，所以關於 age 欄位，我們只需分配給它 7 個位元就夠了。

宣告好位元欄位的結構之後，便可利用它來定義該型態的結構變數，如下面的範例：

```
struct status tom;   /* 宣告 struct status 的結構變數 tom */
```

當然，也可以在宣告的同時便一併設定初值：

```
struct status tom={1,0,21};   /* 宣告並設定結構變數 tom 的初值 */
```

上面的設定就代表了設定結構變數 tom 是男生、未婚，年齡為 21 歲。

在 C 語言裡，位元欄位結構的變數佔有 4 個位元組，因此在定義位元欄位結構時，其欄位內容總和最多可以有 32 個位元，如果超過 32 個位元，則該結構會再增加 4 個位

元組來存放定義的欄位，以此類推。由此可以推估，結構變數 tom 佔了 4 個位元組，即 32 個位元，但其中只使用了 9 個位元，另外的 23 位元並沒有用到，如下圖所示：

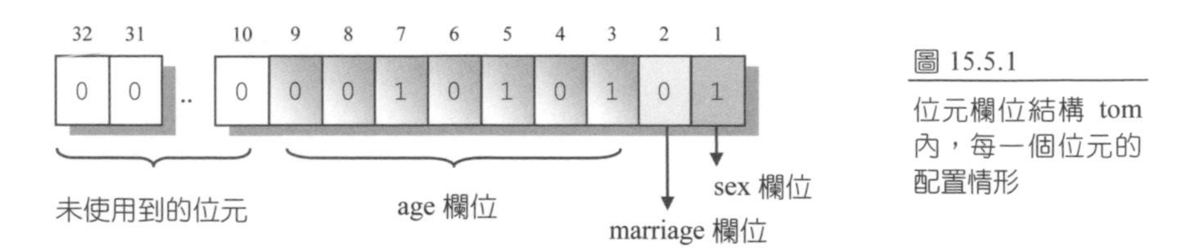

圖 15.5.1

位元欄位結構 tom 內，每一個位元的配置情形

使用位元欄位的結構有什麼好處呢？最顯而易見的，就是可以節省記憶體空間。以上面所定義的結構為例，若是以一般的結構定義來說，若每個欄位都以整數變數來宣告，則三個欄位共佔了 12 個位元組；而採用位元欄位結構的定義，則只需要 4 個位元組。

接下來以上面所定義的位元欄位結構為例，實際撰寫一個程式碼來說明位元欄位結構的使用：

```
01  /* prog15_4, 位元欄位結構的使用 */
02  #include <stdio.h>
03  int main(void)
04  {
05     struct status                   /* 定義位元欄位結構 */
06     {
07        unsigned sex:1;
08        unsigned marriage:1;
09        unsigned age:7;
10     };
11     struct status tom={1,0,21};   /* 宣告並設定結構變數的初值 */
12
13     if(tom.sex==0)                  /* 判別 sex 欄位的位元是否為 0 */
14        printf("性別:女,");
15     else
16        printf("性別:男,");
17
18     if(tom.marriage==0)             /* 判別 marriage 欄位的位元是否為 0 */
19        printf("未婚,");
20     else
```

```
21          printf("已婚,");
22
23      printf("%d 歲\n",tom.age);   /* 印出 age 欄位的值 */
24
25      printf("sizeof(tom)=%d\n",sizeof(tom));  /* 印出變數 tom 的大小 */
26
27      system("pause");
28      return 0;
29   }
```

```
/* prog15_4 OUTPUT--
性別:男,未婚,21 歲
sizeof(tom)=4
-----------------------*/
```

程式解說

於本例中，5~10 行定義了位元欄位的結構 status，11 行並宣告了 status 型態的變數 tom，同時也設定了初值。13~16 行依據 sex 欄位的值印出相對應的性別，相同的，18~21 行可依據 marriage 欄位的值印出相對應的婚姻狀況，23 行則是印出了 age 欄位的值。

第 25 行印出變數 tom 所佔的位元組。因為 C 語言裡會以 4 個位元組為單位來配置記憶空間給位元欄位結構，於本例中，tom 變數只使用了 9 個位元，還沒超過 32 個位元，所以編譯器只會配置 4 個位元組的記憶空間給 tom 變數。 ❖

如果要利用鍵盤輸入的方式，設值給位元欄位結構變數的某個成員時，由於 scanf() 函數輸入資料時，必須要使用位址運算子「&」，但位址運算子不能用在位元欄位，因此不能直接使用 scanf() 輸入值給位元欄位結構之變數的成員。

雖然如此，我們還是可以先利用 scanf() 輸入數值給一個整數變數，然後再把這個整數變數的值設定給位元欄位結構變數的某個成員。以 prog15_4 為例，如要設定結構變數 tom 的 age 成員時，可用如下的方式來設定：

```
int num;                /* 宣告整數變數 num */
scanf("%d",&num);       /* 由鍵盤輸入一個整數給變數 num 存放 */
tom.age=num;            /* 將 num 的值設定給結構變數 tom 的 age 成員 */
```

值得一提的是，於上面的敘述中，如果輸入給 num 的數值超過 tom.age 可表示的範圍時，則會以 tom.age 的最大表示範圍為其值。

位元處理還有趣嗎？一般的程式語言是以資料為導向，而位元導向的部份較偏硬體，C 語言提供了各別位元的運算，無形中也增加了它的附加價值—讓您軟硬兼施。

習 題 （題號前標示有 ✚ 符號者，代表附錄 E 裡附有詳細的參考答案）

15.1 數字系統與位元、位元組

✚ 1. 設有一個四進位的數字系統，使用的數字是 0~3。請仿照表 15.1.1，製作一個十進位 1~15 與四進位的對照表。

2. 一年有 12 個月，所以月份是一個十二進位的系統，16 個月就相當於一年又 4 個月。如果十二進位系統是以數字 0~9 與英文字母 A 與 B 來代表，試請仿照表 15.1.1，製作一個十進位 1~22 與十二進位的對照表。

3. 接續習題 2，如果 2B6 是一個十二進位的數字，則它的十進位值應該是多少？

✚ 4. 如果 3012 是七進位，則換算成十進位時應該是多少？

15.2 二進位系統

✚ 5. 試仿照圖 15.2.1 的表示方式，將十進位整數 640 轉換成 2 進位。

6. 試以 prog15_1 的 show_binary() 函數來驗證習題 5 的計算結果。

7. 設二進位的值為 1011011，試將它轉換成十進位。

8. 試撰寫一函數 void show_decimal(char *arr, int n)，可接收 n 個位數的二進位數值，並於函數內印出此二進位數值的十進位。

15.3 其它的進位系統

9. 若於程式裡宣告了下列的整數：

```
int a=159;
int b=0147;
int c=0x618A;
```

試完成下面的程式設計：

(a) 將變數 a 的值分別以八進位與十六進位列印出來。

(b) 將變數 b 的值分別以十進位與十六進位列印出來。

(c) 將變數 c 的值分別以八進位與十進位列印出來。

10. 試撰寫一程式，可由鍵盤輸入一個八進位的整數，於程式內將此八進位數值轉換成十進位與十六進位，然後將它們列印出來。

15.4 位元運算子

11. 設 a=154，b=67，試撰寫程式碼求算下列各式，並請以手算繪圖的方式來驗證程式執行的結果：

(a) a&b

(b) a|b

(c) a^b

12. 試修改 prog15_3，使得整數是向右移兩個位元，並仿照圖 15.4.5 的方式，繪出右移兩個位元的過程，並指出右移後整數值的改變。

15.5 位元欄位

13. 試修改 prog15_4，使得結構變數 tom 中，每一個位元欄位的值是可以由鍵盤來輸入。

14. 於 prog15_4 中，如果在 status 結構內加入一個位元欄位 money，佔了 24 個位元，現在以此結構來宣告變數 tom，則 tom 佔了多少個位元組？為什麼？

15. 試依下列題意作答：

    (a) 修改 prog15_4，於結構 status 內加入身高 height 與體重 weight 兩個欄位，height 佔了 8 個位元，單位為公分，weight 也佔了 8 個位元，單位為公斤。

    (b) 利用 (a) 的結構宣告一個結構變數 maruco，並設定初值給它。maruco 的基本資料為女生、未婚、9 歲、162 公分與 50 公斤。

    (c) 試撰寫程式碼，印出變數 maruco 的相關資料。

    (d) 試問變數 maruco 佔了多少個位元組？請以 sizeof() 來驗證。

16. 試著利用位元欄位定義出如下的電腦設備結構，結構名稱為 computer：

    軟碟數目：佔 3 個位元，欄位名稱為 floppy

    硬碟數目：佔 6 個位元，欄位名稱為 hard_disk

    光碟機數目：佔 6 個位元，欄位名稱為 cd_rom

    印表機數目：佔 5 個位元，欄位名稱為 printer

    請於鍵盤中輸入使用者的各種電腦設備數量，然後於程式內，將整個結構的內容列印出來。

chapter 16 邁向 C++之路

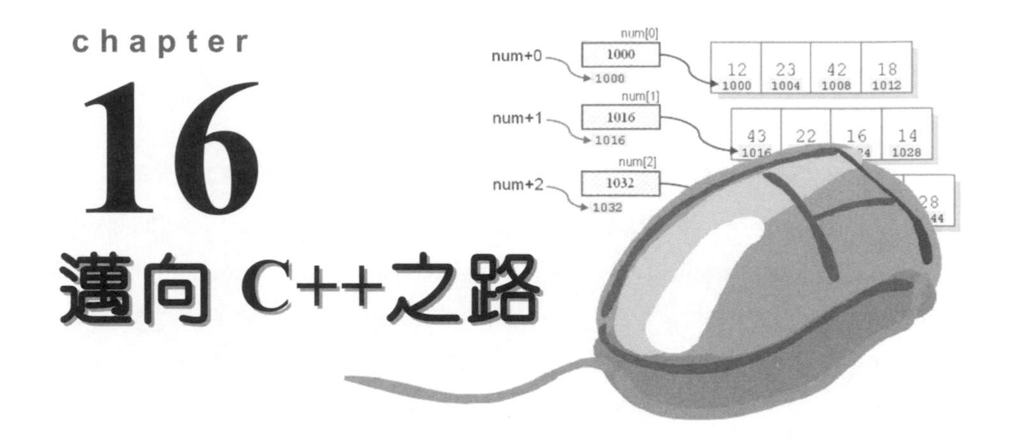

學習到此，您已具備了 C 語言的基本基礎了。現在學習 C++，對您而言應該是件很簡單的事。C++ 是目前最受歡迎的程式語言之一，它的語法與 C 相同，且具物件導向的功能，因而廣受大家的喜愛。目前許多視窗開發程式，如 Visual C++ 與C++ Builder等均是以C++ 為核心語言來開發軟體的，由此可見C++ 廣受歡迎的程度。本章將帶您初探 C++ 的世界，進而學習物件導向程式設計的基本概念。

本章學習目標

- 認識 C++
- 學習 C++ 的輸入與輸出
- 學習函數的多載
- 學習物件導向程式設計的基本概念

16.1 認識 C++

C++ 可視為是由 C 語言延伸而出的新一代程式語言。本節將初步介紹 C++ 的基本概念，使您快速的了解 C++ 的精要，進而踏入物件導向程式設計的殿堂。

C++ 於 1980 年代開始發展，最早是將物件導向（object oriented）的概念加入 C 語言中，產生「C with classes」程式語言。歷經多年的演進，C++ 再以「C with classes」為基礎，加入了封裝（encapsulation）、繼承（inheritance）與多形（polymorphism）等功能，使得它成為一個兼容並蓄的語言；也就是說，您可用類似於 C 語言之語法來撰寫 C++ 的程式碼，或者以物件導向的語法來開發程式，這完全取決於程式設計者的習慣與設計風格。

C++ 是由 C 語言衍生而來，因此它包含了 C 語法的所有功能，也就是說幾乎所有的 C 程式在 C++ 裡只需修改少許的程式碼，或者在完全不需修改程式碼的情況下，便可正確的執行。下圖說明了 C 和 C++ 之間的關係：

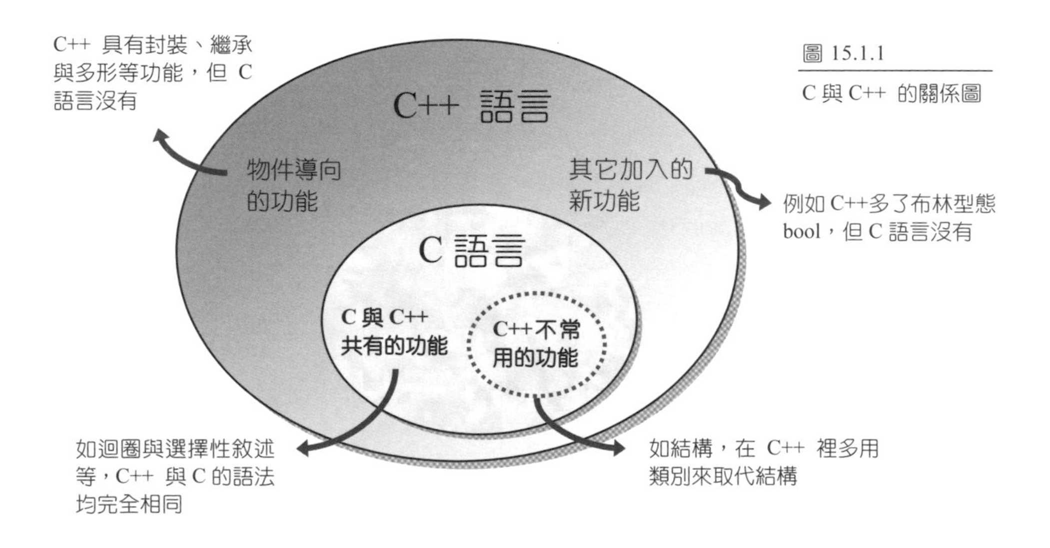

圖 15.1.1
C 與 C++ 的關係圖

讀者可以看到，於上圖中有一塊是用虛線圍起來的的區域，它代表了 C 語言裡已擁有的功能，但在 C++ 裡已提供了更好的功能，因此在 C++ 裡就比較少用它。例如第 11 章所提的結構便是。在 C++ 裡，結構已完全被類別（class）所取代，類別不但包含了結構的所有功能，更提供了一些更好用的功能，使得結構在 C++ 裡已很少被使用。雖然如此，C++ 為了向下相容於 C，在 C++ 裡還是可以使用結構。

C 與 C++ 的最大差別，在於 C++ 具備了物件導向的功能。類別是實現物件導向程式設計重要的元件，因此早期的 C++ 也稱為「具有類別的 C 語言」(C with classes)。一般而言，物件導向程式設計具有三個重要的相關技術，分別為「封裝」、「繼承」與「多形」。

「封裝」是指把資料和函數都包裝在類別的內部，並限定只有特定的函數才能存取到它，用以保護資料的安全。「繼承」則是將既有類別的功能，透過繼承的方式將此功能繼承給新的類別使用，因此新的類別不需再撰寫相同的程式碼，以達到簡化程式碼與程式碼再利用等目的。而「多形」則是子物件可以出現在父物件的場合，而且呼叫函數成員時會依照該物件實際的類別找出正確的函數。限於篇幅的關係，本章只探討了「封裝」與「多形」的技術，對於其它主題有興趣的讀者，可參考介紹 C++ 的專門書籍。

16.2 簡單的例子

首先來看看一個簡單的 C++ 程式，它雖然嬌小，卻包含了 C++ 最基本的概念喔！在撰寫好這個程式碼之後，請記得將它存成「.cpp」的檔案，因為 C++ 的副檔名為 cpp。另外，C++ 編譯的方式與 C 語言完全相同，您只要按照過去慣用的方法來編譯即可。

16.2.1 第一個 C++ 程式碼

下面的程式碼宣告了 3 個不同型態的變數，然後將它們的值列印出來。雖然還沒學過 C++，但是只要稍瀏覽一下這個程式碼與輸出結果，應該不難猜想的出來程式碼裡每一行的用意。再度提醒您，請務必把 prog16_1 存成 prog16_1.cpp，否則程式編譯時將發生錯誤：

```
01  // prog16_1, 簡單的 C++程式
02  #include <iostream>         // 含括 iostream 檔案
03  #include <cstdlib>          // 含括 cstdlib 檔案
04  using namespace std;        // 使用 std 名稱空間
05  int main(void)
06  {
07     char ch='T';
08     int a=12;
09     float b=12.63F;
10
11     cout << ch << "是字元" << endl;   // 印出字元 ch 的內容
12     cout << a << "是整數" << endl;    // 印出變數 a 的內容
13     cout << b << "是浮點數" << endl;  // 印出變數 b 的內容
14
15     system("pause");
16     return 0;
17  }
```

```
/* prog16_1 OUTPUT--

T 是字元
12 是整數
12.63 是浮點數
------------------------*/
```

程式解說

在本例中，第 1 行是程式的註解。C++ 的註解是以「//」記號開始，至該行結束。C++ 為了向下相容於 C 語言，所以 C 語言的註解方式，在 C++ 裡一樣可以使用。

第 2 與第 3 行

```
02   #include <iostream>
03   #include <cstdlib>
```

則是告訴編譯器把 iostream 與 cstdlib 這兩個標頭檔含括進來。iostream 為 input/output stream 的縮寫，意思為輸入/輸出串流，舉凡 C++ 裡有關輸入與輸出相關的函數大部份都定義在 iostream 這個檔案裡。

cstdlib 則是 standard library 的縮寫，為標準函數庫。它相當於 C 語言裡 stdlib.h，只是 C++ 把它更名為 cstdlib。

第 4 行

```
04   using namespace std;
```

是用來設定名稱空間（name space）為 std（std 為 standard 的縮寫，代表標準的意思）。在 ANSI/ISO C++ 最新的規範中，C++ 標準程式庫（library）裡所包含的函數、類別與物件等均是定義在 std 這個名稱空間內，所以我們必須指明使用的名稱空間為 std，以便使用 C++ 所提供的標準程式庫。

使用名稱空間的用意在於它可區隔識別字，使得在不同名稱空間的變數或函數，即使具有相同的名稱，也不會彼此受到干擾。然而它也不是非用不可。如果您不想撰寫第 4 行的敘述，則可以在 11~13 行的 cout 與 endl 物件之前加上「std::」，使得這 3 行成為如下的敘述：

```
11   std::cout << ch << "是字元"  << std::endl;
12   std::cout << a << "是整數"   << std::endl;
13   std::cout << b << "是浮點數" << std::endl;
```

然而這麼做在撰寫上稍嫌麻煩，因此還是建議加入第 4 行名稱空間的設定，以避免掉一些不必要的問題。

第 7~9 行分別宣告了 char、int 與 float 型態的變數。C++ 提供的基本型態與 C 語言差不多，但多了一個 bool（即布林）型態，稍後將會介紹它怎麼使用。

第 11~13 行的敘述為

```
11   cout << ch << "是字元" << endl;
12   cout << a << "是整數" << endl;
13   cout << b << "是浮點數" << endl;
```

cout（唸做 c-out）可想像成是 C++ 的標準輸出裝置（通常指螢幕），而運算子「<<」則是把其右邊的字串（或變數的值）送到標準輸出裝置，即一般的螢幕上。endl（end of line 的縮寫）則是換行碼，告訴程式必須於此處換行。注意 endl 的最後一個字母不是數字 1，而是英文的小寫字母 ℓ。以第 11 行為例，字元 ch 的值會先被送上螢幕，接下來傳送字串 "是字元"，最後再送上 endl 換行碼來換行。

事實上，cout、endl 與運算子「<<」均是定義在 iostream 檔案內，因此程式第 2 行必須把它含括進來，就是這個原因。 ❖

簡單地介紹了 prog16_1 這個程式，相信您也體驗到 C++ 與 C 語言幾個主要的不同之處了。讀者可以觀察到在 C++ 裡已不再使用 C 語言裡常用的 printf() 函數，因為 cout 提供了更簡便的輸出功能。printf() 函數必須使用控制碼「%d」、「%f」等來告知欲列印之變數的型態，然而 cout 則可不必告知，即可正確的列印出變數的值。

另外，也許您已注意到了，cout 所使用的「<<」運算子和 14 章所介紹的位元左移運算子是相同的，但編譯器可依據「<<」所接的運算元，正確的解讀它所扮演的角色。事實上，同一個運算子卻可用來做不同的事情，這正是在 C++ 裡，運算子「多載」（overloading）的技術之一。關於多載技術的解說，讀者可參考 16.3 節。

16.2.2 關於 ANSI/ISO C++的標準

如果您有接觸過 C++ 語言，或是參考過其它早期 C++ 的書籍，也許會發現在標頭檔的撰寫上，會使用帶有附加檔名的標頭檔，如下面的敘述：

```
#include <iostream.h>     // 含括 iostream.h 檔案
#include <stdlib.h>       // 含括 stdlib.h 檔案
```

而且也不需設定名稱空間 std，程式碼照樣可以編譯與執行。事實上，這是因為 C++新舊版本的差別。新版的 ANSI/ISO C++ 於 1997 年頒佈，它把標頭檔的副檔名.h 捨棄不用，且把原先從 C 語言移植到 C++ 的函數庫，在其標頭檔名稱之前加上一個小寫的字母 c，用以區分此函數庫是從 C 移植過來。例如，cstdlib 與 cmath 標頭檔即是分別從原先 C 語言裡的 stdlib.h 與 math.h 標頭檔移植而來。因此，您所看到的 C++ 標頭檔可能有下面四種型態：

(1) C 語言的標頭檔：以「.h」結尾，如 stdio.h、stdlib.h 等。這種標頭檔可在 C 或 C++ 中使用。

(2) C++ 的標頭檔：以「.h」結尾，如 iosteram.h 等。這種標頭檔可在 C++ 中使用。

(3) ANSI/ISO C++ 新標準的標頭檔：沒有副檔名，如 iosteram 等。

(4) ANSI/ISO C++ 新標準裡，從 C 移植過來的標頭檔：沒有副檔名，字首有加上一個小寫的 c，如 cmath、cstdlib 等。

除了標頭檔的不同之外，新版的 ANSI/ISO C++ 也將所有的函數、類別與物件名稱放在特定的名稱空間 std 內，所以您必須利用 using namespace 來設定名稱空間為 std。

目前較新的 C++ 編譯器均支援了 ANSI/ISO C++ 新標準，然而如果您以舊式的寫法來撰寫 C++，新版的編譯器多半是可以接受，但可能會出現一些警告訊息，提醒您應該採用新式的語法來撰寫。

16.2.3 由鍵盤輸入資料

相對於 cout 的輸出，cin（唸做 c-in）是用來從鍵盤讀取資料。例如想由鍵盤中讀取一整數值，並指定給變數 num 存放，可以寫出如下的敘述：

```
int num;            // 宣告 num 為整數型態的變數
cin >> num;         // 由鍵盤中讀取一整數值，並指定給變數 num 存放
```

於上面的敘述中，「>>」是資料流擷取運算子（stream extraction operator），它可用來從鍵盤輸入資料。通常會在使用 cin 前，先利用 cout 輸出一個提示訊息，讓使用者知道下一刻要準備輸入什麼樣的資料，如下面的程式片段：

```
cout << "Input an integer:";  // 提示訊息，請使用者輸入資料
cin >> num;                   // 由鍵盤中讀取一整數值，並指定給變數 num 存放
```

下面的程式是由鍵盤輸入兩個數字，其中一個是整數，另一個是浮點數。程式的輸出是兩個數相加之後的結果：

```
01  // prog16_2, 利用 cin 輸入資料
02  #include <iostream>
03  #include <cstdlib>
04  using namespace std;
05  int main(void)
06  {
07     int x;
08     float y;
09     cout << "請輸入一個整數:";
10     cin >> x;           // 由鍵盤讀取一整數，並指定給變數 x 存放
11     cout << "請輸入一個浮點數:";
12     cin >> y;           // 由鍵盤讀取一浮點數，並指定給變數 y 存放
13     cout << x << "+" << y << "=" << x+y << endl;  // 計算並輸出 x+y
14
15     system("pause");
16     return 0;
17  }
```

```
/* prog16_2 OUTPUT----
請輸入一個整數:12
請輸入一個浮點數:26.87
12+26.87=38.87
----------------------*/
```

程式解說

於本例中，第 10 行利用 cin 讀取一個整數，第 12 行則是利用 cin 讀取一個浮點數。事實上，C++ 的 cin 不但可以輸入整數與浮點數，還可以輸入如字元與字串等資料型態，且不必使用如 scanf() 函數所使用的輸入格式控制碼，如「%d」、「%c」等，因此使用起來更為方便。 ❖

16.2.4 布林型態

C++ 提供了一種新的資料型態，即布林（boolean）型態。它的值只有 true（真）和 false（假）兩種。C++ 是以 bool 關鍵字來宣告布林變數，而 true 與 false 也就順理成章的成了 C++ 的關鍵字。舉例來說，想宣告變數名稱為 status 的布林變數，並設值為 true，可以寫出如下的敘述：

```
bool status=true;     // 宣告布林變數 status，並設值為 true
```

經過宣告之後，布林變數 status 的初值即為 true。

true 與 false 並不是 C 語言的關鍵字，所以它們並不能在 C 的程式碼裡使用。在 C 語言裡，非 0 的數可用來代表 true，而 0 則是用來表示 false，C++ 為了向下相容於 C，因此也可以把 0 或非 0 的數設給 bool 型態的變數，如下面的範例：

```
bool test=1;      // 宣告布林變數 test，並設定為 true
```

下面是布林變數的使用範例。於此範例中，讀者可由鍵盤輸入一個整數，然後判別所輸入的數值是奇數還是偶數，並把判別的結果設定給布林型態的變數 is_odd 存放：

```
01  // prog16_3, 布林變數的使用
02  #include <iostream>
03  #include <cstdlib>
04  using namespace std;
05  int main(void)
06  {
07    bool is_odd;              // 宣告布林型態的變數 is_odd
08    int num;
09
10    cout << "請輸入一個正整數: ";
11    cin >> num;
12
13    if(num%2!=0)
14      is_odd=true;     // 如果 num 是奇數，設定 is_odd 為 true
15    else
16      is_odd=false;    // 如果 num 是偶數，設定 is_odd 為 false
17
18    if(is_odd)
19      cout << num << "是奇數" << endl;
20    else
21      cout << num << "是偶數" << endl;
22    system("pause");
23    return 0;
24  }
```

```
/* prog16_3 OUTPUT---
請輸入一個正整數: 53
53 是奇數
-----------------------*/
```

程式解說

程式第 7 行宣告了布林型態的變數 is_odd，並於 13~16 行的判別來設定 is_odd 的值是 true 或 false。於本例中，我們輸入 53，因此第 14 行會設定 is_odd 為 true，於是 18 行判斷值為 true，所以 19 行印出 "53 是奇數" 字串。 ❖

16.2.5 變數的位置

C 語言只能把變數宣告於任一程式區塊最開始的地方，但 C++ 就沒有這個限制了。C++ 可以在程式的任何地方宣告變數，當然也可以在迴圈裡宣告。有趣的是，在迴圈裡宣告的變數只能算是屬於迴圈內的區域變數（local variable），只要跳出迴圈，這個變數便不能再使用。我們以一個範例來說明迴圈內區域變數的使用：

```
01  // prog16_4, 變數宣告的位置
02  #include <iostream>
03  #include <cstdlib>
04  using namespace std;
05  int main(void)
06  {
07     int i=20;       // 宣告變數 i，並設值為 20
08
09     for(int i=0;i<3;i++)                       } 變數 i 的有效範圍
10       cout<<"在 for 迴圈裡,i="<<i<<endl;       }
11
12     cout<<"for 迴圈執行完後,i="<<i<<endl;  // 執行完迴圈後，印出 i 的值
13
14     system("pause");
15     return 0;
16  }
```

```
/* prog16_4 OUTPUT--
在 for 迴圈裡,i=0
在 for 迴圈裡,i=1
在 for 迴圈裡,i=2
for 迴圈執行完後,i=20
----------------------*/
```

程式解說

於 prog16_4 中，第 7 行宣告了一個整數變數 i，但是在 9~10 行的 for 迴圈裡也宣告了相同名稱的變數 i。在 for 迴圈內，變數 i 是扮演迴圈區域變數的角色，它的有效範圍僅在 for 迴圈（9~10 行），只要一離開這個迴圈，區域變數 i 便無法使用。

相對的，第 7 行所宣告的變數 i 是宣告在 main() 一開始的地方，因此它的活動範圍從第 7 行開始到第 16 行結束，所以第 12 行會印出 i 的值為 20。讀者可以注意到，在 for 迴圈內更改了 i 值時，第 7 行所宣告的變數 i 之值並不會跟著被更改，因為這兩個變數 i 是不同的變數。 ❖

16.3 函數的多載

對您而言，多載（overloading）也許是個新的名詞，但在日常生活中，您可能早已習慣它了！冷氣機的三機一體，一台機器便兼具冷氣、暖氣和除濕等三項功能，這恰好符合了「多載」的概念。所謂的「多載」是指相同的函數名稱，如果引數個數不同，或者是引數個數相同、型態不同的話，函數便具有不同的功能。就像一台三機一體的冷氣機（函數名稱相同），只要按下不同的按鈕，或不同按鈕的組合（引數個數不同，或引數型態不同），便能產生冷氣、暖氣和除濕等不同的功能（函數有不同的功能）。

C++ 提供了「多載」的功能，它將功能相似的函數，以相同名稱命名，編譯器便會根據引數的個數與型態，自動執行相對應的函數。

接下來以一個簡單的例子說明多載的使用。下面的程式宣告了兩個名稱皆為 show 的函數，但它們可依引數型態的不同來呼叫正確的函數。程式的撰寫如下：

```
01  // prog16_5, 函數多載的範例--引數個數相同，但型態不同
02  #include <iostream>
03  #include <cstdlib>
04  using namespace std;
05  void show(int);                    // show(int)的原型
06  void show(double);                 // show(double)的原型
07  int main(void)
08  {
09     int a=26;
10     double b=3.14;
11     show(a);                        // 傳入整數到 show()函數裡
```

```
12      show(b);                    // 傳入倍精度浮點數到 show()函數裡
13
14      system("pause");
15      return 0;
16   }
17   void show(int num)            // show()函數，可接收一個整數
18   {
19      cout << num << "是一個整數" << endl;
20   }
21   void show(double num)         // show()函數，可接收一個倍精度浮點數
22   {
23      cout<< num << "是一個倍精度浮點數" << endl;
24   }
```

```
/* prog16_5 OUTPUT--
26 是一個整數
3.14 是一個倍精度浮點數
-----------------------*/
```

程式解說

於本例中，17~20 行定義了可接收整數的函數 show()，21~24 行定義了可接收倍精度浮點數的 show()。這兩個 show() 雖然名稱相同，但是它們可根據引數型態的不同（一個為整數，另一個為倍精度浮點數）自動呼叫正確的函數。例如程式碼第 11 行便呼叫了 17~20 行的 show()，而第 12 行則呼叫了 21~24 行的 show()。 ❖

接下來再看一個利用引數個數的不同來多載函數的範例。下面的函數定義了 star() 函數，它可以不傳入任何引數，也可以傳入一個整數。如果沒有傳入引數，則印出 5 個星號（*）；若是傳入整數 n，則印出 n 個星號：

```
01   // prog16_6, 函數多載的範例--引數個數不同
02   #include <iostream>
03   #include <cstdlib>
04   using namespace std;
05   void star(void);          // 宣告 star(void)的原型
06   void star(int);           // 宣告 star(int)的原型
07   int main(void)
```

```
08  {
09     star();                 // 呼叫沒有引數的 star()
10     star(9);                // 呼叫有一個整數引數的 star()
11
12     system("pause");
13     return 0;
14  }
15  void star(void)             // 定義 star(void)函數
16  {
17     cout << "印出 5 個星號: *****" << endl;
18  }
19  void star(int num)          // 定義 star(int)函數
20  {
21     cout << "印出" << num << "個星號: ";
22     for(int i=1;i<=num;i++)
23        cout << "*";
24     cout << endl;
25  }
```

```
/* prog16_6 OUTPUT----
印出 5 個星號: *****
印出 9 個星號: *********
-----------------------*/
```

程式解說

本例定義了兩個 star() 函數，一個不需要接收引數，另一個必須接收一個整數引數。從程式的輸出中，可以看到 star() 函數會根據所給予的引數來呼叫正確的函數，這正是「多載」的機制所致。 ❖

16.4 認識類別

也許您對類別（class）的概念還相當陌生，其實它的基本觀念卻相當的簡單。到目前為止，您已學會了如何以 struct 定義結構，進而組成多種資料型態的變數。類別有點類似結構，但其實用性卻遠遠超過結構。

16.4.1 類別與結構

類別可看成是結構的擴充。結構可以做到的事，類別都能做到，而且它可以做到結構所無法做到的事。在結構裡，我們可以定義不同資料型態的變數，類別也具有相似的功能；不僅如此，在類別裡尚可定義函數（function），使得它可做一些特定的運算。

我們先來看一下如何利用第十一章所介紹的結構來描述一個視窗（window），並計算其面積，稍後再把這個程式修改成以類別的方式來表示。

我們所熟悉 Windows 裡的視窗通常為矩形，因此寬（width）和高（height）自然就成了視窗最重要的屬性（attributes）。當然，一個基本的視窗尚有其它的屬性，如視窗的編號（id）與 視窗的標題（title）等等。

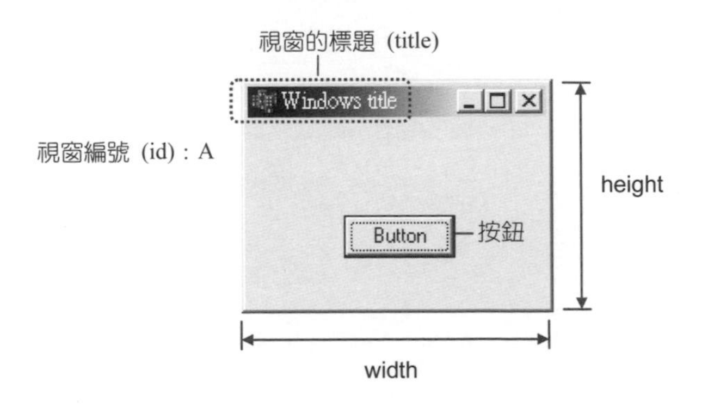

圖 15.4.1

視窗示意圖。右圖繪出了視窗常見的屬性，如視窗的標題、寬與高等

下面的範例只考慮視窗的編號 id，用來識別不同的視窗，以及 width 和 height 這兩個用來描述視窗寬與高的屬性。為了簡化起見，我們把 id 的資料型態設為字元（char），把 width 和 height 設為整數（int）。

根據 width 和 height 這兩個屬性，視窗的面積（area）便可求出（area=width*height）。如果要以結構來描述此問題，最直覺的方法是把 id、width 和 height 當成是結構的成員，再定義一個函數 area()，用來計算視窗的面積就可以了。依照此觀念，程式的撰寫如下：

```
01  // prog16_7, 利用結構來表示視窗
02  #include <iostream>
03  #include <cstdlib>
04  using namespace std;
05  struct Win        // 利用結構來定義視窗
06  {
07     char id;
08     int width;           // Win 結構的 width 成員
09     int height;          // Win 結構的 height 成員
10  };
11
12  int area(struct Win w)          // 定義函數 area()，用來計算面積
13  {
14     return w.width*w.height;    // 面積=寬*高
15  }
16
17  int main(void)
18  {
19     Win win1;            // 宣告 Win 結構的物件 win1
20
21     win1.id='A';
22     win1.width=50;       // 設定 width 為 50
23     win1.height=40;      // 設定 height 為 40
24
25     cout<<"Window "<< win1.id<<", area="<<area(win1)<<endl;
26     system("pause");
27     return 0;
28  }
```

```
/* prog16_7 OUTPUT---
Window A, area=2000
----------------------*/
```

程式解說

本例簡單的說明了如何利用結構來描述一個視窗，並另外定義了 area() 函數，可接收結構 Win，用來計算視窗的面積。現在這個程式雖然平凡無奇，但它可是學習類別基本概念的好幫手喔！稍後我們將以它為基礎，進而介紹類別的基本概念。 ❖

prog16_7 把 area() 函數定義在結構 Win 之外，然而 area() 是用來計算 Win 物件的面積，因此它與 Win 結構息息相關，所以如果能把 area() 函數和 width 與 height 這兩個屬性封裝在同一個程式區塊內，似乎是很自然的事。怎麼做？利用類別即可達到此一要求。在類別內不但可以定義視窗的長與寬，更可以把 area() 函數封裝在類別內，利用它來取得視窗的長與寬成員，並進而計算其面積。

16.4.2 類別的基本概念

類別的發展，是為了讓程式語言能更清楚地描述出日常生活的事物。例如前述的「視窗」便可利用類別來表示。也就是說，我們可以定義一個「視窗」類別，以方便描述視窗的一些特性。類別是由「資料成員」與「函數成員」封裝而成的，它們的基本概念分述如下：

資料成員

每一個視窗，不論尺寸的大小，均具有「寬」與「高」這兩個屬性，這兩個屬性自然就可選為「視窗」類別的資料成員（data member）。當然，視窗類別還可能有其它的資料成員，如顏色、標題等。

函數成員

對於「視窗」類別而言，除了「寬」與「高」這兩個資料之外，計算其面積是我們感興趣的事。因此可以把計算面積的函數納入視窗類別裡，變成類別的函數成員（function member）。在傳統的程式語言裡，諸如計算面積等相關的功能，通常是交由獨立的函數來處理，但在物件導向程式設計裡，這些函數是封裝在類別內，成為類別的成員之一。

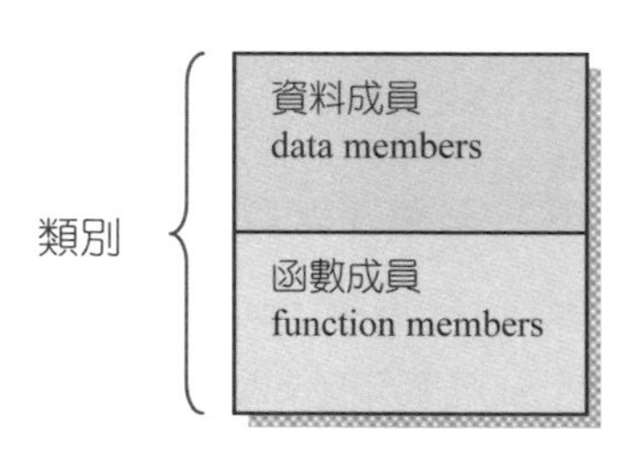

圖 15.4.2
類別是由資料成員與函數成員封裝而成

資料的封裝

依據上述的概念可知，所謂的「類別」是把事物的資料與相關函數封裝（encapsulate）在一起，形成一種特殊的結構。以「視窗」類別為例，視窗類別的資料成員有 width 與 height，而函數成員為計算面積的 area()，現在將它們封裝在一起，就成為「視窗」類別，如下圖所示：

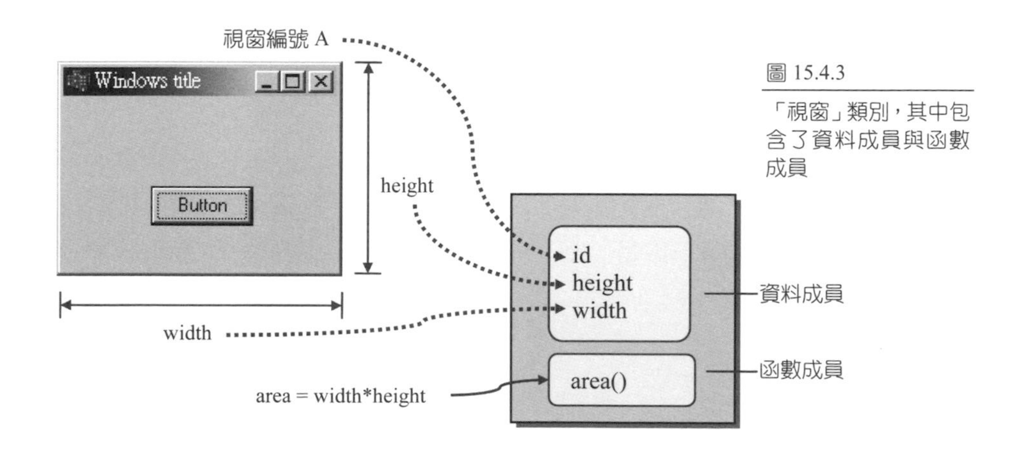

圖 15.4.3
「視窗」類別，其中包含了資料成員與函數成員

像這種把資料成員 width、height 與函數成員 area() 包裝在同一個類別內的做法，在 OOP 的術語裡稱之為封裝（encapsulation）。「encapsulate」的原意是「將...裝入膠囊內」，現在膠囊就是類別，而資料成員與函數成員便是被封裝進去的東西。

16.4.3 類別的定義與宣告類別型態的變數

要使用類別之前，必須先定義它，然後才可利用所定義的類別來宣告變數，並建立物件。類別定義的語法如下：

格式 15.4.1

類別的定義格式

```
class 類別名稱
{
   public:
     資料型態 變數名稱;   } 宣告資料成員
     ...
     傳回值型態  函數名稱(型態 1 引數 1, 型態 2 引數 2,...)  ┐
     {                                                      │
        程式敘述 ;     } 函數的本體(body)                   │ 定義函數成員
        return 運算式;                                      │ 的內容
     }                                                      ┘
   ...
};
```

以稍早介紹的視窗為例，我們可定義如下的「視窗」類別：

```
class CWin  // 定義視窗類別 CWin
{
  public:   // 在此以下宣告之成員的屬性皆屬公有
    char id;          // 宣告資料成員 id          ┐
    int width;        // 宣告資料成員 width       │ 宣告資料成員
    int height;       // 宣告資料成員 height      ┘

    int area()        // 定義函數成員 area()，用來計算面積  ┐
    {                                                      │ 定義函數成員
      return width*height;   // 計算面積                   │
    }                                                      ┘
};
```

附帶一提，本章習慣上均以大寫 C 為開頭的識別字（如 CWin）當成類別的名稱，以方便和其它變數做區隔。

成員存取的控制權

也許您已注意到類別定義格式中的 public 關鍵字。事實上，public 這個關鍵字設定了在它之後的成員，其屬性均為公有（public），也就是這些成員可隨意的在類別外部做存取。類別成員的屬性也可設定為 private（私有），如此一來，這些成員則只能在類別內部存取。有關 private 的設定，本章稍後再做詳細的討論它的作用。

這兒有一點要提醒您，類別內的成員，其預設的屬性為 private，這點與結構不同（結構的內定存取屬性為 public）。也就是說，如果您省略了 public 關鍵字，則所有的成員均將視為具有 private 的屬性。

16.4.4 建立新的物件

現在我們已學會如何定義一個類別，並且撰寫相關的成員。但如果要讓程式動起來，單單有類別還不夠，因類別只是一個模版，我們必須用它來建立屬於該類別的物件 (object)。以視窗類別來說，從定義類別到建立新的物件，可以把它想像成：

先打造一個「視窗」的模版（定義類別），再以此模版打造「視窗」（建立物件）

建立物件

有了上述的概念之後，便可著手撰寫程式碼。欲建立屬於某個類別的物件，只要把該類別當成是一種資料型態，再以該資料型態來宣告變數就可以了。舉例來說，如果要建立視窗類別的物件，可用下列的語法來建立：

```
CWin win1;        // 宣告 CWin 類別型態的變數 win1
```

經過這個步驟，便可透變數 win1，存取到物件裡的內容。當然，我們也可以同時宣告兩個或兩個以上的類別變數：

```
CWin win1,win2;    // 同時宣告 CWin 類別型態的變數 win1 與 win2
```

新建立好的物件 win1（或 win2），因為是由 CWin 類別所建立，所以生來即具有 id、width 與 height 變數，同時也包括了 area() 這個計算面積的函數。下圖是由「視窗」類別所建立出具有該類別特性的「視窗」物件：

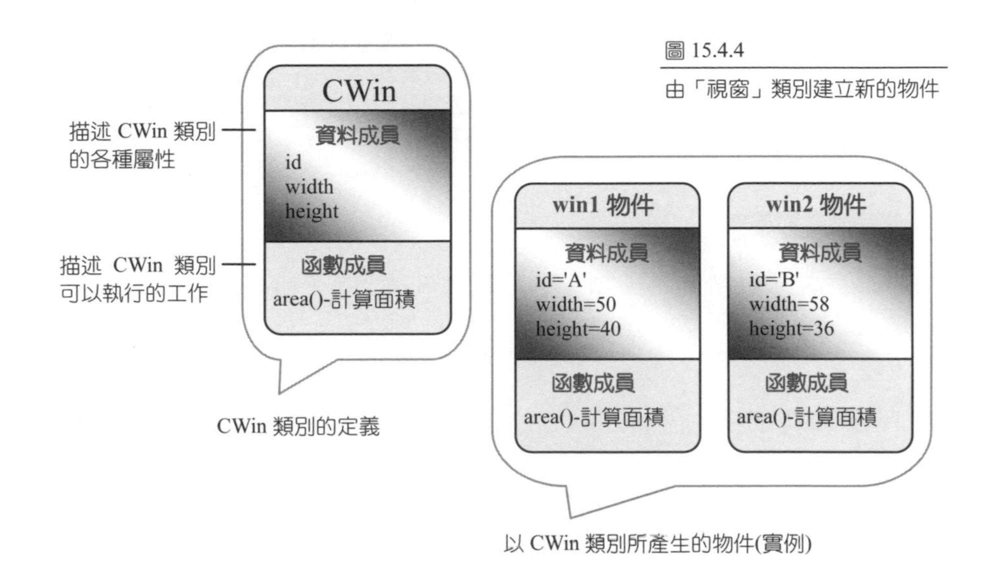

圖 15.4.4
由「視窗」類別建立新的物件

在物件導向程式設計的術語裡，由類別所建立的物件稱為 instance。有些書把 instance 譯為「實例」或「實體」，但本書還是使用「由類別所建立的物件」，或是直接用「物件」來稱呼它；在某些場合裡，我們也會以「類別型態的變數」或「變數」來稱呼。

存取物件的內容

如果要存取物件裡的某個資料成員時，可以透過下面語法來達成：

物件名稱.特定的資料成員

格式 15.4.2
存取物件中的資料成員

例如，物件 win1 的資料成員可藉由下列的語法來指定：

```
win1.id='A';          // 設定 win1 物件的 id 成員為 A
win1.width=50;        // 設定 win1 物件的寬為 50
win1.height=40;       // 設定 win1 物件的高為 40
```

透過物件來呼叫函數

類別裡的函數成員必須透過物件來呼叫。要呼叫函數成員時，可利用下面語法來達成：

物件名稱.函數成員名稱()

格式 15.4.3
透過物件呼叫函數成員

舉例來說，如果想計算物件 win1 的面積時，可利用 win1 來呼叫函數成員 area()，如下面的語法：

```
win1.area();      // 利用 win1 物件呼叫函數成員 area()
```

16.4.5 完整類別的程式範例

簡單的認識類別之後，我們將利用前幾節所學過的基本概念，實際撰寫一個含有類別的完整程式：

```
01  // prog16_8, 第一個類別程式
02  #include <iostream>
03  #include <cstdlib>
04  using namespace std;
05  class CWin              // 定義視窗類別 CWin
06  {
07     public:              // 設定資料成員為公有
08       char id;
09       int width;
10       int height;
11
12       int area(void)     // 定義函數成員 area()，用來計算面積
13       {
14          return width*height;
15       }
16  };
17
18  int main(void)
19  {
20     CWin win1;           // 宣告 CWin 類別型態的變數 win1
21     win1.id='A';
22     win1.width=50;       // 設定 win1 的 width 成員為 50
23     win1.height=40;      // 設定 win1 的 height 成員為 40
24
25     cout << "Window " << win1.id << ":" << endl;
26     cout << "Area = " << win1.area() << endl;  // 計算面積
27     cout << "sizeof(win1) = " << sizeof(win1) << "個位元組" << endl;
28
29     system("pause");
30     return 0;
31  }
```

```
/* prog16_8 OUTPUT------

Window A:
Area = 2000
sizeof(win1) = 12 個位元組
---------------------------*/
```

程式解說

程式 5~16 行定義了 CWin 類別，其中包含了資料成員的宣告與函數成員的定義。由於 C++ 的執行是從 main() 開始，因此程式執行到第 20 行時，便會根據 CWin 類別所提供的資訊來建立 win1 物件。21~23 行把 win1 物件裡的資料成員分別設值後，第 25 行印出 id 成員的值，第 26 行透過物件 win1 呼叫 area() 函數，並把結果列印在螢幕上。

第 27 行印出了物件 win1 所佔的位元組，得到 12 個位元組。也許您會感到好奇，在 Dev C++ 裡，每一個整數佔了 4 個位元組，字元則佔了 1 個位元組，但在 CWin 類別裡，width 與 height 資料成員皆為整數，id 為字元，應該總共佔了 9 個位元組，為何顯示的結果卻是 12 個位元組？

這是因為 Dev C++ 的編譯器是以資料成員內，佔最多位元組的資料型態之位元組為單位來配置物件的記憶空間。於本例中，整數佔最多位元組，所以是以 4 個位元組為單位，少於 4 個位元組時還是配上 4 個位元組的空間，因此 CWin 所建立的物件共佔了 12 個位元組。

最後有一點請您注意，CWin 類別定義的位置必須放在 main() 函數的前面，否則 main() 函數在編譯時，將會找不到 CWin 類別的定義而發生錯誤。 ❖

16.4.6 函數成員的相互呼叫

在類別定義的內部，函數成員使用起來就像是一般的函數一樣，彼此之間也可以相互呼叫，我們先來看一個簡單的程式：

```
01  // prog16_9, 函數成員的相互呼叫
02  #include <iostream>
03  #include <cstdlib>
04  using namespace std;
```

```
05  class CWin       // 定義視窗類別 CWin
06  {
07    public:
08      char id;
09      int width;
10      int height;
11
12      int area(void)        // 定義函數成員 area()，用來計算面積
13      {
14        return width*height;
15      }
16      void show_area(void)  // 定義函數成員 show_area()，用來顯示面積
17      {
18        cout<<"Window "<< id <<", area=" << area() << endl;
19      }
20  };                                          呼叫 area() 函數
21
22  int main(void)
23  {
24    CWin win1;
25
26    win1.id='A';
27    win1.width=50;
28    win1.height=40;
29    win1.show_area();       // 呼叫 show()函數
30
31    system("pause");
32    return 0;
33  }
```

```
/* prog16_9 OUTPUT--
Window A, area=2000
---------------------*/
```

程式解說

於本例中，area() 與 show_area() 函數皆是定義在 CWin 類別內，而 show_area()函數則是透過 18 行呼叫同一類別內的 area() 函數。由此例可知，在同一個類別的定義裡面，函數之間仍可相互呼叫。 ❖

16.4.7 傳遞物件到函數裡

函數除了可以傳遞一般基本型態的引數之外，也可傳遞由類別所建立的物件。下面的範例修改自 prog16_9，在 CWin 類別內多加了一個函數成員 set_data()，可用來設定資料成員的值，另外我們把 prog16_9 裡的 show_area() 移到類別定義的外部，使得它是一般的函數，並利用它來示範如何傳遞物件給函數：

```
01  // prog16_10, 傳遞物件到函數裡
02  #include <iostream>
03  #include <cstdlib>
04  using namespace std;
05  class CWin              // 定義視窗類別 CWin
06  {
07    public:
08      char id;
09      int width;
10      int height;
11
12      int area(void)    // 定義函數成員 area()，用來計算面積
13      {
14        return width*height;
15      }
16
17      void set_data(char i,int w,int h)  // 定義 set_data()函數
18      {
19        id=i;             // 設定 id 成員
20        width=w;          // 設定 width 成員
21        height=h;         // 設定 height 成員
22      }
23  };
24
25  void show_area(CWin win)    // 把 show_area()定義成一般的函數
26  {
27    cout<<"Window "<<win.id<<", area="<<win.area()<< endl;
28  }
29
30  int main(void)
31  {
32    CWin win1;
```

```
33
34     win1.set_data('B',50,40);   // 由 win1 物件呼叫 set_data()函數
35     show_area(win1);            // 傳遞 win1 物件到 show_area()函數裡
36
37     system("pause");
38     return 0;
39  }
```

```
/* prog16_10 OUTPUT---
Window B, area=2000
-----------------------*/
```

程式解說

於本例中，17~22 行定義了 set_data() 函數，以方便我們設定資料成員的值。另外，在 25~28 行也定義了函數 show_area()，因為它是定義在 CWin 類別的外部，所以它並不屬於 CWin 類別的函數成員，而是一般的函數。show_area() 可接收 CWin 型態的物件，然後把物件的 id 成員與面積顯示出來。

請注意 34 與 35 行的差別。34 行是由 win1 物件呼叫 set_data() 函數，來設定資料成員的值，而 35 行並不是由 win1 物件來呼叫 show_area () 函數（事實上，您也無法如此做），因為 show_area () 並不是 CWin 類別的函數成員，而是傳遞 win1 物件到 show_area() 函數裡，藉以顯示於 win1 物件的資料。下圖說明了 set_data() 與 show_area() 這兩個函數的區別：

由 win1 物件呼叫 set_data() 函數

```
win1 .set_data('B',50,40);

show_area( win1 );
```

傳遞 win1 物件到 show_area() 函數裡

圖 15.4.5

比較 set_data() 函數與 show_area() 函數的不同

❖

16.4.8 函數成員的多載

還記得在前幾節裡所提及的「多載」嗎？在類別裡定義的函數成員也可以多載。函數多載的技術不但可以讓相同名稱的函數有不同的功能，同時也可以讓程式更加的容易閱讀。我們以下面的例子來做說明。

於 prog16_11 中，我們在 CWin 類別內定義了三個名稱相同，但引數個數不同的函數 set_data()。第一個 set_data() 函數接收三個引數，可用來對所有的成員設值。第二個 set_data() 函數可接收一個字元，用來設定 id 成員，而第三個 set_data() 函數則可接收二個整數，用來設定 width 與 height 成員：

```
01  // prog16_11, 函數成員的多載
02  #include <iostream>
03  #include <cstdlib>
04  using namespace std;
05  class CWin              // 定義視窗類別 CWin
06  {
07    public:
08      char id;
09      int width;
10      int height;
11
12      int area(void)    // 定義函數成員 area()，用來計算面積
13      {
14        return width*height;
15      }
16      void show_area(void)
17      {
18        cout<<"Window "<< id <<", area=" << area() << endl;;
19      }
20      void set_data(char i,int w,int h)  // 第一個 set_data()函數
21      {
22        id=i;
23        width=w;
24        height=h;
25      }
26      void set_data(char i)              // 第二個 set_data()函數
```

```
27        {
28           id=i;
29        }
30        void set_data(int w,int h)          // 第三個 set_data()函數
31        {
32           width=w;
33           height=h;
34        }
35     };
36
37     int main(void)
38     {
39        CWin win1,win2;
40
41        win1.set_data('A',50,40);          // 呼叫有三個引數的 set_data()
42        win2.set_data('B');                // 呼叫有一個引數的 set_data()
43        win2.set_data(80,120);             // 呼叫有兩個引數的 set_data()
44
45        win1.show_area();        // 利用 win1 物件呼叫 show_area()
46        win2.show_area();        // 利用 win2 物件呼叫 show_area()
47
48        system("pause");
49        return 0;
50     }
```

```
/* prog16_11 OUTPUT---
Window A, area=2000
Window B, area=9600
-----------------------*/
```

程式解說

於本例中，41 行呼叫了有 3 個引數的 set_data() 函數，因而第一個 set_data() 函數被呼叫，於是 win1 物件的所有資料成員皆被設值。相同的，42 與 43 行分別呼叫了具有 1 個與 2 個引數的 set_data() 函數，所以第二與第三個 set_data() 函數會被呼叫，因此 win2 物件的所有資料成員也被設值。

由本例可看出，藉由函數的多載，同一名稱的函數可具有不同的功能，多載的好處由此可見。稍後我們將提到的建構元（constructor），也可利用這種技術來進行建構元的多載。關於建構元的多載，我們稍後再做討論。

另外，讀者也許注意到了，在 prog16_10 裡，show_area() 函數是定義在類別的外部，但在本例中，我們將它移到 CWin 類別內，使得它成為 CWin 類別的函數成員，因此 45 與 46 行可以分別利用物件 win1 與 win2 來呼叫它。 ❖

16.5 公有成員與私有成員

於 16.4 節所介紹的 CWin 類別中，讀者可發現它的三個資料成員，id、width 與 height 可以任意在 CWin 類別外部更改。這雖然方便，但是在某個層面來說，卻是隱藏著潛在的危險，我們舉個簡單的例子來做說明。下面的程式碼和 prog16_9 幾乎完全相同，除了 28 行的設定，win1 物件的 width 成員被設成-50。

```
01  // prog16_12, 在類別定義的內部呼叫函數
02  #include <iostream>
03  #include <cstdlib>
04  using namespace std;
05  class CWin    // 定義視窗類別 CWin
06  {
07    public:
08      char id;
09      int width;
10      int height;
11
12      int area(void)
13      {
14        return width*height;
15      }
16      void show_area(void)
17      {
18        cout<<"Window "<< id;
19        cout<<", area=" << area() << endl;
20      }
21  };
```

CWin 類別內部

```
22
23  int main(void)
24  {
25     CWin win1;
26
27     win1.id='A';
28     win1.width=-50;     // 刻意將 width 成員設為-50
29     win1.height=40;
30     win1.show_area();  // 顯示面積
31
32     system("pause");
33     return 0;
34  }
```

CWin 類別外部

```
/* prog16_12 OUTPUT---

Window A, area=-2000
-----------------------*/
```

程式解說

於本例中，win1 物件的 width 成員在 CWin 類別的外部被設成-50，因而造成面積為負值。由此可知，從類別外部存取資料成員時，如果沒有一個機制來限定存取的方式，則很可能導致安全上的漏洞，而讓臭蟲進駐程式碼中。 ❖

16.5.1 建立私有成員

如果資料成員沒有一個機制來限定類別中成員的存取，則很可能會造成錯誤的輸入（如前例中，把 width 設為-50）。為了防止這種情況發生，C++ 提供了私有成員（private member）的設定，其設定的方式如下：

```
class 類別名稱
{
  private:
     // 此處定義私有成員，包含資料成員與函數成員
  public:
     // 此處定義公有成員，包含資料成員與函數成員
```

格式 15.5.1

類別私有與公有成員的定義方式

例如，下面的程式碼設定了 id、width 與 height 資料成員為私有，而 area() 函數成員為公有：

```
class CWin    // 定義視窗類別 CWin
{
  private:
    char id;
    int width;        id、width 與 height 成員皆為私有
    int height;

  public:
    int area(void)
    {
      return width*height;      函數成員 area() 為公有
    }
};
```

由於 C++ 成員的預設屬性為私有，因此即使在上面的範例中省略 private 關鍵字，id、width 與 height 成員還是視為私有：

```
class CWin    // 定義視窗類別 CWin
{
    char id;
    int width;        此處省略 private 關鍵字，id、width
    int height;       與 height 成員還是視為私有

  public:
    int area(void)
    {
      return width*height;      函數成員 area() 為公有
    }
};
```

如果成員宣告為私有，則無法從類別（CWin）以外的地方存取到類別內部的成員，因此可達到資料保護的目的，我們以 prog16_13 來做說明：

```
01  // prog16_13, 私有成員的使用範例
02  #include <iostream>
03  #include <cstdlib>
04  using namespace std;
05  class CWin    // 定義視窗類別 CWin
06  {
07    private:
08      char id;
09      int width;
10      int height;
11
12    public:
13      int area(void) // 函數成員 area()
14      {
15        return width*height;       — 在 CWin 類別內部，故可存取私有成員
16      }
17      void show_area(void)  // 函數成員 show_area()
18      {
19        cout<<"Window "<< id <<", area=" << area() << endl;
20      }
21  };                        在 CWin 類別內部，故可存取私有成員
22
23  int main(void)
24  {
25    CWin win1;
26
27    win1.id='A';
28    win1.width=-5;        — 錯誤，在 CWin 類別外部，無法直接更改私有成員
29    win1.height=12;
30
31    win1.show_area();
32    system("pause");
33    return 0;
34  }
```

程式解說

如果編譯本例，將會得到一些錯誤訊息，告訴我們 id、width 與 height 成員皆為私有，無法直接從 CWin 類別的外部來存取。

CWin 類別內部

```
class CWin
{
  private:
   char id;
   int width;
   int height;
   ....
};
```

在 CWin 類別外部，無法直接更改類別內部私有成員

CWin 類別外部

```
int main(void)
{
  CWin win1;
  win1.id='A';
  win1.width=-5;
  win1.height=12;
  ....
}
```

圖 15.5.1
類別外部無法存取到類別內部的私有成員

❖

16.5.2 建立公有成員

既然類別外部無法存取到類別內部的私有成員，那麼 C++ 就必須提供另外的機制，使得私有成員得以透過這個機制供外界存取。解決此問題的方法是--建立公有成員（public member）。也就是說，在類別的外部可對類別內的公有成員做存取的動作，因此我們即可透過公有的函數成員來對私有成員做處理。

下面的範例是在 CWin 類別內加上一個公有成員 set_data()，並利用它來設定私有成員 id、width 與 height 的值。

```
01  // prog16_14, 利用公有函數存取私有成員
02  #include <iostream>
03  #include <cstdlib>
04  using namespace std;
05  class CWin    // 定義視窗類別 CWin
06  {
07     private:
08       char id;
```

```
09      int width;        // 私有資料成員
10      int height;       // 私有資料成員
11
12    public:
13      int area(void)    // 公有函數成員 area()
14      {
15         return width*height;
16      }
17      void show_area(void)        // 公有函數成員 show_area()
18      {
19        cout<<"Window "<< id <<", area=" << area() << endl;
20      }
21      void set_data(char i,int w,int h)  // 公有函數成員 set_data()
22      {
23        id=i;
24        if(w>0 && h>0)       // 如果 w 與 h 均大於 0
25        {
26          width=w;
27          height=h;
28        }
29        else                 // 如果 w 與 h 任一個小於 0
30        {
31          width=0;
32          height=0;
33          cout << "input error" << endl;
34        }
35      }
36  };
37  int main(void)
38  {
39    CWin win1;
40
41    win1.set_data('A',50,40);
42    win1.show_area();  // 顯示面積
43    system("pause");
44    return 0;
45  }
```

```
/* prog16_14 OUTPUT--

Window A, area=2000
------------------------*/
```

程式解說

於本例中，set_data() 為公有函數成員，它可接收一個 char 與兩個 int 型態的變數，並於 24 行判斷所傳入之整數值是否大於 0。若不是，則將私有成員 width 與 height 設值，否則印出 "input error" 的錯誤訊息，並將 width 與 height 設為 0。

讀者可看出唯有透過公有成員 set_data()，私有成員 id、width 與 height 才得以修改。因此我們可以在公有函數成員內加上判斷的程式碼，以預防錯誤值的輸入。

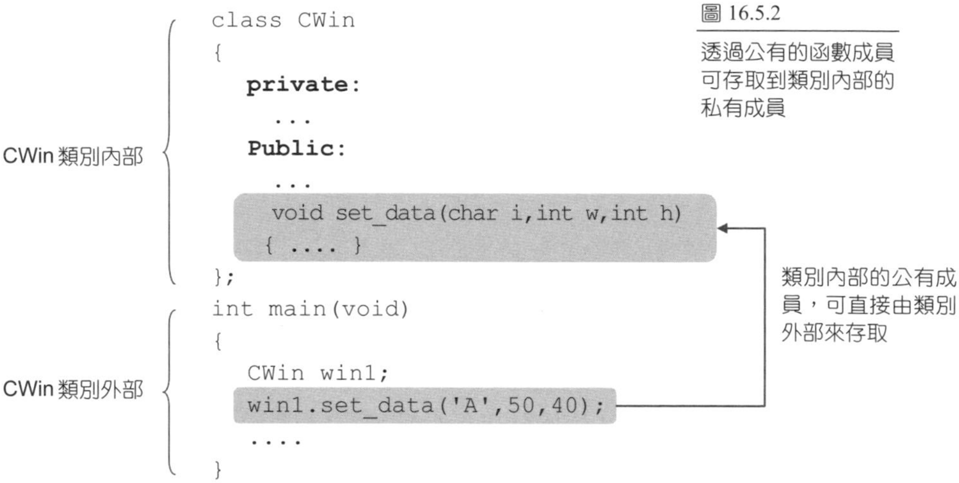

圖 16.5.2

透過公有的函數成員可存取到類別內部的私有成員

CWin 類別內部

```
class CWin
{
   private:
     ...
   Public:
     ...
     void set_data(char i,int w,int h)
     { .... }
};
```

CWin 類別外部

```
int main(void)
{
   CWin win1;
   win1.set_data('A',50,40);
   ....
}
```

類別內部的公有成員，可直接由類別外部來存取

於第 41 行中，如果刻意把 win1 的 width 設為-50，結果會回應 "input error" 的訊息，且因傳入第 21 行的 w 值為-50，所以私有成員 width 與 height 皆會被設為 0，故輸出的面積將會為 0。 ❖

於 prog16_14 中，我們在 set_data() 裡加入了檢查的程式碼，用來判斷輸入的引數是否為負數。這個貼心的設計使得 CWin 這個類別多了一層安全上的防護，即使別人不小心把 width 或 height 成員設為負值，程式也會自動發出警告訊息，避免發生不可預期的中斷。因此，程式設計人員若是能事先規劃好類別內部的公有與私有成員，則更能專心在後段的程式設計，而不用顧慮太多的細節。

在 OOP 的術語裡，所謂的「封裝」（encapsulation），就像前幾個範例一樣，把資料成員和函數成員依功能劃分為「私有」與「公有」，並且包裝在一個類別內來保護私有成員，使得它不會直接受到外界的存取。

16.6 建構元

到目前為止，我們所介紹的 CWin 類別之物件，其資料成員均是在物件建立之後，才由函數成員來設定（如前一節所提及的 set_data() 函數）。有趣的是，C++ 也可以在建立物件的同時，一併設定它的資料成員，其方法是利用「建構元」（constructor）。

16.6.1 建構元的基本認識

在 C++ 裡，建構元所扮演的主要角色，是幫助新建立的物件設定初值。建構元可視為一種特殊的函數，它的定義方式與一般的函數類似，其語法如下：

格式 16.6.1
建構元的定義格式

```
     ┌─ 建構元的名稱必須和
     │  類別名稱相同
類別名稱(型態 1 引數 1, 型態 2 引數 2,...)
{
     程式敘述 ;
     ....          ──── 建構元沒有傳回值
}
```

請注意，建構元的名稱必須與其所屬之類別的類別名稱完全相同。例如，若要撰寫一個屬於 CWin 類別的建構元，則建構元的名稱也必須是 CWin。此外，建構元不能有傳回值，這點也與一般的函數不同。

16.6.2 建構元的使用範例

建構元除了沒有傳回值，且名稱必須與類別的名稱相同之外，它的呼叫時機也與一般的函數不同。一般的函數是在需要用到時才呼叫，而建構元則是在建立物件時便會自動呼叫，並執行建構元的內容，因此建構元不需從程式直接呼叫。

基於建構元的特性，可利用它來對物件的資料成員做「初始化」（initialization）的動作，亦即設定物件的初值。下面的例子說明了建構元的使用方式：

```
01  // prog16_15, 建構元的使用
02  #include <iostream>
03  #include <cstdlib>
04  using namespace std;
05  class CWin    // 定義視窗類別 CWin
06  {
07    private:
08      char id;
09      int width, height;
10
11    public:
12      CWin(char i,int w,int h)   // CWin()建構元，可接收三個引數
13      {
14         id=i;          ┐
15         width=w;       ├ 設定資料成員的初值
16         height=h;      ┘
17         cout << "CWin 建構元被呼叫了..." << endl;
18      }
19      void show_member(void)  // 函數成員，用來顯示資料成員的值
20      {
21         cout<<"Window "<< id <<": ";
22         cout<<"width="<< width<<", height="<<height<<endl;
23      }
24  };
25
26  int main(void)
27  {
28    CWin win1('A',50,40);  // 宣告 win1 物件,並設定初值
29    CWin win2('B',60,70);  // 宣告 win2 物件,並設定初值
```

```
30
31      win1.show_member();
32      win2.show_member();
33      system("pause");
34      return 0;
35   }
```

```
/* prog16_15 OUTPUT-------------
CWin 建構元被呼叫了...
CWin 建構元被呼叫了...
Window A: width=50, height=40
Window B: width=60, height=70
----------------------------------*/
```

程式解說

於本例中，第 12~18 行定義了 CWin 類別的建構元 CWin(char, int, int)，它可接收一個 char 型態的變數 i，以及兩個整數型態的變數 w 與 h，並將物件的資料成員設值。注意建構元的名稱與類別名稱相同，都是 CWin。

值得一提的是，建構元並沒有傳回值，但即使沒有傳回值，還是不能設定其傳回型態為 void，否則在編譯時將出現錯誤。

第 28 行以 CWin 類別建立了物件 win1，在建立的同時，12~18 行的建構元會自動被呼叫，並傳遞引數到建構元內進行資料成員的設定。建構元執行後，win1 的 id 成員被設為 'A'，width 與 height 成員則分別被設值為 50 與 40。相同的，29 行建立了 win2 物件，並藉由建構元的呼叫來設定資料成員的值。再次提醒您，建構元是在建立物件時便會自動執行，因此不需從程式呼叫。

以 prog16_15 為例，下圖為建構元呼叫的時機：

```
class CWin
{  ...
   CWin(char i,int w,int h)  // CWin()建構元
   {
      id=i;
      width=w;
      height=h;
      cout <<"CWin 建構元被呼叫了..."<<endl;
   }
}
int main(void)
{
   CWin win1('A',50,40);
   CWin win2('B',60,70);
      ...
}
```

在建立 win1 與 win2 物件時，CWin() 建構元便會自動呼叫，並傳遞相關的引數

圖 16.6.1
建構元呼叫的時機

此外您可以注意到，於程式碼中有兩個物件被建立，因而建構元被執行了兩次，所以 "CWin 建構元被呼叫了..."字串會顯示在輸出畫面兩次。執行完 28~29 行之後，物件 win1 與 win2 的資料成員均已被設值，因而 31 與 32 行的 show_member() 函數可正確的顯示出其資料成員的值。 ❖

稍早我們曾提及，建構元所扮演的主要角色，是幫助新建立的物件設定初值。由 prog16_15 可以看出，在建立物件的同時，便可設定其資料成員的值。因此適當的使用建構元，可有效的化簡程式碼，並可增進執行的效率喔！

16.6.3 建構元的多載

於 C++ 裡，不僅一般的函數可以多載，建構元也可以多載。在 16.3 節裡已經提過，只要函數之間的引數個數不同，或者是型態不同，便可定義多個名稱相同的函數，這便是函數的多載。建構元本身也是一種特殊的函數，利用前述的觀念，不難定義出建構元的多載。

再以 CWin 為例，下面的程式修改自 prog16_15，其中我們將建構元 CWin() 多載成兩個版本，第一個版本是可以接收三個引數的建構元，可用來設定所有資料成員的初值，第二個版本不需任何引數，即可將 width 與 height 成員設定為 10，id 成員設定為 'Z'。程式碼的撰寫如下：

```
01  // prog16_16, 建構元的多載
02  #include <iostream>
03  #include <cstdlib>
04  using namespace std;
05  class CWin    // 定義視窗類別 CWin
06  {
07     private:
08       char id;
09       int width, height;
10
11     public:
12       CWin(char i,int w,int h)  // 有三個引數的建構元
13       {
14          id=i;
15          width=w;
16          height=h;
17          cout <<"CWin(char,int,int) 建構元被呼叫了..."<<endl;
18       }
19       CWin(void)                 // 沒有引數的建構元
20       {
21          id='Z';
22          width=10;
23          height=10;
24          cout <<"CWin() 建構元被呼叫了..."<<endl;
25       }
26       void show_member(void)     // 函數成員，用來顯示資料成員的值
27       {
28          cout<<"Window "<<id <<": ";
29          cout<<"width="<<width<<", height="<<height<<endl;
30       }
31  };
32
```

```
33  int main(void)
34  {
35     CWin win1('A',50,40);   // 建立 win1 物件，並呼叫有三個引數的建構元
36     CWin win2;              // 建立 win2 物件，並呼叫沒有引數的建構元
37
38     win1.show_member();
39     win2.show_member();
40
41     system("pause");
42     return 0;
43  }
```

```
/* prog16_16 OUTPUT---------------
CWin(char,int,int) 建構元被呼叫了...
CWin() 建構元被呼叫了...
Window A: width=50, height=40
Window Z: width=10, height=10
------------------------------------*/
```

程式解說

於本例中我們利用建構元的多載，定義了兩個具有不同引數個數的建構元 CWin()。第一個建構元 CWin(char, int, int) 定義在 12~18 行。第二個建構元 CWin(void) 則定義在 19~25 行。於主程式 main() 裡，第 35 行呼叫第一個建構元，因此 id 被設為 'A'，而 width 與 height 分別被設為 50 與 40。36 行 win2 物件後面沒有接上任何的引數，所以它會呼叫沒有引數的建構元，也就是第二個建構元，因此 id 成員會直接在 CWin(void) 建構元內被設為 'Z'，而 width 與 height 則都被設為 10。

值得一提的是，我們不能把 36 行寫成

```
36    CWin win2();          // 錯誤，呼叫沒有引數的建構元時，後面不能加括號
```

因為在 C++ 的語法裡，要呼叫沒有引數的建構元時，物件後面不能加括號。如果您這麼寫的話，編譯時將會發生錯誤。 ❖

本章簡單的介紹了 C 與 C++ 的主要不同之處，也介紹了類別的一些基本概念。然而 C++ 的範疇當然不僅於此，其中還包括了繼承（inheritance）、改寫（overriding）與抽象類別等重要的觀念，還有待您去發掘呢！

習 題 （題號前標示有 ✚ 符號者，代表附錄 E 裡附有詳細的參考答案）

16.1 認識 C++

✚ 1. 試繪圖比較 C 語言與 C++ 語言在功能上的不同。

2. 試解釋封裝、繼承與多形這三種技術。

16.2 簡單的例子

✚ 3. 試將第二章的範例 prog2_1 改成以 C++ 的語法來撰寫。

4. 試將第四章的範例 prog4_9 改成以 C++ 的語法來撰寫。

✚ 5. 試將第七章的範例 prog7_6 改成以 C++ 的語法來撰寫。

6. 試將第八章的範例 prog8_2 改成以 C++ 的語法來撰寫。

16.3 函數的多載

✚ 7. 試修改習題 6，使得傳入 add() 函數的引數，可同為整數或是同為浮點數。add() 的傳回型態必須與引數的型態相同。

8. 試將絕對值函數 my_abs() 多載，使得 my_abs() 的引數型態可為整數，或是浮點數。my_abs()的傳回型態必須與引數的型態相同。

✚ 9. 試撰寫 max() 函數的多載，其中 max 引數的型態為 int，且可以有兩個或三個引數，函數的傳回值為這些引數的最大值，傳回值的型態也是 int。

16.4 認識類別

10. 設類別 Caaa 的定義為：

```
class Caaa
{
   public:
      int a;
      int b;
      int c;
};
```

試在程式碼裡完成下列各敘述：

(a) 試在主函數 main() 裡建立一個 Caaa 類別型態的變數 obj。

(b) 將 obj 資料成員 a 的值設為 1，b 的值設為 3。

(c) 計算 a+b 之後設給成員 c。

(d) 印出 a、b 與 c 的值。

11. 參考程式 prog16_8，在類別 CWin 裡，除了保有原來的成員之外，請加入一個具有 50 個字元陣列的資料成員 title，代表視窗的標題，然後定義一 set_title() 函數，用來設定視窗物件的標題，以及 display() 函數，用來顯示視窗物件的標題，並測試 set_title() 與 display() 函數。

12. 試設計一個 CBox 類別，具有 length、width 與 height 三個整數的資料成員，並完成下列的程式設計：

(a) 定義 int volume() 函數，用來傳回 CBox 物件的體積。

(b) 定義 int surfaceArea() 函數，用來傳回 CBox 物件的表面積。

13. 試設計一長方形類別 CRect，內含 width、height 與 weight 三個資料成員，並設計 set() 函數的多載，使其具有下面的功能：

```
void set(double wg)                 // 可設定長方形的重量
void set(int w,int h)               // 可設定長方形的寬和高
void set(double wg,int w,int h)     // 可設定長方形的重量、寬和高
```

同時也請撰寫 show() 函數，用來顯示資料成員的值，並以實例測試之。

16.5 公有成員與私有成員

14. 在 prog16_13 中，如果把函數 area() 的存取屬性改為 private，則程式是否能還能正確執行？試撰寫一程式，將 area() 的存取屬性改為 private，用以驗證您的想法是否正確。

15. 設有一 CSphere 類別，可用來表示一個圓球。此類別內含 x、y 與 z 三個資料成員，用來代表圓心的位置，另外還有一個 radius 資料成員，代表圓球的半徑。其部份程式碼的撰寫如下：

```
class CSphere
{
  private:
    int x;           // 圓心的 x 座標
    int y;           // 圓心的 y 座標
    int z;           // 圓心的 z 座標
    int radius;      // 圓球的半徑
}
```

(a) 試在 CSphere 類別裡加入 void setLocation() 函數，用來設定圓球之圓心的位置。

(b) 試在 CSphere 類別裡加入 void setRadius() 函數，用來設定圓球之半徑。

(c) 試在 CSphere 類別裡加入 double volume() 函數，用來傳回 CSphere 物件的體積（圓球的體積為 $\frac{4}{3}\pi r^3$ ）。

(d) 試在 CSphere 類別裡加入 void showCenter() 函數，用來顯示 CSphere 物件之圓心座標。

16. 在習題 15 中，如果把 CSphere 類別裡的資料成員之屬性改成 public，則對程式的撰寫有何影響？ 如此做，對程式的設計有何好處或壞處？

16.6 建構元

17. 假設 CRectangle 類別的定義如下：

```
class CRectangle
{
   private:
      int width;
      int height;
}
```

(a) 試設計一個建構元 CRectangle(int w, int h)，當此建構元呼叫時，便會自動設定 width=w，height=h。

(b) 請接續 (a) 的部份，請再設計一個沒有引數的建構元 CRectangle()，使得當此建構元呼叫時，便會自動設定 width=10，height=8。

18. 請參考習題 12，將 length、width 與 height 三個資料成員的存取屬性改為 private，並試設計兩個 CBox() 建構元，第一個 CBox() 建構元不需傳入任何引數，但它可將 length、width 與 height 三個資料成員的值均設為 1。第二個 CBox() 建構元則可接收三個整數型態的引數，分別用來設定 length、width 與 height 三個資料成員的值。

附錄 A　使用 Dev C++

A.1 安裝 Dev C++

為了使讀者能夠更方便學習 C 語言，書附檔案特別收錄了 Dev C++ 這套軟體。如果您手邊並沒有可以編譯 C 的程式，卻又想學習 C 語言，那麼 Dev C++ 應該會是一個非常好的選擇。

A.1.1 安裝 Dev C++

書附檔案已收錄了 Dev C++ 4.9.9.2 版，您可以依照下列步驟進行安裝：

步驟 1 解開書附檔案壓縮檔中的「Dev C++5」資料夾，點選「devcpp-4.9.9.2_setup.exe」兩下，此時會出現一個訊息視窗，告訴您如果在電腦裡已經安裝有早期版本的 Dev C++，請不要將這個版本安裝在和早期的版本同一個資料夾內。

步驟 2 按下「確定」鈕之後，出現一個「Installer Language」對話方塊。這是用來設定安裝時所使用的語系。因為裡頭並沒有中文語系的選項，所以使用預設的「English」選項來安裝即可：

步驟 3　接著會看到一個視窗，告訴您歡迎使用 Dev C++。按下「確定」鈕進入安裝的主畫面。接下來是一份軟體授權聲明：

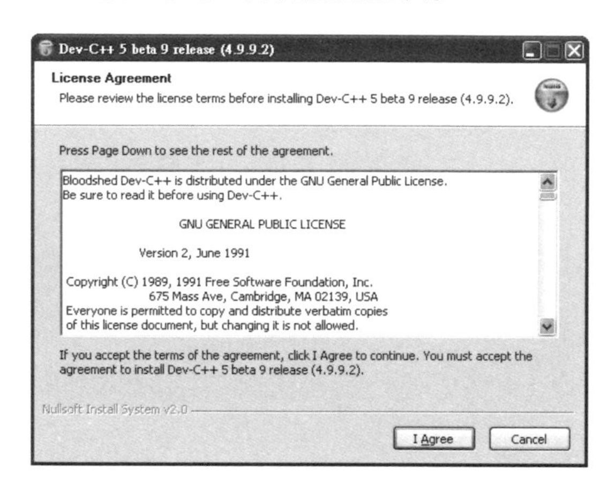

閱讀完後，請按下「I Agree」鈕繼續。

步驟 4　接下來的畫面用來設定要安裝的元件，建議使用預設值即可。請按「Next」鈕繼續：

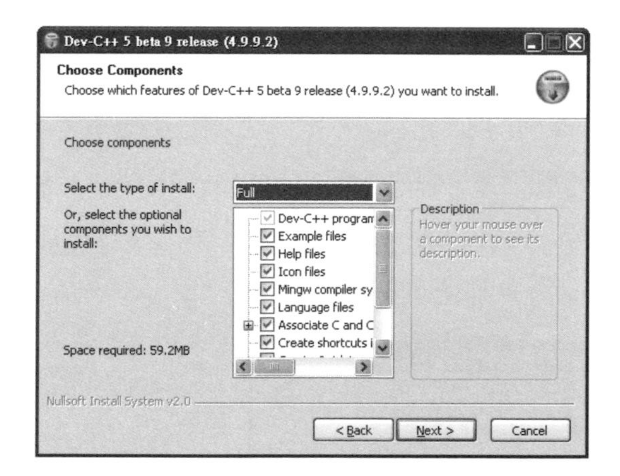

步驟 5 接下來決定安裝的路徑，建議您直接使用預設的安裝路徑。當然，您也可以按下「Browse」鈕選擇其它安裝路徑：

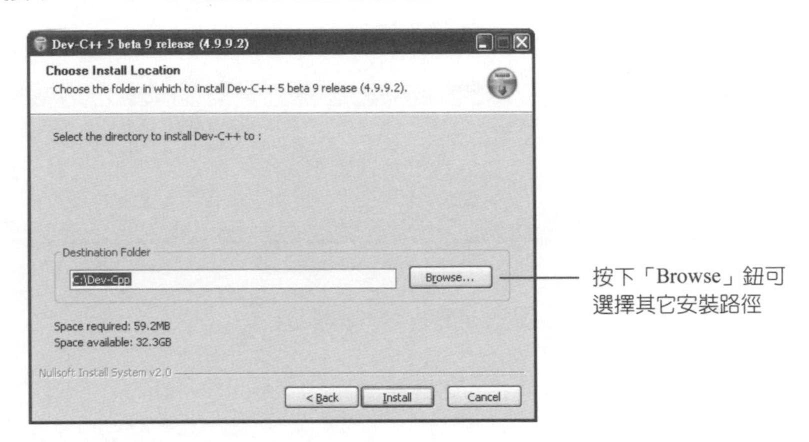

按「Install」鈕後，即開始進行檔案的複製與安裝。在安裝的過程中，若是出現下面的對話方塊，問您是否要將 Dev-C++ 安裝給這台電腦裡的所有使用者使用，請按下「是」鈕繼續安裝。

步驟 6 安裝完成後，會出現下圖的畫面，按下「Finish」鈕即可結束安裝：

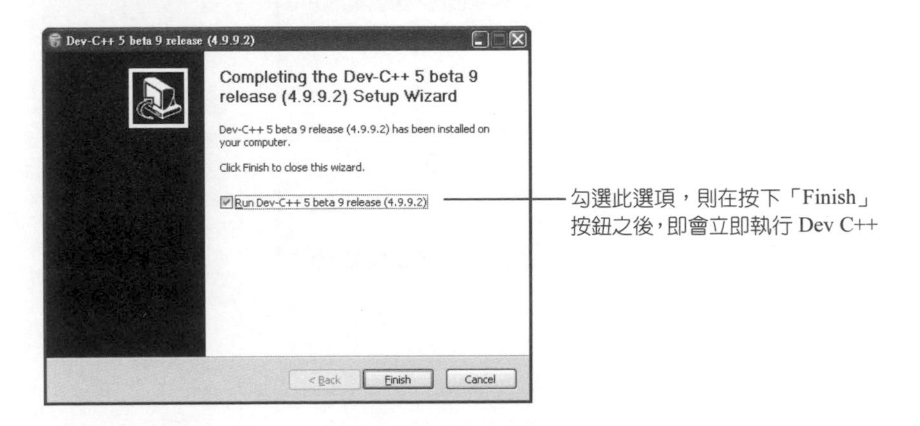

由於本書所附的版本是在截稿前最新的 beta 版，Dev C++ 5 的正式版尚未正式發表，因此按下「Finish」按鈕後，會有一個訊息，告訴您若是找到 beta 版錯誤的地方，請告訴軟體的作者：

按下「確定」鈕後即完成 Dev C++的安裝。

A.1.2 初次執行 Dev C++

安裝完畢後，第一次進入 Dev C++ 時，畫面上會詢問您要使用何種語言顯示，您可以選擇偏好的語言，如英語（English[Original]）或是繁體中文（Chinese[TW]）。若是喜歡 XP 的佈景主題，可勾選「Use XP Theme」。本書將以繁體中文做為 Dev C++ 的顯示介面，並使用「New Look」做為佈景主題：

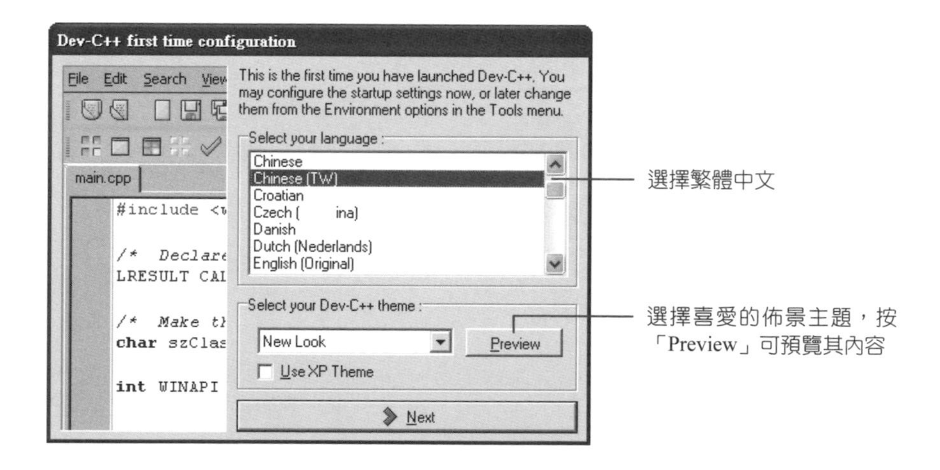

按下「Next」按鈕之後，會接連出現兩個對話方塊，告訴您是否需要用到 Dev C++所附屬的一些額外的功能，用來增進撰寫程式時的效率，建議這兩個設定都使用預設的選項即可，然後按「Next」鍵繼續：

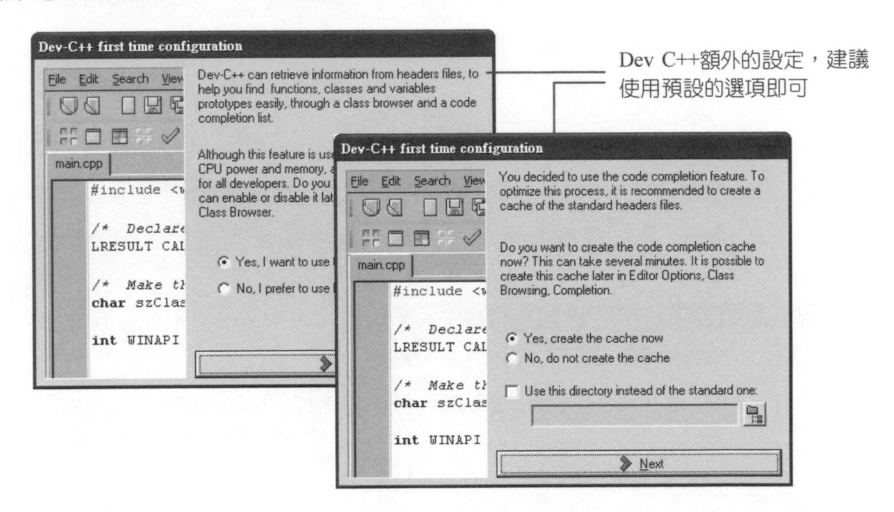

最後，Dev C++會出現一個對話方塊，告訴您第一次進入 Dev C++的環境已經設定好了。按下「OK」鈕，此時「Tip of the day」（每日提示）視窗會出現，代表 Dev C++ 已經設定完成：

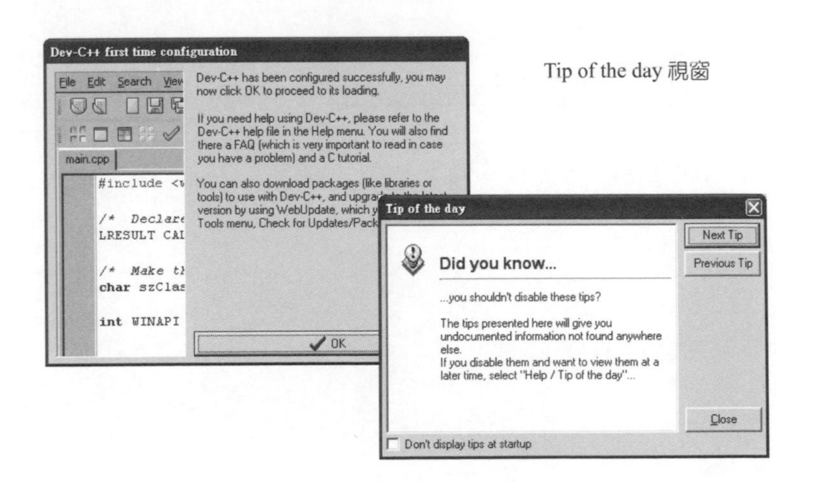

A.2 編輯程式

我們以一個簡單的實例來說明如何以 Dev C++ 撰寫、編譯與執行程式。如果您還沒開啟 Dev C++，可在 Windows 作業環境下選擇「開始」-「程式集」-「Bloodshed Dev-C++」-「Dev-C++」，即可進入 Dev C++ 的環境裡。

另外，如果 Dev C++ 已安裝在電腦裡，但它是英文介面，現在想把它改成中文介面時，可選擇「Tools」功能表裡的「Environment Options」，於出現的視窗裡選擇「Interface」標籤，然後在「Language」下拉選單裡選擇「Chinese[TW]」即可，如下圖所示：

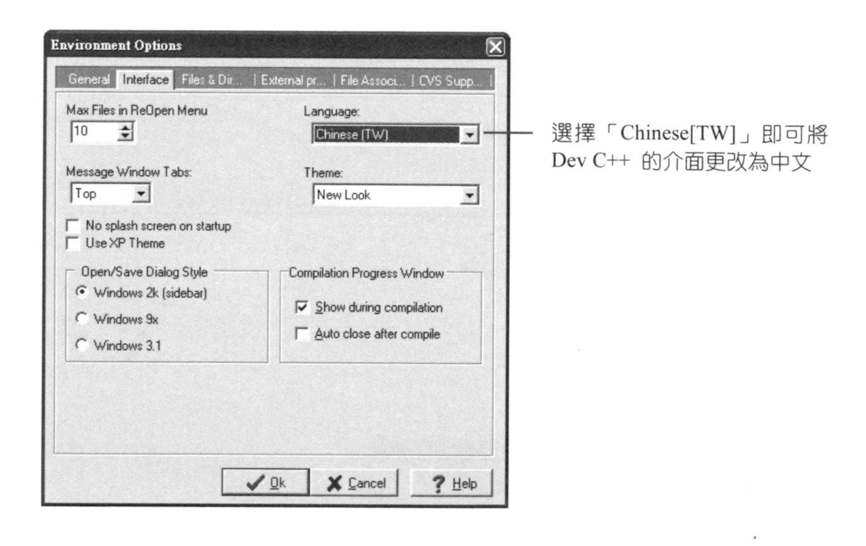

接下來請您跟隨下面的步驟來編輯程式碼：

步驟 1 選擇「檔案」功能表中的「開新檔案」裡的「原始碼」選項，或是直接按下工具列中的「原始碼」鈕，即會出現如下圖的畫面：

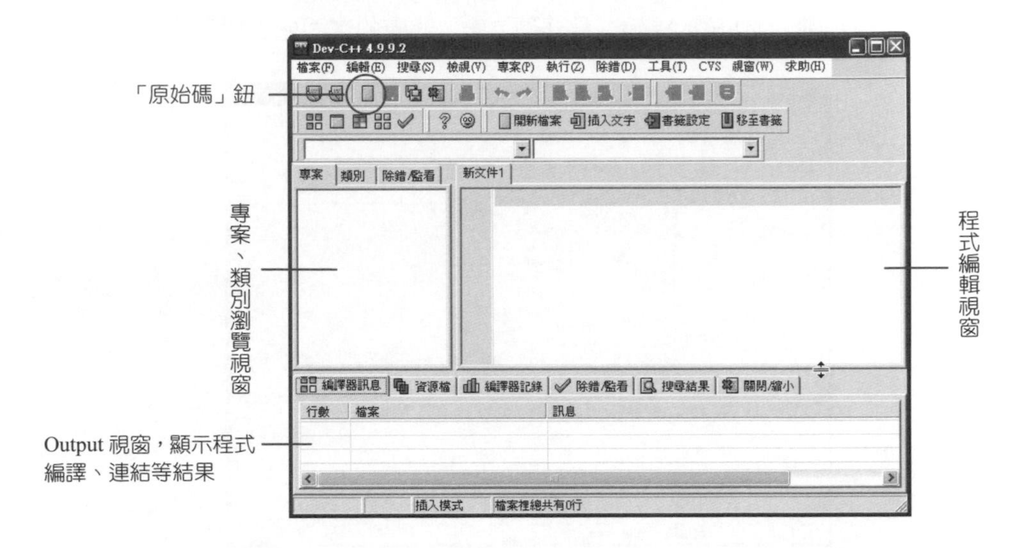

如果想精簡 Dev C++的工作環境，可以利用「檢視」功能表中的選項，將一些暫時不會用到的工具列、視窗先行移除，等到要使用時再叫出即可。

步驟 2 如果在程式編輯視窗中有一些已經存在的 C 程式碼，此時先不用管它，稍後將說明如何更改這個預設的程式碼以符合所需。請先將預設的程式碼清除（如果有的話），然後鍵入下面的程式：

```
01  /* progA_1, 第一個 C 程式 */
02  #include <stdio.h>
03  #include <stdlib.h>
04  int main(void)
05  {
06    printf("Hello, C!\n");
07    printf("Hello, World!\n");
08    system("pause");
09    return 0;
10  }
```

這是程式碼的行號，請不要鍵入它

要特別注意的是，請勿將程式碼前面的行號一起鍵入到編譯視窗中，它們並不是程式碼的一部分。此外由於 C 語言會區分大小寫，因此輸入的程式碼必須特別注意。編輯好程式碼之後，此時的畫面如下圖所示：

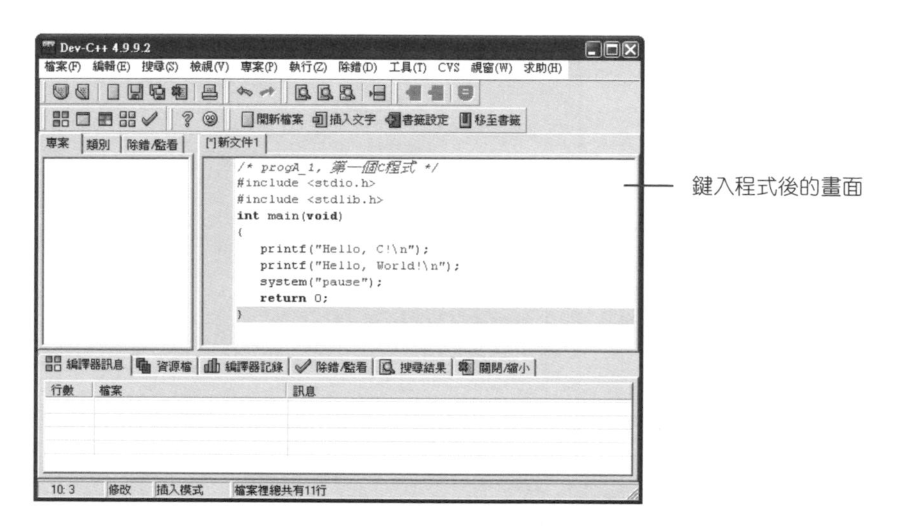

步驟 3　程式鍵入完成後，必須先給這個新的程式命名，就稱它為「progA_1.c」吧！按下工具列上的「儲存」鈕，會出現如下圖的「儲存檔案」對話方塊：

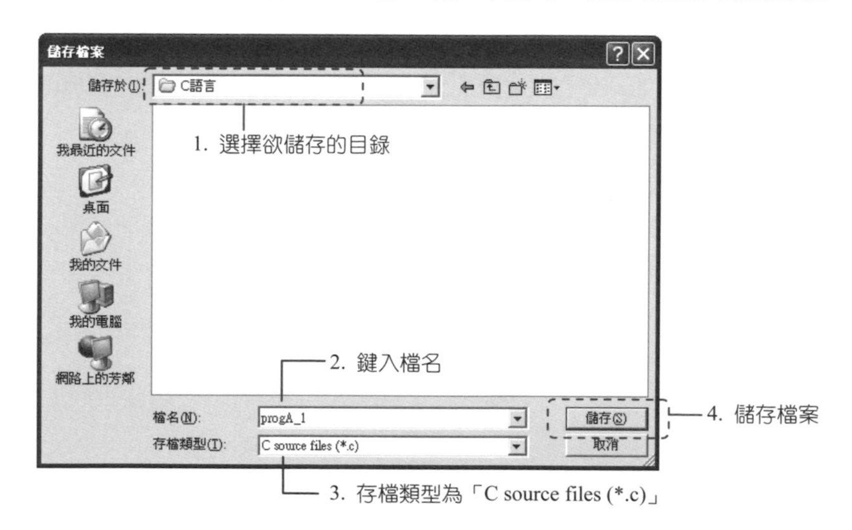

於「儲存於」欄位內選擇欲儲存的目錄，「檔名」欄位輸入「progA_1」，「存檔類型」欄位裡選擇「C source files (*.c)」後，按下「儲存」鈕。

讀者可以注意到，Dev C++ 用不同的顏色來代表程式碼裡各種不同的功用，例如程式一開頭的前置指令以綠色顯示，註解以深藍色顯示，而利用 printf() 輸出的字串內容以紅色顯示…等，這種設計方式更有利於我們對程式碼的編輯、修改以及除錯。接下來就以這個簡單的程式來說明於 Dev C++ 的環境裡如何編譯、執行程式。

A.3 編譯與執行

當程式撰寫完成之後，可以選取工具列中的「編譯並執行」鈕，或是直接按下 **F9** 鍵來編譯與執行程式。

當程式開始編譯後，下方的 Output 視窗會顯示其編譯、連結的結果。如果程式沒有鍵入錯誤，經過編譯後就會立刻被執行，這時 Dev C++ 會自動開啟一個 DOS 視窗讓您觀看執行結果。以前面所輸入的程式碼為例，按下 **Ctrl+F10** 鍵，程式經過編譯與執行後的結果如下圖所示：

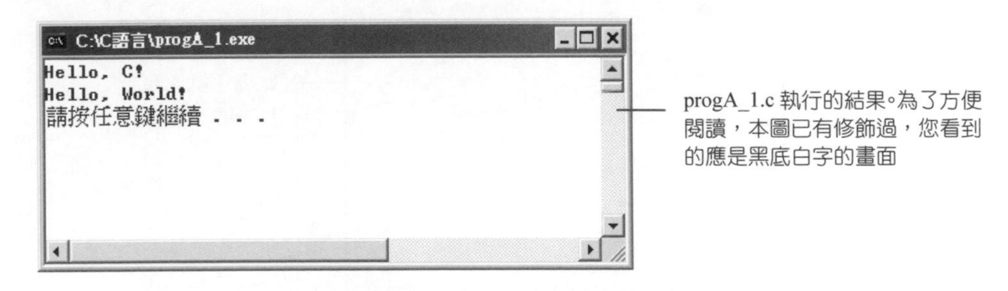

progA_1.c 執行的結果。為了方便閱讀，本圖已有修飾過，您看到的應是黑底白字的畫面

如果您的執行結果與上面的畫面相同，那就大功告成了！值得注意的是，在 Dev C++ 中，若是想要「留住」MS-DOS 視窗所顯示的程式執行結果，於程式中必須加入：

```
#include <stdlib.h>
```

與

```
system("pause");
```

這兩行敘述。#include<stdlib.h> 可以載入 system() 函數的原型，而 system("pause") 則是呼叫 DOS 裡的 pause 指令（pause 大小寫都可以），用來避免 DOS 視窗在程式執行結束後就自動關閉。當程式執行到 system("pause") 這一行敘述時，會停下來等待使用者按下任意鍵後，才會回到 Dev C++ 的畫面。

A.4 更改選項設定

在 Dev C++ 裡，您可以將常用的程式碼設定好，一但開啟一個新的檔案時，這些程式碼便已幫我們填好，如此可以省下一些撰寫程式碼的時間。想要設定預設的程式碼，選擇「工具」功能表的「編輯器選項」，於出現的視窗中選取「程式碼」標籤，再於視窗下方按下「預設程式碼」按鈕，如下圖所示：

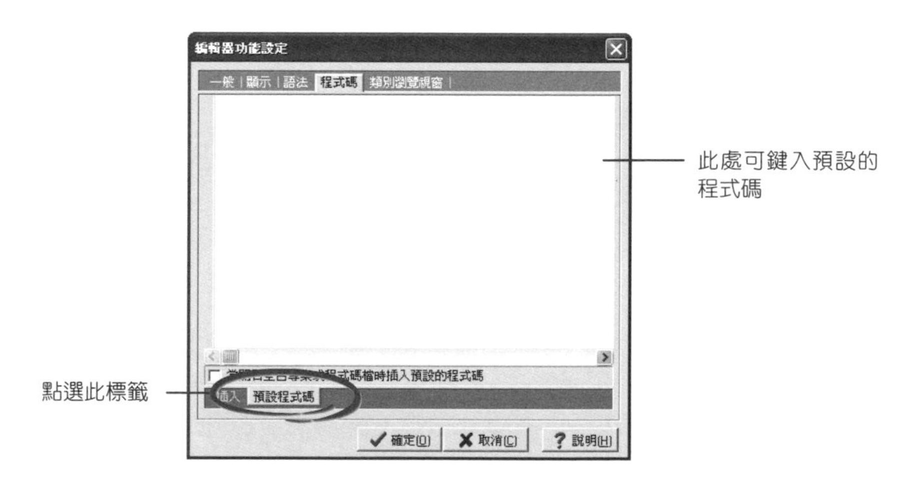

您可以將每次撰寫程式時都會使用到的敘述，寫到視窗中的空白處。舉例來說，我們可以將下列的程式敘述定義成撰寫 C 程式時的 "基本配備"：

```
01    /* my_program.c */
02    #include <stdio.h>
03    #include <stdlib.h>
04    int main(void)
05    {
06
07       system("pause");
08       return 0;
09    }
```

將上面的程式碼在「程式碼」標籤內修改完，按下「確定」鈕後，即會回到 Dev C++ 的整合開發環境中，往後利用「原始碼」功能開啟新的檔案裡，就會出現新定義的預設程式碼。此外，「編輯器選項」視窗還有許多關於編輯環境的選項可供選擇，有需要的讀者可以自行試著將 Dev C++ 的整合開發環境更改成喜愛的模式。

另外，在 Dev C++ 中可以設定顯示或不顯示行號。如要設定顯示行號，選擇「工具」功能表的「編輯器選項」項目後，於出現的視窗中選取「顯示」標籤，即可看到如下的畫面：

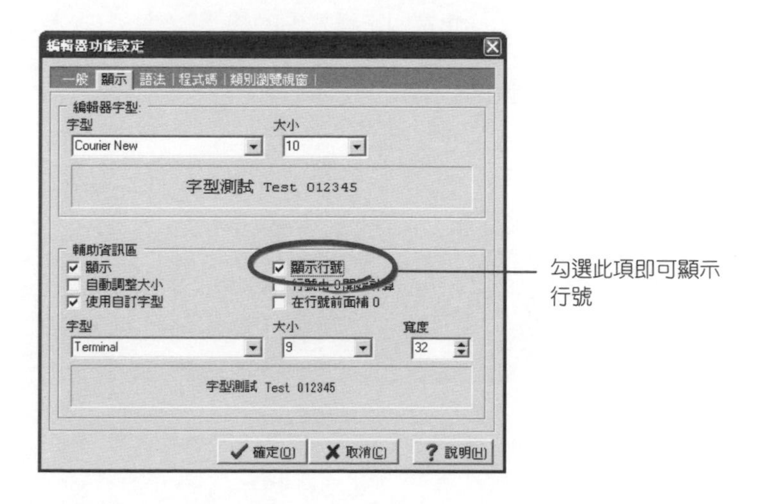

勾選「輔助資訊區」欄位中的「顯示行號」，再按下「確定」鈕，回到程式編輯視窗，即可看到程式碼前面已經加入行號了，如下面的畫面所示：

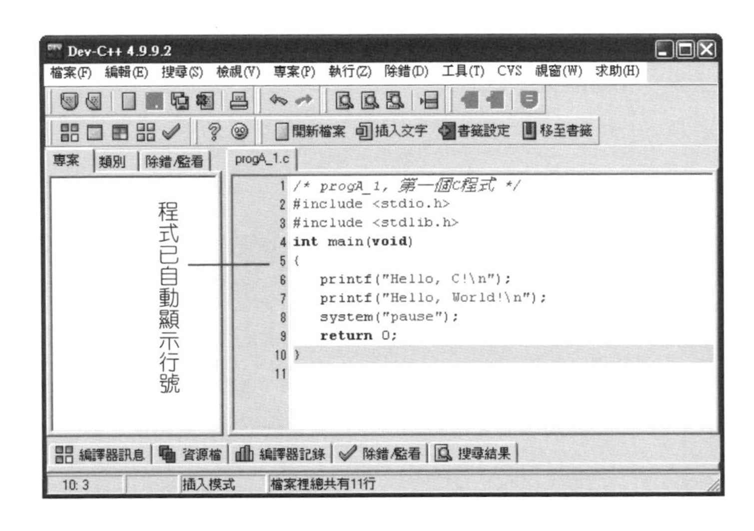

A.5 處理語法錯誤

當然並不是每次編譯程式時都能夠這麼順利，若是程式出現錯誤，Dev C++ 下方的「編譯器訊息」視窗會告訴您程式有錯誤。例如下面程式碼的第 6 行少打了一個雙引號，且於第 7 行忘了分號，編譯時 Dev C++ 便會糾正程式碼的錯誤：

```
01  /* progA_2, 語法有錯誤的程式碼 */
02  #include <stdio.h>
03  #include <stdlib.h>
04  int main(void)
05  {
06    printf("Hello, C++! );        ← 忘了雙引號
07    printf("Hello, World!")       ← 忘了分號
08    system("pause");
09    return 0;
10  }
```

將上面的程式碼編譯之後，「編譯器訊息」視窗會告訴我們程式發生錯誤，並停止執行，如下面的視窗所示：

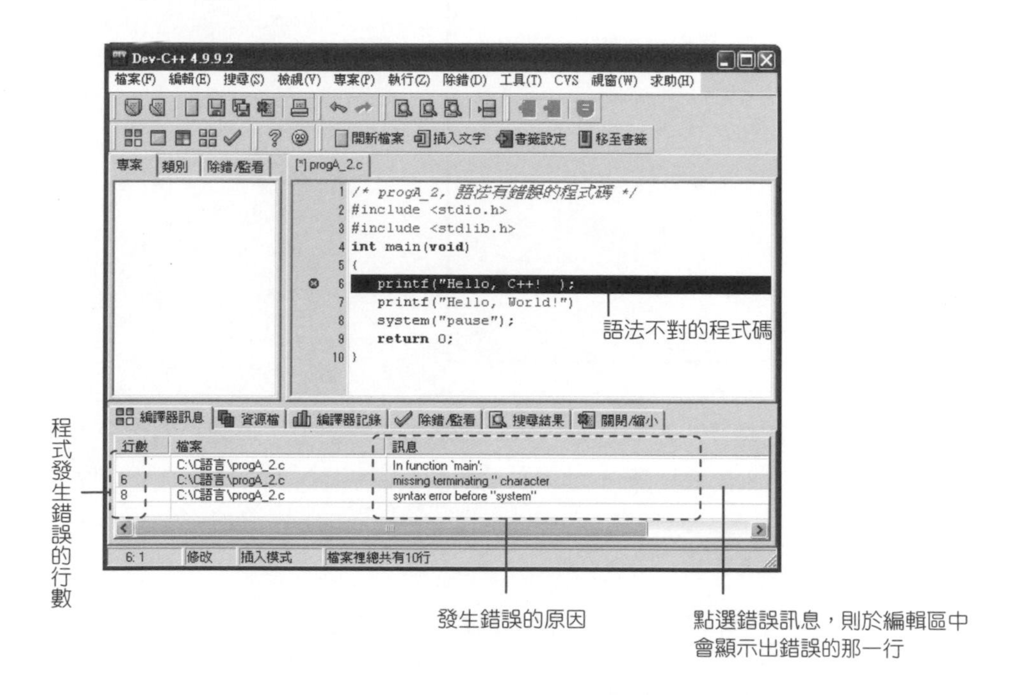

只要點選視窗下方的錯誤訊息，於程式編輯區中便會顯示出錯誤的那一行，此時可根據錯誤訊息，再來修改錯誤之處。

A.6 利用 Debug 功能除錯

Dev C++ 可以在程式執行時查看執行的流程，並可顯示變數的值，以方便監控程式。安裝完 Dev C++後，預設值並沒有把除錯的功能打開，因此如果想使用除錯的功能，必須先選擇「工具」功能表裡的「編譯器選項」，然後再選擇「程式碼產生/最佳化」標籤，在左邊的視窗內選擇「連結器」，再於右邊的視窗內將「產生除錯資訊」的「No」更改為「Yes」，如下圖所示：

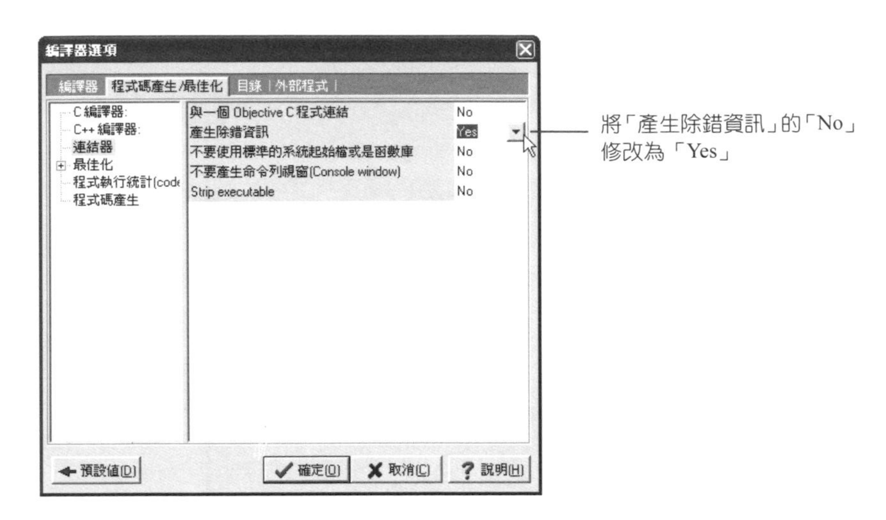

我們利用下面簡單的例子來說明 Dev C++ 除錯功能的使用。這個範例撰寫了一個 square(a) 函數，可用來計算整數 a 的平方，並於主程式裡呼叫 square() 函數來計算 $1^2+2^2+3^2+4^2$ 的值。

請先仿照前例開啟一個新檔案，鍵入下面的程式，然後將它存檔為 progA_3.c：

```
01   /* progA_3, 程式除錯的練習 */
02   #include <stdio.h>
03   #include <stdlib.h>
04   int square(int);
05   int main(void)
06   {
07      int i,sum=0;
08      for(i=1;i<4;i++)
09         sum+=square(i);
10      printf("sum=%d\n",sum);
11      system("pause");
12      return 0;
13   }
14   int square(int a)
15   {
16      return a*a;
17   }
```

現在就以程式 progA_3.c 做為範例，說明如何使用 Dev C++ 的 Debug 功能來除錯：

步驟 1 請於「執行」功能表裡選擇「編譯」，或是按下 Ctrl+F9，將 progA_3.c 編譯，以便產生執行檔 progA_3.exe。因 Dev C++ 是把除錯的資訊寫在這個執行檔裡，所以在除錯之前，程式碼一定要先編譯過。

步驟 2 選取「檢視」功能表下的「專案/類別瀏覽視窗」項目，將「專案/類別瀏覽視窗」打開，並選擇此視窗內的「除錯/監看」標籤：

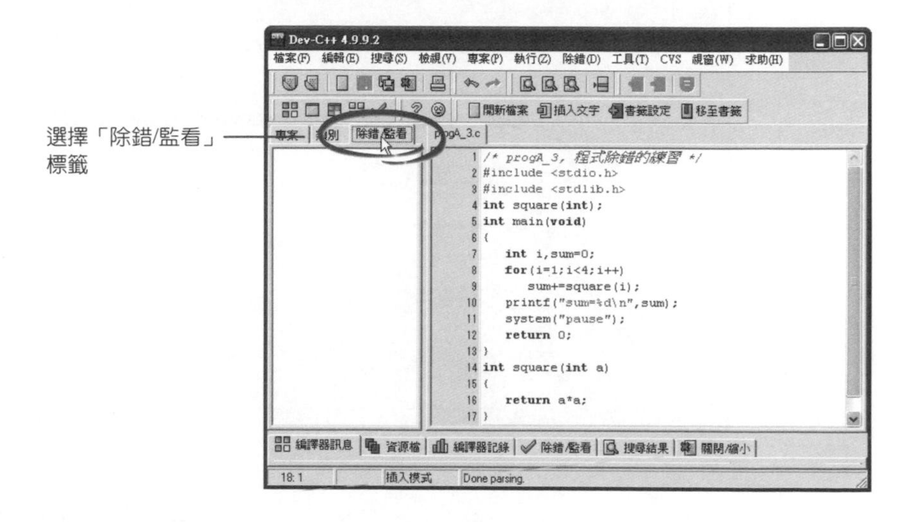

步驟 3 接下來先設置程式執行的中斷點（break point），讓程式執行到此處先停下來，以方便監看程式執行的流程及變數的內容。假設想讓程式在執行第 7 行之前先停下來，請依下面三個步驟來進行：

1. 點選程式的第 7 行，然後選擇「除錯」功能表裡的「加入/移除中斷點」，或者是在第 7 行程式碼之前的空白處按一下滑鼠，此時第 7 行會變成紅色反白。

2. 點選 Dev C++ 視窗下方的「除錯/監看」標籤，此時「除錯/監看」視窗的內容會出現。

3. 按下「除錯/監看」視窗內的「除錯」，此時程式會開始執行，並且在執行第 7 行之前會停下來，此時這一行會呈藍色反白，代表程式正要執行它，如下圖所示：

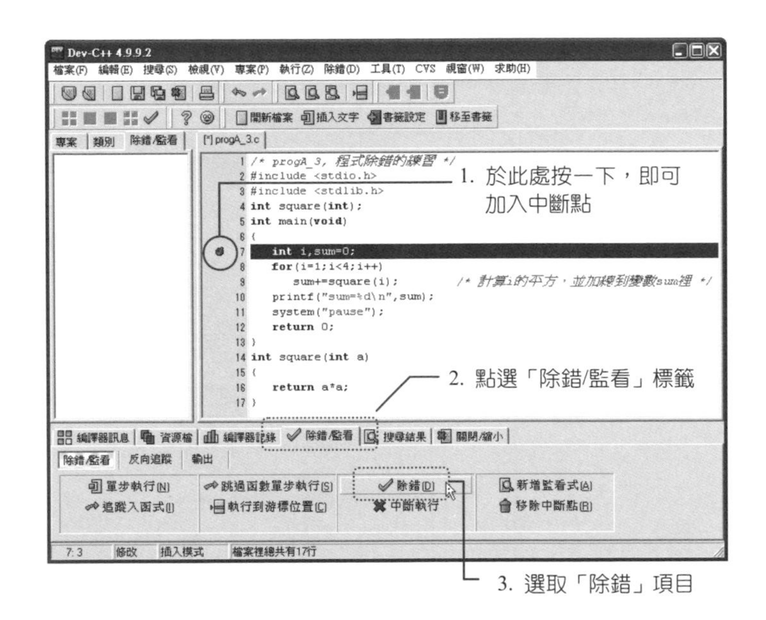

步驟 4 假設想要監看 main() 裡的變數 sum、i 與 a 的值，可在「除錯/監看」視窗內按下「新增監看變數」，此時「新增監看變數」視窗會出現，於「輸入變數名」欄位內填上 sum，如下圖所示：

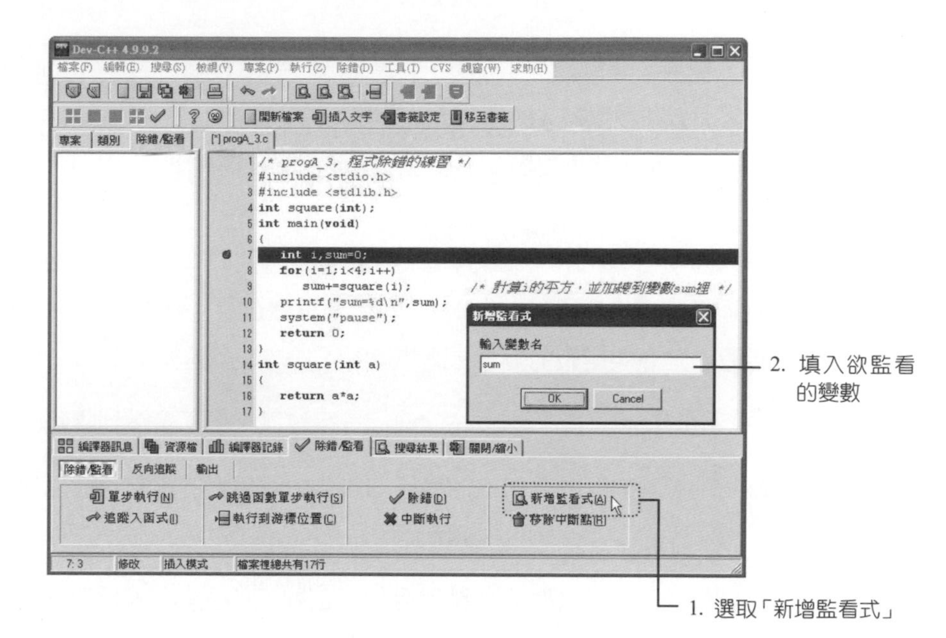

按下「OK」鈕之後，變數 sum 便會出現在 Dev C++ 左邊的「除錯/監看」視窗中。依此步驟，再把變數 i 與變數 a 加入「除錯/監看」視窗中，此時「除錯/監看」視窗的畫面應如下所示：

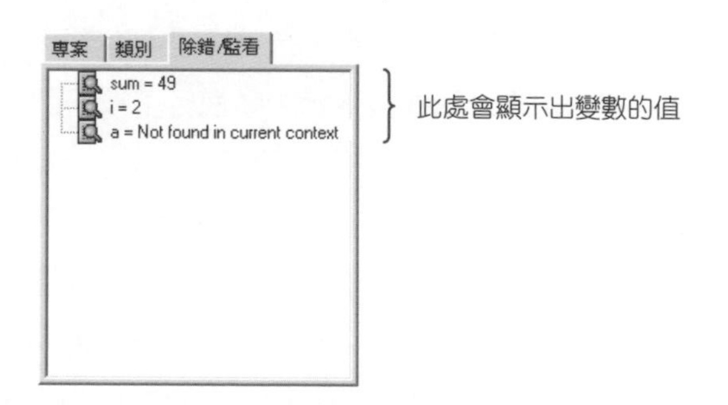

上圖變數的內容是當程式將進入第 7 行執行的結果（還沒執行第 7 行），所以變數 sum 與 i 的值都是留在記憶體裡的殘值。因為是殘值的關係，您所得到的數值可能會與上圖不同。

另外，變數 a 是在函數 square() 內，而現在程式的主控權是在 main() 的手裡，因而看不到變數 a 的值，所以變數 a 的旁邊顯示了 "Not found in current context" 字串，代表變數 a 不在目前可監控的範圍內。

步驟 5 接下來您便可以利用「除錯/監看」標籤裡的「單步執行」、「追蹤入函式」、「跳過函數單步執行」，或者是「執行到游標位置」等功能來進行追蹤程式的流程，並查看變數的變化。這些追蹤程式功能簡述如下：

1. 單步執行　　一次執行一行敘述，但不會跳到函數內執行
2. 追蹤入函式　　若執行的敘述內有其它的函數，則跳到函數內繼續執行
3. 跳過函數單步執行　　跳離目前正在執行的函數，回到函數的上一層（即呼叫函數的地方）繼續執行
4. 執行到游標位置　　執行到游標的地方

利用上面的四個功能，便能快速地在想要監控程式的地方查看執行的流程與變數的內容。此外，您也可以在追蹤的過程裡，陸續增加欲觀看的變數。如要中斷程式除錯的過程，只要按下「中斷執行」按鈕即可。

本附錄僅就 Dev C++基本的功能做一個初步的解說，然而 Dev C++ 所提供的功能相當完整，如果在使用上遇到其它的問題，可以由 Dev C++ 所提供的線上求助系統來查詢。當然，您也可以選擇「Help」功能表下的「About Bloodshed Dev-C++」，連結到畫面裡所提供的網站來查詢 Dev C++ 相關的訊息，或是直接向 Dev C++ 的作者 Colin Laplace 請益哦！

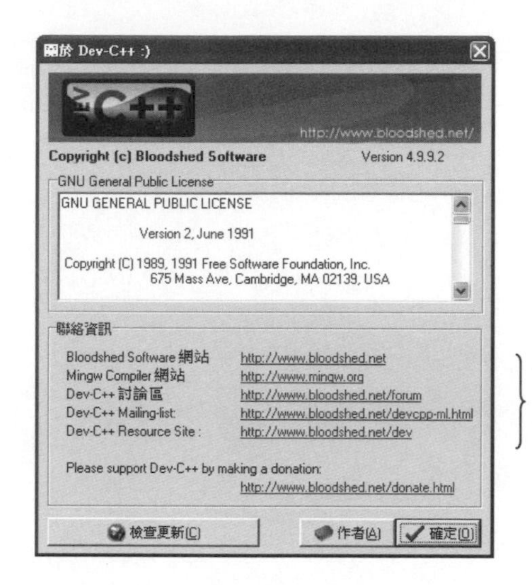

點選此處可連結到 Dev C++ 相關的網站

在此，筆者要謝謝 Dev C++的作者 Colin Laplace，授權使用 Dev C++ 作為本書的教學軟體。Colin Laplace 很謙虛的告訴我，他對於 Dev C++ 的貢獻僅在於視窗介面的開發，而 Dev C++ 的編譯程式並不是他完成，而是 GNU 所提供的免費編譯器。當您使用這個軟體時，雖然不需要付任何的權利金給作者，但仍建議您到 Dev C++ 的網站上參觀，給原作者一些心得上的回饋。

如果想加入 Dev C++ 的討論區，可以連結到下面的網頁：

http://www.bloodshed.net/devcpp-ml.html

有關如何加入討論區的步驟，請參考網頁中的說明。加入討論區之後，您每天會收到與 Dev C++ 相關的問題與網友的回應。當然也可以把問題貼在討論區裡，以尋求技術上的支援與協助。

附錄 B　使用 Visual C++ 6.0

如果您的學習環境裡正好有 Visual C++，那麼利用它來學習 C 語言也是個不錯的選擇。Visual C++ 提供了相當親切的操作界面及除錯介面，並附有完整的線上指令索引，利用它來學習 C 語言頗為方便。

B.1 使用 Visual C++

在 Windows 作業環境下選擇「開始」-「程式集」-「Microsoft Visual Studio 6.0」-「Microsoft Visual C++ 6.0」，即可進入 Visual C++ 的整合開發環境：

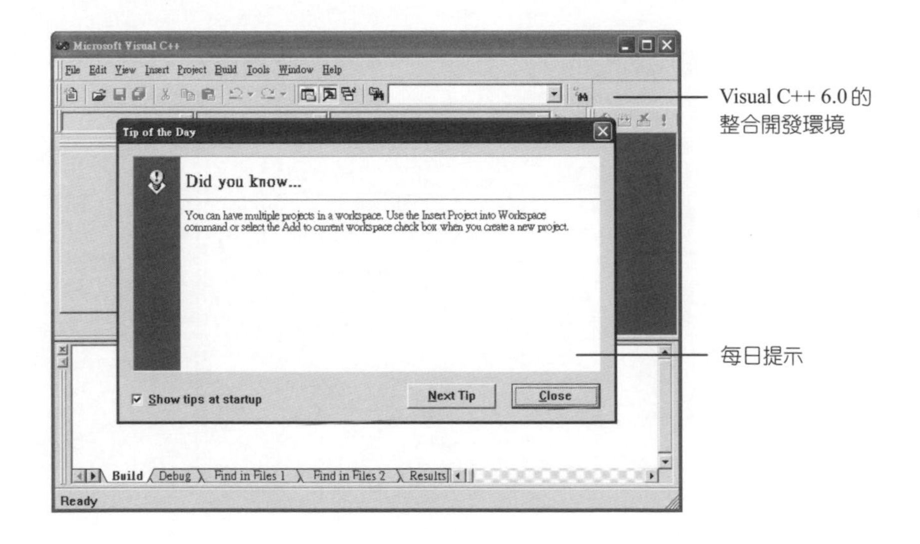

在「Tip of the Day」視窗中按下「Close」按鈕，即可開始編輯程式。由於 Visual C++ 的整合開發環境功能很多，本附錄只簡單的介紹如何使用 Visual C++ 來撰寫一般的 C 與 C++ 程式。如果需要利用 Visual C++ 來撰寫視窗程式設計，請您參考其它相關的書籍。

B.1.1 編輯程式

由於 Visual C++ 6.0 必須先開啟一個 project（專案），才能開始編輯與執行程式。請跟隨下列的步驟進行：

步驟 1

進入 Visual C++ 6.0 後，選擇「File」功能表中的「New」選項，即會出現「New」對話方塊。於「Projects」標籤中選擇「Win32 Console Application」，並且在「Project name」欄位裡鍵入專案的名稱，於「Location」欄位中鍵入您希望存放專案資料夾的位置。於本例中，我們把專案的名稱設為「hello」，存放在「c:\ prog」資料夾裡，此時的視窗應如下所示：

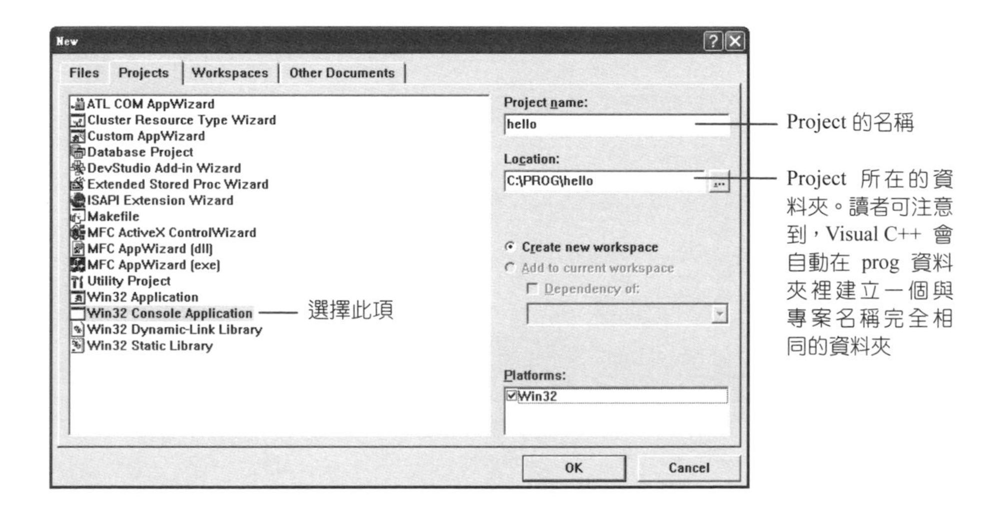

按下「OK」鈕後，Visual C++ 即會在 c:\prog 資料夾內建立一個 hello 子資料夾，所有與專案相關的檔案，都會放在這個資料夾裡。

步驟 2

接著下來會出現「Win32 Console Application-Step 1 of 1」視窗，詢問您欲建立的類型為何？此例中我們選擇第一種「An empty project」，即全新的專案，然後按下「Finish」鈕繼續：

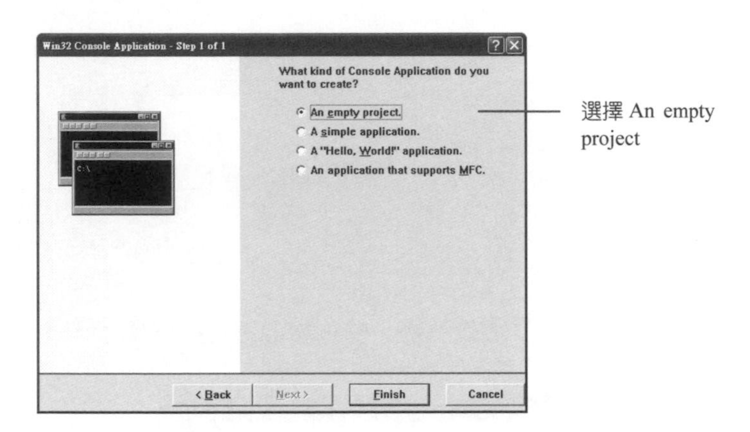

步驟 3

接下來，Visual C++ 會將專案 hello 彙總成如下圖的畫面，按下「OK」鈕後，系統即會建立好專案 hello 的環境，此時便可開始編輯程式碼了：

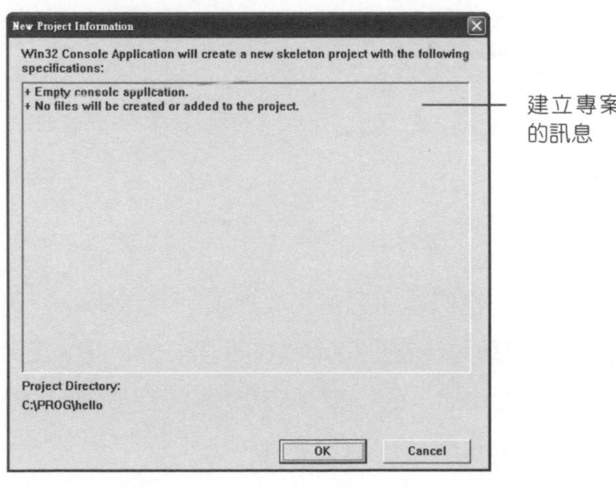

步驟 4

回到 Visual C++ 的視窗後，可以看到專案 hello 已經建立完成了。按下工具列上的「New Text File」鈕 ，就可以開始撰寫 C 程式碼。我們以下面的程式為例，來說明 Visual C++ 的編譯與執行的整個流程：

```
01  /* progB_1, 第一個 Visual C++ 範例 */
02  #include <stdio.h>
03  int main(void)
04  {
05     printf("Hello Kitty!\n");   /* 印出 Hello Kitty! */
06     printf("Hello World!\n");   /* 印出 Hello World! */
07     return 0;
08  }
```

現在將上面的程式碼鍵入程式編輯區內，輸入後的視窗如下圖所示：

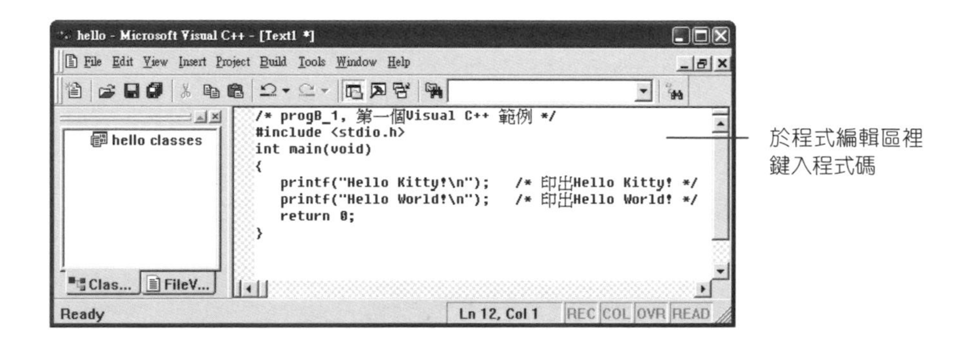

如果以前用過 Dev C++ 來編譯過 C 程式碼，您會發現在 Visual C++ 裡，程式碼的最後不必加上

```
system("pause");
```

這行敘述，也不用將 stdlib.h 標頭檔含括進來，這是因為 Visual C++ 在執行完程式碼之後，會自動將視窗暫停，直到使用者按下任一鍵，它才會離開 Dos 視窗。因此如果您是使用 Visual C++ 來執行本書的程式碼，可以省略掉 system("pause") 與含括入 stdlib.h 標頭檔的敘述。

步驟 5

接著必須給這個新的程式命名，我們把它命名為 progB_1.c。按下工具列上的「save」按鈕，即會出現「另存新檔」對話方塊。選擇好欲存放 progB_1.c 的資料夾後（習慣上，我們會把它和專案放在同一個資料夾內），於對話方塊中輸入檔名 progB_1.c，如下圖所示：

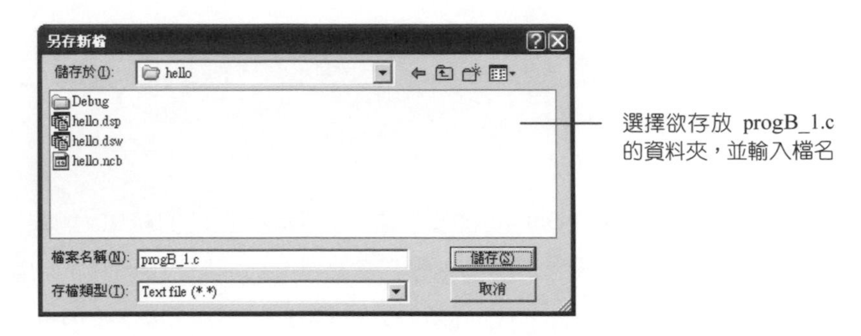

按下「儲存」按鈕後，progB_1.c 便會被存放在指定的資料夾內。

步驟 6

最後的步驟是把 progB_1.c 加入 hello 專案中。於右邊的工作區裡，按一下滑鼠的右鍵，在出現的選單中選擇「Insert File into Project」選項，將程式 progB_1.c 加入專案 hello 中，使這個程式成為專案 hello 的一員：

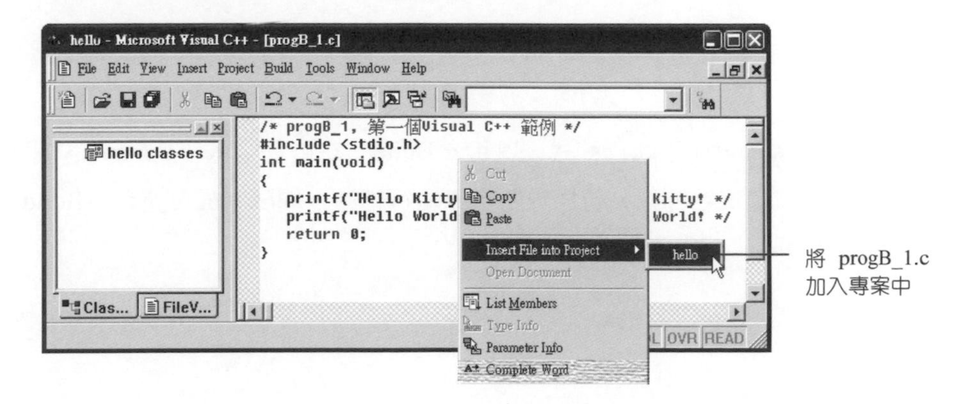

您可以注意到 Visual C++ 用不同的顏色來代表程式碼裡各種不同的功用，例如關鍵字（key word）以藍色顯示，而程式的註解以綠色顯示，這個設計更有利於我們對程式碼的編輯、修改以及除錯。接下來就以這個簡單的程式來說明，在 Visual C++ 中如何編譯、執行。

B.1.2 編譯與執行

當程式撰寫完成之後，可以選取「Build」功能表中的「Execute」選項，或是直接按下 Ctrl+F5 鍵來編譯與執行程式。

當程式開始編譯後，下方的 Output 視窗會顯示其編譯、連結的結果。如果很幸運的，程式沒有任何錯誤，程式經過編譯後就會立刻被執行，這時 Visual C++ 會自動開啟一個 Dos 視窗顯示執行結果。以前面所輸入的程式碼為例，按下 Ctrl+F5 鍵，程式經過編譯與執行後的結果如下圖所示，按下任意鍵即會回到 Visual C++ 的編輯環境裡：

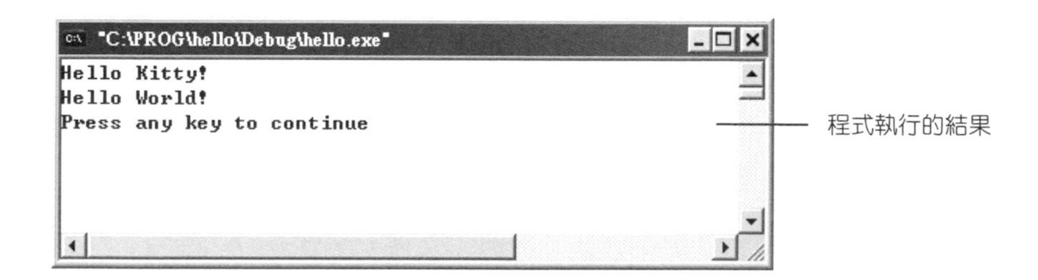

如果只是想要編譯，而不執行程式，選取「Build」功能表中的「Compile」即可將編譯過後的程式變成目的檔。若是想要變成執行檔時，編譯完成後選取「Build」功能表裡的「Build」，即可產生執行檔。

B.2 處理語法上的錯誤

如果在編譯程式時出現錯誤，則下方的「Output」視窗會告訴我們是哪兒出錯了！例如於前例中，假設於程式碼的第 5 行少打了一個雙引號，且於第 6 行忘了分號，於編譯時，Visual C++ 便會糾正我們所犯的錯誤。

```
01  /* progB_2, 錯誤的程式碼 */
02  #include <stdio.h>
03  int main(void)
04  {
05     printf("Hello Kitty!\n);     /*印出 Hello Kitty!*/
06     printf("Hello World!\n")     /*印出 Hello World!*/
07     return 0;
08  }
```

忘了雙引號

忘了分號

當您將上面這段程式編譯之後，Output 視窗會告訴您程式發生錯誤而停止執行。

```
Output
--------------------Configuration: hello - Win32 Debug--------------------
Compiling...
progB_2.c
C:\prog\hello\progB_2.c(5) : error C2001: newline in constant
C:\prog\hello\progB_2.c(6) : error C2146: syntax error : missing ')'
Error executing cl.exe.

progB_2.obj - 2 error(s), 0 warning(s)
Build  Debug
```

發生錯誤的原因

程式發生錯誤的列數

此時可以看到在 Output 視窗中會顯示程式發生錯誤的地方及原因，只要將滑鼠在視窗中的提示上連續按兩下左鍵，程式編輯區中的程式就會尋找發生錯誤的地方，我們再根據錯誤訊息一一改正錯誤即可。

B.3 利用 Debug 功能表除錯

如果想一行一行追蹤程式的流程，可以利用 Visual C++ 提供的除錯功能。它可逐步執行程式，並查看變數值來找出錯誤所在。現請開啟一個新的專案，並把專案名稱

命名為 my_debug，再鍵入下面的程式碼，將它儲存成 progB_3.c 後，加入專案 my_debug 裡：

```
01   /* progB_3, Visual C++ 除錯功能的使用 */
02   #include <stdio.h>
03   int main(void)
04   {
05      int i,sum=0;
06      int square(int);
07
08      for(i=1;i<4;i++)
09         sum+=square(i);
10
11      printf("sum=%d\n",sum);
12      return 0;
13   }
14
15   int square(int a)
16   {
17      return a*a;
18   }
```

選擇「Build」功能表中的「Start Debug」-「Step Into」，或是直接按下 F11 鍵，Visual C++ 會檢查程式與最近一次編譯後之目的檔是否有更改，若是已經更動，則會先行編譯再進行追蹤：

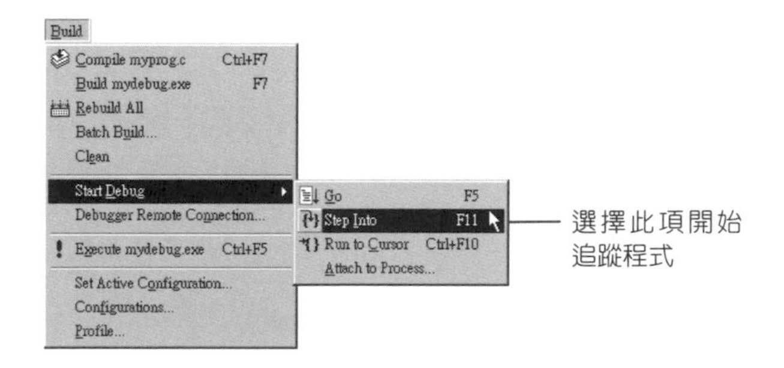

當程式開始追蹤時，可以看到畫面上會出現 Debug 功能表、Variables 視窗與 Watch 視窗。只要每按一下 F11 鍵，Visual C++ 便會執行一個敘述，在 Variable 視窗內也會顯示出變數值的變化：

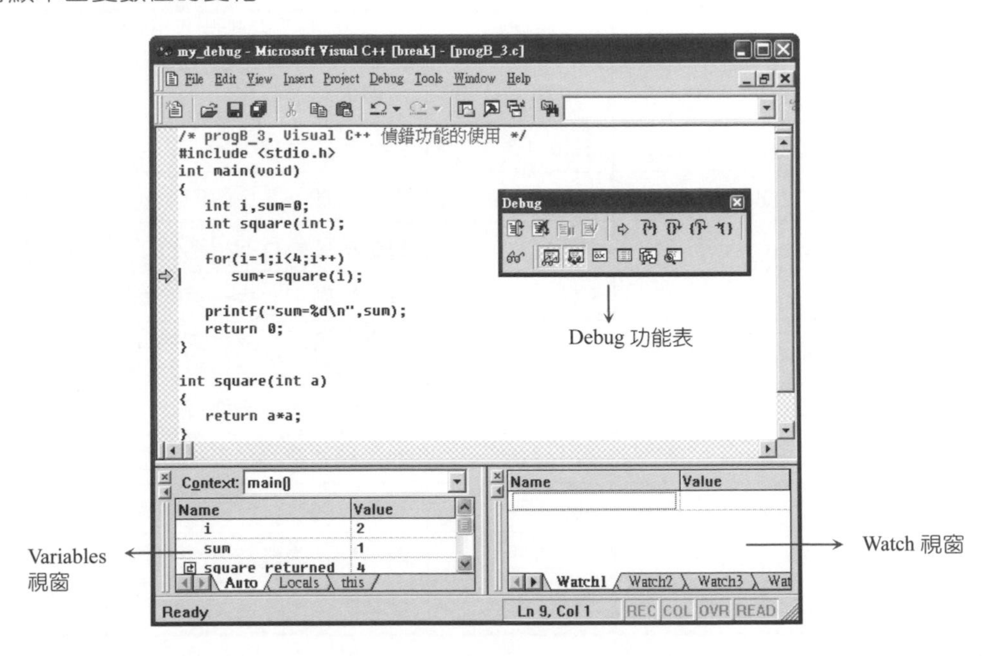

Visual C++ 的除錯功能啟動後，可以在某一列程式的前面看到 ➪ 符號，這個黃色箭號即代表目前所要執行的敘述，您可以根據黃色箭號瞭解程式的流程。Debug 功能表中還有不少好用的小工具，下圖為 Debug 功能表的介紹：

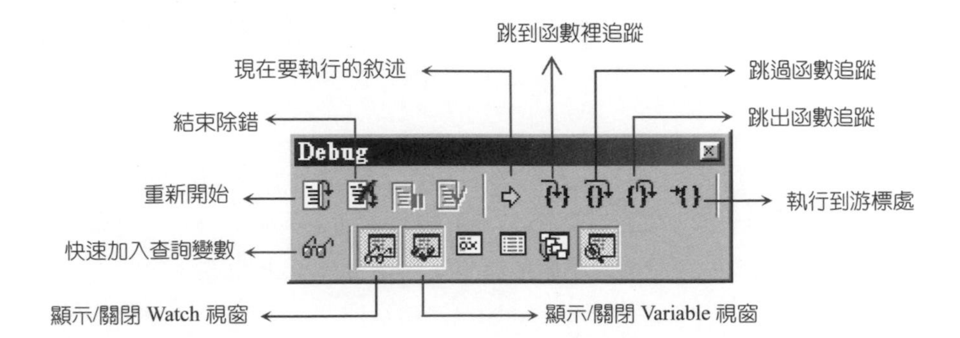

下表為 Debug 功能表中的各個功能、快速鍵及其說明之整理，在使用除錯功能追蹤程式時，可以參考下面的說明。

功能及圖示	快速鍵	說明
Restart	Ctrl+Shift+F5	重新開始追蹤程式
Stop Debugging	Shift+F5	停止追蹤程式
Apply Code Changes	Alt+F10	追蹤時加入新更改的程式碼
Show Next Statement	無	目前所要執行的程式列
Step Into	F11	跳到函數中一步一步的執行
Step Over	F10	不到函數中一步一步執行，直接取得函數的執行結果
Step Out	Shift+F11	跳離函數的逐步執行
Run to Cursor	Ctrl+F10	追蹤程式至游標所在位置
Quick Watch	Shift+F9	觀看目前執行位置的變數值
Watch	無	觀看選定的變數值
Variables	無	觀看所有變數值及函數返回值

在 Debug 功能表中除了按 F11 鍵(Step Into)可以逐步執行程式之外，按 F10 鍵(Step Over) 也可以完成類似的工作。「Step Into」及「Step Over」這兩個功能有什麼不同呢？其實它們都會一步一步的執行程式，不同的是，當執行到一個函數時，「Step Into」會跳到函數中一步一步的執行。而「Step Over」並不會跳到函數裡執行，因此當程式中包含有函數時，用「Step Into」來除錯會更為 "深入" 且有效果。

此外 Visual C++ 還有一個供查看變數的功能，只要按一下 Debug 功能表中的「Watch」選項，即可開啟或關閉 Watch 視窗，在 Visual C++中，當您啟動除錯功能時，Watch 視窗的預設值為開啟的狀態，下圖為 Watch 視窗：

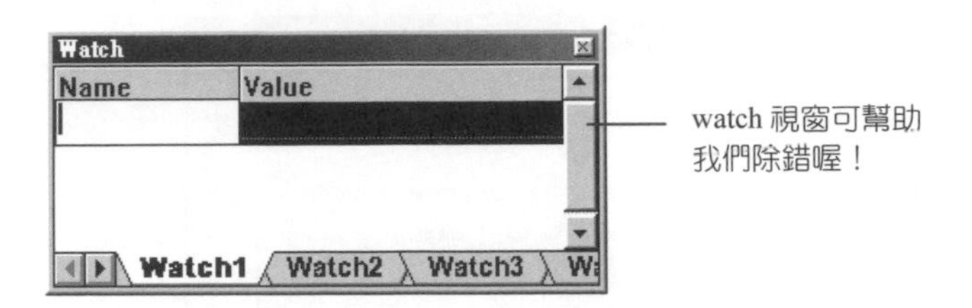

於 Name 欄位上按一下滑鼠左鍵，即可輸入欲查看的變數名稱，若是變數繁多，還可以將變數分門別類放在不同的 Watch 視窗裡，只要按下 Watch 視窗下方的「Watch1」~「Watch4」標籤，再輸入變數名稱，程式在逐步追蹤時就可以看到變數值的變化。如果想取消查看的變數，也只要將滑鼠移到欲取消的變數上，按一下滑鼠左鍵，再把 Name 欄位的內容變成空白即可。

除了 Watch 視窗可以看到變數值的變化之外，在 Variables 視窗中也會顯示所有的變數內容，以及函數的傳回值，當查看的變數較多時，同時使用 Watch 視窗與 Variables 視窗會是較方便的選擇：

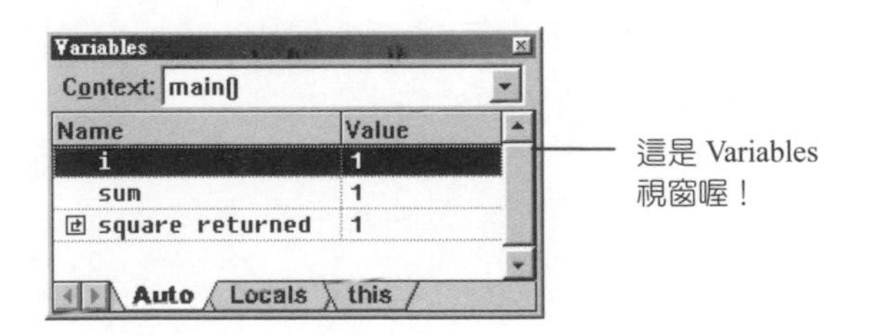

我們以程式 progB_3 為例，將變數 sum 加到 Watch 視窗中，就可以在 Watch 視窗中仔細觀察 sum 的變化。在 Variables 視窗中也可以看到所有變數及函數的變化，每當按一次 F10 或 F11 追蹤程式時，變數與函數的值就會逐漸改變，如下圖所示：

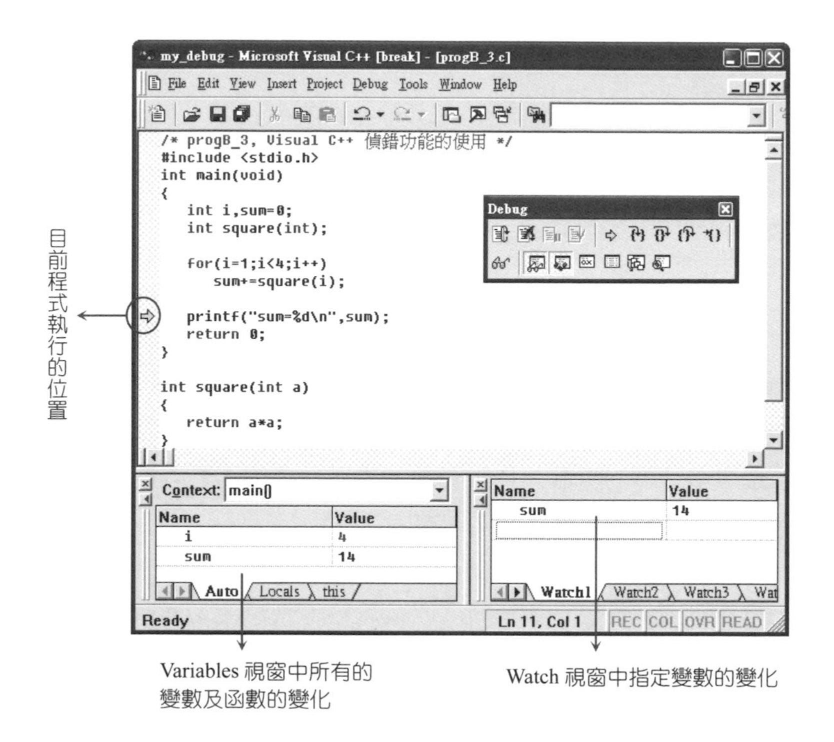

當程式在 debug 模式時，您也可以直接將滑鼠移到程式編輯區中，游標會變成 I 的形狀，此時將滑鼠移到變數上，即可看到目前變數的值。

```
   for(i=1;i<4;i++)
      sum+=square(i);

⇨  printf("sum=%d\n",sum);
   return 0;                sum = 14  —— 目前變數的值
}
```

B.4 各別編譯的實作

Visual C++ 也具有各別編譯的功能。如果您已閱讀過第十三章，且是以 Visual C++ 來編譯程式碼時，可以回過頭來參考這個部分。於接下來的範例中，我們將一步一步引導您如何在 Visual C++ 裡建立函數模組。

在下面的範例中，我們有 4 個函數模組要分開編譯，這四個模組成別為 main.c、area.c、peri.c 與 show.c。這些函數模組的內容分列如下，稍後我們將引導您如何利用一個專案來編譯並執行它們：

```
01  /* main.c, 大型程式的範例 (主程式) */
02  #include <stdio.h>
03  double area(double r);
04  double peri(double r);
05  int main(void)
06  {
07    printf("area(2.2)=%5.2f\n",area(2.2));
08    printf("peri(1.4)=%5.2f\n",peri(1.4));
09    return 0;
10  }
```

```
01  /* area.c, 自訂函數 area(), 可計算圓面積 */
02  #include <math.h>
03  #define PI 3.1416
04  void show(double);
05  double area(double r)
06  {
07      show(r);
08      return (PI*pow(r,2.0));
09  }
```

```
01  /* peri.c, 自訂函數 peri()，可計算圓周長 */
02  #define PI 3.1416
03  void show(double);
04  double peri(double r)
05  {
06      show(r);
07      return (2*PI*r);
08  }
```

```
01  /* show.c, 自訂函數 show()，顯示半徑 */
02  #include <stdio.h>
03  void show(double r)
04  {
05    printf("半徑為%5.2f, ",r);
06  }
```

下面的步驟介紹了如何於 Visual C++ 裡分別建立主程式 mian.c，與其它三個函數模組 area.c、peri.c 與 show.c。

步驟 1　首先建立一個全新的專案，於本例中，我們將專案名稱定為 my_prj。

步驟 2　建立完成後，按下工具列裡的「New TextFile」鈕，即可開啟一個全新的文字檔工作區。此時的視窗如下圖所示：

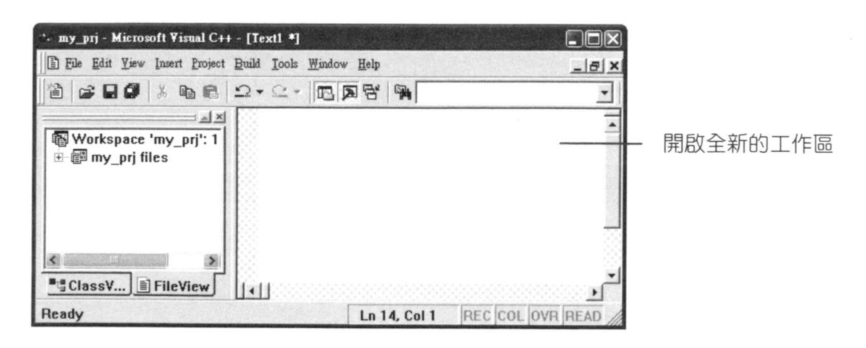

步驟 3　輸入主程式 main.c，程式輸入完成之後，可看到如下的視窗：

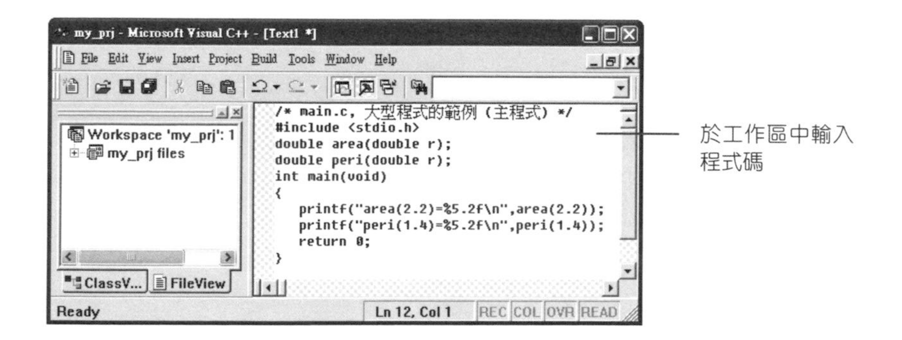

步驟 4　按下工具列中的「Save」鈕，會出現「另存新檔」對話方塊。此時即可將檔案儲存，於此例中，我們將檔名設定為 main.c：

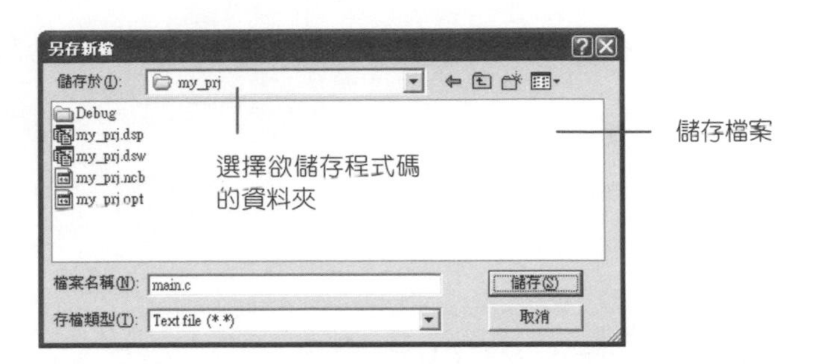

步驟 5　在工作區上任意一處按下滑鼠右鍵，於出現的選單中選擇「Insert File into Project」，即會出現目前所開啟 project 的名稱，於此例中，我們選擇 my_prj 後，main.c 即會被加入 my_prj 中：

步驟 6　按下工作區左邊的 Workspace 視窗下方的標籤 FileView，即可看到在 Source Files 資料夾下，於專案「my_prj」裡，已包含有程式 main.c：

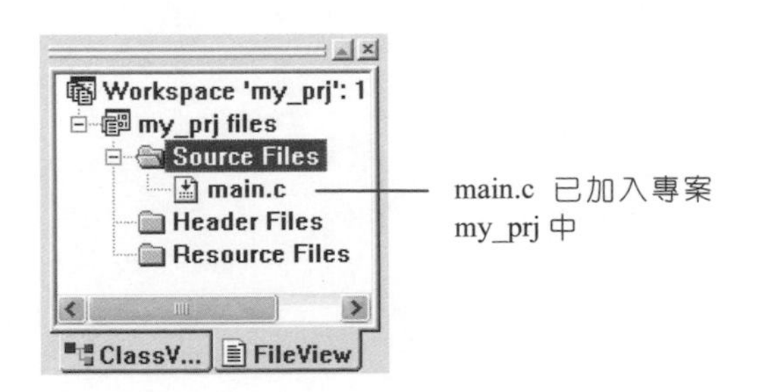

步驟 7 重複步驟 2~6，將 area.c、peri.c 與 show.c 以同樣的方式，分別加入專案「my_prj」中：

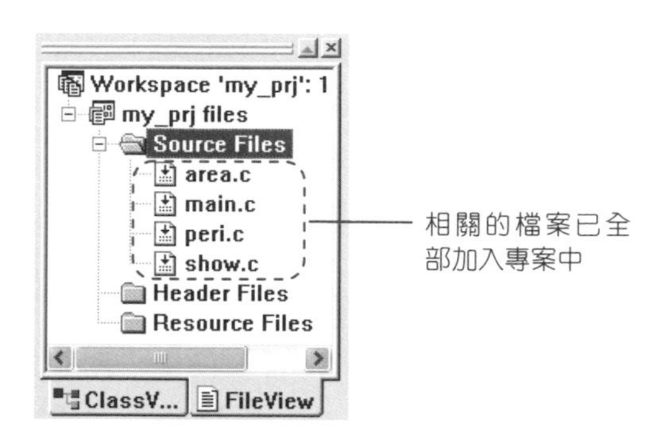

步驟 8 現在即可依照平常編譯執行程式的方式，將這 5 個程式一起編譯。程式執行的結果如下所示：

```
/* 專案 my_prj 的執行結果 -----
半徑為 2.20, area(2.2)=15.21
半徑為 1.40, peri(1.4)= 8.80
-----------------------------*/
```

Visual C++ 所提供的功能相當完整，礙於篇幅的限制，僅在本附錄中列出與本書較為有關的常用功能，供您在撰寫程式時參考。更詳盡的功能解說，您可以參考其它相關的書籍，或者是由 Visual C++ 所提供的線上求助系統來查詢。

附錄 C 常用的函數庫

一般的 C 編譯程式均附有一個標準的函數庫，裡面收集了相當完整的函數供我們使用。例如，常用的數學函數 sin()、cos() 及 sqrt()，或者是時間函數 time()、difftime() 等均收錄在這個標準的函數庫裡。當然，Dev C++ 也有這樣子的一個函數庫。

要使用標準函數庫裡的函數時，只要在程式的開頭用 #include 引入相關的標頭檔即可。舉例來說，如在程式裡要使用到數學函數 sin()、cos()，與時間函數 difftime() 時，就必須利用 #include 前置處理指令將 math.h 與 time.h 檔含括到程式中，如下面的敘述：

```
#include <math.h>
#include <time.h>
```

將 math.h 與 time.h 含括到程式後，我們就可以使用這些標頭檔內所定義的函數了。若是想要使用其它的函數，只要找出該函數所在的標頭檔，將它含括在程式裡即可。於本附錄中，我們將 C 語言常用的函數整理出來，當您要使用某個類型的函數時，可以查閱相關的使用方法及其格式。

下圖為本附錄之編排說明：

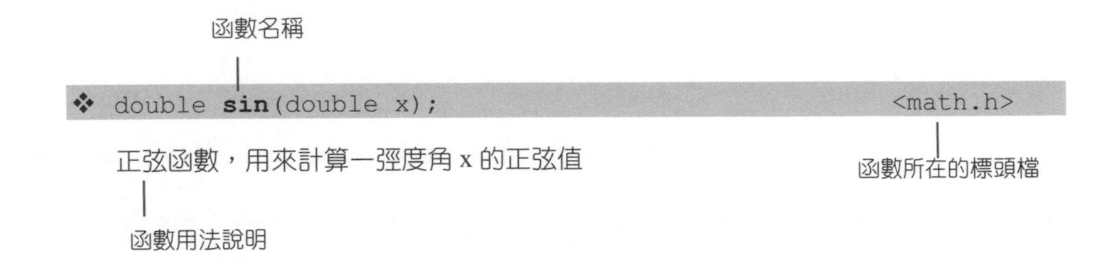

C.1 常用的數學函數

❖ `double cos(double x);` <math.h>

餘弦函數，計算一弳度角 x 的餘弦值

❖ `double tan(double x);` <math.h>

正切函數，計算一弳度角 x 的正切值

❖ `double asin(double x);` <math.h>

反正弦函數，計算 x 的反正弦值，x 的值必須介於-1~1 之間

❖ `double acos(double x);` <math.h>

反餘弦函數，計算 x 的反餘弦值，x 的值必須介於-1~1 之間

❖ `double atan(double x);` <math.h>

反正切函數，計算 x 的反正切值

❖ `double sinh(double x);` <math.h>

雙曲線正弦函數，計算 x 的雙曲線正弦值

❖ `double cosh(double x);` <math.h>

雙曲線餘弦函數，計算 x 的雙曲線餘弦值

❖ `double tanh(double x);` <math.h>

雙曲線正切函數，計算 x 的雙曲線正切值

❖ `double atan2(double y,double x);` <math.h>

比值的反正切函數，計算 $\tan^{-1}(y/x)$ 的值，並會根據 (x, y) 所在的象限求出正確的角度

❖ `double exp(double x);` <math.h>

指數函數，計算 x 的指數值，即 e^x

❖ double **log10**(double x); <math.h>

對數函數，計算以 10 為底的對數值，即 $\log_{10}(x)$

❖ double **log**(double x); <math.h>

自然對數函數，計算 x 的自然對數值，即 ln(x)

❖ int **abs**(int n); <stdlib.h>

整數絕對值函數，計算整數 n 的絕對值

❖ long **labs**(long n); <math.h>

長整數絕對值函數，計算長整數 n 的絕對值

❖ double **fabs**(double x); <math.h>

浮點數絕對值函數，計算浮點數 x 的絕對值

❖ double **cabs**(struct complex z); <math.h>

複數絕對值函數，計算複數 z 的絕對值，其中 z 為一結構，其定義為

```
struct complex
{
    double x;          /* 實數部份 */
    double y;          /* 虛數部份 */
}
```

❖ div_t **div**(int number, int denom); <stdlib.h>

div() 函數可傳回兩整數相除之後的商及餘數，傳回值存放在 div_t 的結構型態中。div_t 的結構型態定義為

```
typedef struct
{
    int quot;     /* 商數(quotient) */
    int rem;      /* 餘數(remainder) */
}div_t;
```

❖ `ldiv_t **ldiv**(long number,long denom);` <stdlib.h>

ldiv() 可傳回兩個長整數相除之後的商及餘數，傳回值存放在 ldiv_t 的結構型態中。ldiv_t 的結構型態定義為

```
typedef struct
{
   long quot;       /* 商數(quotient) */
   long rem;        /* 餘數(remainder) */
} ldiv_t;
```

❖ `double **floor**(double x);` <math.h>

floor() 函數可傳回小於等於 x 的最大整數值

❖ `double **ceil**(double x);` <math.h>

ceil() 函數可傳回大於等於 x 的最小整數值

❖ `<type> **max**(<type> a,<type> b);` <stdlib.h>

max() 函數可傳回 a、b 兩個數中較大的數值，其中 type 可為 int、float 或 double

❖ `<type> **min**(<type> a,<type> b);` <stdlib.h>

min() 函數可傳回 a、b 兩個數中較小的數值，其中 type 可為 int、float 或 double

❖ `double **pow**(double x,double y);` <math.h>

計算 x 的 y 次方值，即 x^y

❖ `double **pow10**(int p);` <math.h>

計算 10 的 p 次方值，即 10^p

❖ `double **sqrt**(double x);` <math.h>

平方根函數，計算非負數 x 的平方根值，即 $\sqrt{x}$

❖ `double **fmod**(double x,double y);` <math.h>

取餘數，計算 x/y 的餘數，其中 x 與 y 皆為 double 型態

❖ `double modf(double x,double *intprt);` <math.h>

分解浮點數函數，將倍精度浮點數 x 分解為整數及小數部分，整數部分儲存在指標變數 intptr 中，傳回值為小數部分

❖ `int rand(void);` <stdlib.h>

取亂數函數，產生一個介於 0~RAND_MAX 之間的虛擬亂數（pseudo-random number）而 RAND_MAX 則定義在 stdlib.h，其值為 32767。因 rand 函數所產生的亂數均是用相同的種子所產生，因此所產生的數值序列均可預測。如果要產生不可預測的數值序列，可藉由 srand 函數來更改亂數的種子

❖ `int random(int num);` <stdlib.h>

取亂數函數。random 為一巨集，定義於 stdlib.h 中，用來傳回 0~num-1 的亂數值，此巨集定義如下：

```
#define random ((num)(rand()%(num)))
```

❖ `void srand(unsigned seed);` <stdlib.h>

下亂數函數的種子（seed），此函數可用來重新設定 rand 函數產生亂數時所使用的種子

❖ `void randomize(void);` <stdlib.h>

下亂數種子，randomize 為一巨集，定義於 stdlib.h，可用來為亂數產生器產生新的亂數種子，其巨集定義如下：

```
#define randomize() srand((unsigned)time(NULL))
```

下面的程式範例係利用 sin、cos() 及 tan() 函數分別計算所給予的特定角度。注意這些角度的單位必須為弳度（radian）。

```
01  /* progC_1, 三角函數的使用範例 */
02  #include <stdio.h>
03  #include <stdlib.h>
04  #include <math.h>
05  #define PI 3.141592654
06  int main(void)
07  {
08    printf("sin(PI/3)=%6.4f\n",sin(PI/3.0));
09    printf("cos(PI/3)=%6.4f\n",cos(PI/3.0));
```

```
10       printf("tan(PI/4)=%6.4f\n",tan(PI/4.0));
11
12       system("pause");
13       return 0;
14    }
```

```
/* progC_1 OUTPUT--
sin(PI/3)=0.8660
cos(PI/3)=0.5000
tan(PI/4)=1.0000
---------------------*/
```

下面的程式是利用指數與對數函數 exp()、log10() 及 log() ，求取引數為 3.14 時的值：

```
01    /* progC_2, 指數與對數函數的使用範例 */
02    #include <stdio.h>
03    #include <stdlib.h>
04    #include <math.h>
05    int main(void)
06    {
07       printf("exp(3.14)=%6.4f\n",exp(3.14));
08       printf("log10(3.14)=%6.4f\n",log10(3.14));
09       printf("log(3.14)=%6.4f\n",log(3.14));
10
11       system("pause");
12       return 0;
13    }
```

```
/* progC_2 OUTPUT--
exp(3.14)=23.1039
log10(3.14)=0.4969
log(3.14)=1.1442
---------------------*/
```

下面的程式是利用 floor() 及 ceil() 函數，分別求出小於等於 3.14 的最大整數，以及大於等於 3.14 的最小整數：

```
01   /* progC_3, 求最接近 3.14 的整數值 */
02   #include <stdio.h>
03   #include <stdlib.h>
04   #include <math.h>
05   int main(void)
06   {
07     printf("floor(3.14)=%3.1f\n",floor(3.14));
08     printf("ceil(3.14)=%3.1f\n",ceil(3.14));
09
10     system("pause");
11     return 0;
12   }
```

```
/* progC_3 OUTPUT--
floor(3.14)=3.0
ceil(3.14)=4.0
---------------------*/
```

C.2 時間函數

❖ `time_t **time**(time_t *timeptr);` <time.h>

傳回目前系統的時間。time_t 為 time.h 裡所定義的時間資料型態。事實上，它就是長整數型態，因為在 time.h 裡有這麼一行敘述：

```
typedef long time_t;
```

time 函數會回應自格林威治時間 1970 年 1 月 1 日 00:00:00 到目前系統時間所經過的秒數，並且會把此秒數儲存在指標 timeptr 所指向的位址內

❖ `clock_t **clock**(void);` <time.h>

程式處理時間函數。傳回自程式啟動算起所經過的時間，開始執行後，此值以 "滴答" 的數目來表示。於 time.h 中定義了 CLK_TCK 來表示每秒滴答的數目，故 clock 的傳回值應除以 CLK_TCK，才能得到所經過的時間秒數

❖ `double **difftime**(time_t t2,time_t t1);` <time.h>

計算 t1-t2 的時間差，傳回值為秒數

下面的程式是利用迴圈計算 sin(0.2) 的值，共計算 10000*10000（十億）次，在迴圈執行前後皆取出當時的系統時間，最後求出迴圈執行所花費的時間。

```
01  /* progC_4, 求程式執行的時間 */
02  #include <stdio.h>
03  #include <stdlib.h>
04  #include <math.h>
05  #include <time.h>
06  int main(void)
07  {
08    int i,j;
09    time_t start,end;
10
11    start=time(NULL);
12    for(i=0;i<10000;i++)
13      for(j=0;j<10000;j++)
14        sin(0.2);
15    end=time(NULL);
16    printf("time= %.2f seconds.\n",difftime(end,start));
17
18    system("pause");
19    return 0;
20  }
```

```
/* progC_4 OUTPUT---
time= 27.00 second.
----------------------*/
```

接下來，我們修改程式 progC_4，同樣利用迴圈計算 sin(0.2) 的值，共計算 10000*10000 次，不同的是程式 progC_5 是以 clock() 函數取得迴圈執行前後的時間，再求出迴圈執行所花費的時間，其結果可以準確到千分之一秒。

```
01  /* progC_5, 求程式執行的時間 */
02  #include <stdio.h>
03  #include <stdlib.h>
04  #include <math.h>
05  #include <time.h>
06  int main(void)
```

```
07  {
08     int i,j;
09     clock_t start,end;
10     float t_used;
11
12     start=clock();
13     for(i=0;i<10000;i++)
14        for(j=0;j<10000;j++)
15           sin(0.2);
16     end=clock();
17     t_used=(float)(end-start)/CLK_TCK;
18     printf("time= %.3f seconds.\n",t_used);
19
20     system("pause");
21     return 0;
22  }
```

```
/* progC_5 OUTPUT----
time= 26.860 seconds.
-----------------------*/
```

C.3 字串函數庫

❖ `char *strcat(char *dest,const char *source);` `<string.h>`

字串聯結函數，用來將字串 source 聯結在字串 dest 的後面

❖ `char *strncat(char *dest,const char *source,size_t n);` `<string.h>`

字串聯結函數，用來將來源字串 source 的前面 n 個字元聯結在目的字串 dest 的後面，其中 size_t 為無號整數，定義如下：

```
typedef unsigned int size_t;
```

❖ `char *strchr(const char *string,int c);` `<string.h>`

字元搜尋函數，搜尋字串 string 中第一個指定的字元，其中 c 為所要搜尋的字元

❖ char ***strrchr**(const char *string,int c);　<string.h>

搜尋字串 string 中最後一個指定的字元，c 為所要搜尋的特定字元

❖ char ***strstr**(const char *str1, const char *str2);　<string.h>

搜尋字串 str2 在字串 str1 中第一次出現的位置

❖ size_t **strcspn**(const char *str1, const char *str2);　<string.h>

字串搜尋函數。除了空白字元外，搜尋字串 str2 在字串 str1 中第一次出現的位置

❖ char ***strpbrk**(const char *str1, const char *str2);　<string.h>

字串搜尋函數。搜尋字串 str2 中，非空白的任意字元在 str1 中第一次出現的位置

❖ char ***strcpy**(char *dest,char *source);　<string.h>

字串拷貝函數，將字串 source 拷貝到字串 dest 內，並覆蓋掉原有的內容

❖ char ***strcpy**(char *dest,const char *source);　<string.h>

字串拷貝函數，將字串常數 source 拷貝到字串 dest 內，並覆蓋掉原有的內容

❖ char ***strncpy**(char *dest,const char *source,size_t n);　<string.h>

字串拷貝函數，將字串常數 source 的前面 n 個字元拷貝到字串 dest 中

❖ char ***strcmp**(const char *str1, const char *str2);　<string.h>

字串的比較，根據 ASCII 值的大小比較 str1 與 str2，傳回值分為

小於 0：字串 str1 小於字串 str2

等於 0：字串 str1 等於字串 str2

大於 0：字串 str1 大於字串 str2

❖ char ***strcmpi**(const char *str1, const char *str2);　<string.h>

字串的比較，以不考慮大小寫的方式比較 str1 與 str2，傳回值分為

小於 0：字串 str1 小於字串 str2

等於 0：字串 str1 等於字串 str2

大於 0：字串 str1 大於字串 str2

❖ `char *stricmp(const char *str1, const char *str2);` <string.h>

字串的比較，將 str1 與 str2 先轉換為小寫後，再開始比較兩個字串，傳回值分為

小於 0：字串 str1 小於字串 str2

等於 0：字串 str1 等於字串 str2

大於 0：字串 str1 大於字串 str2

❖ `int *strncmp(const char *s1, const char *s2,size_t n);` <string.h>

字串的比較，根據 ASCII 值的大小比較字串 s1 與 s2 中的前面 n 個字元，傳回值分為

小於 0：字串 s1 小於字串 s2

等於 0：字串 s1 等於字串 s2

大於 0：字串 s1 大於字串 s2

❖ `int *strnicmp(const char *s1, const char *s2,size_t n);` <string.h>

字串的比較，以不考慮大小寫的方式比較字串 s1 與 s2 中的前面 n 個字元，傳回值分為

小於 0：字串 s1 小於字串 s2

等於 0：字串 s1 等於字串 s2

大於 0：字串 s1 大於字串 s2

❖ `size_t *strlen(const char *string);` <string.h>

計算字串 string 的長度，其值不包括字串結束字元

❖ `char *strlwr(char *string);` <string.h>

將字串中的大寫字母轉換成小寫

❖ `char *strupr(char *string);` <string.h>

將字串中的小寫字母轉換成大寫

❖ `char *strrev(char *string);` <string.h>

將字串中的字元前後順序倒置，但字串結束字元不變動

❖ `char *strset(char *string,int ch);` <string.h>

字串的設值，除了字串結束字元外，將字串中的每個字元皆設值為指定字元

❖ `char *strnset(char *string,int ch,size_t n);` <string.h>

字串的設值，除了字串結束字元外，將字串中的前面 n 個字元皆設值為指定字元

程式 progC_6 是將兩個字串聯結在一起成為新的字串：

```
01   /* progC_6, 聯結兩個字串 */
02   #include <stdio.h>
03   #include <stdlib.h>
04   #include <string.h>
05   int main(void)
06   {
07      char dest[80]="My dear friend,";
08      char source[40]="How are you?";
09
10      printf("first string=%s\n",dest);
11      printf("second string=%s\n",source);
12      strcat(dest,source);
13      printf("New string:%s\n",dest);
14      system("pause");
15      return 0;
16   }
/* progC_6 OUTPUT------------------

first string=My dear friend,
second string=How are you?
New string:My dear friend,How are you?
---------------------------------------*/
```

下面的程式是利用 strchr() 函數，搜尋字串中出現的第一個特定字元，並指出被找到字元所出現的位置。

```
01   /* progC_7, 搜尋字串中出現的第一個特定字元 */
02   #include <stdio.h>
03   #include <stdlib.h>
04   #include <string.h>
05   int main(void)
06   {
07      char str[80],ch;
08      char *ptr=NULL;
```

```
09
10     printf("Input a string:");
11     gets(str);
12     printf("Input a character to search:");
13     scanf("%c",&ch);
14     ptr=strchr(str,ch);
15     if(ptr)
16       printf("character %c is at position %d\n",ch,ptr-str+1);
17     else
18       printf("character not found!\n");
19     system("pause");
20     return 0;
21   }
```

```
/* progC_7 OUTPUT----------------

Input a string:Have a nice day!!
Input a character to search: a
The character a is at position 2
-----------------------------------*/
```

下面的程式是由鍵盤輸入一字串，將該字串拷貝到另一字串：

```
01   /* progC_8, 拷貝字串 */
02   #include <stdio.h>
03   #include <stdlib.h>
04   #include <string.h>
05   int main(void)
06   {
07     char source[80],dest[80];
08
09     printf("Input the source string:");
10     gets(source);
11     strcpy(dest,source);
12     printf("destination string:%s\n",dest);
13     system("pause");
14     return 0;
15   }
```

```
/* progC_8 OUTPUT-----------------------
Input the source string:Have a nice day!!
destination string:Have a nice day!!
------------------------------------------*/
```

程式 progC_9 是由鍵盤輸入一字串，分別計算該字串的長度，以及將字串中的大寫字元全部轉換為小寫，最後再將字串以前後倒置的方式輸出：

```
01  /* progC_9, 使用字串函數 */
02  #include <stdio.h>
03  #include <stdlib.h>
04  #include <string.h>
05  int main(void)
06  {
07    char str[80];
08
09    printf("Input a string: ");
10    gets(str);
11
12    printf("String length: %d\n",strlen(str));
13    printf("Convert to lower case: %s\n",strlwr(str));
14    printf("String reversed: %s\n",strrev(str));
15    system("pause");
16    return 0;
17  }
```

```
/* progC_9 OUTPUT----------------------
Input one string: Have A Nice Day!!
String length: 17
Convert to lower case: have a nice day!!
String reversed: !!yad ecin a evah
-----------------------------------------*/
```

下面的程式是利用氣泡排序法將字串排序：

```
01  /* progC_10, 利用氣泡排序法將字串排序 */
02  #include <stdio.h>
03  #include <stdlib.h>
04  #include <string.h>
05  #define SIZE 4
06  void print_matrix(char *a[]),bubble(char *a[]);
07  int main(void)
08  {
09    char *name[SIZE]={"David","Mary Lee","Alice Wu","Tammy Chen"};
10
11    printf("Before process...\n");
12    print_matrix(name);
13    bubble(name);
14    printf("After process...\n");
15    print_matrix(name);
16    system("pause");
17    return 0;
18  }
19  void print_matrix(char *a[])    /* 自訂函數print_matrix() */
20  {
21    int i;
22
23    for(i=0;i<SIZE;i++)     /* 印出陣列的內容 */
24      printf("name[%d]=%s\n",i,*(a+i));
25  }
26
27  void bubble(char *a[])    /* 自訂函數bubble() */
28  {
29    int i,j;
30    char *temp[1];
31
32    for(i=0;i<(SIZE-1);i++)
33      for(j=0;j<(SIZE-1);j++)
34        if(strcmp(a[j],a[j+1])>0)
35        {
36          *temp=a[j];      /* 對換陣列內的值 */
37          a[j]=a[j+1];
38          a[j+1]=*temp;
39        }
40  }
```

```
/* progC_10 OUTPUT---
Before process...
name[0]=David
name[1]=Mary Lee
name[2]=Alice Wu
name[3]=Tammy Chen
After process...
name[0]=Alice Wu
name[1]=David
name[2]=Mary Lee
name[3]=Tammy Chen
-----------------------*/
```

C.4 字元處理函數

❖ `int isalnum(int c);` <ctype.h>

判斷引數 c 是否為英文字母或是數字

❖ `int isalpha(int c);` <ctype.h>

判斷引數 c 是否為英文字母

❖ `int isascii(int c);` <ctype.h>

判斷引數 c 是否為 ASCII 值在 0~127 的有效範圍內

❖ `int iscntrl(int c);` <ctype.h>

判斷引數 c 是否為 ASCII 的控制字元

❖ `int isspace(int c);` <ctype.h>

判斷引數 c 是否為空白字元

❖ `int isprint(int c);` <ctype.h>

判斷引數 c 是否為不包含空白字元的可列印字元（即 ASCII 碼為 33~126 的字元）

❖ `int isupper(int c);` <ctype.h>

判斷引數 c 是否為大寫英文字母

❖ `int islower(int c);` <ctype.h>

判斷引數 c 是否為小寫英文字母

❖ `int ispunct(int c);` <ctype.h>

判斷引數 c 是否為標點字元

❖ `int isdigit(int c);` <ctype.h>

判斷引數 c 是否為十進位數字的 ASCII 字元

❖ `int isxdigit(int c);` <ctype.h>

判斷引數 c 檢查是否為十六進位數字的 ASCII 字元

❖ `int toascii(int c);` <ctype.h>

將引數 c 轉換為有效的 ASCII 字元

❖ `int toupper(int c);` <ctype.h>

將小寫英文字母 c 轉換為大寫英文字母

❖ `int tolower(int c);` <ctype.h>

將大寫英文字母 c 轉換為小寫英文字母

下面的程式是由鍵盤輸入一字串，分別判斷字串中的字元，若是大寫字元即轉換為小寫字元，若是小寫字元即轉換為大寫字元，其餘字元皆不變。

```
01  /* progC_11, 字元的大小寫轉換 */
02  #include <stdio.h>
03  #include <stdlib.h>
04  #include <ctype.h>
05  int main(void)
06  {
07     int i=0;
08     char a[20];
09     printf("Input a string: ");
```

```
10      gets(a);
11      while(a[i]!='\0')
12      {
13        if(islower(a[i]))         /* 字元為小寫 */
14          a[i]=toupper(a[i]);
15        else if(isupper(a[i]))    /* 字元為大寫 */
16          a[i]=tolower(a[i]);
17        i++;
18        printf("After conversion: %s\n",a);
19      }
20      system("pause");
21      return 0;
22    }
```

```
/* progC_11 OUTPUT------------------

Input a string: Have a nice Day!!
After conversion: hAVE A NICE dAY!!
---------------------------------------*/
```

C.5 型態轉換函數

❖ `int atoi(const char *string);` <stdlib.h>

將字串常數 string 轉換為整數

❖ `long atol(const char *string);` <stdlib.h>

將字串常數 string 轉換為長整數

❖ `double atof(const char *string);` <math.h>

將字串常數 string 轉換為倍精度浮點數

❖ `char itoa(int value,char *string,int radix);` <stdlib.h>

將整數 value 轉換成以數字系統 radix (2~36) 為底的字串，並存在字串 string 內

❖ `char ltoa(long value,char *string,int radix);` <stdlib.h>

將長整數 value 轉換成以數字系統 radix (2~36) 為底的字串，並存在字串 string 內

下面的程式是由鍵盤輸入一整數字串，再將該字串轉換為整數後，計算其平方值：

```
01  /* progC_12, 將字串轉換為整數 */
02  #include <stdio.h>
03  #include <stdlib.h>
04  #define POW atoi(a)*atoi(a)
05  int main(void)
06  {
07     char a[10];
08
09     printf("Input a number:");
10     gets(a);
11     printf("%d*%d=%d\n",atoi(a),atoi(a),POW);
12     system("pause");
13     return 0;
14  }
```

```
/* progC_12 OUTPUT---

Input a number:30
30*30=900
-----------------------*/
```

下面的程式可由鍵盤輸入一整數，以及欲轉換的數字系統之底數，然後將該整數轉換成新的字串：

```
01  /* progC_13, 將整數轉成以 radix 為底的字串 */
02  #include <stdio.h>
03  #include <stdlib.h>
04  int main(void)
05  {
06     int i,radix;
07     char str[18];
08
09     printf("Input an integer:");
10     scanf("%d",&i);
11     printf("Input radix:");
12     scanf("%d",&radix);
13     printf("%d in radix %d is %s\n",i,radix,itoa(i,str,radix));
14
```

```
15      system("pause");
16      return 0;
17  }
```

```
/* progC_13 OUTPUT--------
Input an integer:199920
Input radix: 16
199920 in radix 16 is 30cf0
----------------------------*/
```

C.6 記憶體配置與管理函數

❖ void ***calloc**(size_t num_elems,size_t elem_size); <stdlib.h>

記憶體配置函數，配置一塊 num_elems × elem_size 大小的記憶體，且會將記憶體內每一個位元組清空為 0 值

❖ void ***malloc**(size_t num_bytes); <malloc.h>

記憶體配函數置，配置一塊 num_bytes 位元組的記憶空間

❖ void ***realloc**(void *mem_address,size_t newsize); <stdlib.h>

重新配置記憶空間，調整由 calloc 或 malloc 所配置的記憶體大小

❖ void **free**(void *mem_address); <stdio.h>

釋放記憶體，釋放 mem_address 所指向的記憶體

下面的程式，是利用 malloc() 函數配置一塊 64 個位元組的記憶體，由鍵盤輸入一字串在該記憶體中，同時將該字串全部轉換成大寫字母，再將轉換後的字串印出，最後再將這塊記憶體釋放。

```
01  /* progC_14, 使用malloc()配置記憶體 */
02  #include <stdio.h>
03  #include <stdlib.h>
04  #include <malloc.h>
```

```
05  #include <ctype.h>
06  int main(void)
07  {
08     char *mem;
09     int i=0;
10
11     if((mem=(char *)malloc(64))!=NULL)   /* 配置 64 bytes 的記憶體 */
12     {
13        printf("Memory allocated!!\n");
14        printf("Input a string:");
15        gets(mem);
16        while(*(mem+i)!='\0')
17        {
18           if(islower(*(mem+i))) /* 將字串轉換成全部大寫 */
19              *(mem+i)=toupper(*(mem+i));
20           i++;
21        }
22        printf("After convert,string is %s\n",mem);
23        free(mem);
24        printf("Memory deallocated!!\n");
25     }
26     else
27        printf("Memory allocated failed!!\n");
28     system("pause");
29     return 0;
30  }
```

```
/* progC_14 OUTPUT----------------------

Memory allocated!!
Input a string:Have a nice day!!
After convert,string is HAVE A NICE DAY!!
Memory deallocated!!
-------------------------------------------*/
```

C.7 程式流程控制函數

❖ void **abort**(void); <stdlib.h>

異常終止，以異常的方式終止程式的執行

❖ void **exit**(int status); <stdlib.h>

結束執行，結束程式前會先將檔案緩衝區的資料寫回檔案中，再關閉檔案

❖ int **system**(const char *string); <stdlib.h>

DOS 命令，由程式中執行 DOS 的命令

下面的程式，是利用 system() 函數執行 DOS 的命令 dir，觀看目錄中的檔案資料後，再執行 DOS 的命令 pause，使程式暫停，直到按下任意鍵才會繼續執行。

```
01  /* progC_15, 使用 system() 執行 Dos 的命令 */
02  #include <stdio.h>
03  #include <stdlib.h>
04  int main(void)
05  {
06     system("dir c:\\prog");
07     system("pause");
08     return 0;
09  }
```

```
/* progC_15 OUTPUT------------------------------

磁碟區 C 中的磁碟沒有標籤。
磁碟區序號: D443-DA35

c:\prog 的目錄

2004/04/17  下午 07:10    <DIR>          hello
2004/04/21  下午 02:17                 6 output.txt
2004/04/22  下午 12:33               359 新文件 1.c
2004/04/20  下午 03:30             1,320 新文件 1.cpp
2004/04/22  下午 12:34            27,976 新文件 1.exe
               4 個檔案          29,661 位元組
               3 個目錄   3,652,571,136 位元組可用
-----------------------------------------------*/
```

附錄 D　ASCII 碼表

十進位	二進位	八進位	十六進位	ASCII	按鍵
0	0000000	00	00	NUL	Ctrl+l
1	0000001	01	01	SOH	Ctrl+A
2	0000010	02	02	STX	Ctrl+B
3	0000011	03	03	ETX	Ctrl+C
4	0000100	04	04	EOT	Ctrl+D
5	0000101	05	05	ENQ	Ctrl+E
6	0000110	06	06	ACK	Ctrl+F
7	0000111	07	07	BEL	Ctrl+G
8	0001000	10	08	BS	Ctrl+H，Backspace
9	0001001	11	09	HT	Ctrl+I，Tab
10	0001010	12	0A	LF	Ctrl+J，Line Feed
11	0001011	13	0B	VT	Ctrl+K
12	0001100	14	0C	FF	Ctrl+L
13	0001101	15	0D	CR	Ctrl+M，Return
14	0001110	16	0E	SO	Ctrl+N
15	0001111	17	0F	SI	Ctrl+O
16	0010000	20	10	DLE	Ctrl+P
17	0010001	21	11	DC1	Ctrl+Q
18	0010010	22	12	DC2	Ctrl+R
19	0010011	23	13	DC3	Ctrl+S
20	0010100	24	14	DC4	Ctrl+T
21	0010101	25	15	NAK	Ctrl+U
22	0010110	26	16	SYN	Ctrl+V
23	0010111	27	17	ETB	Ctrl+W
24	0011000	30	18	CAN	Ctrl+X
25	0011001	31	19	EM	Ctrl+Y
26	0011010	32	1A	SUB	Ctrl+Z
27	0011011	33	1B	ESC	Esc，Escape
28	0011100	34	1C	FS	Ctrl+\
29	0011101	35	1D	GS	Ctrl+]

十進位	二進位	八進位	十六進位	ASCII	按鍵
30	0011110	36	1E	RS	Ctrl+=
31	0011111	37	1F	US	Ctrl+-
32	0100000	40	20	SP	Spacebar
33	0100001	41	21	!	!
34	0100010	42	22	"	"
35	0100011	43	23	#	#
36	0100100	44	24	$	$
37	0100101	45	25	%	%
38	0100110	46	26	&	&
39	0100111	47	27	'	'
40	0101000	50	28	(	(
41	0101001	51	29	)	)
42	0101010	52	2A	*	*
43	0101011	53	2B	+	+
44	0101100	54	2C	,	,
45	0101101	55	2D	-	-
46	0101110	56	2E	.	.
47	0101111	57	2F	/	/
48	0110000	60	30	0	0
49	0110001	61	31	1	1
50	0110010	62	32	2	2
51	0110011	63	33	3	3
52	0110100	64	34	4	4
53	0110101	65	35	5	5
54	0110110	66	36	6	6
55	0110111	67	37	7	7
56	0111000	70	38	8	8
57	0111001	71	39	9	9
58	0111010	72	3A	:	:
59	0111011	73	3B	;	;
60	0111100	74	3C	<	<
61	0111101	75	3D	=	=
62	0111110	76	3E	>	>

十進位	二進位	八進位	十六進位	ASCII	按鍵
63	0111111	77	3F	?	?
64	1000000	100	40	@	@
65	1000001	101	41	A	A
66	1000010	102	42	B	B
67	1000011	103	43	C	C
68	1000100	104	44	D	D
69	1000101	105	45	E	E
70	1000110	106	46	F	F
71	1000111	107	47	G	G
72	1001000	110	48	H	H
73	1001001	111	49	I	I
74	1001010	112	4A	J	J
75	1001011	113	4B	K	K
76	1001100	114	4C	L	L
77	1001101	115	4D	M	M
78	1001110	116	4E	N	N
79	1001111	117	4F	O	O
80	1010000	120	50	P	P
81	1010001	121	51	Q	Q
82	1010010	122	52	R	R
83	1010011	123	53	S	S
84	1010100	124	54	T	T
85	1010101	125	55	U	U
86	1010110	126	56	V	V
87	1010111	127	57	W	W
88	1011000	130	58	X	X
89	1011001	131	59	Y	Y
90	1011010	132	5A	Z	Z
91	1011011	133	5B	[	[
92	1011100	134	5C	\	\
93	1011101	135	5D	]	]
94	1011110	136	5E	^	^
95	1011111	137	5F	_	_

十進位	二進位	八進位	十六進位	ASCII	按鍵
96	1100000	140	60	`	`
97	1100001	141	61	a	a
98	1100010	142	62	b	b
99	1100011	143	63	c	c
100	1100100	144	64	d	d
101	1100101	145	65	e	e
102	1100110	146	66	f	f
103	1100111	147	67	g	g
104	1101000	150	68	h	h
105	1101001	151	69	i	i
106	1101010	152	6A	j	j
107	1101011	153	6B	k	k
108	1101100	154	6C	l	l
109	1101101	155	6D	m	m
110	1101110	156	6E	n	n
111	1101111	157	6F	o	o
112	1110000	160	70	p	p
113	1110001	161	71	q	q
114	1110010	162	72	r	r
115	1110011	163	73	s	s
116	1110100	164	74	t	t
117	1110101	165	75	u	u
118	1110110	166	76	v	v
119	1110111	167	77	w	w
120	1111000	170	78	x	x
121	1111001	171	79	y	y
122	1111010	172	7A	z	z
123	1111011	173	7B	{	{
124	1111100	174	7C	|	|
125	1111101	175	7D	}	}
126	1111110	176	7E	~	~
127	1111111	177	7F	Del	Del，Rubout

附錄E 習題參考答案

第一章 參考答案

1-2 程式語言的可攜性，是指於某一系統所撰寫的程式，可以在少量修改或完全不修改的情況下即可在另一個作業系統裡執行。

1-11 bug 是指程式裡的錯誤，debug 則是除去程式裡的錯誤。

1-12 「語意錯誤」是指程式本身的語法沒有問題，但在邏輯上可能有些瑕疵，所以會造成非預期性的結果。此時必須逐一確定每一行程式的邏輯是否有誤，再將錯誤改正。

「語法錯誤」則是程式碼本身沒有依照語法撰寫所發生的錯誤，只要把編譯程式所指出的錯誤訂正後，再重新編譯即可將原始程式變成可執行的程式。

1-13 請參考 hw1_13.c。

1-19 連結器會將其它的目的檔及函數庫連結在一起後，成為一個「.exe」可以執行的檔案。

第二章 參考答案

2-2 請參考 hw2_2.c。

若是將第 4 行的 int 改成 void，則會出現 2 個警告訊息：

(a) 第 9 行，'return' with value, in function returning void。這是說第 9 行的 return 帶有一個值，但是函數的傳回型態是 void。

(b) 第 5 行，return type of 'main' is not 'int'。是指第 5 行的 main() 函數的傳回型態是不是 int。

也就是說，當第 4 行的 int 改成 void 時，由於 main() 的傳回值型態為 void，即不傳回任何東西，第 9 行的 return 敘述就應該配合函數的傳回型態，來做適當的處理，既然沒有傳回值，第 9 行的 return 敘述就不需要帶有數值。

2-3 請參考 hw2_3.c。

2-5 請參考 hw2_5.c。

2-8 請參考 hw2_8.c。

2-9 本程式在編譯時會有「'i' undeclared(first use in this function)」的訊息出現，這是指 i 沒有被宣告，同時這是 i 第一次在該函數中被用到。若要修改這個錯誤，只要將第 6 行的程式碼 i=5; 改成 int i=5;即可。

2-11 請參考 hw2_11.c。

2-12 有效的識別字包括：

`_artist`、`ChinaTimes` 、`Y2k`、`pentium3`、`TOMBO`、`AAA`、`A1234`、`NO1`、`__two`、`___AMD`、`jdk1_3`、`println`。

2-14 main 是屬於識別字，雖然它相當常用，但不屬於 C 語言所提供的關鍵字裡的一員。

2-16 忘了宣告變數，或是在敘述最後沒有加上分號，這種錯誤為語法錯誤。

2-17 該把某數值開根號，卻沒有如此做，因而導致執行結果不對，這種錯誤為語意錯誤。

2-20 原始程式請參考 hw2_20.c，重新編排後的程式，請參考 hw2_20a.c。

第三章 參考答案

3-1
(a) 變數：num，常數：134
(b) 變數：sum，常數：76844
(c) 變數：value，常數：0.44632

3-3
(a) 134.45L→134.45 是浮點數型態，L 不適用在此型態上。
(b) 10km24→常數不能有文字與數字相雜的情形出現。
(c) a2048→數字前不能有文字或特殊符號。

3-5
(a) -96.43 → -9.643000e+001
(b) 1974.56 → 1.974560e+003
(c) 0.01234 → 1.234000e-002
(d) 0.000432 → 4.320000e-004

3-6
(a) -9.5e-4 → -0.000950
(b) 3.78e+5 → 378000.000000
(c) 5.12e-2 → 0.051200
(d) 6.1732e+12 → 6173200000000.000000

3-9
當整數型態資料絕對不會出現負數的時候（例如班上學生的總人數），就可以用 unsigned（無號整數）來儲存它。如此一來，這個無號整數變數的儲存範圍便只能是整數，且正數的表示範圍也變成原先的兩倍。

3-10
下面兩項可被 C 的編譯器所接受：
(b) int num=40;
(d) long value=47828L;

3-11
(a) int　(b) short
(c) double　(d) short 或 float
(e) float　(f) short
(g) double　(h) short
(i) long

3-13
(a) 將字元變數 ch 設值為 312。
(b) 執行結果為 8。

由於字元變數可表元的範圍只有 0~255，將 ch 設值為 312 時，會發生溢位的情形。

此時會截取後面 1 個位元組的資料，312 的二進位為 100111000，被截取後面 8 個

bits（1 個位元組）後變成 00111000，剛好是十進位的 56，而 ASCII 碼 56 就是字元「8」。

這種截取後面 1 個位元組的方式，相當於數值除以 256 後的餘數。您可以試著將 312 除以 256 後取其餘數，確認餘數是否為 56。

3-15
(a) 執行結果為

30000.100009

(b) 由於 float 型態的精度只有 7~8 位數，計算結果中，整數位數有 5 位，小數部分僅會有前面 2 位數是精確的，其它部分因超出精度範圍，因此會有誤差出現。
(c) 請參考 hw3_15c.c。

3-17
請參考 hw3_17.c。

3-19
(a) num1/num2 的商數為 0，因此第 7 行的輸出為 0。
(b) 請參考 hw3_19.c。

第四章 參考答案

4-2 請參考 hw4_2.c。

4-4 請參考 hw4_4.c。

4-6 請參考 hw4_6.c。

4-8 請參考 hw4_8.c。

4-9 此程式在執行時可以輸入資料，但是無法將正確的資料存放到欲接收的變數中，這是因為在第 7 行中，scanf()必須使用變數的位址當成引數。正確的程式請參考 hw4_9.c。

4-11 請參考 hw4_11.c。

4-13 請參考 hw4_13.c。

4-14 請參考 hw4_14.c。

4-16 (a) 執行結果如下：

Input a string: No more goodbye
The string is No

字元陣列僅儲存了字串 "No more goodbye" 裡的第一個非空白的字串，由於利用 scanf()函數輸入字串時，不能有空白字元存在，因此當 scanf()讀取到 No 後，即發現後面是空白字元，就當成輸入已經結束，後面再輸入的字串即留在輸入緩衝區內。

(b) 請參考程式 hw4_16b.c。

由於目前尚未學習其它字串的輸入方式，因此在本程式中，利用 3 個%s 輸入字串，輸出時將此 3 個字串分別以一個空白分隔，使得執行結果看起來是一個字串。實際在輸入字串時，可利用 gets() 解決字串中含有空白的問題。關於 gets() 的使用，可參考第九章的說明。

4-17 (a) 執行結果如下：

請輸入第一個字元:a
請輸入第二個字元:ch1=a, ch2=

在 Dos 或 Windows 的環境裡按下 Enter 鍵時，它被解譯為 carriage return 與 line feed 這兩個動作，意思是歸位且換行。因此一個 Enter 鍵代表執行兩個步驟，一個是歸位（ASCII 碼為 13），也就是將游標移至同一列最左邊，另一個則是換行（ASCII 碼為 10），亦即將游標垂直往下移一行。

(b) 請參考程式 hw4_17b.c。

(c) 請參考程式 hw4_17c.c。

4-19 請參考 hw4_19.c。

第五章 參考答案

5-2 (a) `'a'<28` → false

(b) `4+3==8-1` → true

(c) `8>2` → true

(d) `'a'!=97` → false

5-3 (a) (6+num)-12+a

運算元：6、num、12、a

運算子：()、+、-

(b) num=(12+ans)-24

運算元：num、12、ans、24

運算子：=、()、+、-

(c) k++

運算元：k

運算子：++

5-5 請參考 hw5_5.c。

5-6 (a) `12/3+4*10+12*2`

→ `(12/3)+(4*10)+(12*2)`

(b) `12+5*12-5*6/4`

→ `12+(5*12)-5*6/4`

(c) `5-2*7+56-12*12-6*3/4+1`

→ `5-(2*7)+56-(12*12)-(6*3/4)+1`

5-8 請參考 hw5_8.c。

5-9 (a) `num=(a++)+b`→`num=8,a=6,b=3`

(b) `num=(++a)+b`→`num=9,a=6,b=3`

(c) `num=(a++)+(b++)`→`num=8,a=6,b=4`

(d) `num=(++a)+(++b)`→`num=10,a=6,b=4`

(e) `a+=a+(b++)`→`num=0,a=13,b=4`

5-11 請參考 hw5_11.c。

5-14 請參考 hw5_14.c。

5-17 (a) `a+(b+c)+(d*e)`

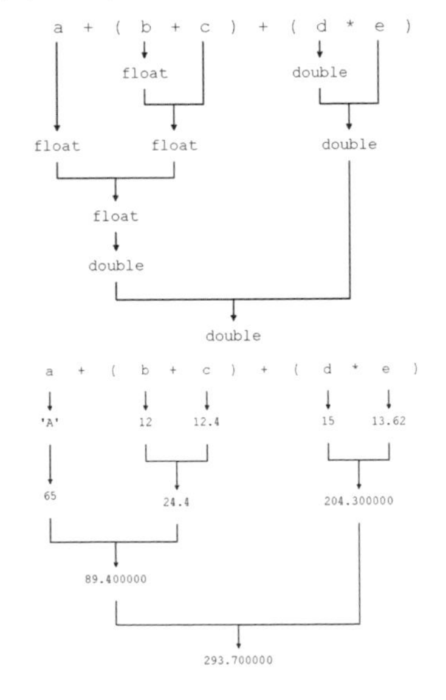

(b) `a+(b*c)+d-e`

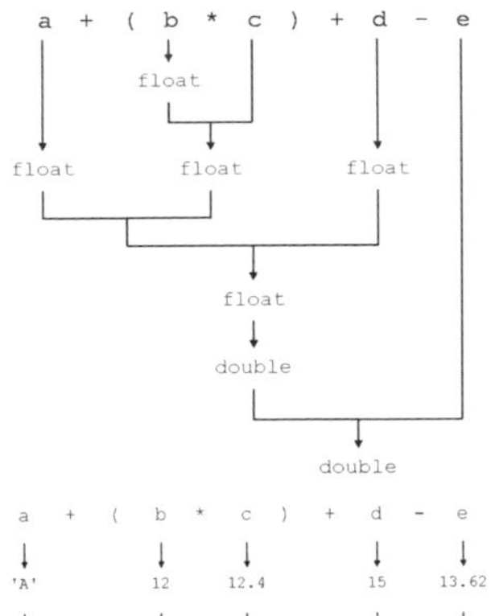

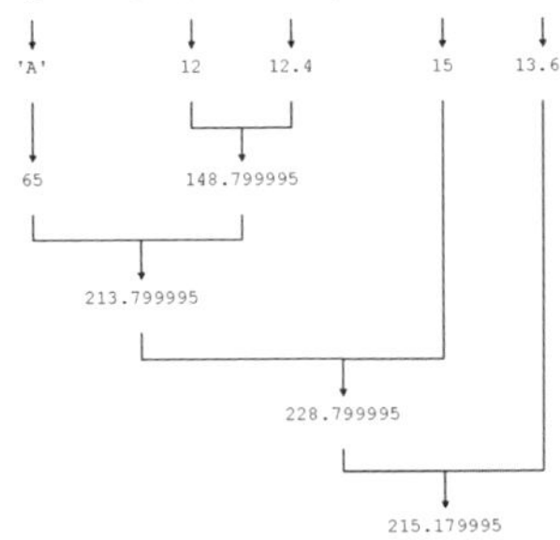

(c) `(b+c)+a*(d*e)`

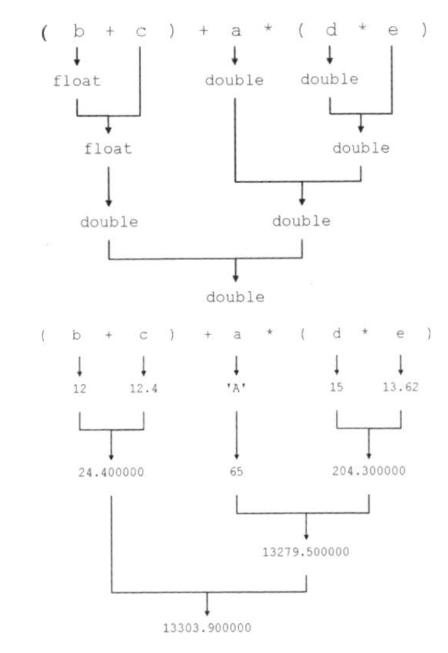

第六章 參考答案

6-1 請參考 hw6_1.c。

6-5 請參考 hw6_5.c。

6-7 請參考 hw6_7.c。

6-11 請參考 hw6_11.c。

6-16 請參考 hw6_16.c。

6-17 請參考 hw6_17.c。

6-19 第 8 行的條件運算子裡的運算式要用括號括起來，否則會有運算優先順序的問題發生。修正後的程式請參考 hw6_19.c。

6-21 請參考 hw6_21.c。

6-25 請參考 hw6_25.c。

第七章 參考答案

7-2 (a) prog5_4，在程式第 6、9、12 行皆有使用。

(b) prog5_6，在程式第 10、13 行皆有使用。

7-3 請參考 hw7_3.c。

7-6 請參考 hw7_6.c。

7-9 請參考 hw7_9.c。

7-13 請參考 hw7_13.c。

7-15 因為在第 10 行中已經先行印出" ASCII of ch=17" 字串後，才回到第 7 行 while 迴圈的起始處判斷是否要再進入迴圈主體。

7-18 (a) 請參考 hw7_18a.c。

(b) 與習題 13 相比，習題 18 較為容易撰寫，這是因為在撰寫輸入 n 值部份的程式碼時，使用 do while 迴圈可以較為方便與自然。

7-21 第 3 行最後面多加了分號，導致 for 迴圈變成了空迴圈，因此只印出一行星號。

正確的程式及執行結果請參考 hw7_21.c。

7-23 (a) 請參考 hw7_23a.c。

(b) 請參考 hw7_23b.c。

(c) 習題 19 以 while 迴圈撰寫時比較方便，因為此題不一定會執行一次，使用 for 迴圈時，並不知道 for 迴圈該執行幾次，因此以 while 迴圈撰寫會較容易。

7-26 請參考 hw7_26.c。

7-28 請參考 hw7_28.c。

7-29 請參考 hw7_29.c。

7-31 請參考 hw7_31.c。

第八章 參考答案

8-1 請參考 hw8_1.c。

8-3 請參考 hw8_3.c。

8-7 請參考 hw8_7.c。

8-12 (a) 請參考 hw8_12a.c。

(b) 如果將 n 值加大，my_fun(n) 的結果會趨近於 1。

(c) 請參考 hw8_12c.c。

8-14 (a) 請參考 hw8_14a.c。

(b) 請參考 hw8_14b.c。

8-16 請參考 hw8_16.c。

8-18 (a) 請參考 hw8_18.c。

(b) 以 for 迴圈撰寫費氏數列的函數 fib()，其執行效率會比遞迴的方式快，因為重複呼叫的關係，使得以遞迴的方式計算費氏數列時，執行效率大打了折扣。當傳入遞迴函數的 n 值變大時，重複呼叫的次數就會更多，將會拖累可觀的 CPU 計算資源。

8-23 請參考 hw8_23.c。

8-24 請參考 hw8_24.c。

8-27 請參考 hw8_27.c。

8-29 如果把 prog8_19 的變數 a 與 b 改以全域變數來撰寫，則執行結果會和 prog8_19 相同。這是因為在全域變數的活動範圍內另外宣告名稱相同的區域變數時，則這些區域變數會取代全域變數的活動範圍。

本習題程式碼請參考 hw8_29.c。

8-31 請參考 hw8_31.c。

8-36 my_math.h 的內容如下：

```
#define SQUARE(X) (X)*(X)
#define CUBIC(X) (X)*(X)*(X)
#define ABS(X) (X>0)?(X):(-X)
#define AVERAGE(X,Y) (((X)+(Y))/2.0)
#define PRODUCT(X,Y) (X)*(Y)
```

(a) 請參考 hw8_36a.c。

(b) 請參考 hw8_36b.c。

第九章 參考答案

9-1 請參考 hw9_1.c。

9-9 請參考 hw9_9.c。

9-13 (a) 請參考 hw9_13a.c。

(b) 請參考 hw9_13b.c。

(c) 請參考 hw9_13c.c。

(d) 請參考 hw9_13d.c。

9-16 請參考 hw9_16.c。

9-18 請參考 hw9_18.c。

9-21 請參考 hw9_21.c。

9-22 請參考 hw9_22.c。

9-23 請參考 hw9_23.c。

9-26 請參考 hw9_26.c。

9-29 (a) 完成後的記憶體配置圖如下：

C		l	a	n	g	u	a	g	e	\0
C	+	+	\0							
J	a	v	a	\0						

(b) 陣列 arr 共佔了 33 個位元組。

(c) 陣列 arr 裡，有 13 個位元組的記憶空間浪費掉了。

(d) 完成後的記憶體配置圖如下：

C 10	11	l 12	a 13	n 14	g 15	u 16	a 17	g 18	e 19	\0 20
C 21	+ 22	+ 23	\0 24	25	26	27	28	29	30	31
J 32	a 33	v 34	a 35	\0 36	37	38	39	40	41	42

(e) 以%p 列印字串陣列 arr 每一列元素時，可以得到如下的結果：

```
arr[0]=10
arr[1]=21
arr[2]=32
```

由執行結果可知，arr[i]所儲存的內容，事實上就是 arr[i][0] 的位址。arr[0]與 arr[1]剛好差 11 個位元組，arr[1] 與 arr[2] 也是差 11 個位元組。

(f) 程式及執行結果請參考 hw9_29.c。

9-31 程式的寫法請參考 hw9_31.c。

hw9_31 的撰寫方式較沒效率，因為它會把'\0'之後的陣列元素值逐一複製。當陣列很大時，即會明顯感覺程式執行變慢。

第十章 參考答案

10-1

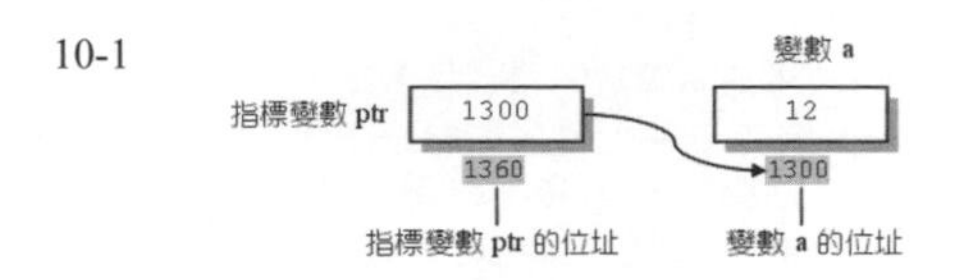

10-2 請參考 hw10_2.c。

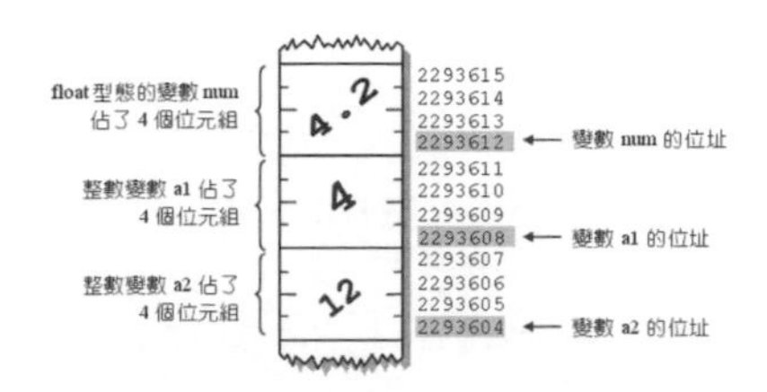

10-6 請參考 hw10_6.c。

	程式碼	a	b	ptr	*ptr
1	int a=12,b=7;	12	7		
2	int *ptr;	12	7	殘值	殘值
3	ptr=&a;	12	7	1000	12
4	*ptr=19;	19	7	1000	19
5	ptr=&b;	19	7	2000	7
6	b=16;	19	16	2000	16
7	*ptr=12;	19	12	2000	12
8	a=17;	17	12	2000	12
9	ptr=&a;	17	12	1000	17
10	a=b;	12	12	1000	12
11	*ptr=63;	63	12	1000	63

10-8 指標變數 ptr 為 int 型態，因此它只能指向 int 型態的變數，上面的敘述中，num 的型態為 float，因此若是要使指標指向 num，其指標的型態也必須宣告成 float。上面的敘述可以修改成：

```
float num=16.4f;
float *ptr=&num;
```

10-9 請參考 hw10_9.c。

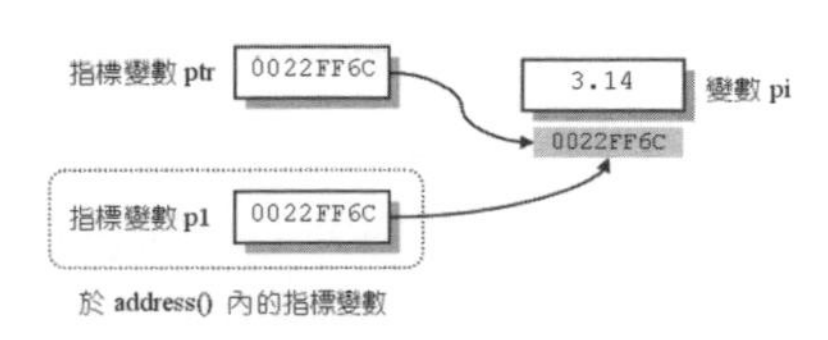

10-11 請參考 hw10_11.c

10-13 (a) 執行此程式後，執行結果如下：

*p1=23

*p2=15

(b) 第 10 行的*p1++，是將指標 p1 所指向的位址加上 1 個單位，陣列 num 的型態為 int 型態，因此會將 p1 所指向的位址（為 num 起始位址）加上 4 個位元組，也就是說，p1 會指向 num 裡的第 2 個元素。於第 11 行中印出*p1 時，就會印出 num 裡的第 2 個元素值，即 23。

第 13 行的(*p2)++，則是將指標 p2 指向的值加上 1，此時 p2 指向的是 num 的第 1 個元素（其值為 14），將 14 加上 1 之後再存回 p2 所指向的位址。於第 14 行印出*p2 時，即會印出 15。

10-15 請參考 hw10_15.c。

10-18 (a) 請參考 hw10_18a.c。

(b) 請參考 hw10_18b.c。

10-20 請參考 hw10_20.c。

10-25　(a) arr 的值為 1200。

(b) arr[0]的值為 1200、arr[1]的值為 1216。

(c) arr+1 的值為 1216。

(d) *(arr+0) 的值為 1200，*(arr+1) 的值為 1216。

(e) *(arr+1)+0 的值為 1216，*(arr+1)+1 的值為 1220，*(arr+1)+2 的值為 1224，*(arr+1)+3 的值為 1228。

(f) *(*(arr+1)+0)的值為 6，*(*(arr+1)+1)的值為 7，*(*(arr+1)+2) 的值為 8，*(*(arr+1)+3)的值為 9。

(g) 請參考 hw10_25。：

(h) 請參考下圖：

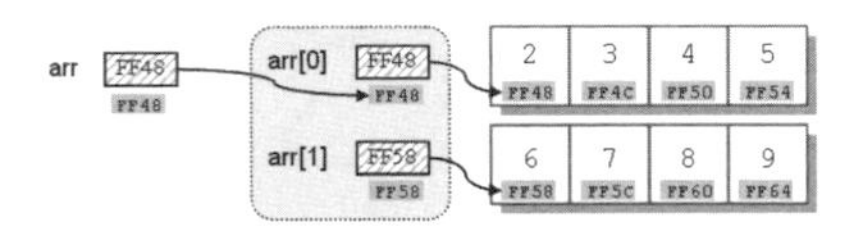

第十一章 參考答案

11-1　(a) 結構變數 aaa 共佔了 16 個位元組。

(b) 請參考 hw11_1.c。

11-3　請參考 hw11_3.c。

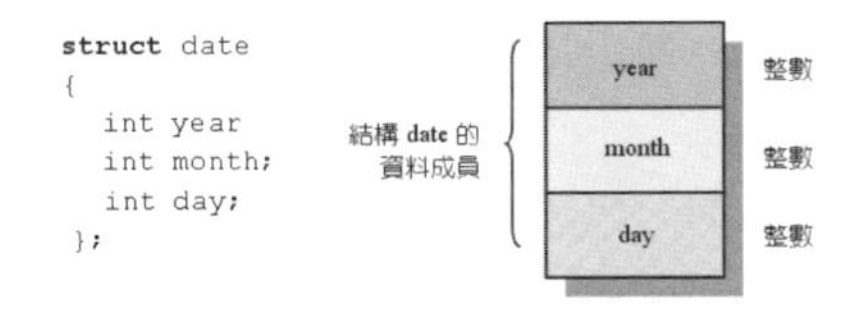

11-4　請參考 hw11_4.c。

11-8　(a)~(d) 請參考 hw11_8.c。

編譯器在編譯程式時，會以結構成員裡，所佔位元組最多的資料型態為單位來配置記憶空間之故。本題中，int 佔了 4 個位元組，而 double 佔了 8 個，所以基本單位是 8 個位元組，因此結構變數所佔的位元組必須是 8 的倍數。date 結構變數裡的成員雖只佔了 28 個位元組，但編譯器卻配置 32 個位元組給它。

11-9　請參考 hw11_9.c。

11-12　請參考 hw11_12.java。

11-14　將結構變數傳遞到函數時，是以「傳值」的方式來進行；也就是說傳遞到函數中的結構變數，並不是傳入該結構變數的位址，而是它的值。因此在 display()函數裡，結構 st 的 math 成員的值加 10，於主函數 main() 裡的結構 s1 的 math 成員之值並不會被加 10。

11-16　請參考 hw11_16.c。

11-18　(a) 列舉常數 FALSE 與 TRUE 的預設值各是 0 與 1。

(b) 變數 test 佔了 4 個位元組。

(c) 程式的執行結果如下：

5<20 成立

5<20 的值為 1，列舉型態 boolean 的列舉常數 TRUE 之值亦為 1，因此第 12 行的 if 判斷 test==TRUE 成立，於是印出"5<20 成立"。

(d) 程式可以正確執行。if 判斷條件若是為 1，即代表值為真，判斷成立；若是為 0，即代表值為假，判斷不成立。因此直接用 test 當成判斷條件，也是可以執行。

11-20　錯誤訊息如下：

9 行　[Warning] parameter names (without types) in function declaration

19 行　parse error before "st" [Warning] In function ‘display’:

21 行　'st' undeclared (first use in this function)

這些錯誤訊息是將第 9 行移到 main() 裡（第 12 行）所造成的。在第 9 行宣告 display() 函數原型時，其引數的型態為 SCORE，由於第 12 行裡才利用 typedef 自訂資料型態 SCORE，因此會發生錯誤，而影響到 19 及 21 行的敘述。

11-21 於 prog11_15 裡，由 typedef 所定義之 SCORE 型態，不能改成以前置處理器 #define 來定義。#define 後面的識別名稱中不能有空白，因為識別名稱會在第一個空格的地方做結束，因此 typedef struct data SCORE; 無法以 #define 來定義。

第十二章 參考答案

12-2 有緩衝區的檔案處理函數從檔案裡讀取資料時，會先到緩衝區裡讀取資料。如果緩衝區裡沒有資料，則會從資料檔裡讀取資料至緩衝區後，再由緩衝區把資料讀至程式中。

若是把資料寫入檔案，有緩衝區的檔案處理函數會先把資料放在緩衝區中，待緩衝區的資料裝滿或檔案關閉時，再一併將資料從緩衝區寫入資料檔中，其過程如下圖所示：

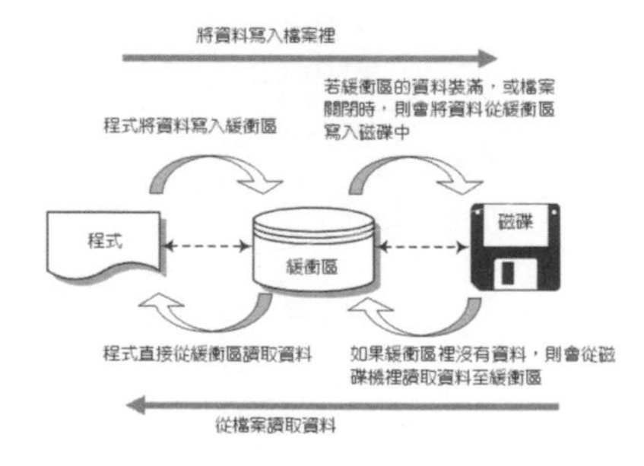

12-3 請參考 hw12_3.c。

12-4 請參考 hw12_4.c。

12-9 請參考 hw12_9.c。

12-12 請參考 hw12_12.c。

12-16 (a) 請參考 hw12_16a.c。

(b) 請參考 hw12_16b.c。

12-18 (a) 請參考 hw12_18a.c。

(b) 請參考 hw12_18b.c。

(c) hw12_18.txt 的大小為 30 個位元組，hw12_18.bin 的大小為 20 個位元組。就節省記憶空間而言，以二進位模式來儲存數字會較為經濟。

第十三章 參考答案

13-2 請參考下圖：

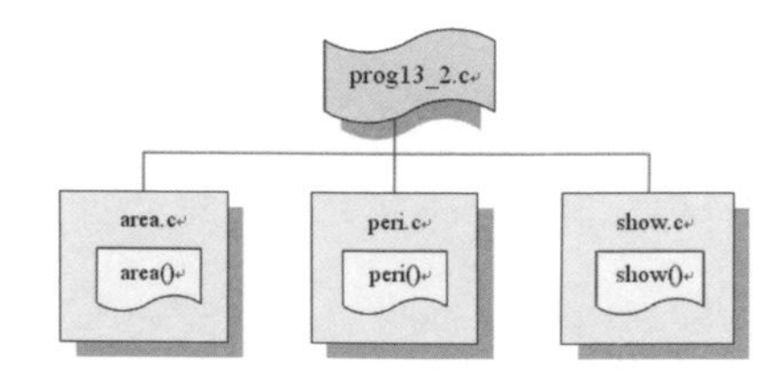

13-3 因為在 prog13_2.c 裡並沒有使用到 show() 函數，所以不需要宣告 show()的原型。

13-5 請參考 hw13_5 資料夾。

13-7 如果將 count.c 裡第 5 行的 extern 關鍵字拿掉，重新編譯、執行後，會得到如下的執行結果：

```
請輸入 cnt 的值:10
cnt=4214849
cnt=4214850
cnt=11
```

錯誤的原因在於 count.c 裡第 5 行的 extern 關鍵字拿掉後，count.c 裡的 cnt 就變成區域變數，因此於主程式裡呼叫 count()函數 2 次，皆因 count.c 裡的 cnt 並未設定其值，而印出存在於該變數裡的殘值。

13-9 請參考 hw13_9 資料夾。

13-11 請參考 hw13_11.c。

13-13 請參考 hw13_13.c。

13-14 請參考 hw13_14.c。

13-16 請參考 hw13_16.c。

第十四章 參考答案

14-2 請參考 hw14_2.c。

14-6 請參考 hw14_6.c。

14-7 請參考 hw14_7.c。

14-12 請參考 hw14_12.c。

14-17 請參考 hw14_17.c。

14-21 請參考 hw14_21.c。

第十五章 參考答案

15-1 請參考下面的對照表：

十進位	0	1	2	3	4	5	6	7	8	9	10	11	12
十二進位	1	2	3	4	5	6	7	8	9	A	B	11	12

十進位	13	14	15	16	17	18	19	20	21	22
十二進位	13	14	15	16	17	18	19	1A	1B	21

15-4 $3012_7 = 3*7^3 + 1*7^1 + 2*7^0 = 1038_{10}$

15-5 請參考下圖：

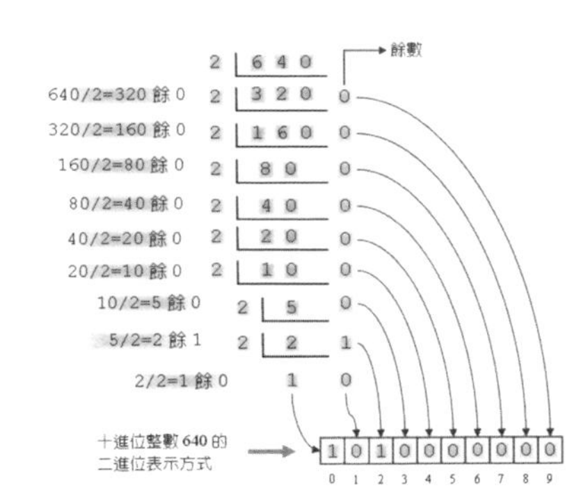

15-7 $1011011_2 = 1*2^6 + 1*2^4 + 1*2^3 + 1*2^1 + 1*2^0 = 91$

15-8 請參考 hw15_8 .c。

15-10 請參考 hw15_10 .c。

15-11 請參考 hw15_11 .c。

(a) a&b

1 0 0 1 1 0 1 0 十進位的值為 154

0 1 0 0 0 0 1 1 十進位的值為 67

a&b

0 0 0 0 0 0 1 0 十進位的值為 2

(b) a|b

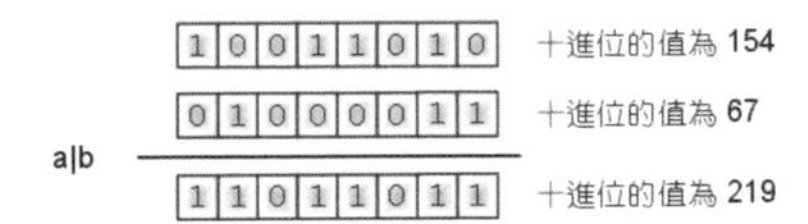

(c) a^b

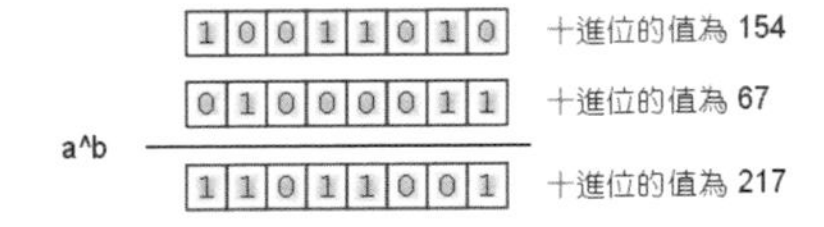

15-12 請參考 hw15_12 .c。

01011001 ← 十進位整數 89 的二進位

↓ 右移二個位元

00010110 01 ← 十進位整數 22 的二進位

右移後，補 0 的位元　　因右移而被移除的位元

15-14　請參考 hw15_14 .c。

15-15　請參考 hw15_15 .c。

第十六章 參考答案

16-1　幾乎所有的 C 程式在 C++ 裡只需修改少許的程式碼，或者在完全不需修改程式碼的情況下，便可正確的執行。下圖說明了 C 和 C++ 之間的關係：

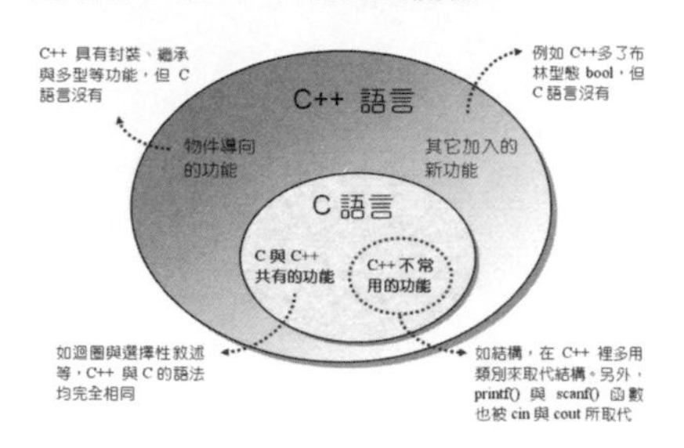

16-3　請參考 hw16_3.cpp。

16-5　請參考 hw16_5.cpp。

16-7　請參考 hw16_7.cpp。

16-9　請參考 hw16_9.cpp。

16-11　請參考 hw16_11.cpp。

16-13　請參考 hw16_13.cpp。

16-14　將 area()的存取屬性改為 private，程式可以執行，這是因為在 CWin 類別外部並沒有呼叫到 area()。但由於 prog16_13 中將資料成員 id、width 及 height 設為 private，因此在 CWin 類別外部不能存取它們，若是要存取資料成員，就必須透過公有的函數成員來處理。

請參考 hw16_14.cpp。

16-15　請參考 hw16_15.cpp。

16-16　如果將 CSphere 類別裡的資料成員屬性改 public，則在類別外部皆可存取它們，雖然很方便，但在程式中可以隨意存取，可能會導致安全上的漏洞，而讓臭蟲進駐程式碼中。

16-17　請參考 hw16_17.cpp。

索　　引

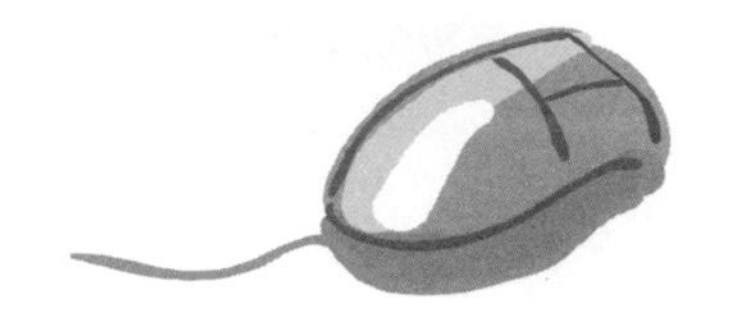

中文索引

- 十一劃 -

- 十二劃 -

英文索引

-D-

-E-

-F-

-G-

-H-

-I-

-T-

-U-

-V-

-W-

-X-

旗標科技股份有限公司

聘任本律師為常年法律顧問，如有侵害其信用名譽權利及其它一切法益者，本律師當依法保障之。

林銘龍 律師

C 語言教學手冊 第四版

著作人　洪維恩

發行人　施威銘

發行所　旗標科技股份有限公司

台北市杭州南路一段15-1號19樓

電話　(02)2396-3257(代表號)

傳真　(02)2321-2545

劃撥帳號　1332727-9

帳戶　旗標科技股份有限公司

新台幣售價：　620 元

西元 2024 年 10 月 四版 72 刷

行政院新聞局核准登記 - 局版台業字第 4512 號

ISBN　978-957-442-484-9